中文版 CorelDRAW X7 实用教程

李若岩 编著

人民邮电出版社
北京

图书在版编目（CIP）数据

中文版CorelDRAW X7实用教程 / 李若岩编著. -- 北京 : 人民邮电出版社, 2016.8 (2020.1重印)
ISBN 978-7-115-42109-8

Ⅰ. ①中… Ⅱ. ①李… Ⅲ. ①图形软件－教材 Ⅳ. ①TP391.41

中国版本图书馆CIP数据核字(2016)第139465号

内容提要

这是一本全面介绍 CorelDRAW X7 基本功能和商业运用的实用教程，完全针对零基础的读者，是从基础入门到应用提高的 CorelDRAW X7 必备参考书。

全书共 12 章，全面覆盖了 CorelDRAW X7 的软件知识和设计类型，并用 55 个操作性极强的实例，从 CorelDRAW X7 的基本操作到实战应用，全面而深入地阐述了 CorelDRAW X7 的综合运用。除此之外，本书配有 23 个课后练习，方便读者在学习完当前章后通过习题进行深入练习和巩固，让读者学以致用。

本书的配套学习资源包括书中所有案例的实例文件、素材文件和多媒体教学录像，以及与本书配套的 PPT 教学课件，方便老师教学使用，读者可通过在线方式获取这些资源，具体方法请参看本书前言。

本书非常适合作为各大、中院校和培训机构平面设计专业课程的教材和教学参考书，也可以作为平面设计初级学者的学习用书。

◆ 编　　著　李若岩
责任编辑　张丹丹
责任印制　陈　犇
◆ 人民邮电出版社出版发行　　北京市丰台区成寿寺路 11 号
邮编　100164　　电子邮件　315@ptpress.com.cn
网址　http://www.ptpress.com.cn
涿州市京南印刷厂印刷
◆ 开本：787×1092　1/16
印张：22
字数：615 千字　　2016 年 8 月第 1 版
印数：4 401－5 000 册　　2020 年 1 月河北第 4 次印刷

定价：39.80 元

读者服务热线：(010)81055410　印装质量热线：(010)81055316
反盗版热线：(010)81055315

前 言

Corel公司的CorelDRAW X 7 是世界优秀的矢量绘图软件之一，由于CorelDRAW的强大功能，使其从诞生以来就一直受到平面设计师的喜爱。CorelDRAW在**矢量绘图、文本编排、Logo设计、字体设计**及**工业产品设计**等方面都能制作出高品质的对象，这也使其在平面设计、商业插画、VI设计和工业设计等领域中占据主导地位，成为全球最受欢迎的矢量绘图软件之一。

本书特色包括以下几点。

详细的知识：本书覆盖CorelDRAW X 7 所有的软件知识和设计类型。

实用的案例：55个实用且操作性极强的课堂案例＋23个延伸课后练习，全方位地辅助练习。

超值的赠送：包括所有案例的源文件＋所有案例使用到的素材＋所有案例的教学视频＋PPT教学课件。

本书内容分为12章。

第1章和第2章主要是对CorelDRAW X 7 这款软件的概述和对软件基本操作环境的介绍，帮助读者正确安装和卸载这款软件，使读者对这款软件有一个初步的了解和认识。

第3章~第11章将CorelDRAW X 7 这款软件按操作功能系统地划分为9章，每章的基础知识后面都搭配了实用的案例，并且在每章最后都配有相应的课后练习进行巩固训练。

第12章以综合案例为主，也是本书知识的综合运用，将案例按实际工作中的需要分成文字设计、版式设计、插画设计、产品设计、Logo设计和海报设计6类。

本书的下载资源内容丰富，包括本书所有案例的实例文件、素材文件和多媒体教学录像，同时作者还准备了与每章搭配的PPT教学课件，方便老师教学使用。

本书非常适合作为院校和培训机构平面设计专业课程的教材和教学参考书，也可以作为平面设计初级学者的学习用书。

为了方便读者轻松学习，本书在结构上尽量做到清晰明了。

本书的参考学时为54学时，其中讲授环节为34学时，实训环节为20学时，各章的学时可参考下面的学时分配表。

章	课程内容	学时分配	
		讲授学时	实训学时
第1章	CorelDRAW X7 简介	1	
第2章	基本操作与工作环境	1	
第3章	对象操作	3	2
第4章	绘图工具的使用	7	3
第5章	图形的修饰	3	2
第6章	填充与智能操作	4	2
第7章	轮廓线的操作	2	1
第8章	度量标识和连接工具	1	1
第9章	图像效果操作	2	1
第10章	位图操作	2	1
第11章	文本与表格	2	1
第12章	综合案例	6	6
学时总计	54	34	20

为了让读者更加轻松地学习中文版CorelDRAW X7的实用技法，本书在版面结构设计上尽量做到清晰明了，如下图所示。

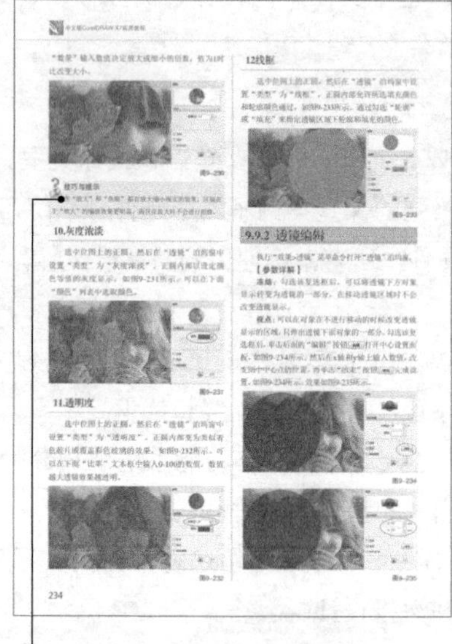

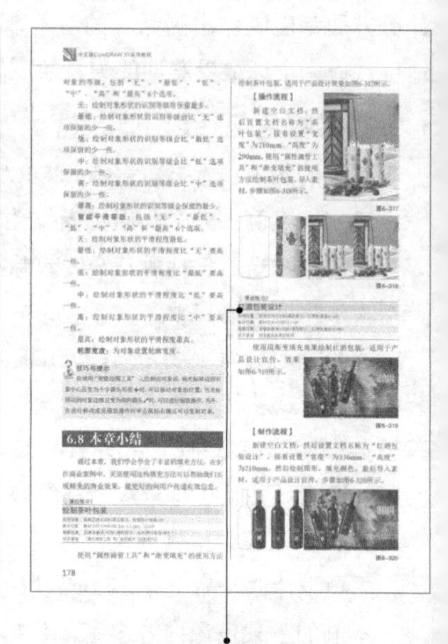

课堂案例：包含大量的案例详解，让大家深入掌握中文版CorelDRAW X7的基础知识以及各种工具的使用。

技巧与提示：针对软件的实用技巧及制作过程中的难点进行重点提示。

课后练习：安排重要的制作习题，让大家在学完相应内容以后继续强化所学技术。

本书所有的学习资源文件均可在线下载（或在线观看视频教程），扫描右侧或封底的"资源下载"二维码，关注我们的微信公众号即可获得资源文件下载方式。资源下载过程中如有疑问，可通过邮箱szys@ptpress.com.cn与我们联系。在学习的过程中，如果遇到问题，也欢迎您与我们交流，我们将竭诚为您服务。

资源下载

编者

2016年6月

目 录 CONTENTS

目 录 CONTENTS

目 录 CONTENTS

目 录 CONTENTS

目 录 CONTENTS

目 录 CONTENTS

第1章 CorelDRAW X7 简介

CorelDRAW X7是一款通用且功能强大的平面设计软件，强大的功能使其广泛运用于商标海报设计、图标制作、模型绘制、插图绘制、排版、网页及分色输出等诸多领域，是当今设计、创意过程中不可或缺的有力助手。本章将讲解CorelDRAW X7的基础知识，让读者对这款软件有一个初步的认识。

课堂学习目标

CorelDRAW X7的应用领域

CorelDRAW X7的兼容性

CorelDRAW X7的安装卸载方法

矢量与位图的概念

1.1 绘制矢量图形

CorelDRAW X7是一款优秀的矢量图制作软件，它在矢量图制作方面灵活性很强。

1.1.1 应用于字体设计

CorelDRAW X7非常适合用于设计矢量美工字体，用其制作出来的字体灵活且样式新颖，如图1-1所示，并且放大后依然非常清晰。

图1-1

1.1.2 应用于Logo设计

使用CorelDRAW X7制作矢量Logo，易于识别，且趣味性很高，如图1-2所示。

图1-2

1.2 页面排版

由于文字设计在页面排版中非常重要，而CorelDRAW X7的文字设计功能又非常强大，因此在实际工作中，设计师经常使用CorelDRAW X7来制作单页，如图1-3所示。另外，CorelDRAW X7还可以进行多页面排版，如画册设计、杂志内页设计等，如图1-4所示。

图1-3

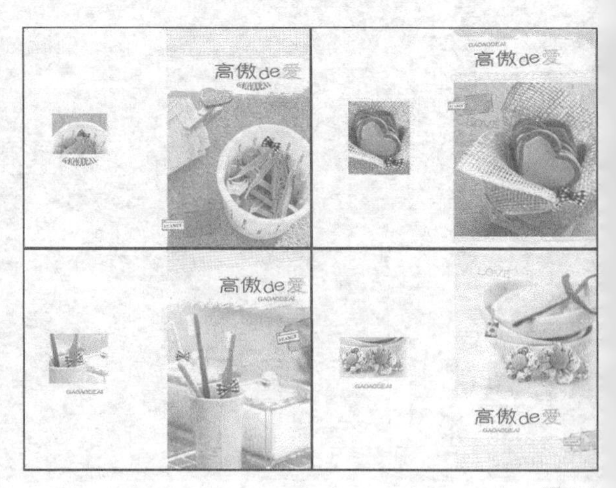

图1-4

技巧与提示

CorelDRAW优于InDesign和Illustrator，是因为CorelDRAW集合了这两大软件的优势于一身，既能排版，又能在排版过程中设计特殊的文字效果。

1.3 位图处理

作为专业的图像处理软件，CorelDRAW X7除了针对位图增加了很多新的特效功能外，还增加了一款辅助软件Corel PHOTO-PAINT X7，在处理位图时可以让特效更全面且更丰富，如图1-5所示。

图1-5

1.4 色彩处理

CorelDRAW为设计图形提供了很全面的色彩编辑功能，利用各种颜色填充工具或面板，可以轻松快捷地为图形编辑丰富的色彩效果，甚至可以进行对象间色彩属性的复制，提高了图形编辑的效率，如图1-6所示。

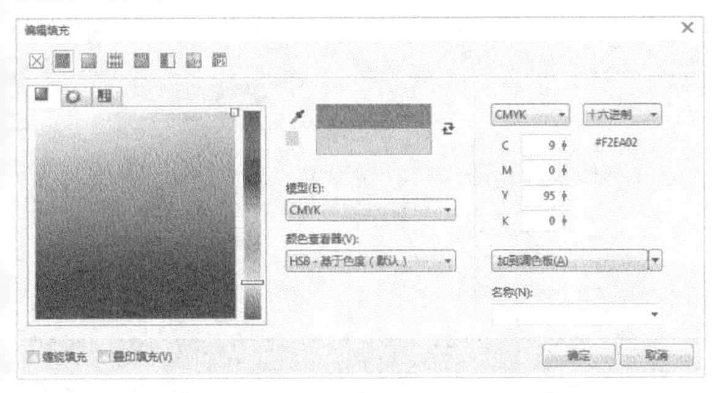

图1–6

1.5 CorelDRAW X7的兼容性

由于平面领域涉及的软件很多，文件格式也非常多，CorelDRAW X7可以兼容使用多种格式的文件，方便我们导入文件素材。另外，CorelDRAW X7还支持将编辑好的内容以多种格式进行输出，方便导入其他设计软件（如Photoshop、Flash等）中进行编辑。

1.6 安装与卸载Corel DRAW X7

正确安装CorelDRAW X7步骤如下。

第1步：根据当前计算机配置32位版本或64位版本来选择合适的软件版本，这里使用64位版本进行安装讲解。单击安装程序进入安装对话框，等待程序初始化，如图1-7所示。

图1–7

技巧与提示

注意，在安装CorelDRAW X7的时候，必须确保没有其他版本的CorelDRAW正在运行，否则将无法继续进行安装。

第2步：等待初始化完毕以后，进入到用户许可协议界面，然后勾选“我接受该许可证协议中的条款”，接着单击“下一步”按钮 下一步(N) ，如图1-8所示。

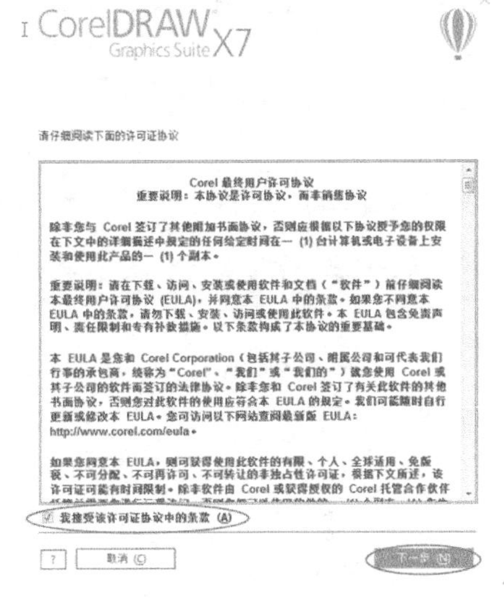

图1–8

第3步：接受许可协议后，会进入产品注册界面。对于“用户名”选项，可以不用更改；如果已经购买了CorelDRAW X7的正式产品，可以勾选“我有序列号或订阅代码”选项，手动输入序列号即可；如果没有序列号或订阅代码，可以选择“我没有序列号，想试用该产品”选项，选择完相应选项以后，单击“下一步”按钮 下一步(N) ，如图1-9所示。

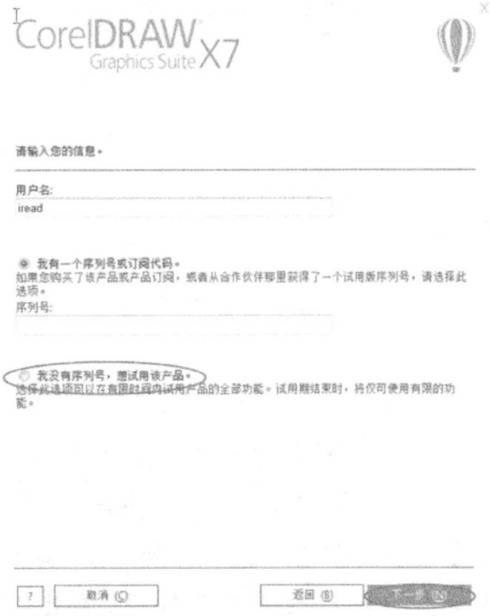

图1–9

第4步：进入安装选项界面以后，可以选择“典型安装”或者“自定义安装”两种方式（推荐使用“典型安装”方式），如图1-10所示。然后在弹出的界面中勾选想要安装的插件，接着单击“下一步”按钮 下一步(N) ，如图1-11所示。

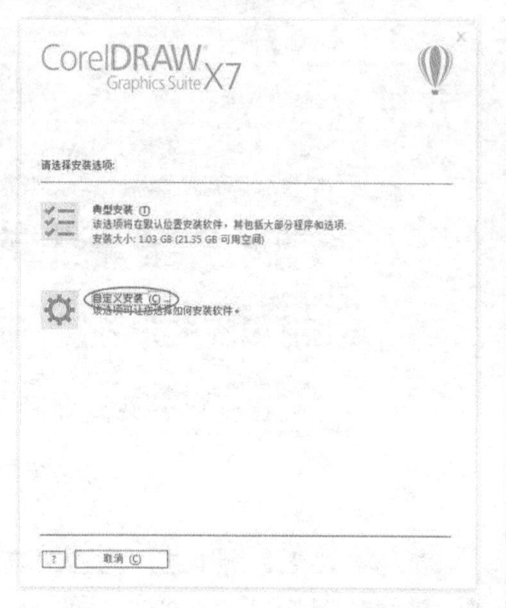

图1-10

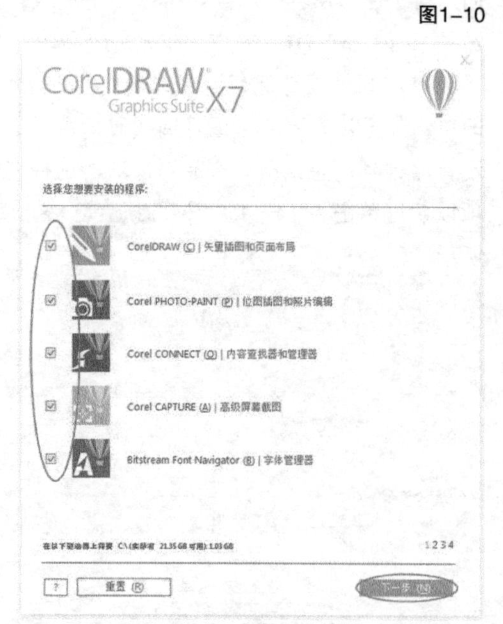

图1-11

第5步：选择好安装方式以后，在弹出的界面中根据自己的需要更改软件安装的路径，如图1-12所示。然后单击“立即安装”按钮 立即安装(I) ，软件会自动进行安装，安装完成后单击“完成”按钮 完成(F) 退出安装界面，如图1-13所示。

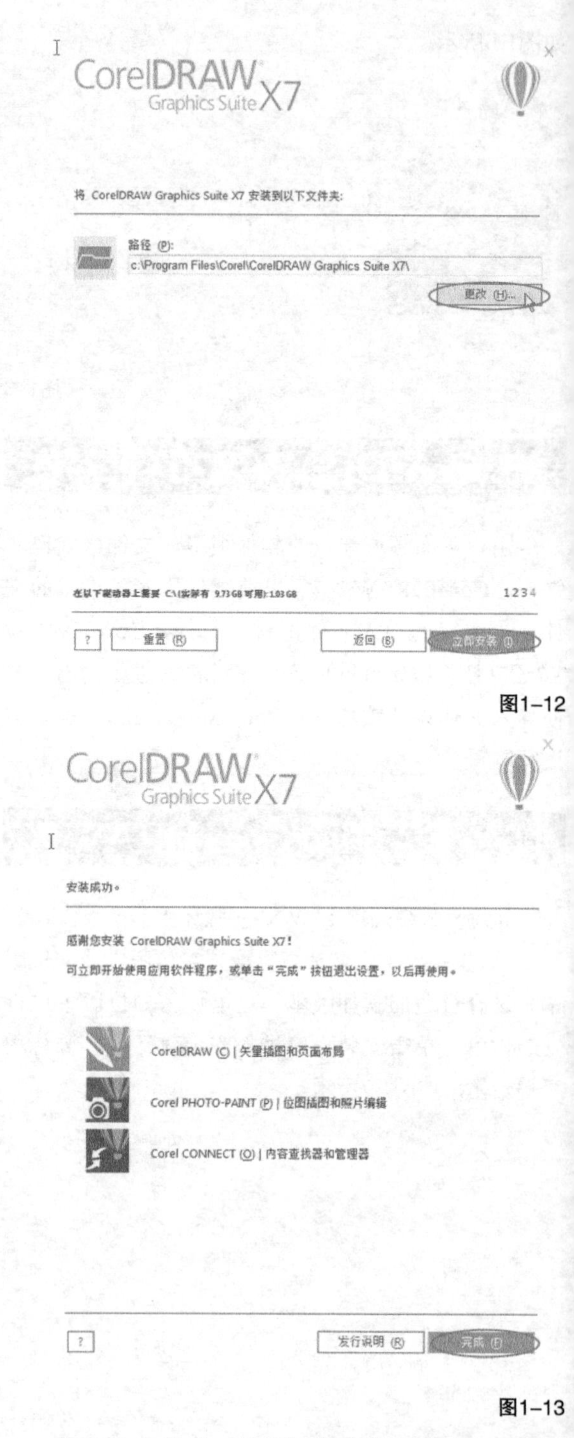

图1-12

图1-13

第6步：单击桌面上的快捷图标，启用CorelDRAW X7，图1-14所示为启动画面。

图1-14

接下来就是如何卸载CorelDRAW X7。首先执行“开始>控制面板”命令，打开“控制面板”对话框，然后单击“卸载程序”选项，如图1-15所示。接着在弹出的“卸载或更改程序”对话框中选择CorelDRAW X7的安装程序，最后单击鼠标右键进行卸载即可，如图1-16所示。

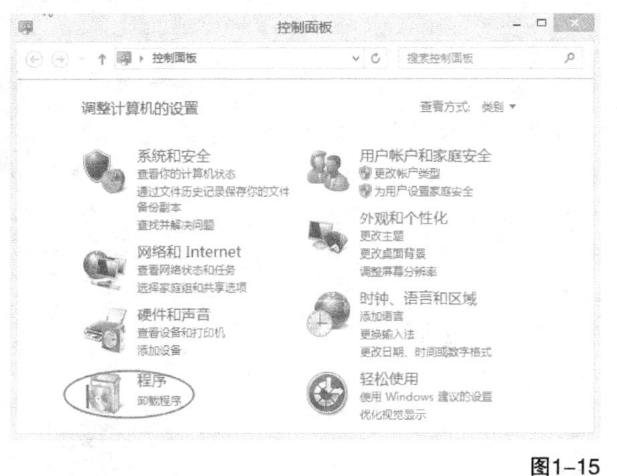

图1-15

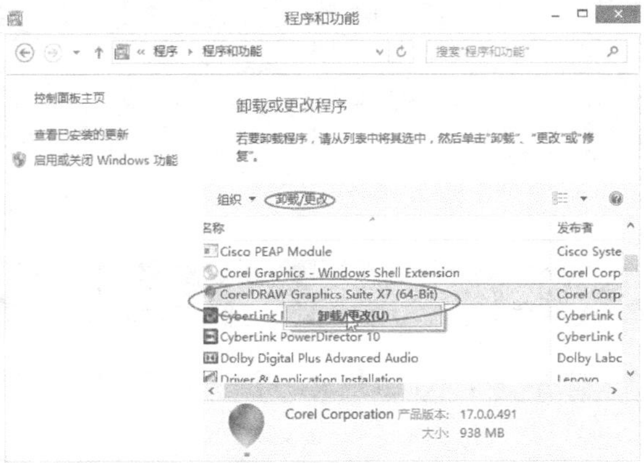

图1-16

1.7 矢量图与位图

在CorelDRAW中，可以进行编辑的图像包含矢量图和位图两种，在特定情况下两者可以进行互相转换，但是转换后的对象与原图有一定的偏差。

1.7.1 矢量图

CorelDRAW软件主要以矢量图形为基础进行创作，矢量图也称“矢量形状”或“矢量对象”。矢量文件中每个对象都是一个自成一体的实体，它具有颜色、形状、轮廓、大小和屏幕位置等属性，可以直接对其进行轮廓修饰、颜色填充和效果添加等操作。

矢量图与分辨率无关，因此在进行任意移动或修改时都不会丢失细节或影响其清晰度。当调整矢量图形的大小、将矢量图形打印到任何尺寸的介质上、在PDF文件中保存矢量图形或将矢量图形导入到基于矢量的图形应用程序中时，矢量图形都将保持清晰的边缘。打开一个矢量图形文件，如图1-17所示，将其放大到200%，图像上不会出现锯齿（通常称为“马赛克”），如图1-18所示，继续放大，同样也不会出现锯齿，如图1-19所示。

图1-17

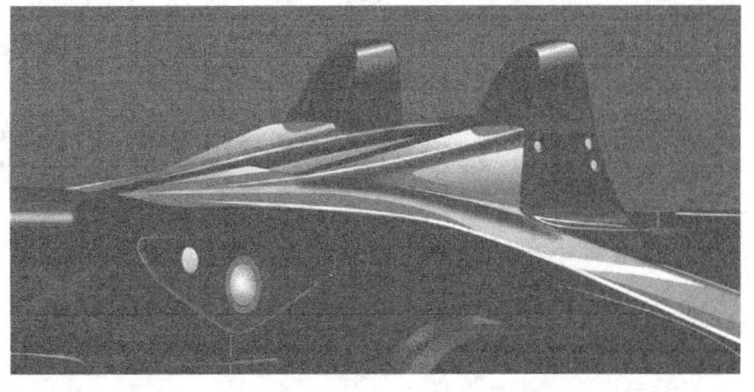

图1-18

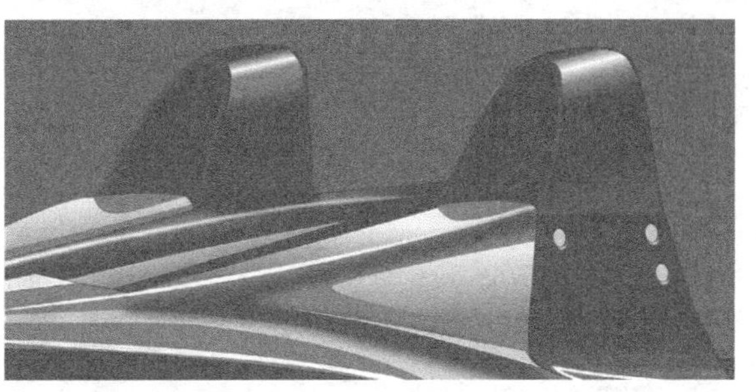

图1-19

1.7.2 位图

位图也称为“栅格图像”。位图由众多像素组成，每个像素都会被分配一个特定位置和颜色值，在编辑位图图像时针对的只是图像像素所以无法直接编辑形状或填充颜色。将位图放大后图像会“发虚”，并且可以清晰地观察到图像中有很多像素小方块，这些小方块就是构成图像的像素。打开一张位图图像，如图1-20所示，将其放大到200%显示，可以发现图像已经开始变得模糊，如图1-21所示，继续将其放大到400%，就会出现非常严重的马赛克现象，如图1-22所示。

图1-20

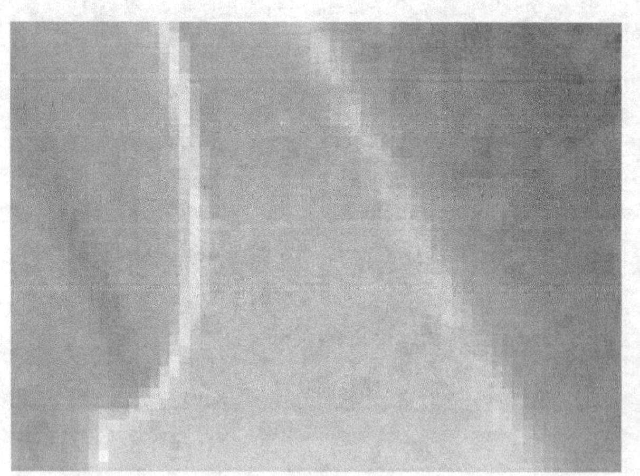

图1-21

图1-22

1.8 小结

通过对本章的学习，读者对CorelDRAW X7这款软件在矢量图绘制、页面排版及位图的处理等方面有了初步的了解。要求课后重点掌握如何安装和卸载这款软件。

第2章 基本操作与工作环境

从本章开始，我们就正式进入CorelDRAW X7的软件学习阶段了，因此对于软件的基本操作和工作界面的认识也会逐渐深入。本章讲解的是CorelDRAW X7的基本操作和工作界面，和以往的版本相比改变还是有的，主要是功能升级，以及一些选项的变动，使软件操作起来更加流畅。

课堂学习目标

CorelDRAW X7的基本操作

CorelDRAW X7的菜单栏

CorelDRAW X7的常用工具栏

CorelDRAW X7的属性栏

CorelDRAW X7的工具箱

CorelDRAW X7的标尺

2.1 基本操作

为了方便用户高效率操作，CorelDRAW X7的工作界面布局非常人性化，在启动CorelDRAW X7后可以观察到其工作界面。

在默认情况下，CorelDRAW X7的界面组成元素包含标题栏、菜单栏、常用工具栏、属性栏、文档标题栏、工具箱、页面、工作区、标尺、导航器、状态栏、调色板、泊坞窗、视图导航器、滚动条和用户登录等。

2.1.1 启动与关闭软件

1.启动软件

在一般情况下，可以采用以下两种方法来启动CorelDRAW X7。

第1种：执行“开始>程序>CorelDRAW Graphics Suite X7（64-Bit）”命令，如图2-1所示。

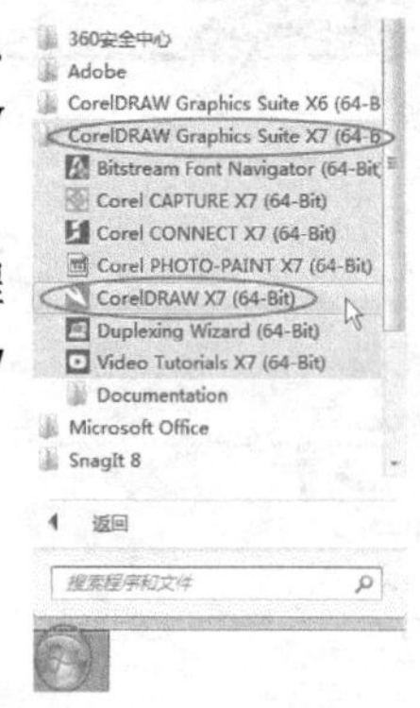

图2-1

第2种：在桌面上双击CorelDRAW X7快捷图标，启动CorelDRAW X7后会弹出“欢迎屏幕”对话框，在“立即开始”对话框中，可以快速新建文档、从模板新建和打开最近使用过的文档，欢迎屏幕的导航使得浏览和查找大量可用资源变得更加容易，包括工作区选择、新增功能、启发用户灵感的作品库、应用程序更新、提示与技巧、视频教程、CorelDRAW.com以及成员和订阅信息，如图2-2所示。

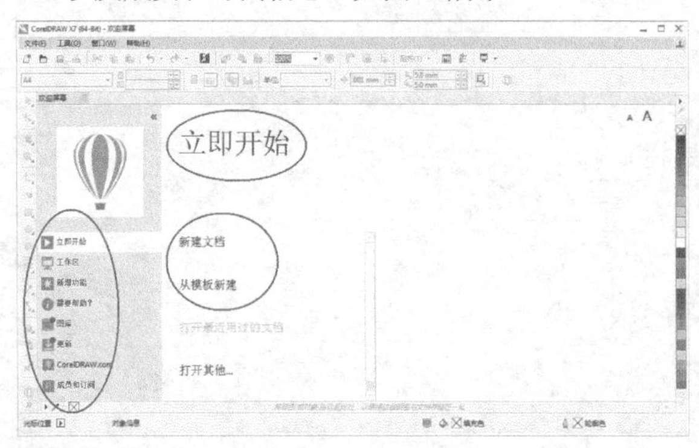

图2-2

2.关闭软件

在一般情况下，可以采用以下两种方法来关闭CorelDRAW X7。

第1种：在标题栏最右侧单击“关闭”按钮×。

第2种：执行“文件>退出”菜单命令，如图2-3所示。

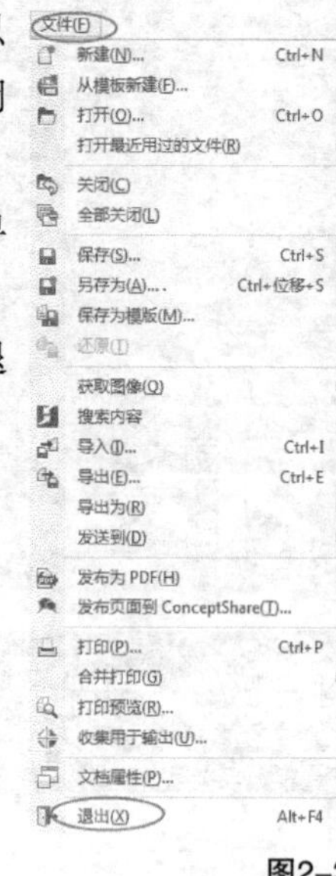

图2-3

2.1.2 创建与设置新文档

1.新建文档

新建文档的方法有以下4种。

第1种：在“欢迎屏幕”对话框中单击“新建文档”或“从模板新建”选项。

第2种：执行“文件>新建”菜单命令或直接按快捷键Ctrl+N。

第3种：在常用工具栏上单击“新建”按钮。

第4种：在文档标题栏上单击“新建”按钮 未命名-1 。

2.设置新文档

在“常用工具栏上”上单击“新建”按钮打开“创建新文档”对话框，如图2-4所示。在该对话框中可以详细设置文档的相关参数。

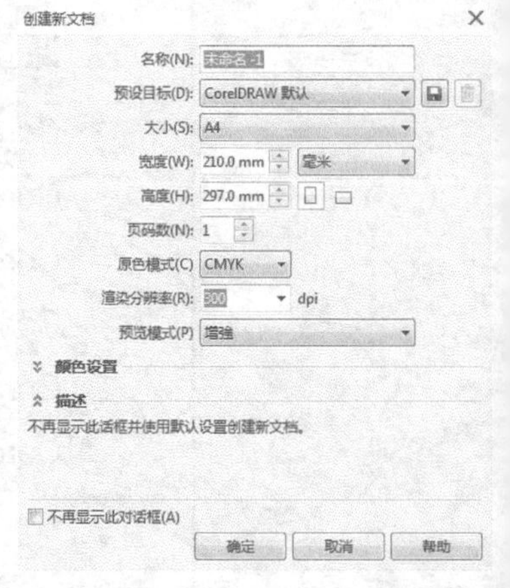

图2-4

【参数详解】

名称：设置文档的名称。

预设目标：设置编辑图形的类型，包含5种，即“CorelDRAW默认”“默认CMYK”“Web”“默认RGB”和“自定义”。

大小：选择页面的大小，如A4（默认大小）、A3、B2和网页等，也可以选择“自定义”选项来自行设置文档大小。

宽度：设置页面的宽度，可以在后面选择单位。

高度：设置页面的高度，可以在后面选择单位。

纵向/横向：这两个按钮用于切换页面的方向。单击“纵向”按钮为纵向排放页面；单击“横向”按钮为横向排放页面。

页码数：设置新建的文档页数。

原色模式：选择文档的原色模式（原色模式会影响一些效果中颜色的混合方式，如填充、透明和混合等），一般情况下都选择CMYK或RGB模式。

渲染分辨率：选择光栅化图形后的分辨率。默认RGB模式的分辨率为72dpi；默认CMYK模式的分辨率为300dpi。

技巧与提示

在CorelDRAW中，编辑的对象分为位图和矢量图形两种，同时输出对象也分为这两种。当将文档中的位图和矢量图形输出为位图格式（如jpg和png格式）时，其中的矢量图形就会转换为位图，这个转换过程就称为“光栅化”。光栅化后的图像在输出为位图时的单位是“渲染分辨率”，这个数值设置得越大，位图效果越清晰，反之越模糊。

预览模式：选择图像在操作界面中的预览模式（预览模式不影响最终的输出效果），包含“简单线框”“线框”“草稿”“常规”“增强”和“像素”6种，其中“增强”的效果最好。

2.1.3 页面操作

1.设置页面尺寸

第1种：执行“布局>页面设置”菜单命令，打开“选项”对话框，如图2-5所示。在该对话框中可以对页面的尺寸以及分辨率进行重新设置。在“页面尺寸”选项组下有一个“只将大小应用到当前页面”选项，如果勾选该选项，那么所修改的尺寸就只针对当前页面，而不会影响到其他页面。

图2-5

技巧与提示

“出血”是排版设计的专用词，意思是文本的配图在页面显示为溢出状态，超出页边的距离为出血，如图2-6所示。出血区域在打印装帧时可能会被切掉，以确保在装订时应该占满页面的文字或图像不会留白。

图2-6

第2种：单击页面或其他空白处，可以切换到页面的设置属性栏，如图2-7所示。在属性栏中可以对页面的尺寸、方向以及应用方式进行调整。调整相关数值以后，单击“当前页”按钮可以将设置仅应用于当前页；单击“所有页面”按钮可以将设置应用于所有页面。

图2-7

2.添加页面

如果页面不够，还可以在原有页面上快速添加页面，在页面下方的导航器上有页数显示与添加页面的相关按钮，如图2-8所示。添加页面的方法有以下4种。

图2-8

第1种：单击页面导航器前后的“添加页”按钮，可以在当前页的前后添加一个或多个页面。这种方法适用于在当前页前后快速添加多个连续的页面。

第2种：选中要插入页的页面标签，然后单击鼠标右键，接着在弹出的菜单中选择“在后面插入页面”命令或“在前面插入页面”命令，如图2-9所示。注意，这种方法适用于在当前页面的前后添加一个页面。

第3种：在当前页面上单击鼠标右键，然后在弹出的菜单中选择“再制页面”命令，打开“再制页面”对话框，如图2-10所示。在该对话框中可以插入页面，同时还可以选择插入页面的前后顺序。另外，如果在插入页面的同时勾选“仅复制图层”选项，那么插入的页面将保持与当前页面相同的设置；如果勾选“复制图层及其内容”选项，那么不仅可以复制当前页面的设置，还会将当前页面上的所有内容也复制到插入的页面上。

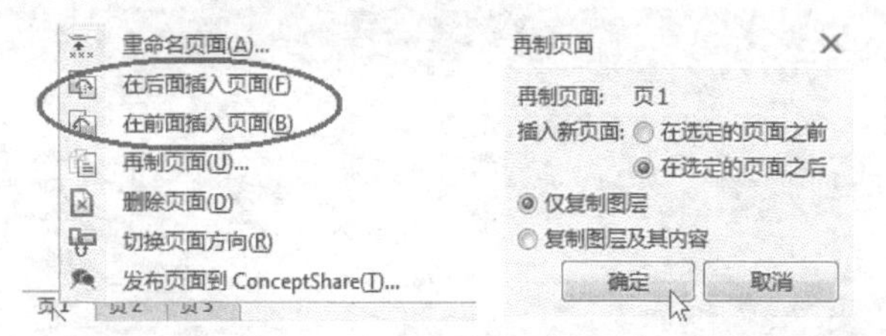

图2-9　　图2-10

第4种：在“布局”菜单下执行相关的命令。

3.切换页面

如果需要切换到其他的页面进行编辑，可以单击页面导航器上的页面标签进行快速切换，或者单击 ◂ 按钮和 ▸ 按钮进行跳页操作。如果要切换到起始页或结束页，可以单击 ⏮ 按钮和 ⏭ 按钮。

技巧与提示

如果当前文档的页面过多，不方便执行页面切换操作，可以在页面导航器的页数上单击鼠标左键，如图2-11所示。然后在弹出的“转到某页”对话框中输入要转到的页码，如图2-12所示。

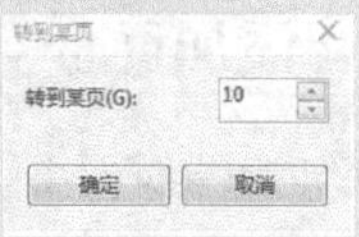

图2-11　　图2-12

4.打开文件

如果计算机中有CorelDRAW的保存文件，可以采用以下5种方法将其打开进行继续编辑。

第1种：执行“文件>打开”菜单命令，然后在弹出的“打开绘图”对话框中找到要打开的CorelDRAW文件（标准格式为.cdr），如图2-13所示。在“打开绘图”对话框中单击右上角的预览图标按钮，还可以查看文件的缩略图效果。

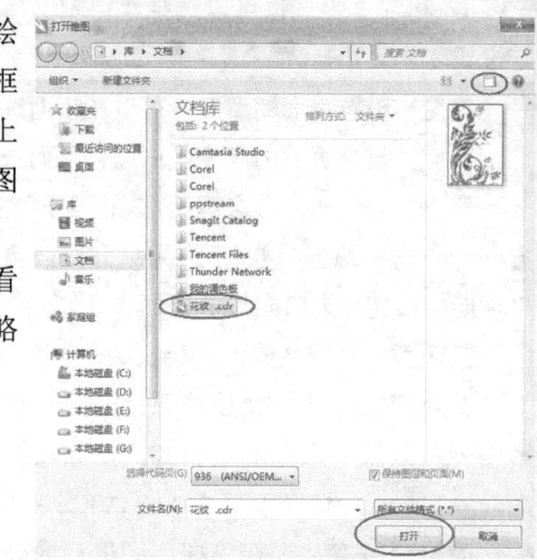

图2-13

第2种：在常用工具栏中单击“打开”图标也打开“打开绘图”对话框。

第3种：在“欢迎屏幕”对话框中单击最近使用过的文档（最近使用过的文档会以列表的形式排列在“打开最近用过的文档”下面）。

第4种：在文件夹中找到要打开的CorelDRAW文件，然后双击鼠标左键将其打开。

第5种：在文件夹里找到要打开的CorelDRAW文件，然后使用鼠标左键将其拖曳到CorelDRAW 的操作界面中的灰色区域将其打开，如图2-14所示。

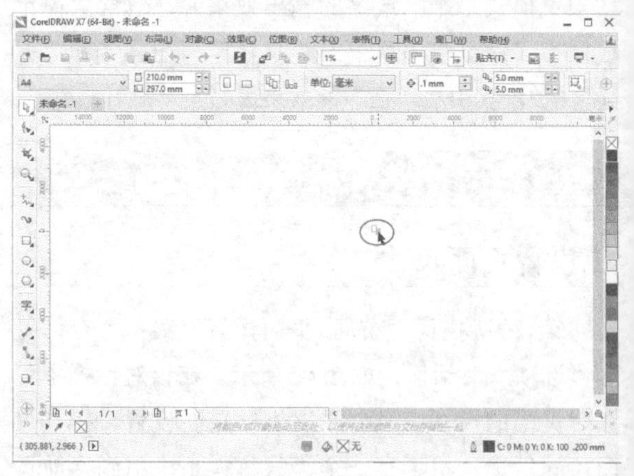

图2-14

2.1.4 在文档内导入其他文件

在实际工作中，经常需要将其他文件导入到文档中进行编辑，如.jpg、.ai和.tif格式的素材文件，可以采用以下3种方法将文件导入到文档中。

第1种：执行“文件>导入”菜单命令，然后在弹出的“导入”对话框中选择需要导入的文件，如图2-15所示。接着单击“导入”按钮 导入 准备好导入，待光标变为直角形状时单击鼠标左键进行导入，如图2-16所示。

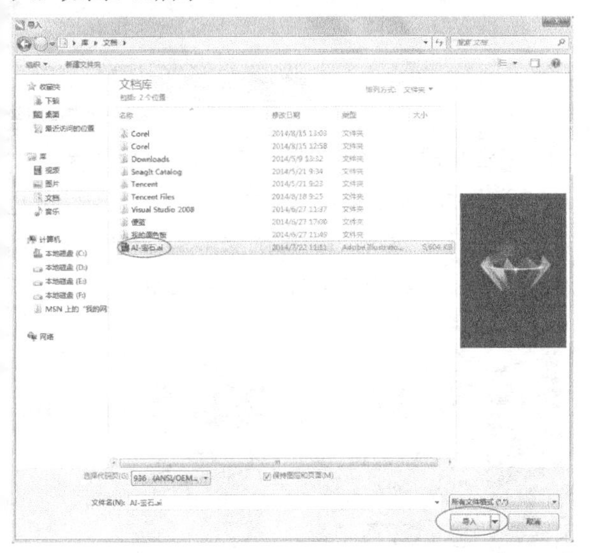

图2-15

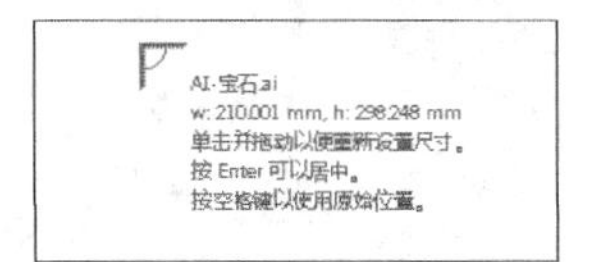

图2-16

技巧与提示

在确定导入文件后，可以选用以下3种方式来确定导入文件的位置与大小。

第1种：移动到适当的位置单击鼠标左键进行导入，导入的文件为原始大小，导入位置在鼠标单击点处。

第2种：移动到适当的位置使用鼠标左键拖曳出一个范围，然后松开鼠标左键，导入的文件将以定义的大小进行导入。这种方法常用于页面排版。

第3种：直接按Enter键，可以将文件以原始大小导入到文档中，同时导入的文件会以居中的方式放在页面中。

第2种：在常用工具栏上单击“导入”按钮，也可以打开“导入”对话框。

第3种：在文件夹中找到要导入的文件，然后将其拖曳到编辑的文档中。采用这种方法导入的文件会按原比例大小进行显示。

2.1.5 视图的缩放与移动

1.视图的缩放

缩放视图的方法有以下3种。

第1种：在“工具箱”中单击“缩放工具”，光标会变成形状，此时在图像上单击鼠标左键，可以放大图像的显示比例；如果要缩小显示比例，可以单击鼠标右键，或按住Shift键待光标变成形状时单击鼠标左键进行缩小显示比例操作。

技巧与提示

如果要让所有编辑内容都显示在工作区内，可以直接双击“缩放工具”。

第2种：单击“缩放工具”，然后在该工具的属性栏中进行相关操作，如图2-17所示。

200%

图2-17

【参数详解】

放大：放大显示比例。

缩小：缩小显示比例。

缩放选定对象：选中某个对象后，单击该按钮可以将选中的对象完全显示在工作区中。

缩放全部对象：单击该按钮可以将所有编辑内容都显示在工作区内。

显示页面：单击该按钮可以显示页面内的编辑内容，超出页面边框太多的内容将无法显示。

按页宽显示：单击该按钮将以页面的宽度值最大化自适应显示在工作区内。

按页高显示：单击该按钮将以页面的高度值最大化自适应显示在工作区内。

第3种：滚动鼠标中键（滑轮）进行放大缩小操作。如果按住Shift键滚动，则可以微调显示比例。

技巧与提示

在全页面显示或最大化全界面显示时，文档内容并不会紧靠工作区边缘标尺，而是会留出出血范围，方便进行选择编辑和查看边缘。

2.试图移动

在编辑过程中，移动视图位置的方法有以下3种。

第1种：在“工具箱”中“缩放工具”位置按住鼠标左键拖动打开下拉工具组，然后单击“平移工具”，再按住鼠标左键平移视图位置，如图2-18所示，在使用“平移工具”时不会移动编辑对象的位置，也不会改变视图的比例。

图2-18

第2种：使用鼠标左键在导航器上拖曳滚动条进行视图平移。

第3种：按住Ctrl键滚动鼠标中键（滑轮）可以左右平移视图；按住Alt键滚动鼠标中键（滑轮）可以上下平移视图。

2.1.6 撤销与重做

在编辑对象的过程中，如果前面任意操作步骤出错时，我们可以使用“撤销”命令和“重做”命令进行撤销重做，撤销与重做的使用方法有以下两种。

第1种：执行“编辑>撤销”菜单命令可以撤销前一步的编辑操作，或者按快捷键Ctrl+Z进行快速操作；执行“编辑>重做”菜单命令可以重做当前撤销的操作步骤，或者按快捷键Ctrl+Shift+Z进行快速操作。

第2种：在“常用工具栏”中单击“撤销”后面的按钮打开可撤销的步骤选项，单击撤销的步骤名称可以快速撤销该步骤与之后的所有步骤；单击“重做”后面的按钮打开可重做的步骤选项，单击重做的步骤名称可以快速重做该步骤与之前的所有步骤。

2.1.7 导出文件

编辑完成的文档可以导出为不同的保存格式，方便用户导入其他软件中进行编辑，导出方法有以下两种。

第1种：执行“文件>导出”菜单命令打开“导出”对话框，然后选择保存路径，在“文件名”后面的文本框中输入名称，接着设置文件的“保存类型”（如AI、BMP、GIF、JPG），最后单击“导出”按钮，如图2-19所示。

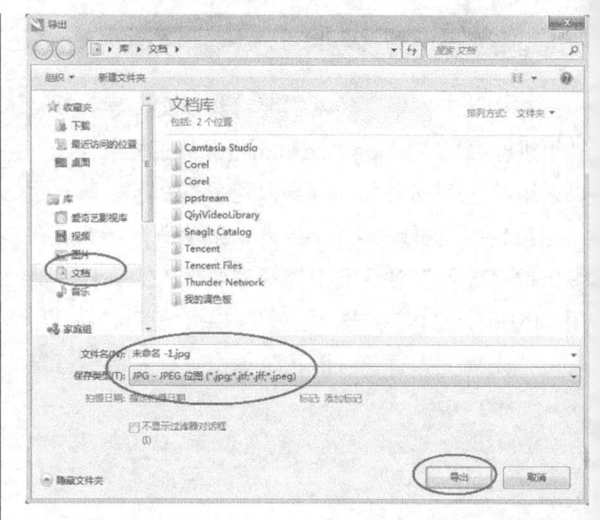

图2-19

当选择的“保存类型”为JPG时，弹出“导出到JPEG”对话框，然后设置“颜色模式”（CMYK、RGB、灰度），再设置“质量”调整图片输出显示效果（通常情况下选择高），其他的默认即可，如图2-20所示。

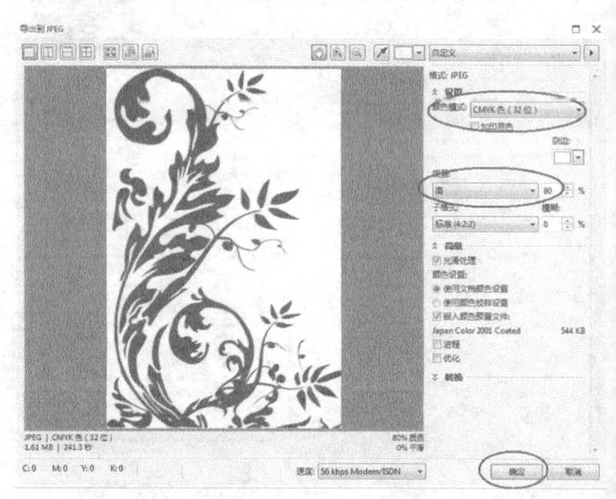

图2-20

第2种：在“常用工具栏”上单击“导出”按钮，打开“导出”对话框进行操作。

技巧与提示

导出时有两种导出方式：第一种为导出页面内编辑的内容，是默认的导出方式；第二种在导出时勾选“只是选定的”复选框，导出的内容为选中的目标对象。

2.1.8 关闭与保存文档

1.关闭文档

关闭文档的方法有以下两种。

第1种：单击菜单栏末尾的 × 按钮进行快速关闭。在关闭文档时，未进行编辑的文档可以直接关闭；编辑后的文档关闭时会弹出提示用户是否进行保存的对话框，如图2-21所示。单击 取消 按钮取消关闭，单击 否(N) 按钮关闭时不保存文档，单击 是(Y) 按钮关闭文档时弹出“保存绘图”对话框设置保存文档。

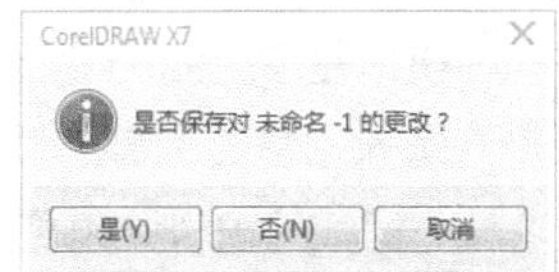

图2-21

第2种：执行“文件>关闭”菜单命令可以关闭当前编辑文档；执行“文件>全部关闭”菜单命令可以关闭打开的所有文档，如果关闭的文档都编辑过，那么，在关闭时会依次弹出提醒是否保存的对话框。

2.直接保存文档

文档保存的方法有3种。

第1种：执行“文件>保存”菜单命令进行保存，打开后设置保存路径，在“文件名”后面的文本框中输入名称，再选择“保存类型”接着单击“保存”按钮 保存 进行保存，如图2-22所示。注意，首次进行保存才会打开“保存绘图”对话框，以后就可以直接覆盖保存。

图2-22

执行“文件>另存为”菜单命令，弹出“保存绘图”对话框，然后在“文件名”后面的文本框中修改当前名称，接着单击“保存”按钮 保存 ，保存的文件不会覆盖原文件，如图2-23所示。

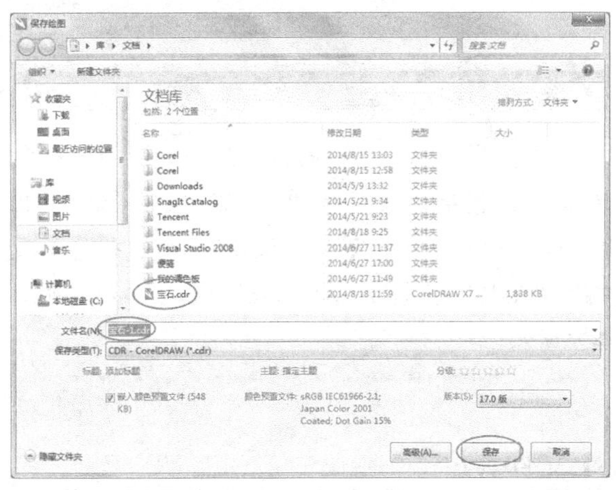

图2-23

执行“文件>保存为模板”菜单命令，弹出“保存绘图”对话框，注意，保存为模板时默认保存路径为默认模板位置Corel>Core Content>Templates，“保存类型”为CDT- CorelDRAW Template，如图2-24所示。

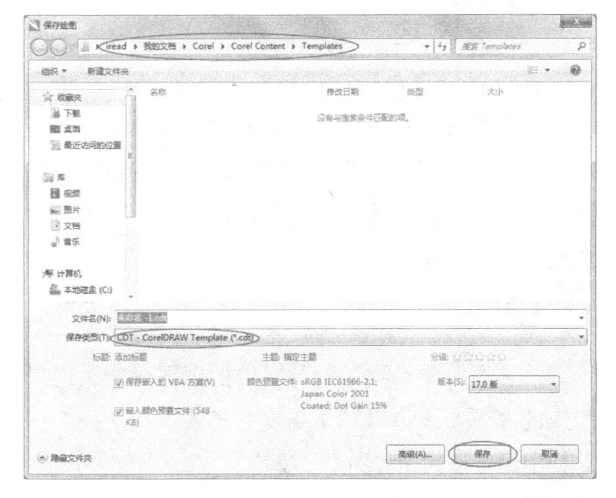

图2-24

第2种：在“常用工具栏”中单击“保存”按钮 进行快速保存。

第3种：按快捷键Ctrl+S进行快速保存。

2.2 标题栏与菜单栏

2.2.1 标题栏

标题栏位于界面的最上方，标注软件名称CorelDRAW X7（64-Bit）和当前编辑文档的名称，如图2-25所示，标题显示黑色为激活状态。

图2-25

2.2.2 菜单栏

菜单栏包含CorelDRAW X7中常用的各种菜单命令，包括“文件”“编辑”“视图”“布局”“对象”“效果”“位图”“文本”“表格”“工具”“窗口”和“帮助”12组菜单，如图2-26所示。

图2-26

1.文件菜单

“文件”菜单可以对文档进行基本操作，选择相应菜单命令可以进行页面的新建、打开、关闭、保存等操作，也可以进行导入、导出或执行打印设置、退出等操作。

2.编辑菜单

“编辑”菜单用于进行对象编辑操作，选择相应的菜单命令可以进行步骤的撤销与重做，也可以进行对象的剪切、复制、粘贴、选择性粘贴、删除，还可以再制、克隆、复制属性、步长和重复、全选、查找并替换。

3.视图菜单

“视图”菜单用于进行文档的视图操作。选择相应的菜单命令可以对文档视图模式进行切换、调整视图预览模式和界面显示操作。

【参数详解】

简单线框：单击该命令可以将编辑界面中的对象显示为轮廓线框。在这种视图模式下，矢量图形将隐藏所有效果（渐变、立体化等）只显示轮廓线；位图将颜色统一显示为灰度。

线框：线框和简单线框相似，区别在于，位图是以单色进行显示。

草稿：单击该命令可以将编辑界面中的对象显示为低分辨率图像，使打开文件的速度和编辑文件的速度变快。在这种模式下，矢量图边线粗糙，填色与效果以基础图案显示。

普通：单击该命令可以将编辑界面中的对象正常显示（以原分辨率显示）。

增强：单击该命令可以将编辑界面中的对象显示为最佳效果。在这种模式下，矢量图的边缘会尽可能平滑，图像越复杂，处理效果的时间越长。

像素：单击该命令可以将编辑界面中的对象显示为像素格效果，放大对象比例可以看见每个像素格。

模拟叠印：单击该命令将图像直接模拟叠印效果。

光栅化复合效果：将图像分割成小像素块，可以和光栅插件配合使用更换图片颜色。

校样颜色：单击该命令将图像快速校对位图的颜色，减小显示颜色或输出的颜色偏差。

全屏预览：将所有编辑对象进行全屏预览，按F9键可以进行快速切换，这种方法并不会将所有编辑的内容显示。

只预览选定的对象：将选中的对象进行预览，没有被选中的对象被隐藏。

页面排序器视图：将文档内编辑的所有页面以平铺手法进行预览，方便在书籍、画册编排时进行查看和调整。

视图管理器：以泊坞窗的形式进行视图查看。

页：在子菜单可以选择需要的页面类型，“页边框”用于显示或隐藏页面边框，在隐藏页边框时可以进行全工作区编辑；“出血”用于显示或隐藏出血范围，方便用户在排版中调整图片的位置；“可打印区域”用于显示或隐藏文档输出时可以打印的区域，出血区域会被隐藏，方便我们在排版过程中浏览板式。

网格：在子菜单可以选择添加的网格类型，包括“文档网格”“像素网格”“基线网格”。

标尺：单击该命令可以进行标尺的显示或隐藏。

辅助线：单击该命令可以进行辅助线的显示或隐藏，在隐藏辅助线时不会将其删除。

对齐辅助线：单击该命令可以在编辑对象时进行自动对齐。

动态辅助线：单击该命令开启动态辅助线，将会自动贴齐物件的节点、边缘、中心，或文字的基准线。

贴齐：在子菜单选取相应对象类型进行贴齐，使用贴齐后，当对象移动到目标吸引范围会自动贴靠。该命令可以配合网格、辅助线、基线等辅助工具进行使用。

4.布局菜单

“布局”菜单用于文本编排时的操作。在该菜单下可以执行页面和页码的基本操作。

【参数详解】

插入页面：单击该命令可以打开“插入页面”对话框，进行插入新页面操作。

再制页面：在当前页前或后，复制当前页或当前页及其页面内容。

重命名页面：重新命名页面名称。

删除页面：删除已有的页面，可以输入删除页面的范围。

转到某页：快速跳转至文档中某一页。

插入页码：在子菜单选择插入页码的方式进行操作，包括“位于活动图层”“位于所有页”“位于所有奇数页”和“位于所有偶数页”，如图2-27所示。

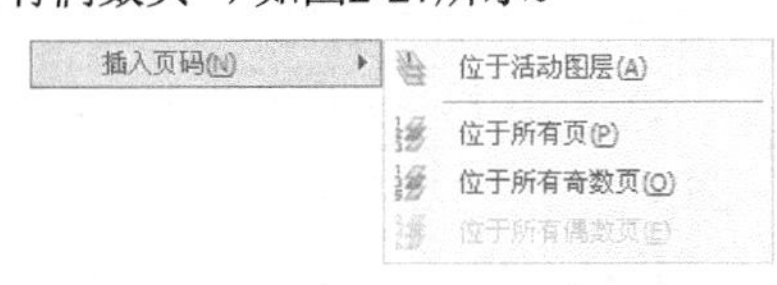

图2-27

技巧与提示

注意，插入的页码可以自动生成，具有流动性，如果删除或移动中间任意页面，页码会自动更新，不用重新进行输入编辑。

页码设置：执行“布局>页码设置”菜单命令，打开“页码设置”对话框，在该对话框中可以设置“起始编号”和“起始页”的数值，同时还可以设置页码的“样式”，如图2-28所示。

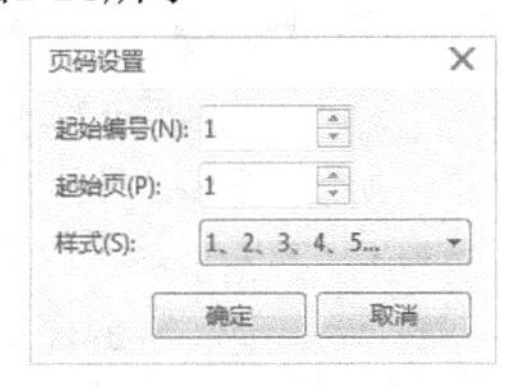

图2-28

切换页面方向：切换页面的横向或纵向。

页面设置：可以打开“选项”菜单设置页面基础参数。

页面背景：在菜单栏执行“布局>页面背景”命令，打开“选项”对话框，如图2-29所示。默认为无背景；勾选纯色背景后在下拉颜色选项中可以选择背景颜色；勾选位图后可以载入图片作为背景。勾选“打印和导出背景”选项，可以在输出时显示填充的背景。

图2-29

页面布局：可以打开“选项”菜单设置，启用“对开页”复选框，内容将合并到一页中。

5.对象菜单

“对象”菜单用于对象编辑的辅助操作。

在该菜单下可以对对象进行插入条码、插入QR码、验证条形码、插入新对象、链接、符号、图框精确剪裁，可以对对象进行形状变换、排放、组合、锁定、造形，可以将轮廓转为对象、链接曲线、叠印填充、叠印轮廓、叠印位图、对象提示的操作，还可以对对象属性、对象管理器进行对象批量处理等操作。

6.效果菜单

“效果”菜单用于图像的效果编辑。在该菜单下可以进行位图的颜色校正调节以及矢量图的材质效果的加载。

7.位图菜单

“位图”菜单可以进行位图的编辑和调整，也可以为位图添加特殊效果。

8.文本菜单

“文本”菜单用于文本的编辑与设置，在该菜单下可以进行文本的段落设置、路径设置和查询操作。

9.表格菜单

“表格”菜单用于文本中表格的创建与设置。在该菜单栏下可以进行表格的创建和编辑，也可以进行文本与表格的转换操作。

10.工具菜单

“工具”菜单用于打开样式管理器进行对象的批量处理。

【参数详解】

选项：打开“选项”对话框进行参数设置，可以对“工作区”“文档”和“全局”进行分项目设置，如图2-30所示。

图2-30

自定义：在“选项”对话框中设置自定义选项。

将设置另存为默认设置：可以将设定好的数值保存为软件默认设置，即使再次重启软件也不会变。

颜色管理：在下拉菜单中可以选择相应的设置类型，包括“默认设置”和“文档设置”两个命令。

创建：在下拉菜单中可以创建相应的图样类型，包括“箭头”“字符”和“图样填充”，3个命令。

宏：用于快速建立批量处理动作，并进行批量处理。执行“工具>宏>开始记录”菜单命令，弹出“宏记录”对话框，在“宏名”框中输入名称，在“将宏保存至”框中，选择保存宏的模板或文档，再在“描述”框中，输入对宏的描述，接着单击“确定”按钮开始记录。

11.窗口菜单

“窗口”菜单用于调整窗口文档视图和切换编辑窗口，在该菜单下可以进行文档窗口的添加、排放和关闭。

技巧与提示

打开的多个文档窗口在菜单最下方显示，正在编辑的文档前方显示对钩，单击选择相应的文档可以进行快速切换编辑。

【参数详解】

新建窗口：用于新建一个文档窗口。

刷新窗口：刷新当前窗口。

关闭：关闭当前文档窗口。

全部关闭：将打开的所有文档窗口关闭。

层叠：将所有文档窗口进行叠加预览。

水平平铺：将所有文档窗口进行水平方向平铺预览。

垂直平铺：将所有文档窗口进行垂直方向平铺预览。

合并窗口：将所有窗口以正常的方式进行排列预览。

停靠窗口：将所有窗口以前后停靠的方式进行预览。

工作区：引入了各种针对具体工作量身制定的工作区，可以帮助新用户更快、更轻松地掌握该套件。

泊坞窗：在子菜单可以单击添加相应的泊坞窗。

工具栏：在子菜单可以单击添加界面相应工作区。

调色板：在下拉菜单可以单击载入相应的调色板，默认状态下显示“文档调色板”和“默认调色板”。

技巧与提示

关掉菜单栏后无法调出“窗口”菜单进行重新显示菜单栏，这时可以在标题栏下方任意工具栏上单击鼠标右键，在弹出的下拉菜单中勾选打开误删的菜单栏，如图2-31所示。

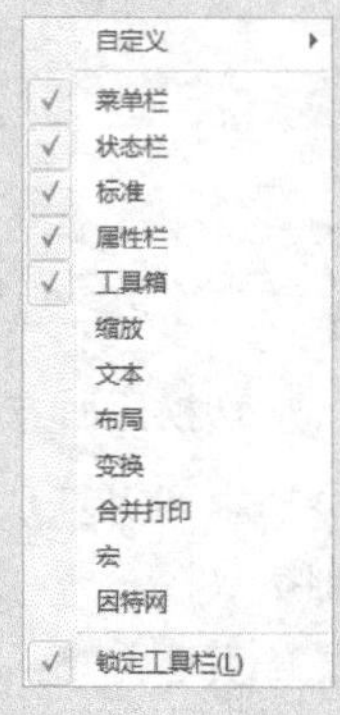

图2-31

如果工作界面所有工作栏都关闭掉，无法进行右键恢复时，按快捷键Ctrl+J打开“选项”对话框，然后选择“工作区”选项，接着勾选“默认”选项，最后单击“确定” 复原默认工作区，如图2-32所示。

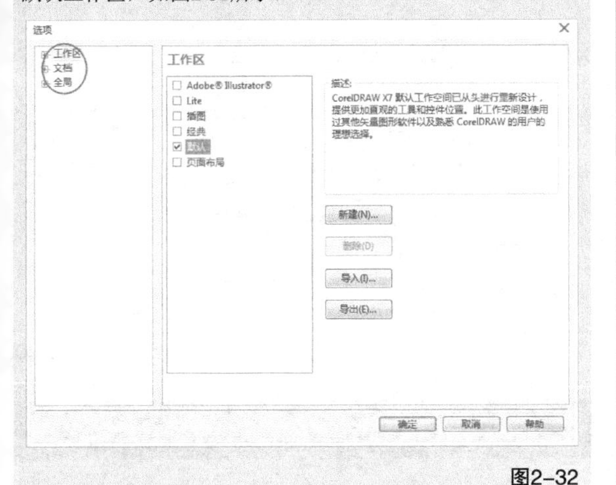

图2-32

12.帮助菜单

“帮助”菜单用于新手入门学习和查看CorelDRAW X7软件的信息。

【参数详解】

产品帮助：在会员登录的状态下单击打开在线帮助文本。

欢迎屏幕：用于打开“快速入门”的欢迎屏幕。

视频教程：在会员登录的状态下单击打开在线视频教程。

提示：单击打开“提示”泊坞窗，当使用“工具箱”中的工具时可以提示该工具的作用和使用方法。

快速开始指南：可以打开CorelDRAW X7软件自带的入门指南。

专家见解：可以进行部分工具的学习使用。

新增功能：单击打开“新增功能”欢迎屏幕，对新增加的功能进行了解。

突出显示新增功能：单击打开下拉子菜单，选择相应做对比的以往CorelDRAW版本，选择“无突出显示”命令可以关闭突出显示。

更新：单击该命令可以开始在线更新软件。

CorelDRAW.com:单击该命令，访问CoreIDRAW社区网站，用户可以联系、学习和分享在线世界。

Corel支持：单击打开在线帮助了解版本与格式的支持。

关于CorelDRAW会员资格：单击打开介绍窗口，介绍CorelDRAW会员资格。

账户设置：单击该命令可以打开“登录”对话框，如果有账户就登录，没有可以创建。

关于CorelDRAW：开启CorelDRAW X7的软件信息。

2.3 常用工具栏

“常用工具栏”包含CorelDRAW X7软件的常用基本工具图标，方便直接单击使用，如图2-33所示。

图2-33

【参数详解】

新建：开始创建一个新文档。

打开：打开已有的cdr文档。

保存：保存编辑的内容。

打印：将当前文档打印输出。

剪切：剪切选中的对象。

复制：复制选中的对象。

粘贴：从剪切板中粘贴对象。

撤销：取消前面的操作（在下拉面板可以选择撤销的详细步骤）。

重做：重新执行撤销的步骤（在下拉面板可以选择重做的详细步骤）。

搜索内容：使用Corel CONNECT X7泊坞窗进行搜索字体、图片等连接。

导入：将文件导入正在编辑的文档。

导出：将编辑好的文件另存为其他格式进行输出。

发布为PDF：将文件导出为PDF格式。

缩放级别 68%：输入数值来指定当前视图的缩放比例。

全屏预览：显示文档的全屏预览。

显示网格：显示或隐藏文档网格。

显示辅助线：显示或隐藏辅助线。

贴齐 贴齐(T)：在下拉选项中选择页面中对象的贴齐方式，如图2-34所示。

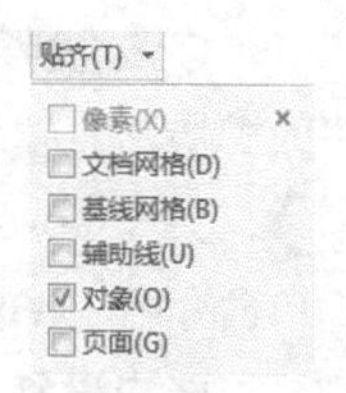

图2-34

欢迎屏幕：快速开启“立即开始”对话框。

选项：快速开启“选项”对话框进行相关设置。

应用程序启动器：快速启动CorelDRAW X7的其他应用程序，如图2-35所示。

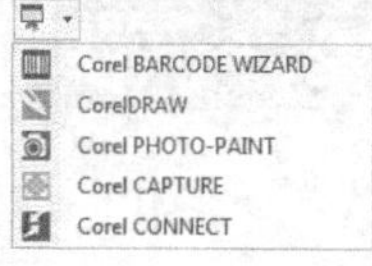

图2-35

2.4 属性栏

单击“工具箱”中的工具时，属性栏中就会显示该工具的属性设置。属性栏在默认情况下为页面属性设置，如图2-36所示，如果单击矩形工具则切换为矩形属性设置，如图2-37所示。

图2-36

图2-37

2.5 工具箱

“工具箱”包含文档编辑的常用基本工具，以工具的用途进行分类，如图2-38所示，按住左键拖动工具右下角的下拉箭头可以打开隐藏的工具组，可以单击更换需要的工具，如图2-39所示。

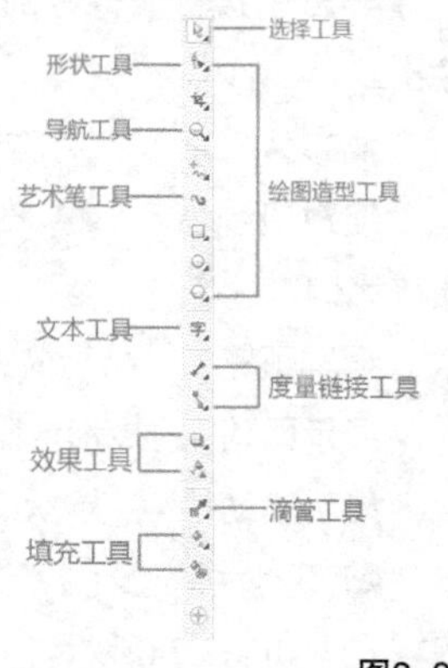

图2-38

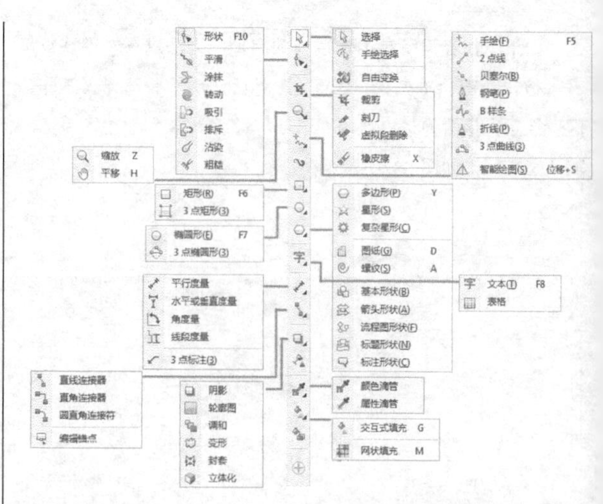

图2-39

2.6 标尺

标尺起到辅助精确制图和缩放对象的作用，默认情况下，原点坐标位于页面左下角，如图2-40所示，在标尺交叉处拖曳可以移动原点位置，回到默认原点要双击交标尺叉点。

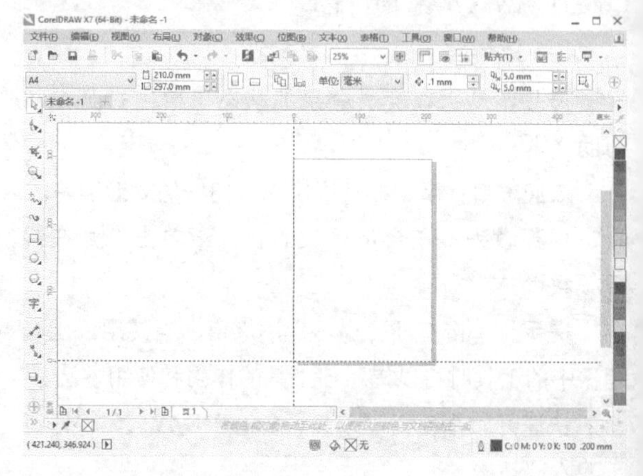

图2-40

2.6.1 辅助线的操作

辅助线是帮助用户进行准确定位的虚线。辅助线可以位于绘图窗口的任何地方，不会在文件输出时输显示，使用鼠标左键拖曳可以添加或移动平行辅助线、垂直辅助线和倾斜辅助线。

1.辅助线的设置

设置辅助线的方法有以下两种。

第1种：将光标移动到水平或垂直标尺上，然后按住鼠标左键直接拖曳设置辅助线，如果设置倾斜辅助线，可以选中垂直或水平辅助线，接着使用逐渐单击进行旋转角度，这种方法用于大概定位。

第2种：在“选项”对话框进行辅助线设置添加辅助线，用于精确定位。

【参数详解】

水平辅助线：在“选项”对话框选择“辅助线>水平”选项，设置好数值单击“添加”“移动”“删除”或“清除”按钮进行操作，如图2-41所示。

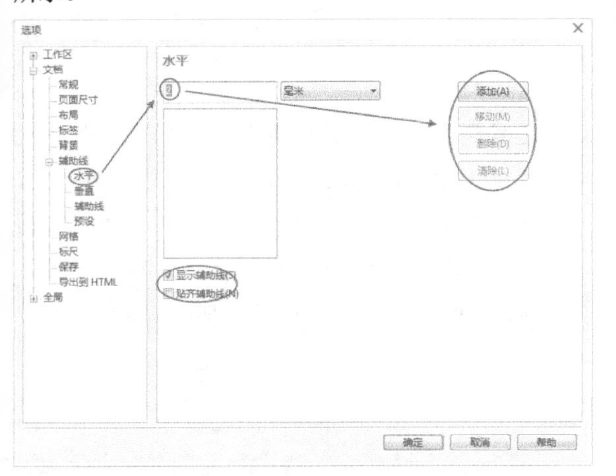

图2-41

垂直辅助线：在“选项”对话框选择“辅助线>垂直”选项，设置好数值单击“添加”“移动”“删除”或“清除”按钮进行操作，如图2-42所示。

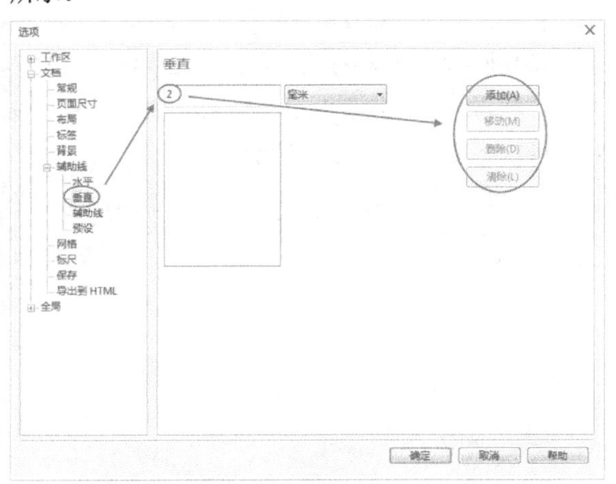

图2-42

倾斜辅助线：在“选项”对话框选择“辅助线>辅助线”选项，设置旋转角度单击“添加”“移动”“删除”或“清除”按钮进行操作，如图2-43所示。“2点”选项表示*x*、*y*轴上的两点，可以分别输入数值精确定位，如图2-44所示；“角度和1点”选项表示某一点与某角度，可以精确设定角度，如图2-45所示。

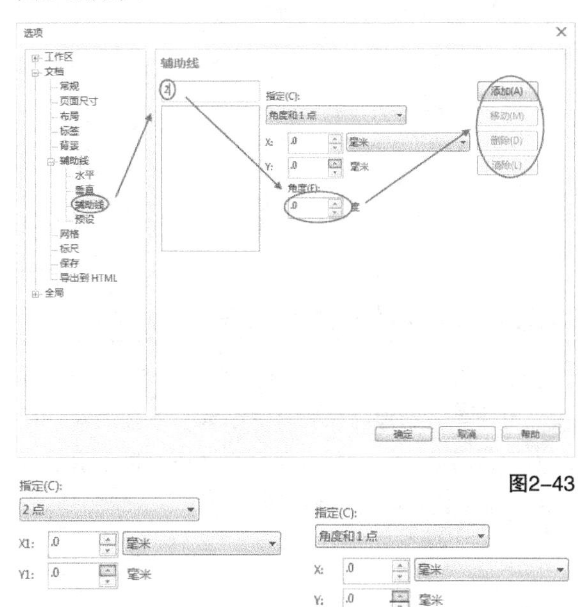

图2-43

图2-44

图2-45

辅助线的预设：在“选项”对话框选择“辅助线>预设”页面，可以勾选“Corel预设”或“用户定义预设”进行设置（默认为“Corel预设”），根据需要勾选“一厘米页边距”“出血区域”“页边框”“可打印区域”“三栏通讯”“基本网格”和“左上网格”进行预设，如图2-46所示；选择“用户定义预设”可以自定义设置，如图2-47所示。

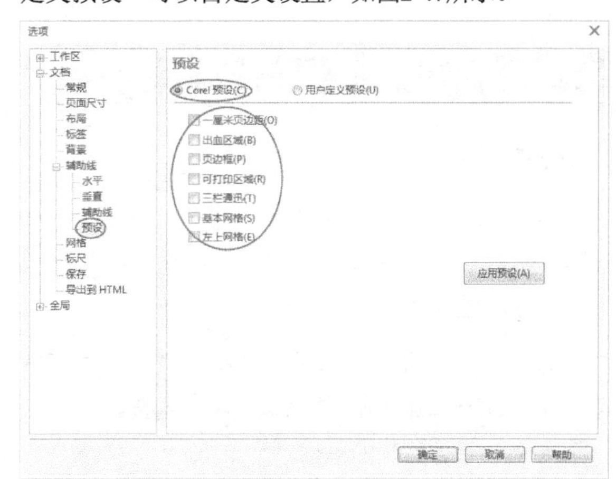

图2-46

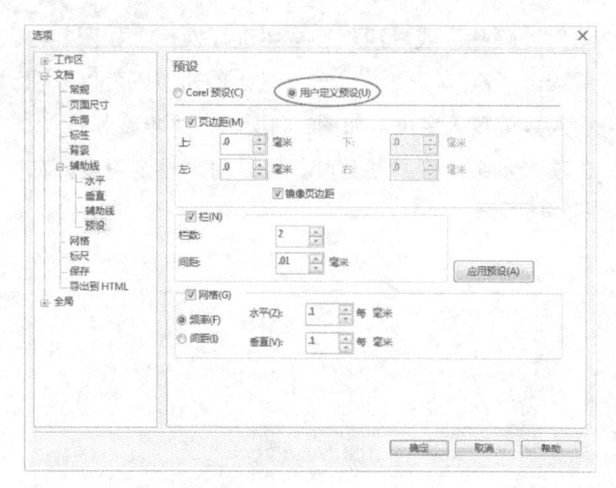

图2-47

2.显示和隐藏辅助线

在“选项”对话框中选择“文档>辅助线”选项，勾选“显示辅助线”复选框为显示辅助线，反之为隐藏辅助，为了分辨辅助线，还可以设置显示辅助线的颜色，如图2-48所示。

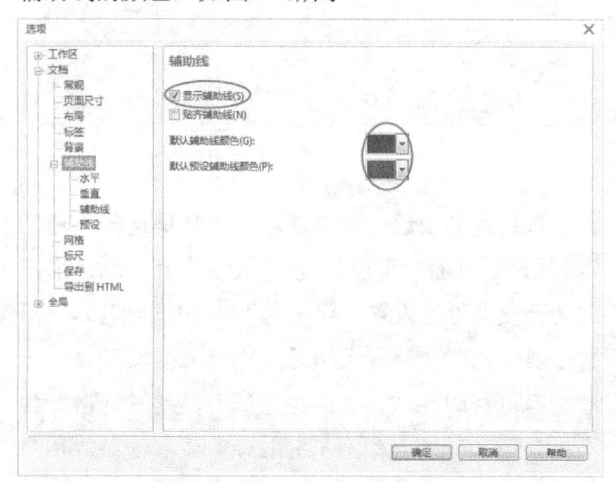

图2-48

2.6.2 标尺的设置与位移

1.设置标尺

在“选项”对话框中选择“标尺”选项进行标尺的相关设置，如图2-49所示。

【参数详解】

微调：在下面的“微调”“精密微调”“细微调”下拉列表选项中输入数值进行精确调整。

单位：设置标尺的单位。

原始：在下面的“水平”和“垂直”文本框内输入数值可以确定原点的位置。

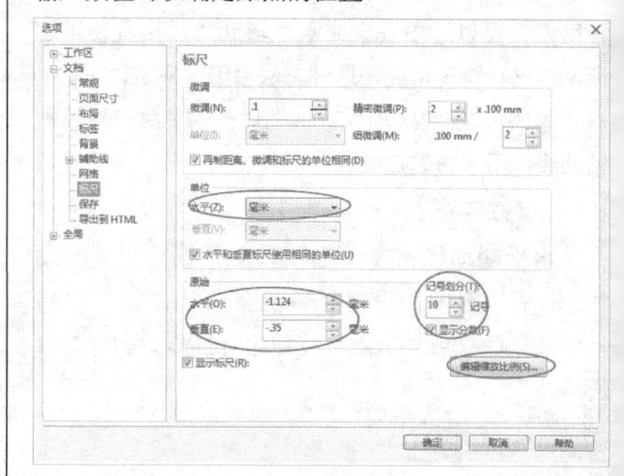

图2-49

记号划分：输入数值可以设置标尺的刻度记号，范围最大为20、最小为2。

编辑缩放比例：单击“编辑缩放比例”按钮 编辑缩放比例(S)... 弹出“绘图比例”对话框，在“典型比例”下拉列表选项中选择不同的比例，如图2-50所示。

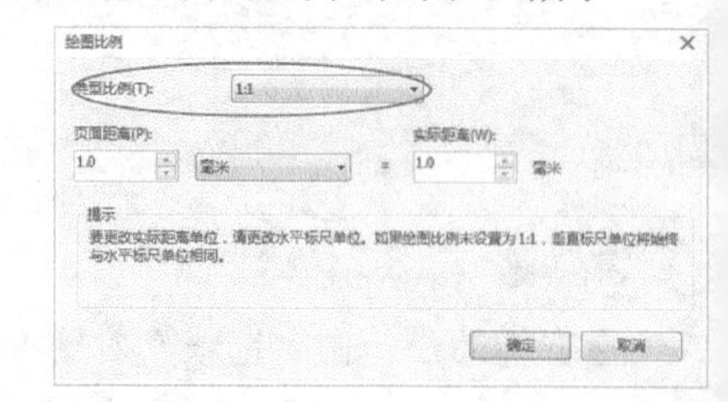

图2-50

2.移动标尺位置

移动标尺的方法有以下两种。

第1种：整体移动标尺位置。将光标移动到标尺交叉处原点上，按住Shift键的同时按住鼠标左键移动标尺交叉点，如图2-51所示。

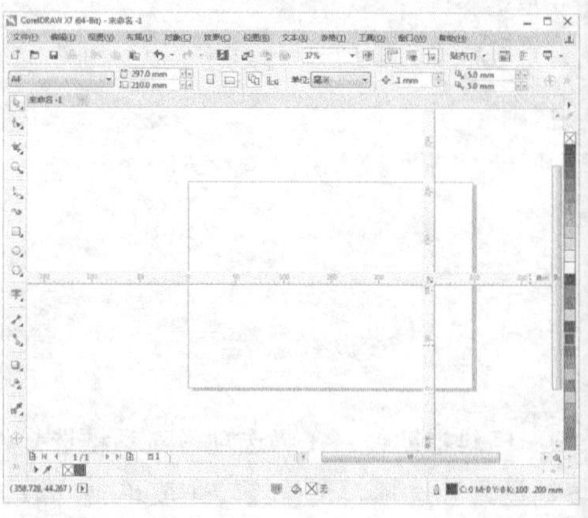

图2-51

第2种：分别移动水平或垂直标尺。将光标移动到水平或垂直标尺上，按住Shift键的同时按住鼠标左键移动位置，如图2-52和图2-53所示。

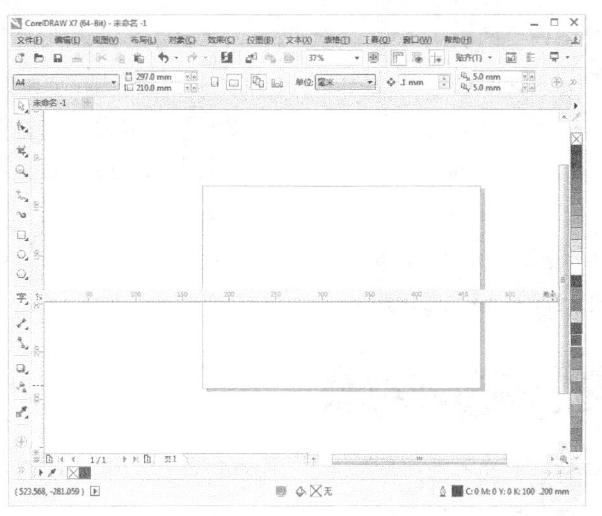

图2-52

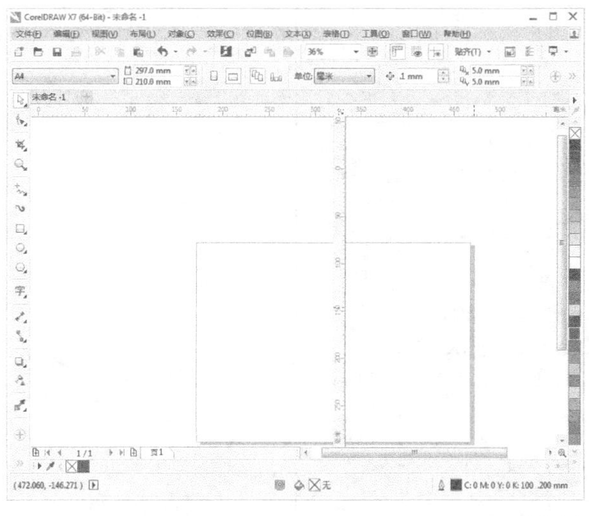

图2-53

2.7 页面

页面指工作区中的矩形区域，表示会被输出显示的内容，页面外的内容不会进行输出，编辑时可以自定页面大小和页面方向，也可以建立多个页面进行操作。

2.8 导航器

导航器可以进行视图和页面的定位引导，可以执行跳页和视图移动定位等操作。

2.9 状态栏

状态栏可以显示当前鼠标所在位置、文档信息。

2.10 调色板

调色板方便用户进行快速便捷的颜色填充，在色样上单击鼠标左键可以填充对象颜色，单击鼠标右键可以填充轮廓线颜色。用户可以根据相应的菜单栏操作进行调色板颜色的重置和调色板的载入。

技巧与提示

文档调色板位于导航器下方，显示文档编辑过程中使用过的颜色，方便用户进行文档用色预览和重复填充对象。

2.11 泊坞窗

泊坞窗主要是用来放置管理器和选项面板的，使用切换可以单击图标激活展开相应选项面板，如图2-54所示，执行“窗口>泊坞窗” 菜单命令可以添加相应的泊坞窗。

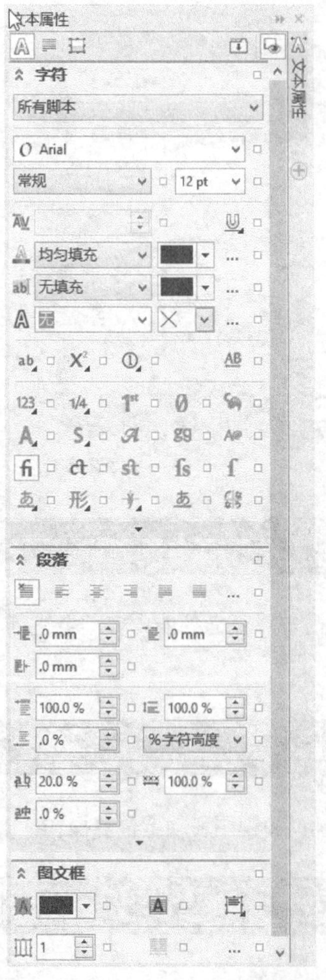

图2-54

2.12 本章小结

本章主要讲解的是CorelDRAW X7这款软件的基本操作方法和工作面板的基本知识。对这款软件进行最直观的解析，可以为深入学习这款软件奠定基础，只有在对操作面板和窗口有所了解之后，才能灵活运用软件。

第3章

对象操作

本章将介绍编辑对象的操作和控制方法，其中不仅包括移动对象，旋转对象这类相对简单的操作，也包括锁定和解锁对象这类相对重要的功能操作。在学习编辑对象的过程中不论是简单操作还是复杂操作，在以后的软件操作中都非常重要，不仅是基础，也是不可缺少的一项知识技能。

课堂学习目标

对象的选择
对象基本变换
复制对象
对象控制
对象的对齐与分布
步长与重复运用

3.1 选择对象

在文档编辑过程中需要选择单个或多个对象进行编辑，下面进行详细讲解。

3.1.1 选择单个或多个对象

单击“工具栏”上的“选择工具”，当该对象四周出现黑色控制点时，表示对象被选中。

1.选择单个对象

单击“工具栏”上的“选择工具”，单击要选择的对象，当选中对象后，可以对其进行移动和变换等操作，如图3-1所示。

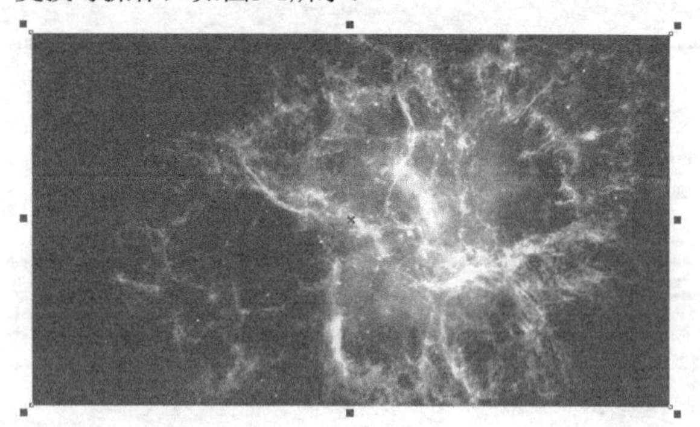

图3–1

2.选择多个对象

选择多个对象的方法有两种。

第1种：单击“工具栏”上的“选择工具”，然后按住鼠标左键在空白处拖动出虚线矩形范围，如图3-2所示，松开鼠标后，该范围内的对象全部选中，如图3-3所示。

图3–2

图3–3

技巧与提示

多选后出现乱排的白色方块，是因为当进行多选时会出现对象重叠的现象，因此用白色方块表示选择的对象位置，一个白色方块代表一个对象。

第2种：单击“手绘选择工具”，然后按住鼠标左键在空白处拉出一个不规则范围，如图3-4所示，范围内的对象被全部选择。

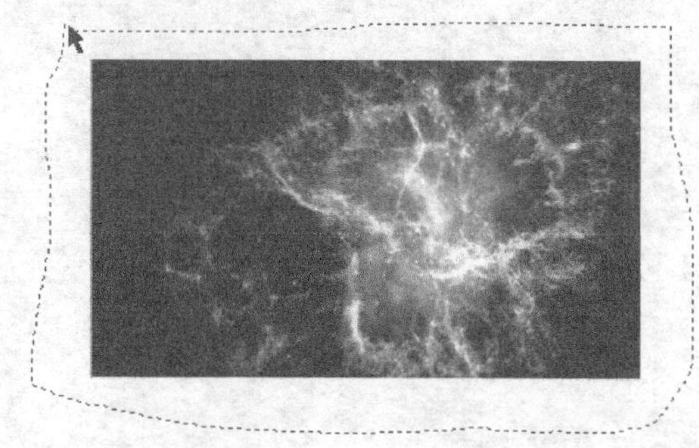

图3–4

3.1.2 选择多个不相连对象

单击“选择工具”，然后按住Shift键再逐个单击不相连的对象进行加选。

3.1.3 按顺序选择

单击“选择工具”，然后选中最上面的对象，接着按Tab键按照从前到后的顺序依次选择编辑的对象。

3.1.4 全选对象

全选对象的方法有3种。

第1种：单击“选择工具”，然后按住鼠标左键在所有对象外围拖动虚线矩形，再松开鼠标将所有对象全选。

第2种：双击“选择工具”可以快速全选编辑的内容。

第3种：执行“编辑>全选”菜单命令，在子菜单选择相应的类型可以全选该类型所有的对象，如图3-5所示。

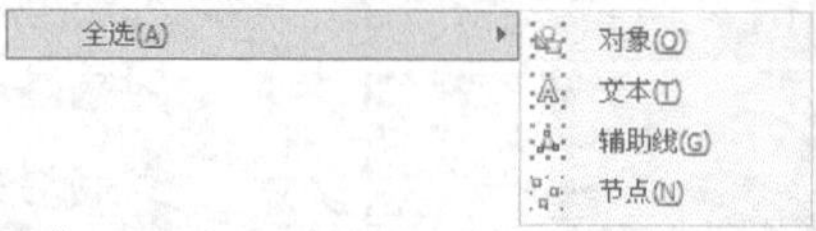

全选(A)
对象(O)
文本(T)
辅助线(G)
节点(N)

图3–5

【参数详解】

对象：选取绘图窗口中所有的对象。

文本：选取绘图窗口中所有的文本。

辅助线：选取绘图窗口中所有的辅助线，选中的辅助线以红色显示。

节点：选取当前选中对象的所有节点。

3.1.5 选择覆盖对象

选择被覆盖的对象时，可以在使用“选择工具”选中上方对象后，按住Alt键同时再单击鼠标左键，可以选中下面被覆盖的对象。

3.2 对象基本变换

在编辑对象时，选中对象可以进行简单快捷的变换或辅助操作，使对象效果更丰富。下面进行详细的讲解。

3.2.1 移动和旋转对象

移动和旋转都是对操作对象的修饰和编辑，使对象效果更加丰富。

1.移动对象

移动对象的方法有3种。

第1种：选中对象，当光标变为✥时，按住鼠标左键进行拖曳移动（不精确）。

第2种：选中对象，然后利用键盘上的方向键进行移动（相对精确）。

第3种：选中对象，然后执行“对象>变换>位置”菜单命令打开“变换”面板，接着在x轴和y轴后面的文本框中输入数值，再选择移动的相对位置，最后单击“应用”按钮“应用”，如图3-6所示。

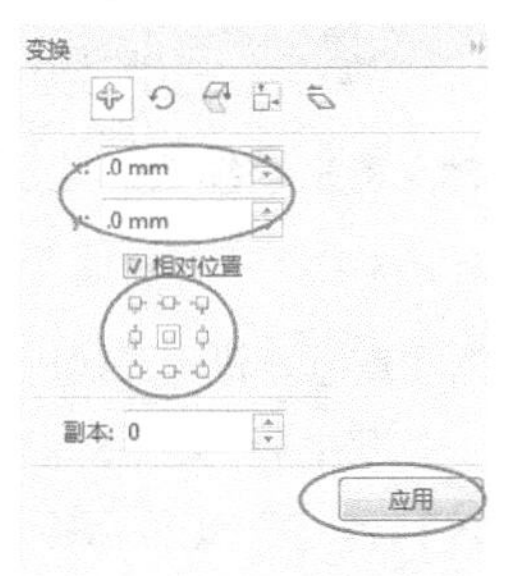

图3-6

2.旋转对象

旋转的方法有3种。

第1种：双击需要旋转的对象，出现旋转箭头后才可以进行旋转，如图3-7所示。然后将光标移动到标有曲线箭头的锚点上，按住鼠标左键拖动旋转，如图3-8所示，可以按住鼠标左键移动旋转的中心点。

图3-7

图3-8

第2种：选中对象后，在属性栏中“旋转角度”后面的文本框中输入数值进行旋转，如图3-9所示。

图3-9

第3种：选中对象后，然后执行“对象>变换>旋转”菜单命令打开“变换”面板，再设置“旋转角度”数值，接着选择相对旋转中心，最后单击“应用”按钮“应用”，如图3-10所示。

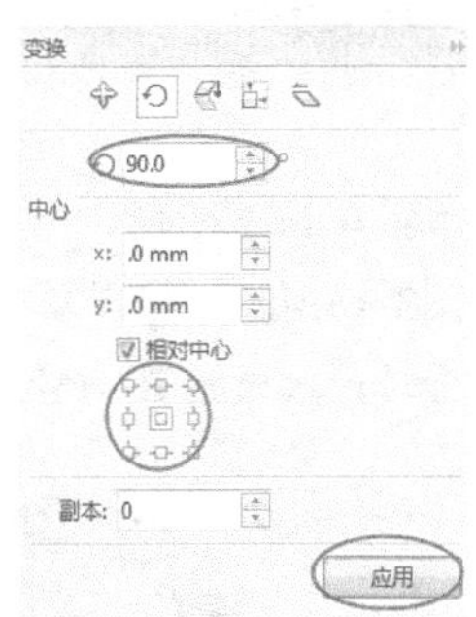

图3-10

课堂案例

用旋转和移动制作标志

实例位置	实例文件>CH03>课堂案例：用旋转和移动制作标志.cdr
素材位置	素材文件>CH03> 01.cdr、02.cdr
视频位置	多媒体教学>CH03>课堂案例：用旋转和移动制作标志.mp4
技术掌握	旋转和移动的运用方法

运用旋转和移动制作标志，通常会运用到店面logo,或者名片标志，效果如图3-11所示。

01 启动CorelDRAW，单击“新建”按钮打开“创建新文档”对话框，创建名称为“用旋转和移动制作标志”的空白文档，具体参数设置如图3-12所示。

图3-11

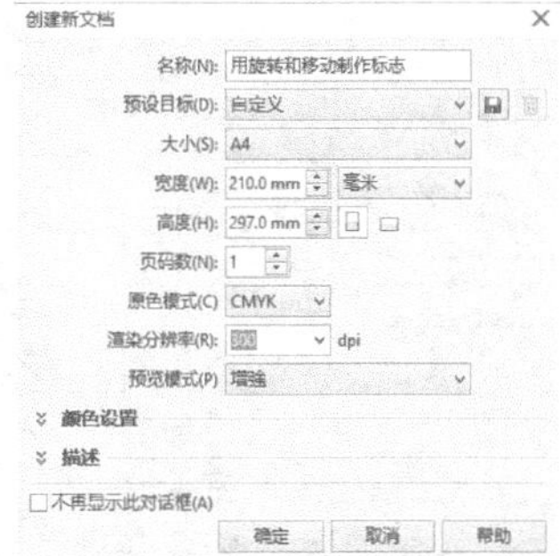

图3-12

02 单击“导入”图标打开对话框，导入“素材文件>CH03>01.cdr”文件，拖曳到页面中调整大小，然后将其拖曳到“标志设计”的操作页面中，如图3-13所示。接着选中该图形执行“排列>变换>旋转”菜单命令，设置“角度”为“90”、“副本”为“3”，如图3-14所示。

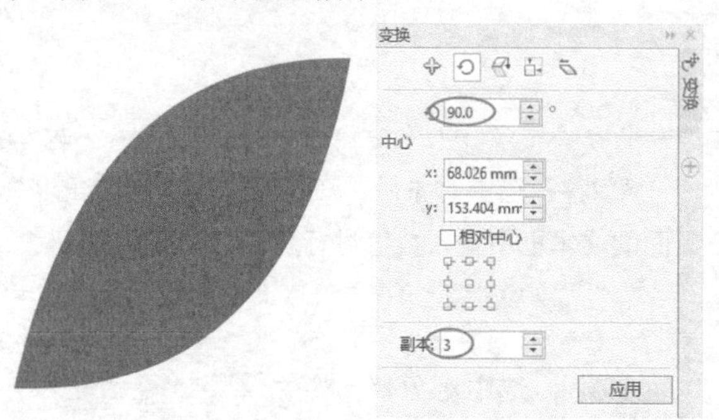

图3-13　　图3-14

03 单击该图形，然后将重心拖曳到图形下方，如图3-15所示，接着单击“应用”按钮（应用），完成旋转，效果如图3-16所示。

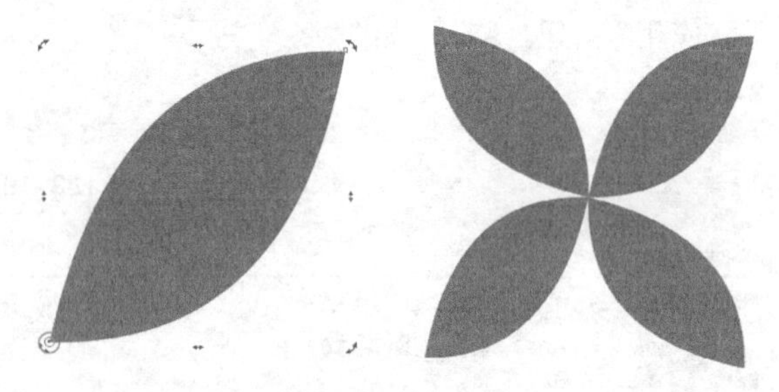

图3-15　　图3-16

04 单击选中左上角的树叶，然后单击“均匀填充”工具■，在弹出的“均匀填充”对话框中单击“调色板”模式，接着在“名称”的下拉选框中单击“秋橘红”，如图3-17所示，完成填充，效果如图3-18所示。

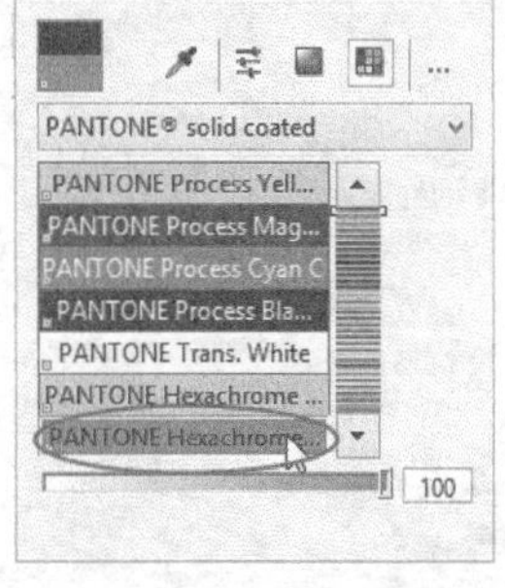

图3-17　　图3-18

05 选中左下角的树叶然后适当放大，如图3-19所示，接着导入“素材文件>CH03>02.cdr”文件，如图3-20所示，再选中该文本，用鼠标左键拖曳移动到页面中的适当位置。

图3-19　　图3-20

06 最后调整画面大小，最终效果如图3-21所示。

图3-21

3.2.2 缩放和镜像对象

1.缩放对象

缩放的方法有两种。

第1种：选中对象后，将光标移动到锚点上按住鼠标左键拖动缩放，蓝色线框为缩放大小的预览效果，如图3-22所示。从顶点开始进行缩放为等比例缩放；在水平或垂直锚点开始进行缩放会改变对象形状。

第2种：选中对象后，然后执行“对象>变换>缩放和镜像”菜单命令打开“变换”面板，在*x*轴和*y*轴后面的文本框中设置缩放比例，接着选择相对缩放中心，最后单击“应用”按钮（应用），如图3-23所示。

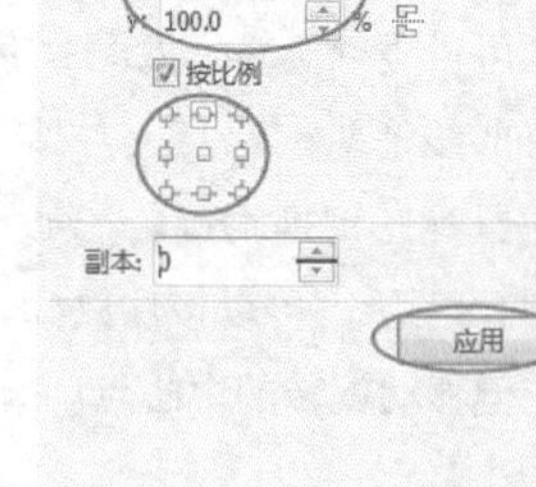

图3-22　　图3-23

2.镜像对象

镜像的方法有3种。

第1种：选中对象，按住Ctrl键的同时按住鼠标左键在锚点上进行拖动，松开鼠标完成镜像操作。向上或向下拖动为垂直镜像；向左或向右拖动为水平镜像。

第2种：选中对象，在属性面板上单击“水平镜像”按钮或“垂直镜像”按钮进行操作。

第3种：选中对象，然后执行“对象>变换>缩放和镜像”菜单命令打开“变换”面板，再选择相对中心，接着单击“水平镜像”按钮或“垂直镜像”按钮进行操作，如图3-24所示。

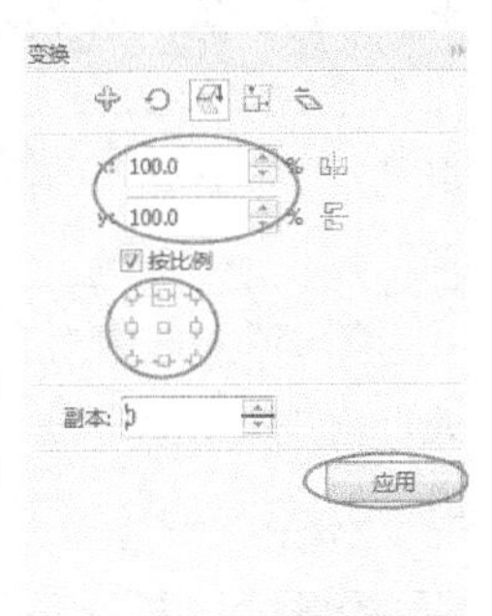

图3-24

课堂案例

用缩放和镜像制作花纹

实例位置　实例文件>CH03>课堂案例：用缩放和镜像制作花纹.cdr

素材位置　素材文件>CH03> 03.cdr、04.cdr、05.psd

视频位置　多媒体教学>CH03>课堂案例：用缩放和镜像制作花纹.mp4

技术掌握　缩放和镜像的运用方法

运用缩放和镜像制作花纹，一般会用在请柬或者祝福卡片上面，效果如图3-25所示。

图3-25

01 单击“导入”图标打开对话框，导入“素材文件>CH03>03.cdr”文件，拖曳到页面中调整大小，如图3-26所示。然后选中两个图形执行“排列>对齐和分布>在页面居中”菜单命令进行重叠，如图3-27所示。

图3-26　　图3-27

02 选中最上面的图形，然后复制一份进行放大，接着按快捷键Ctrl+End放置在最下层，最后调整3个图层的位置，效果如图3-28所示。

图3-28

03 单击“导入”图标打开对话框，导入“素材文件>CH03>04.cdr”文件，然后拖曳到页面中调整大小，如图3-29所示。接着分别复制图形使用“水平镜像”按钮和“垂直镜像”按钮进行镜像操作，效果如图3-30所示。

图3-29　　图3-30

04 导入“素材文件>CH03>05.psd”文件，拖曳到页面中调整大小，最终效果如图3-31所示。

图3-31

3.2.3 设置大小

设置对象大小的方法有两种。

第1种：选中对象，在属性面板的“对象大小”里输入数值进行操作，如图3-32所示。

图3-32

第2种：选中对象，然后执行“对象>变换>大小”菜单命令打开“变换”面板，接着在*x*轴和*y*轴后面的文本框中输入大小，再选择相对缩放中心，最后单击“应用”按钮[应用]，如图3-33所示。

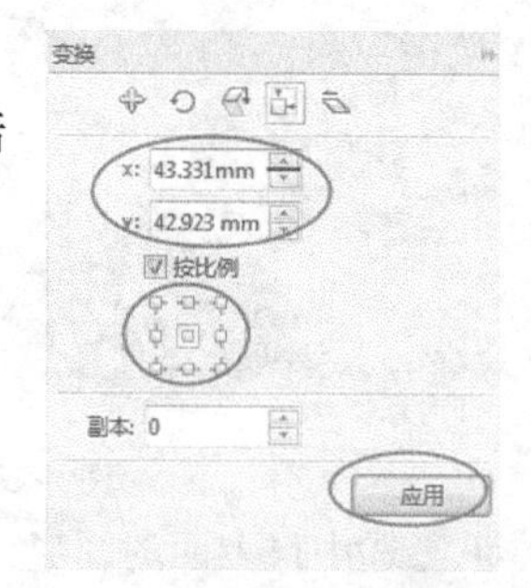

图3-33

3.2.4 倾斜处理

倾斜的方法有两种。

第1种：双击需要倾斜的对象，当对象周围出现旋转/倾斜箭头后，将光标移动到水平或直线上的倾斜锚点上，按住鼠标左键拖曳倾斜程度，如图3-34所示。

第2种：选中对象，然后执行“对象>变换>倾斜”菜单命令打开“变换”面板，接着设置*x*轴和*y*轴的数值，再选择“使用锚点”位置，最后单击“应用”按钮[应用]，如图3-35所示。

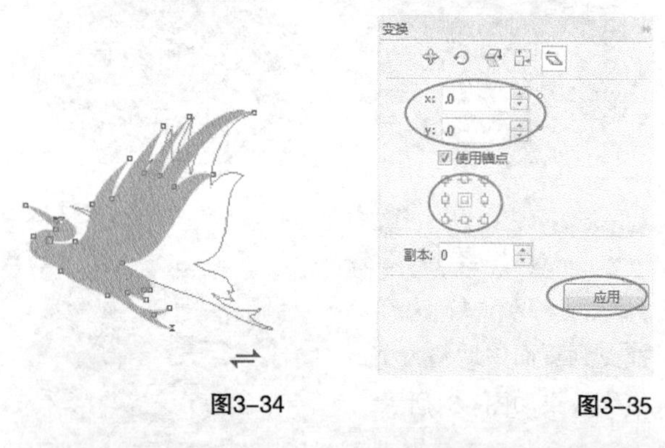

图3-34　图3-35

3.3 复制对象

在编辑图形的过程中有时会需要两个或多个相同的对象来组成画面，这时就需要用到复制编辑对象，下面进行详细讲解。

3.3.1 对象基础复制

对象复制的方法有以下6种。

第1种：选中对象，然后执行“编辑>复制”菜单命令，接着执行“编辑>粘贴”菜单命令，在原始对象上进行覆盖复制。

第2种：选中对象，然后单击鼠标右键，在下拉菜单中执行“复制”命令，接着将光标移动到需要粘贴的位置，再单击鼠标右键，在下拉菜单中执行“粘贴”命令完成。

第3种：选中对象，然后按快捷键Ctrl+C将对象复制在剪切板上，再按快捷键Ctrl+V在原位置粘贴。

第4种：选中对象，然后按键盘上的“+”加号键，在原位置上进行复制。

第5种：选中对象，然后在“常用工具栏”上单击“复制”按钮，再单击“粘贴”按钮进行原位置复制。

第6种：选中对象，然后按住左键拖动到空白处，出现蓝色线框进行预览，接着在释放鼠标左键前单击鼠标右键，完成复制。

3.3.2 对象的再制

我们在制图过程中，会利用再制进行花边、底纹的制作，对象再制可以将对象按一定规律复制为多个对象，再制的方法有两种。

第1种：选中对象，然后按住鼠标左键将对象拖动一定距离，接着执行“编辑>重复再制”菜单命令即可按前面移动的规律进行相同的再制。

第2种：在默认页面属性栏中，调整位移的“单位”类型（默认为毫米），然后调整“微调距离”的偏离数值，接着在“再制距离”上输入准确的数值，如图3-36所示。最后选中需再制的对象，按快捷键Ctrl+D进行再制。

图3-36

3.3.3 对象属性的复制

单击“选择工具”选中要赋予属性的对象，然后执行“编辑>复制属性自”菜单命令，打开“复制属性”对话框，勾选要复制的属性类型，接着单击“确定”按钮[确定]，如图3-37所示。

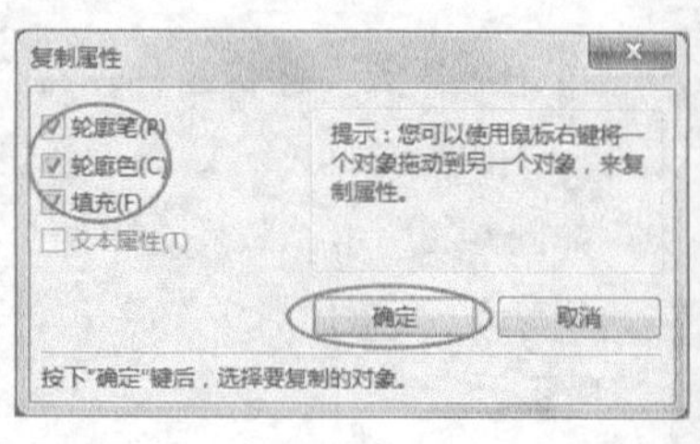

图3-37

【参数详解】

轮廓笔：复制轮廓线的宽度和样式。

轮廓色：复制轮廓线使用的颜色属性。

填充：复制对象的填充颜色和样式。

文本属性：复制文本对象的字符属性。

当光标变为➡时，移动到源文件位置单击鼠标左键完成属性的复制，如图3-38所示，复制后的效果如图3-39所示。

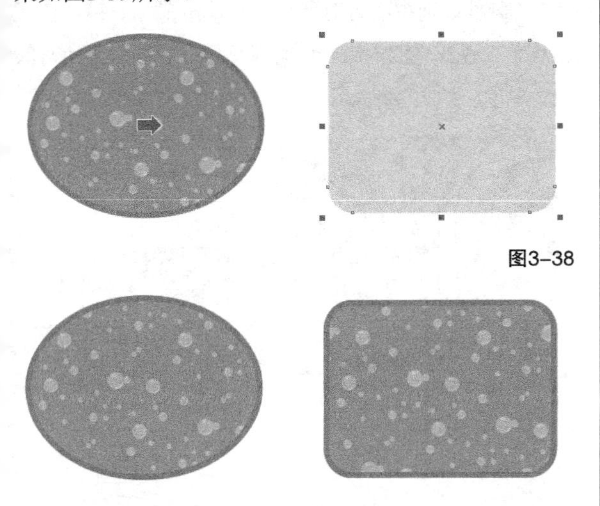

图3-38

图3-39

3.4 对象的控制

在编辑对象时为了方便操作，会对对象进行锁定或者群组，下面就是对对象控制操作的学习。

3.4.1 锁定和解锁

锁定和解锁对象都是为了让操作更加便捷。

1.锁定对象

锁定对象的方法有两种。

第1种：选中需要锁定的对象，然后单击鼠标右键，在弹出的下拉菜单中执行“锁定对象”命令完成锁定，如图3-40所示，锁定后的对象锚点变为小锁，如图3-41所示。

图3-40

图3-41

第2种：选中需要锁定的对象，然后执行“对象>锁定对象”菜单命令进行锁定。选择多个对象进行同样操作可以同时进行锁定。

2.解锁对象

解锁对象的方法有两种。

第1种：选中需要解锁的对象，然后单击鼠标右键，在弹出的下拉菜单中执行“解锁对象”命令完成解锁，如图3-42所示。

图3-42

第2种：选中需要解锁的对象，然后执行“对象>解锁对象” 菜单命令进行解锁。

技巧与提示

当无法全选锁定对象时，执行“对象>解除锁定全部对象”菜单命令可以同时解锁所有锁定对象。

3.4.2 组合对象与取消组合对象

在编辑复杂图像时，图像由很多独立对象组成，用户可以利用对象之间的编组进行统一操作，也可以解开组合对象进行单个对象操作。

1.组合对象

组合对象的方法有以下3种。

第1种：选中需要组合的所有对象，然后单击鼠标右键，在弹出的下拉菜单中选择“组合对象”命令，如图3-43所示，或者按快捷键Ctrl+G进行快速组合对象。

图3-43

第2种：选中需要组合的所有对象，然后执行“对象>组合对象”菜单命令进行组合。

第3种：选中需要组合的所有对象，在属性栏中单击“组合对象”图标进行快速组合。

2.取消组合对象

取消组合对象的方法有以下3种。

第1种：选中组合对象，然后单击鼠标右键，在弹出的下拉菜单中执行“取消组合对象”命令，如图3-44所示，或者按快捷键Ctrl+U进行快速解散。

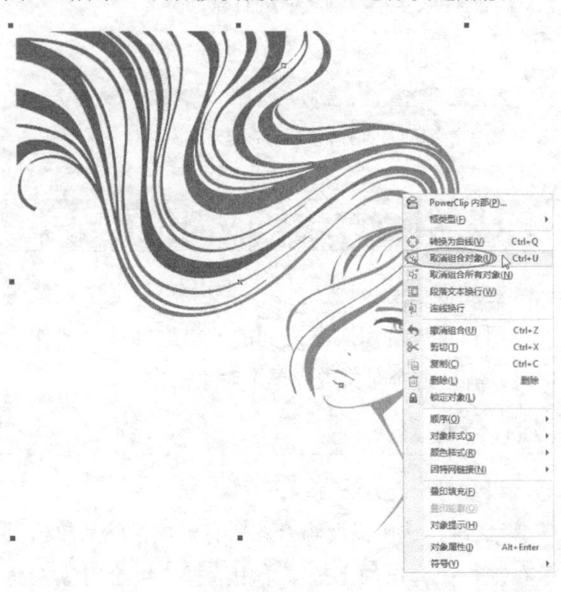

图3-44

第2种：选中组合对象，然后执行“对象>取消组合对象”菜单命令进行解组。

第3种：选中组合对象，然后在属性栏中单击“取消组合对象”图标进行快速解组。

3.取消组合所有对象

使用“取消组合所有对象”命令，可以将组合对象进行彻底解组，变为最基本的独立对象。取消全部组合对象的方法有以下3种。

第1种：选中组合对象，然后单击鼠标右键，在下拉菜单中执行“取消组合所有对象”命令，解开所有的组合对象，如图3-45所示（图中标出独立的两个组）。

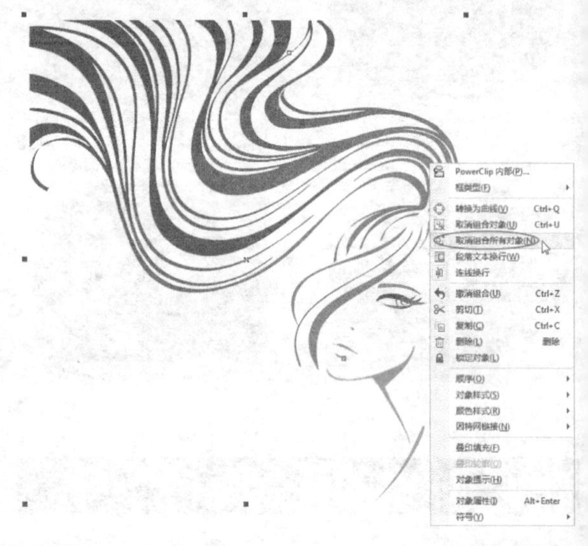

图3-45

第2种：选中组合对象，然后执行“对象>取消组合所有对象”菜单命令进行解组。

第3种：选中组合对象，然后在属性栏中单击“取消组合所有对象”图标进行快速解组。

3.4.3 对象的排列

在编辑图像时，通常利用图层的叠加组成图案或体现效果。可以把独立对象和群组的对象看为一个图层，如图3-46所示，排序方法有以下3种。

图3-46

第1种：选中相应的图层，单击鼠标右键，然后在弹出的下拉菜单上单击“顺序”命令，在子菜单选择相应的命令进行操作，如图3-47所示。

图3-47

【参数详解】

到页面前面/背面：将所选对象调整到当前页面的最前面或最后面，如图3-48所示，狮子鬃毛的位置。

图3-48

到图层前面/后面：将所选对象调整到当前页所有对象的最前面、最后面。

向前/后一层：将所选对象调整到当前所在图层的上面或下面，如图3-49所示，狮子的鬃毛逐步进行向下一层或向上一层。

图3-49

置于此对象前/后：单击该命令后，当光标变为➡形状时单击目标对象，如图3-50所示，可以将所选对象置于该对象的前面或后面，如图3-51所示的狮子鬃毛的位置。

图3-50 图3-51

逆序：选中需要颠倒顺序的对象，单击该按钮后对象按相反的顺序进行排列，如图3-52所示，狮子转身了。

图3-52

第2种：选中相应的图层后，执行“对象>顺序”菜单命令，在子菜单中选择操作。

第3种：按快捷键Ctrl+Home可以将对象置于顶层；按快捷键Ctrl+End可以将对象置于底层；按快捷键Ctrl+PageUp可以将对象往上移一层；按快捷键Ctrl+PageDown可以将对象往下移一层。

3.4.4 合并与拆分

合并与组合对象不同，组合对象是将两个或多个对象编成一个组，内部还是独立的对象，对象属性不变；合并是将两个或多个对象合并为一个全新的对象，其对象的属性也会随之变化。

合并与拆分的方法有以下3种。

第1种：选中要合并的对象，如图3-53所示，然后在属性面板上单击“合并”按钮合并为一个对象（属性改变），如图3-54所示。单击“拆分”按钮可以将合并对象拆分为单个对象（属性维持改变后的）排放顺序为由大到小排放。

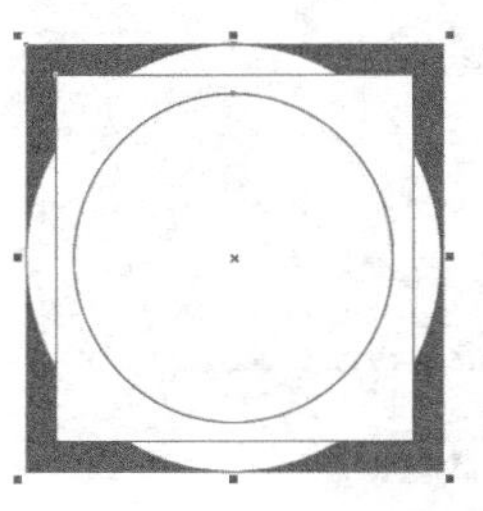

图3-53 图3-54

第2种：选中要合并的对象，然后单击鼠标右键，在弹出的下拉菜单中执行“合并”或“拆分”命令进行操作。

第3种：选中要合并的对象，然后执行“对象>合并”或“对象>拆分”菜单命令进行操作。

课堂案例

用合并制作仿古印章

实例位置	实例文件>CH03>课堂案例：用合并制作仿古印章.cdr
素材位置	素材文件>CH03>06.cdr、07.cdr、08.jpg、09.cdr
视频位置	多媒体教学>CH03>课堂案例：用合并制作仿古印章.mp4
技术掌握	合并的巧用

运用合并制作仿古印章，通常用在给绘制好的图片添加特殊水印上面，效果如图3-55所示。

图3-55

01 新建空白文档，然后设置文档名称为“仿古印章”，接着设置页面大小为“A4”、页面方向为“横向”。

02 导入“素材文件>CH03>06.cdr”文件，然后选中方块按快捷键Ctrl+C进行复制，再按快捷键Ctrl+V进行原位置粘贴，接着按住Shift键的同时按住鼠标左键向内进行中心缩放，如图3-56所示。

03 导入“素材文件>CH03>07.cdr”文件，然后拖曳到方块内部进行缩放，接着调整位置，如图3-57所示。

图3-56

图3-57

04 将对象全选，然后执行“对象>合并”菜单命令，得到完整的印章效果，如图3-58所示。

图3-58

05 下面为印章添加背景。导入“素材文件>CH03>08.jpg”和“素材文件>CH03>09.cdr”文件，然后将水墨画背景图拖曳到页面进行缩放，接着把书法字拖曳到水墨画的右上角，如图3-59所示。

06 将印章拖曳到书法字下方空白位置，然后缩放到适应大小，最终效果如图3-60所示。

图3-59

图3-60

3.5 对齐与分布

在编辑过程中可以进行很准确的对齐或分布操作，方法有以下两种。

第1种：选中对象，然后单击“对象>对齐与分布”菜单命令，在子菜单中选择相应的命令进行操作，如图3-61所示。

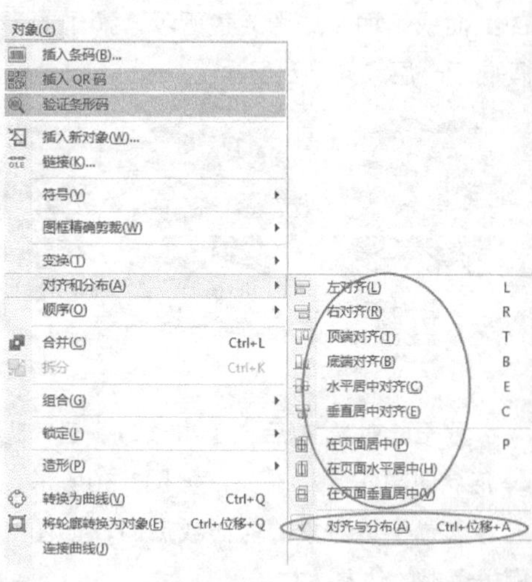

图3-61

第2种：选中对象，然后在属性栏中单击“对齐与分布”按钮打开“对齐与分布”面板进行单击操作。

下面就“对齐与分布”面板进行详细学习对齐与分布的相关操作。

3.5.1 对齐对象

在“对齐与分布”面板可以进行对齐的相关操作，如图3-62所示。

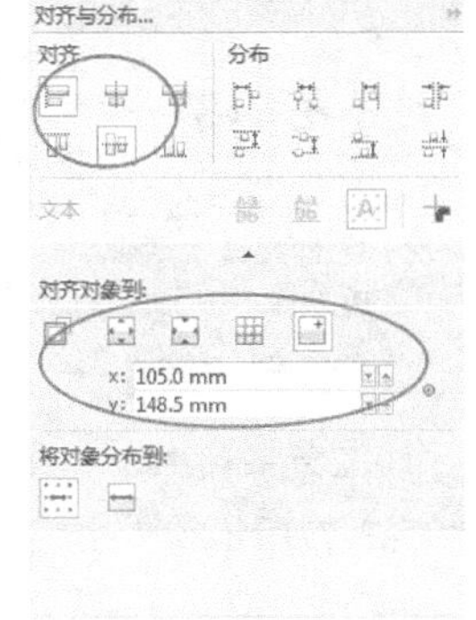

图3-62

1.单独使用

【参数详解】

左对齐：将所有对象向最左边进行对齐，如图3-63所示。

水平居中对齐：将所有对象向水平方向的中心点进行对齐，如图3-64所示。

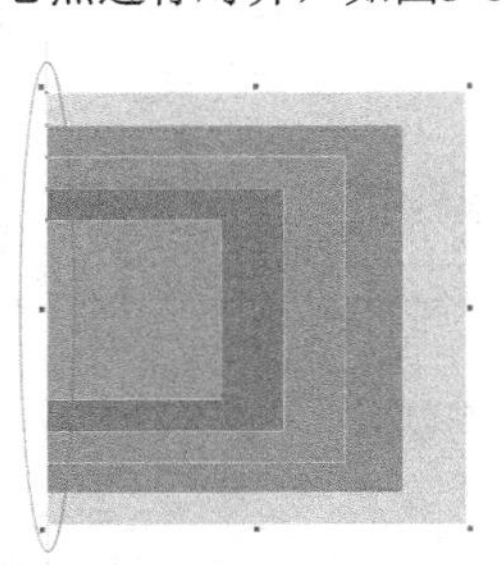

图3-63

图3-64

右对齐：将所有对象向最右边进行对齐，如图3-65所示。

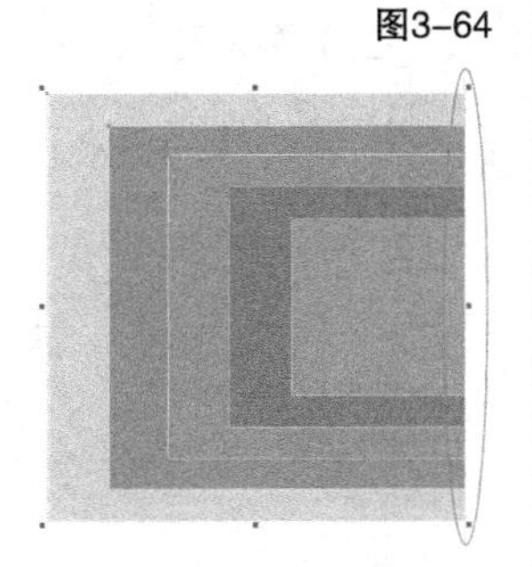

图3-65

上对齐：将所有对象向最上边进行对齐，如图3-66所示。

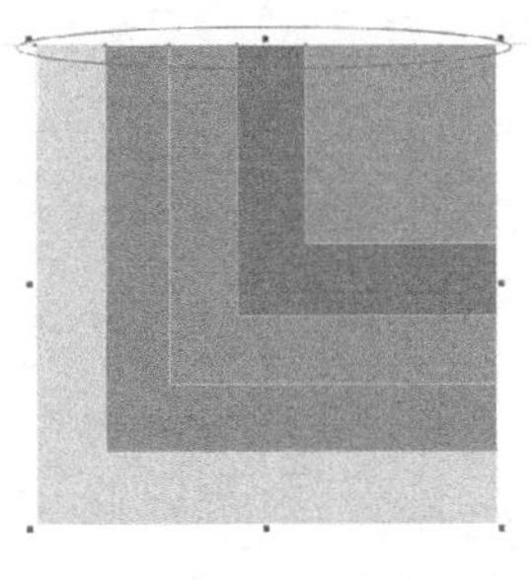

图3-66

垂直居中对齐：将所有对象向垂直方向的中心点进行对齐，如图3-67所示。

下对齐：将所有对象向最下边进行对齐，如图3-68所示。

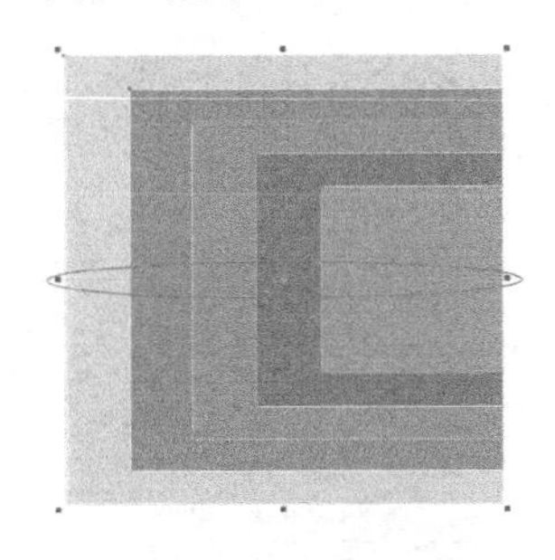

图3-67

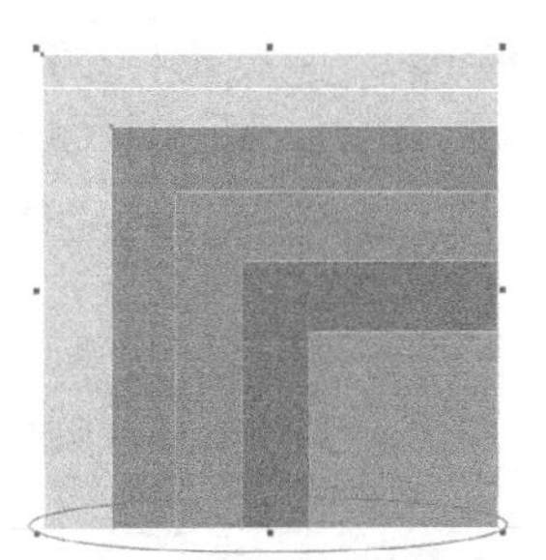

图3-68

2.混合使用

在进行对齐操作的时候，除了分别单独进行操作外，也可以进行组合使用，具体操作方法有以下5种。

第1种：选中对象，然后单击“左对齐”按钮再单击“上对齐”按钮，可以将所有对象向左上角进行对齐，如图3-69所示。

第2种：选中对象，然后单击“左对齐”按钮再单击“下对齐”按钮，可以将所有对象向左下角进行对齐，如图3-70所示。

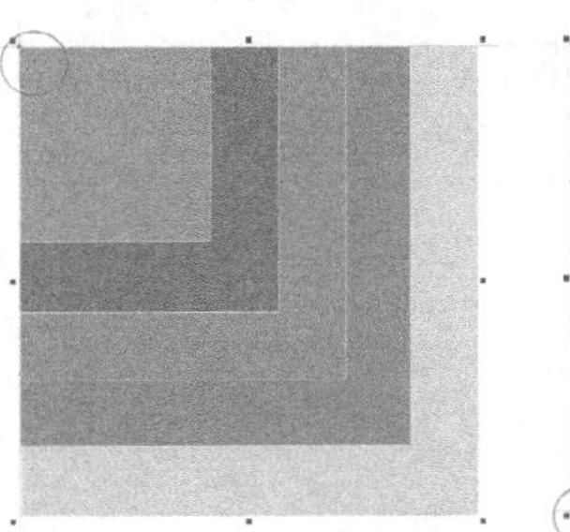

图3-69

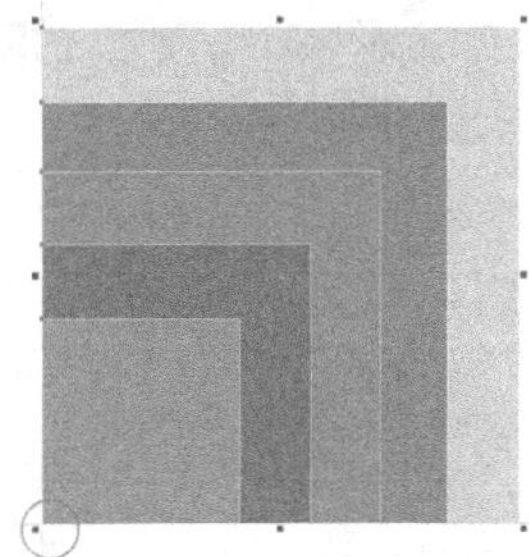

图3-70

第3种：选中对象，然后单击“水平居中对齐”按钮再单击“垂直居中对齐”按钮，可以将所有对象向正中心进行对齐，如图3-71所示。

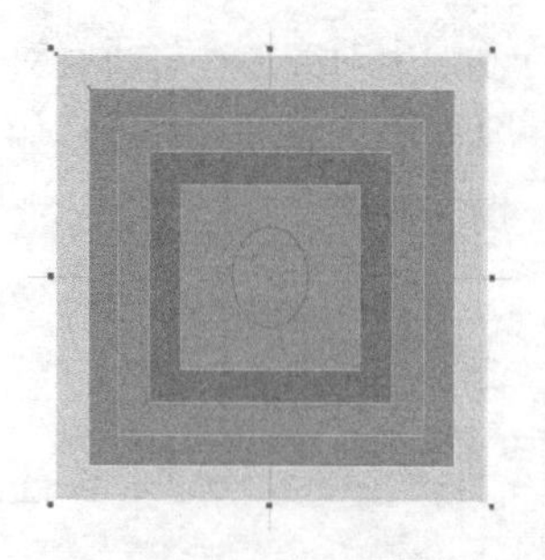

图3-71

第4种：选中对象，然后单击“右对齐”按钮再单击“上对齐”按钮，可以将所有对象向右上角进行对齐，如图3-72所示。

第5种：选中对象，然后单击“右对齐”按钮再单击“下对齐”按钮，可以将所有对象向右下角进行对齐，如图3-73所示。

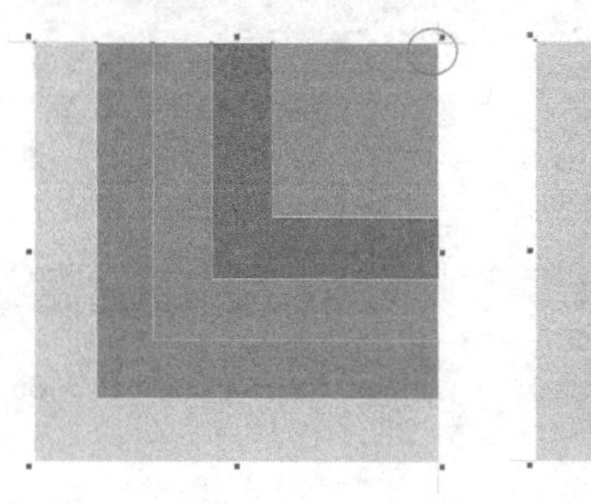

图3-72

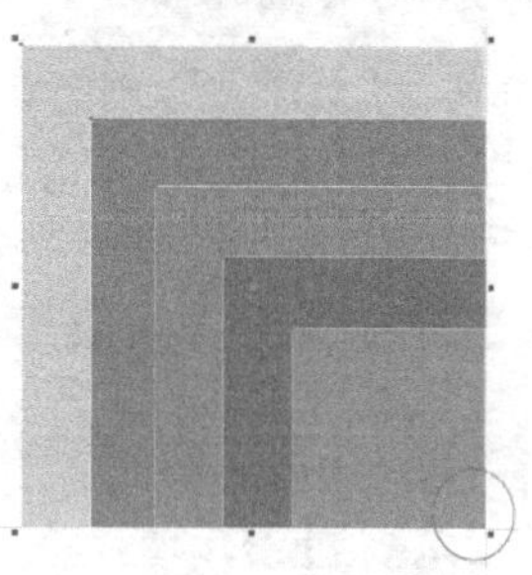

图3-73

3.对齐位置

【参数详解】

活动对象：将对象对齐到选中的活动对象。

页面边缘：将对象对齐到页面的边缘。

页面中心：将对象对齐到页面中心。

网格：将对象对齐到网格。

指定点：在横纵坐标上进行数值输入，如图3-74所示，或者单击“指定点”按钮，在页面定点，如图3-75所示，将对象对齐到设定点上。

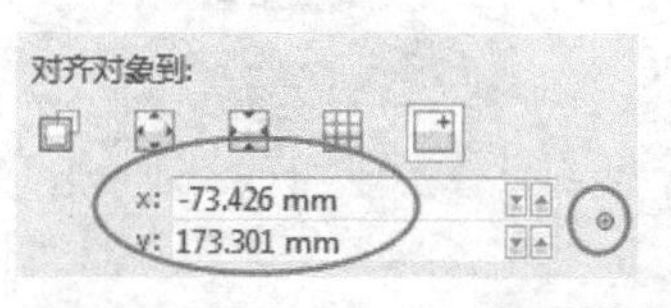

图3-74

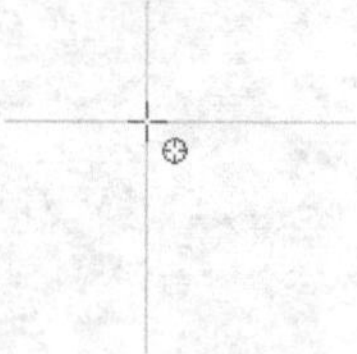

图3-75

3.5.2 对象分布

在“对齐与分布”面板可以进行分布的相关操作，如图3-76所示。

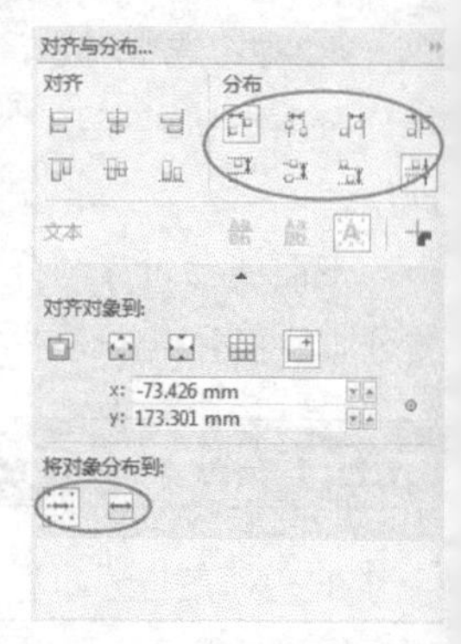

图3-76

1.分布类型

单击窗口选项，在下拉菜单中单击“对齐与分布”选项，调出“对齐与分布”泊坞窗。

【参数详解】

左分散排列：平均设置对象左边缘的间距，如图3-77所示。

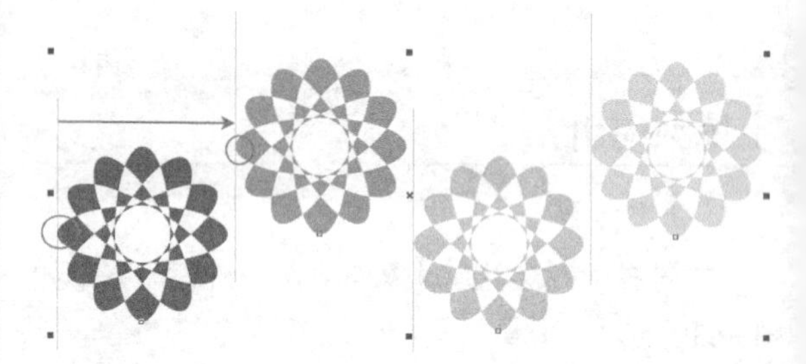

图3-77

水平分散排列中心：平均设置对象水平中心的间距，如图3-78所示。

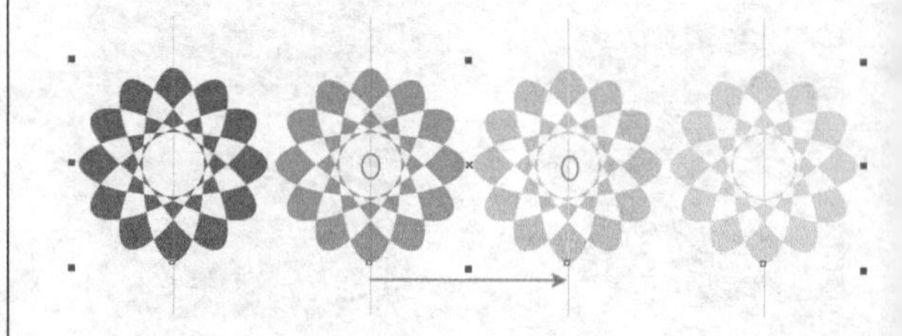

图3-78

右分散排列：平均设置对象右边缘的间距，如图3-79所示。

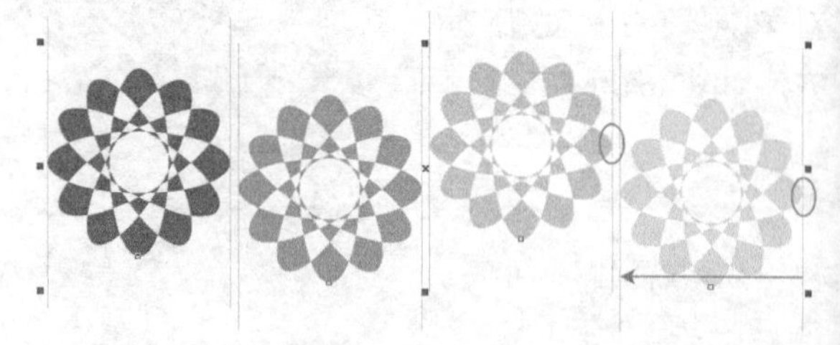

图3-79

水平分散排列间距：平均设置对象水平的间距，如图3-80所示。

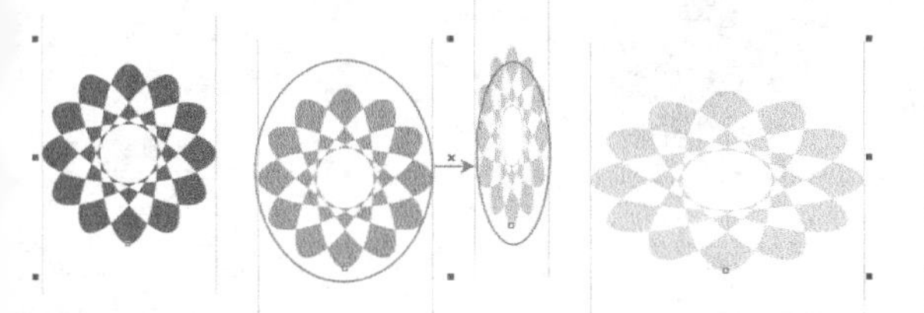

图3-80

顶部分散排列：平均设置对象上边缘的间距，如图3-81所示。

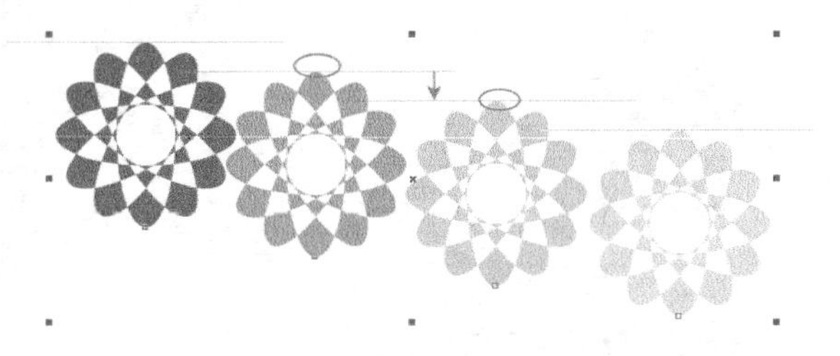

图3-81

垂直分散排列中心：平均设置对象垂直中心的间距，如图3-82所示。

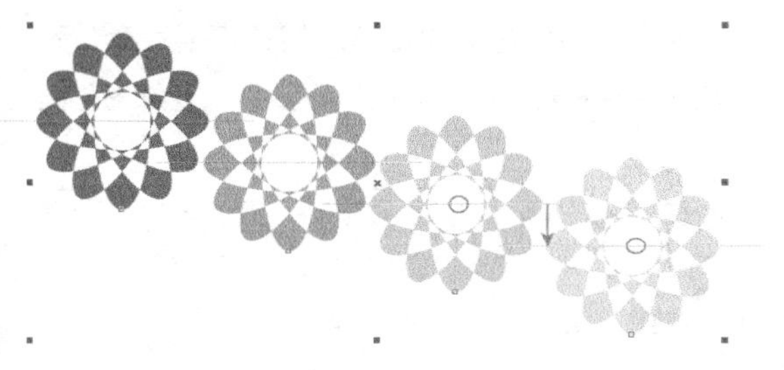

图3-82

底部分散排列：平均设置对象左边缘的间距，如图3-83所示。

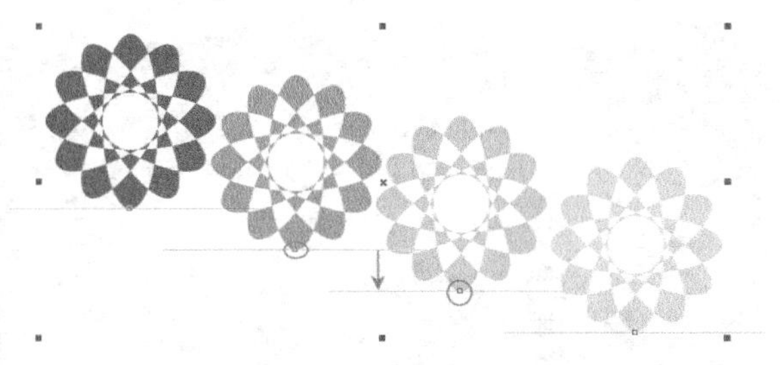

图3-83

垂直分散排列间距：平均设置对象垂直的间距，如图3-84所示。

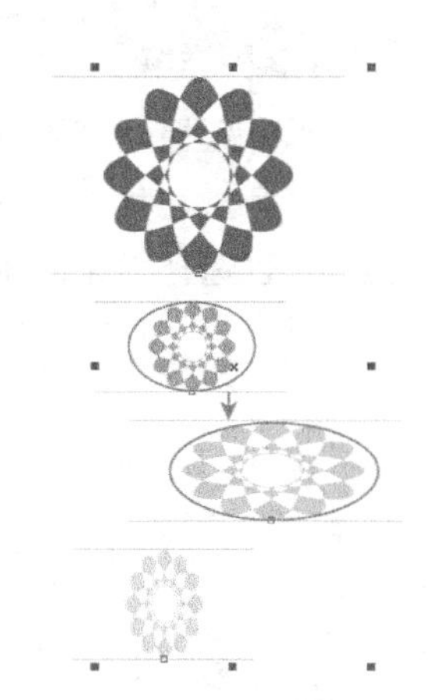

图3-84

分布也可以进行混合使用，可以使分布更精确。

2.分布到位置

【参数详解】

选定的范围：在选定的对象范围内进行分布，如图3-85所示。

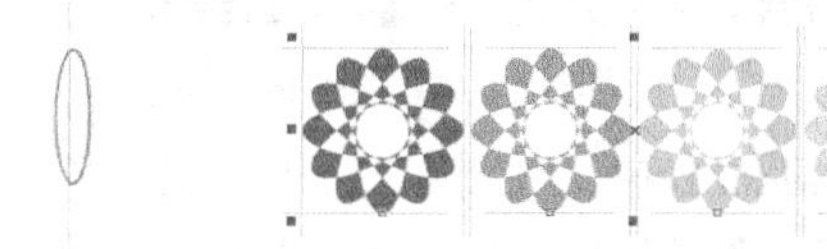

图3-85

页面范围：将对象以页边距为定点平均分布在页面范围内，如图3-86所示。

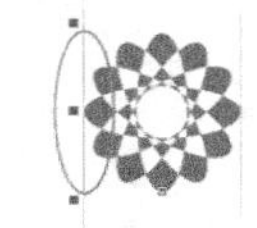

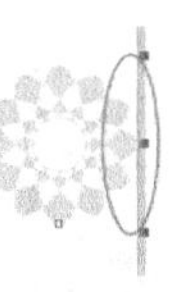

图3-86

3.6 步长与重复

在编辑过程中可以利用“步长和重复”进行水平、垂直和角度再制。执行“编辑>步长和重复”菜单命令，打开“步长和重复”对话框，如图3-84所示。

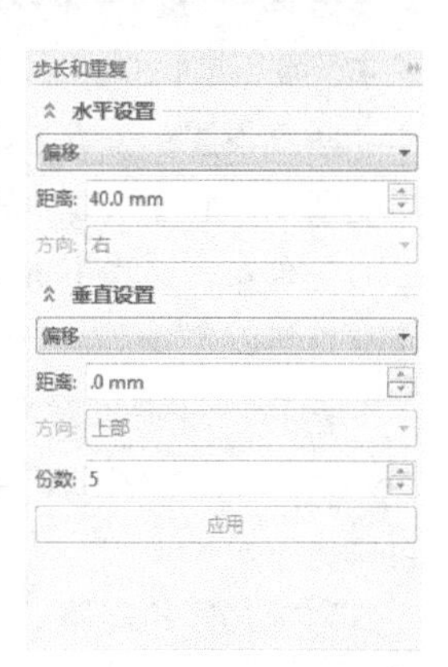

图3-87

【参数详解】

水平设置：水平方向进行再制，可以设置“类型”“距离”和“方向”，如图3-88所示，在类型里可以选择“无偏移”“偏移”和“对象之间的间距”。

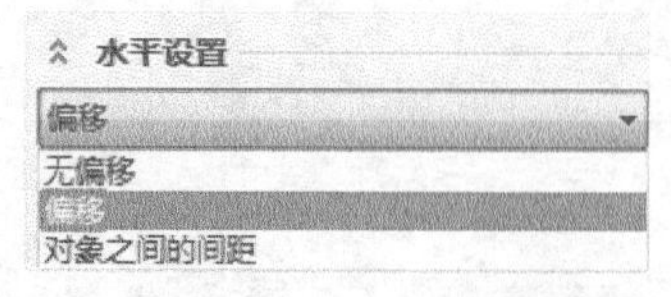

图3-88

无偏移：是指不进行任何偏移。选择“无偏移”后，下面的“距离”和“方向”无法进行设置，在“份数”输入数值后单击“应用”按钮 应用 ，则是在原位置进行再制。

偏移：是指以对象为准进行水平偏移。选择“偏移”后，下面的“距离”和“方向”被激活，在“距离”输入数值，可以在水平置进行重复再制。当“距离”数值为0时，为原位置重复再制。

对象之间的间距：是指以对象之间的间距进行再制。单击该选项可以激活“方向”选项，选择相应的方向，然后在份数输入数值进行再制。当“距离”数值为0时，为水平边缘重合的再制效果，如图3-89所示。

图3-89

距离：在后方的文本框里输入数值进行精确偏移。

方向：可以在下拉选项中选择方向“左”或“右”。

垂直设置：垂直方向进行重复再制，可以设置“类型”“距离”和“方向”。

无偏移：是指不进行任何偏移，在原位置进行重复再制。

偏移：是指以对象为准进行垂直偏移，如图3-90所示。当“距离”数值为0时，为原位置重复再制。

对象之间的间距：是指以对象之间的间距为准进行垂直偏移。当“距离”数值为0时，重复效果为垂直边缘重合复制，如图3-91所示。

图3-90

图3-91

份数：设置再制的份数。

3.7 本章小结

本章需要掌握的知识相对简单，要注意每一个知识点，课后要运用学习的操作知识进行练习创新。

课后练习1

制作玩偶淘宝图片

实例位置　实例文件>CH03>课后练习：制作玩偶淘宝图片.cdr
素材位置　素材文件>CH03>10.png、11.jpg、12.cdr
视频位置　多媒体教学>CH03>课后练习：制作玩偶淘宝图片.mp4
技术掌握　大小的运用

运用大小制作玩偶淘宝图片，适用于淘宝店铺首页的美化，还有原创产品的效果展示，效果如图3-92所示。

图3-92

【操作流程】

新建空白文档，然后设置文档名称为“玩偶淘宝图片”，接着设置页面大小为“A4”、页面方向为“横向”。接着导入素材，运用之前学过的设置大小制作完成，步骤如图3-93所示。

图3-93

课后练习2

用对象的复制制作脚印

实例位置 实例文件>CH03>课后练习：用对象的复制制作脚印.cdr
素材位置 素材文件>CH03>13.cdr
视频位置 多媒体教学>CH03>课后练习：用对象的复制制作脚印.mp4
技术掌握 复制的运用

运用对象的复制制作脚印，可以用来做装饰效果的小图案，效果如图3-94所示。

图3-94

【操作流程】

新建空白文档，然后设置文档名称为“用对象的复制制作脚印”，单击“导入”图标打开对话框，导入“素材文件>CH01>13.cdr”文件，拖曳到页面中调整大小，然后单击选中椭圆，接着单击“+”键复制3次，再将所有图形进行旋转缩放，最后放置到图片中相应位置，然后填充颜色，步骤如图3-95所示。

图3-95

课后练习3

制作条形统计图

实例位置　实例文件>CH03>课后练习：制作条形统计图.cdr
素材位置　素材文件>CH03>14.cdr、15.cdr、16. cdr、17. jpg
视频位置　多媒体教学>CH03>课后练习：制作条形统计图.mp4
技术掌握　再制、组合对象、排放、对齐与分布的功能的运用

运用再制、组合对象、排放、对齐与分布的功能制作条形统计图，适用于数据统计，效果如图3-96所示。

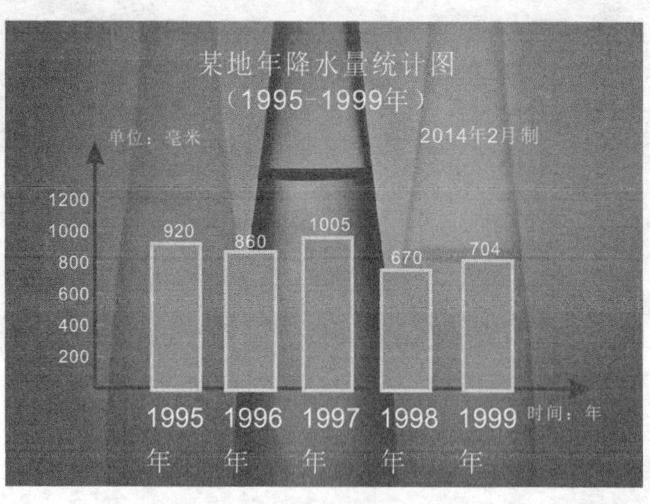

图3-96

【操作流程】

单击“导入”图标打开对话框，导入“素材文件>CH03>14.cdr和15.cdr”文件，拖曳到页面中调整大小，然后选中矩形，复制4个，接着执行“排列>对齐与分布>底端对齐”菜单命令，将5个矩形进行对齐操作，再移动矩形到横向箭头上，最后适当调整位置，步骤如图3-97所示。

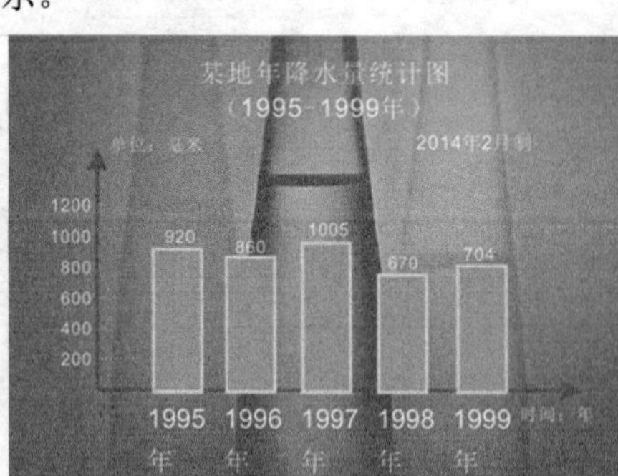

图3- 97

第4章 绘图工具的使用

本章我们将要学习绘图工具的使用，包括线性工具和几何图形工具两大类，运用绘图工具绘制出来的是矢量图，可以在后面的编辑中保持足够的清晰度。

课堂学习目标

线性工具的使用
线性工具的设置
线条样式设置
形状工具的使用
形状工具的设置

4.1 线条工具简介

线条是两个点之间的路径，线条由多条曲线或直线线段组成，线段间通过节点连接，以小方块节点表示，可以用线条进行各种形状的绘制和修饰。CorelDRAW X7提供了各种线条工具，通过这些工具可以绘制曲线和直线，以及同时包含曲线段和直线段的线条。

4.2 手绘工具

“手绘工具”具有很强的自由性，就像在纸上用铅笔绘画一样，同时兼顾直线和曲线，并且会在绘制过程中自动将毛糙的边缘进行自动修复，使绘制更流畅更自然。

4.2.1 基本绘制方法

单击“工具箱”中的“手绘工具”进行以下基本的绘制方法学习。

1.绘制直线线段

单击“手绘工具”，然后在页面内空白处单击鼠标左键，如图4-1所示。接着移动光标确定另外一点的位置，再单击鼠标左键形成一条线段，如图4-2所示。

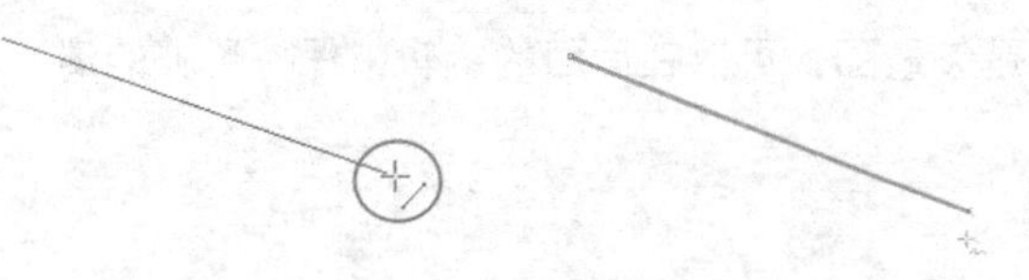

图4-1　　图4-2

线段的长短与鼠标移动的位置长短相同，结尾端点的位置也相对随意。如果需要一条水平或垂直的直线，在移动时按住Shift键就可以快速建立。

2.连续绘制线段

使用“手绘工具”绘制一条直线线段，然后将光标移动到线段末尾的节点上，当光标变为时单击鼠标左键，如图4-3所示，移动光标到空白位置单击鼠标左键创建折线，如图4-4所示，以此类推可以绘制连续线段，如图4-5所示。

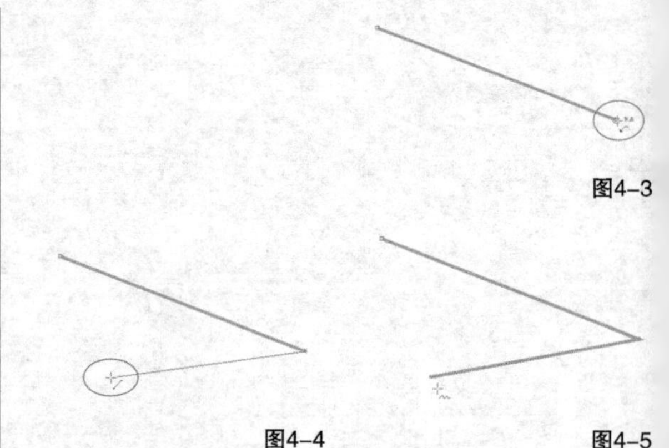

图4-3

图4-4　　图4-5

在进行连续绘制时，起始点和结束点在一点重合时，会形成一个面，可以进行颜色填充和效果添加等操作，利用这种方式我们可以绘制各种抽象的几何形状。

3.绘制曲线

单击“手绘工具”，然后在页面空白处按住鼠标左键进行拖动绘制，松开鼠标形成曲线，如图4-6和图4-7所示。

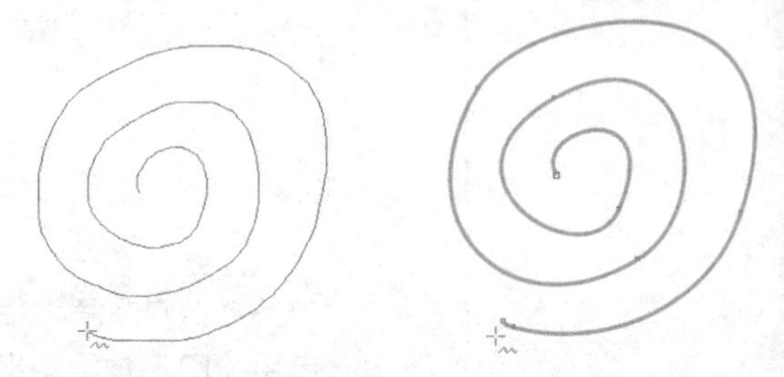

图4-6　　图4-7

在绘制曲线的过程中，线条会呈现有毛边或手抖的感觉，可以在属性栏中调节“手动平滑”数值，进行自动平滑线条。

进行绘制时，每次松开鼠标左键都会形成独立的曲线，以一个图层显示，所以可以通过像画素描一样，一层层盖出想要的效果。

4.在线段上绘制曲线

单击“工具箱”中的“手绘工具”，在页面空白处单击移动绘制一条直线线段，如图4-8所示。然后将光标拖曳到线段末尾的节点上，当光标变为时按住鼠标左键拖动绘制，如图4-9所示，可以连续穿插绘制。

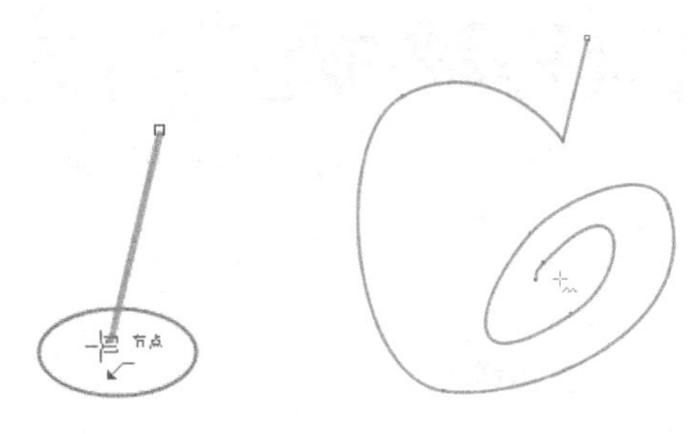

图4-8　　图4-9

在综合使用时，可以在直线线段上接连绘制曲线，也可以在曲线上绘制曲线，穿插使用，灵活性很强。

技巧与提示

在使用"手绘工具"时，按住鼠标左键进行拖动绘制对象，如果出错，可以在没松开左键前按住Shift键往回拖动鼠标，当绘制的线条变为红色时，松开鼠标进行擦除。

课堂案例

用手绘工具绘制水墨荷花

实例位置　实例文件>CH04>课堂案例：用手绘工具绘制水墨荷花.cdr
素材位置　素材文件>CH04>01.cdr、02.cdr、03.jpg
视频位置　多媒体教学>CH04>课堂案例：用手绘工具绘制水墨荷花.mp4
技术掌握　手绘工具的使用方法

运用手绘工具绘制水墨荷花，用于商业插图，效果如图4-10所示。

图4-10

01 单击"导入"图标打开对话框，导入素材文件中的"素材>素材>CH04>01.cdr"文件，拖曳到页面中调整大小，如图4-11所示。然后单击"工具箱"中的"贝塞尔工具"，接着单击拖动鼠标左键在页面中沿着荷叶轮廓描绘一条曲线，如图4-12所示。

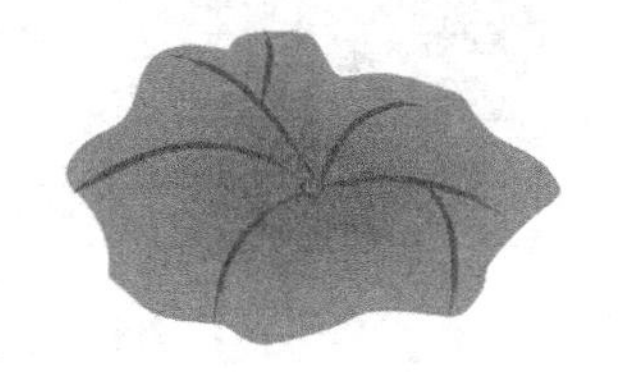

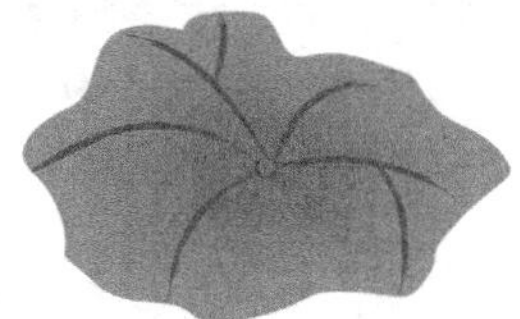

图4-11　　图4-12

02 单击选中曲线，然后单击"工具箱"中的"艺术笔工具"，接着在属性栏中设置"笔触"为"笔刷"、"笔触宽度"为3.262、"类别"为"书法"，再选择相应的笔刷笔触，最后使用鼠标左键单击"调色板"填充一个浅一点的颜色，右键单击"无色"，如图4-13所示。

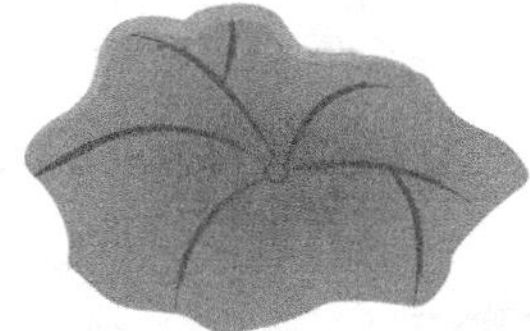

图4-13

03 导入"素材文件>CH04>02.cdr"文件，然后拖曳到页面中调整大小，再按快捷键Ctrl+PageDown将其放置在荷叶的后方，如图4-14所示。接着单击"工具箱"中"手绘工具"，最后在页面中绘制一个花瓣形状，如图4-15所示。

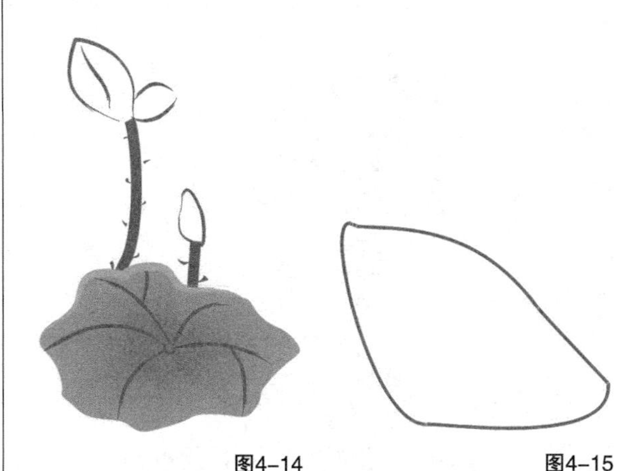

图4-14　　图4-15

04 单击"均匀填充"工具，然后在弹出的"均匀填充"对话框中单击"调色板"模式，接着从"名称"的下拉选框中单击"霓虹粉"，再单击"确定"按钮，完成填充，最后使用鼠标右键单击去掉轮廓线，如图4-16所示。

图4-16

05 单击“透明度工具”，然后在属性栏中设置“透明度类型”为“线性”、“透明度操作”为“常规”，再按住鼠标左键制作透明效果，如图4-17所示。接着把花瓣复制2份放置在图中的适当位置，如图4-18所示。最后导入“素材>素材>CH04>03.jpg”文件，按快捷键Ctrl+ End将其放置在页面最底层，最终效果如图4-19所示。

图4-17　　图4-18

图4-19

4.2.2 线条设置

“手绘工具”的属性栏如图4-20所示。

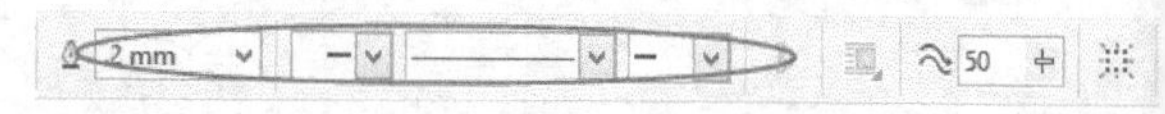

图4-20

【参数详解】

起始箭头：用于设置线条起始箭头符号，可以在下拉箭头样式面板中进行选择，如图4-21所示。起始箭头并不代表是设置指向左边的箭头，而是起始端点的箭头，如图4-22所示。

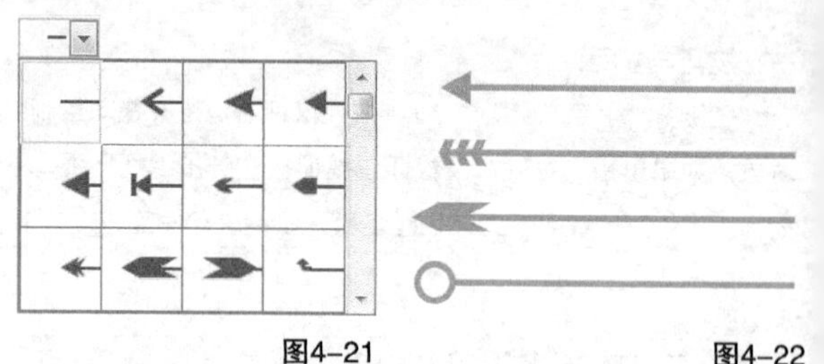

图4-21　　图4-22

线条样式：设置绘制线条的样式，可以在下拉线条样式面板里进行选择，如图4-23所示，添加效果如图4-24所示。

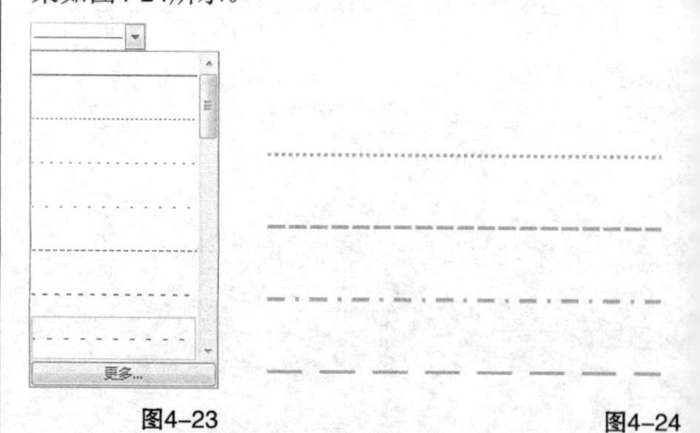

图4-23　　图4-24

技巧与提示

在添加线条样式时，如果没有想要的样式，可以单击“更多”按钮 更多... 打开“编辑线条样式”对话框进行自定义编辑，如图4-25所示。

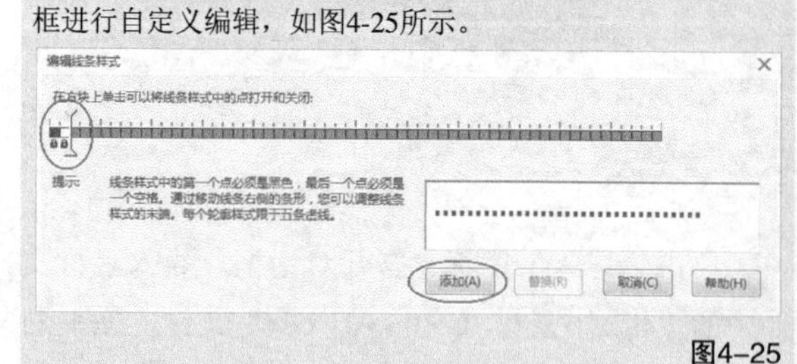

图4-25

拖动滑轨上的点设置虚线点的间距，如图4-26所示，在下方预览间距效果。

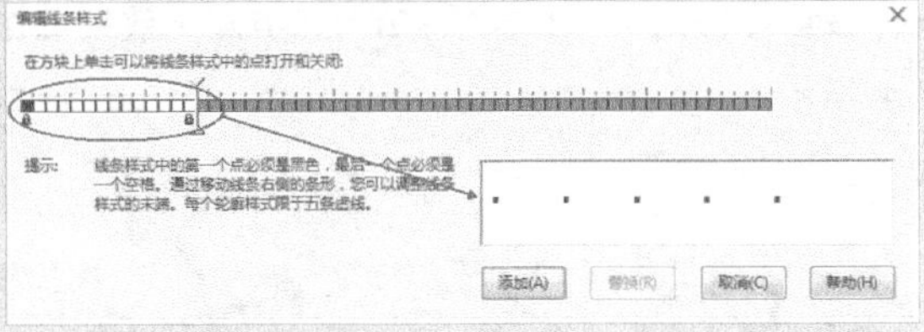

图4-26

单击相应白色方格将其切换为黑色，可以设定虚线点的长短样式，如图4-27所示。

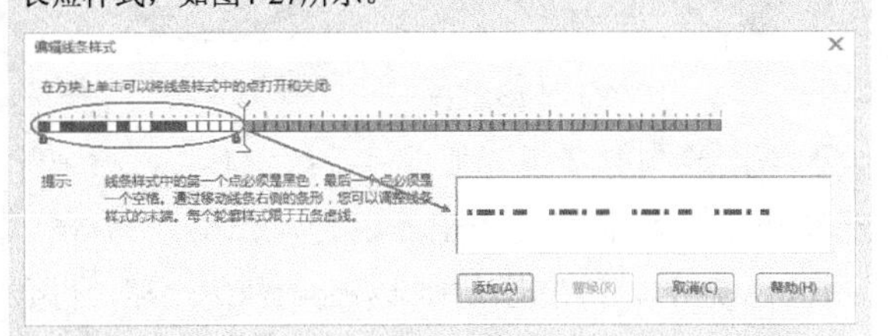

图4-27

编辑完成后，单击“添加”按钮添加(A)进行添加。

终止箭头：设置线条结尾箭头符号，可以在下拉箭头样式面板里进行选择，添加箭头样式后效果如图4-28所示。

闭合曲线：选中绘制的未合并线段，如图4-29所示。单击将起始节点和终止节点进行闭合，形成面，如图4-30所示。

轮廓宽度：输入数值可以调整线条的粗细，如图4-31所示。

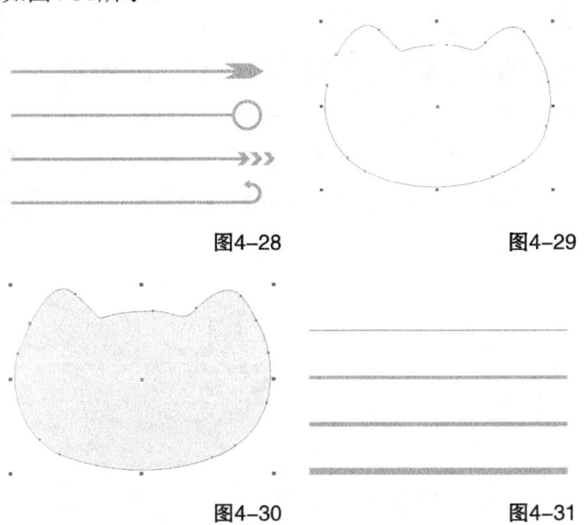

图4-28　图4-29

图4-30　图4-31

手绘平滑：设置手绘时自动平滑的程度，最大为100，最小为0，默认为50。

边框：激活该按钮为隐藏边框，如图4-32所示。默认情况下边框为显示的，如图4-33所示，可以根据用户绘图习惯来设置。

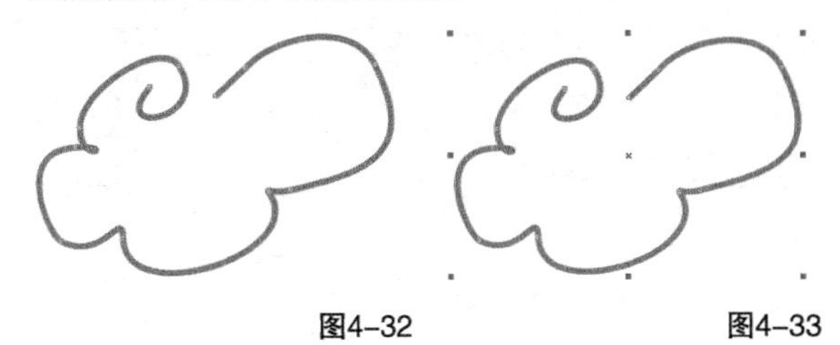

图4-32　图4-33

课堂案例

用线条设置手绘藏宝图

实例位置　实例文件>CH04>课堂案例：用线条设置手绘藏宝图.cdr
素材位置　素材文件>CH04> 04.jpg、05.cdr、06.psd、07.cdr
视频位置　多媒体教学>CH04>课堂案例：用线条设置手绘藏宝图.mp4
技术掌握　手绘工具的使用和线条设置的运用

运用线条绘制的藏宝图可以运用到小游戏中作为地图导航，效果如图4-34所示。

图4-34

01 新建空白文档，然后设置文档名称为“藏宝图”，接着设置页面大小为“A4”、页面方向为“横向”。

02 使用“手绘工具”按住鼠标左键绘制大陆外轮廓，如图4-35所示。然后设置“轮廓宽度”为1mm、颜色为（C:60，M:90，Y:100，K:55），如图4-36所示。

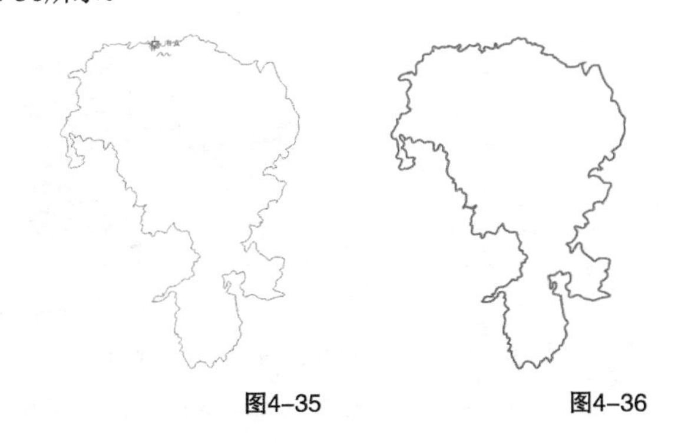

图4-35　图4-36

03 以同样的方法绘制出大陆的附属岛屿，然后移动到大陆周围进行缩放和旋转，如图4-37所示，地图的外轮廓就画好了。

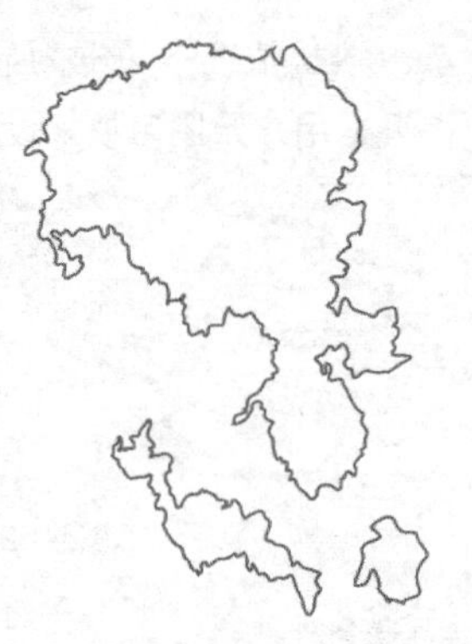

图4-37

04 下面绘制大陆分布细节。使用“手绘工具”绘制山峦，然后设置“轮廓宽度”为0.5mm、颜色为（C:80，M:90，Y:90，K:70），如图4-38所示。接着在山峦的接口处绘制河流与湖泊，再设置轮廓线“宽度”为0.5mm、颜色为（C:50，M:80，Y:100，K:30），最后选中绘制的对象进行组合，拖曳到大陆相应位置进行缩放，如图4-39所示。

图4-38　　图4-39

05 使用“手绘工具”绘制鱼的外形，然后使用“椭圆形工具”绘制鱼的眼睛，接着选中绘制的两个对象执行“对象>造形>修剪”菜单命令，将鱼变为独立对象后再填充颜色为（C:70，M:90，Y:90，K:65），最后复制一份缩放进行群组，如图4-40所示。

图4-40

06 使用“手绘工具”绘制卡通版骷髅头，然后设置“轮廓宽度”为0.5mm、颜色为（C:50，M:100，Y:100，K:15），效果如图4-41所示。接着绘制登录标志，再设置轮廓线“宽度”为0.75mm、颜色为（C:90，M:90，Y:80，K:80），效果如图4-42所示。

图4-41　　图4-42

07 下面绘制椰子树。使用“手绘工具”绘制叶子和树干，然后填充树干颜色为（C:67，M:86，Y:100，K: 62），接着绘制树干上的曲线纹理，再全选椰子树进行组合对象，最后设置“轮廓宽度”为0.2mm、颜色为（C:50，M:80，Y:100，K:30），效果如图4-43所示。

图4-43

08 将之前绘制的图案复制拖曳到地图相应的位置，效果如图4-44所示。然后使用“手绘工具”绘制地图上板块区分线，再设置“轮廓宽度”为0.5mm、颜色为（C:50，M:80，Y:100，K:30），接着绘制寻宝路线，设置“轮廓宽度”为2mm、颜色为（C:50，M:100，Y:100，K:15），效果如图4-45所示。

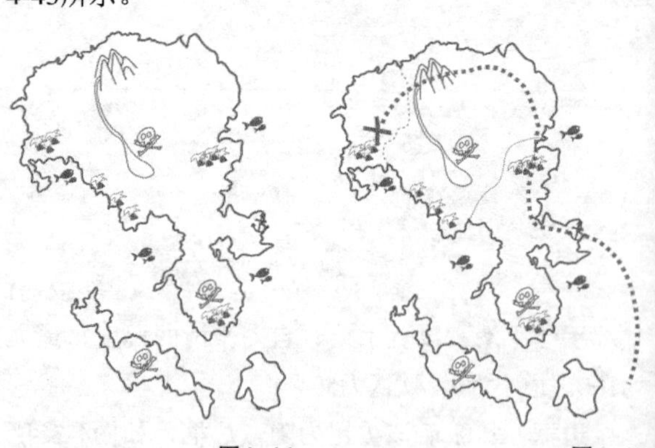

图4-44　　图4-45

09 导入“素材文件>CH04>0.4.jpg”文件，然后将背景缩放至页面大小，再按P键置于页面居中位置，接着按快捷键Ctrl+End置于对象最下面，最后双击“矩形工具”□创建矩形，填充颜色为黑色，效果如图4-46所示。

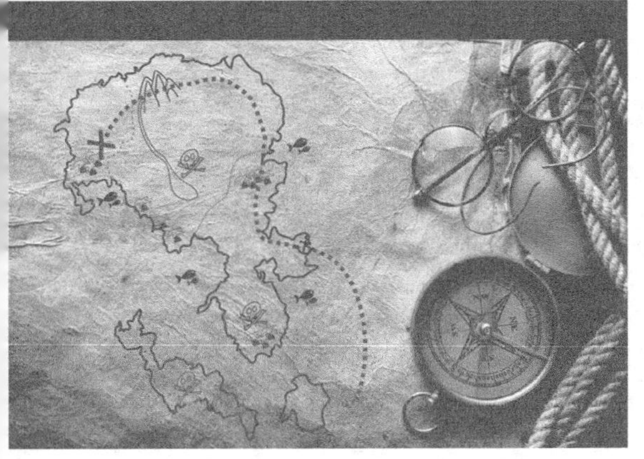

图4-46

10 导入“素材文件>CH04>05.cdr、06.psd”文件，然后将枪素材旋转48°，复制一份进行水平镜像，如图4-47所示。接着将文字放置在枪的中间，按快捷键Ctrl+Home置于顶层，如图4-48所示。

图4-47

图4-48

11 绘制一个矩形，然后在属性栏中设置“扇形角”为5mm，再设置“轮廓宽度”为3mm、颜色为（C:80，M:90，Y:90，K:70），接着填充矩形颜色为（C:25，M:45，Y:75，K:0），最后将矩形放置在文字上方，居中对齐后按快捷键Ctrl+End置于底层，效果如图4-49所示。

图4-49

12 导入“素材文件>CH04>07.cdr”文件，然后单击“透明度工具”，在属性栏中选择“类型”为“均匀透明度”、“合并模式”为“减少”、“透明度”为50，接着使用同样的方法为大陆和岛屿的地图轮廓添加透明度效果。最后将指南针和标题文字缩放，然后拖曳到背景的相应位置，最终效果如图4-50所示。

图4-50

4.3 2点线工具

“2点线工具”是专门绘制直线线段的，使用该工具还可直接创建与对象垂直或相切的直线。

4.3.1 基本绘制方法

接下来进行“2点线工具”的基本绘制学习。

1.绘制一条线段

单击“工具箱”中的“2点线工具”，将光标移动到页面内空白处，然后按住鼠标左键不放拖动一段距离，松开左键完成绘制，如图4-51所示。

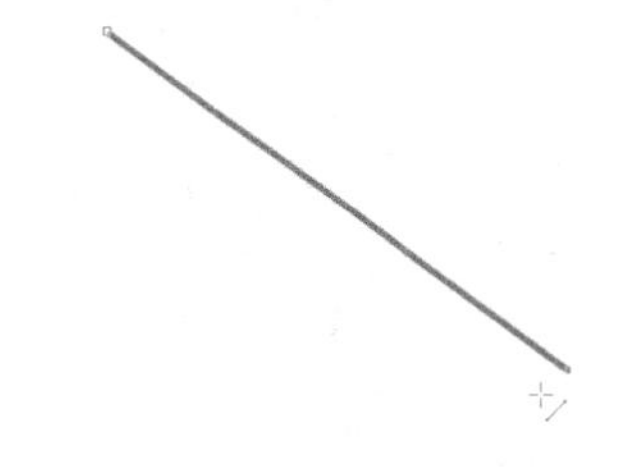

图4-51

2.绘制连续线段

单击“工具箱”中的“2点线工具”，在绘制一条直线后不移开光标，光标会变为，如图4-52所示，然后再按住鼠标左键拖动绘制，如图4-53所示。

连续绘制到首尾节点合并，可以形成面，如图4-54所示。

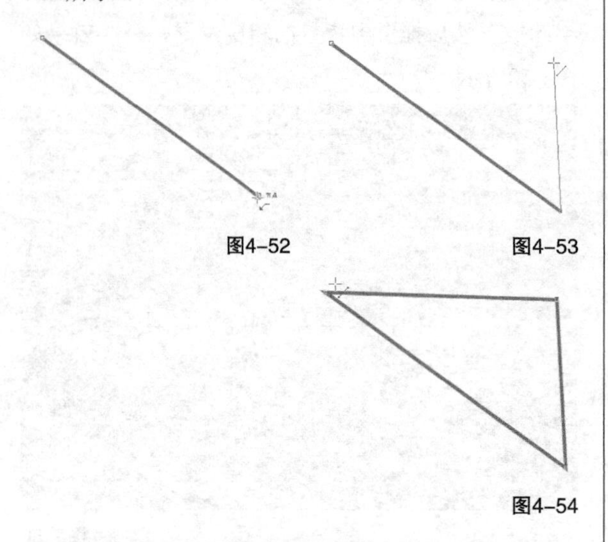

图4-52　图4-53

图4-54

4.3.2 设置绘制类型

在“2点线工具”的属性栏中可以切换绘制的2点线的类型，如图4-55所示。

图4-55

【参数详解】

2点线工具：连接起点和终点绘制一条直线。

垂直2点线：绘制一条与现有对象或线段垂直的2点线，如图4-56所示。

相切2点线：绘制一条与现有对象或线段相切的2点线，如图4-57所示。

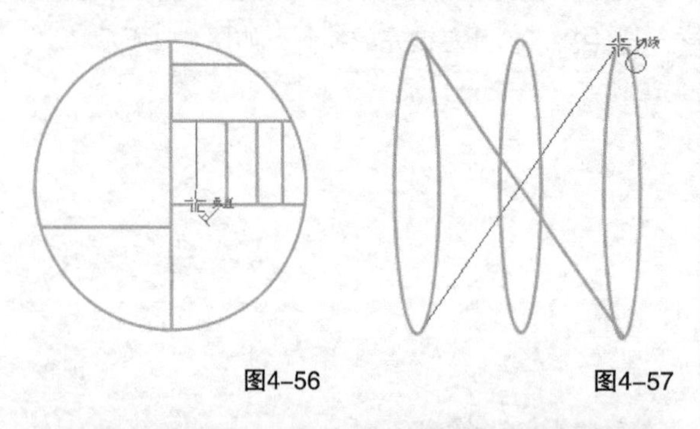

图4-56　图4-57

4.4 贝塞尔工具

“贝塞尔工具”是所有绘图类软件中最为重要的工具之一，可以创建更为精确的直线和对称流畅的曲线，可以通过改变节点和控制其位置来变化曲线弯度。在绘制完成后，可以通过节点进行曲线和直线的修改。

4.4.1 直线与曲线的绘制方法

在绘制贝塞尔曲线之前，要先对贝塞尔曲线的类型进行了解。

1.直线的绘制方法

单击“工具箱”上的“贝塞尔工具”，将光标移动到页面空白处，单击鼠标左键确定起始节点，然后移动光标单击鼠标左键确定下一个点，此时两点间将出现一条直线，如图4-58所示，按住Shift键可以创建水平与垂直线。

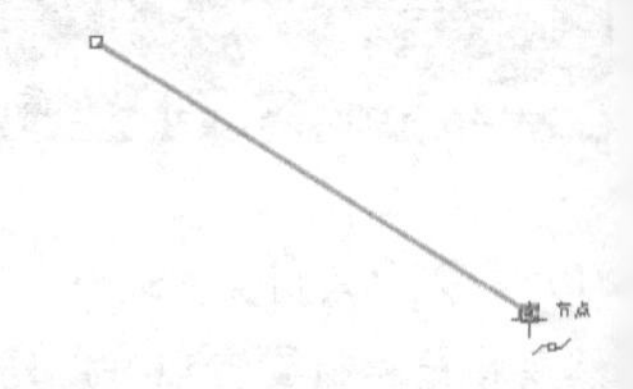

图4-58

与手绘工具的绘制方法不同，使用“贝塞尔工具”只需要继续移动光标，单击鼠标左键添加节点就可以进行连续绘制，如图4-59所示，停止绘制可以按“空格”键或者单击“选择工具”完成编辑。首尾两个节点相接可以形成一个面，可以进行编辑与填充，如图4-60所示。

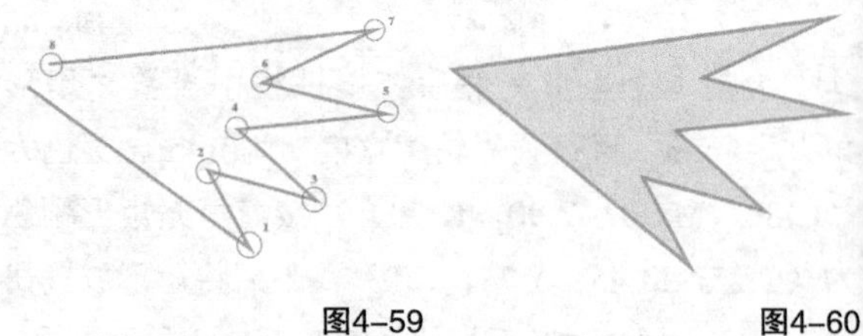

图4-59　图4-60

2.认识贝塞尔曲线

“贝塞尔曲线”是由可编辑节点连接而成直线或曲线，每个节点都有两个控制点，允许修改线条的形状。

在曲线段上每选中一个节点都会显示其相邻节点一条或两条方向线，如图4-61所示。方向线以方向点结束，方向线与方向点的长短和位置决定曲线线段的长短和弧度形状，移动方向线则改变曲线的形状，如图4-62所示。方向线也可以叫“控制线”，方向点叫“控制点”。

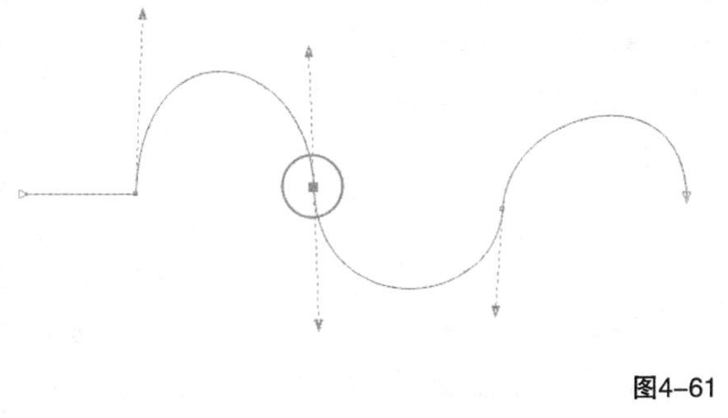

图4-61

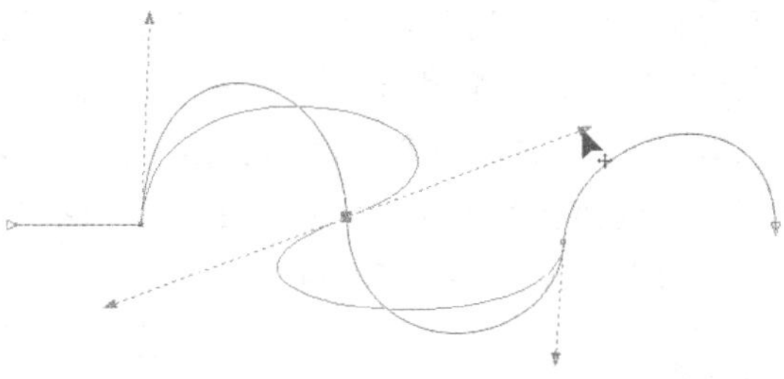

图4-62

贝塞尔曲线分为“对称曲线”和“尖突曲线”两种。

对称曲线：在使用对称时，调节“控制线”可以使当前节点两端的曲线端等比例进行调整，如图4-63所示。

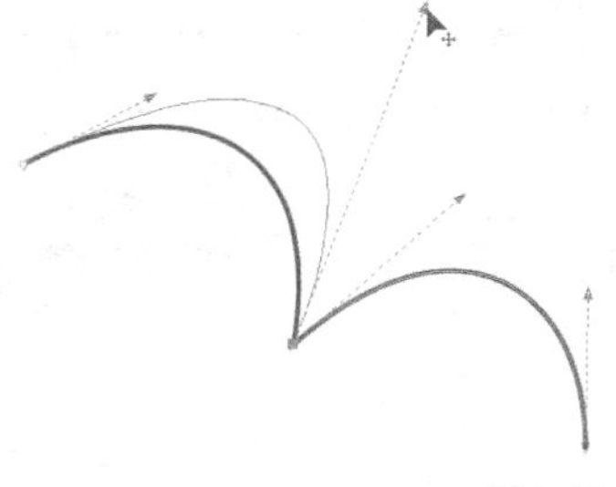

图4-63

尖突曲线：在使用尖突时，调节“控制线”只会调节节点一端的曲线，如图4-64所示。

图4-64

贝塞尔曲线可以是没有闭合的线段，也可以是闭合的图形，可以利用贝塞尔工具绘制矢量图案，单独绘制的线段和图案都以图层的形式存在，经过排放可以绘制各种简单和复杂的图案，如图4-65所示，如果变为线稿可以看出来曲线的痕迹，如图4-66所示。

图4-65

图4-66

3.曲线的绘制方法

单击“工具箱”上的“贝塞尔工具”，然后将光标移动到页面空白处，按住鼠标左键并拖曳，确定第一个起始节点，此时节点两端出现蓝色控制线，如图4-67所示，调节“控制线”控制曲线的弧度和大小，节点在选中时以实色方块显示所以也可以叫作“锚点”。

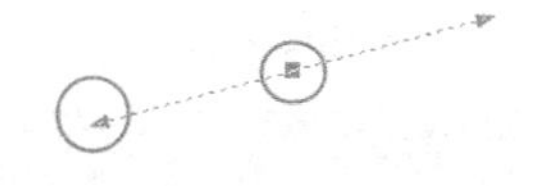

图4-67

技巧与提示

在调整节点时，按住Ctrl键再拖动鼠标，可以设置增量为15°调整曲线弧度大小。

调整第一个节点后松开鼠标，然后移动光标到下一个位置上，按住鼠标左键拖曳控制线调整节点间曲线的形状，如图4-68所示。

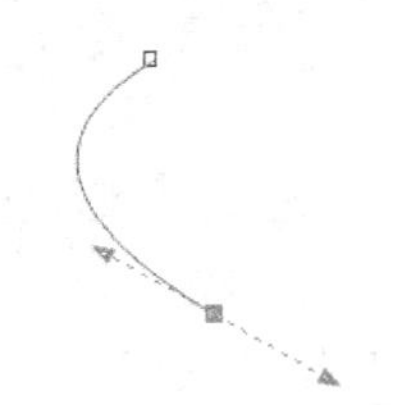

图4-68

在空白处继续进行拖曳控制线调整曲线可以进行连续绘制，绘制完成后按“空格”键或者单击“选择工具”完成编辑，如果绘制闭合路径，那么，在其实节点和结束节点闭合时自动完成编辑，不需要按空格键，闭合路径可以进行颜色填充，如图4-69和图4-70所示。

图4-69　　图4-70

技巧与提示

节点位置定错了但是已经拉动"控制线"了，这时候，按住Alt键不放，将节点移动到需要的位置即可，这个方法适用于编辑过程中的节点位移，我们也可以在编辑完成后按"空格"键结束，配合"形状工具"进行位移节点修正。

课堂案例

外星人卡通插画

实例位置	实例文件>CH04>课堂案例：外星人卡通插画.cdr
素材位置	无
视频位置	多媒体教学>CH04>课堂案例：外星人卡通插画.mp4
技术掌握	绘图工具的使用方法

运用掌握的绘图工具绘制外星人卡通插画，这类矢量插画可以运用到简单的Flash动画中，作为背景，效果如图4-71所示。

图4-71

01 单击"新建"按钮打开"创建新文档"对话框，创建名称为"外星人卡通插画"的空白文档，具体参数设置如图4-72所示。

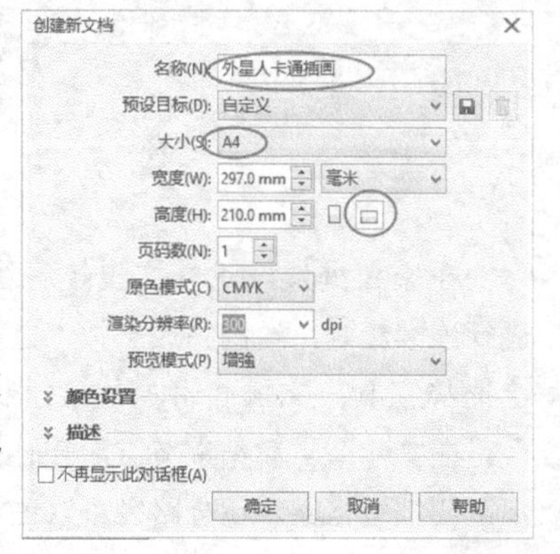

图4-72

02 使用"钢笔工具"绘制外星人的轮廓，然后将腿部拖曳到一边进行编辑，如图4-73所示。

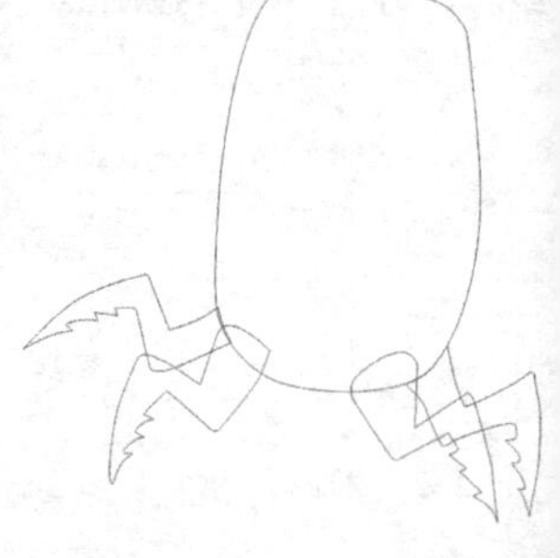

图4-73

03 选中一条腿，然后打开"渐变填充"对话框，设置"类型"为"线性渐变填充"，"镜像、重复和反转"为"默认渐变填充"，"角度"为181.9，接着设置节点位置为0颜色为（R:161，G:66，B:2）、节点位置为100的颜色为（R:207，G:88，B:8），最后去掉轮廓线，如图4-74和图4-75所示。

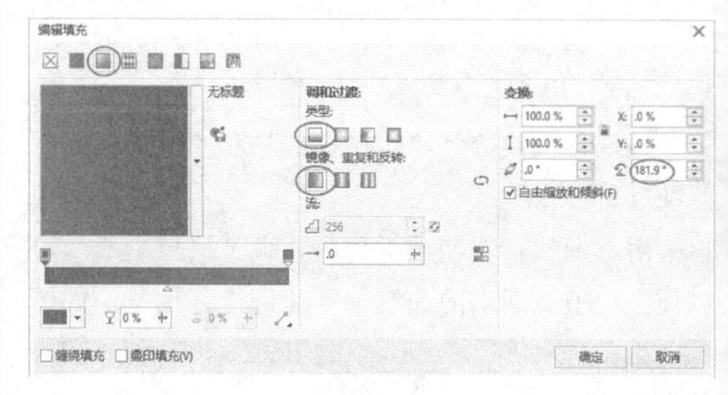

图4-74

图4-75

04 使用"属性滴管工具"吸取脚的颜色属性，然后填充在另外一只脚上，接着使用"交互式填充工具"调整效果，如图4-76所示。

图4-76

05 选中下面的一条腿，然后打开“渐变填充”对话框，再设置“类型”为“线性渐变填充”、“填充宽度”为104.04、“旋转”为41.2，接着设置节点位置为0的颜色为（R:255，G:111，B:14）、节点位置为100的颜色为（R:207，G:88，B:8），最后去掉轮廓线，如图4-77和图4-78所示。

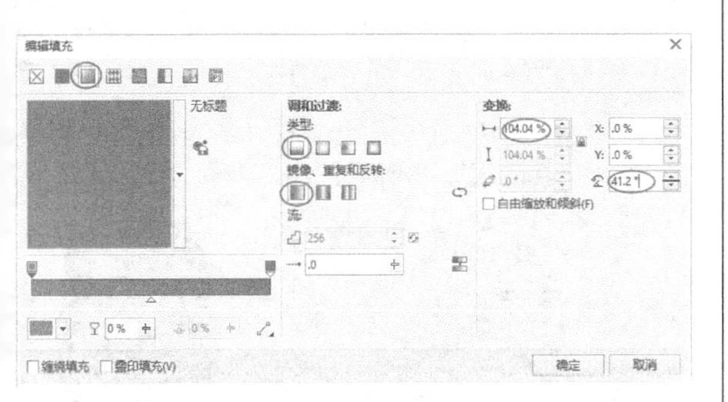

图4-77

图4-78

06 使用“属性滴管工具”吸取脚的颜色属性，然后填充在最后一只脚上，接着使用“交互式填充工具”调整效果，如图4-79所示。

图4-79

07 使用“钢笔工具”绘制前面两只脚的阴影区域，然后填充颜色为（R:161，G:66，B:2），接着去掉轮廓线，如图4-80和图4-81所示。最后使用“透明度工具”拖曳透明度效果，如图4-82所示。

图4-80

图4-81　　图4-82

08 使用“钢笔工具”绘制后面两只脚的阴影区域，然后填充颜色为（R:130，G:56，B:7），接着去掉轮廓线，如图4-83和图4-84所示。最后使用“透明度工具”拖曳透明度效果，如图4-85所示。

图4-83

图4-84　　图4-85

09 选中外星人的身体，然后填充颜色为（R:255，G:111，B:14），接着使用“钢笔工具”绘制身体转折区域，再填充颜色为（R:242，G:100，B:5），最后去掉轮廓线，如图4-86和图4-87所示。

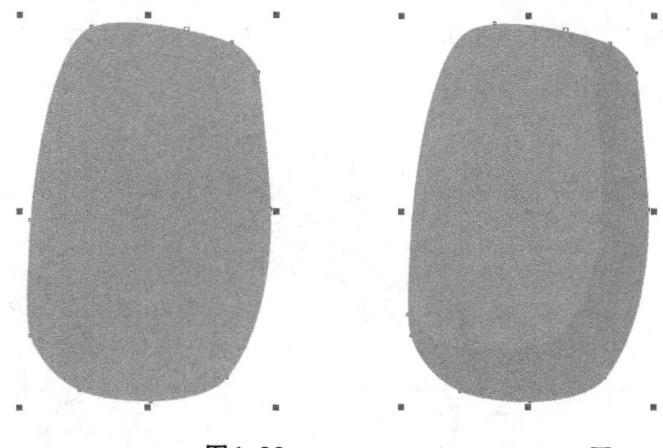

图4-86　　图4-87

10 使用“钢笔工具”绘制身体暗部区域，然后填充颜色为（R:224，G:91，B:3），再去掉轮廓线，如图4-88所示。接着将前面绘制好的四条腿拖曳到身体上，最后调整位置和角度，如图4-89所示。

图4-88　图4-89

11 使用“钢笔工具”绘制后腿上的斑点，然后填充颜色为（R:92，G:37，B:1），接着去掉轮廓线，如图4-90和图4-91所示。

图4-90

图4-91

12 使用“钢笔工具”绘制前腿上的斑点，然后填充颜色为（R:130，G:56，B:7），接着去掉轮廓线，如图4-92和图4-93所示。

图4-92

图4-93

13 使用“钢笔工具”绘制身上的斑点，然后填充颜色为（R:130，G:56，B:7），接着去掉轮廓线，如图4-94和图4-95所示。

图4-94　图4-95

14 使用“钢笔工具”绘制嘴巴，然后填充颜色为（R:130，G:56，B:7），再去掉轮廓线，如图4-96所示。接着绘制牙齿，最后去掉轮廓线，填充颜色为白色，如图4-97所示。

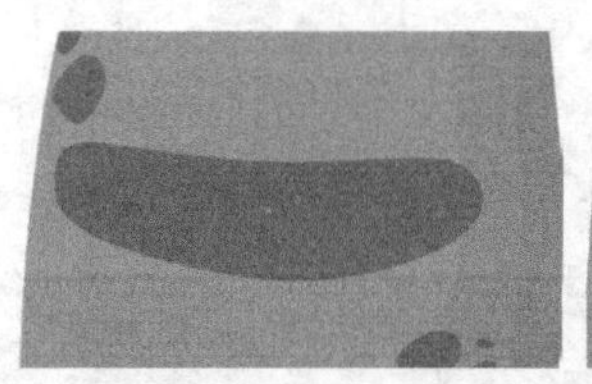

图4-96　图4-97

15 使用“椭圆形工具”绘制眼眶，然后填充颜色为（R:130，G:56，B:7），再去掉轮廓线，如图4-98所示。接着向内进行复制，最后更改颜色为黄色，如图4-99所示。

图4-98　图4-99

16 选中椭圆向内复制，然后更改颜色为洋红，如图4-100所示。接着向内进行复制，再更改颜色为（C:56，M:100，Y:11，K:0），如图4-101所示。

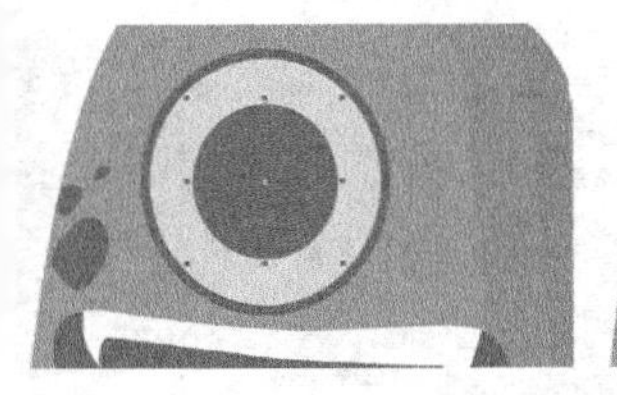
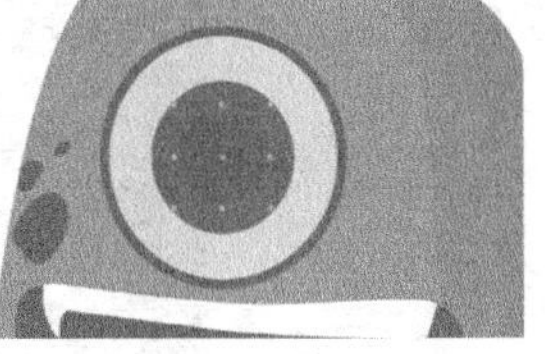

图4-100　　图4-101

17 选中椭圆向内复制，然后更改颜色为（R:8，G:22，B:61），接着复制两个椭圆，再调整大小和位置，最后更改颜色为白色，如图4-102和图4-103所示。

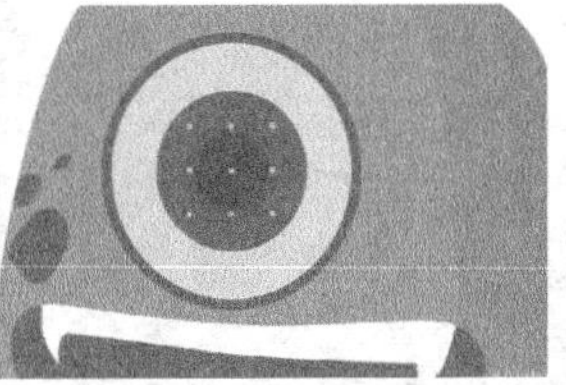

图4-102　　图4-103

18 使用“钢笔工具”绘制毛发，然后填充颜色为（C:56，M:100，Y:11，K:0），如图4-104所示。接着向内进行复制，再更改颜色为（R:56，G:5，B:92），最后去掉轮廓线，如图4-105所示。

图4-104　　图4-105

19 向内复制毛发，然后更换颜色为（R:8，G:22，B:61），如图4-106所示。接着使用“钢笔工具”绘制犄角，再填充颜色为红色，最后去掉轮廓线，如图4-107和图4-108所示。

图4-106　　图4-107

图4-108

20 双击“矩形工具”创建矩形，然后填充颜色为（C:56，M:100，Y:11，K:0），再去掉轮廓线，如图4-109所示。

图4-109

21 使用“钢笔工具”绘制云层，然后填充颜色为洋红，如图4-110所示。接着绘制第二层云，再填充颜色为（C:29，M:100，Y:23，K:0），最后去掉轮廓线，如图4-111所示。

图4-110

图4-111

22 使用“钢笔工具”绘制月亮形状，然后填充颜色为黄色，接着绘制暗部区域，再填充颜色为（R:204，G:168，B:10），最后去掉轮廓线，如图4-112和图4-113所示。

图4-112

图4-113

23 使用“钢笔工具”绘制地面形状，然后填充颜色为（R:5，G:28，B:92），接着去掉轮廓线，如图4-114所示。

图4-114

24 使用“钢笔工具”绘制树的形状，然后填充颜色为（R:5，G:28，B:92），接着去掉轮廓线，如图4-115和图4-116所示。

图4-115

图4-116

25 选中绘制的树，然后复制3份，再调整大小排放到地面上，如图4-117所示。接着绘制沙地，最后填充颜色为黄色，去掉轮廓线，如图4-118所示。

图4-117

图4-118

26 使用“钢笔工具”绘制沙滩中间色区域，然后填充颜色为（R:217，G:193，B:9），接着绘制暗部区域，再填充颜色为（R:176，G:145，B:7），最后去掉轮廓线，如图4-119和图4-120所示。

图4-119

图4-120

27 使用“钢笔工具”绘制藤蔓的形状，然后填充颜色为（C:100，M:0，Y:100，K:0），接着去掉轮廓线，如图4-121和图4-122所示。

图4-121

图4-122

28 使用“钢笔工具”绘制纹理，然后填充颜色为（C:42，M:0，Y:100，K:0），再去掉轮廓线，如图4-123所示。接着复制藤蔓拖曳到另一边进行缩放，最后将复制藤蔓的颜色调深，效果如图4-124所示。

图4-123

图4-124

29 将前面绘制的外星人拖曳到页面中，然后调整大小和位置，如图4-125所示。接着使用“阴影工具”拖曳阴影效果，最后在属性栏中设置“阴影角度”为47、“阴影的不透明度”为64、“阴影羽化”为3、“阴影淡出”为90、“阴影延展”为50，效果如图4-126所示。

图4-125

图4-126

30 选中阴影，然后单击鼠标右键，执行“拆分阴影群组”命令，接着调整提取出来的阴影位置，最终效果如图4-127所示。

图4-127

4.4.2 贝塞尔曲线的设置与修饰

1.贝塞尔曲线的设置

双击“贝塞尔工具”打开“选项”面板，在“手绘/贝塞尔工具”选项组中进行设置，如图4-128所示。

图4-128

【参数详解】

手绘平滑：设置自动平滑程度和范围。

边角阈值：设置边角平滑的范围。

直线阈值：设置在进行调节时线条平滑的范围。

自动连结：设置节点之间自动吸附连接的范围。

2.贝塞尔曲线的修饰

在使用贝塞尔工具进行绘制时无法一次性得到需要的图案，所以需要在绘制后进行线条修饰，配合“形状工具”和属性栏，可以对绘制的贝塞尔线条进行修改，如图4-129所示。

图4-129

3.曲线转直线

在“工具箱”中单击“形状工具”，然后单击选中对象，在要变为直线的那条曲线上单击鼠标左键，出现黑色小点为选中，如图4-130所示。

在属性栏中单击“转换为线条”按钮，该线条变为直线，如图4-131所示。用鼠标右键在下拉菜单中也可以进行操作，选中曲线单击鼠标右键，在弹出的下拉菜单中执行“到直线”命令，完成曲线变直线命令，如图4-132所示。

图4-130 图4-131

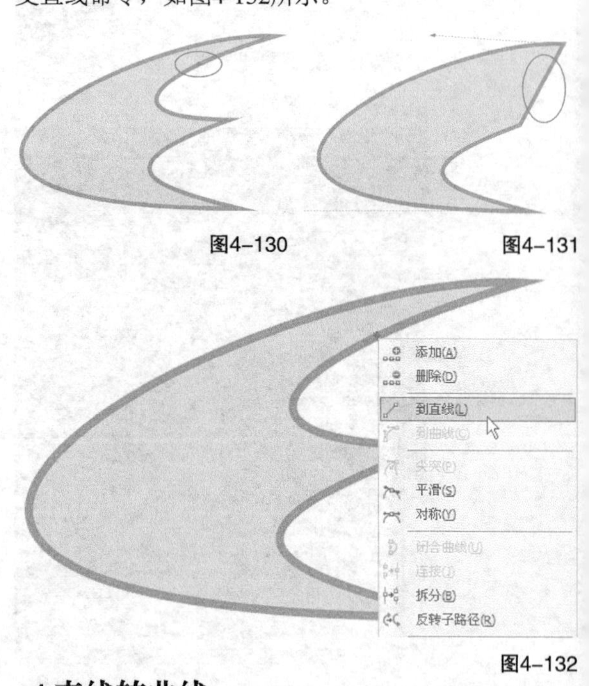

图4-132

4.直线转曲线

选中要变为曲线的直线，如图4-133所示。然后在属性栏中单击“转换为曲线”按钮转换为曲线，如图4-134所示。接着将光标移动到转换后的曲线上，当光标变为时按住鼠标左键进行拖动调节曲线，最后双击增加节点，调节“控制点”使曲线变得更有节奏，如图4-135所示。

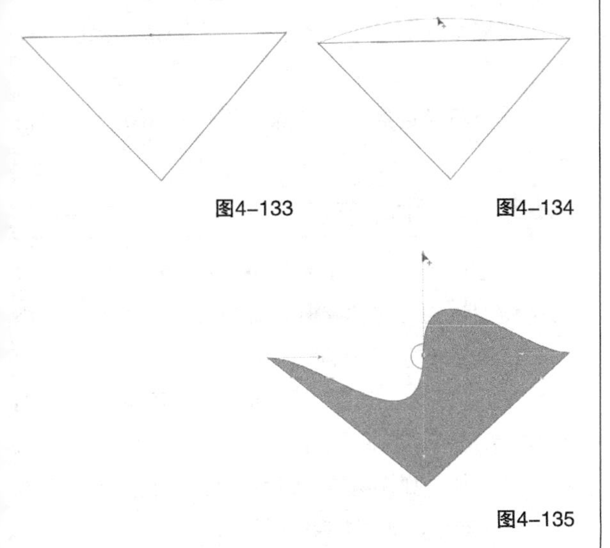
图4-133 图4-134

图4-135

5.对称节点转尖突节点

这项操作是针对节点的调节，它会影响节点与它两端曲线的变化。

单击“形状工具”，然后在节点上单击鼠标左键将其选中，如图4-136所示。接着在属性栏中单击“尖突节点”按钮转换为尖突节点，再拖动其中一个“控制点”，将同侧的曲线进行调节，对应一侧的曲线和“控制线”并没有变化，如图4-137所示。最后调整另一边的“控制点”，可以得到一个心形，如图4-138所示。

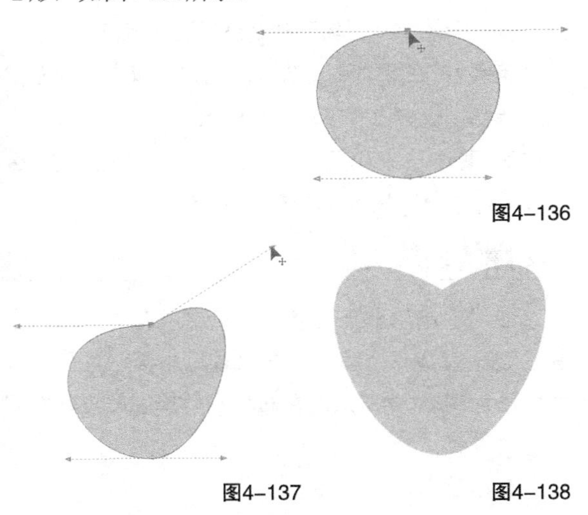
图4-136

图4-137 图4-138

6.尖突节点转对称节点

单击“形状工具”，然后在节点上单击鼠标左键将其选中，如图4-139所示。接着在属性栏中单击“对称节点”按钮将该节点变为对称节点，再拖动“控制点”，同时调整两端的曲线，如图4-140所示。

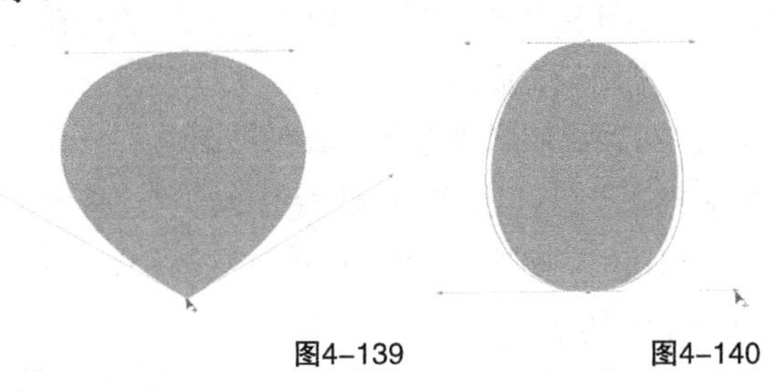
图4-139 图4-140

7.闭合曲线

在使用“贝塞尔工具”绘制曲线时，没有闭合起点和终点就不会形成封闭的路径，不能进行填充处理，闭合是针对节点进行操作的，方法有以下6种。

第1种：单击“形状工具”，然后选中结束节点，按住鼠标左键拖曳到起始节点，可以自动吸附闭合为封闭式路径，如图4-141所示。

图4-141

第2种：使用“贝塞尔工具”选中未闭合线条，然后将光标移动到结束节点上，当光标出现时单击鼠标左键，接着将光标移动到开始节点，如图4-142所示，当光标出现时单击鼠标左键完成封闭路径，如图4-143所示。

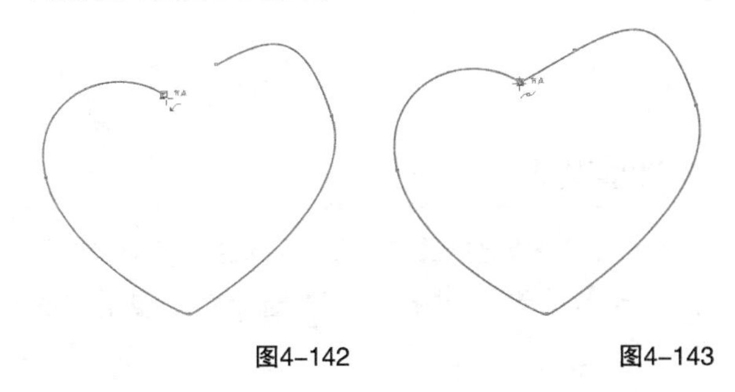
图4-142 图4-143

第3种：使用“形状工具”选中未闭合线条，然后在属性栏中单击“闭合曲线”按钮完成闭合。

第4种：使用“形状工具”选中未闭合线条，然后单击鼠标右键，在下拉菜单中执行“闭合曲线”命令完成闭合曲线。

第5种：使用“形状工具”选中未闭合线条，然后在属性栏中单击“延长曲线使之闭合”按钮，添加一条曲线完成闭合。

第6种：使用“形状工具”选中未闭合的起始和结束节点，然后在属性栏中单击“连接两个节点”按钮，将两个节点连接重合完成闭合。

8.断开节点

在编辑好的路径中可以进行断开操作，将路径分解为单独的线段，和闭合一样，断开操作也是针对节点进行的，方法有两种。

第1种：使用“形状工具”选中要断开的节点，然后在属性栏中单击“断开曲线”按钮，断开当前节点的连接，如图4-144和图4-145所示，闭合路径中的填充消失。

图4-144 　　图4-145

第2种：使用“形状工具”选中要断开的节点，然后单击鼠标右键，在下拉菜单上执行“拆分”命令，进行断开节点。

闭合的路径可以进行断开，线段也可以进行分别断开，全选线段节点，然后在属性栏中单击“断开曲线”按钮，就可以分别移开节点，如图4-146所示。

图4-146

9.选取节点

线段与线段之间的节点可以和对象一样被选取，单击“形状工具”进行多选、单选、节选等操作。

【参数详解】

选择单独节点：逐个单击进行选择编辑。

选择全部节点：按住鼠标左键在空白处拖动范围进行全选；按快捷键Ctrl+A全选节点；在属性栏中单击“选择所有节点”按钮进行全选。

选择相连的多个节点：在空白处拖动范围进行选择。

选择不相连的多个节点：按住Shift键进行单击选择。

10.添加和删除节点

在使用“贝塞尔工具”进行编辑时，为了使编辑更加细致，会在调整时进行增加与删除节点，添加与删除节点的方法有以下4种。

第1种：选中线条上要加入节点的位置，如图4-147所示。然后在属性栏中单击“添加节点”按钮进行添加，如图4-148所示；单击“删除节点”按钮进行删除，如图4-149所示。

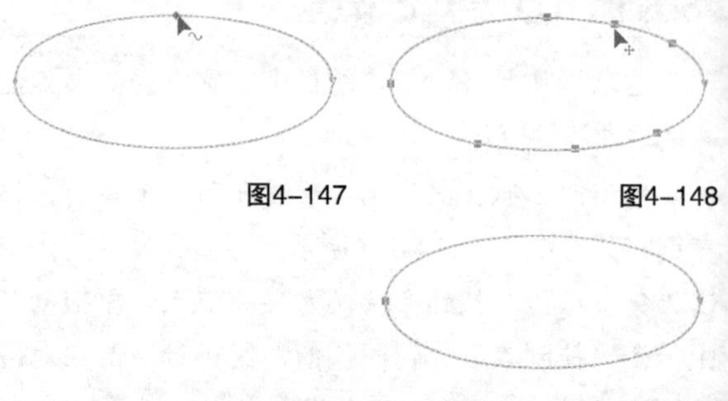

图4-147　　图4-148

图4-149

第2种：选中线条上要加入节点的位置，然后单击鼠标右键，在下拉菜单中执行“添加”命令进行添加节点；执行“删除”命令进行删除节点。

第3种：在需要添加节点的地方，双击鼠标左键添加节点，双击已有节点进行删除。

第4种：选中线条上要加入节点的位置，按+键可以添加节点；按-键可以删除节点。

11.翻转曲线方向

曲线的起始节点到终止节点中所有的节点，由开始到结束是一个顺序，就算首尾相接，也是有方向的，如图4-150所示，在起始和结尾的节点都有箭头表示方向。

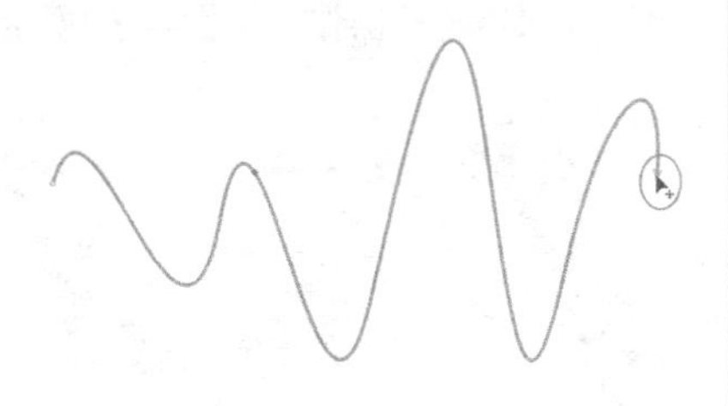
图4-150

选中线条，然后在属性栏中单击“反转方向”按钮，可以变更起始和结束节点的位置，翻转方向，如图4-151所示。

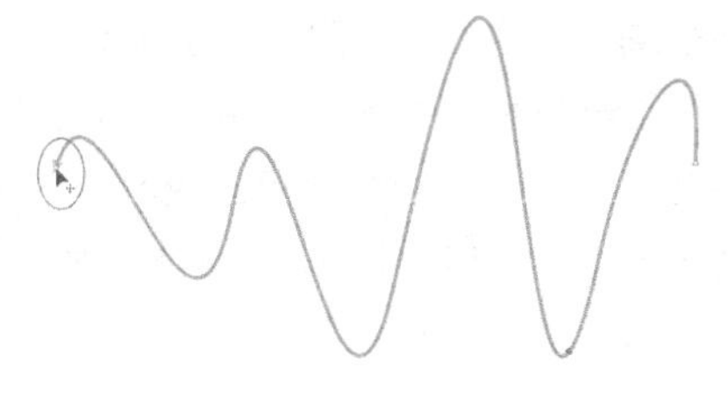
图4-151

12.提取子路径

一个复杂的封闭图形路径中包含很多子路径，在最外面的轮廓路径是“主路径”，其余所有在“主路径”内部的路径都是“子路径”，如图4-152所示，方便区分可以标为“子路径1”“子路径2”依此类推。

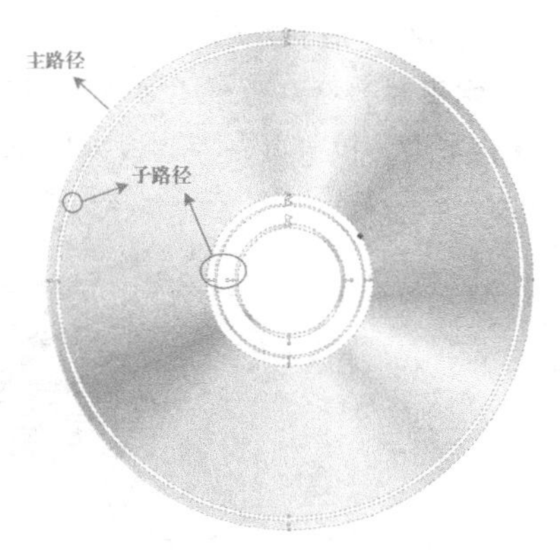

图4-152

可以提取出主路径内部的子路径做其他用处。单击“形状工具”，然后在要提取的子路径上单击任选一个点，如图4-153所示。接着在属性栏中单击“提取子路径”按钮进行提取，提取出的子路径以红色虚线显示，如图4-154所示，可以将提取的路径移出进行单独编辑，如图4-155所示。

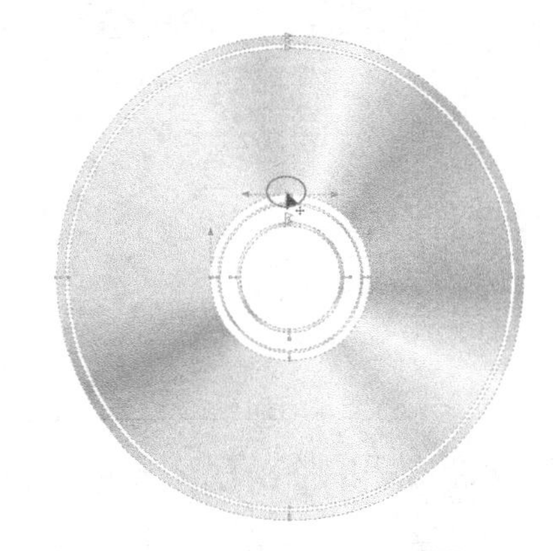
图4-153

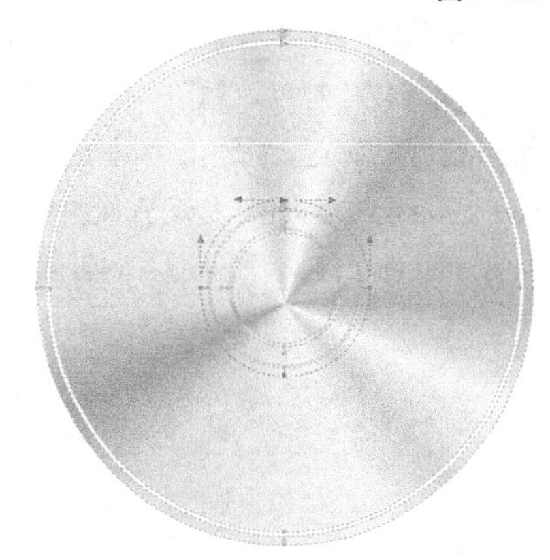
图4-154

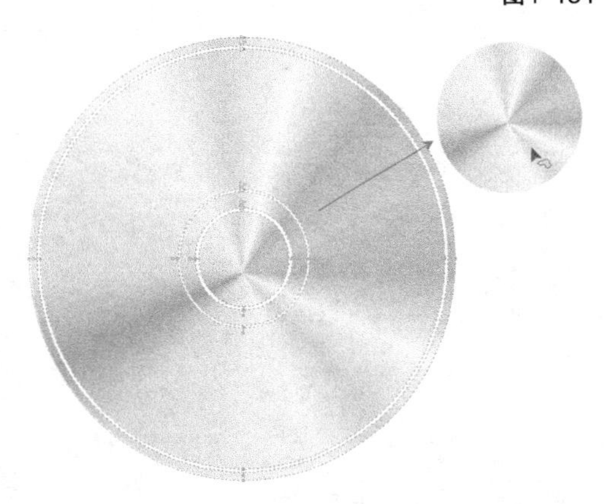
图4-155

13.延展与缩放节点

单击“形状工具”，按住鼠标左键拖动一个范围将中间的圆圈子路径全选中，然后单击属性栏中的“延展与缩放节点”按钮，显示8个缩放控制点，如图4-156所示。接着将光标移动到控制点上按住鼠标左键进行缩放，在缩放时按住Shift键可以中心缩放，如图4-157所示。

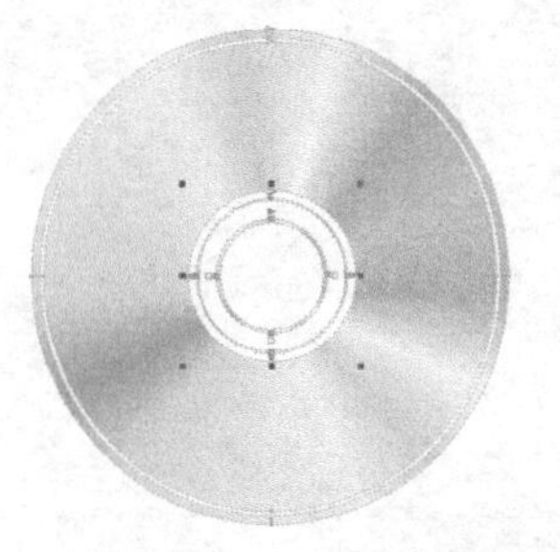

图4-156　　图4-157

14.旋转和倾斜节点

使用“形状工具”将中间的圆圈子路径全选中，然后单击属性栏中的“旋转与倾斜节点”按钮，显示8个旋转控制点，如图4-158所示。接着将光标移动到旋转控制点上按住鼠标左键可以进行旋转，如图4-159所示，将光标移动到倾斜控制点上按住鼠标左键可以进行倾斜，如图4-160所示。

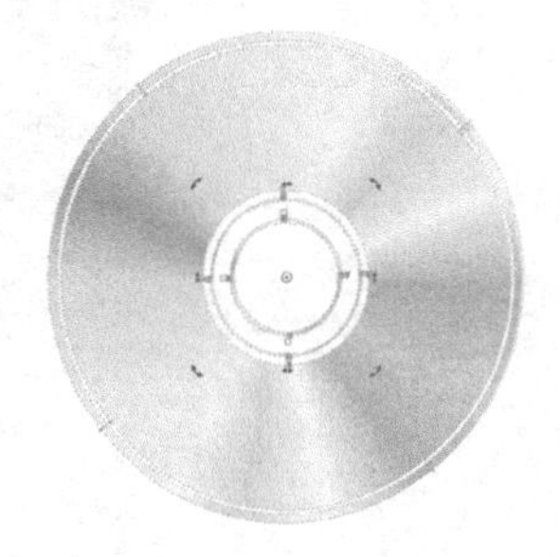

图4-158

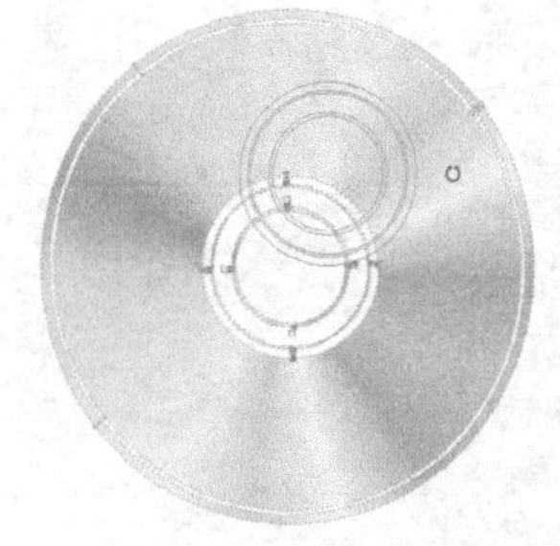

图4-159　　图4-160

15.反射节点

反射节点使用于在镜像作用下选中双方同一个点，按相反的方向进行相同的编辑。选中两个镜像的对象，单击“形状工具”，然后选中对应的两个节点，如图4-161所示。接着在属性栏中单击选中“水平反射节点”按钮或“垂直反射节点”按钮，最后将光标移动在其中一个选中的节点上进行移动或拖动“控制线”，相对的另一边的节点也会进行相同且方向相对的操作，如图4-162所示。

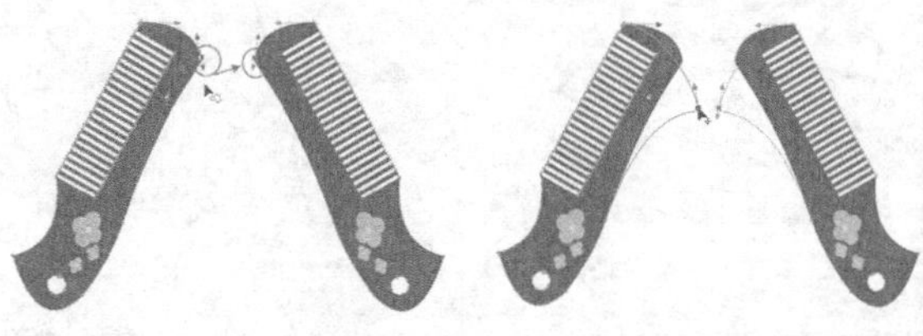

图4-161　　图4-162

16.节点的对齐

使用对齐节点的命令可以将节点对齐在一套平行或垂直线上。使用“形状工具”选中对象，然后单击属性栏中的“选择所有节点”按钮选中所有节点，如图4-163所示。接着单击属性栏中的“对齐节点”按钮打开“节点对齐”对话框进行选择操作，如图4-164所示。

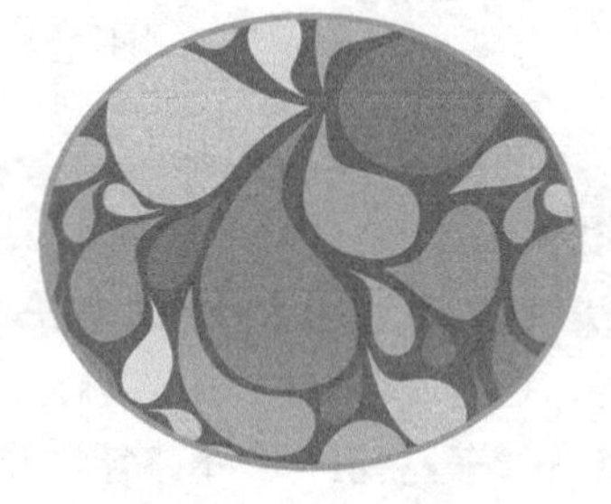

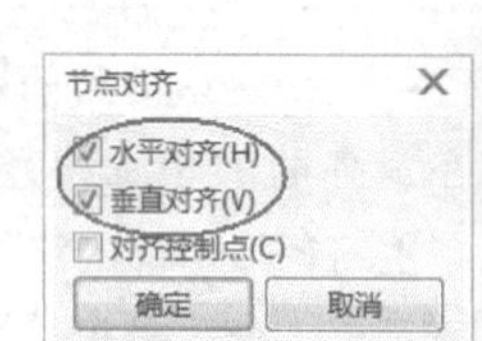

图4-163　　图4-164

节点对齐选项介绍

水平对齐：将两个或多个节点水平对齐，如图4-165所示，也可以全选节点进行对齐，如图4-166所示。

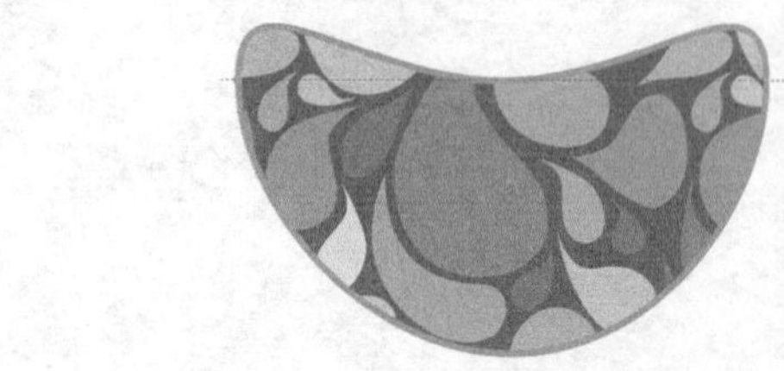

图4-165

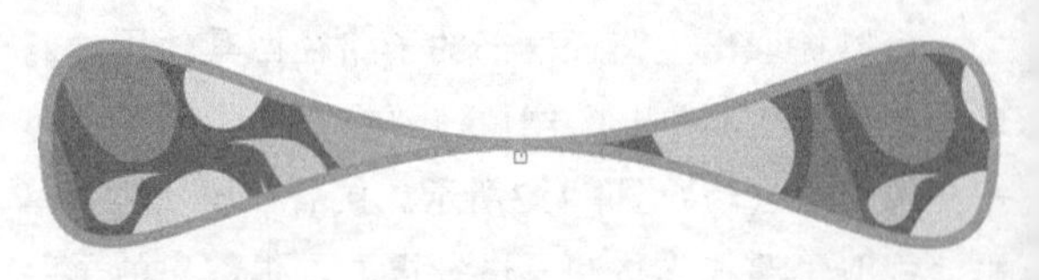

图4-166

垂直对齐：将两个或多个节点垂直对齐，如图4-167所示，也可以全选节点进行对齐。

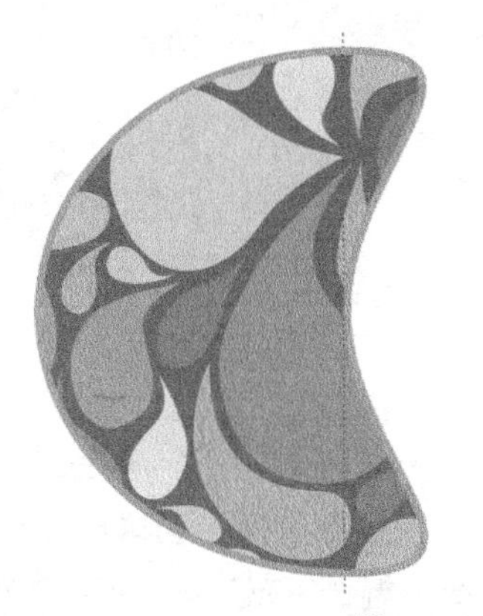

图4-167

同时勾选“水平对齐”和“垂直对齐”复选框，可以将两个或多个节点居中对齐，如图4-168所示，也可以全选节点进行对齐，如图4-169所示。

图4-168　　图4-169

对齐控制点：将两个节点重合并将以控制点为基准进行对齐，如图4-170所示。

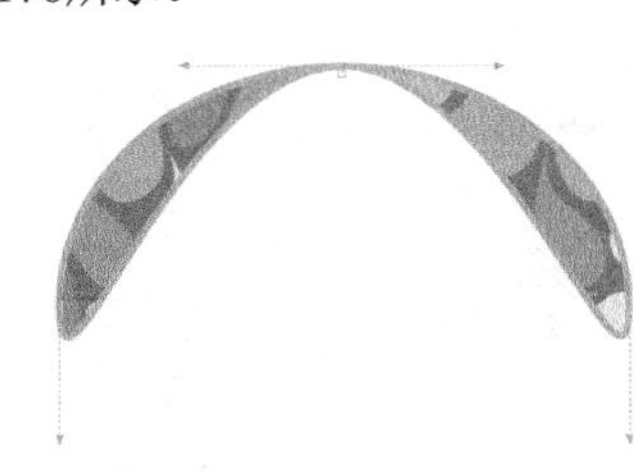

图4-170

课堂案例

用贝塞尔工具绘制鼠标广告

实例位置　实例文件>CH04>课堂案例：用贝塞尔工具绘制鼠标.cdr

素材位置　素材文件>CH04>08.cdr、09.cdr、10.cdr

视频位置　多媒体教学>CH04>课堂案例：用贝塞尔工具绘制鼠标.mp4

技术掌握　贝塞尔工具的运用方法

使用“贝塞尔工具”绘制鼠标广告，这类设计主要运用于产品设计类的广告或者画报插图，效果如图4-171所示。

01 新建空白文档，然后设置文档名称为“鼠标广告”，接着设置页面大小，“宽”为250mm、“高”为180mm。

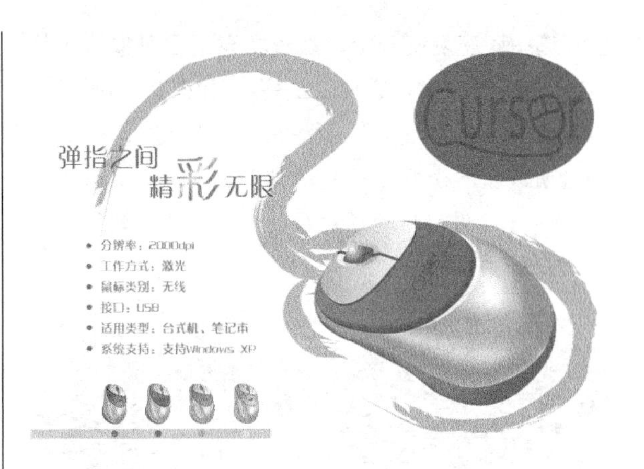

图4-171

02 使用“贝塞尔工具”绘制鼠标底座，如图4-172所示，然后在状态栏上双击“填充工具”，打开“编辑填充”对话框，在弹出的工具选项面板中选择“渐变填充”方式，设置从左到右的颜色为（C:14，M:70，Y:0，K:0）、（C:44，M:100，Y:33，K:0），接着设置“类型”为“线性渐变填充”，“镜像、重复和反转”为“默认渐变填充”，“填充宽度”为“73.219”，“水平偏移”为“14.922”，“垂直偏移”为“-14.256”，“旋转”为“-59.1”，最后单击“确定”按钮完成填充，如图4-173所示，填充完后单击去掉轮廓线，效果如图4-174所示。

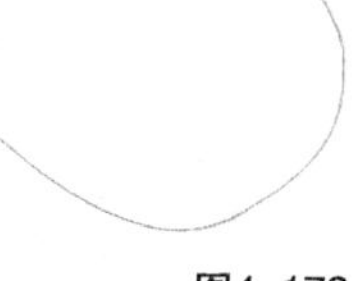

图4-172

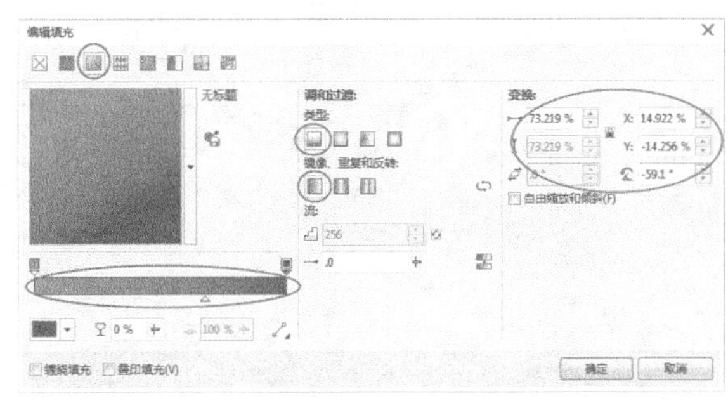

图4-173

图4-174

03 选中底座复制一份，然后填充下面对象的颜色为（C:58，M:100，Y:43，K:3），如图4-175所示。接着使用“调和工具”按住左键从上层往下层进行拖动调和，松开鼠标完成调和，如图4-176和图4-177所示，最后移动顶层对象调整位置，效果如图4-178所示。

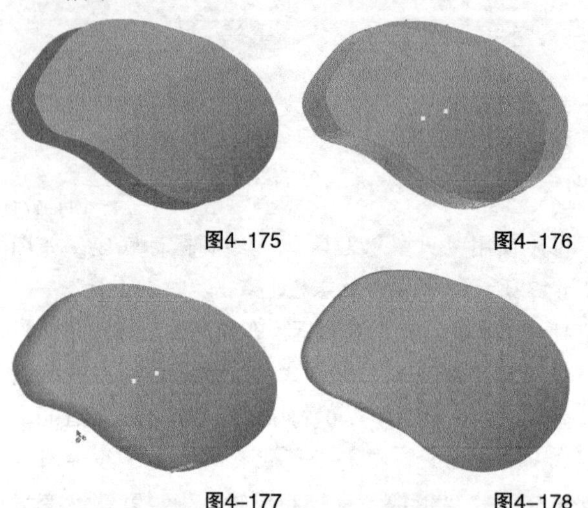

图4-175　图4-176

图4-177　图4-178

04 使用“贝塞尔工具”绘制鼠标身。然后导入“素材文件>CH04>08.cdr”文件，接着按住鼠标右键将颜色样式拖到鼠标上，松开右键，在弹出的菜单中执行“复制填充”命令，如图4-179和图4-180所示，填充后效果如图4-181所示。

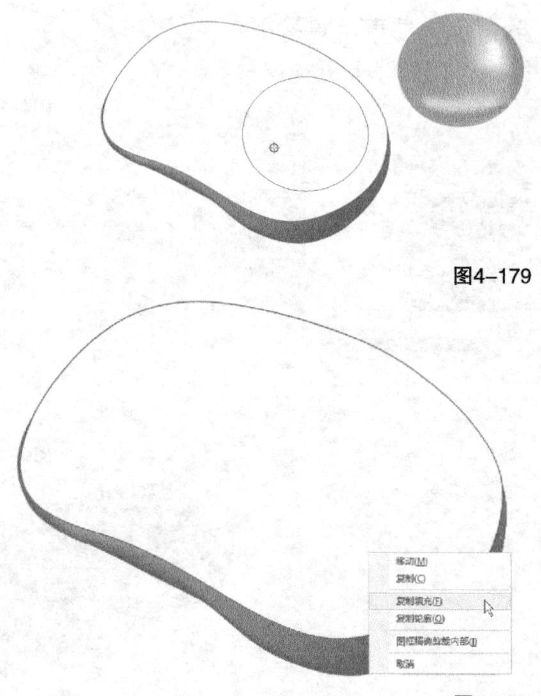

图4-179

图4-180

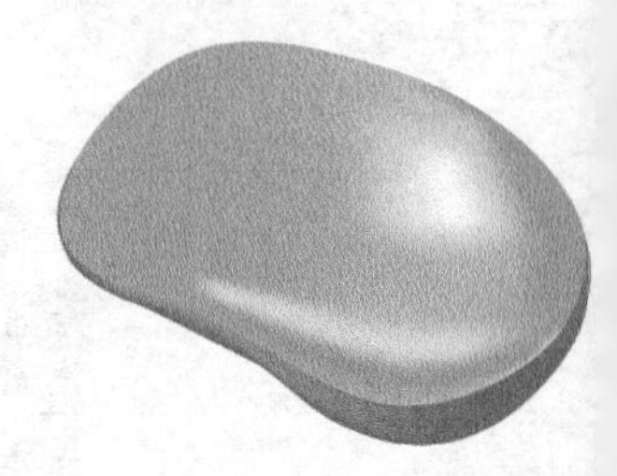

图4-181

05 下面绘制鼠标彩色部分。使用“贝塞尔工具”绘制高光区域轮廓，如图4-182所示。然后在“编辑填充”对话框中选项面板中选择“渐变填充”方式，设置从左到右的颜色为（C:34，M:3，Y:24，K:0）、（C:0，M:0，Y:0，K:0），接着设置“类型”为“线性渐变填充”，“镜像、重复和反转”为“默认渐变填充”，“填充宽度”为“108.012”，“旋转”为“10.6”，最后单击“确定”按钮完成填充，如图4-183所示，填充后去掉轮廓线，效果如图4-184所示。

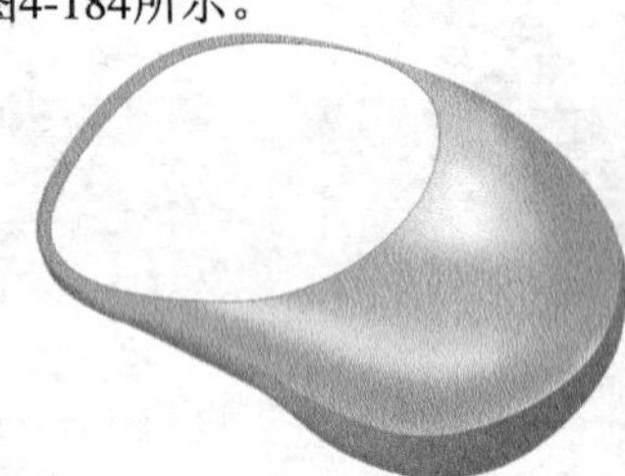

图4-182

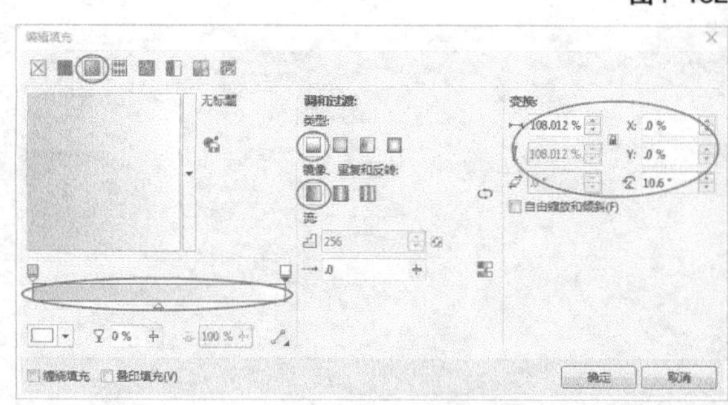

图4-183

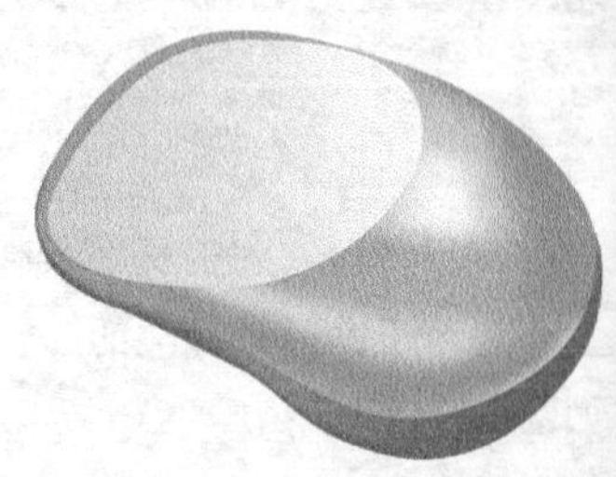

图4-184

06 使用“贝塞尔工具”绘制彩色区域轮廓，如图4-185所示。然后在“填充工具”的选项板中选择“渐变填充”方式，再设置从左到右的颜色为（C:20，M:80，Y:0，K:20）、（C:0，M:100，Y:0，K:0），“类型”为“椭圆形渐变填充”，“镜像、重复和反转”为“默认渐变填充”，“填充宽度”为“121.83”，“水平偏移”为“34.999”，“垂直偏移”为“4.314”，接着单击“确定”按钮完成填充，如图4-186所示，最后单击去掉轮廓线，效果如图4-187所示。

图4-185

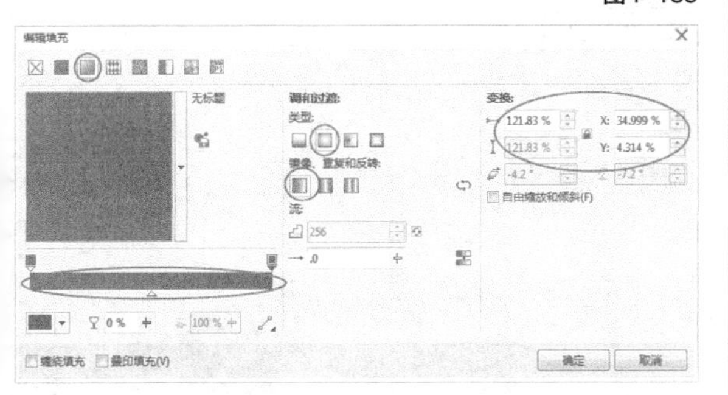

图4-186

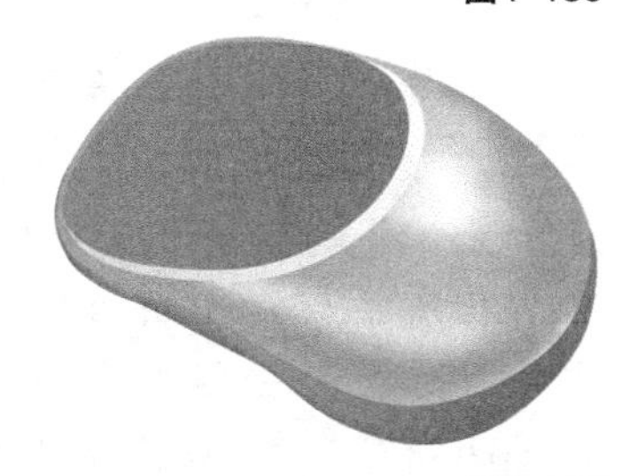

图4-187

07 将彩色区域复制一份，然后填充颜色为（C:69，M:100，Y:60，K:44），如图4-188所示。接着使用“调和工具”按住鼠标左键拖动调和效果，如图4-189所示，最后移动顶层对象调整位置，效果如图4-190所示。

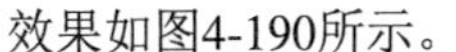

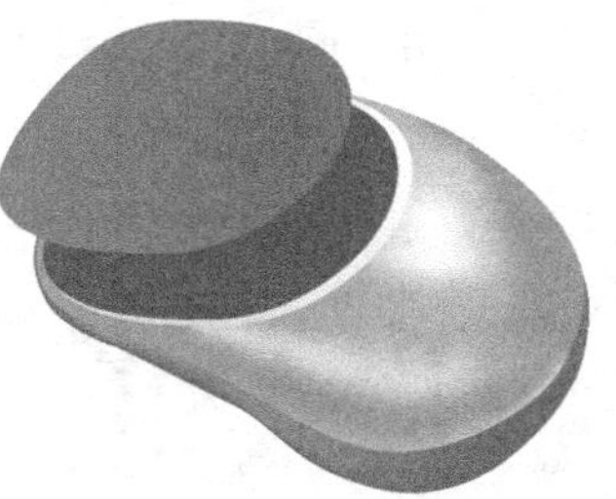

图4-188

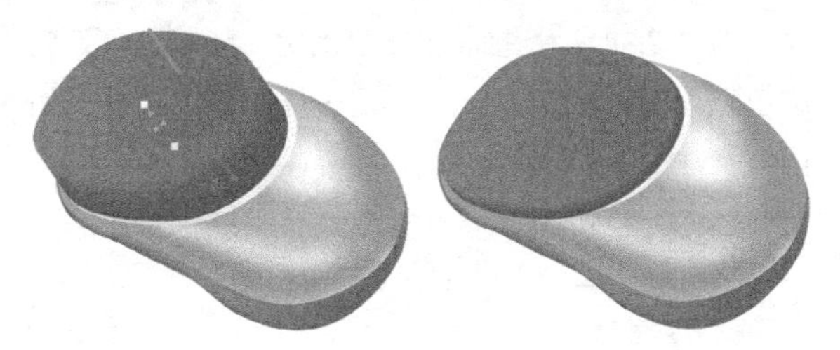

图4-189 图4-190

08 使用“贝塞尔工具”绘制按键凹陷区域，然后填充颜色为（C:54，M:100，Y:100，K:44），如图4-191所示。接着复制一份，再更改颜色为（C:67，M:93，Y:91，K:64），如图4-192所示，排放好位置。

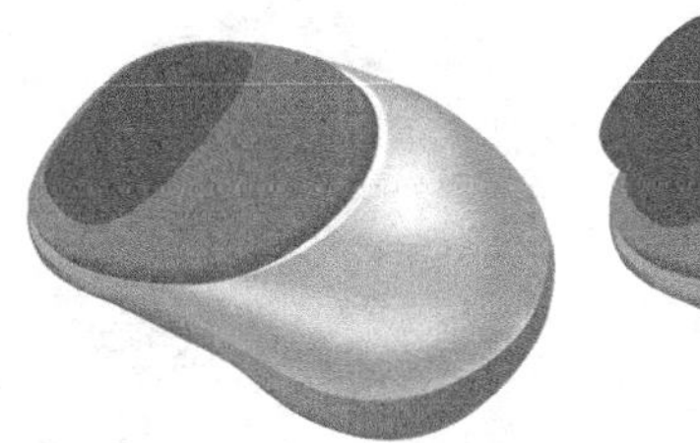

图4-191

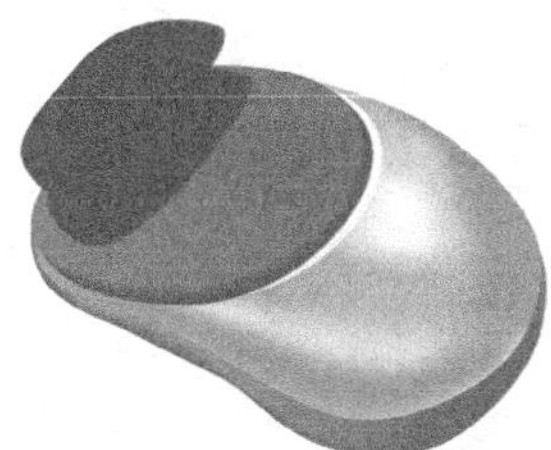

图4-192

09 下面绘制按键。使用“贝塞尔工具”绘制按键大轮廓，先去掉轮廓线，然后在“编辑填充”对话框中选择“渐变填充”方式，设置“类型”为“线性渐变填充”、“镜像、重复和反转”为“默认渐变填充”，再设置“节点位置”为0%的色标颜色为（C:38，M:30，Y:28，K:0）、“节点位置”为100%的色标颜色为白色，接着单击“确定”按钮完成填充，效果如图4-193所示。

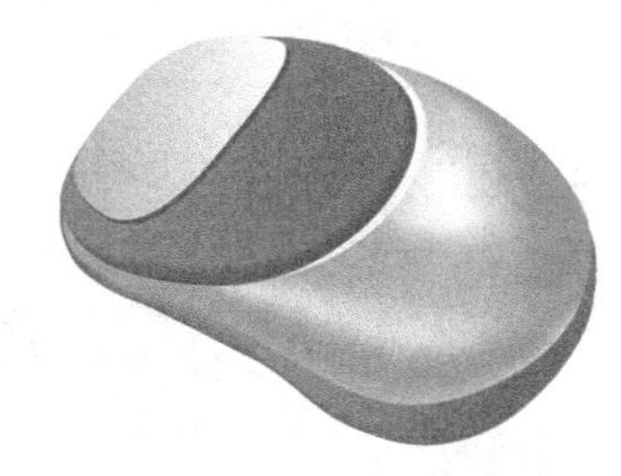

图4-193

10 使用“贝塞尔工具”绘制鼠标滚轮凹陷区域，然后在“编辑填充”对话框选项板中选择“渐变填充”方式，再设置从左到右的颜色为（C:0，M:0，Y:0，K:0）、（C:0，M:0，Y:0，K:50），“类型”为“椭圆形渐变填充”，“镜像、重复和反转”为“默认渐变填充”，“填充宽度”为“162.879”，“水平偏移”为“24.94”，“垂直偏移”为“-7.384”，接着单击“确定”按钮完成填充，如图4-194所示。最后去掉轮廓线，效果如图4-195所示。

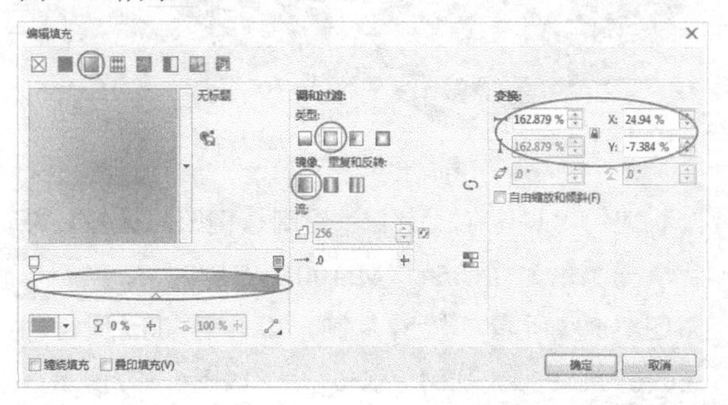

图4-194

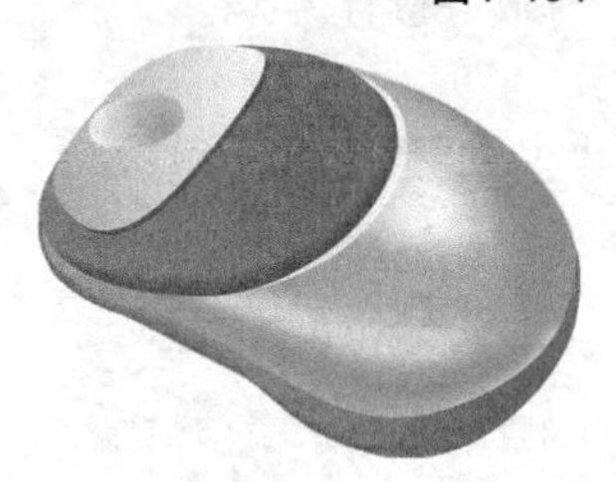

图4-195

11 使用“贝塞尔工具”绘制折线，复制一份，然后设置“轮廓宽度”为0.5mm，接着填充上方折线颜色为（C:67，M:93，Y:91，K:64），再填充下方折线颜色为（C:54，M:100，Y:100，K:44），如图4-196所示。

图4-196

12 使用“贝塞尔工具”绘制滚轮挖空区域，然后双击“填充工具”，在弹出的工具选项板中选择“均匀填充”方式，打开“均匀填充”对话框，接着设置填充颜色为（C:67，M:93，Y:91，K:64），最后单击“确定”按钮完成填充，如图4-197所示。

图4-197

13 使用“贝塞尔工具”绘制滚轮，然后双击状态栏“填充工具”，打开“编辑填充”对话框，在弹出的工具选项板中选择“渐变填充”方式，设置从左到右的颜色为（C:58，M:100，Y:43，K:3）、（C:0，M:0，Y:0，K:0），接着设置“类型”为“椭圆形渐变填充”，“镜像、重复和反转”为“默认渐变填充”，“填充宽度”为“104.237”，“水平偏移”为“-26.199”，“垂直偏移”为“30.849”，接着单击“确定”按钮，如图4-198所示。最后去掉轮廓线，效果如图4-199所示。

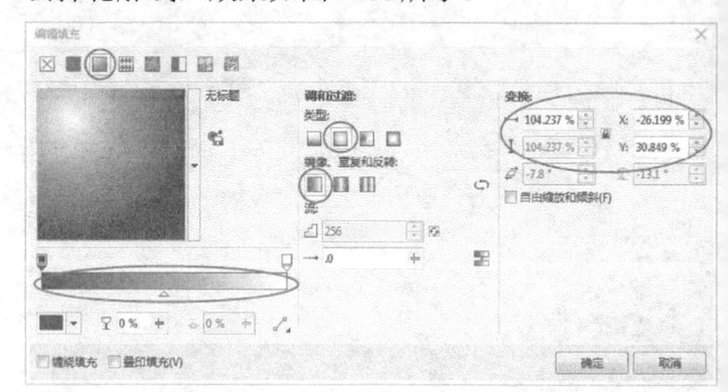

图4-198

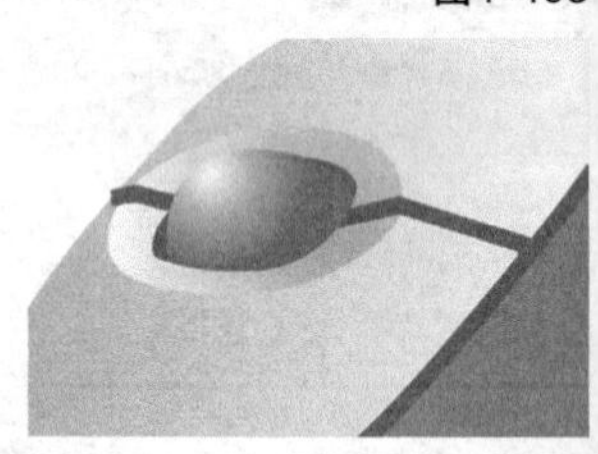

图4-199

14 导入“素材文件>CH04>09.cdr”文件，然后选中素材，单击鼠标右键，在弹出菜单中执行“拆分曲线”命令，拆分后效果如图4-200所示。接着将字母C和O删除，如图4-201所示。

Cursor urs r

图4-200  图4-201

15 使用“贝塞尔工具”绘制鼠标形状，然后设置“轮廓宽度”为1.8mm，接着绘制鼠标线，调整角度和位置，如图4-202和图4-203所示。

图4-202 图4-203

16 使用“椭圆形工具”绘制一个椭圆，然后填充颜色为洋红，再去掉轮廓线，拖曳到logo文字后方，效果如图4-204所示。接着将logo文字复制一份，双击“轮廓笔”工具，在弹出的工具选项板中选择“轮廓笔”方式，打开“轮廓笔”对话框，勾选“随对象缩放”复选框，如图4-205所示。最后将logo文字缩小拖曳到鼠标彩色位置，进行旋转调整，效果如图4-206所示。

图4-204

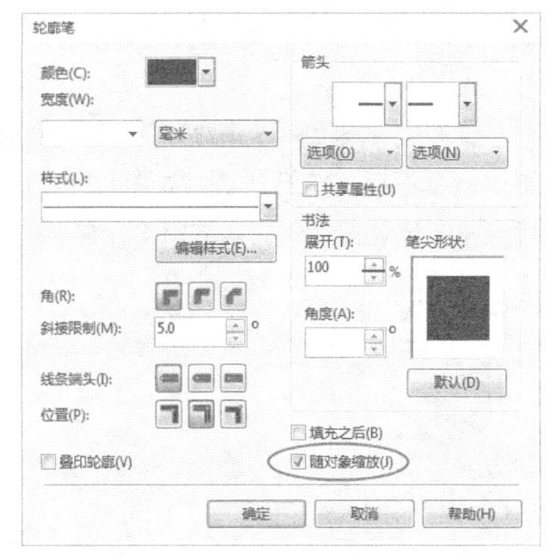

图4-205

图4-206

17 导入“素材文件>CH04>10.cdr”文件，接着解组所有素材文件，然后将水墨鼠标元素拖曳到页面中调整大小，最后调整其他素材的位置和大小，完成效果如图4-207所示。

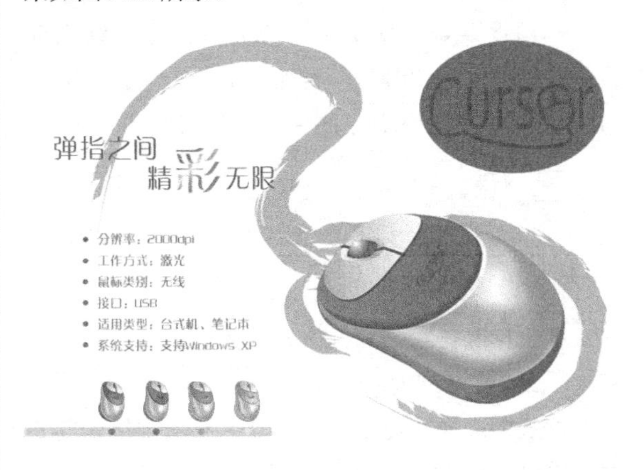

图4-207

4.5 艺术笔工具

“艺术笔工具”是所有绘画工具中最灵活多变的，不但可以绘制各种图形，也可以绘制各种笔触和底纹，为矢量绘画添加丰富的效果，达到复杂的绘画要求。也可以通过笔触路径节点来调整形状，如图4-208所示。

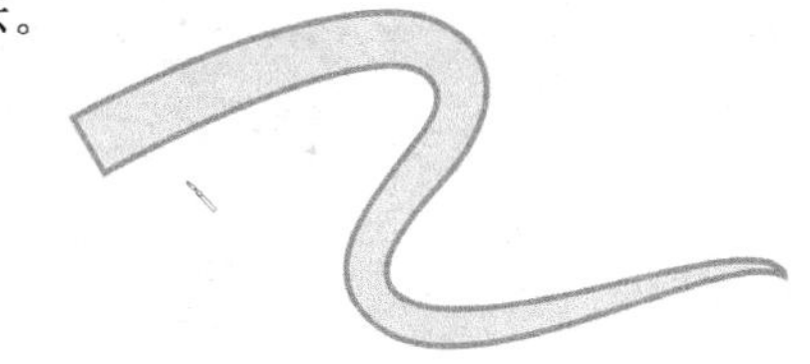

图4-208

单击“艺术笔工具”，然后将光标移动到页面内，按住鼠标左键拖动绘制路径，如图4-209所示，松开鼠标左键完成绘制，如图4-210所示。

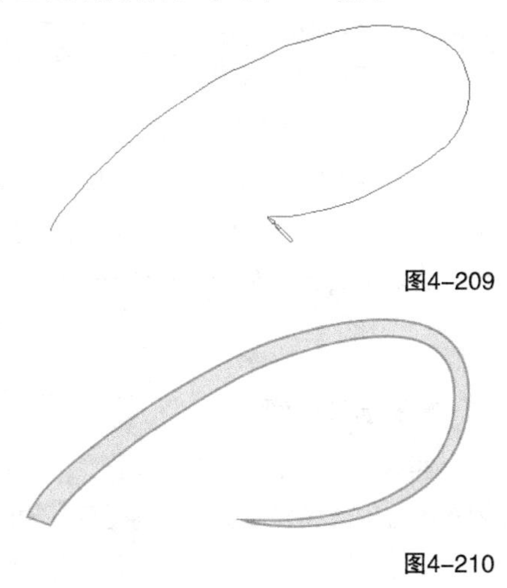

图4-209

图4-210

4.5.1 预设

“预设”是指使用预设的矢量图形来绘制曲线。在“艺术笔工具”属性栏中单击“预设”按钮，将属性栏变为预设属性，如图4-211所示。

图4-211

预设选项介绍

手绘平滑：在文本框内设置数值调整线条的平滑度，最高平滑度为100。

笔触宽度：设置数值可以调整绘制笔触的宽度，值越大笔触越宽，反之越小，如图4-212所示。

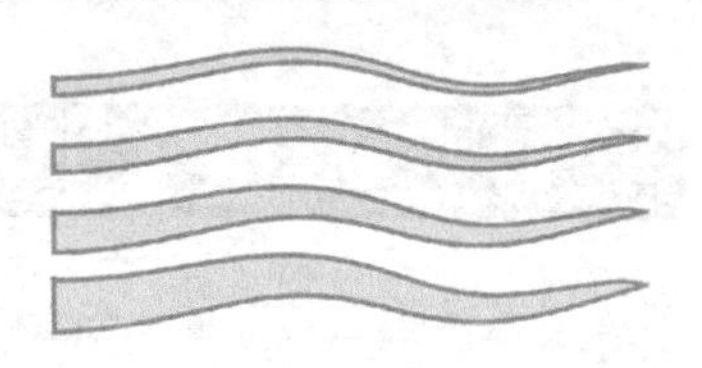

图4-212

预设笔触：单击后面的按钮，打开下拉样式列表，可以选取相应的笔触样式进行创建，如图4-213所示。

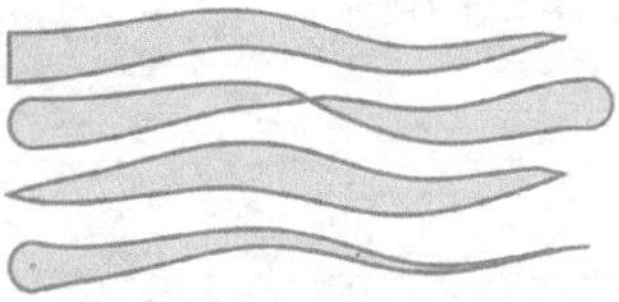

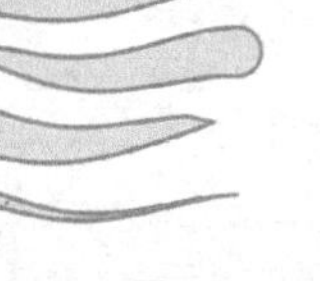

图4-213

随对象一起缩放笔触：单击该按钮后，缩放笔触时，笔触线条的宽度会随着缩放改变。

边框：单击后会隐藏或显示边框。

4.5.2 笔刷

“笔刷”是指绘制与笔刷笔触相似的曲线，可以利用“笔刷”绘制出仿真效果的笔触。在“艺术笔工具”，属性栏中单击“笔刷”按钮，将属性栏变为笔刷属性，如图4-214所示。

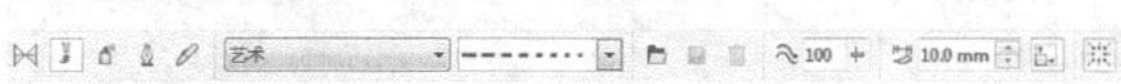

图4-214

笔刷选项介绍

类别：单击后面的艺术按钮，在下拉列表中可以选择要使用的笔刷类型，如图4-215所示。

图4-215

笔刷笔触：在其下拉列表中可以选择相应笔刷类型的笔刷样式。

浏览：可以浏览硬盘中的艺术笔刷文件夹，选取艺术笔刷可以进行导入使用，如图4-216所示。

图4-216

保存艺术笔触：确定好自定义的笔触后，使用该命令保存到笔触列表，如图4-217所示，文件格式为cmx,位置在默认艺术笔刷文件夹。

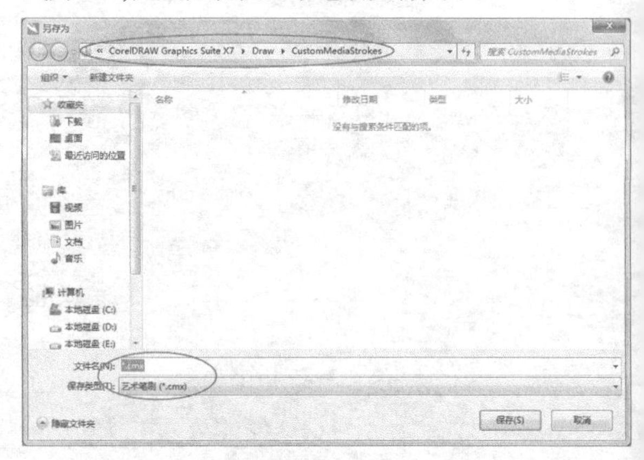

图4-217

删除：删除已有的笔触。

技巧与提示

在CorelDRAW X7中，可以用一组矢量图或者单一的路径对象制作自定义的笔触，下面就进行讲解。

第1步：绘制或者导入需要定义成笔触的对象，如图4-218所示。

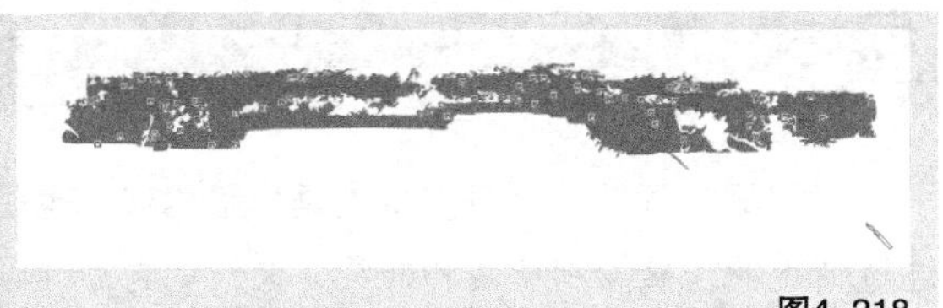

图4-218

第2步：选中该对象，然后在工具箱中单击“艺术笔工具”，在属性栏中单击“笔刷”按钮，接着单击“保存艺术笔触”按钮，弹出“另存为”对话框，如图4-219所示，我们在“文件名”处输入“墨迹效果”，单击“保存”按钮进行保存。

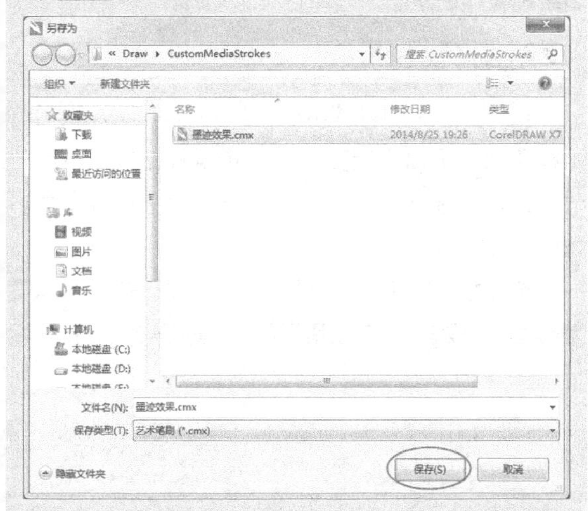

图4-219

第3步：在“类别”的下拉列表中会出现自定义，如图4-220所示，之前自定义的笔触会显示在后面“笔刷笔触”列表中，此时就可以用自定义的笔触进行绘制了，如图4-221所示。

图4-220

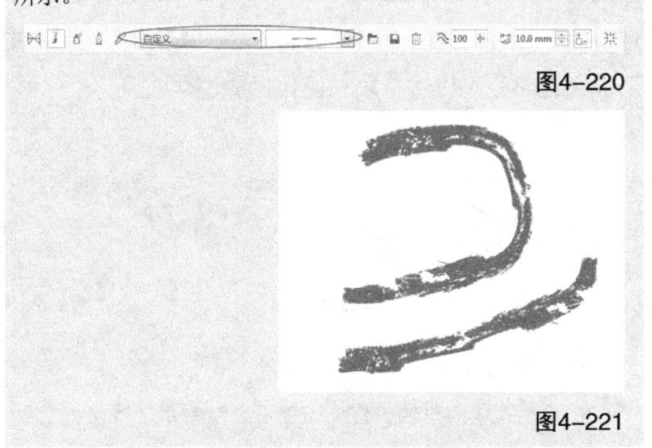

图4-221

4.5.3 喷涂

“喷涂”是指通过喷涂一组预设图案进行绘制。

在“艺术笔工具”的属性栏中单击“喷涂”按钮，将属性栏变为喷涂属性，如图4-222所示。

图4-222

喷涂选项介绍

喷涂对象大小：在上方的数值框中将喷射对象的大小统一调整为特定的百分比，可以手动调整数值。

递增按比例放缩：单击锁头激活下方的数值框，在下方的数值框输入百分比可以将每一个喷射对象大小调整为前一个对象大小的某一特定百分比，如图4-223所示。

类别：在下拉列表中可以选择要使用的喷射的类别，如图4-224所示。

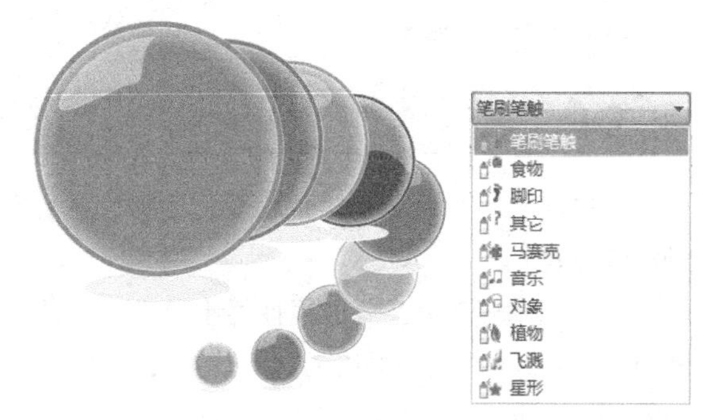

图4-223　　图4-224

喷着图样：在其下拉列表中可以选择相应喷涂类别的图案样式，可以是矢量的图案组。

喷涂顺序：在下拉列表中提供有“随机”“顺序”和“按方向”3种，如图4-225所示，这3种顺序要参考播放列表的顺序，如图4-226所示。

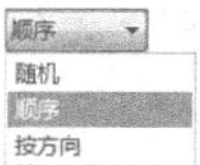

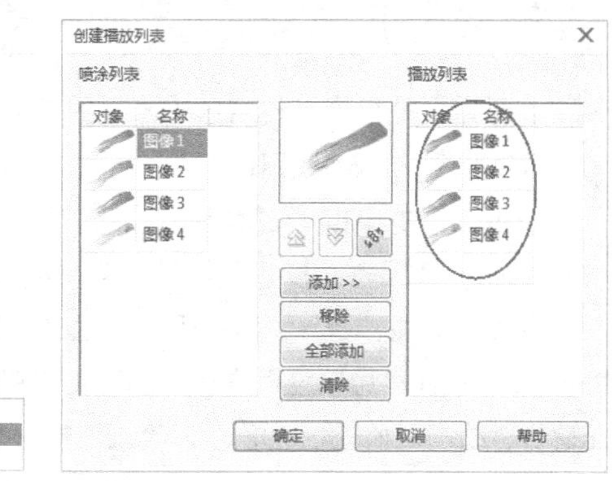

图4-225　　图4-226

随机：在创建喷涂时随机出现播放列表中的图案。

顺序：在创建喷涂时按顺序出现播放列表中的图案。

按方向：在创建喷涂时处在同一方向的图案在绘制时重复出现。

添加到喷涂列表：添加一个或多个对象到喷涂列表。

喷涂列表选项：可以打开“创建播放列表”对话框，用来设置喷涂对象的顺序和设置对象数目。

每个色块中的图案像素和图像间距：在上方的文字框中输入数值设置每个色块中的图像数；在下方的文字框中输入数值调整笔触长度中各色块之间的距离。

旋转：在下拉“旋转”选项面板中设置喷涂对象的旋转角度。

偏移：在下拉“偏移”选项面板中设置喷涂对象的偏移方向和距离。

4.5.4 书法

“书法”是指通过笔锋角度变化绘制与书法笔触相似的效果。

在“艺术笔工具”的属性栏中单击“书法”按钮，将属性栏变为书法属性，如图4-227所示。

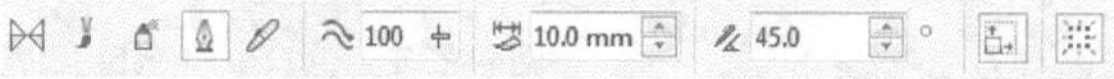

图4-227

【参数详解】

书法角度：输入数值可以设置笔尖的倾斜角度，范围最小是0度，最大是360度。

4.5.5 压力

“压力”是指模拟使用压感画笔的效果进行绘制，可以配合数位板进行使用。

在工具箱中单击“艺术笔工具”，然后在属性栏中单击“压力”按钮，如图4-228所示，属性栏变为压力基本属性。绘制压力线条和在Adobe Photoshop软件里用数位板进行绘画感觉相似，模拟压感进行绘制，如图4-229所示，笔画流畅。

图4-228

图4-229

4.6 钢笔工具

“钢笔工具”和“贝塞尔工具”很相似，也是通过节点的连接绘制直线和曲线，在绘制之后通过“形状工具”进行修饰。

4.6.1 绘制方法

在绘制过程中，“钢笔工具”可以使我们预览到绘制拉伸的状态，方便进行移动修改。

1.绘制直线和折线

在“工具箱”中单击“钢笔工具”，然后将光标移动到页面内空白处，单击鼠标左键定下起始节点，接着移动光标出现蓝色预览线条进行查看，如图4-230所示。

选择好结束节点的位置后，单击鼠标左键，线条变为实线，完成编辑就双击鼠标左键，如图4-231所示。

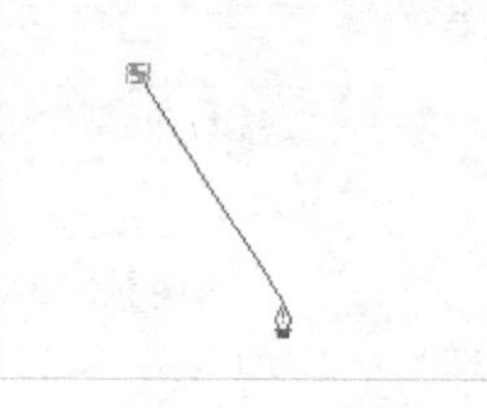

图4-230

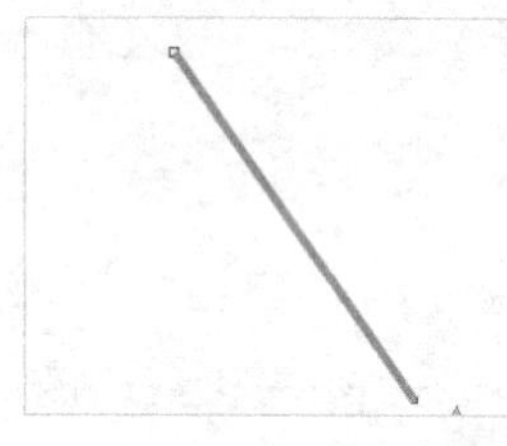

图4-231

绘制连续折线时，将光标移动在结束节点上，当光标变为时单击鼠标左键，然后继续移动光标单击进行定节点，如图4-232所示，当起始节点和结束节点重合时形成闭合路径可以进行填充操作，如图4-233所示。

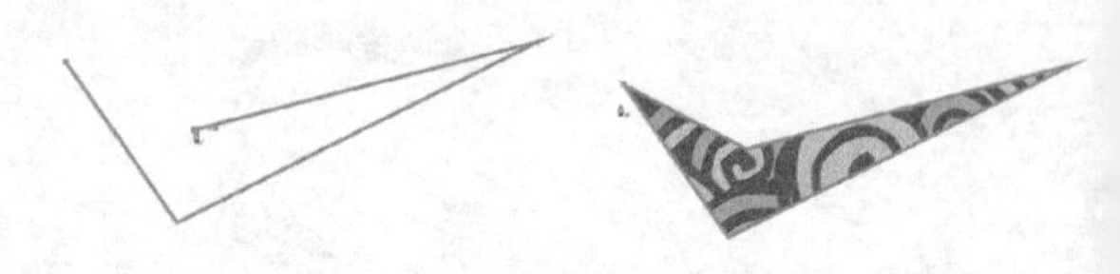

图4-232　　图4-233

技巧与提示

在绘制直线的时候按住Shift键可以绘制水平线段、垂直线段或15°递进的线段。

2.绘制曲线

单击“钢笔工具”，然后将光标移动到页面内空白处，单击鼠标左键确定起始节点，移动光标到下一位置，然后按住鼠标左键不放拖动“控制线”，如

图4-234所示，松开鼠标左键，移动光标，会出现蓝色的弧线，通过查看蓝色弧线可以预览效果，如图4-235所示。

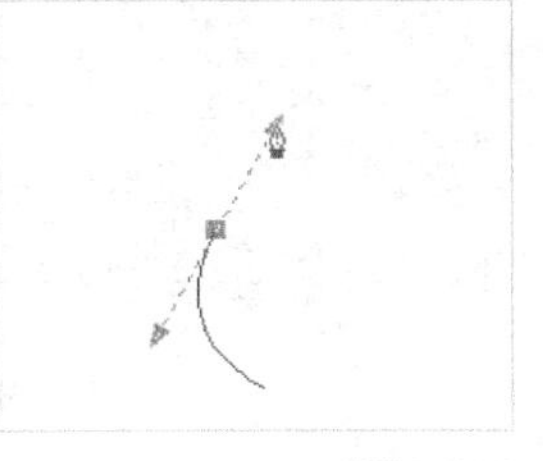

图4-234

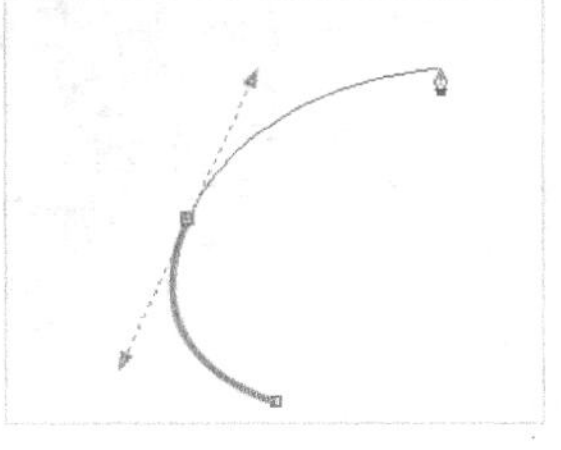

图4-235

绘制连续的曲线要考虑到曲线的转折，“钢笔工具”可以生成预览线以便查看，所以在确定节点之前，可以进行修正，如果位置不合适，可以及时调整，如图4-236所示，起始节点和结束节点重合可以形成闭合路径，进行填充操作，如图4-237所示，在路径上方绘制一个圆形，可以绘制一朵小花。

图4-236

图4-237

课堂案例

酒吧万圣节活动海报

实例位置	实例文件>CH04>课堂案例：酒吧万圣节活动海报.cdr
素材位置	素材文件>CH04>11.cdr
视频位置	多媒体教学>CH04>课堂案例：酒吧万圣节活动海报.mp4
技术掌握	钢笔工具的综合使用方法

运用“钢笔工具”绘制酒吧万圣节活动海报，通常用于海报插图设计，效果如图4-238所示。

图4-238

01 单击“新建”按钮打开“创建新文档”对话框，然后创建名称为“酒吧万圣节活动海报”的空白文档，具体参数设置如图4-239所示。接着双击“矩形工具”创建矩形，再填充颜色为（R:240，G:188，B:153），接着去掉轮廓线，如图4-240所示。

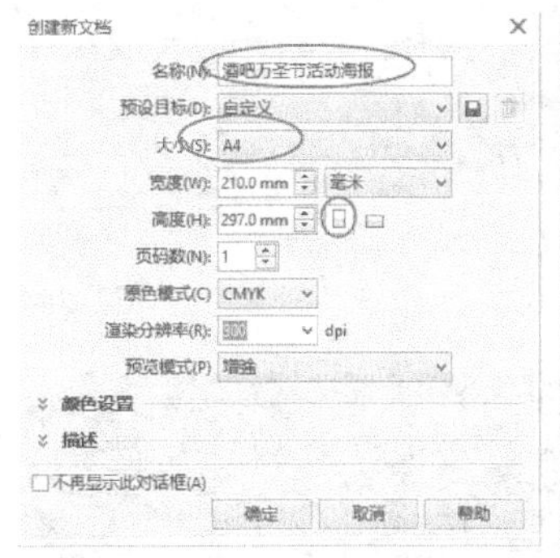

图4-239

图4-240

02 首先绘制卡通金刚形象。使用“钢笔工具”绘制金刚额头的毛发区域，如图4-241所示。然后打开“渐变填充”对话框，再设置“类型”为“线性渐变填充”、“镜像、重复和反转”为“默认渐变填充吧”、“角度”为90，接着设置节点位置为0的颜色为（R:100，G:53，B:44）、节点位置为100的颜色为（R:54，G:3，B:3），如图4-242和图4-243所示。

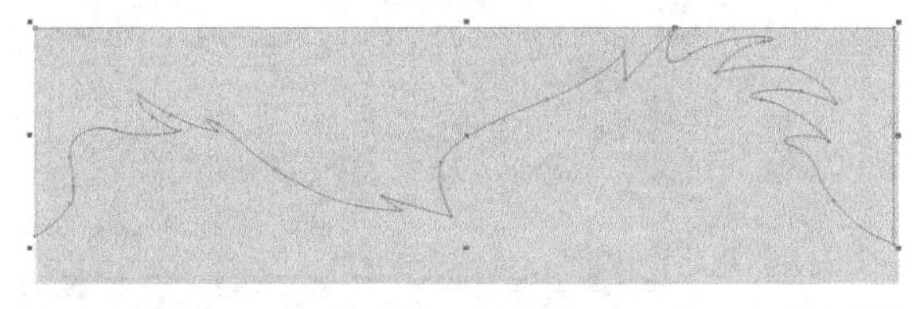

图4-241

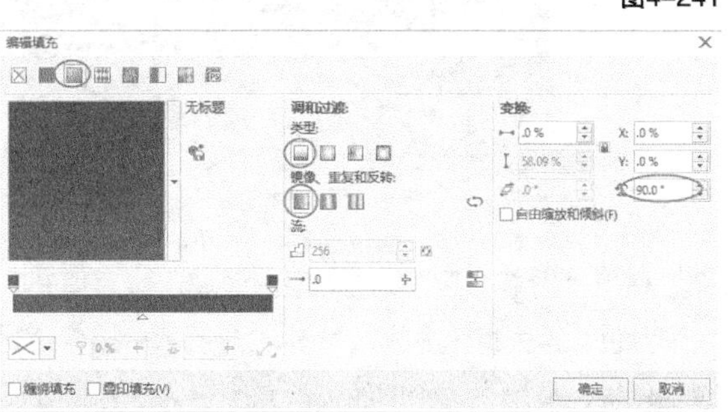

图4-242

图4-243

03 使用“钢笔工具”绘制金刚额头毛发的厚度区域，然后填充颜色为（R:54，G:3，B:3），再去掉轮廓线，如图4-244所示。接着绘制金刚额头毛发的反光区域，填充颜色为（R:100，G:53，B:44），最后去掉轮廓线，如图4-245所示。

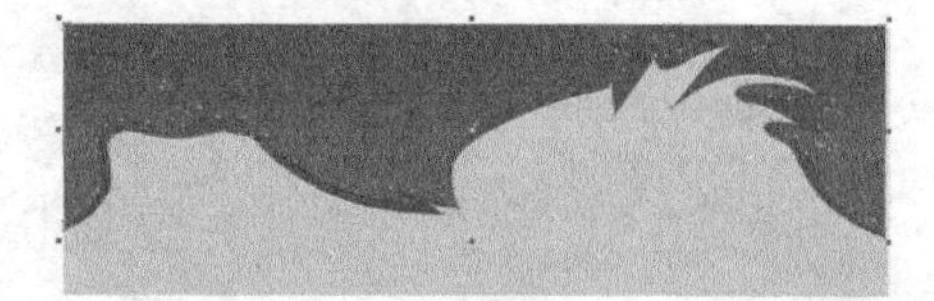

图4-244

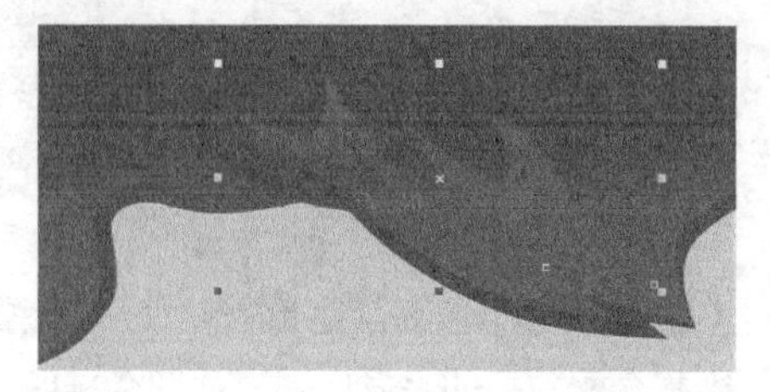

图4-245

04 使用“钢笔工具”绘制金刚眼窝区域，如图4-246所示。然后填充颜色为（R:28，G:0，B:0），接着去掉轮廓线，如图4-247所示。

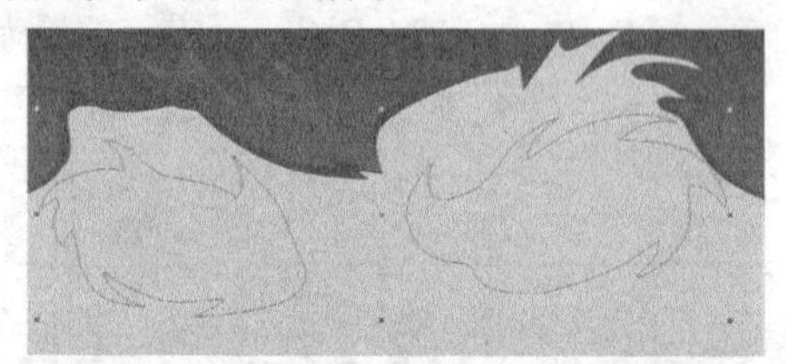

图4-246

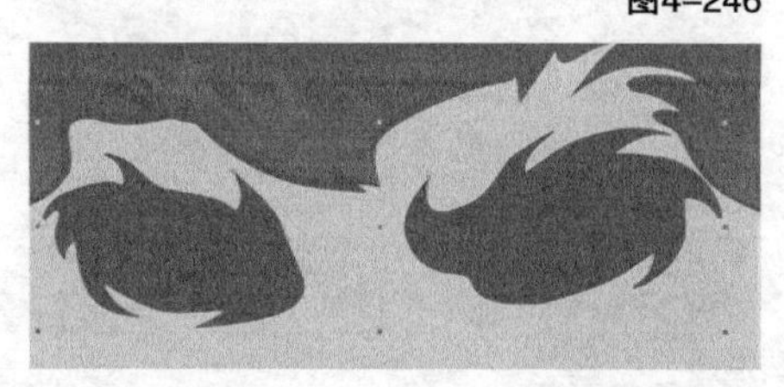

图4-247

05 使用“钢笔工具”绘制眼白区域，然后填充颜色为黄色，再去掉轮廓线，如图4-248所示。接着绘制瞳仁位置，最后去掉轮廓线，填充颜色为红色，如图4-249所示。

图4-248

图4-249

06 使用“钢笔工具”绘制瞳孔区域，然后填充颜色为（R:28，G:0，B:0），再去掉轮廓线，如图4-250所示。接着使用“椭圆型工具”绘制椭圆，最后去掉轮廓线填充颜色为白色，效果如图4-251所示。

图4-250

图4-251

07 使用同样的方法绘制另一边的眼睛，然后调整位置，如图4-252所示。接着使用“钢笔工具”绘制鼻子轮廓，再填充颜色为（R:28，G:0，B:0），最后去掉轮廓线，如图4-253和图4-254所示。

图4-252

图4-253

图4-254

08 使用“钢笔工具” 绘制嘴巴轮廓，如图4-255所示。然后填充颜色为（R:28，G:0，B:0），接着去掉轮廓线，如图4-256所示。

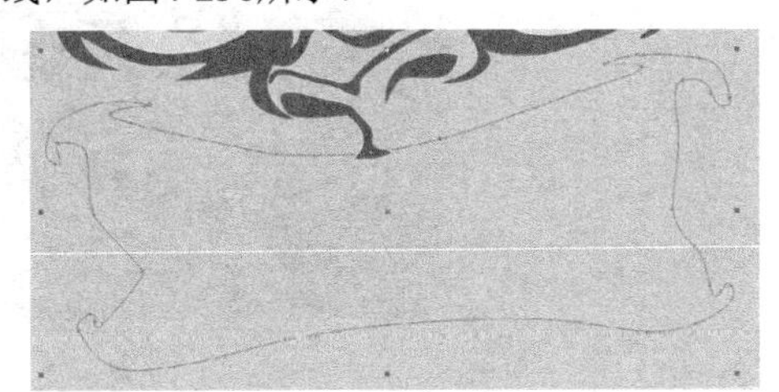

图4-255

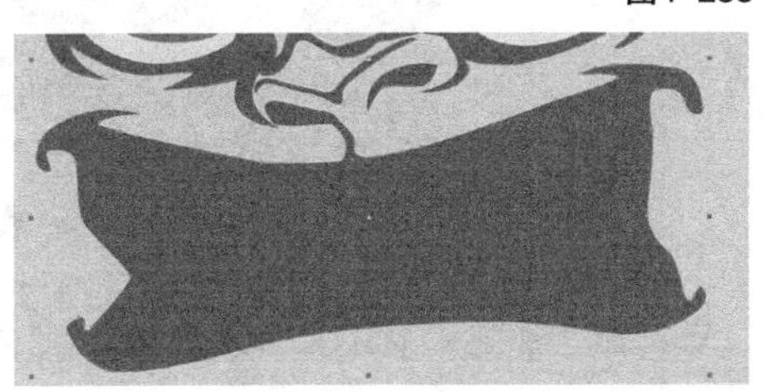

图4-256

09 使用“钢笔工具” 绘制牙齿的轮廓，如图4-257所示。填充颜色为（R:240，G:232，B:211），再去掉轮廓线，如图4-258所示。接着绘制舌头，然后填充颜色为（R:177，G:71，B:71），接着去掉轮廓线，效果如图4-259所示。

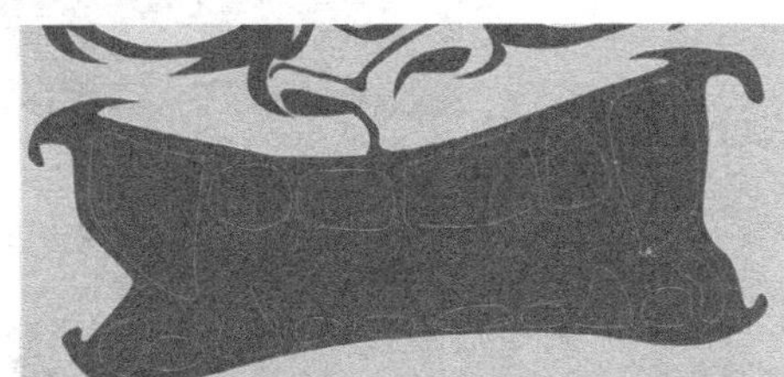

图4-257

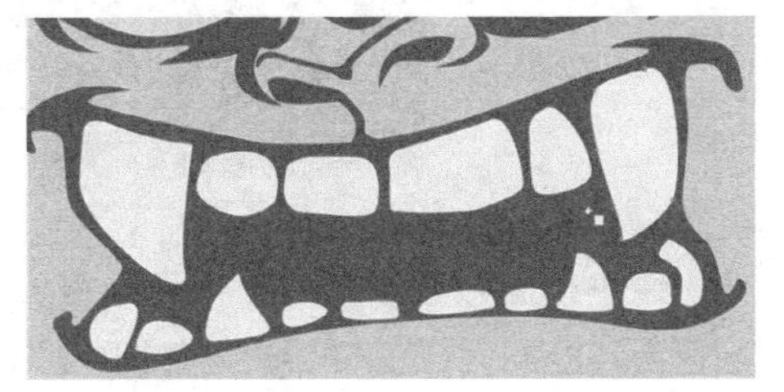

图4-258

图4-259

10 使用“钢笔工具” 绘制颧骨阴影，如图4-260所示。然后填充颜色为（R:28，G:0，B:0），接着去掉轮廓线，如图4-261所示。

图4-260

图4-261

11 使用“钢笔工具” 绘制身躯的毛发区域，如图4-262所示。然后打开“渐变填充”对话框，设置“类型”为“线性渐变填充”、“镜像、重复和反转”为“默认渐变填充”、“角度”为-90，接着设置节点位置为0的颜色为（R:100，G:53，B:44）、节点位置为100的颜色为（R:54，G:3，B:3），如图4-263和图4-264所示。

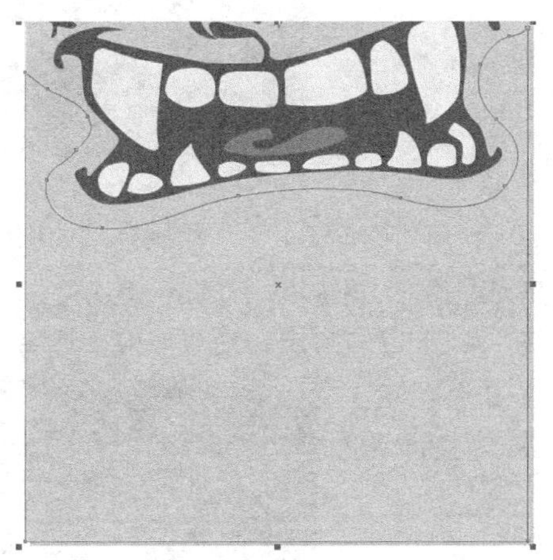

图4-262

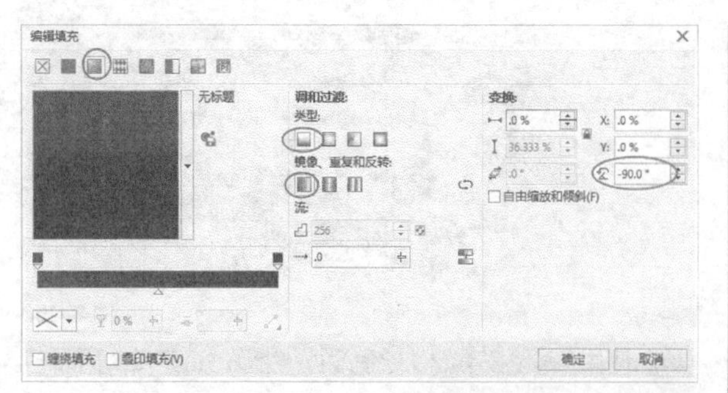

图4-263

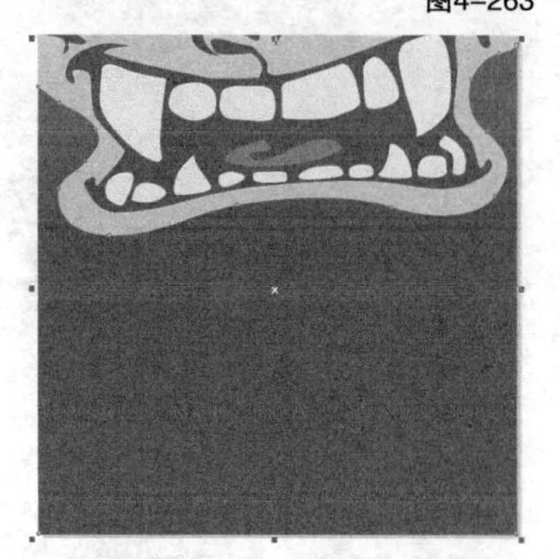

图4-264

12 使用“钢笔工具”绘制下巴和嘴角的厚度，如图4-265所示。然后填充颜色为（R:28，G:0，B:0），接着去掉轮廓线，如图4-266所示。

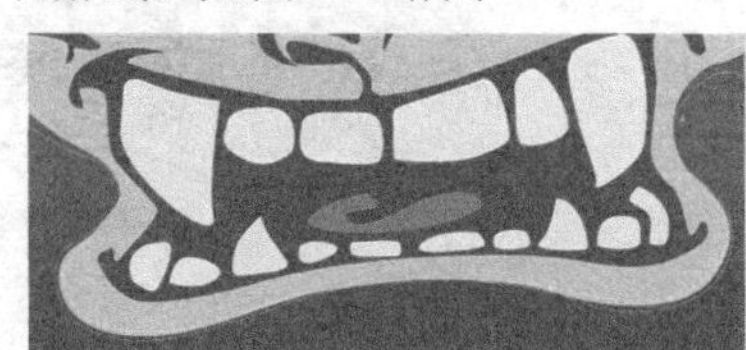

图4-265

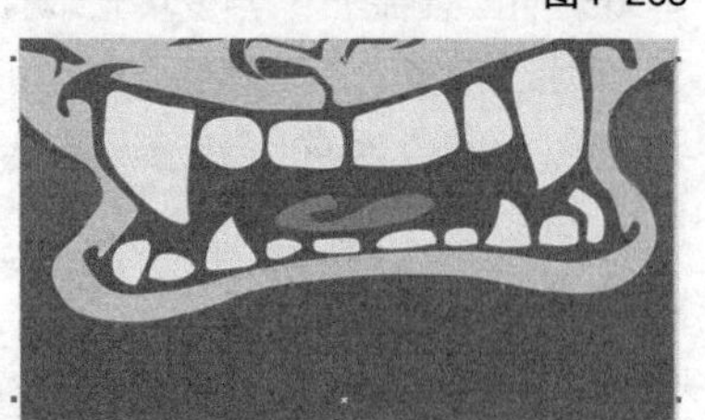

图4-266

13 使用“钢笔工具”绘制金刚的胸腹部，然后填充颜色为（R:240，G:188，B:153）,再去掉轮廓线，如图4-267所示。接着使用“透明度工具”拖曳透明度效果，如图4-268所示。

图4-267

图4-268

14 使用“钢笔工具”绘制形状，然后填充颜色为（R:28，G:0，B:0），再去掉轮廓线，如图4-269所示。接着复制在另外一边调整位置和大小，如图4-270所示。

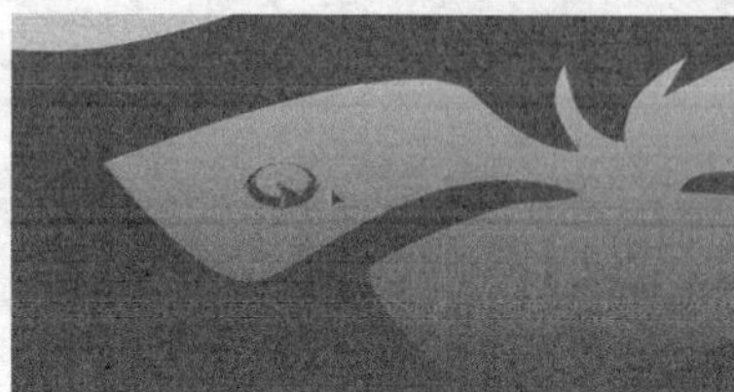

图4-269

图4-270

15 使用“椭圆形工具”绘制椭圆，然后填充颜色为（R:28，G:0，B:0），如图4-271所示。接着使用“钢笔工具”绘制形状，再填充颜色为（C:0，M:60，Y:100，K:0），最后去掉轮廓线，如图4-272所示。

图4-271

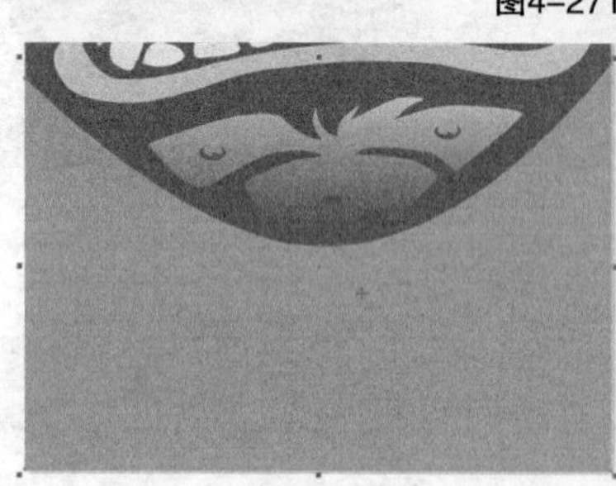

图4-272

16 选中绘制形状，然后向下进行缩放，再更改颜色为（R:28，G:0，B:0），如图4-273所示。接着使用“钢笔工具”绘制形状，最后填充颜色为

（C:3，M:0，Y:58，K:0），如图4-274和图4-275所示。

图4-273

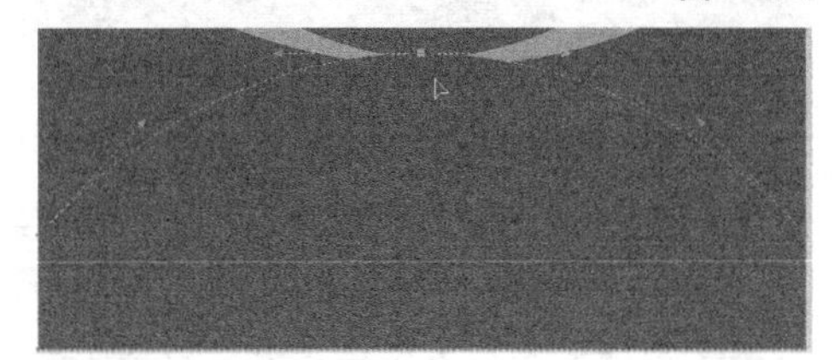

图4-274

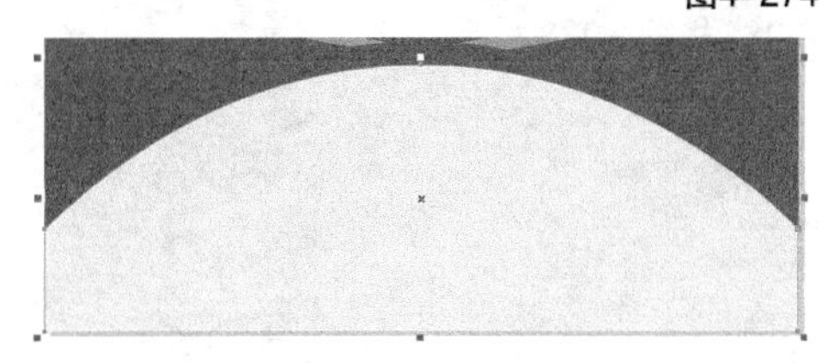

图4-275

17 选中形状向下进行缩放，然后更改颜色为（R:28，G:0，B:0），如图4-276所示。接着使用“矩形工具”绘制一个矩形，再填充颜色为（R:28，G:0，B:0），最后设置“圆角”大小上部分为12.5mm、下部分为3mm，如图4-277所示。

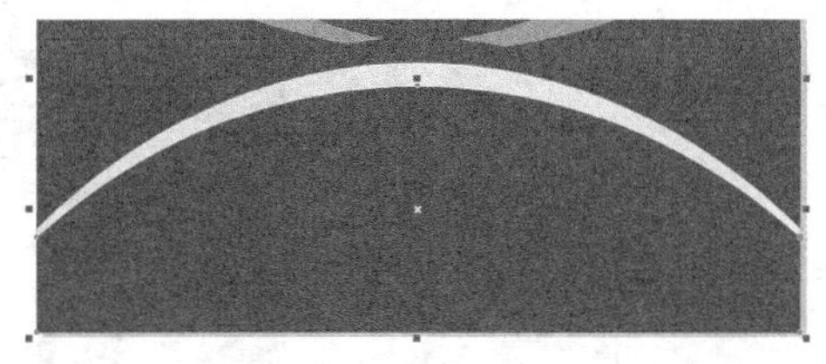

图4-276

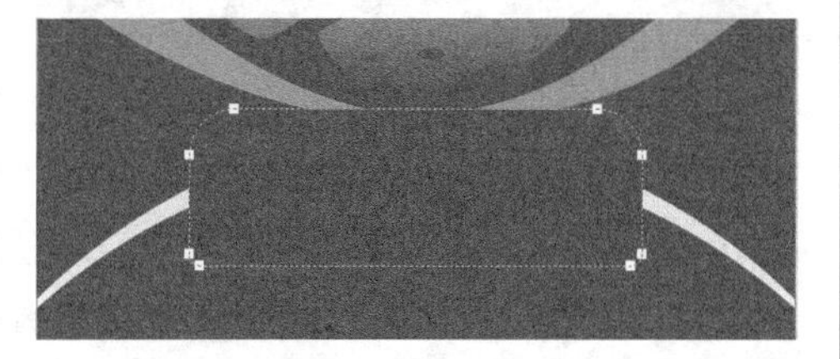

图4-277

18 导入“素材文件>CH04>11.cdr”文件，接着解组所有素材文件，调整素材大小位置，完成效果如图4-278所示。

图4-278

课堂案例

自然保护区海报

实例位置	实例文件>CH04>课堂案例：自然保护区海报.cdr
素材位置	素材文件>CH04> 12.cdr、13.cdr 14.cdr
视频位置	多媒体教学>CH04>课堂案例：自然保护区海报.mp4
技术掌握	钢笔工具的使用方法

使用钢笔工具绘制自然保护区海报，用于商业海报设计展示，效果如图4-279所示。

图4-279

01 单击“新建”按钮打开“创建新文档”对话框，创建名称为“自然保护区海报”的空白文档，具体参数设置如图4-280所示。

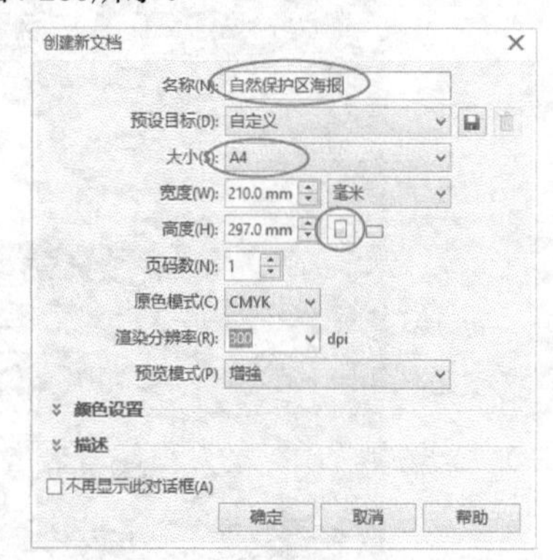

图4-280

02 单击“导入”图标打开对话框，导入“素材文件>CH04>12.cdr”文件，然后拖曳到页面中调整位置，如图4-281所示。接着将素材解散群组，再选中白色背景，更改颜色为（R:228，G:240，B:211），如图4-282所示。

图4-281

图4-282

03 使用“钢笔工具”绘制雪山的轮廓，如图4-283所示。然后填充颜色为（R:166，G:198，B:169），再去掉轮廓线，如图4-284所示。接着导入“素材文件>CH04>13.cdr”文件，更改花纹颜色为（R:171，G:9，B:0），最后拖曳到页面左上角进行复制排放，如图4-285所示。

图4-283

图4-284

图4-285

04 使用“矩形工具”在页面边缘绘制矩形修剪区域，然后使用矩形修剪掉页面外的花纹，如图4-286所示。接着使用“钢笔工具”绘制麋鹿的轮廓，再填充颜色为黑色，最后去掉轮廓线，如图4-287和图4-288所示。

图4-286

图4-287

图4-288

05 复制一份花纹，然后更改颜色为（C:51，M:76，Y:100，K:20），接着复制排放在麋鹿身上，如图4-289所示。最后执行“效果>图框精确裁剪>置于图文框内部”菜单命令，将花纹放置在麋鹿形状中，如图4-290所示。

06 使用“钢笔工具”沿着麋鹿角绘制形状，然后填充颜色为（C:51，M:76，Y:100，K:20），再去掉轮廓线，如图4-291和图4-292所示。接着将绘制好的麋鹿全选进行群组，最后拖曳到页面中调整位置，如图4-293所示。

图4-289

图4-290

图4-291

图4-292

图4-293

07 使用“钢笔工具”绘制另一只麋鹿的形状，然后填充颜色为（R:204，G:60，B:1），接着去掉轮廓线，如图4-294和图4-295所示。

图4-294

图4-295

08 复制一份花纹，然后复制排放在麋鹿身上，如图4-296所示。接着执行“效果>图框精确裁剪>置于图文框内部”菜单命令，将花纹放置在麋鹿形状中，如图4-297所示。

图4-296

图4-297

09 使用“钢笔工具”沿着麋鹿角绘制形状，然后填充颜色为（R:171，G:9，B:0），接着去掉轮廓线，如图4-298和图4-299所示。

图4-298

图4-299

10 将绘制好的麋鹿全选进行群组，然后拖曳到页面中调整位置和大小，接着使用“矩形工具”□在页面边缘绘制矩形修剪区域，如图4-300所示。最后使用矩形修剪掉页面外的鹿腿，如图4-301所示。

图4-300

图4-301

11 导入“素材文件>CH04>14.cdr”文件，接着解组所有素材文件，调整在画面中的位置，如图4-302所示。完成效果如图4-303所示。

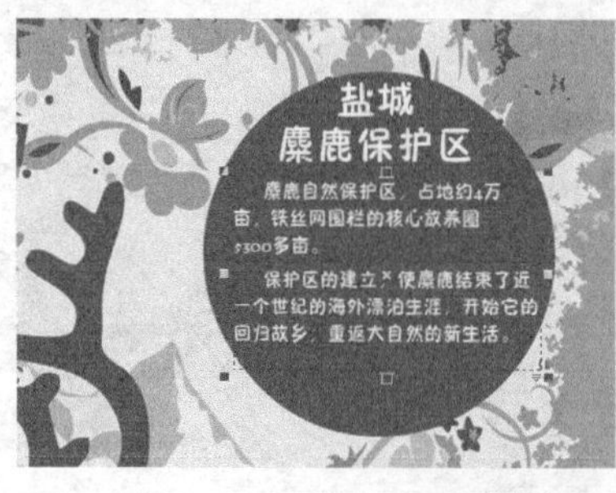

图4-302

图4-303

4.6.2 属性栏设置

“钢笔工具”的属性栏如图4-304所示。

图4-304

【参数详解】

预览模式：激活该按钮后，会在确定下一节点前自动生成一条预览当前曲线形状的蓝线；关掉就不显示预览线。

自动添加或删除节点：单击激活后，将光标移动到曲线上，光标变为后单击鼠标左键添加节点，光标变为后单击鼠标左键删除节点；关掉就无法单击鼠标左键进行快速添加。

4.7 B样条工具

“B样条工具”是通过建造控制点来轻松创建连续平滑的曲线。

单击“工具箱”中的“B样条工具”，然后将光标移动到页面内空白处，再单击鼠标左键定下第一个控制点，移动光标，会拖动出一条实线与虚线重合的线段，如图4-305所示，单击定第二个控制点。

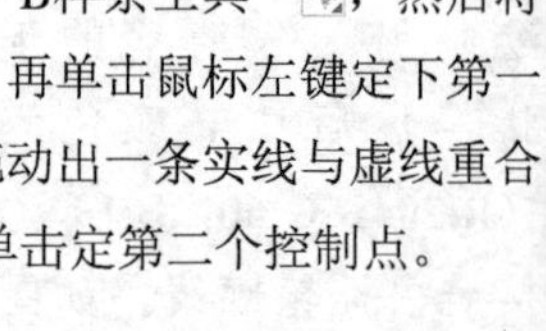

图4-305

在确定第二个控制点后，再移动光标时实线就会被分离出来，如图4-306所示，此时可以看出实线为绘制的曲线，虚线为连接控制点的控制线，继续增加控制点直到闭合控制点，在闭合控制线时自动生成平滑曲线，如图4-307所示。

图4-306

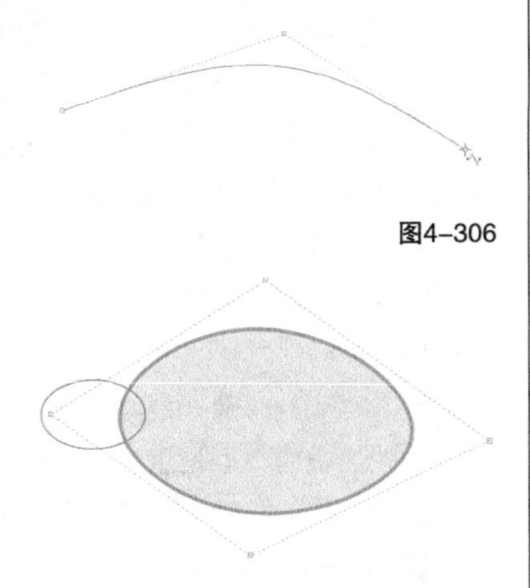

图4-307

在编辑完成后可以单击“形状工具”，通过修改控制点来轻松修改曲线。

技巧与提示

绘制曲线时，双击鼠标左键可以完成曲线编辑；绘制闭合曲线时，直接将控制点闭合完成编辑。

课堂案例

用B样条制作篮球

实例位置　实例文件>CH04>课堂案例：用B样条制作篮球.cdr
素材位置　素材文件>CH04>15.jpg、16cdr、17cdr、18cdr
视频位置　多媒体教学>CH04>课堂案例：用B样条制作篮球.mp4
技术掌握　B样条工具的使用方法

使用“B样条工具”绘制热血篮球效果图，适用于校园宣传的海报设计，如图4-308所示。

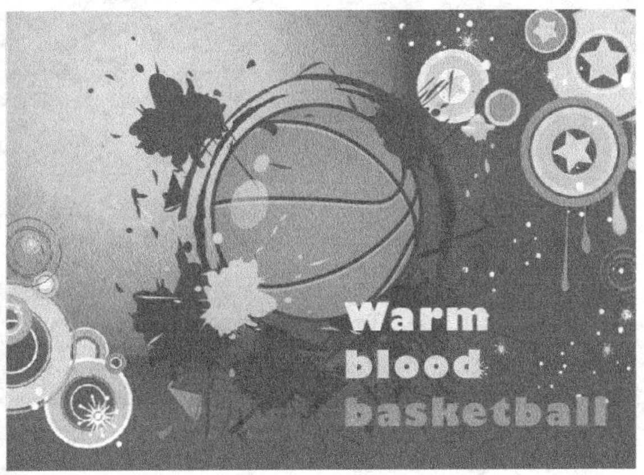

图4-308

01 新建空白文档，然后设置文档名称为“热血篮球”，接着设置页面大小为“A4”、页面方向为“横向”。

02 使用“椭圆形工具”按住Ctrl键绘制一个圆，注意，在绘制时轮廓线什么颜色都可以，后面会进行修改，如图4-309所示。

03 使用“B样条工具”在圆上绘制篮球的球线，然后单击“轮廓笔”工具将“轮廓宽度”设置为2mm，如图4-310所示。

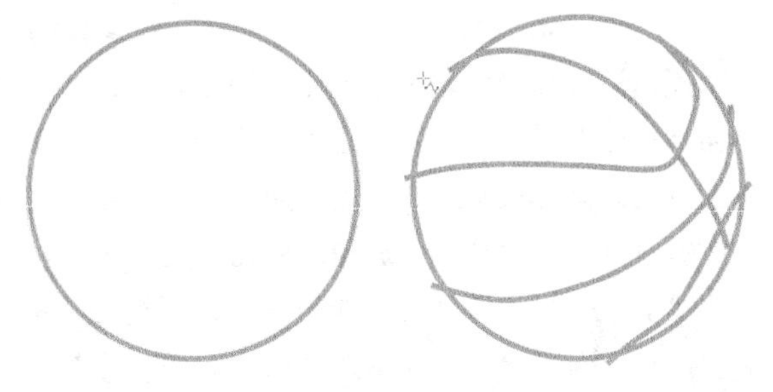

图4-309　　图4-310

04 单击“形状工具”对之前的篮球线进行调整，使球线的弧度更平滑，如图4-311所示，完毕后将之前绘制的球身移到旁边。

05 下面进行球线的修饰。全选绘制的球线，然后执行“对象>将轮廓转换为对象”菜单命令将球线转为可编辑对象，接着执行“对象>造型>合并”菜单命令将对象焊接在一起，此时球线颜色变为黑色（双击显示很多可编辑节点），如图4-312所示。

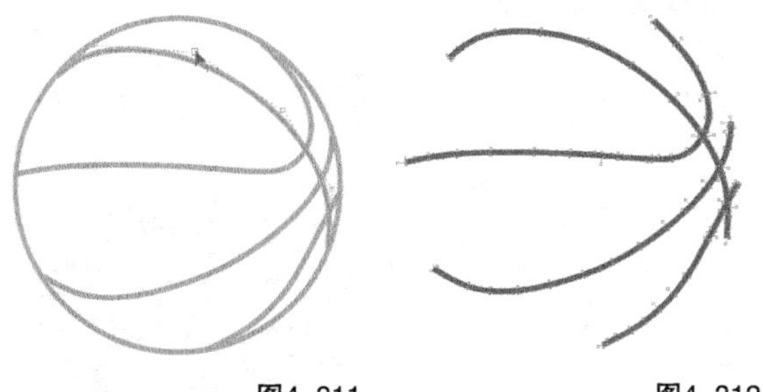

图4-311　　图4-312

技巧与提示

在将轮廓转换为对象后，就无法修改轮廓宽度，所以，在本案例中，为了更加方便，要在转换前将轮廓线调整为合适的宽度。

另外，转换为对象后再进行缩放时，线条显示的是对象不是轮廓，可以相对放大，没有转换的则不会变化。

06 选中黑色球线复制一份，然后在状态栏里修改颜色，再设置下面的球线为（C:0、M:35、Y:75、K:0），如图4-313所示。接着将下面的对象微微错开排放，最后全选后群组，如图4-314所示。

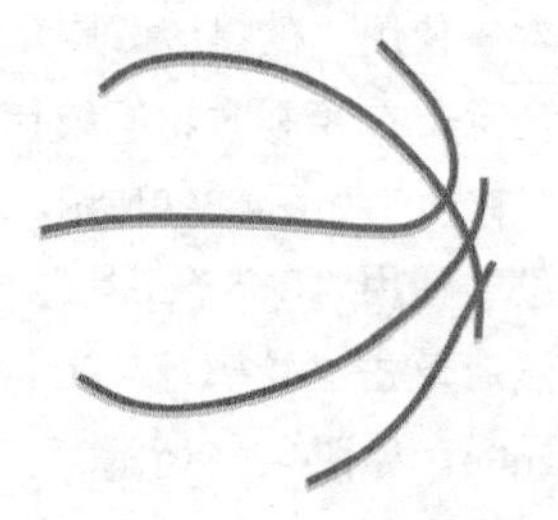

图4-313　　图4-314

07 下面进行球身的修饰。选中之前编辑的圆，在“编辑填充”对话框的工具选项板中选择“渐变填充”方式，设置从左到右的颜色为（C:30，M:70，Y:100，K:0）、（C:0，M:50，Y:100，K:0），再设置“类型”为“椭圆形渐变填充”、“镜像、重复和反转”为“默认渐变填充”、“填充宽度”为“141.421”、“水平偏移”为“0”、“垂直偏移”为“0”，接着单击“确定”按钮进行填充，如图4-315所示。最后设置“轮廓宽度”为2mm、颜色为黑色，效果如图4-316所示。

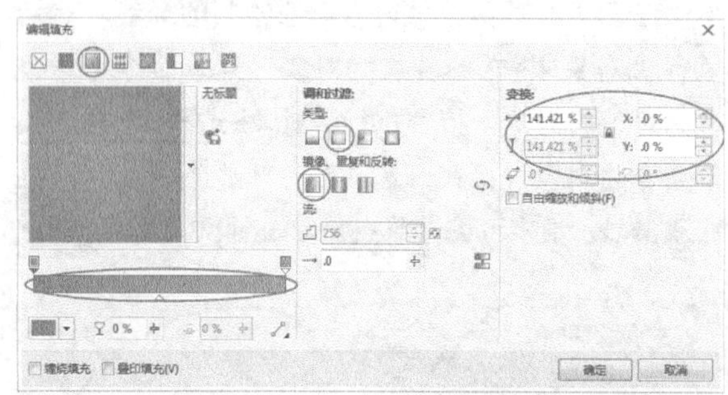

图4-315

图4-316

08 将球线群组拖曳到球线上方调整位置，如图4-317所示。接着选中球线执行“效果>图框精确裁剪>置于文框内部”菜单命令，将球线置于球身内，使球线融入球身中，效果如图4-318所示。

图4-317　　图4-318

09 导入“素材文件>CH04>15.jpg”文件，将背景拖入页面内缩放至合适大小，然后将篮球拖曳到页面上，再按快捷键Ctrl+Home将篮球放置在顶层，接着调整大小放在背景中间墨迹里，效果如图4-319所示。

10 导入“素材文件>CH04>16.cdr”文件，然后单击属性栏中的“取消组合对象”按钮将墨迹变为独立的个体，接着将墨迹分别拖曳到篮球的角落上，效果如图4-320所示。

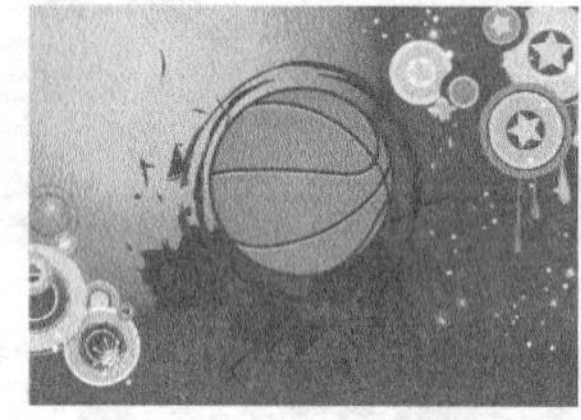

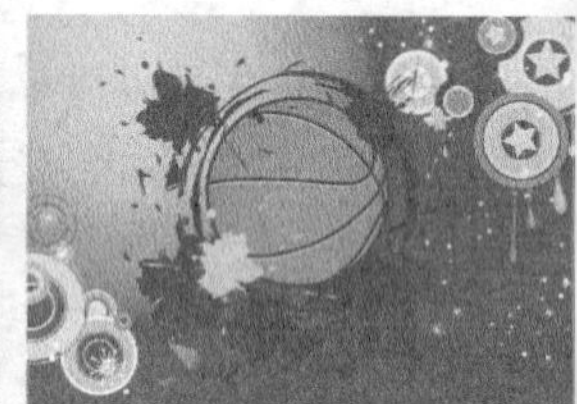

图4-319　　图4-320

11 导入“素材文件>CH04>17.cdr”文件，然后缩放拖曳到篮球上，再去掉轮廓线，接着导入“素材文件>CH04>18.cdr”文件，最后调整大小放置在右下角，最终效果如图4-321所示。

图4-321

4.8 折线工具

“折线工具”用于方便快捷地创建复杂几何形和折线。

在“工具箱”中单击“折线工具”，然后在页面空白处单击鼠标左键定下起始节点，移动光标会出现一条线，如图4-322所示。接着单击鼠标左键定下第2个节点的位置，继续绘制形成复杂折线，最后双击左键可以结束编辑，如图4-323所示。

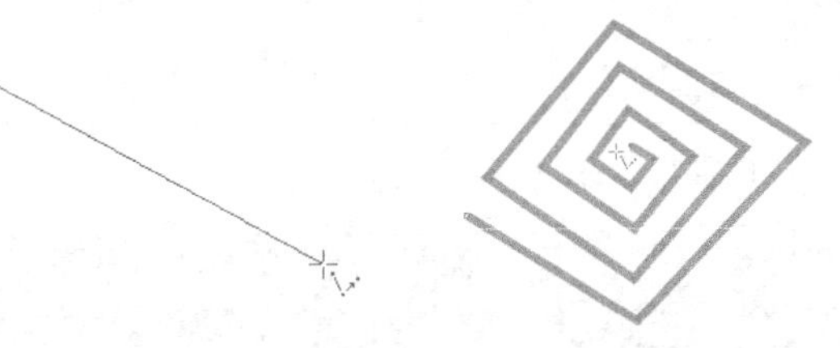

图4-322　　图4-323

除了绘制折线外还可以绘制曲线，单击“折线工具”，然后在页面空白处按住鼠标左键进行拖动绘制，松开鼠标后可以自动平滑曲线，如图4-324所示，双击左键结束编辑。

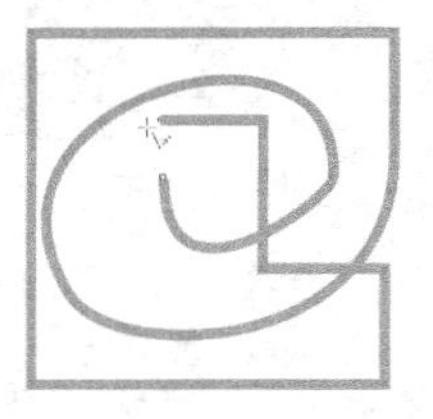

图4-324

4.9 3点曲线工具

“3点曲线工具”可以准确地确定曲线的弧度和方向。

在“工具箱”中单击“3点曲线工具”，然后将光标移动到页面内按住鼠标左键进行拖动，出现一条直线进行预览，拖动到合适位置后松开左键并移动光标调整曲线弧度，如图4-325所示。接着单击鼠标左键完成编辑，如图4-326所示。

图4-325　　图4-326

熟练运用“3点曲线工具”可以快速制作流线造型的花纹，如图4-327所示，重复排列可以制作花边。

图4-327

4.10 矩形工具组

矩形是图形绘制常用的基本图形，CorelDRAW X7软件提供了两种绘制工具“矩形工具”和“3点矩形工具”，用户可以使用这两种工具轻松地绘制出需要的矩形。

4.10.1 矩形工具

“矩形工具”主要以斜角拖动来快速绘制矩形，并且利用属性栏进行基本的修改变化。

1.绘制方法

单击“工具箱”中的“矩形工具”，然后将光标移动到页面空白处，按住鼠标左键以对角的方向进行拉伸，如图4-328所示。形成实线方形可以进行预览大小，在确定大小后松开鼠标左键完成编辑，如图4-329所示。

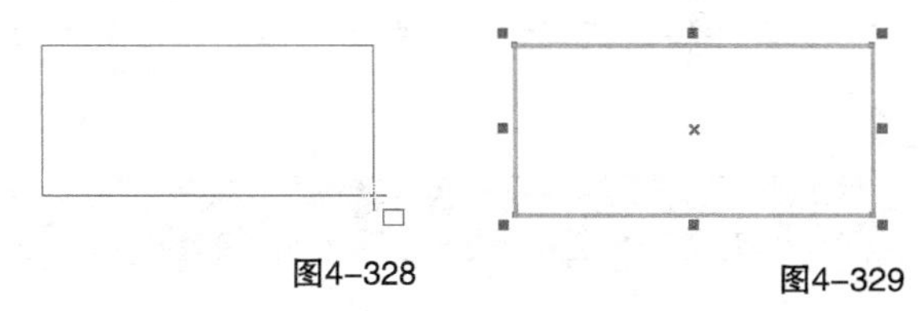

图4-328　　图4-329

在绘制矩形时按住Ctrl键可以绘制一个正方形，如图4-330所示，也可以在属性栏中输入宽和高将原有的矩形变为正方形，如图4-331所示。

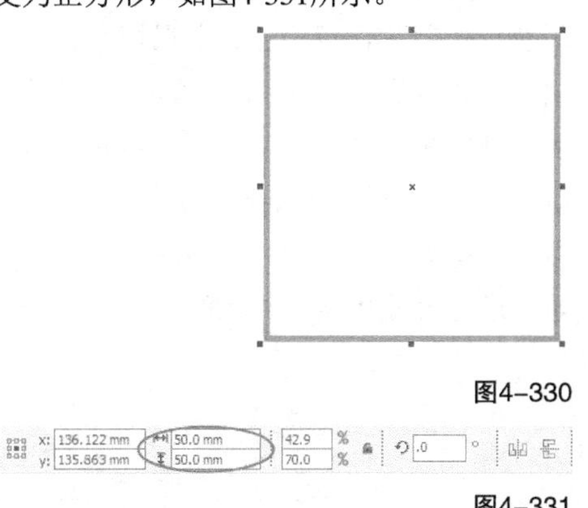

图4-330

图4-331

2.参数设置

“矩形工具”的属性栏如图4-332所示。

图4-332

矩形工具选项介绍

圆角：单击可以将角变为弯曲的圆弧角。

扇形角：单击可以将角变为扇形相切的角，形成曲线角。

倒棱角：单击可以将角变为直棱角。

圆角半径：在四个文本框中输入数值可以分别设置边角样式的平滑度大小，如图4-333所示。

图4-333

同时编辑所有角：单击激活后，在任意一个“圆角半径”文本框中输入数值，其他三个的数值将会统一进行变化；单击熄灭后可以分别修改“圆角半径”的数值。

相对的角缩放：单击激活后，边角在缩放时“圆角半径”也会相对地进行缩放；单击熄灭后，缩放的同时“圆角半径”将不会缩放。

轮廓宽度：可以设置矩形边框的宽度。

转换为曲线：在没有转曲时只能进行角上的变化，单击转曲后可以进行自由变换和添加节点等操作。

4.10.2 3点矩形工具

“3点矩形工具”可以通过定3个点的位置，以指定的高度和宽度绘制矩形。

单击工具栏中的“3点矩形工具”，然后在页面空白处定下第1个点，按住鼠标左键拖动，此时会出现一条实线进行预览，如图4-334所示，确定位置后松开鼠标左键定下第2个点，接着移动光标进行定位，如图4-335所示，确定后单击鼠标左键完成编辑，如图4-336所示，通过3个点确定一个矩形。

图4-334

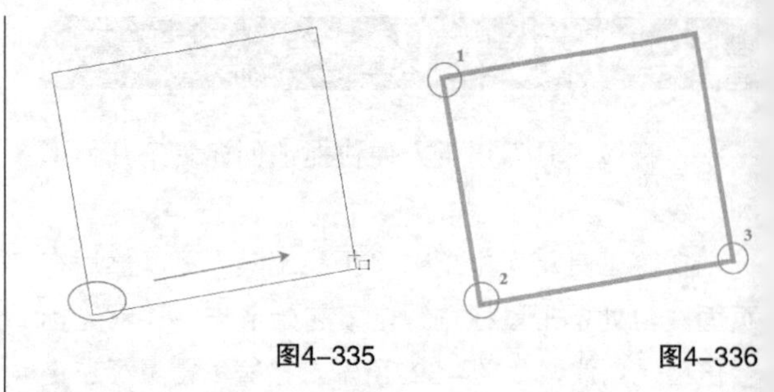

图4-335　图4-336

课堂案例

制作棋盘格

实例位置	实例文件>CH04>课堂案例：制作棋盘格.cdr
素材位置	素材文件>CH04>19.cdr、20.jpg
视频位置	多媒体教学>CH04>课堂案例：制作棋盘格.mp4
技术掌握	矩形工具的运用方法

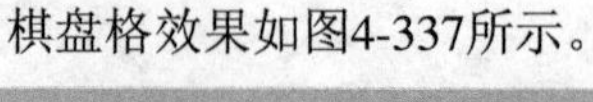

棋盘格效果如图4-337所示。

图4-337

01 单击“工具箱”中的“矩形工具”，然后拖动鼠标左键在页面中绘制一个矩形，接着在属性栏中设置参数，如图4-338所示。

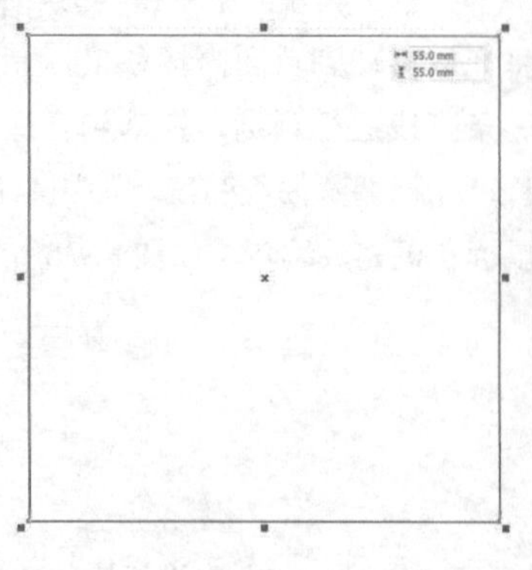

图4-338

02 选中绘制的矩形，然后执行“编辑>步长与重复”菜单命令，在弹出的面板中设置参数，如图4-339所示。接着单击“应用”按钮 应用 ，完成操作，如图4-340所示。最后用同样的方法绘制另外两个矩形，设置参数如图4-341所示，效果如图4-342所示。

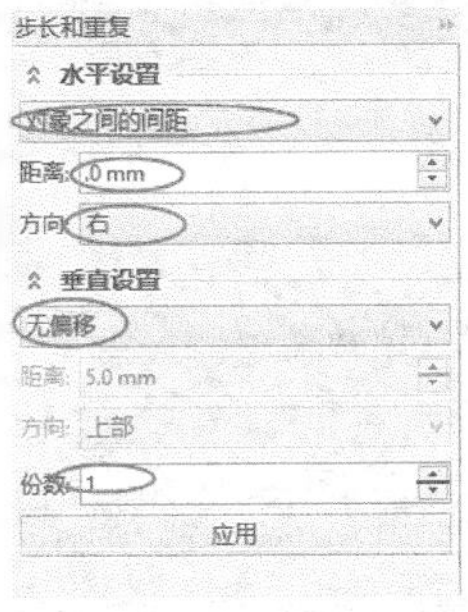

图4-339

图4-340

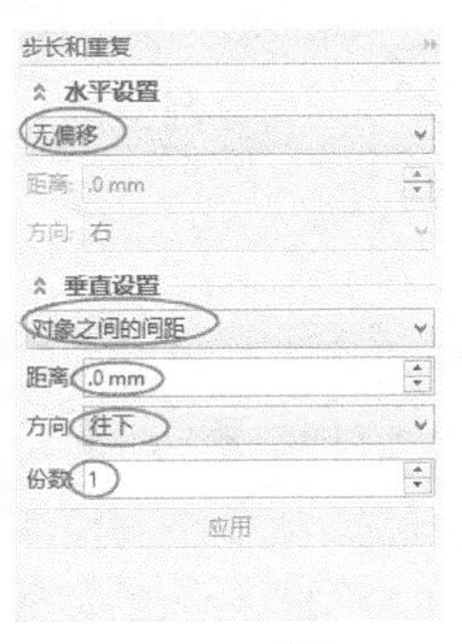

图4-341

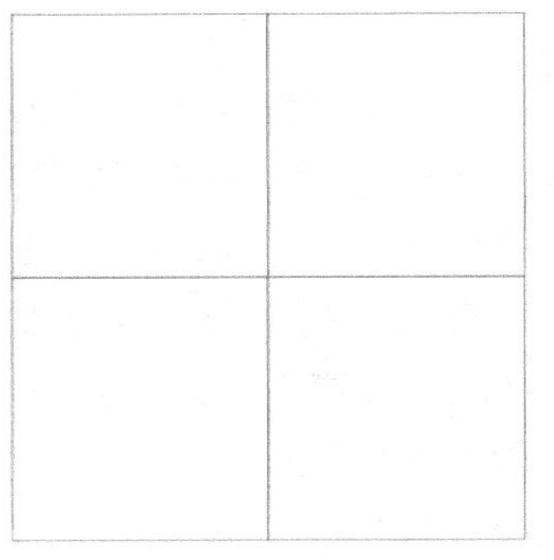

图4-342

03 单击选中左上角和右下角的矩形，然后填充颜色为黑色，接着选中左下角和右上角的矩形，再填充颜色为白色，如图4-343所示。

04 导入“素材>CH01>19.cdr和20.jpg”文件，然后拖曳到页面中调整大小，接着将绘制好的黑白棋盘格进行旋转缩放，再将所有图形放置在图中适当的位置，最终效果如图4-344所示。

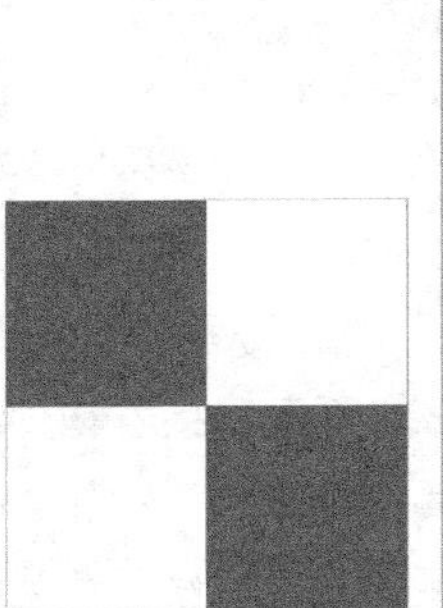

图4-343

图4-344

课堂案例

用矩形绘制手机海报

实例位置	实例文件>CH04>课堂案例：用矩形绘制手机海报.cdr
素材位置	素材文件>CH04> 21.jpg、22.jpg、23.cdr、24.cdr
视频位置	多媒体教学>CH04>课堂案例：用矩形绘制手机海报.mp4
技术掌握	矩形工具的运用方法

运用矩形绘制智能手机海报，用于产品设计展示。效果如图4-345所示。

图4-345

01 新建空白文档，然后设置文档名称为“手机海报”，接着设置页面大小为“A4”、页面方向为“横向”。

02 使用“矩形工具”绘制矩形，然后在属性栏中设置“圆角”为7.5mm，如图4-346所示。接着填充颜色为（C:84，M:36，Y:11，K:0），再去掉轮廓线，效果如图4-347所示。

图4-346

图4-347

03 原位置复制矩形，按Shift键缩放，然后填充颜色为（C:68，M:9，Y:0，K:0），再去掉轮廓线，如图4-348所示。

04 选中浅色的矩形向内进行复制，然后删除轮廓线，接着在“编辑填充”对话框中选择“渐变填充”方式，设置“类型”为“线性渐变填充”、“镜像、重复和反转”为“默认渐变填充”，再设置“节点位置”为0%的色标颜色为（C:0，M:0，Y:0，K:60）、“节点位置”为100%的色标颜色为黑色，“旋转”为322.2，最后单击“确定”按钮完成填充，如图4-349所示。

图4-348

图4-349

05 使用“矩形工具”在手机界面内绘制矩形，然后设置“轮廓宽度”为0.5mm、颜色为（C:0，M:0，Y:0，K:50），如图4-350所示。接着原位置复制一份，填充颜色为黑色，最后设置“轮廓宽度”为0.2mm、颜色为（C:0，M:0，Y:0，K:90），如图4-351所示。

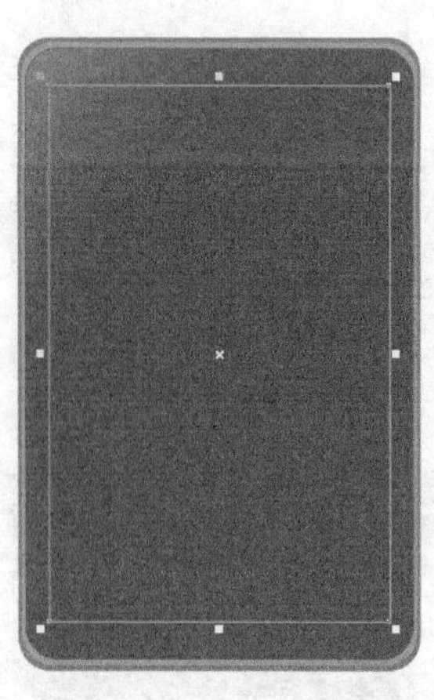

图4-350

图4-351

06 下面绘制侧面按键。使用“矩形工具”在手机侧面绘制矩形，然后在属性栏中设置矩形左边“圆角”为3mm，如图4-352所示。接着填充颜色为（C:68，M:9，Y:0，K:0），再去掉轮廓线，如图4-353所示。最后复制一份向左边缩放，填充颜色为（C:84，M:36，Y:11，K:0），效果如图4-354所示。

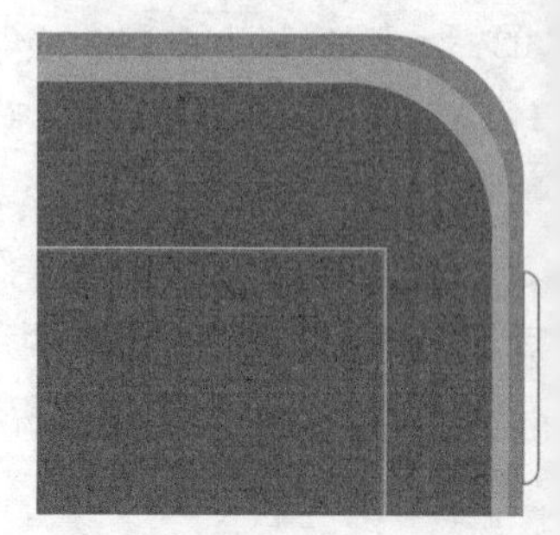

图4-352

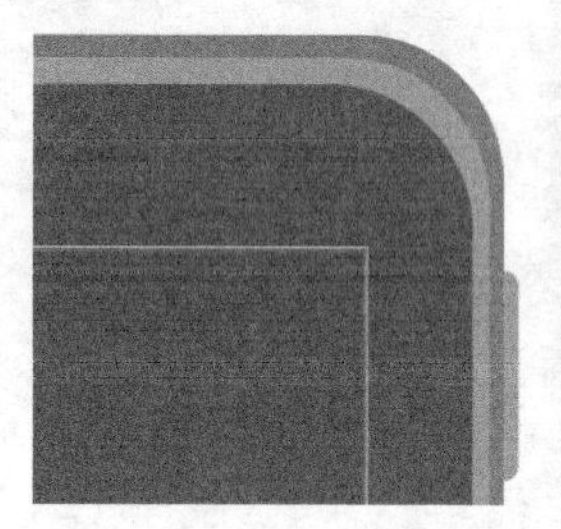

图4-353

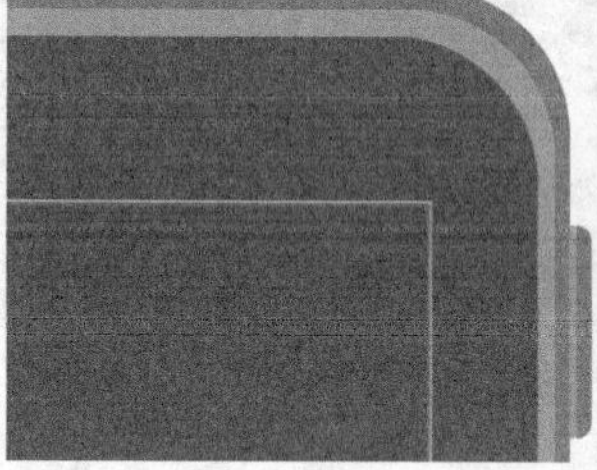

图4-354

07 将绘制的按键组合对象，然后垂直复制两份，调整间距位置，效果如图4-355所示。

08 使用“矩形工具”在屏幕上面绘制矩形，然后在“编辑填充”对话框中选择“渐变填充”方式，设置“类型”为“线性渐变填充”，再设置“节点位置”为0%的色标颜色为（C:20，M:0，Y:0，K:0）、“节点位置”为100%的色标颜色为白色，接着单击“确定”按钮，填充完成后删除轮廓线，最后使用“透明度工具”拖动渐变效果，如图4-356所示。

图4-355

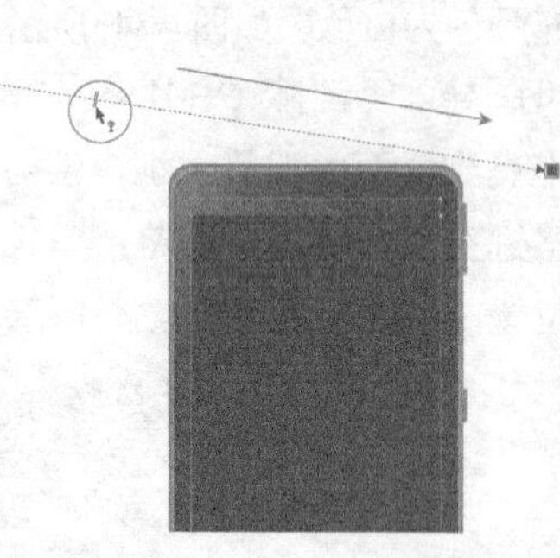

图4-356

09 下面绘制关机图标。使用“椭圆形工具”绘制圆，然后在属性栏中设置“弧”的“起始和结尾度数”为105°和75°，如图4-357所示。接着在中间空白处绘制垂直线段，全选后按“合并”按钮进行合并，如图4-358所示。最后填充轮廓线颜色为（C:68，M:9，Y:0，K:0），效果如图4-359所示。

图4-357 图4-358 图4-359

10 导入“素材文件>CH04>21.jpg”文件，然后选中图片执行“对象>图框精确裁剪>置于图文框内部”菜单命令，把图片放置在矩形中，如图4-360和图4-361所示。接着把绘制好的关机符号拖曳到手机上，效果如图4-362所示。

图4-360

图4-361 图4-362

11 下面绘制反光。将第三层矩形原位复制一份，然后使用“形状工具”进行修改，再填充颜色为（C:20，M:0，Y:0，K:0），如图4-363所示。接着使用“透明度工具”拖动一个渐变效果，如图4-364所示，最后将手机组合对象。

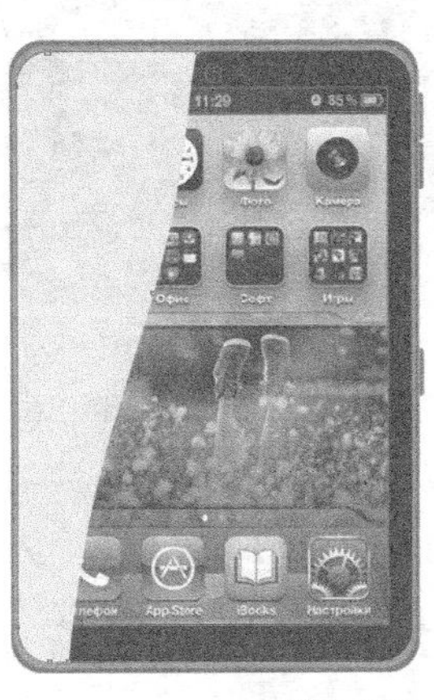

图4-363 图4-364

12 导入“素材文件>CH04>22.jpg”文件，缩放后拖曳到页面下方，如图4-365所示。

图4-365

13 使用“矩形工具”在页面空白处绘制矩形，然后删除轮廓线，接着在“编辑填充”对话框中选择“渐变填充”方式，设置“类型”为“线性渐变填充”、“镜像、重复和反转”为“默认渐变填充”，再设置“节点位置”为0%的色标颜色为（C:100，M:84，Y:40，K:3）、“节点位置”为100%的色标颜色为（C:69，M:12，Y:9，K:0）、“填充宽度”为104.336、“水平偏移”为5.527、“垂直偏移”为-2.168、“旋转”为90.0，单击“确定”按钮完成填充，如图4-366所示。最后单击“透明度工具”拖动渐变效果，如图4-367所示。

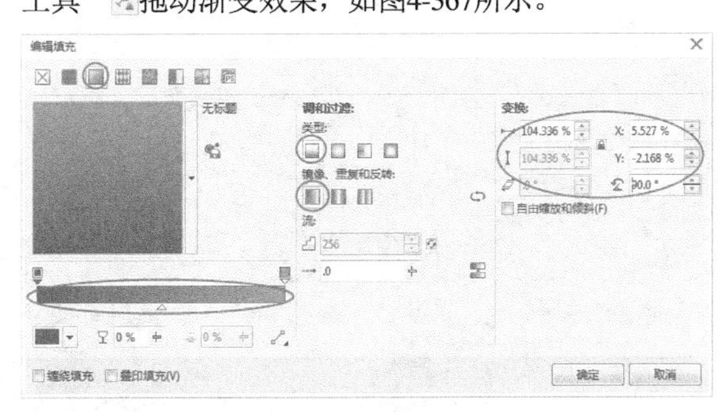

图4-366

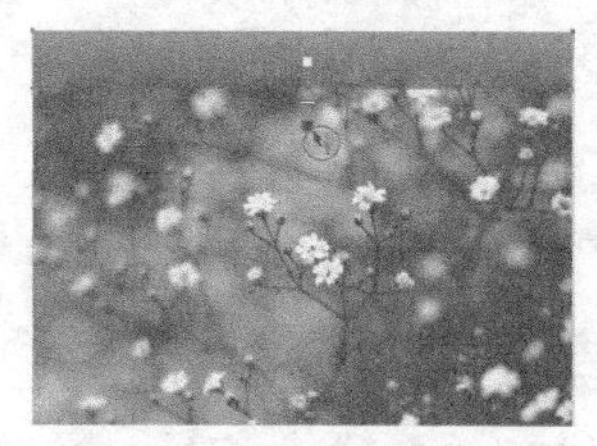

图4-367

14 将前面绘制的手机拖曳到页面右边，如图4-368所示。然后使用“矩形工具”在页面左下方绘制矩形，填充为白色，再设置矩形左边“圆角”为2.4mm，接着单击“透明度工具”拖动渐变效果，如图4-369所示。

图4-368

图4-369

15 导入“素材文件>CH04>23.cdr”文件，然后取消组合对象拖曳到页面相应位置，如图4-370所示。

图4-370

16 下面绘制手机倒影。选中手机复制一份，然后在属性栏中单击“垂直镜像”图标进行镜像，再拖曳到手机下方，接着执行“位图>转换为位图”菜单命令，将图形转换为位图，如图4-371所示。最后绘制一个矩形将倒影多余的位置修剪掉，如图4-372所示。

图4-371

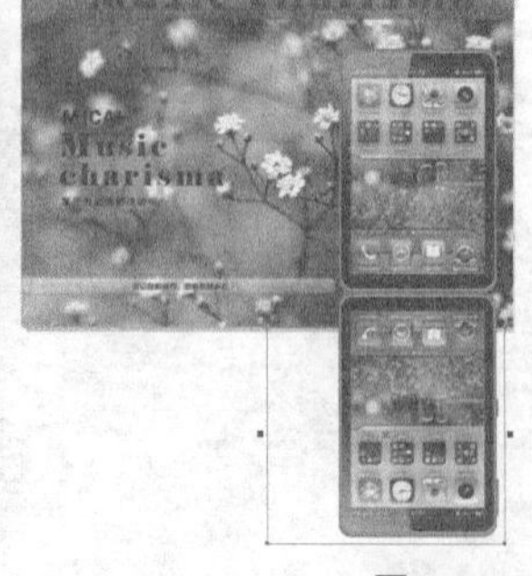

图4-372

17 选中修剪好的倒影，然后单击“透明度工具”拖动渐变效果，如图4-373所示。接着导入“素材文件>CH04>24.cdr”文件，缩放后拖曳到白色矩形右边，最终效果如图4-374所示。

图4-373

图4-374

4.11 椭圆形工具组

椭圆形是图形绘制中除了矩形外另一个常用的基本图形，CorelDRAW X7软件同样提供了两种绘制工具“椭圆形工具”和“3点椭圆形工具”。

4.11.1 椭圆形工具

“椭圆形工具”以斜角拖动的方法快速绘制椭圆，可以在属性栏中进行基本设置。

1.椭圆基础绘制

单击“工具箱”中的“椭圆形工具”，然后将光标移动到页面空白处，按住左键以对角的方向进行拉伸，如图4-375所示，可以预览圆弧大小，在确定大小后松开左键完成编辑，如图4-376所示。

图4-375　　图4-376

在绘制椭圆形时按住Ctrl键可以绘制一个圆，如图4-377所示，也可以在属性栏中输入宽和高将原有的椭圆变为圆，按住Shift键可以定起始点为中心开始绘制一个椭圆形，同时按住Shift键和Ctrl键则是以起始点为中心绘制圆。

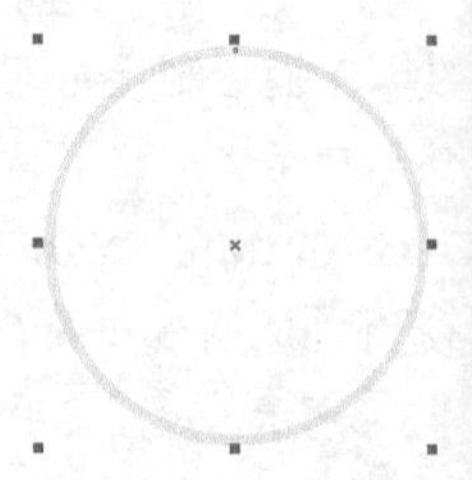

图4-377

2.属性设置

"椭圆形工具"的属性栏如图4-378所示。

图4-378

【参数详解】

椭圆形：在单击"椭圆工具"后，默认该图标是激活的，绘制椭圆形。

饼图：单击激活后可以绘制圆饼，或者将已有的椭圆变为圆饼。

弧：单击激活后可以绘制以椭圆为基础的弧线，或者将已有的椭圆或圆饼变为弧。

起始和结束角度：设置"饼图"和"弧"的断开位置的起始角度与终止角度，范围是最大360度，最小0度。

更改方向：用于变更起始和终止的角度方向，也就是顺时针和逆时针地调换。

转曲：没有转曲进行"形状"编辑时，是以饼图或弧编辑的；转曲后可以进行曲线编辑，可以增减节点。

4.11.2 3点椭圆形工具

"3点椭圆形工具"和"3点矩形工具"的绘制原理相同，都是定3个点来确定一个形， 不同之处是矩形以高度和宽度定一个形，椭圆则是以高度和直径长度定一个形。

单击"工具箱"中的"3点椭圆形工具"，然后在页面空白处定下第1个点，长按左键拖动一条实线进行预览，如图4-379所示，确定位置后松开左键定下第2个点，接着移动光标进行定位，如图4-380所示，确定后单击鼠标左键完成编辑。

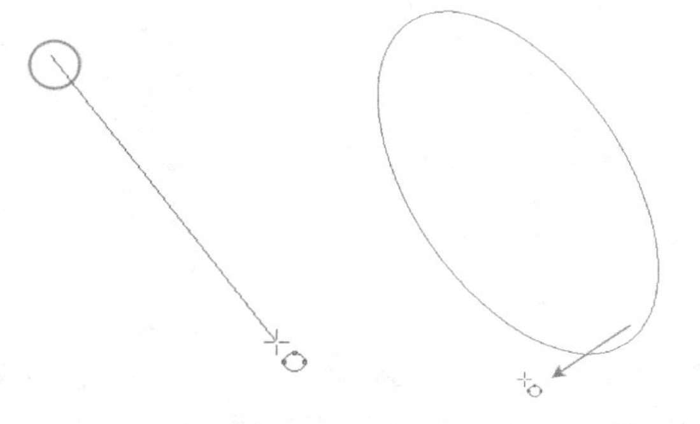

图4-379 图4-380

课堂案例

用椭圆形绘制时尚图案

实例位置 实例文件>CH04>课堂案例：用椭圆形绘制时尚图案.cdr
素材位置 素材文件>CH04>25.cdr、26.psd、27.cdr
视频位置 多媒体教学>CH04>课堂案例：用椭圆形绘制时尚图案.mp4
技术掌握 椭圆形工具的运用方法

运用"椭圆形工具"绘制时尚图案，用于海报类宣传，例如音乐海报，效果如图4-381所示。

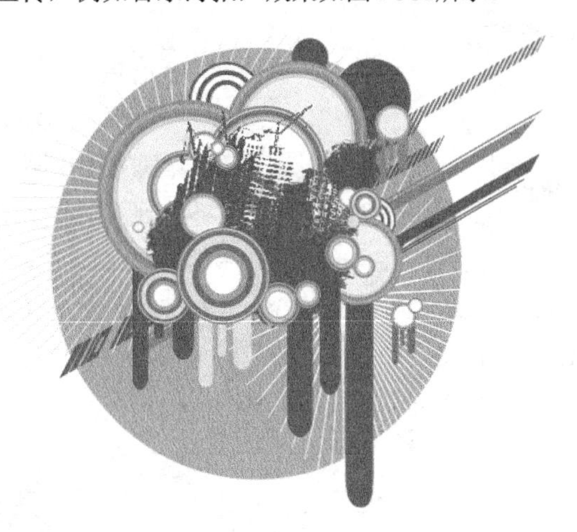

图4-381

01 新建空白文档，然后设置文档名称为"圆形图案"，接着设置页面大小为"A4"、页面方向为"横向"。

02 使用"椭圆形工具"绘制一个圆，按住Shift键用鼠标左键拖动向中心缩放，然后单击鼠标右键进行复制，再松开左键完成复制，得到一组重叠圆环，如图4-382所示。

03 从外层到内层分别选中圆形，然后由外层到内层分别填充颜色为（C:74，M:28，Y:27，K:0）、（C:59，M:0，Y:31，K:0）、（C:74，M:28，Y:27，K:0）、（C:48，M:0，Y:43，K:0）、（C:31，M:0，Y:44，K:0）、（C:0，M:0，Y:70，K:0），接着去掉轮廓线，效果如图4-383所示。

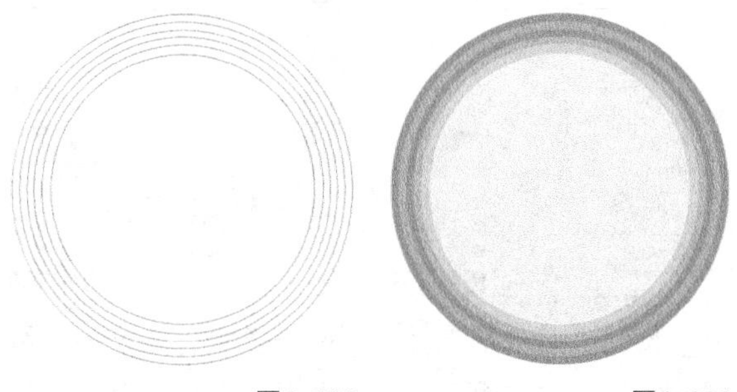

图4-382 图4-383

04 复制一份，然后由外层到内层分别填充颜色为（C:74，M:28，Y:27，K:0）、（C:59，M:0，Y:31，K:0）、（C:100，M:0，Y:0，K:0）、绿色、（C:31，M:0，Y:44，K:0）、（C:0，M:0，Y:70，K:0），如图4-384所示。

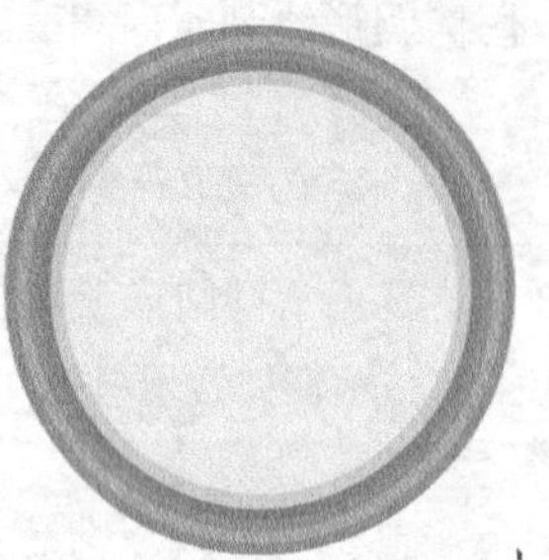

图4-384

05 使用“椭圆形工具”用同样的方法绘制一组圆环，如图4-385所示。然后由外层到内层分别填充颜色为绿色、白色、（C:58，M:93，Y:42，K:2）、洋红、（C:35，M:56，Y:35，K:0）、（C:4，M:26，Y:4，K:0）、（C:15，M:62，Y:13，K:0）、白色，接着去掉轮廓线，效果如图4-386所示。

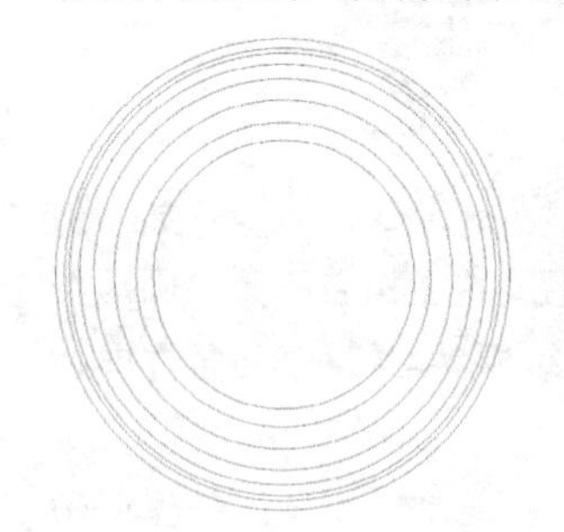

图4-385　图4-386

06 使用“椭圆形工具”用同样的方法绘制一组圆环，如图4-387所示。然后由外层到内层分别填充颜色为绿色、白色、（C:58，M:93，Y:42，K:2）、洋红、（C:35，M:56，Y:35，K:0）、（C:4，M:26，Y:4，K:0）、洋红、白色，最后去掉轮廓线，效果如图4-388所示。

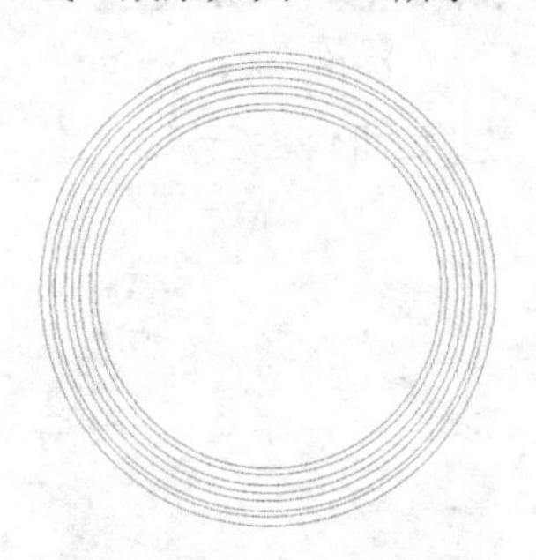

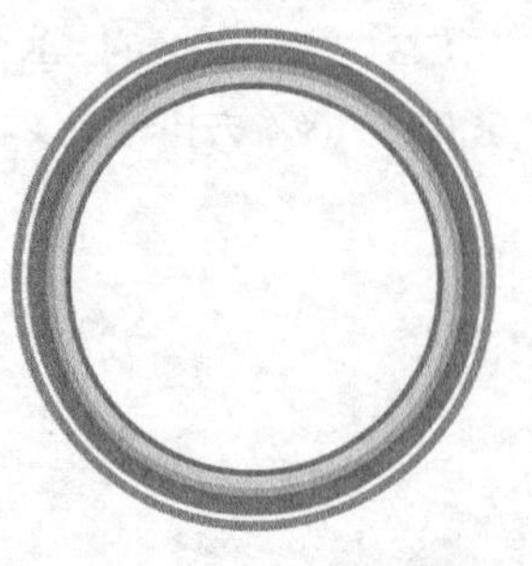

图4-387　图4-388

07 使用“椭圆形工具”用同样的方法绘制一组圆环，如图4-389所示。然后由外层到内层分别填充颜色为绿色、白色、（C:58，M:93，Y:42，K:2）、洋红、黄色、洋红、（C:4，M:26，Y:4，K:0）、白色，接着去掉轮廓线，效果如图4-390所示。

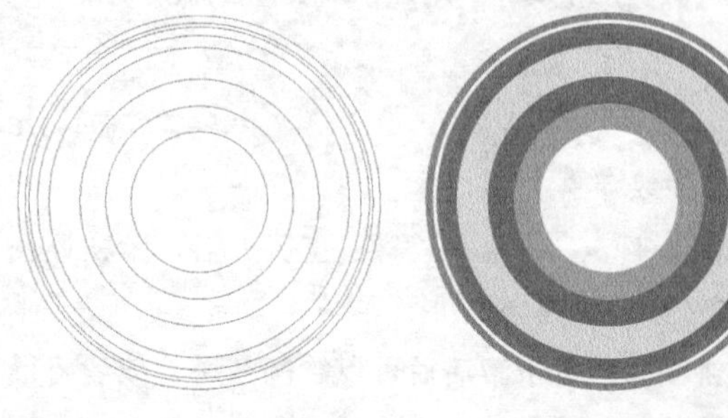

图4-389　图4-390

08 使用“椭圆形工具”用同样的方法绘制一组圆环，如图4-391所示。然后由外层到内层分别填充颜色为黑色、白色、黑色、白色、黑色、白色，接着去掉轮廓线，效果如图4-392所示。

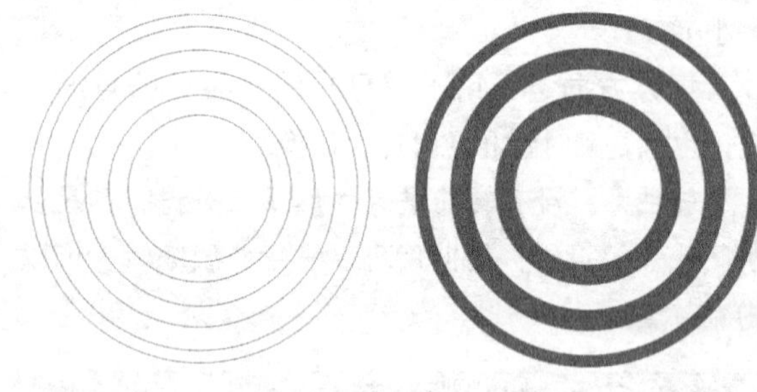

图4-391　图4-392

09 使用“星形工具”绘制一个正星形，如图4-393所示。然后在属性栏中设置“点数或边数”为69、“锐度”为92，如图4-394所示，接着填充颜色为黑色，再向上缩放进行倾斜，如图4-395所示。

图4-393

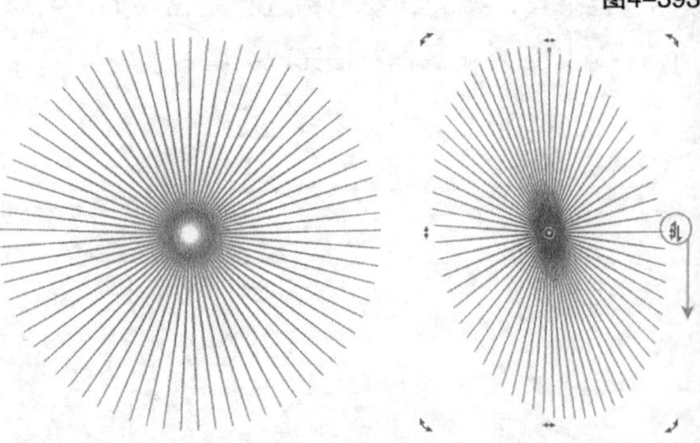

图4-394　图4-395

10 使用“椭圆形工具”在页面中绘制一个圆，

然后填充颜色为（C:0，M:0，Y:0，K:50），再去掉轮廓线，如图4-396所示。接着把前面绘制的星形拖放到圆上，填充对象和轮廓线颜色为白色，最后复制一份进行旋转调整，效果如图4-397所示。

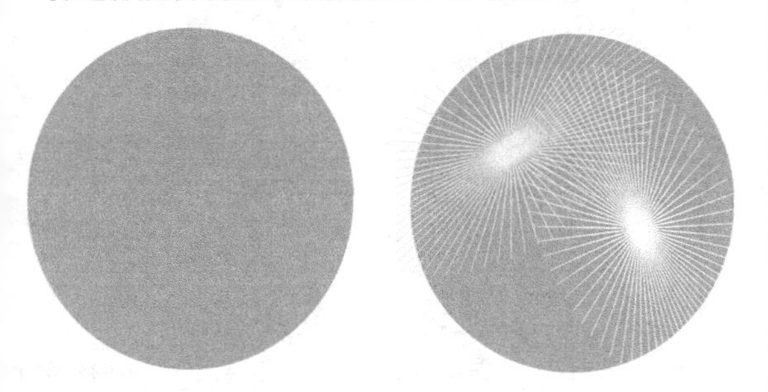

图4-396　　图4-397

11 导入“素材文件>CH04>25.cdr”文件，然后将蓝色元素复制一份填充为黑色，再排列在椭圆上，如图4-398所示。

12 将前面绘制的冷色圆环拖入页面进行复制组合，如图4-399所示。然后绘制一个圆填充为黑色，再和黑白圆环一起排放在冷色圆环后面，如图4-400所示。接着把暖色的圆环复制排放在前面，如图4-401所示。

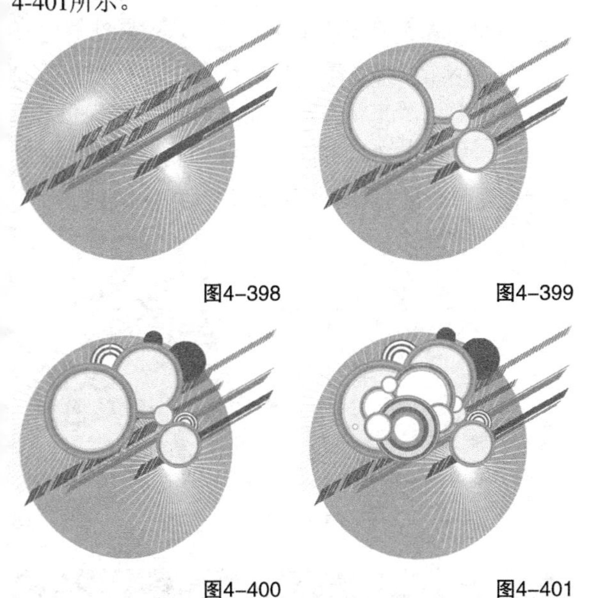

图4-398　　图4-399

图4-400　　图4-401

13 使用“矩形工具”绘制矩形，然后在属性栏中设置下面的“圆角”为6mm，再复制两个进行缩放，接着填充颜色为（C:82，M:29，Y:76，K:0），去掉轮廓线，如图4-402所示。最后复制几份变更颜色为黑色和洋红，如图4-403所示。

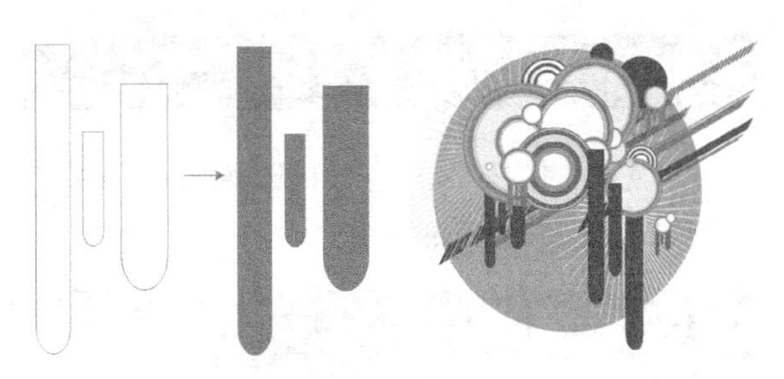

图4-402　　图4-403

14 导入“素材文件>CH04>26.psd和27.cdr”文件，然后把城市素材拖曳到圆环上再进行缩放旋转，如图4-404所示。接着将墨迹元素复制排放在城市下面，注意要遮盖住城市素材的下面，效果如图4-405所示。

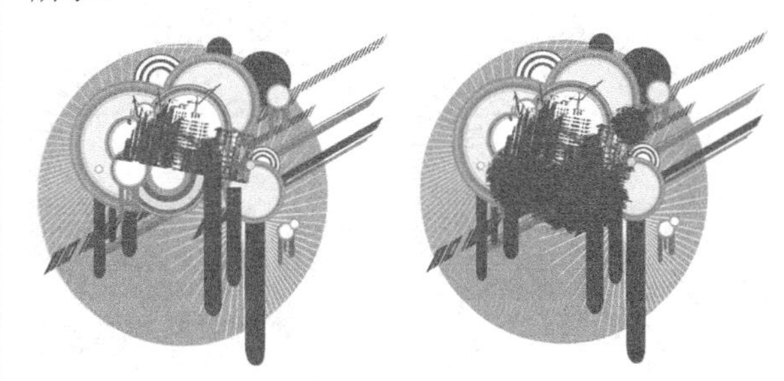

图4-404　　图4-405

15 在墨迹和城市剪影上面再排放几个圆环，调整前后关系，然后复制一份圆角矩形，再填充颜色为黄色排放在圆环后面，最终效果如图4-406所示。

图4-406

4.12 多边形工具

“多边形工具”是专门用于绘制多边形的工具，可以自定义多边形的边数。

4.12.1 多边形的绘制方法

单击“工具箱”中的“多边形工具”，然后将光标移动到页面空白处，按住左键以对角的方向进行拉伸，如图4-407所示，可以预览多边形大小，确定后松开左键完成编辑，如图4-408所示，在默认情况下，多边形边数为5条。

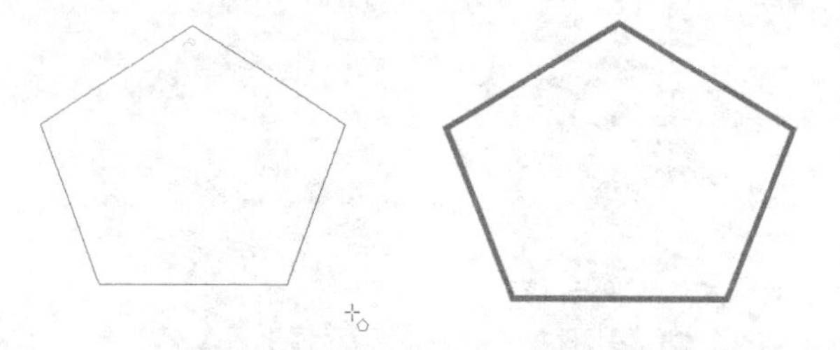

图4-407　　图4-408

在绘制多边形时按住Ctrl键可以绘制一个正多边形，如图4-409所示，也可以在属性栏中输入宽和高改为正多边形，按住Shift键以中心为起始点绘制一个多边形，按住快捷键Shift+ Ctrl则是以中心为起始点绘制正多边形。

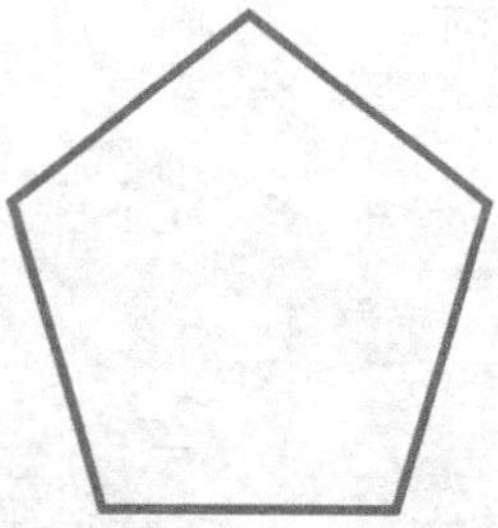

图4-409

4.12.2 多边形的修饰

多边形和星形都是息息相关的，我们可以利用增加边数和“形状工具”的修饰进行转化。

1.多边形转星形

在默认的5条边情况下，绘制一个正多边形，在工具箱中单击“形状工具”，选择在线段上的一个节点，长按左键，按Ctrl键向内进行拖动，如图4-410所示，松开左键得到一个五角星形。如果边数相对比较多，就可以做一个惊爆价效果的星形，如图4-411所示。还可以在此效果上加入旋转效果，如图4-412所示，在向内侧的节点上任选一个，按鼠标左键进行拖动，如图4-413所示。

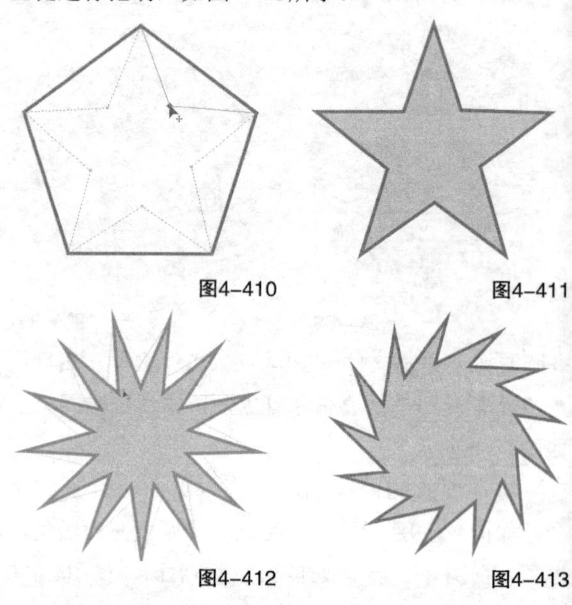

图4-410　　图4-411

图4-412　　图4-413

2.多边形转复杂星形

选择工具箱“多边形工具”，在属性栏中将“边数”设置为9，然后按Ctrl键绘制一个正多边形，接着单击“形状工具”，选择在线段上的一个节点，进行拖动至重叠，如图4-414所示，松开左键就得到一个复杂的重叠的星形，如图4-415所示。

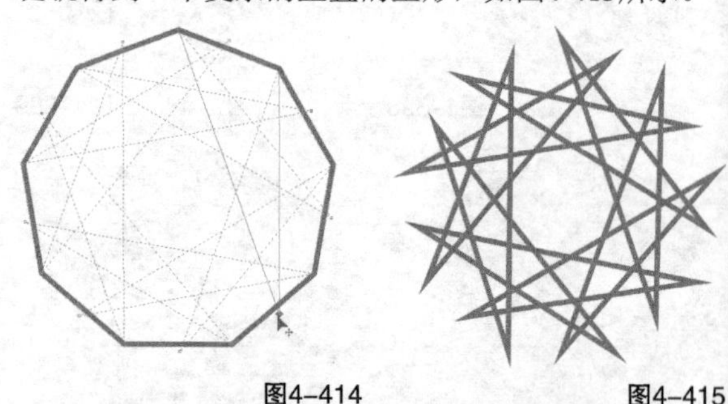

图4-414　　图4-415

4.13 星形工具

“星形工具”用于绘制规则的星形，默认下星形的边数为12。

4.13.1 星形的绘制

单击“工具箱”中的“星形工具”，然后在

页面空白处，按住左键以对角的方向进行拖动，如图4-416所示，松开左键完成编辑，如图4-417所示。

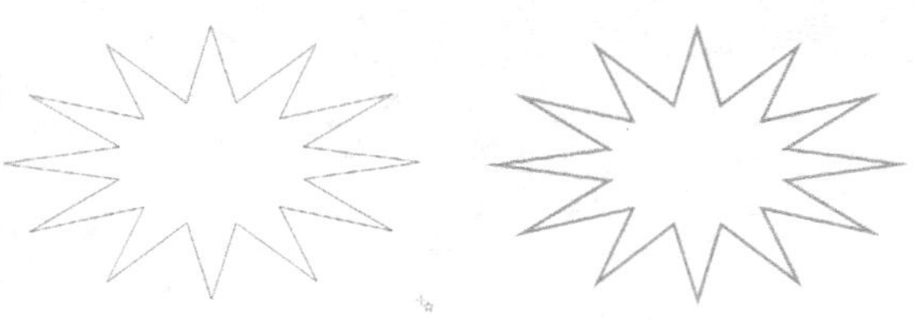

图4-416　　图4-417

在绘制星形时按住Ctrl键可以绘制一个正星形，如图4-418所示，也可以在属性栏中输入宽和高进行修改，按住Shift键以中心为起始点绘制一个星形，按住快捷键Shift+ Ctrl则是以中心为起始点绘制正星形，与其他几何形的绘制方法相同。

图4-418

4.13.2 星形的参数设置

“星形工具”的属性栏如图4-419所示。

图4-419

星形工具选项介绍

锐度：调整角的锐度，可以在文本框内输入数值，数值越大角越尖，数值越小角越钝，如图4-420所示最大为99，角向内缩成线；如图4-421所示最小为1，角向外扩几乎贴平；如图4-422所示值为50，这个数值比较适中。

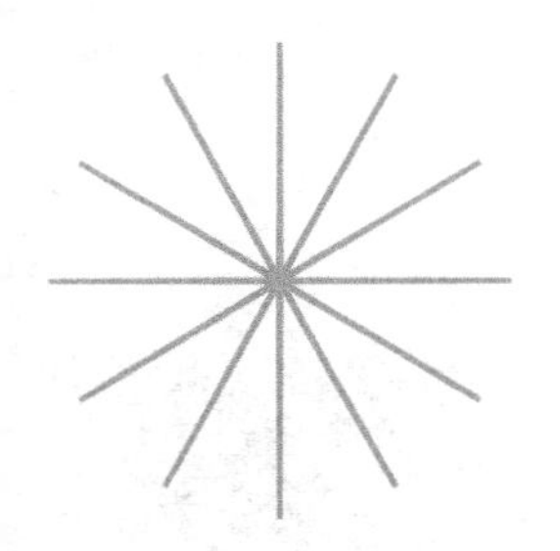

图4-420　　图4-421

图4-422

技巧与提示

星形在绘图制作中不仅可以大面积编辑，也可以利用层层覆盖堆积来形成效果，现在就针对星形的边角堆积效果来制作光晕。

使用“星形工具”绘制一个正星形，先删除轮廓线，然后在“编辑填充”对话框中选择“渐变填充”方式，设置“类型”为“椭圆形渐变填充”，再设置“节点位置”为0%的色标颜色为黄色、“节点位置”为100%的色标颜色为白色，接着单击“确定”按钮完成填充，效果如图4-423所示。

图4-423

在属性栏中设置“点数或边数”为500、“锐度”为53，如图4-424和图4-425所示。

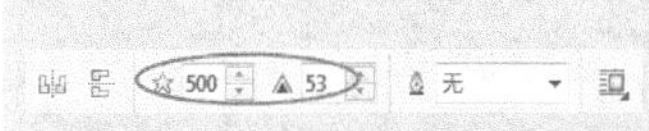

图4-424　　图4-425

把星形放置在夜景图片中，用于表现月亮的光晕效果，效果如图4-426所示。

图4-426

课堂案例

用星形绘制桌面背景

实例位置　实例文件>CH04>课堂案例：用星形绘制桌面背景.cdr
素材位置　素材文件>CH04>28.cdr、29.cdr
视频位置　多媒体教学>CH04>课堂案例：用星形绘制桌面背景.mp4
技术掌握　星形工具的运用方法

星形桌面背景效果如图4-427所示。

图4-427

01 新建空白文档，然后设置文档名称为“星星桌面”，接着设置页面大小为“A4”、页面方向为“横向”。

02 使用“星形工具”绘制一个正星形，然后在属性栏中设置“点数或边数”为5、“锐度”为30，如图4-428所示。接着将星形转曲，单击“形状工具”选中每条直线，单击右键执行“到曲线”命令，最后调整锐角的弧度，如图4-429所示。

图4-428　图4-429

03 将星形向内复制三份，调整大小和位置，如图4-430所示。然后设置“轮廓宽度”为1mm、接着由外向内填充轮廓线颜色为（C:57，M:77，Y:100，K:34）、黄色、白色、洋红，效果如图4-431所示。

04 选中最外层的星形复制出一个，然后填充颜色为洋红，再设置“轮廓宽度”为1.5mm，如图4-432所示。接着向内复制一份，填充颜色为黑色、轮廓线颜色为白色，如图4-433所示。

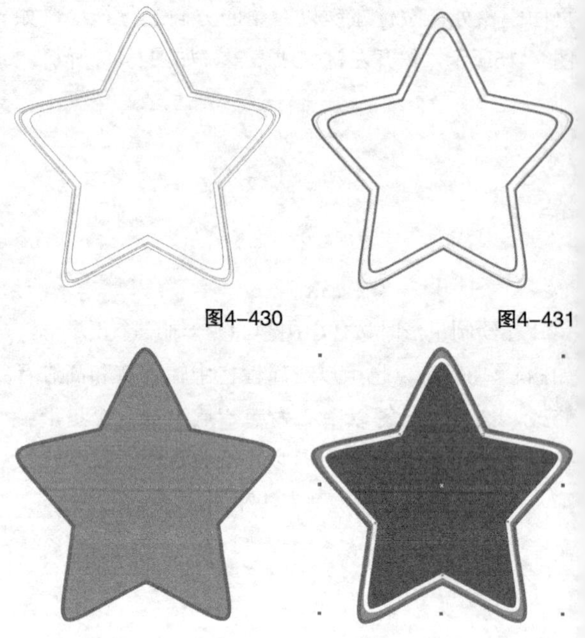

图4-430　图4-431

图4-432　图4-433

05 将星形再向内复制一份，然后在“编辑填充”对话框中选择“渐变填充”方式，设置“类型”为“线性渐变填充”、“镜像、重复和反转”为“默认渐变填充”，再设置“节点位置”为0%的色标颜色为黑色、“节点位置”为100%的色标颜色为（C:56，M:100，Y:74，K:35），“填充宽度”为63.684、“水平偏移”为1.147、“垂直偏移”为-7.997、“旋转”为76.8，接着单击“确定”按钮完成，如图4-434所示。最后设置“轮廓宽度”为1mm，效果如图4-435所示。

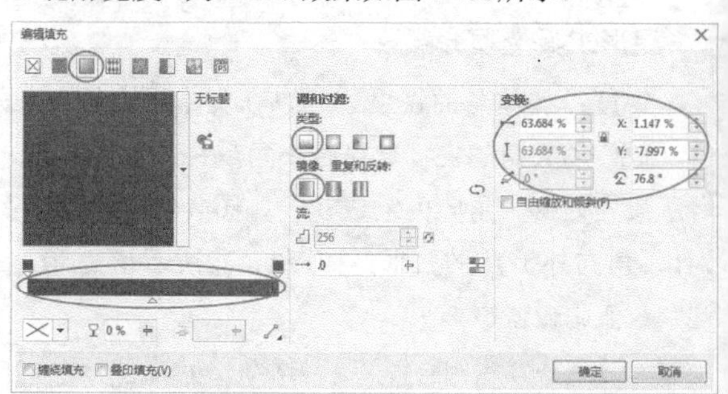

图4-434

图4-435

06 复制出一个星形，先去掉轮廓线，然后填充颜色为洋红，再旋转345°，如图4-436所示。接着复制3份，再分别填充颜色为（C:70，M:19，Y:0，K:0）、（C:62，M:0，Y:100，K:0）、（C:0，M:48，Y:78，K:0），最后单击“确定”按钮完成填充，如图4-437所示。

图4-436

图4-437

07 使用“椭圆形工具”绘制一个圆，然后填充颜色为洋红，去掉轮廓线，如图4-438所示。复制一份进行缩放，再移动到左边，接着选择“渐变填充”方式，设置“类型”为“线性渐变填充”、“节点位置”为0%的色标颜色为洋红、“节点位置”为100%的色标颜色为白色，最后单击“确定”按钮，如图4-439所示。

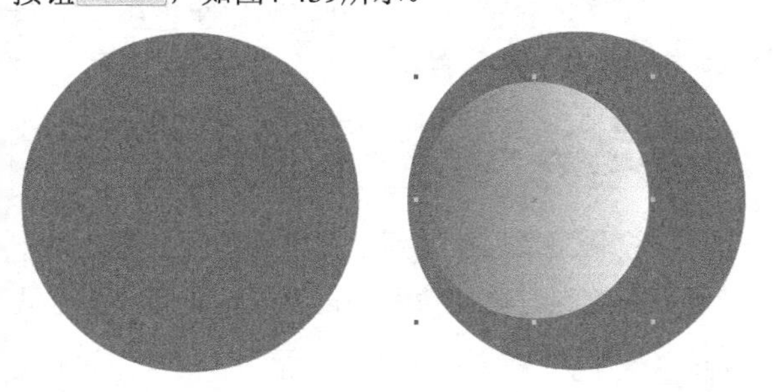

图4-438 图4-439

08 复制渐变色的圆，然后在“编辑填充”对话框中选择“渐变填充”方式，更改“节点位置”为0%的色标颜色为（C:60，M:60，Y:0，K:0）、“节点位置”为100%的色标颜色为（C:100，M:20，Y:0，K:0），再单击“确定”按钮完成填充，如图4-440所示。接着复制一份进行缩放，更改“节点位置”为0%的色标颜色为（C:100，M:20，Y:0，K:0）、“节点位置”为100%的色标颜色为白色，效果如图4-441所示。

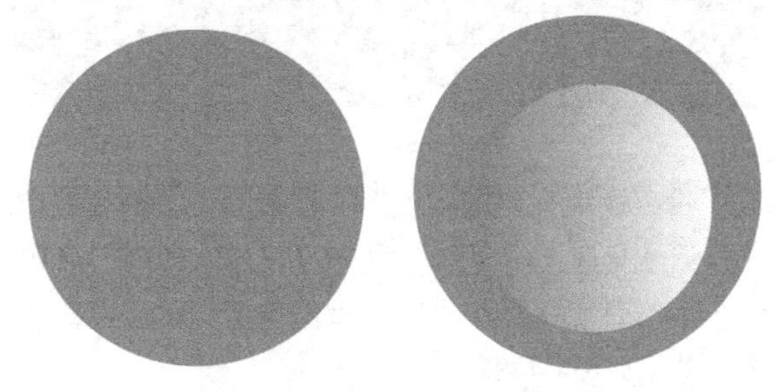

图4-440 图4-441

09 双击“矩形工具”创建与页面等大小的矩形，然后填充为（C:100，M:100，Y:100，K:100）的黑色，再去掉轮廓线，如图4-442所示。

10 导入“素材文件>CH04>28.cdr”文件，然后解散对象排列在页面右边，注意元素之间的穿插关系，接着将绘制的洋红色圆复制排列在元素间隙，效果如图4-443所示。

图4-442

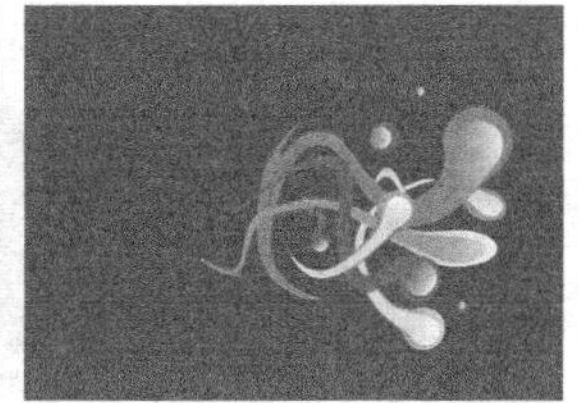

图4-443

11 导入“素材文件>CH04>29.cdr”文件，然后排放在页面上，如图4-444所示。

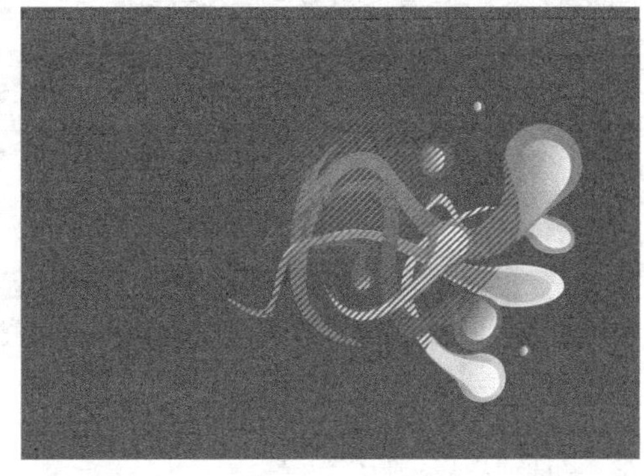

图4-444

12 把前面绘制的蓝色圆形拖曳到页面中进行缩放，然后在页面左下方使用绘制“星形工具”绘制一个正星形，再去掉轮廓线，接着填充颜色为黄色，如图4-445所示。最后在属性栏中设置“点数或边数”为60、“锐度”为93，如图4-446所示。

图4-445　图4-446

13 将之前绘制的两组星形分别群组，然后旋转角度排放在页面左上方，如图4-447所示。接着把最后一个素材排放在星形下面，可以覆盖在渐变星形上方，效果如图4-448所示。

图4-447　图4-448

14 把前面绘制的洋红色星形缩放排放在渐变星形上方，调整位置，然后用其他颜色的星形缩小排放在左下角，最终效果如图4-449所示。

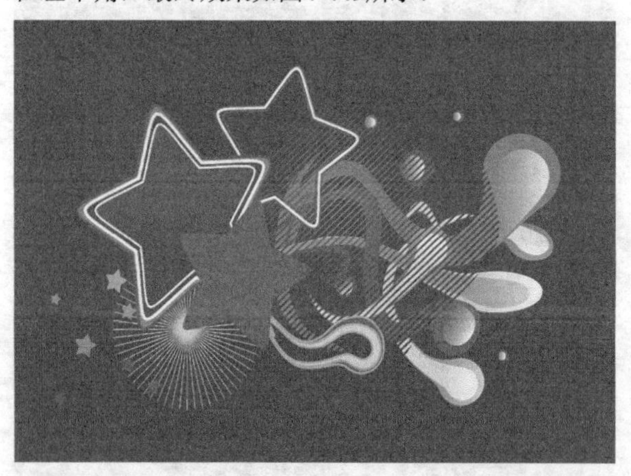

图4-449

4.14 复杂星形工具

“复杂星形工具”用于绘制有交叉边缘的星形，与星形的绘制方法一样。

4.14.1 绘制复杂星形

单击“工具箱”中的“复杂星形工具”，然后在页面空白处，按住左键以对角的方向进行拖动，松开左键完成编辑，如图4-450所示。

按住Ctrl键可以绘制一个正星形，按住Shift键以中心为起始点绘制一个星形，按住快捷键Shift+ Ctrl以中心为起始点绘制正星形，如图4-451所示。

图4-450　图4-451

4.14.2 复杂星形的设置

“复杂星形工具”的属性栏如图4-452所示。

图4-452

【参数详解】

点数或边数：最大数值为500（数值没有变化），则变为圆；最小数值为5（其他数值为3），为交叠五角星。

锐度：最小数值为1（数值没有变化），数越大越偏向为圆。

4.15 图纸工具

“图纸工具”可以绘制一组由矩形组成的网格，格子数值可以设置。

4.15.1 设置参数

在绘制图纸之前需要设置网格的行数和列数，以便于在绘制时更加精确。设置行数和列数的方法有以下两种。

第1种：双击工具箱“图纸工具”打开“选项”面板，如图4-453所示，在“图纸工具”选项中的“宽度方向单元格数”和“高度方向单元格数”输入数值设置行数和列数，单击“确定”按钮就设置好网格数值。

图4-453

第2种：选中工具箱“图纸工具”，在属性栏中的“行数和列数”中输入数值，如图4-454所示，在“行”输入4“列”输入5得到的网格图纸，如图4-455所示。

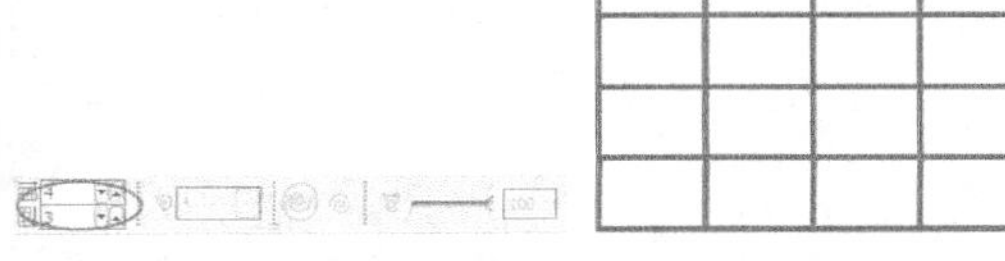

图4-454　图4-455

4.15.2 绘制图纸

单击“工具箱”中的“图纸工具”，然后设置好网格的行数与列数，如图4-456所示。接着在页面空白处长按鼠标左键以对角进行拖动预览，松开左键完成绘制，如图4-457所示。按住Ctrl键可以绘制一个外框为正方形的图纸，按住Shift键以中心为起始点绘制一个图纸，按住快捷键Shift+ Ctrl以中心为起始点绘制外框为正方形的图纸，如图4-458所示。

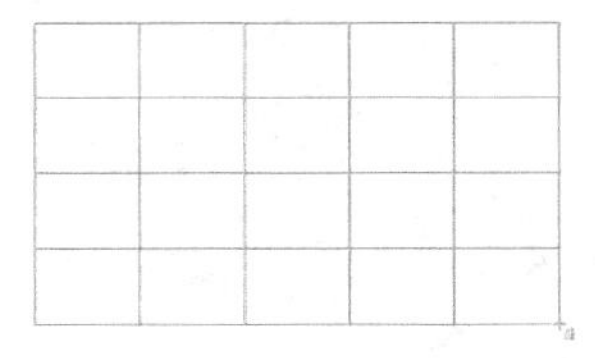

图4-456

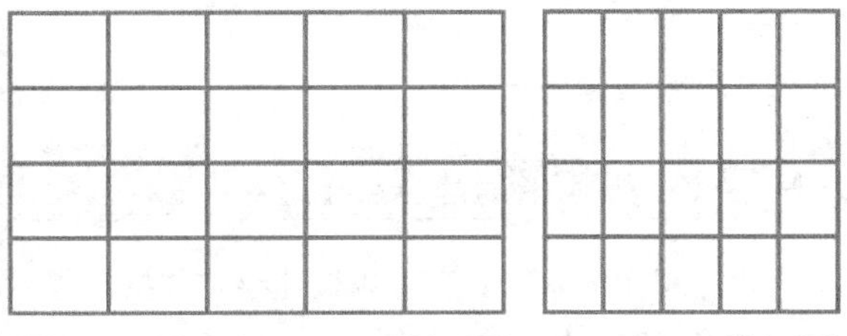

图4-457　图4-458

4.16 螺纹工具

使用“螺纹工具”可以直接绘制特殊的对称式和对数式的螺旋纹图形。

4.16.1 绘制螺纹

单击“工具箱”中的“螺纹工具”，接着在页面空白处长按鼠标左键以对角进行拖动预览，松开左键完成绘制，如图4-459所示。在绘制时按住Ctrl键可以绘制一个圆形螺纹，按住Shift键以中心开始绘制螺纹，按住快捷键Shift+ Ctrl以中心开始绘制圆形螺纹，如图4-460所示。

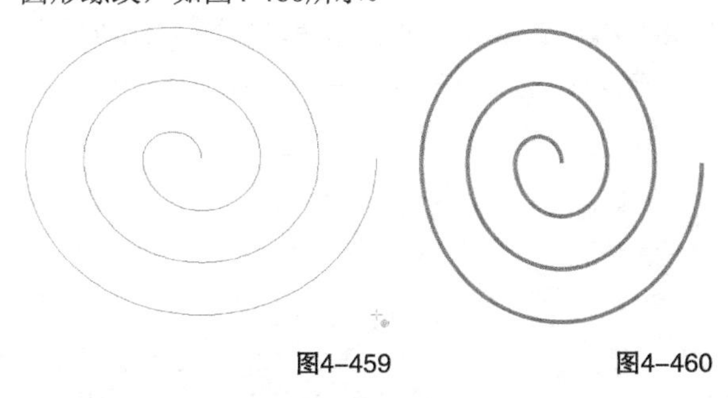

图4-459　图4-460

4.16.2 螺纹的设置

“螺纹工具”的属性栏如图4-461所示。

图4-461

螺纹工具选项介绍

螺纹回圈：设置螺纹中完整圆形回圈的圈数，范围最小为1；最大为100，数值越大圈数越密。

对称式螺纹：单击激活后，螺纹的回圈间距是均匀的。

对数螺纹：单击激活后，螺纹的回圈间距是由内向外不断增大的。

螺纹扩展参数：设置对数螺纹激活时，向外扩展的速率，最小为1时内圈间距为均匀显示；最大为100时间距内圈最小越往外越大。

4.17 形状工具组

CorelDRAW X7软件为了方便用户，在工具箱中将一些常用的形状进行编组，方便单击直接绘制，长按左键打开工具箱形状工具组，如图4-462所示，包括“基本形状工具”、“箭头形状工具”、“流程图形状工具”、“标题形状工具”、“标注形状工具”5种形状样式。

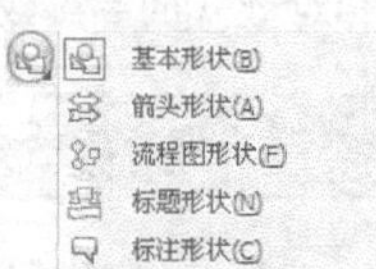

图4-462

4.17.1 基本形状工具

“基本形状工具”可以快速绘制梯形、心形、圆柱体、水滴等基本形状，如图4-463所示。绘制方法和多边形绘制方法一样，个别形状在绘制时会出现有红色轮廓沟槽，通过轮廓沟槽进行修改造型的形状。

图4-463

单击“工具箱”中的“基本形状工具”，然后在属性栏“完美形状”图标的下拉样式中进行选择，如图4-464所示，选择在页面空白处按住左键拖动，松开左键完成绘制，如图4-465所示。将光标放在红色轮廓沟槽上，按住左键可以修改形状，如图4-466所示将笑脸变为怒容。

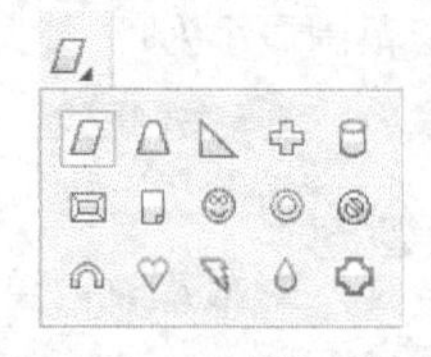

图4-464

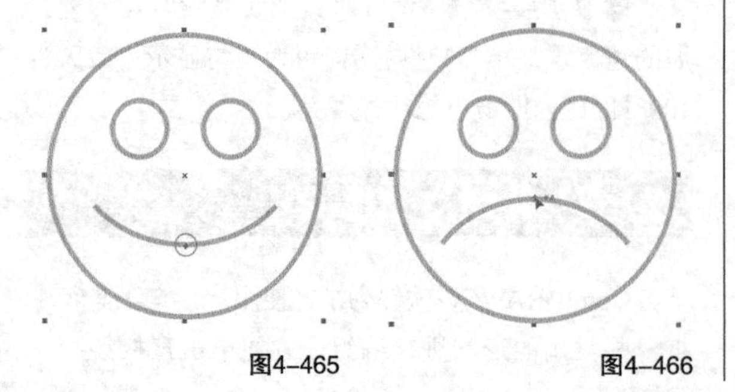

图4-465　　图4-466

4.17.2 箭头形状工具

“箭头形状工具”可以快速绘制路标、指示牌和方向引导标识，如图4-467所示，移动轮廓沟槽可以修改形状。

图4-467

单击“工具箱”中的“箭头形状工具”，然后在属性栏“完美形状”图标的下拉样式中进行选择，如图4-468所示，选择在页面空白处按住左键拖动，松开左键完成绘制，如图4-469所示。

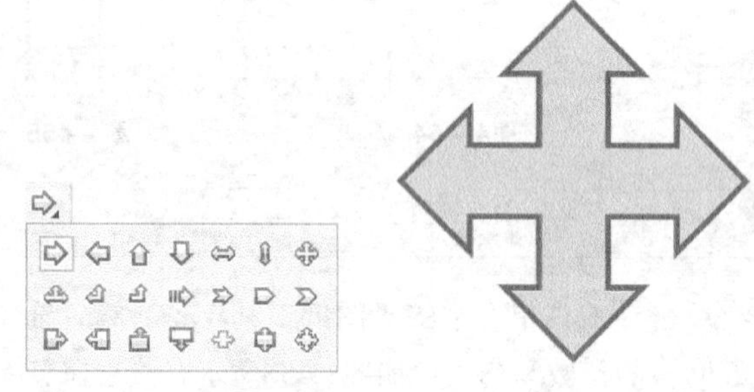

图4-468　　图4-469

由于箭头相对于复杂，变量也相对多，控制点为两个，黄色的轮廓沟槽控制十字干的粗细，如图4-470所示，红色的轮廓沟槽控制箭头的宽度，如图4-471所示。

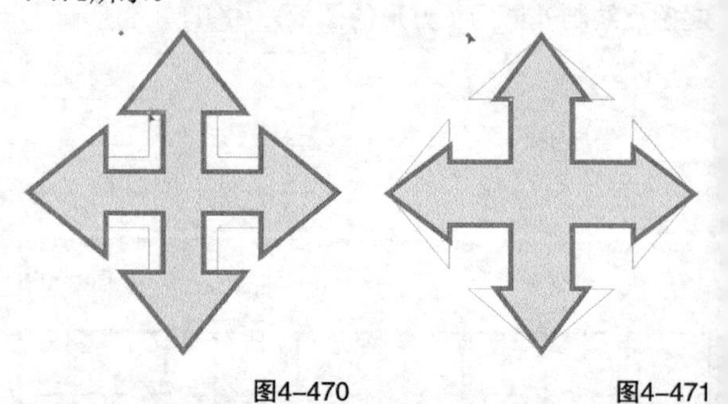

图4-470　　图4-471

4.17.3 流程图形状工具

“流程图形状工具”可以快速绘制数据流程图和信息流程图，如图4-472所示，不能通过轮廓沟槽修改形状。

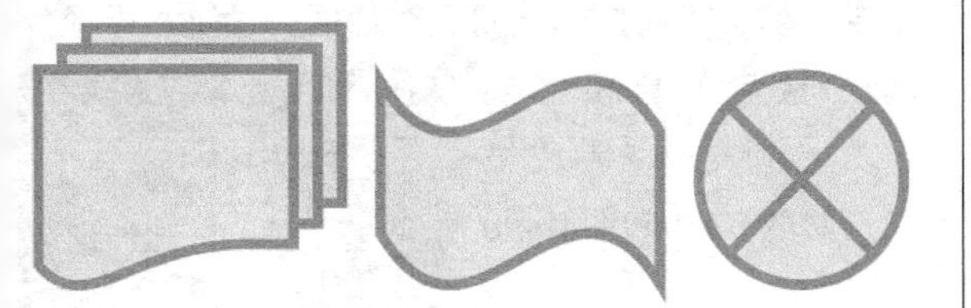

图4-472

单击“工具箱”中的“流程图形状工具”，然后在属性栏“完美形状”图标的下拉样式中进行选择，如图4-473所示，选择在页面空白处按住左键拖动，松开左键完成绘制，如图4-474所示。

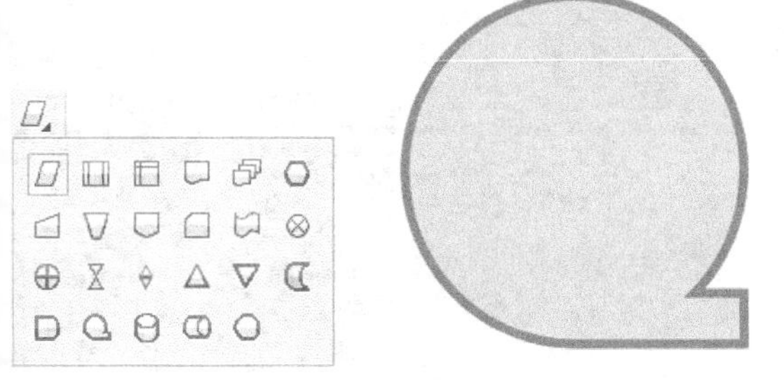

图4-473　图4-474

4.17.4 标题形状工具

“标题形状工具”可以快速绘制标题栏、旗帜标语、爆炸效果，如图4-475所示，可以通过轮廓沟槽修改形状。

图4-475

单击“工具箱”中的“标题形状工具”，然后在属性栏“完美形状”图标的下拉样式中进行选择，如图4-476所示，选择在页面空白处按住左键拖动，松开左键完成绘制，如图4-477所示，红色的轮廓沟槽控制宽度；黄色的轮廓沟槽控制透视，如图4-478所示。

图4-476

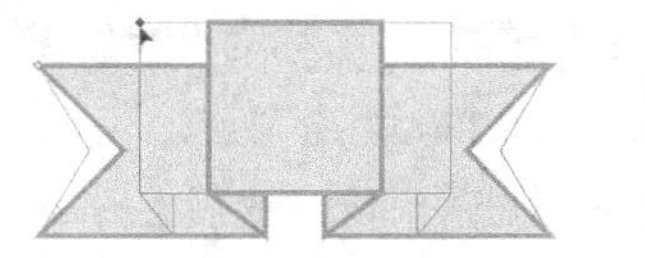

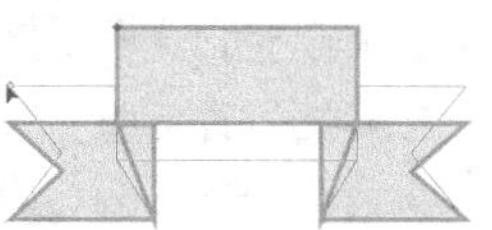

图4-477　图4-478

4.17.5 标注形状工具

“标注形状工具”可以快速绘制补充说明和对话框，如图4-479所示，可以通过轮廓沟槽修改形状。

图4-479

单击“工具箱”中的“标注形状工具”，然后在属性栏“完美形状”图标的下拉样式中进行选择，如图4-480所示，选择在页面空白处按住左键拖动，松开左键完成绘制，如图4-481所示，拖动轮廓沟槽修改标注的角，如图4-482所示。

图4-480　图4-481　图4-482

课堂案例

用心形绘制梦幻壁纸

实例位置	实例文件>CH04>课堂案例：用心形绘制梦幻壁纸.cdr
素材位置	素材文件>CH04>30.cdr、31.cdr
视频位置	多媒体教学>CH04>课堂案例：用心形绘制梦幻壁纸.mp4
技术掌握	形状工具的运用方法

梦幻壁纸效果如图4-483所示。

图4-483

01 新建空白文档，然后设置文档名称为“梦幻壁纸”，接着设置页面大小“宽”为350、“高”为60。

02 双击“矩形工具”创建矩形，然后在“编辑填充”对话框中选择“渐变填充”方式，设置“类型”为“线性渐变填充”、“镜像、重复和反转”为“默认渐变填充”，再设置“节点位置”为0%的色标颜色为（C:100，M:100，Y:0，K:0）、“节点位置”为47%的色标颜色为（C:40，M:100，Y:0，K:0）、“节点位置”为100%的色标颜色为（C:100，M:100，Y:0，K:0），“填充宽度”为111.078、“水平偏移”为5.644、“垂直偏移”为-4.456、“旋转”为-55.1，接着单击“确定”按钮 确定 完成，如图4-484所示，最后删除轮廓线，效果如图4-485所示。

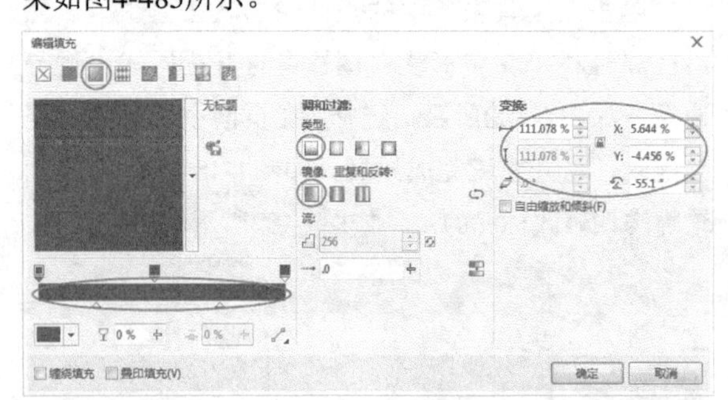

图4-484

图4-485

03 在渐变矩形左边绘制矩形，填充颜色为黑色，然后使用“透明度工具”拖动渐变效果，如图4-486所示。接着复制一份到右边改变渐变方向，如图4-487所示，最后全选进行组合对象。

图4-486　图4-487

04 使用“椭圆形工具”绘制一个椭圆，然后填充颜色为白色，再去掉轮廓线，如图4-488所示。接着执行“位图>转换为位图”菜单命令将椭圆转换为位图，最后执行“位图>模糊>高斯式模糊”菜单命令，弹出“高斯式模糊”对话框，设置“半径”为60像素，单击“确定”按钮 确定 完成模糊，如图4-489和图4-490所示。

图4-488

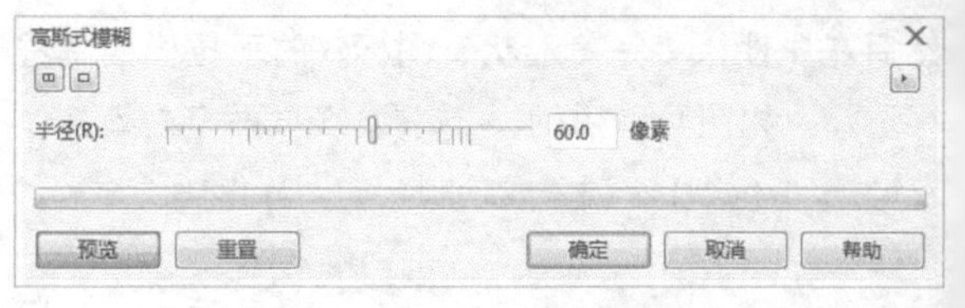

图4-489

图4-490

05 使用“椭圆形工具”在渐变矩形下面绘制一个椭圆，然后修剪掉超出页面的多余部分，如图4-491所示。接着执行“位图>转换为位图”菜单命令将椭圆转换为位图，最后执行“位图>模糊>高斯式模糊”菜单命令，弹出“高斯式模糊”对话框，设置“半径”为60像素，单击“确定”按钮 确定 完成模糊，效果如图4-492所示。

图4-491

图4-492

06 导入“素材文件>CH04>30.cdr”文件，然后将圆形素材缩放拖曳到页面中，置于渐变矩形上面，如图4-493所示。接着把矩形素材复制一份排放在页面上，如图4-494所示。

图4-493

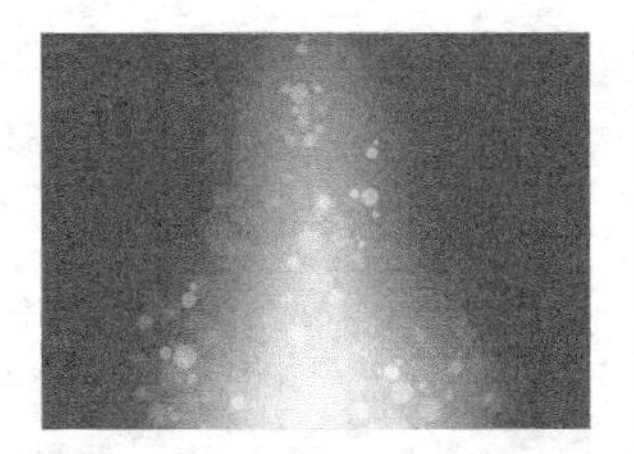

图4-494

07 单击“基本形状工具”，然后在属性栏“完美形状”的下拉样式中选择心形，在页面绘制两个心形，如图4-495所示。接着把里面的心形转曲，将两个节点拖动到与大心形节点重合，如图4-496所示。最后使用“形状工具”调整形状，如图4-497所示。

08 将心形拖曳到页面中，然后填充颜色为白色，再去掉轮廓线，接着复制三份，将中间的心形填充为（C:40，M:100，Y:0，K:0），如图4-498所示。

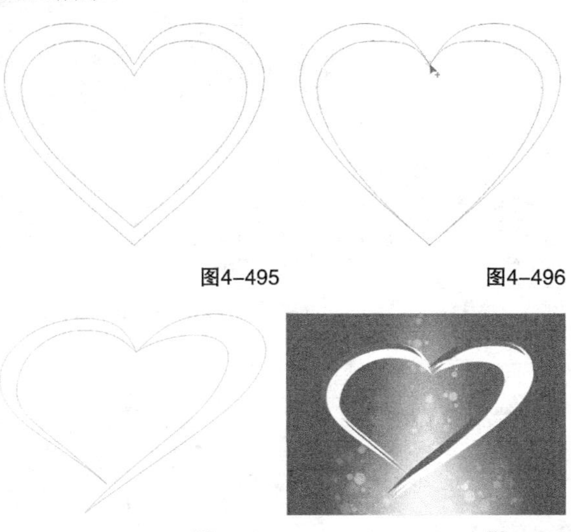

图4-495　图4-496

图4-497　图4-498

09 分别选中后面的两个星形，然后执行“位图>转换为位图”菜单命令将椭圆转换为位图，接着执行“位图>模糊>高斯式模糊”菜单命令，弹出“高斯式模糊”对话框，设置“半径”为15像素，单击“确定”按钮完成模糊，如图4-499和图4-500所示。

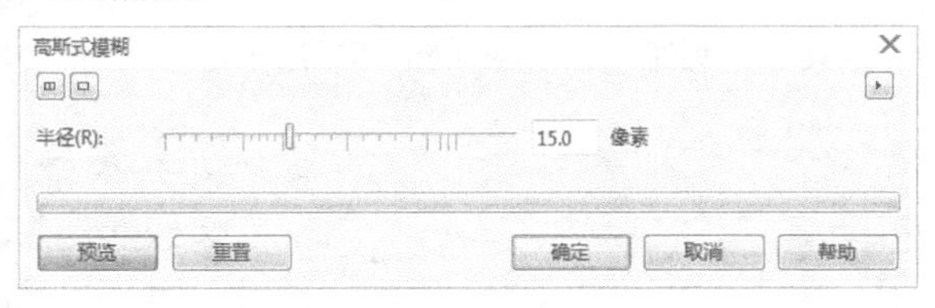

图4-499

图4-500

10 选中白色模糊心形，然后使用“透明度工具”拖动渐变效果，如图4-501所示。接着选中紫色模糊心形，再使用“透明度工具”拖动渐变效果，如图4-502所示。最后选中白色星形拖动渐变，如图4-503所示。

11 使用“椭圆形工具”绘制一个圆，然后执行“位图>转换为位图”菜单命令转换为位图，再执行“位图>模糊>高斯式模糊”菜单命令，弹出“高斯式模糊”对话框，设置“半径”为40像素，接着单击“确定”按钮完成模糊，最后复制排放在页面中，如图4-504所示。

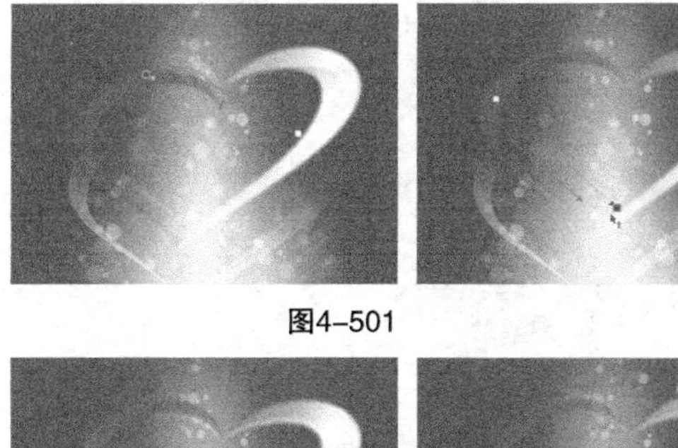

图4-501　图4-502

图4-503　图4-504

12 导入“素材文件>CH04>31.cdr”文件，然后填充颜色为白色，再复制一份按上述方法进行模糊，如图4-505所示。接着将白色文字拖放在模糊文字上面，最终效果如图4-506所示。

图4-505　图4-506

4.18 本章小结

本章全面讲解了绘图工具的应用，包括线的编辑和图形的编辑，读者需要掌握这些工具的运用，并且灵活设置它们的参数，从而达到设计想要的效果。

课后练习1

四叶草的制作

实例位置　实例文件>CH04>课后练习：四叶草的制作.cdr

素材位置　素材文件>CH04>32.cdr

视频位置　多媒体教学>CH04>课后练习：四叶草的制作.mp4

技术掌握　3点曲线工具的运用

利用“3点曲线工具”绘制曲线的优势来绘制四叶草的草茎，效果如图4-507所示。

图4-507

【操作流程】

新建空白文档，然后设置文档名称为“四叶草的制作”，接着设置页面大小，利用3点曲线工具绘制，最后导入素材，步骤如图4-508所示。

图4-508

课后练习2

制作纸模型

实例位置　实例文件>CH04>课后练习：制作纸模型.cdr

素材位置　素材文件>CH04>33.cdr、34.cdr

视频位置　多媒体教学>CH04>课后练习：制作纸模型.mp4

技术掌握　钢笔工具的使用

使用“钢笔工具”制作纸模型，适用于产品包装设计，效果如图4-509所示。

图4-509

【操作流程】

新建空白文档，然后设置文档名称为“龙猫纸模型”，接着设置页面大小“宽”为360mm、“高”为240mm。然后运用学过的“钢笔工具”绘制图形，步骤如图4-510所示。

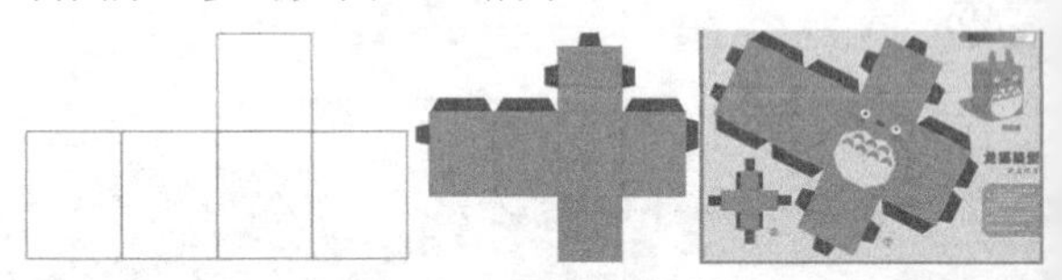

图4-510

课后练习3

用星形工具制作魔法棒

实例位置　实例文件>CH04>课后练习：用星形工具制作魔法棒.cdr

素材位置　素材文件>CH04>35.cdr、36.cdr

视频位置　多媒体教学>CH04>课后练习：用星形工具制作魔法棒.mp4

技术掌握　星形工具的运用

运用学过的“星形工具”制作魔法棒，效果如图4-511所示。

图4-511

【操作流程】

新建空白文档，然后设置文档名称为“用星形工具制作魔法棒”，接着设置页面大小。运用“星形工具”绘制完成，步骤如图4-512所示。

图4-512

第5章

图形的修饰

本章讲解的内容是运用图形修饰工具对已经编辑好的图形进行调整从而改变图形的形状和结构。为了使设计更有表现力，需要用图形的修饰工具进行变形修改，所以图形的修饰在平面设计中也是很重要的。

课堂学习目标

形状工具
涂抹笔刷
涂抹工具
造型工具
裁剪工具
刻刀工具

5.1 形状工具

“形状工具”可以直接编辑由“手绘”“贝塞尔”“钢笔”等曲线工具绘制的对象，对于用“椭圆形”“多边形”和“文本”等工具绘制的对象不能进行直接编辑，需要进行转曲才能进行相关操作，通过增加与减少节点，移动控制节点来改变曲线。

“形状工具”的属性栏如图5-1所示。

图5-1

【参数详解】

选取范围模式：切换选择节点的模式，包括“手绘”和“矩形”两种。

添加节点：单击添加节点，以增加可编辑线段的数量。

删除节点：单击删除节点，改编曲线形状，使之更加平滑，或重新修改。

连接两个节点：连接开放路径的起始和结束节点使之创建闭合路径。

断开曲线：断开闭合或开放对象的路径。

转换为线条：使曲线转换为直线。

转换为曲线：将直线线段转换为曲线，可以调整曲线的形状。

尖突节点：通过将节点转换为尖突，制作一个锐角。

平滑节点：将节点转为平滑节点来提高曲线平滑度。

对称节点：将节点的调整应用到两侧的曲线。

反转方向：反转起始与结束节点的方向。

延长曲线使之闭合：以直线连接起始与结束节点来闭合曲线。

提取子路径：在对象中提取出其子路径，创建两个独立的对象。

闭合曲线：连接曲线的结束节点，闭合曲线。

延展与缩放节点：放大或缩小选中节点相应的线段。

旋转与倾斜节点：旋转或倾斜选中节点相应的线段。

对齐节点：水平、垂直或以控制柄来对齐节点。

水平反射节点：激活编辑对象水平镜像的相应节点。

垂直反射节点：激活编辑对象垂直镜像的相应节点。

弹性模式：为曲线创建另一种具有弹性的形状。

选择所有节点：选中对象所有的节点。

减少节点：自动删减选定对象的节点来提高曲线平滑度。

曲线平滑度：通过更改节点数量调整平滑度。

边框：激活去掉边框。

技巧与提示

“形状工具”无法对组合的对象进行修改，只能逐个针对单个对象进行编辑。

5.2 沾染工具

“沾染工具”可以在矢量对象外轮廓上进行拖动使其变形。

沾染工具不能用于组合对象，需要将对象解散后分别针对线和面进行调整修饰。

1.线与面的修饰

选中要调整修改的线条，然后单击“沾染工具”，在线条上按住左键进行拖动，如图5-2所示，笔刷拖动的方向决定挤出的方向和长短。注意，在调整时重叠的位置会被修剪掉，如图5-3所示。

图5-2　图5-3

选中需要修改的闭合路径，然后单击“沾染工具”，在对象轮廓位置按住左键进行拖动，如图5-4所示；笔尖向外拖动为添加，拖动的方向和距离决定挤出的方向和长短，如图5-5所示；笔尖向内拖动为修剪，其方向和距离决定修剪的方向和长短。在涂抹过程中重叠的位置会被修剪掉。

图5-4

图5-5

技巧与提示

在这里要注意，沾染的修剪不是真正的修剪，如图5-6所示，如果向内部调整的范围超出对象时，会有轮廓显示，不是修剪成两个独立的对象。

图5-6

2.沾染的设置

“沾染工具” 的属性栏如图5-7所示。

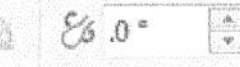

图5-7

【参数详解】

笔尖大小：调整沾染笔刷的尖端大小，决定凸出和凹陷的大小。

水分浓度：在使用“沾染工具”时调整加宽或缩小渐变效果的比率，范围为-10~10，值为0是不渐变的；数值为-10时，如图5-8所示，随着鼠标的移动而变大；数值为10时，笔刷随着移动而变小，如图5-9所示。

图5-8

图5-9

斜移：设置笔刷尖端的饱满程度，角度固定为15°~90°，角度越大越圆，越小越尖，调整的效果也不同。

方位：以固定的数值更改沾染笔刷的方位。

课堂案例

用沾染工具绘制鳄鱼厨房

实例位置	实例文件>CH05>课堂案例：用沾染工具绘制鳄鱼厨房.cdr
素材位置	素材文件>CH05>01.cdr、02.jpg、03.cdr
视频位置	多媒体教学>CH05>课堂案例：用沾染工具绘制鳄鱼厨房.mp4
技术掌握	沾染工具的运用方法

鳄鱼厨房效果如图5-10所示。

图5-10

01 新建空白文档，然后设置文档名称为“鳄鱼厨房”，接着设置页面大小，“宽”为275mm，“高”为220mm。

02 使用“钢笔工具” 绘制出鳄鱼的大致轮廓，如图5-11所示，尽量使路径的节点少一些，然后使用“形状工具” 进行微调。

图5-11

03 下面刻画鳄鱼背部。单击“沾染工具” ，然后在属性栏中设置“笔尖大小”为15mm、“水分浓度”为9、“斜移”为50°，接着涂抹出鳄鱼的鼻子和眼睛，如图5-12所示。再设置笔“尖大小”为10mm、“水分浓度”为10、“斜移”为45°，最后涂抹出鳄鱼的背脊，如图5-13所示。

图5-12 图5-13

04 下面为背部填充渐变色。在“编辑填充”对话框中选择“渐变填充”方式，设置“类型”为“椭圆形渐变填充”、“镜像、重复和反转”为“默认渐变填充”，然后设置“节点位置”为0%的色标颜色为（C:87，M:57，Y:100，K:34）、“节点位置”为100%的色标颜色为（C:100，M:0，Y:100，K:0），“填充宽度”为144.821、“水平偏移”为-3.264、“垂直偏移”为3.881，接着单击“确定”按钮，如图5-14所示，最后删除轮廓线，效果如图5-15所示。

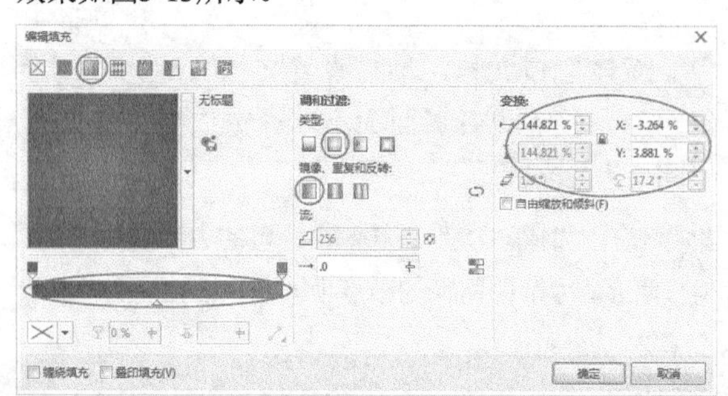

图5-14

图5-15

05 将鳄鱼的嘴拖曳到空白处，然后单击“沾染工具”，在属性栏中设置“笔尖半径”为15mm、“干燥”为9、“笔倾斜”为45°，接着涂抹出鳄鱼的牙齿，最后使用“形状工具”去掉多余的节点，使路径更加平滑，如图5-16所示。

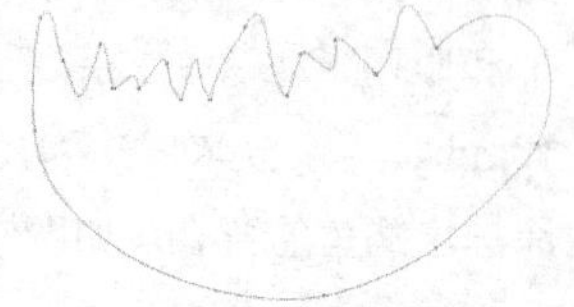

图5-16

06 下面为鳄鱼嘴进行填充。在“编辑填充”对话框中选择“渐变填充”方式，设置“类型”为“椭圆形渐变填充”、“镜像、重复和反转”为“默认渐变填充”，然后设置“节点位置”为0%的色标颜色为（C:47，M:60，Y:85，K:4）、“节点位置”为100%的色标颜色为（C:20，M:4，Y:40，K:0），“填充宽度”为235.286、“水平偏移”为-14.256、“垂直偏移”为44.827，接着单击“确定”按钮，如图5-17所示，最后去掉外轮廓线，效果如图5-18所示。

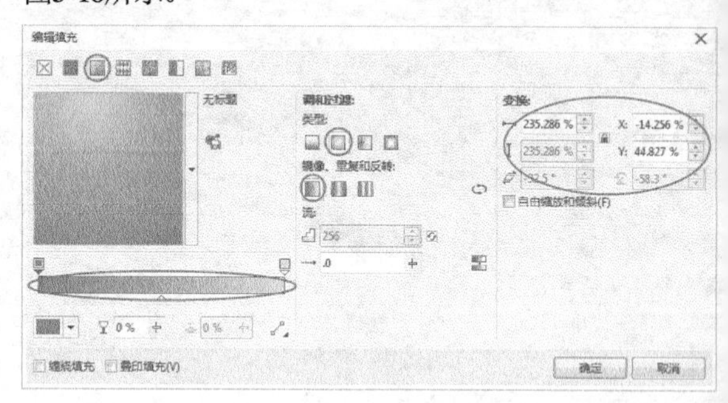

图5-17

图5-18

07 下面填充鳄鱼肚子。在“编辑填充”对话框中选择“渐变填充”方式，设置“类型”为“椭圆形渐变填充”、“镜像、重复和反转”为“默认渐变填充”，接着设置“节点位置”为0%的色标颜色为（C:60，M:49，Y:95，K:4）、“节点位置”为51%的色标颜色为（C:20，M:0，Y:25，K:0）、“节点位置”为100%的色标颜色为（C:47，M:60，Y:85，K:4），“填充宽度”为167.04、“水平偏移”为8.844、“垂直偏移”为28.8，再单击“确定”按钮，如图5-19所示，最后将轮廓线去掉，效果如图5-20所示。

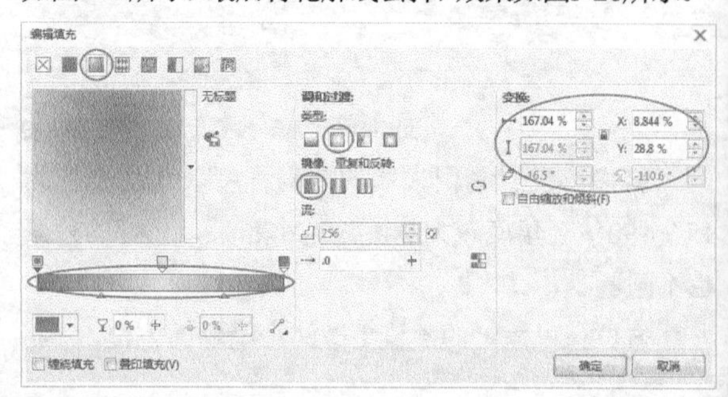

图5-19

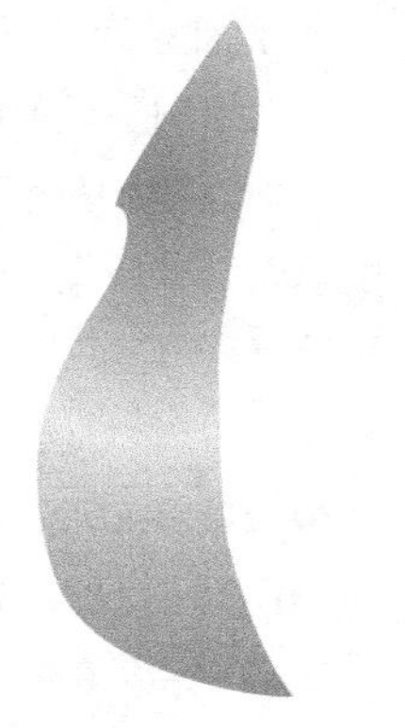

图5-20

08 下面填充鳄鱼其他部分。单击选中鳄鱼的手，然后将光标移动到填充好的鳄鱼的脊背上，再按住右键拖动到鳄鱼手上，如图5-21所示。当光标变为瞄准形状时松开右键弹出菜单列表，如图5-22所示。接着执行“复制所有属性”命令复制鳄鱼脊背的填充属性到手上，最后以同样的方式，将填充属性复制在其他的手和脚对象上，如图5-23所示。

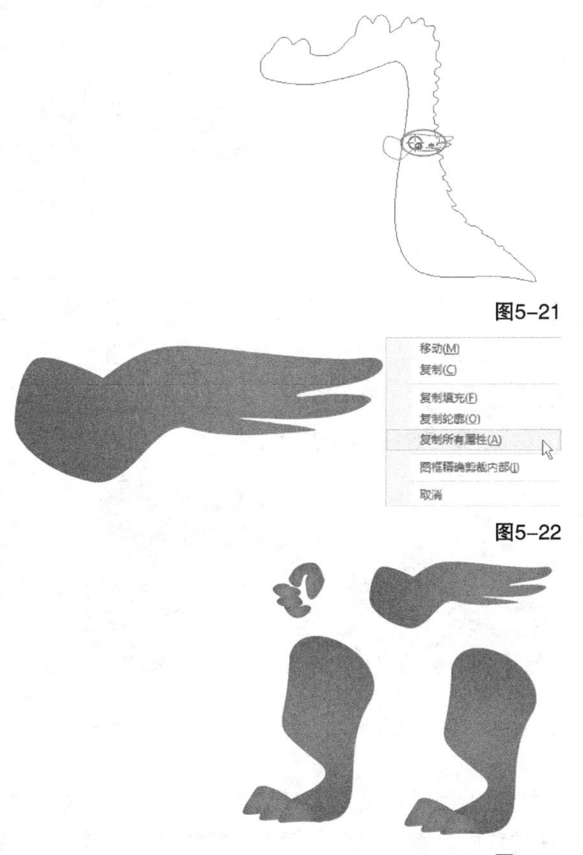

图5-21

图5-22

图5-23

09 将填充编辑好的各部件拼接起来，然后调整图层排放的位置，如图5-24所示，接着使用“手绘工具”在鼻子处绘制鼻孔，最后单击“沾染工具”涂抹出凹陷，如图5-25所示。

图5-24　图5-25

10 在“编辑填充”对话框中选择“渐变填充”方式，设置“类型”为“椭圆形渐变填充”、“镜像、重复和反转”为“默认渐变填充”，然后设置“节点位置”为0%的色标颜色为（C:91，M:69，Y:100，K:60）、“节点位置”为100%的色标颜色为（C:100，M:0，Y:100，K:0），“填充宽度”为133.675、“水平偏移”为9.482、“垂直偏移”为-47.745，接着单击“确定”按钮 确定 完成填充，如图5-26所示，最后去掉轮廓线，效果如图5-27所示。

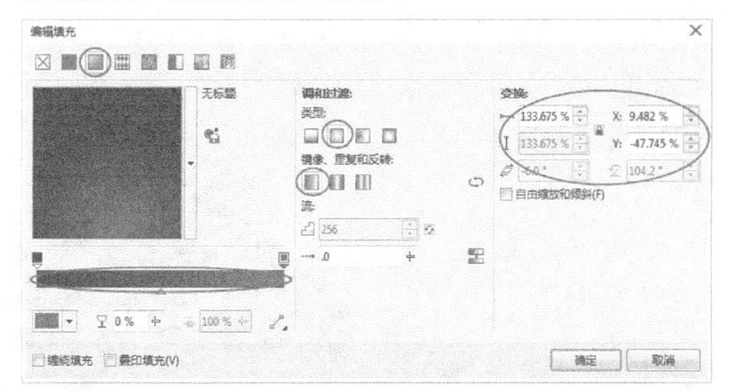

图5-26

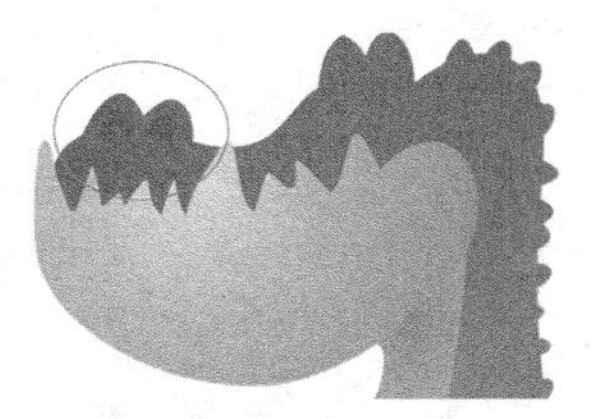

图5-27

11 使用“椭圆形工具”绘制眼皮，然后在“编辑填充”对话框中选择“渐变填充”方式，设置“类型”为“椭圆形渐变填充”、“镜像、重复和反转”为“默认渐变填充”，再设置“节点位置”为0%的色标颜色为（C:88，M:65，Y:96，K:51）、“节点位置”为100%的色标颜色为（C:100，M:0，Y:100，K:0），“填充宽度”为157.2、“水平偏移”为.259、“垂直偏移”为0，接着单击“确定”按钮 完成填充，如图5-28所示。

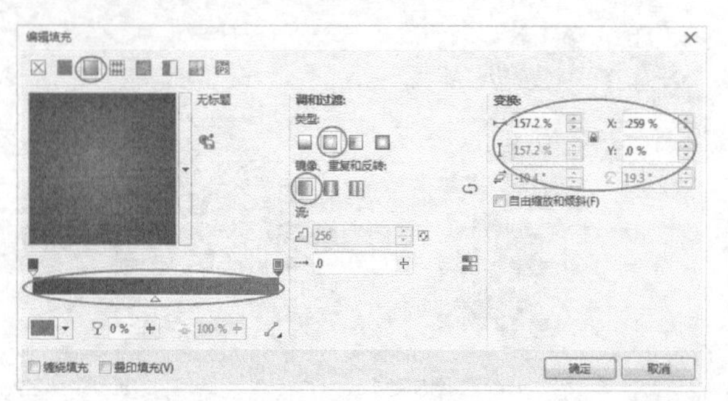

图5-28

12 绘制眼球，用形状工具进行修饰，如图5-29所示。然后在“编辑填充”对话框中选择“渐变填充”方式，设置“类型”为“线性渐变填充”、“镜像、重复和反转”为“默认渐变填充”，再设置“节点位置”为0%的色标颜色为（C:0，M:40，Y:80，K:0）、“节点位置”为100%的色标颜色为白色，“填充宽度”为-160.763、“水平偏移”为1.287、“垂直偏移”为4.355，最后单击“确定”按钮 完成填充，如图5-30所示。接着绘制瞳孔，将对象填充为黑色，然后去掉轮廓线，效果如图5-31所示。

图5-29

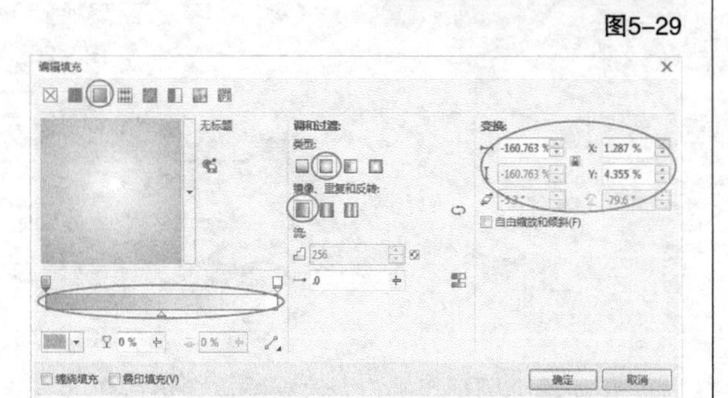

图5-30

图5-31

13 下面对鳄鱼下颚效果进行修饰。使用“钢笔工具” 绘制下颚的阴影，然后在“编辑填充”对话框中选择“渐变填充”方式，设置“类型”为“椭圆形渐变填充”、“镜像、重复和反转”为“默认渐变填充”，再设置“节点位置”为0%的色标颜色为（C:50，M:64，Y:97，K:9）、“节点位置”为100%的色标颜色为（C:21，M:6，Y:43，K:0），“填充宽度”为288.754、“水平偏移”为-20.075、“垂直偏移”为63.522，接着单击“确定”按钮 完成填充，如图5-32所示，最后选中下颚，使用“阴影工具” 拖动一个投影，如图5-33所示。

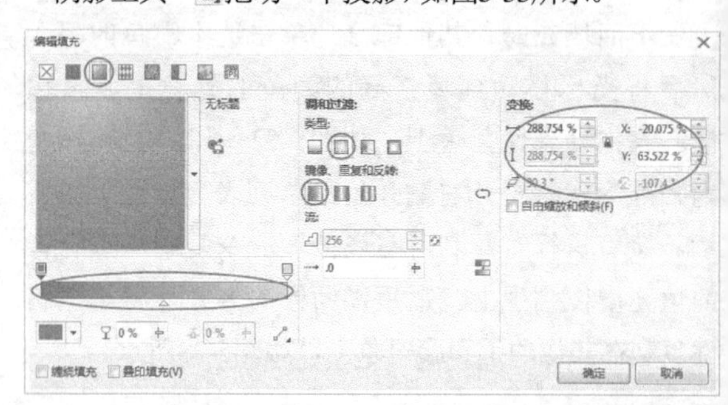

图5-32

图5-33

14 下面绘制脖子的阴影，然后颜色填充为（C:51，M:64，Y:98，K:9），再去掉轮廓线，接着使用“透明度工具” 拖动渐变效果，如图5-34所示，完成效果如图5-35所示。

图5-34 图5-35

15 导入“素材文件>CH05>01.cdr”文件，取消组合对象后，将锅铲对象拖曳到鳄鱼手上，按快捷键Ctrl+End将锅铲置于所有对象的最后面，如图5-36所示。接着将一盘烤肉对象拖曳到鳄鱼另一只手上，如图5-37所示。

图5-36　　图5-37

16 导入“素材文件>CH05>02.jpg”文件，拖曳到页面中，缩放到与页面等宽大小，如图5-38所示。接着将绘制好的鳄鱼全选后组合对象，拖曳到页面右下方，如图5-39所示。

图5-38

图5-39

17 使用“椭圆形工具”绘制投影，双击“填充工具”，然后在“编辑填充”对话框中选择“渐变填充”方式，填充颜色为（C:64，M:69，Y:67，K:21），然后单击“确定”按钮，完成填充后去掉轮廓线，如图5-40所示。接着单击“透明度工具”，在属性栏中设置透明度“类型”为“均匀透明度”、“透明度”为50，效果如图5-41所示。

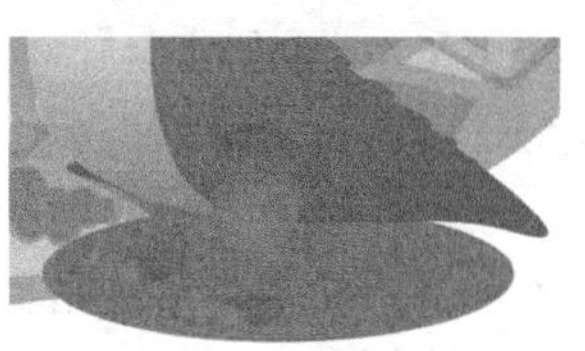

图5-40

图5-41

18 导入“素材文件>CH05>03.cdr”文件，将文字拖曳到页面左下角，等比例缩放到适合的大小，接着进行旋转微调，最终效果如图5-42所示。

图5-42

5.3 粗糙笔刷工具

“粗糙工具”可以沿着对象的轮廓进行操作，将轮廓形状改变，并且不能对组合对象进行操作。

5.3.1 粗糙修饰

单击“粗糙工具”，在对象轮廓位置，按住左键进行拖动，会形成细小且均匀的粗糙尖突效果，如图5-43所示。在相应轮廓位置单击鼠标左键，则会形成单个的尖突效果，可以制作褶皱等效果，如图5-44所示。

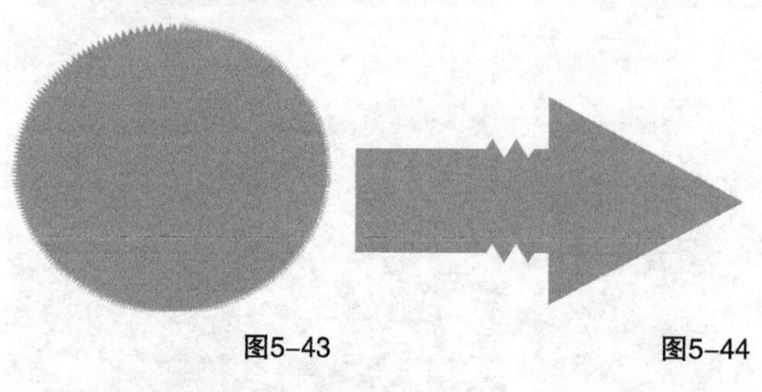

图5-43　　图5-44

5.3.2 粗糙的设置

“粗糙工具”的属性栏如图5-45所示。

15.0 mm　10　0　45.0°　自动　0°

图5-45

【参数详解】

尖突频率：通过输入数值改变粗糙的尖突频率，最小为1，尖突比较缓，如图5-46所示；最大为10，尖突比较密集，像锯齿，如图5-47所示。

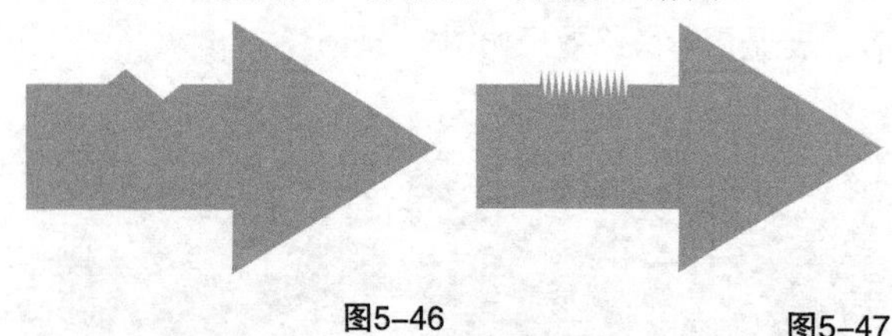

图5-46　　图5-47

尖突方向：可以更改粗糙尖突的方向。

课堂案例

用粗糙制作蛋挞招贴

实例位置	实例文件>CH05>课堂案例：用粗糙制作蛋挞招贴.cdr
素材位置	素材文件>CH05>04.jpg、05.cdr、06.cdr
视频位置	多媒体教学>CH05>课堂案例：用粗糙制作蛋挞招贴.mp4
技术掌握	粗糙的运用方法

蛋挞招贴效果如图5-48所示。

图5-48

01 新建空白文档，然后设置文档名称为“蛋挞招贴”，接着设置页面大小“宽”为230mm，“高”为150mm。

02 使用“椭圆形工具”绘制一个椭圆，如图5-49所示。然后填充颜色为（C:5，M:10，Y:90，K:0），接着设置“轮廓宽度”为“细线”、颜色为（C:20，M:40，Y:100，K:0），如图5-50所示。

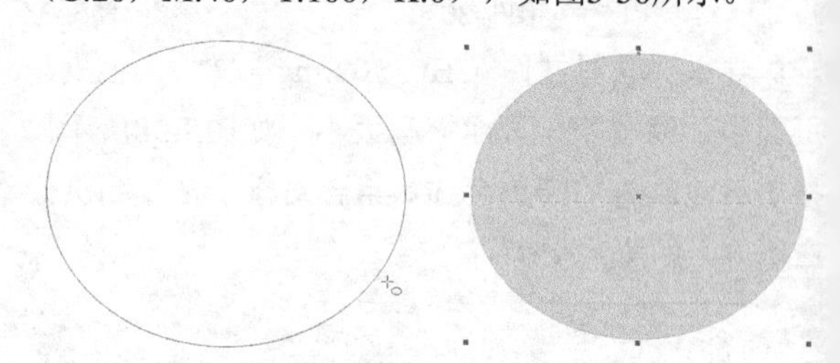

图5-49　　图5-50

03 单击“粗糙笔刷工具”，然后在属性栏中设置“笔尖半径”为9mm、“尖突频率”为6、“干燥”为2，接着在椭圆的轮廓线上长按左键进行反复涂抹，如图5-51所示，最后形成类似绒毛的效果，如图5-52所示。

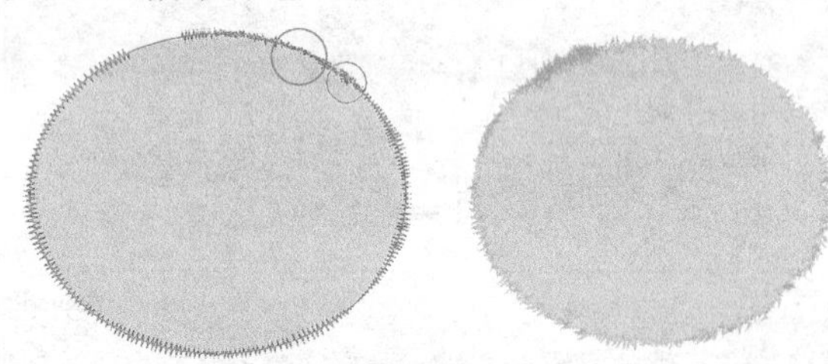

图5-51　　图5-52

04 下面绘制眼睛。使用“椭圆形工具”绘制一个椭圆，填充为白色，然后设置“轮廓宽度”为0.5mm、颜色填充为（C:20，M:40，Y:100，K:0），如图5-53所示。接着绘制瞳孔，填充颜色为（C:0，M:0，Y:20，K:80），再去掉轮廓线，如图5-54所示。最后绘制瞳孔反光，填充颜色为白色，单击去掉边框，如图5-55所示。

图5-53

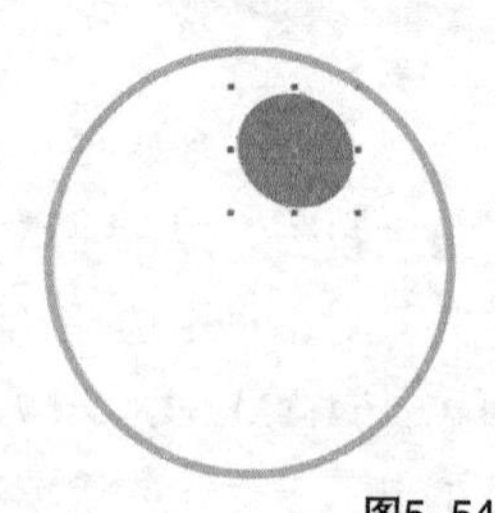

图5-54　　图5-55

05 将绘制完成的眼睛全选后进行群组，然后复制一份进行旋转，再移动调整到合适的位置，如图5-56所示。接着把眼睛拖曳到小鸡的身体上，调整位置，如图5-57所示。

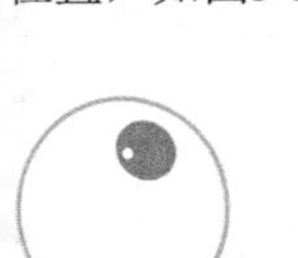

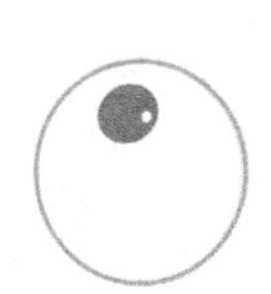

图5-56

图5-57

06 使用“矩形工具”绘制一个正方形，然后在属性栏中设置“圆角”数值为4mm，如图5-58所示。接着将矩形旋转45°，再向下进行缩放，如图5-59所示。最后使用“贝塞尔工具”绘制一条折线，如图5-60所示。

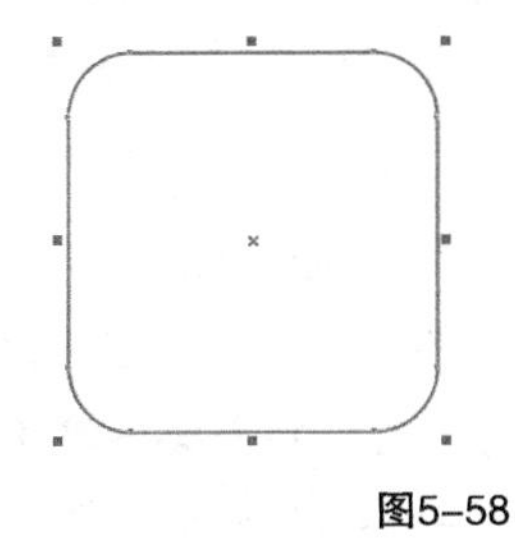

图5-58

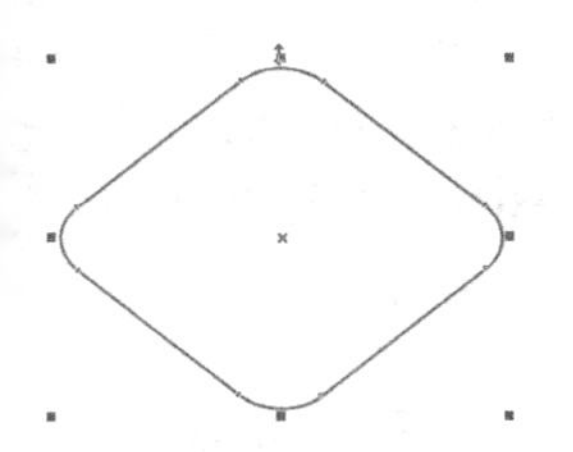

图5-59

图5-60

07 下面为嘴巴填充颜色。然后在“编辑填充”对话框中选择“渐变填充”方式，设置“类型”为“圆锥形渐变填充”、“镜像、重复和反转”为“默认渐变填充”，再设置“节点位置”为0%的色标颜色为（C:0，M:60，Y:80，K:0）、“节点位置”为100%的色标颜色为（C:0，M:30，Y:95，K:0），“填充宽度”为-129.753、“水平偏移”为-14.877、“垂直偏移”为-25.503、“旋转”为0，接着单击“确定”按钮，如图5-61所示。最后设置“轮廓宽度”为1mm，轮廓线“颜色”为（C:0，M:60，Y:60，K:40），如图5-62所示。

08 选中绘制完成的嘴，执行“对象>将轮廓转换为对象”菜单命令，将轮廓转换为图形对象，接着进行对象组合，将嘴拖曳到小鸡的身体上调整位置，如图5-63所示。

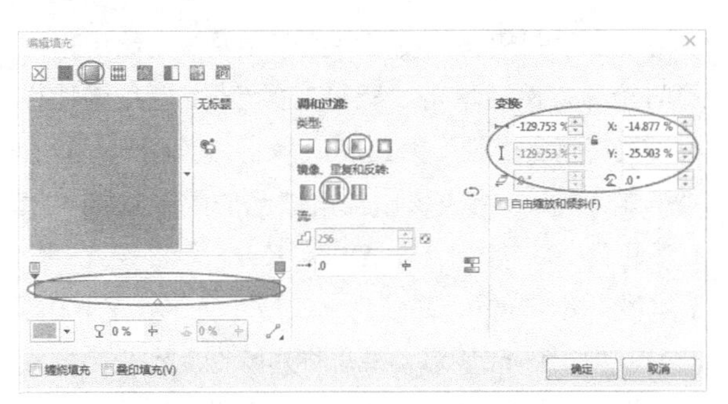

图5-61

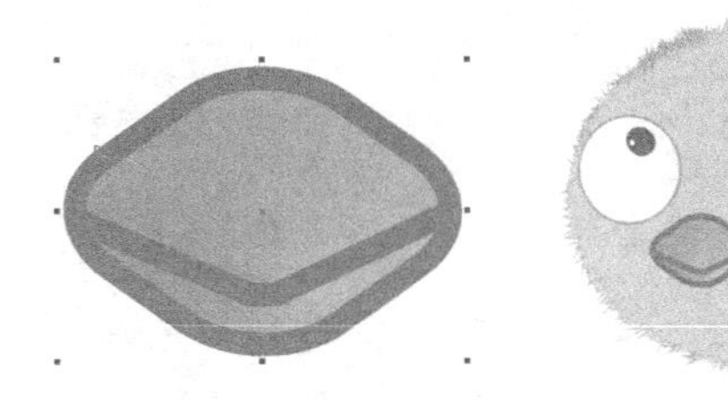

图5-62 图5-63

09 使用“手绘工具”绘制小鸡的尾巴，然后填充颜色为（C:15，M:40，Y:100，K:0），如图5-64所示。

10 下面绘制小鸡的脚。使用“钢笔工具”绘制出脚趾的形状，然后填充颜色为（C:0，M:60，Y:80，K:0），接着设置“轮廓宽度”为1mm、颜色为（C:0，M:60，Y:60，K:40），如图5-65所示，将两个脚趾摆放适当位置，如图5-66所示，最后选中对象组合后复制一份，将尾巴和脚拖曳到相应的位置，如图5-67所示。

图5-64 图5-65

图5-66 图5-67

11 下面绘制翅膀。使用“钢笔工具”绘制出翅膀的轮廓，然后单击“粗糙工具”，在属性栏中设置“笔尖半径”为10mm、“尖突频率”为7、“干燥”为3，将轮廓涂抹出绒毛的效果，接着填充颜色为（C:7，M:25，Y:98，K:0），再设置“轮廓宽度”为0.2mm、颜色为（C:17，M:39，Y:100，K:0），如图5-68所示。最后将翅膀拖曳到相应位置完成第一只小鸡的绘制，如图5-69所示。

图5-68　图5-69

12 下面绘制蛋壳。使用“椭圆工具”绘制一个椭圆，在属性栏中单击“扇形”按钮将椭圆变为扇形、设置“起始和结束角度”为0°和180°，如图5-70所示。接着单击“粗糙工具”，在属性栏中设置“笔尖半径”为15mm、“尖突频率”为2、“干燥”为3，然后在直线上单逐个单击形成折线，再单击“形状工具”调整折线尖突的参差大小，如图5-71所示。

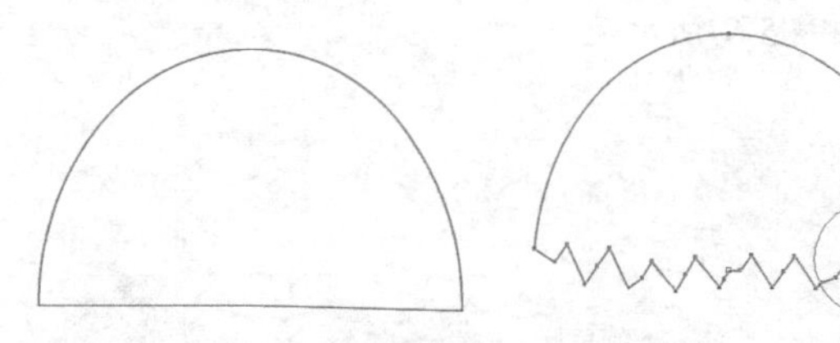

图5-70　图5-71

13 选中蛋壳，双击“填充工具”，然后在“编辑填充”对话框中选择“渐变填充”方式，设置“类型”为“椭圆形渐变填充”、“镜像、重复和反转”为“默认渐变填充”，再设置“节点位置”为0%的色标颜色为（C:44，M:44，Y:55，K:0）、“节点位置”为100%的色标颜色为白色，“填充宽度”为174.125、“水平偏移”为16.0、“垂直偏移”为.487，接着单击“确定”按钮完成填充，如图5-72所示。最后去掉蛋壳的轮廓线，效果如图5-73所示。

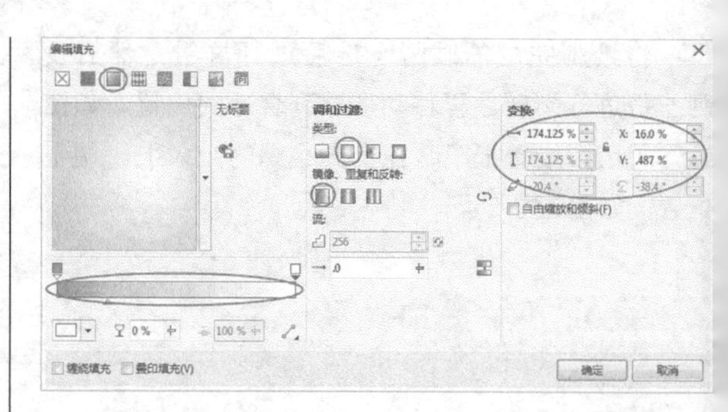

图5-72

图5-73

14 用上述绘制扇形的方法绘制两个扇形，将下方的扇形缩小一些，如图5-74所示，选中上方的扇形，然后填充颜色为（C:7，M:25，Y:98，K:0），接着单击“粗糙工具”，在属性栏中设置“笔尖半径”为5mm、“尖突频率”为6、“干燥”为3，再将扇形轮廓线涂抹成毛绒效果，最后选中两个扇形，设置“轮廓宽度”为0.5mm、颜色为（C:17，M:39，Y:100，K:0），如图5-75所示。

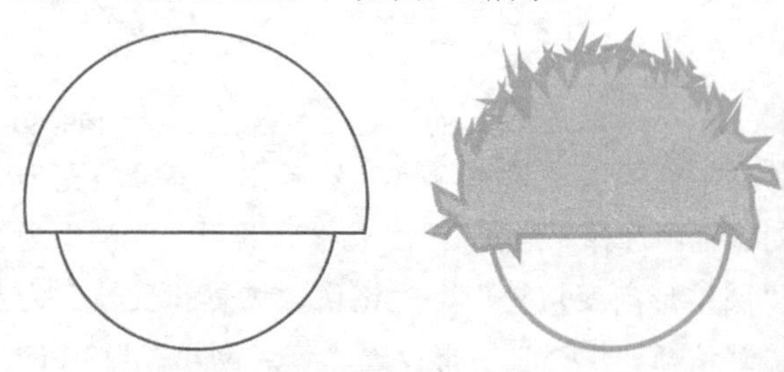

图5-74　图5-75

15 将之前绘制的瞳孔复制移动到扇形下，置于眼皮下方，全选组合对象后进行轻微的旋转，如图5-76所示。复制一份眼睛，在属性栏中单击“水平镜像”按钮镜像复制的眼睛，如图5-77所示。

图5-76

图5-77

16 复制之前绘制小鸡的元素，然后将第二只小鸡拼出来，再将小鸡组合对象，如图5-78所示。接着把两只小鸡排放在一起，调整位置大小和错落后，进行组合对象，效果如图5-79所示。

图5-78

图5-79

17 双击“矩形工具”，在页面创建等大的矩形，然后填充颜色为（C:63，M:87，Y:100，K:56），再去掉轮廓线，如图5-80所示。接着导入“素材文件>CH05>04.jpg”文件，将图片拖入页面中缩放到合适大小，如图5-81所示。

图5-80

图5-81

18 导入“素材文件>CH05>05.cdr”文件，将边框拖曳到图片上方，把图片边框覆盖，如图5-82所示。接着将小鸡拖曳到图片边框右下角，覆盖一点边框后进行缩放，如图5-83所示。

图5-82

图5-83

技巧与提示

由于对象的轮廓线并没有随着缩放而改变，所以在缩小的时候，轮廓线还保持着缩放前的宽度，解决办法有两种。

第1种：将小鸡取消组合对象，全选有轮廓线设置的对象后，执行“对象>将轮廓转换为对象”进行转换，此时，轮廓线变为对象，再次组合对象后进行缩放轮廓不会变粗。

第2种：选中小鸡，在“轮廓线”对话框中勾选“随对象缩放”复选框，单击“确定”按钮完成设置，此时，再进行缩放就不会出现轮廓线变粗的现象。

19 导入“素材文件>CH05>06.cdr”文件，取消组合对象后将文字拖动到相应的位置，最终效果如图5-84所示。

图5-84

5.4 自由变换工具

“自由变换工具”用于自由变换对象操作，可以针对组合对象进行操作。

选中对象，单击“自由变换工具”，然后利用属性栏进行操作，如图5-85所示。

图5-85

【参数详解】

自由旋转：单击鼠标左键确定轴的位置，拖动旋转柄旋转对象。

自由角度反射：单击鼠标左键确定轴的位置，拖动旋转柄旋转来反射对象，松开左键完成，会形成一个镜像效果的图。

自由缩放：单击鼠标左键确定中心的位置，拖动中心点改变对象大小，松开左键完成。

自由倾斜：单击鼠标左键确定倾斜轴的位置，拖动轴来倾斜对象，使对象出现一个倾斜的效果。

应用到再制：将变换应用到再制的对象上。

应用于对象：根据对象应用变换，不是根据x轴和y轴。

5.5 涂抹工具

“涂抹工具”沿着轮廓拖动修改边缘形状，可以用于组合对象的涂抹操作。

5.5.1 单一对象修饰

选中要修饰的对象，单击“涂抹工具”，在边缘上按左键拖动进行微调，松开左键可以产生扭曲效果，如图5-86所示。

图5-86

5.5.2 组对象修饰

选中要修饰的组合对象，该对象每一图层填充有不同颜色，单击“涂抹工具”，在边缘上按左键进行拖动，松开左键可以产生拉伸效果，利用这种效果，可以制作酷炫的光速效果，如图5-87所示。

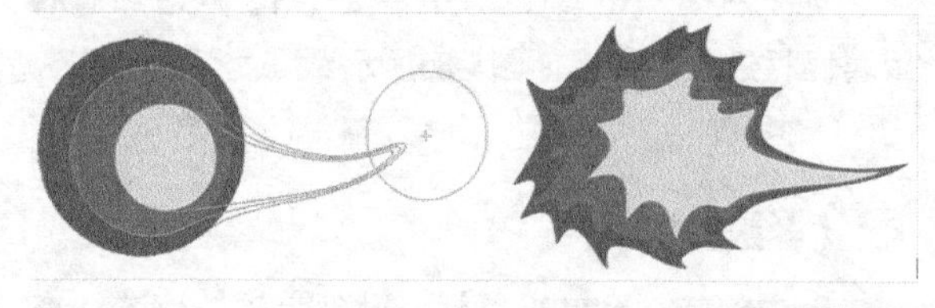

图5-87

5.5.3 涂抹的设置

“涂抹工具”的属性栏如图5-88所示。

图5-88

【参数详解】

笔尖半径：输入数值可以设置笔尖的半径大小。

压力：输入数值设置涂抹效果的强度，值越大拖动效果越强，值越小拖动效果越弱，值为1时不显示涂抹，值为100时涂抹效果最强。

笔压：激活可以运用数位板的笔压进行操作。

平滑涂抹：激活可以使用平滑的曲线进行涂抹。

尖状涂抹：激活可以使用带有尖角的曲线进行涂抹。

5.6 转动工具

使用“转动工具”时，在轮廓处按左键使边缘产生旋转形状，群组对象也可以进行转动操作。

5.6.1 线段与面的转动

1.线段的转动

选中绘制的线段，然后单击“转动工具”，将光标移动到线段上，如图5-89所示，光标移动的位置会影响旋转的效果，然后根据想要的效果，按住鼠标左键，笔刷范围内出现转动的预览，达到想要的效果就可以松开左键完成编辑，如图5-90所示。

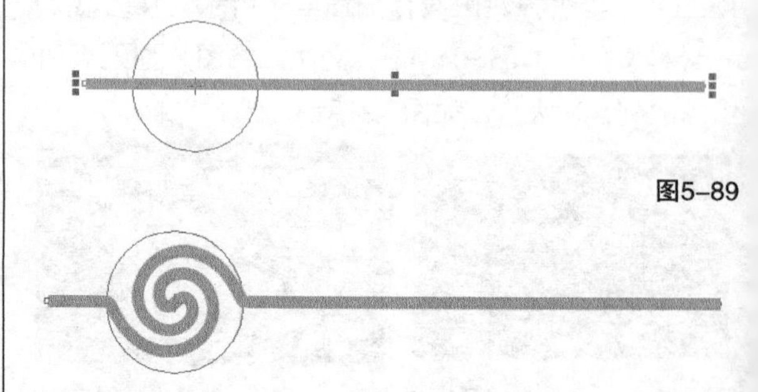

图5-89

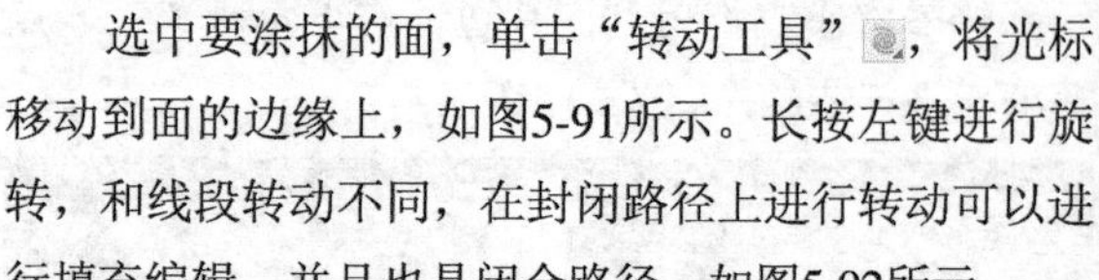

图5-90

2.面的转动

选中要涂抹的面，单击“转动工具”，将光标移动到面的边缘上，如图5-91所示。长按左键进行旋转，和线段转动不同，在封闭路径上进行转动可以进行填充编辑，并且也是闭合路径，如图5-92所示。

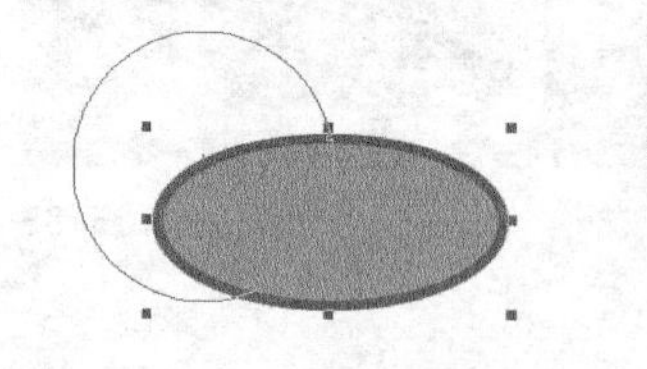

图5-91

图5-92

5.6.2 群组对象的转动

选中一个组合对象，单击“转动工具”，将光标移动到面的边缘上，如图5-93所示，长按左键进行旋转，如图5-94所示。旋转的效果和单一路径的效果相同，可以产生层次感。

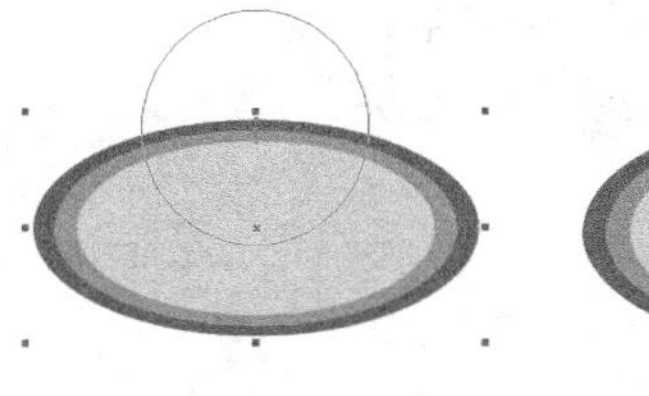

图5-93

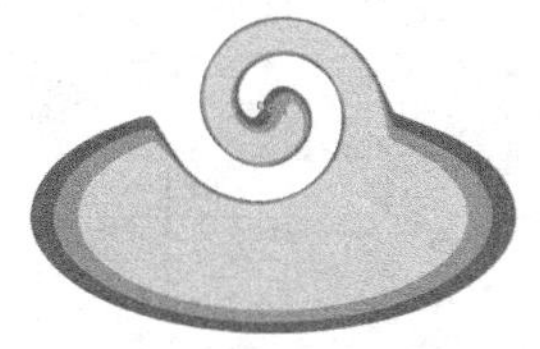

图5-94

5.6.3 转动工具设置

“转动工具”的属性栏如图5-95所示。

图5-95

【参数详解】

笔尖半径：设置数值可以更改笔尖大小。

速度：可以设置转动涂抹时的速度。

逆时针转动：按逆时针方向进行转动。

顺时针转动：按顺时针方向进行转动。

5.7 吸引工具

“吸引工具”在对象内部或外部长按左键使边缘产生回缩涂抹效果，组合对象也可以进行涂抹操作。

5.7.1 单一对象吸引

选中对象，单击“吸引工具”，然后将光标移动到边缘线上，如图5-96所示，光标移动的位置会影响吸引的效果，接着长按鼠标左键进行修改，浏览吸引的效果，如图5-97所示，最后松开左键完成。

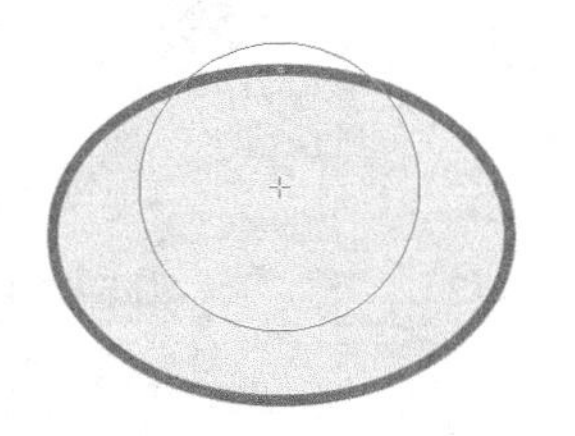

图5-96

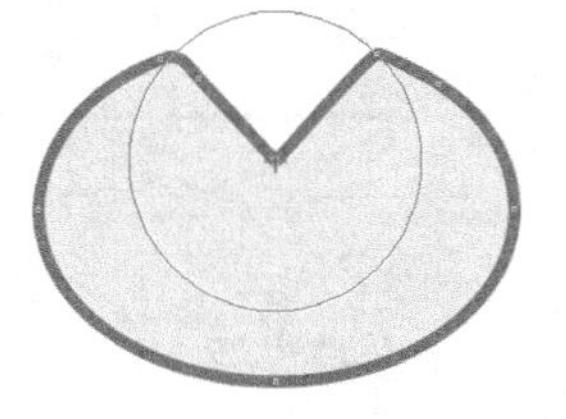

图5-97

5.7.2 群组对象吸引

选中组合的对象，单击“吸引工具”，将光标移动到相应位置上，如图5-98所示。然后长按左键进行修改，浏览吸引的效果，如图5-99所示。因为是组合对象，所以吸引的时候根据对象的叠加位置不同，在吸引后产生的凹陷程度也不同，松开左键完成。

图5-98

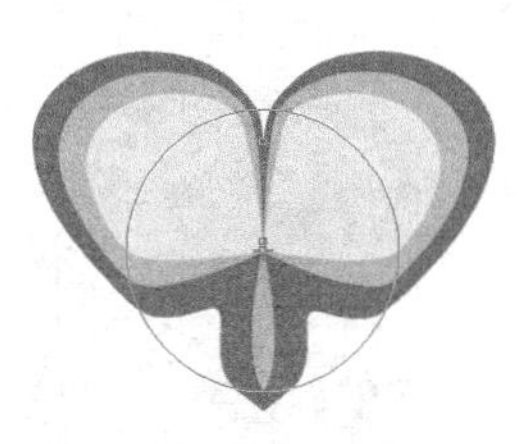

图5-99

5.7.3 吸引的设置

“吸引工具”的属性栏如图5-100所示。

图5-100

【参数详解】

速度：设置数值可以调节吸引的速度，方便进行精确涂抹。

5.8 排斥工具

“排斥工具”在对象内部或外部长按鼠标左键使边缘产生推挤涂抹效果，组合对象也可以进行涂抹操作。

5.8.1 单一对象排斥

选中对象，单击“排斥工具”，将光标移动到线段上，如图5-101所示，长按左键进行预览，松开左键完成，如图5-102所示。

图5-101

图5-102

技巧与提示

排斥工具是从笔刷中心开始向笔刷边缘推挤产生效果，在涂抹时可以产生两种情况。

1.笔刷中心在对象内，涂抹效果为向外鼓出，如图5-103所示。

2.笔刷中心在对象外，涂抹效果为向内凹陷，如图5-104所示。

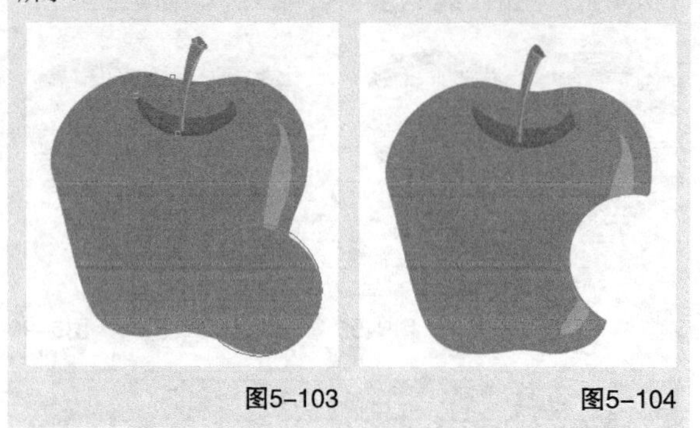

图5-103　　图5-104

5.8.2 组合对象排斥

选中组合对象，单击“排斥工具”，将光标移动到最内层上，如图5-105所示。长按左键进行预览，松开左键完成，如图5-106所示。

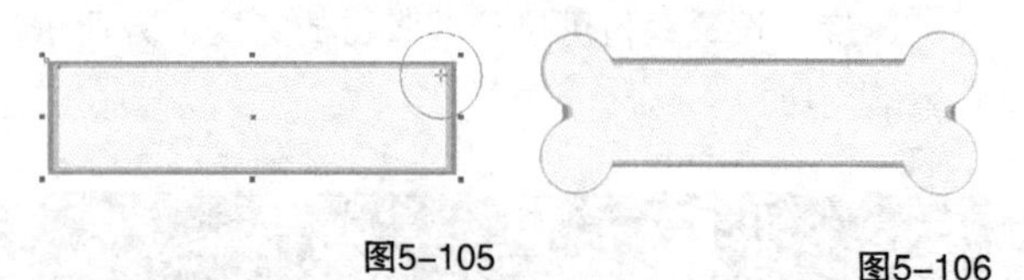

图5-105　　图5-106

将笔刷中心移至对象外，进行排斥涂抹会形成扇形角的效果，如图5-107所示。

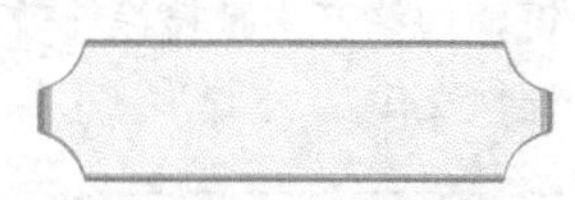

图5-107

5.8.3 排斥的设置

选中“排斥工具”，这时属性栏显示相关参数设置，如图5-108所示，和“吸引工具”参数相同。

图5-108

5.9 造型操作

执行菜单栏“对象>造形>造型”命令，打开“造型”泊坞窗，如图5-109所示，该泊坞窗可以执行“焊接”“修剪”“相交”“简化”“移除后面对象”“移除前面对象”“边界”命令对对象进行编辑操作。

分别执行菜单“对象>造形”下的命令也可以进行造型操作，如图5-110所示，菜单栏操作可以将对象一次性进行编辑，下面进项详细介绍。

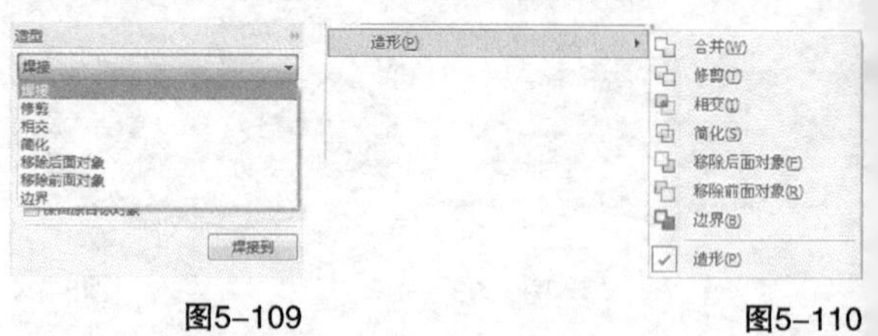

图5-109　　图5-110

5.9.1 焊接

“焊接”命令可以将两个或者多个对象焊接成为一个独立对象。

1.菜单栏焊接操作

将绘制好的需要焊接的对象全选中，如图5-111所示，执行菜单栏“对象>造形>合并”命令。在焊接前选中的对象如果颜色不同，在执行“合并”命令后都以最底层的对象为主，如图5-112所示。

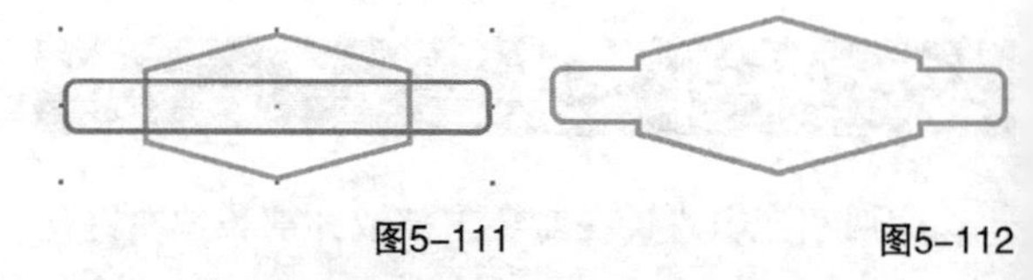

图5-111　　图5-112

2.泊坞窗焊接操作

选中上方的对象，选中的对象为“原始源对象”，没被选中的为“目标对象”，如图5-113所示。在“造型”泊坞窗里选择“焊接”，如图5-114所示，有两个选项可以进行设置，在上方选项预览中可以进行勾选预览，避免出错。

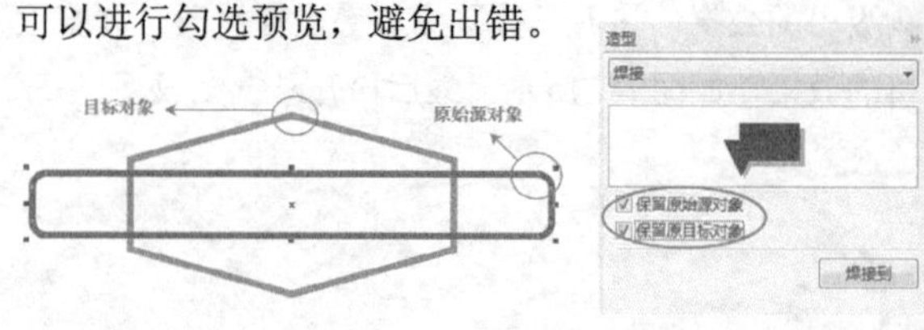

图5-113　　图5-114

【参数详解】

保留原始源对象：单击选中后可以在焊接后保

留源对象。

保留原目标对象： 单击选中后可以在焊接后保留目标对象。

选中上方的源对象，在“造型”泊坞窗选择要保留的源对象，接着单击“焊接到”按钮 焊接到 ，如图5-115所示，当光标变为时单击目标对象完成焊接，如图5-116所示。我们可以利用“焊接”制作很多复杂图形。

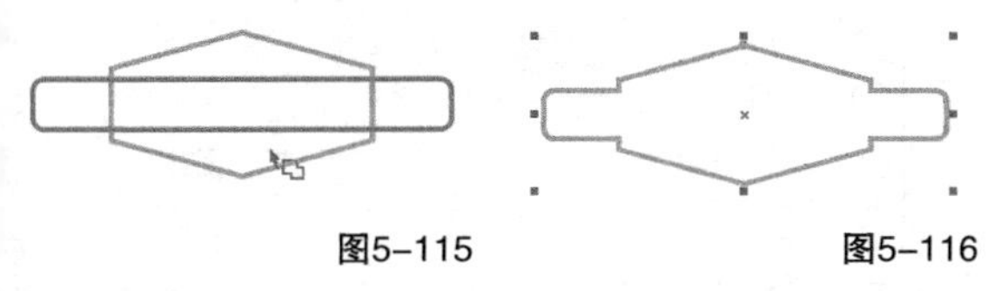

图5-115　　图5-116

5.9.2 修剪

“修剪”命令可以将一个对象用一个或多个对象修剪，去掉多余的部分，在修建时需要确定源对象和目标对象的前后关系。

技巧与提示

“修剪”命令除了不能修剪文本、度量线之外，其余对象均可以进行修剪。文书对象在转曲后也可以进行修剪操作。

1.菜单栏修剪操作

绘制需要修剪的源对象和目标对象，如图5-117所示。然后将绘制好的需要焊接的对象全选，如图5-118所示。再执行菜单栏“对象>造形>修剪”命令，如图5-119所示。菜单栏修剪会保留源对象，将源对象移开，得到修剪后的图形，如图5-120所示。

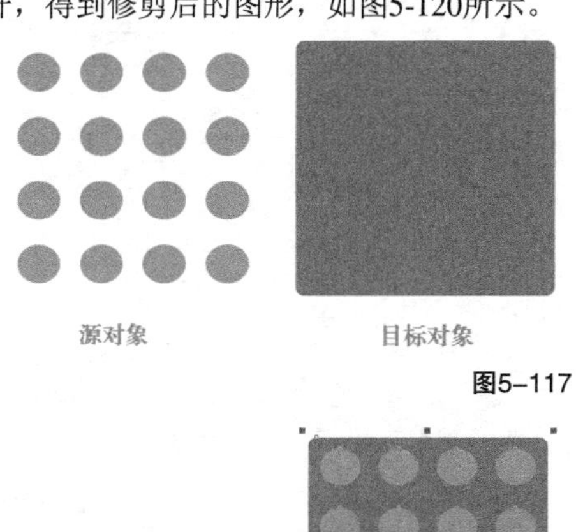

图5-117

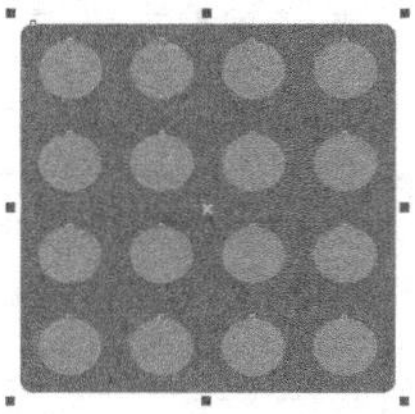

图5-118

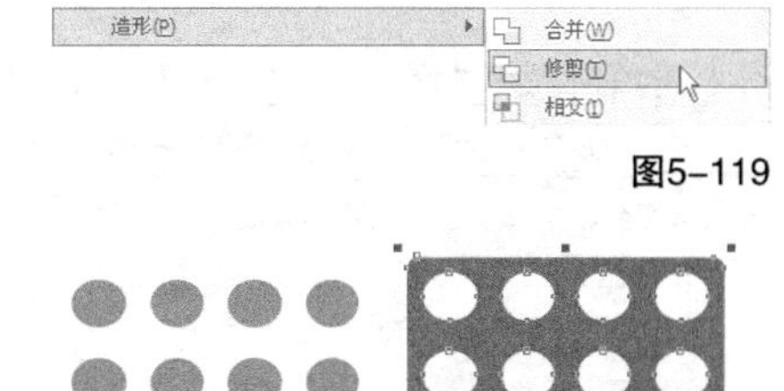

图5-119

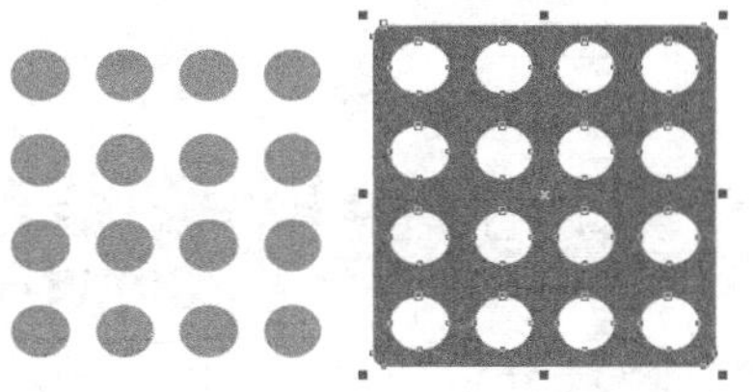

图5-120

技巧与提示

使用菜单修剪可以一次性进行多个对象的修剪，根据对象的排放位置，在全选中的情况下，位于最下方的对象为目标对象，上面的所有对象均是修剪目标对象的源对象。

2.泊坞窗修剪操作

打开“造型”泊坞窗，在下拉选项中将类型切换为“修剪”，面板上呈现修剪的选项，如图5-121所示。

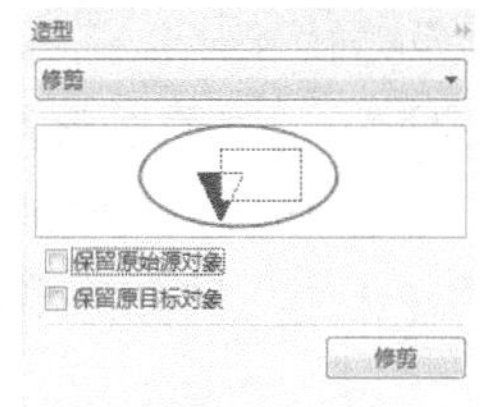

图5-121

选中上方的始源对象，在“造型”泊坞窗勾选掉保留选择，接着单击“修剪”按钮 修剪 ，如图5-122所示，当光标变为时单击目标对象完成修剪，如图5-123所示。

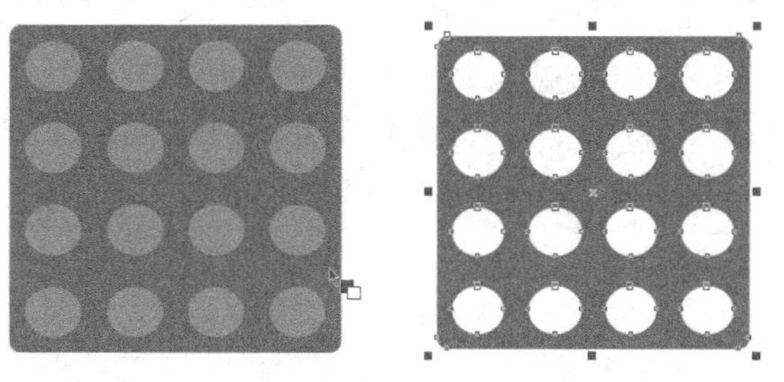

图5-122　　图5-123

技巧与提示

在进行泊坞窗修剪时，可以逐个修剪，也可以使用底层对象修剪上层对象，并且可以进行保留源对象的设置，比菜单栏修剪更灵活。

课堂案例

用修剪制作焊接拼图游戏

实例位置　实例文件>CH05>课堂案例：用修剪制作焊接拼图游戏.cdr
素材位置　素材文件>CH05>07.cdr
视频位置　多媒体教学>CH05>课堂案例：用修剪制作焊接拼图游戏.mp4
技术掌握　修剪和焊接功能的运用方法

拼图游戏界面效果如图5-124所示。

图5-124

01 新建空白文档，然后设置文档名称为“拼图游戏”，接着设置页面大小为“A4”、页面方向为“横向”。

02 单击“图纸工具”，然后在属性栏中设置“行数”为6，“列数”为5，接着将光标移动到页面内按住左键绘制表格，如图5-125所示。

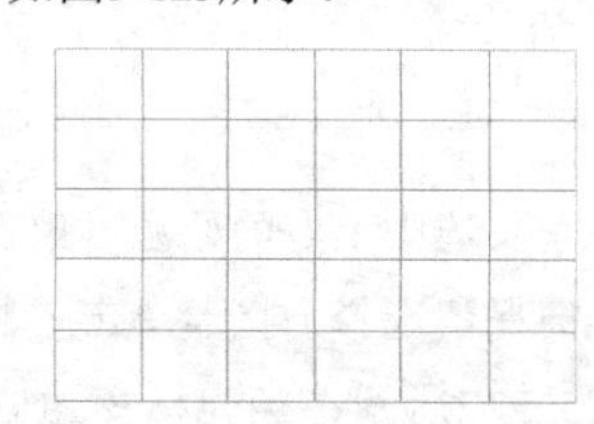

图5-125

03 使用“椭圆形工具”绘制一个圆，接着横排复制6个，全选进行对齐后组合对象，然后将组合的对象竖排复制5组，如图5-126所示。最后将表格拖动到圆后面，对齐放置，如图5-127所示。

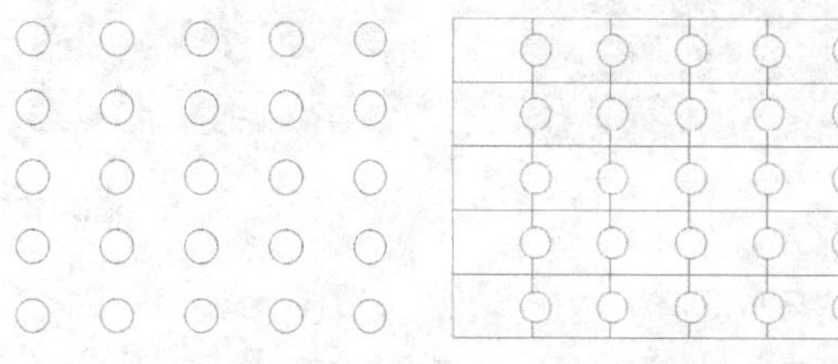

图5-126　图5-127

04 全选圆形然后单击属性栏中的“取消全部组合对象”按钮将对象取消全部组合对象，方便进行单独操作。接着单击选中第一个圆形，在“修剪”面板上勾选“保留原始源对象”命令，单击“修剪”按钮，然后单击圆形右边的矩形，可以在保留源对象的同时进行剪切，如图5-128所示。最后按图5-129所示方向，将所有的矩形修剪完毕。

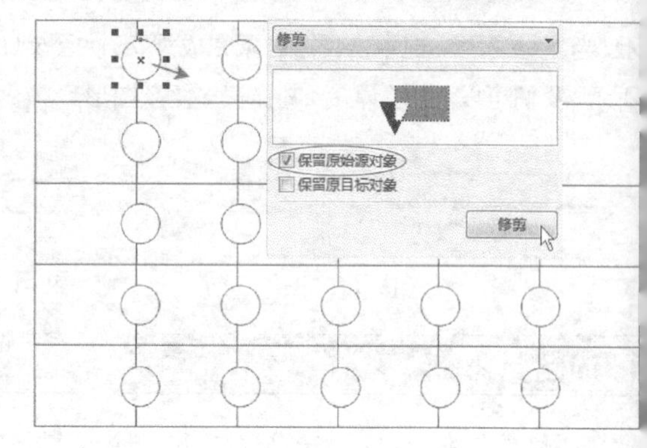

图5-128

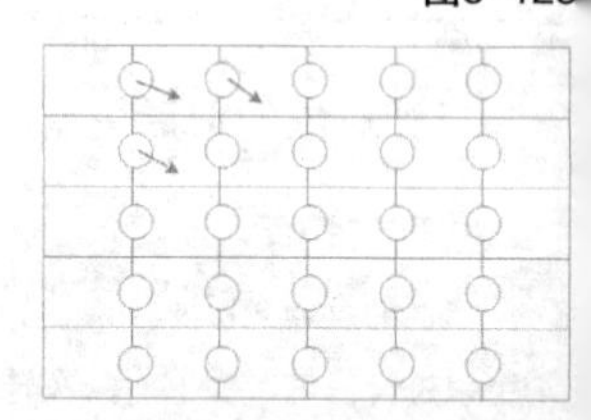

图5-129

05 下面进行焊接操作。单击选中第一个圆形，在“焊接”面板上不勾选任何命令，然后单击“焊接到”按钮，单击左边的矩形完成焊接，如图5-130所示。接着按图5-131所示方向，将所有的矩形焊接完毕，如图5-132所示。

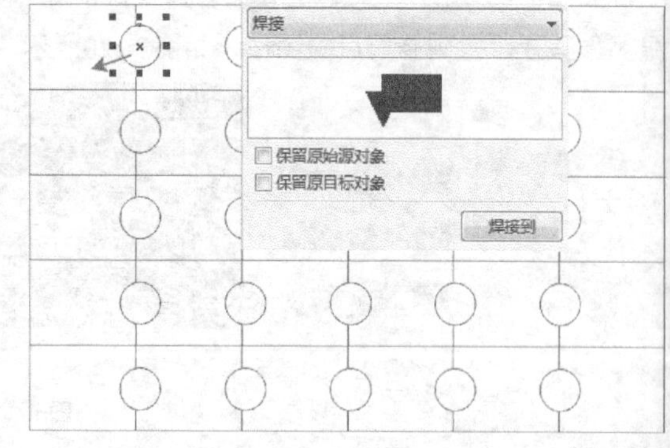

图5-130

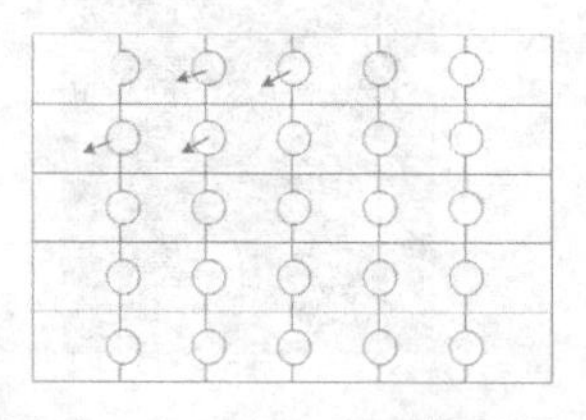

图5-131

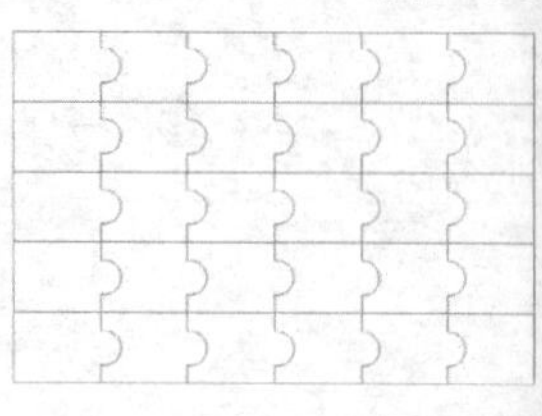

图5-132

06 用之前所述的方法，制作纵向修剪焊接的圆形，如图5-133所示。接着按图5-134所示方向修剪、按图5-135所示方向焊接，最后得到拼图的轮廓模版，如图5-136所示。

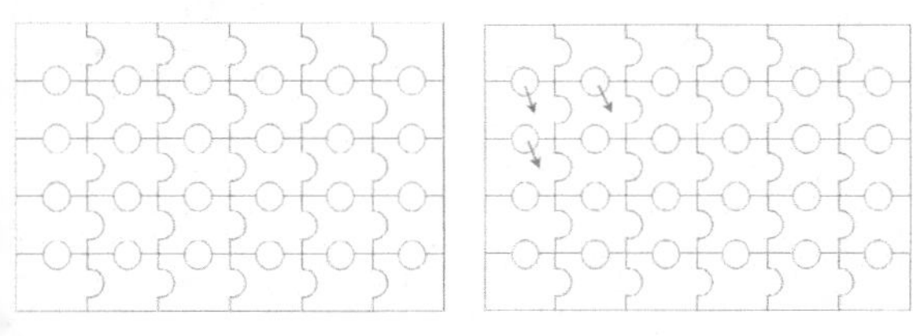

图5-133 图5-134

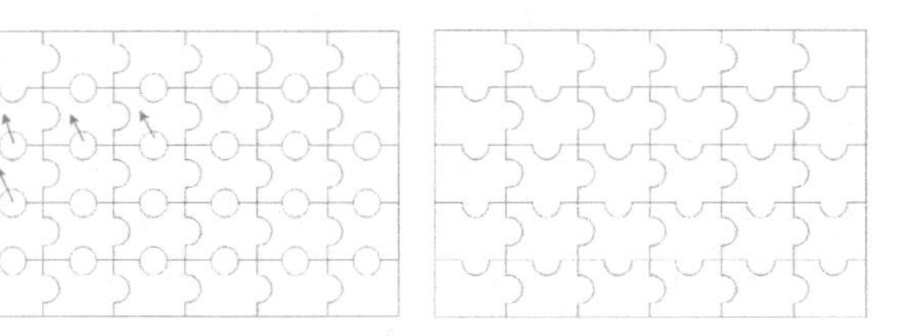

图5-135 图5-136

07 导入“素材文件>CH05>07.jpg”文件，选中图片进行群组，然后执行“对象>图框精确裁剪>置于图文框内部”菜单命令，如图5-137所示，当光标变为箭头➡时，单击拼图模版将图片贴进模版中，如图5-138所示，效果如图5-139所示。

图5-137

图5-138

图5-139

08 选中对象，然后设置拼图线“轮廓宽度”为0.75mm、颜色为（C:0，M:20，Y:20，K:40），如图5-140所示。

图5-140

09 导入“素材文件>CH05>07.cdr”文件，如图5-141所示，然后选中拼图，再单击属性栏中的“拆分”按钮，将拼图拆分成独立块，接着将做好的拼图拖曳到导入的素材图片内，如图5-142所示。

图5-141

图5-142

10 最后将任意一块拼图拖曳到盘子中旋转一下，最终效果如图5-143所示。

图5-143

课堂案例

听雨字体设计

实例位置　实例文件>CH05>课堂案例：听雨字体设计.cdr
素材位置　素材文件>CH05>08.jpg
视频位置　多媒体教学>CH05>课堂案例：听雨字体设计.mp4
技术掌握　修剪功能的运用方法

运用修剪功能的方法设计听雨字体，效果如图5-144所示。

图5-144

01 单击“新建”按钮打开“创建新文档”对话框，创建名称为“听雨字体设计”的空白文档，具体参数设置如图5-145所示。

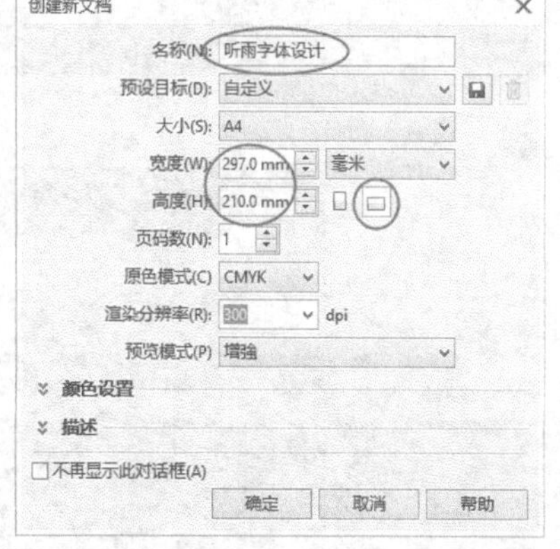

图5-145

02 使用“文本工具”输入文本，然后选择合适的字体和大小，如图5-146所示。接着选中文本单击鼠标右键执行“转换为曲线”命令，将文本转曲，最后在属性栏中单击“拆分”图标将文本拆分成独立个体，如图5-147所示。

图5-146 　　图5-147

03 下面根据“听”的字形编辑笔画。使用“矩形工具”绘制一个矩形，然后在属性栏中设置上半部分“圆角”大小为8mm，如图5-148所示。

04 选中矩形向内进行复制，然后再复制一个矩形调整位置和大小，如图5-149所示。接着使用内部的矩形修剪外部的矩形，如图5-150所示。

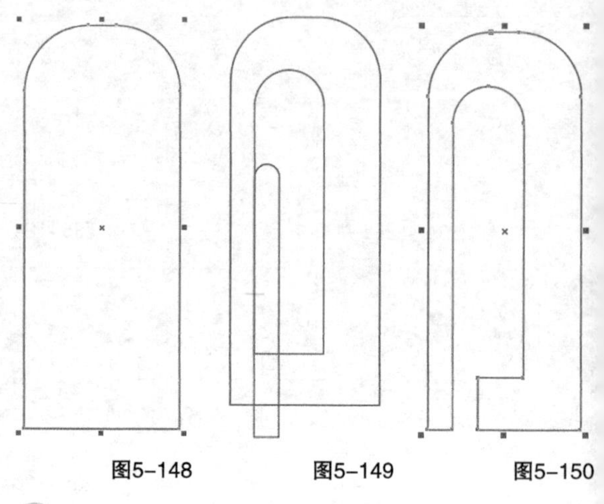

图5-148　　图5-149　　图5-150

05 使用“形状工具”调整修剪对象的形状，如图5-151所示。然后使用“椭圆形工具”绘制椭圆，接着复制一份调整位置和大小，如图5-152和图5-153所示。

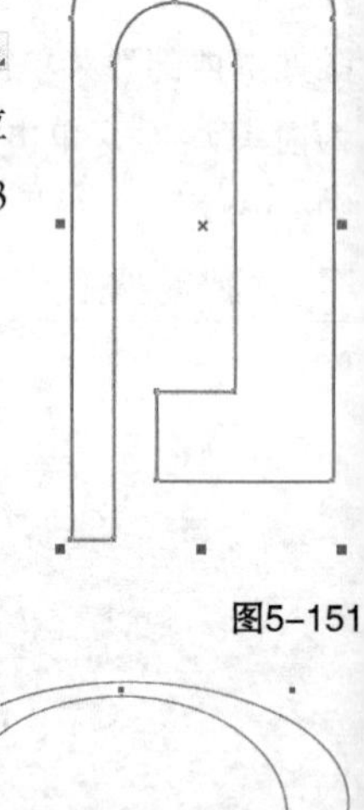

图5-151

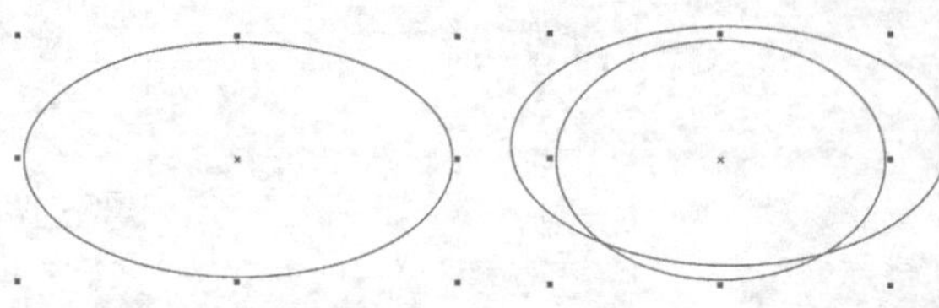

图5-152　　图5-153

06 使用“矩形工具”绘制修剪区域，如图5-154所示。然后使用内部的椭圆修剪外面的椭圆，接着使用矩形修剪椭圆，效果如图5-155所示。

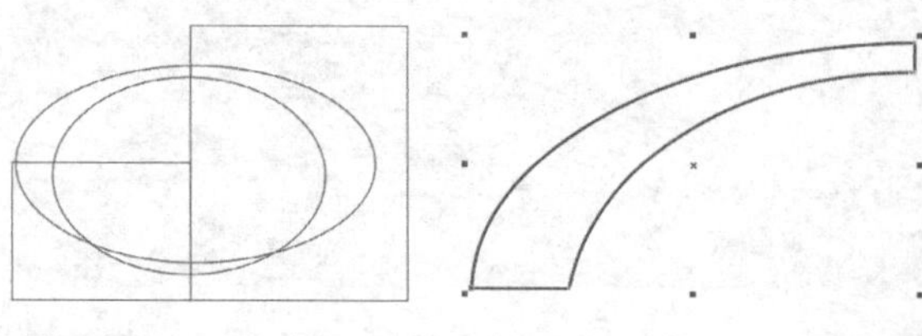

图5-154　　图5-155

07 使用“矩形工具”在修剪好的对象下面绘制笔画，如图5-156所示。然后选中矩形和修剪形状执行“排列>造型>合并”菜单命令，将对象合并为一个完整笔画。

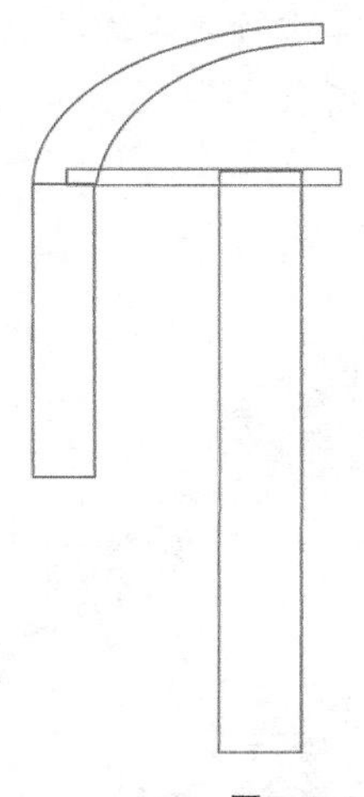
图5-156

08 将编辑好的两个部分排放在一起，然后调整位置和大小，如图5-157所示。接着使用“形状工具”将个别矩形边角调整为圆弧，如图5-158所示。

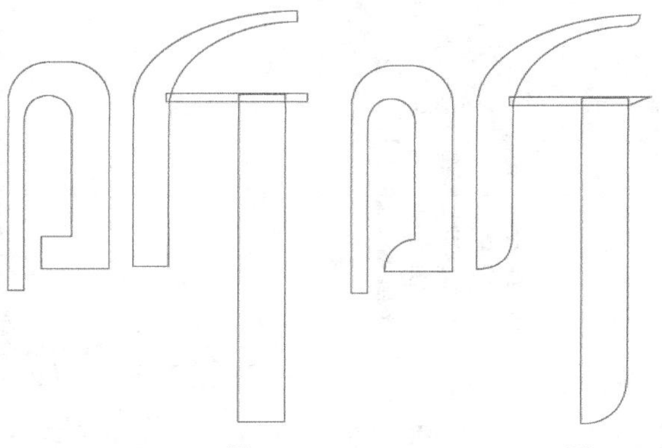
图5-157　　图5-158

09 将“听”字全选进行群组，然后填充颜色为（C:100，M:100，Y:0，K:0），接着去掉轮廓线，如图5-159所示。

10 下面绘制云朵形状。使用“矩形工具”绘制一个矩形，然后在属性栏中设置“圆角”大小为18mm，接着使用“椭圆形工具”在矩形中间绘制椭圆，如图5-160所示。

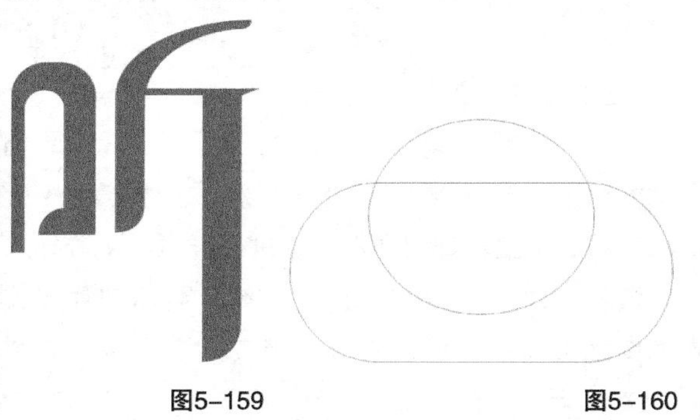
图5-159　　图5-160

11 将椭圆和矩形全选，然后执行“排列>造型>合并”菜单命令合并为一个可编辑对象，接着使用“矩形工具”在对象下方绘制一个矩形，如图5-161所示。

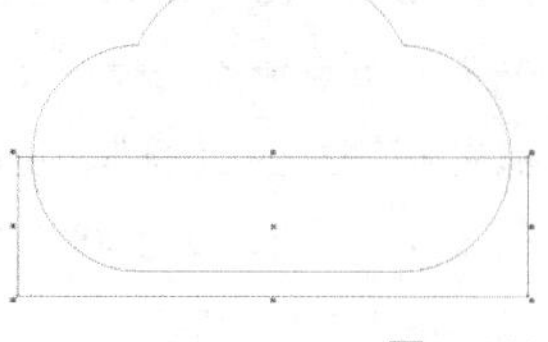
图5-161

12 使用矩形修剪掉对象的下半部分，然后复制一份调整位置和大小，如图5-162所示，使用下方对象修剪上方对象，如图5-163所示。

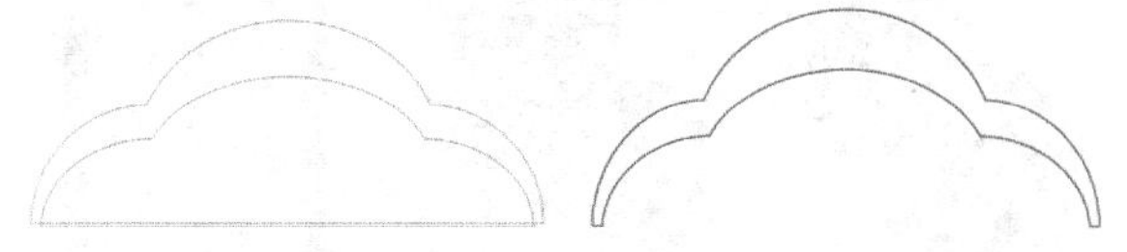
图5-162　　图5-163

13 使用“矩形工具”在云朵形状下面绘制矩形，然后在属性栏中设置上半部分的“圆角”大小为25mm，如图5-164所示。接着选中矩形向内复制一份，再向下进行移动，如图5-165所示。最后使用内部矩形修剪外部矩形。

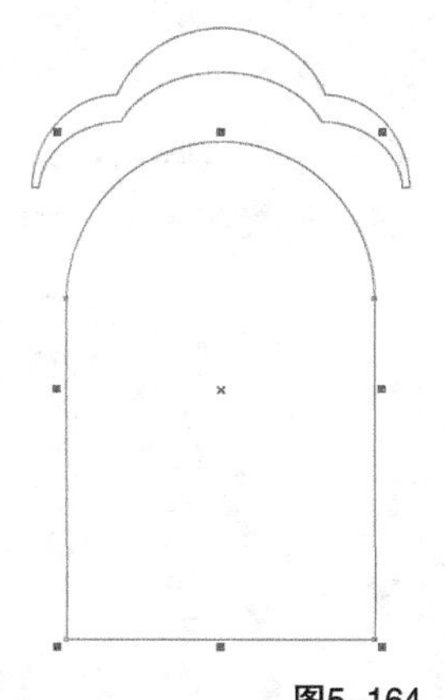
图5-164　　图5-165

14 使用“矩形工具”在中间绘制矩形，然后使用“椭圆形工具”在矩形上方绘制椭圆，如图5-166所示。接着选中绘制的矩形和椭圆形执行“排列>造型>合并”菜单命令合并为一个可编辑对象。

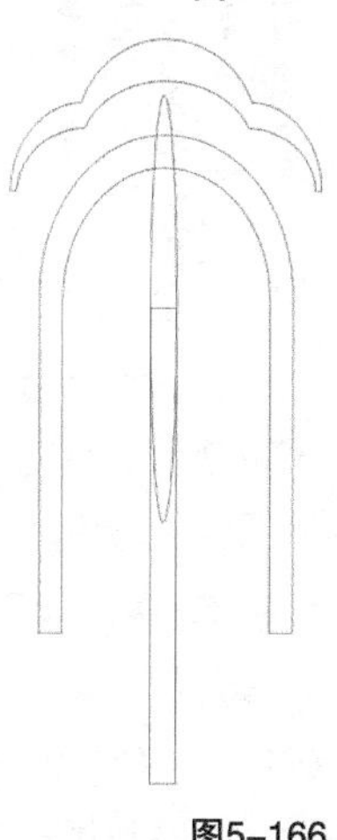
图5-166

15 从前面拆分好的“雨”字中提取出两个点的笔画，如图5-167所示。然后使用“形状工具”删掉多余的节点调整形状，如图5-168所示。接着将笔画拖曳到绘制的“雨”字中进行拉伸，再全选填充颜色为（C:100，M:100，Y:0，K:0），最后去掉轮廓线，如图5-169所示。

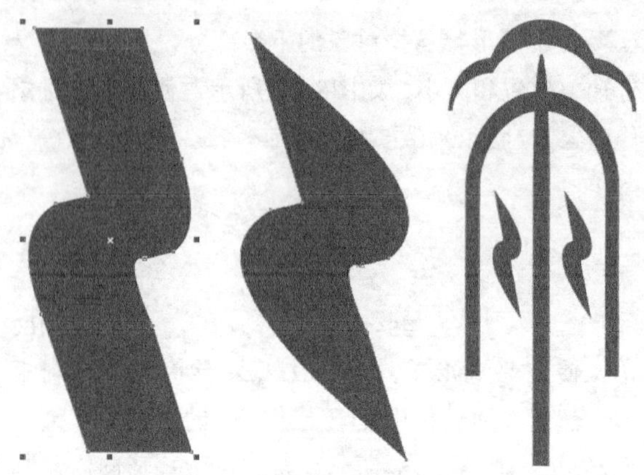

图5-167

图5-168

图5-169

16 分别选中底部的形状，然后使用“形状工具”将底部右边的直角调整为圆角，如图5-170所示。再将文字全选进行群组，接着将“雨”字拖曳到“听”字下面修剪偏旁“口”的底端，如图5-171所示。最后调整两个字的位置和大小，如图5-172所示。

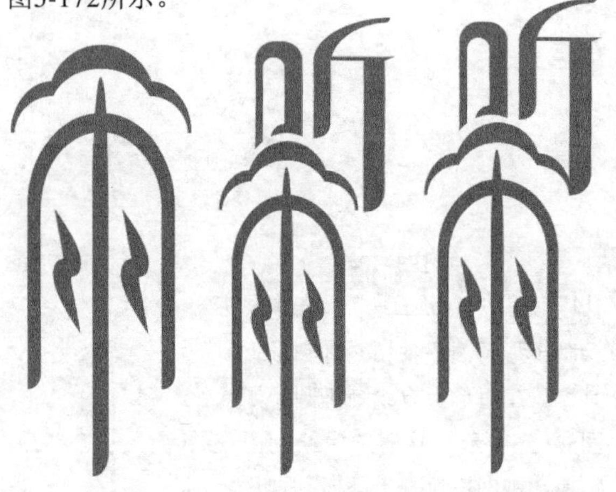

图5-170

图5-171

图5-172

17 使用“钢笔工具”绘制连接处的转折区域，如图5-173所示。然后填充颜色为（C:100，M:100，Y:0，K:0），接着去掉轮廓线，如图5-174所示。

18 使用“钢笔工具”绘制直线，然后填充线条颜色为（C:100，M:100，Y:0，K:0），如图5-175所示。接着使用“文本工具”输入文本，最后填充文本颜色为洋红，如图5-176所示。

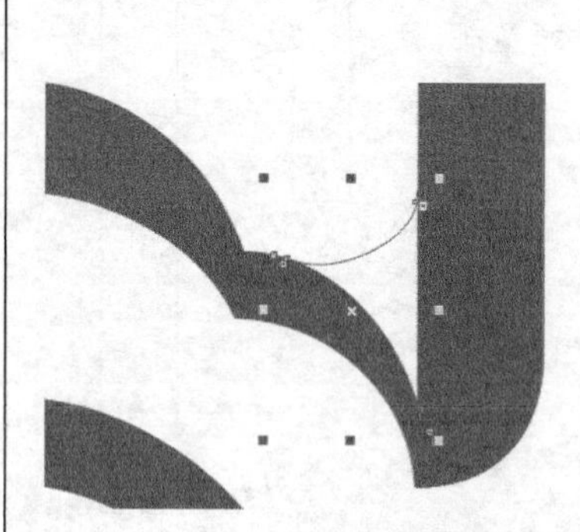

图5-173

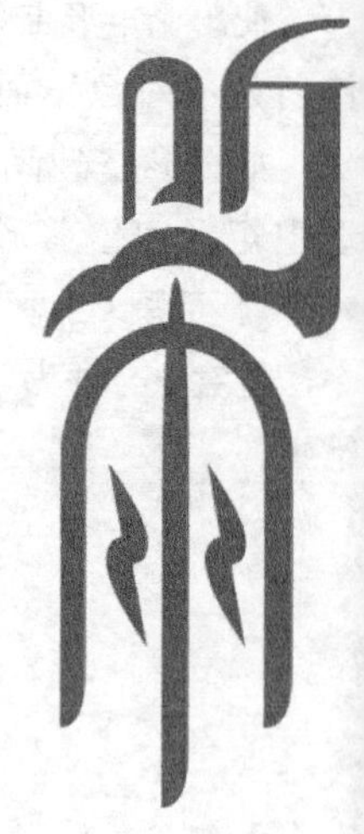

图5-174

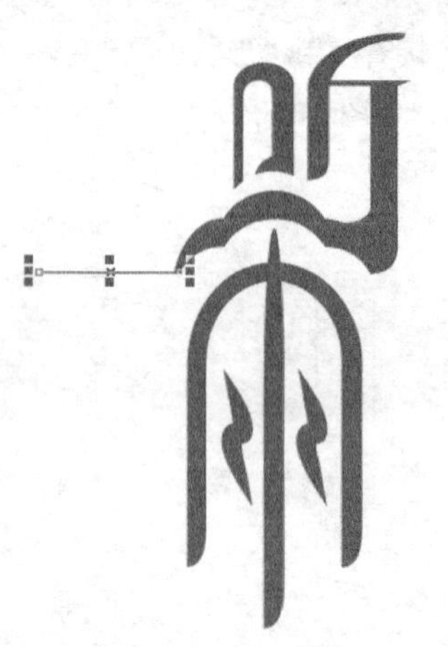

图5-175

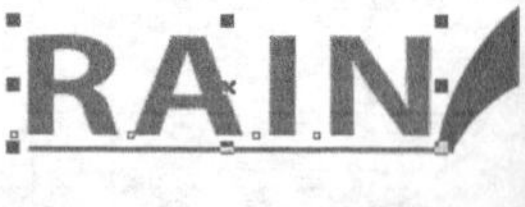

RAIN
图5-176

19 使用“文本工具”输入文本，然后选择合适的字体和大小，如图5-177所示。接着使用“矩形工具”绘制一个矩形，再填充颜色为（C:100，M:100，Y:0，K:0），最后去掉轮廓线，如图5-178所示。

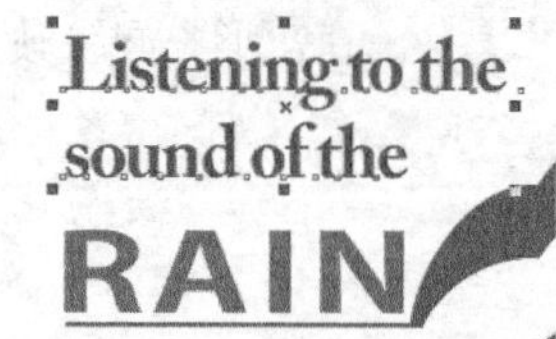

Listening to the
sound of the
RAIN
图5-177

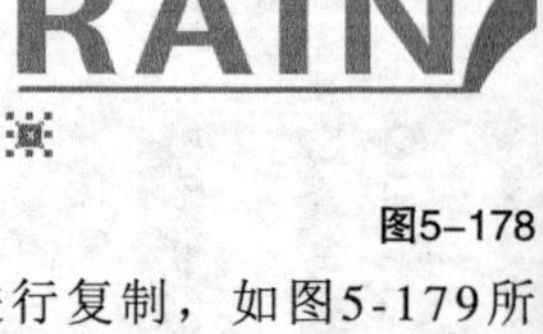

sound of the
RAIN
图5-178

20 选中矩形水平方向进行复制，如图5-179所示。然后将编辑好的文本全选进行群组，接着导入“素材文件>CH05>08.jpg”文件，再将图片缩放拖曳到页面中，最后将文字拖曳到页面中，如图5-180所示。

图5-179

图5-180

21 使用“矩形工具”在页面边缘绘制一个矩形，然后填充颜色为（C:100，M:99，Y:55，K:20），再去掉轮廓线，如图5-181所示。接着使用“透明度工具”为矩形添加透明度效果，如图5-182所示。最后使用同样的方法为另一边添加渐变，最终效果如图5-183所示。

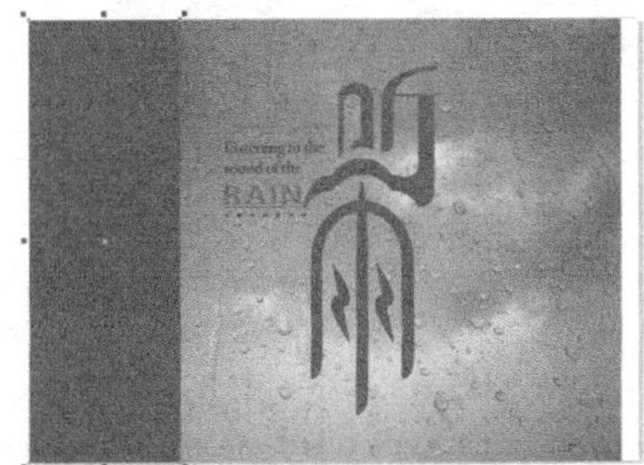

图5-181

图5-182

图5-183

5.9.3 相交与简化

“相交”命令可以在两个或多个对象重叠区域中创建新的独立对象。

1.菜单栏相交操作

将绘制好的需要创建相交区域的对象全选，如图5-184所示。执行菜单栏“对象>造型>相交”命令，创建好的新对象颜色属性为最底层对象的属性，如图5-185所示，菜单栏相交操作会保留源对象。

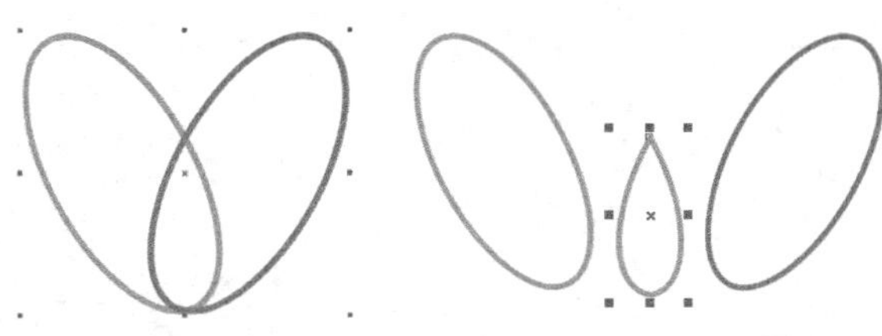

图5-184　　图5-185

2.泊坞窗相交操作

打开“造型”泊坞窗，在下拉选项中将类型切换为“相交”，面板上呈现相交的选项，如图5-186所示。在浏览中进行浏览，如图5-187和图5-188所示，勾选相应的选项可以保留相应的源对象。

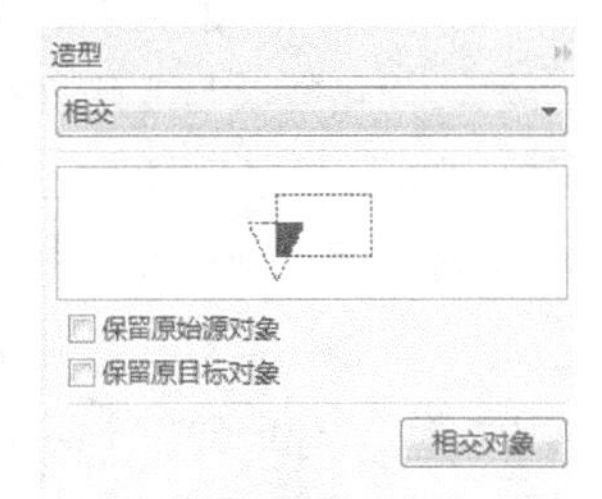

图5-186

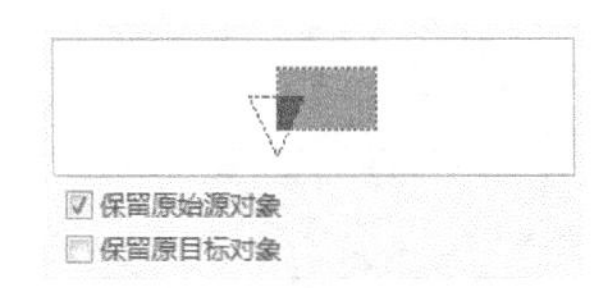

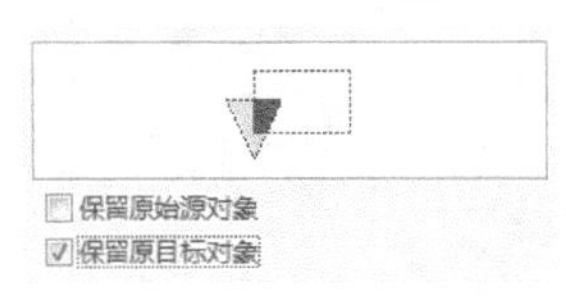

图5-187　　图5-188

选中上方的原始源对象，在“造型”泊坞窗勾选掉保留选择，接着单击“相交对象”按钮，如图5-189所示，当光标变为时单击目标对象完成相交，如图5-190所示。

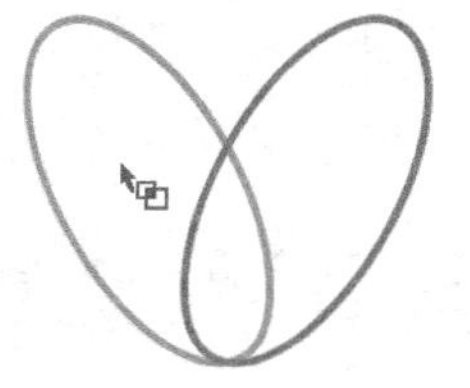

图5-189　　图5-190

“简化”命令和修剪相似，将相交区域的重合部分进行修剪，不同的是简化不分源对象。

3.菜单栏简化操作

选中需要进行简化的对象，如图5-191所示，执行菜单栏“对象>造型>简化”命令，如图5-192所示，将相交的区域修剪掉，如图5-193所示。

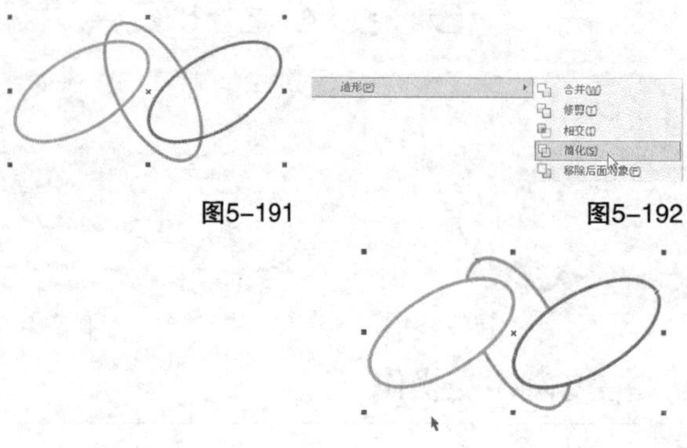

图5-191　图5-192

图5-193

4.泊坞窗简化操作

打开“造型”泊坞窗，在下拉选项中将类型切换为“简化”，面板上呈现相交的选项，如图5-194所示，简化面板与之前3种造型不同，没有保留源对象的选项，并且在操作上也有不同。

选中两个或多个重叠对象，单击“应用”按钮 应用 ，将对象移开可以看出，最下方的对象有剪切的痕迹，如图5-195所示。

图5-194　图5-195

技巧与提示

在“简化”操作时，需要同时选中两个或多个对象才可以激活“应用”按钮 应用 ，如果选中的对象有阴影、文本、立体模型、艺术笔、轮廓图、调和的效果，在进行简化前需要转曲对象。

5.9.4 移除对象操作

移除对象操作分为两种，“移除后面对象”命令用于后面对象减去顶层对象的操作，“移除前面对象”命令用于前面对象减去底层对象的操作。

1.移除后面对象操作

（1）菜单操作

选中需要进行移除的对象，确保最上层为最终保留的对象，如图5-196所示，执行菜单栏“对象>造型>移除后面对象”命令，如图5-197所示。

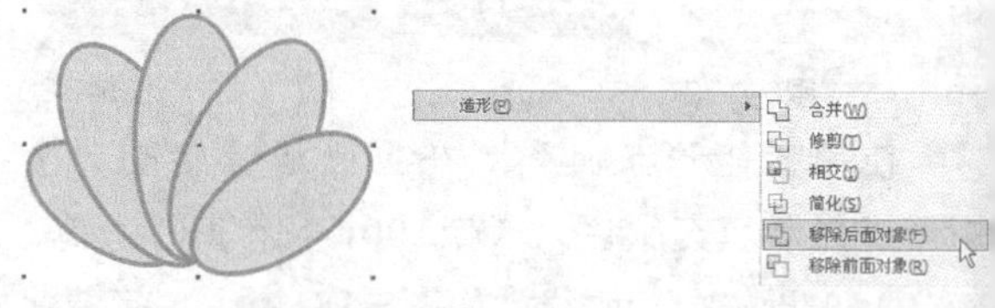

图5-196　图5-197

在执行“移除后面对象”命令时，如果选中的对象中有没有与顶层对象覆盖的对象，那么在执行命令后该层对象删除，有重叠的对象则为修剪顶层对象，如图5-198所示。

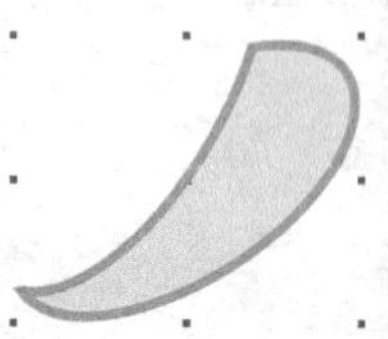

图5-198

（2）泊坞窗操作

打开“造型”泊坞窗，在下拉选项中将类型切换为“移除后面对象”，如图5-199所示，“移除后面对象”面板与“简化”面板相同，没有保留源对象的选项，并且在操作上也相同。选中两个或多个重叠对象，单击“应用”按钮 应用 ，只显示最顶层移除后的对象，如图5-200所示。

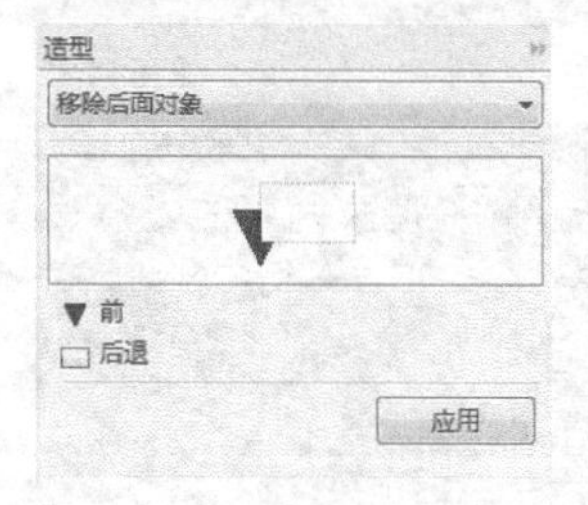

图5-199　图5-200

2. 移除前面对象操作

（1）菜单操作

选中需要进行移除对象，确保底层为最终保留的对象，如图5-201所示保留底层黄色星形，执行菜单栏“对象>造型>移除后面对象”命令，最终保留底图黄色星形轮廓，如图5-202所示。

图5-201　图5-202

（2）泊坞窗操作

打开“造型”泊坞窗，在下拉选项中将类型切换为“移除前面对象”，如图5-203所示。选中两个或多个重叠对象，单击“应用”按钮，只显示底层移除后的对象，如图5-204所示。

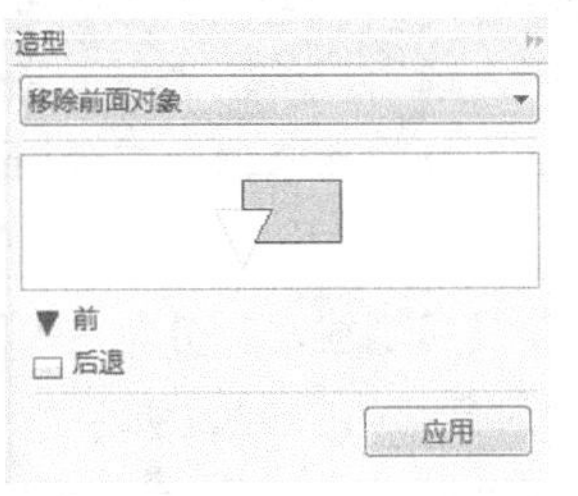

图5-203　图5-204

5.9.5 边界

“边界”命令用于将所有选中的对象的轮廓以线描方式显示。

1.菜单边界操作

选中需要进行边界操作的对象，如图5-205所示，执行菜单栏“对象>造型>边界”命令，移开线描轮廓可见，菜单边界操作会默认在线描轮廓下保留源对象，如图5-206所示。

图5-205　图5-206

2.泊坞窗操作

打开“造型”泊坞窗，在下拉选项中将类型切换为“边界”，如图5-207所示，“边界”面板可以设置相应选项。

选中需要创建轮廓的对象，单击“应用”按钮，显示所选对象的轮廓，如图5-208所示。

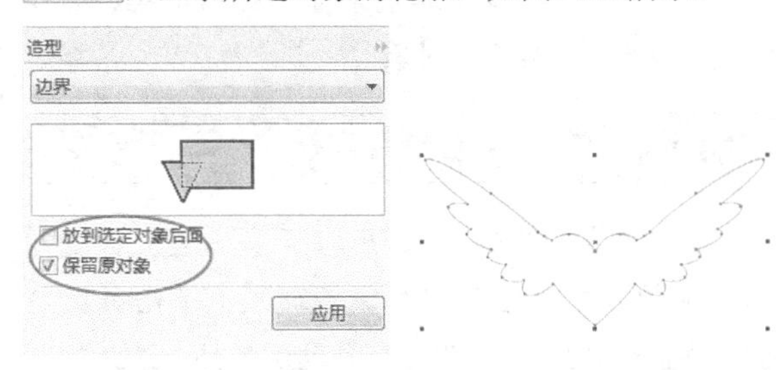

图5-207　图5-208

【参数详解】

放到选定对象后面：在保留源对象的时候，勾选该选项应用后的线描轮廓将位于源对象的后面。

保留原对象：勾选该选项将保留原对象，线描轮廓位于原对象上面。

不勾选“放到选定对象后面”和“保留原对象”选项时，只显示线描轮廓。

5.10 裁剪工具

“裁剪工具”可以裁剪掉对象或导入图像中不需要的部分，并且可以裁切组合的对象和未转曲的对象。

选中需要修整的图像，单击“裁剪工具”，在图像上进行绘制范围，如图5-209所示，如果裁剪范围不理想可以拖动节点进行修正，调整到理想的范围后，按Enter键完成裁剪，如图5-210所示。

图5-209　图5-210

在绘制裁剪范围时，如果绘制失误，那么单击属性栏中的“清除裁剪选取框”可以取消裁剪的范围，如图5-211所示，方便用户重新进行范围绘制。

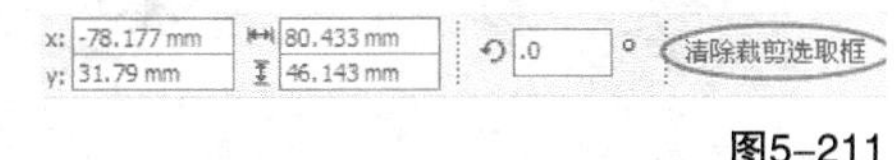

图5-211

5.11 刻刀工具

“刻刀工具”可以将对象边缘沿直线、曲线绘制拆分为两个独立的对象。

5.11.1 直线拆分对象

选中对象，单击“刻刀工具”，当光标变为刻刀形状时，移动在对象轮廓线上单击鼠标左键，如图5-212所示，将光标移动到另外一边，如图5-213所示，会有一条实线进行预览。

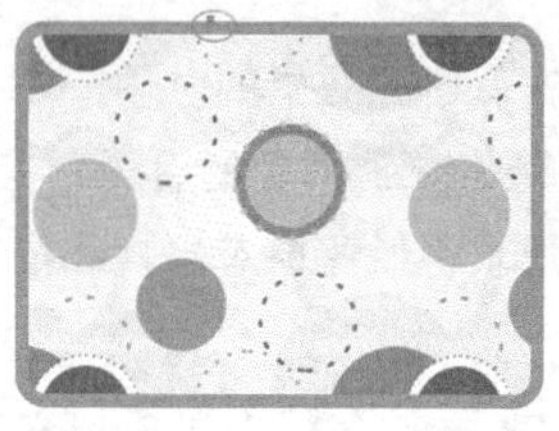

图5-212

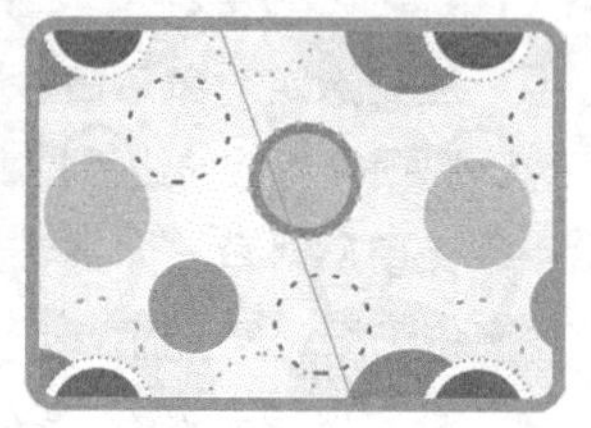

图5-213

单击鼠标左键确认后，绘制的切割线变为轮廓属性，如图5-214所示，拆分为对立对象可以分别移动拆分后的对象，如图5-215所示。

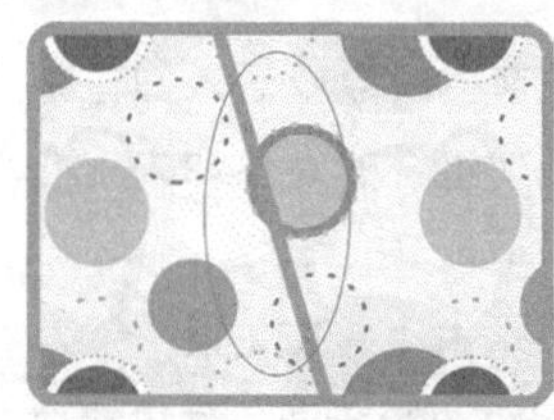

图5-214

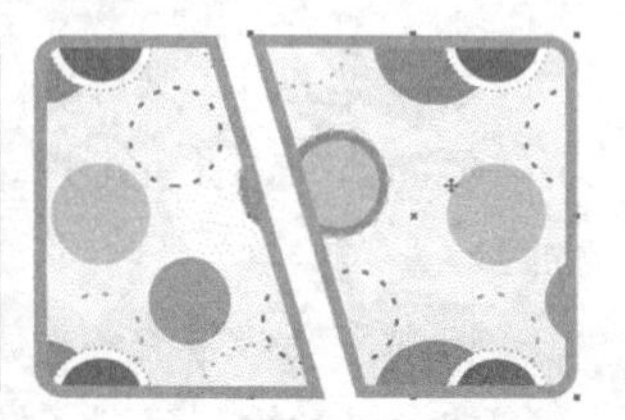

图5-215

5.11.2 曲线拆分对象

选中对象，单击“刻刀工具”，当光标变为刻刀形状时，移动在对象轮廓线上按住左键进行绘制曲线，如图5-216所示，预览绘制的实线进行调节，如图5-217所示，切割失误可以按快捷键Ctrl+Z撤销重新绘制。

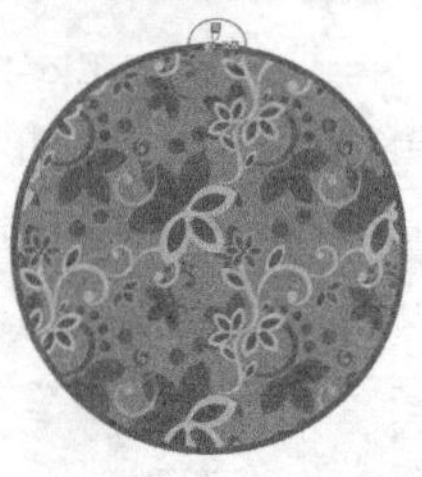

图5-216

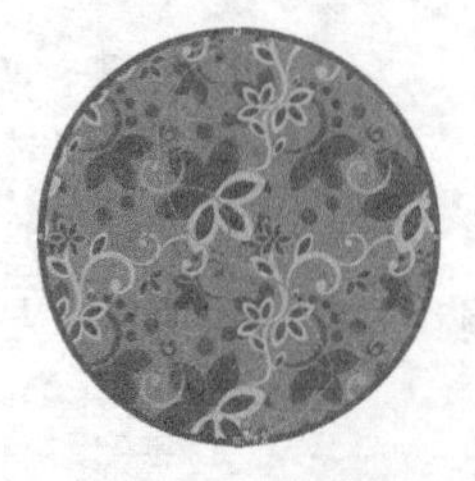

图5-217

曲线绘制到边线后，会吸附连接成轮廓线，如图5-218所示，拆分为对立对象可以分别移动拆分后的对象，如图5-219所示。

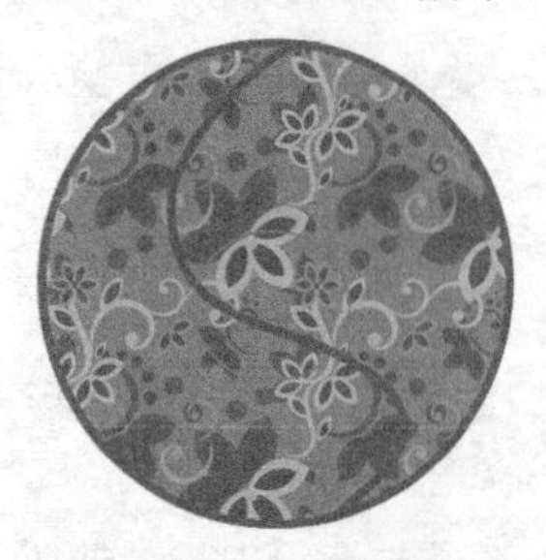

图5-218

图5-219

5.11.3 拆分位图

“刻刀工具”除了可以拆分矢量图之外还可以拆分位图。导入一张位图，选中后单击“刻刀工具”，拆分为对立对象可以分别移动拆分后的对象，如图5-220所示。

在位图边框开始绘制曲线切割线，拆分为对立对象可以分别移动拆分后的对象，如图5-221所示。

图5-220

图5-221

5.11.4 刻刀工具设置

“刻刀工具”的属性栏如图5-222所示。

图5-222

【参数详解】

保留为一个对象：将对象拆分为两个子路径，并不是两个独立对象，激活后不能进行分别移动。

切割时自动闭合：激活后在分割时自动闭合路径，关掉该按钮，切割后不会闭合路径，只显示路径，填充效果消失。

5.12 橡皮擦工具

“橡皮擦工具”用于擦除位图或矢量图中不需要的部分，文本和有辅助效果的图形需要转曲后进行操作。

5.12.1 橡皮擦的使用

单击导入位图，选中后单击“橡皮擦工具”，将光标移动到对象内，单击鼠标左键定下开始点，移动光标会出现一条虚线进行预览，如图5-223所示。单击鼠标左键进行直线擦除，将光标移动到对象外也可以进行擦除，如图5-224所示。

图5-223

图5-224

长按左键可以进行曲线擦除，如图5-225所示。与“刻刀工具”不同的是，橡皮擦可以在对象内进行擦除。

图5-225

技巧与提示

在使用“橡皮擦工具”时，擦除的对象并没有拆分开，如图5-226所示。

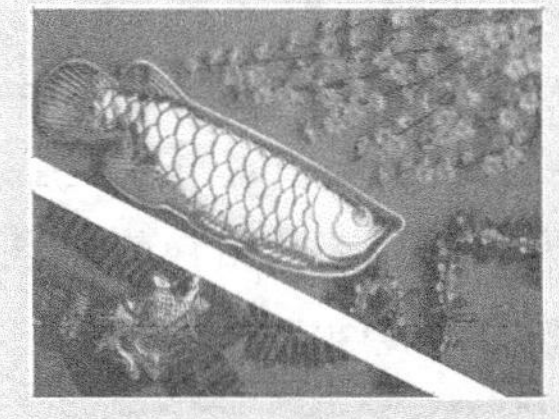

图5-226

需要进行分开编辑时，执行“对象>拆分位图”菜单命令，如图5-227所示，可以将原来对象拆分成两个独立的对象，方便进行分别编辑，如图5-228所示。

图5-227

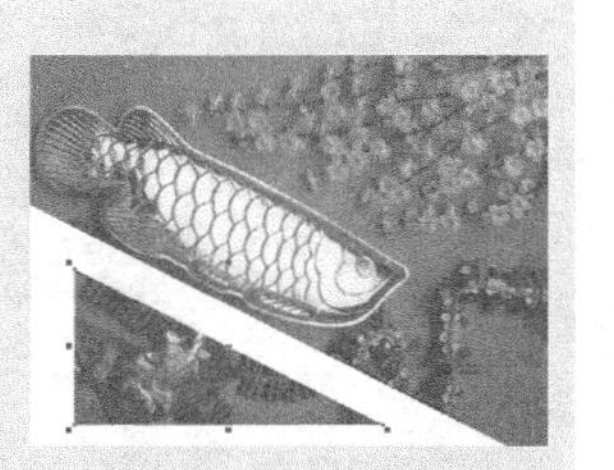

图5-228

5.12.2 参数设置

“橡皮擦工具”的属性栏如图5-229所示。

图5-229

【参数详解】

橡皮擦厚度：在后面的文字框中输入数值，可以调节橡皮擦尖头的宽度。

减少节点：单击激活该按钮，可以减少在擦除过程中节点的数量。

橡皮擦形状：橡皮擦形状有两种，一种是默认的圆形尖端，一种是激活后方形尖端，单击“橡皮擦形状”按钮可以进行切换。

5.13 虚拟段删除工具

“虚拟段删除工具” 用于移除对象中重叠和不需要的线段。绘制一个图形，选中图形单击“虚拟段删除工具” ，如图5-230所示，在没有目标时光标显示为，将光标移动到要删除的线段上，光标变为，如图5-231所示，单击选中的线段进行删除，如图5-232所示。

删除多余线段后，如图5-233所示，图形无法进行填充操作，删除线段后节点是断开的，如图5-234所示，单击“形状工具”进行连接节点，闭合路径后就可以进行填充操作，如图5-235所示。

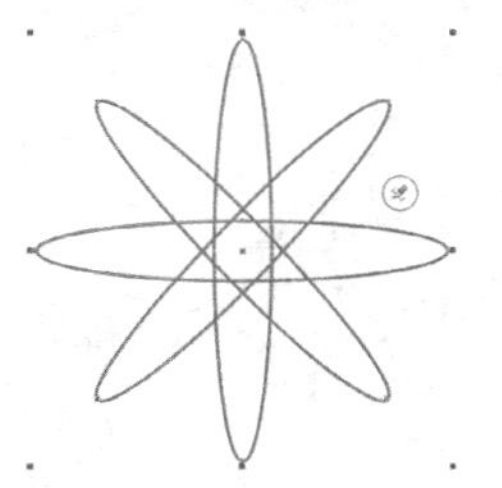

图5-230

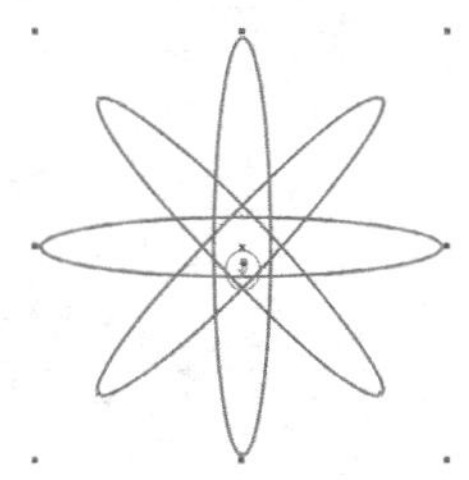

图5-231

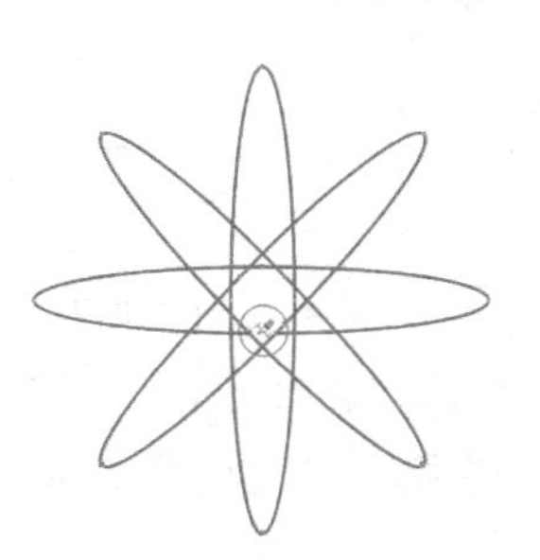

图5-232

图5-233

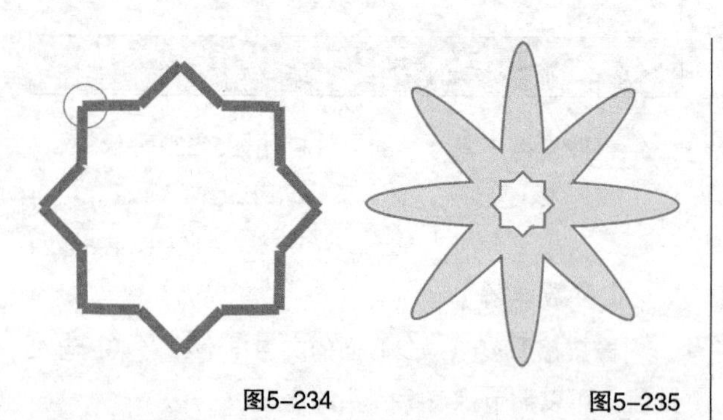

图5-234　　图5-235

5.14 本章小结

本章其实是前一章的延续，也是对前一章的补充和修饰，因为前面的一章是讲如何去绘图，而这一章刚好是对前一章绘制好的图形和后期导入的素材进行二次编辑和处理的一个附加，本章内容相对来说较简单，但依然重要，通过学习，可以编辑出更加完美的对象来满足制作需求。

课后练习1

制作闹钟

实例位置　实例文件>CH05>课后练习：制作闹钟.cdr
素材位置　素材文件>CH05>09.cdr、10.jpg
视频位置　多媒体教学>CH05>课后练习：制作闹钟.mp4
技术掌握　焊接的运用

运用前面学过的焊接绘制青蛙闹钟，适用于产品设计，效果如图5-236所示。

图5-236

【操作流程】

新建空白文档，然后设置文档名称为“青蛙闹钟”，接着设置页面大小“宽”为301mm，“高”为205mm。使用焊接来绘制图形，填充颜色，导入素材，步骤如图5-237所示。

5-237

课后练习2

制作照片桌面

实例位置　实例文件>CH05>课后练习：制作照片桌面.cdr
素材位置　素材文件>CH05>11.psd、12.jpg、13.jpg
视频位置　多媒体教学>CH05>课后练习：制作照片桌面.mp4
技术掌握　裁剪的运用

运用裁剪制作照片桌面，可以用来设计成影片集，效果如图5-238所示。

图5-238

【操作流程】

新建空白文档，然后设置文档名称为“宝宝相片”，接着设置页面大小“宽”为240mm，“高”为170mm。运用裁剪功能修改图片，导入素材，步骤如图5-239所示。

图5-239

第6章 填充与智能操作

作为专业的平面图形绘制软件，CorelDRAW X7具有丰富的图形绘制和编辑能力。通过智能与填充操作，可以利用多种方式为对象填充颜色。智能与填充操作通过多样化的编辑方式与操作技巧赋予了对象更多的变化，使对象表现出更丰富的视觉效果。

课堂学习目标

均匀填充
渐变填充
颜色滴管工具
属性滴管工具
调色板填充
颜色的网状填充

6.1 交互式填充工具

"交互式填充工具"包含填充工具组中所有填充工具的功能，利用该工具可以为图形设置各种填充效果，其属性栏选项会根据设置的填充类型的不同而有所变化。

6.1.1 填充工具属性栏设置

"交互式填充工具"属性栏如图6-1所示。

图6-1

【参数详解】

填充类型：在对话框上方包含多种填充方式，分别单击图标可切换填充类型。

填充色：设置对象中相应节点的填充颜色。

复制填充：将文档中另一对象的填充的属性应用到所选对象中，复制对象的填充属性，首先要选中需要复制属性的对象，然后单击该按钮，待光标变为箭头形状➡时，单击想要取样其填充属性的对象，即可将该对象的填充属性应用到选中对象。

技巧与提示

双击状态栏上的"填充工具"弹出"编辑填充"对话框选择多种填充方式进行填充，在该对话框中有"无填充""均匀填充""渐变填充""向量图样填充""位图图样填充""双色图样填充""底纹填充""PostScript填充"8种填充方式，如图6-2所示。

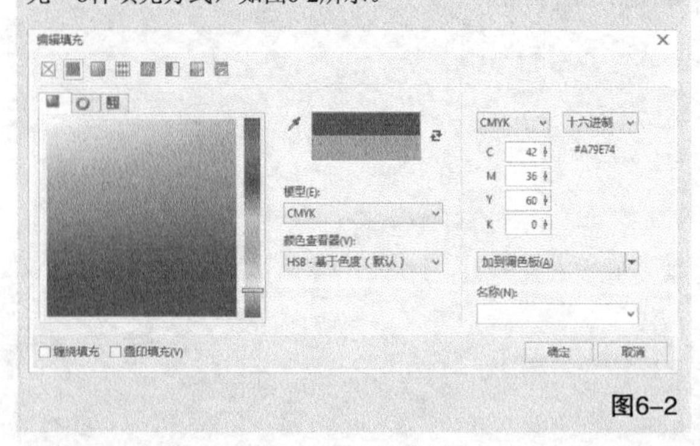

图6-2

6.1.2 无填充

选中一个已填充的对象，如图6-3所示，双击"填充工具"，在弹出的"编辑填充"对话框中选择"无填充"方式，即可观察到对象内的填充内容直接被移除，但轮廓颜色不进行任何改变，如图6-4所示。

图6-3　图6-4

在未选中对象的状态下，双击"填充工具"，在弹出的"编辑填充"对话框中选择"无填充"方式，会弹出"更改文档默认值"对话框，接着单击"确定"按钮，如图6-5所示。

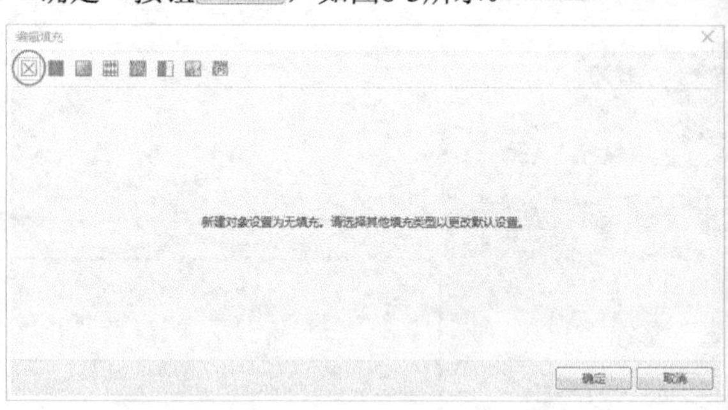

图6-5

6.1.3 均匀填充

使用"均匀填充"方式可以为对象填充单一颜色，也可以在调色板中单击颜色进行填充。"填充工具"包含"调色板"填充、"混合器"填充和"模型"填充3种。

1.调色板填充

绘制一个图形并将其选中，然后双击"填充工具"，在弹出的"编辑填充"对话框中中选择"均匀填充"方式，接着单击"调色板"选项卡，再单击想要填充的色样，最后单击"确定"按钮，即可为对象填充选定的单一颜色，如图6-6所示。

图6-6

在“均匀填充”对话框中拖动纵向颜色条上的矩形滑块可以对其他区域的颜色进行预览，如图6-7所示。

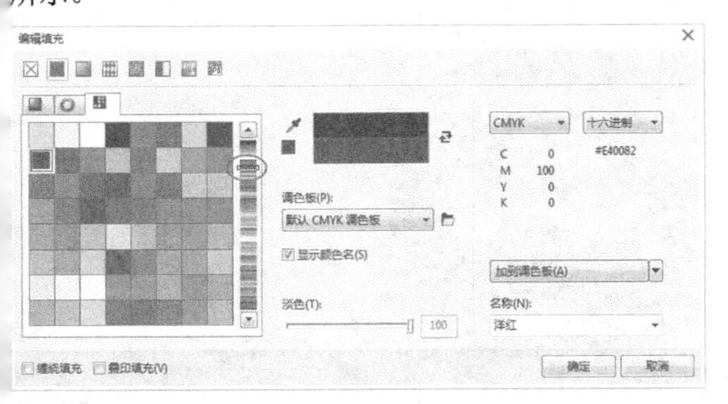

图6-7

【参数详解】

调色板：用于选择调色板。

打开调色板：用于载入用户自定义的调色板。单击该按钮，打开“打开调色板”对话框，然后选择要载入的调色板，接着单击“打开”按钮打开(O)即可载入自定义的调色板。

滴管：单击该按钮可以在整个文档窗口内进行颜色取样。

颜色预览窗口：显示对象当前的填充颜色和对话框中选择的颜色，上面的色条显示选中对象的填充颜色，下面的色条显示对话框中选择的颜色。

名称：显示选中调色板中颜色的名称，同时可以在下拉列表中快速选择颜色。

加到调色板加到调色板(A)：将颜色添加到相应的调色板。单击后面的按钮可以选择系统提供的调色板类型。

技巧与提示

在默认情况下，“淡色”选项处于不可用状态，只有在将“调色板”类型设置为专色调色板类型（如DIC Colors调色板）该选项才可用，往右调整淡色滑块，可以减淡颜色，往左调整则可以加深颜色，同时可以在颜色预览窗口中查看淡色效果。

2.混合器填充

绘制一个图形并将其选中，然后双击“填充工具”，在弹出的“编辑填充”对话框中选择“均匀填充”方式，接着单击“混合器”选项卡，在“色环”上单击选择颜色范围，再单击颜色列表中的色样选择颜色，最后单击“确定”按钮确定，如图6-8所示，填充效果如图6-9所示。

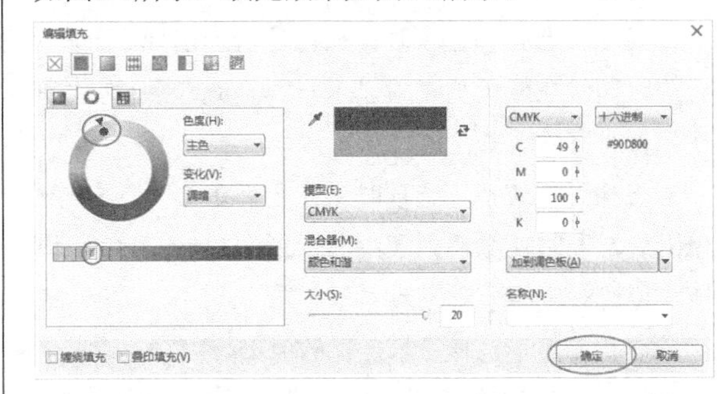

图6-8

图6-9

技巧与提示

在“均匀填充”对话框中选择颜色时，将光标移出该对话框，光标即可变为滴管形状，此时可从绘图窗口进行颜色取样；如果单击对话框中的“滴管”按钮后，再将光标移出对话框，此时不仅可以从文档窗口进行颜色取样，还可对应用程序外的颜色进行取样。

【参数详解】

模型：选择调色板的色彩模式。其中CMYK和RGB为常用色彩模式，CMYK用于打印输出，RGB用于显示预览。

色度：用于选择对话框中色样的显示范围和所显示色样之间的关系。

主色：选择该选项时，在色环上会出现1个颜色滑块，同时在颜色列表中会显示一行与当前颜色滑块所在位置对应的渐变色系。

补充色：选择该选项时，在色环上会出现两个颜色滑块，同时在颜色列表中会显示两行与当前颜色滑块所在位置对应的渐变色系。

三角形1：选择该选项时，在色环上会出现3个颜色滑块，同时在颜色列表中会显示三行与当前颜色滑块所在位置对应的渐变色系。

三角形2：选择该选项时，在色环上会出现3个颜色滑块，同时在颜色列表会显示三行与当前颜色滑块所在位置对应的渐变色系。

矩形：选择该选项时，在色环上会出现4个颜色滑块，同时在颜色列表中显示4行与当前颜色滑块所在位置对应的渐变色系。

五角形：选择该选项时，在色环上会出现5个颜色滑块，同时在颜色列表中显示5行与当前颜色滑块所在位置对应的渐变色系。

变化：用于选择显示色样的色调。

无：选择该选项时，颜色列表只显示色环上当前颜色滑块对应的颜色。

调冷色调：选择该选项时，颜色列表显示以当前颜色向冷色调逐级渐变的色样。

调暖色调：选择该选项时，颜色列表显示以当前颜色向暖色调逐级渐变的色样。

调暗：选择该选项时，颜色列显示以当前颜色逐级变暗的色样。

调亮：选择该选项时，颜色列表显示以当前颜色逐级变亮的色样。

降低饱和度：选择该选项时，颜色列表显示以当前颜色逐级降低饱和度的色样。

大小：控制显示色样的列数，当数值越大时，相邻两列色样间颜色差距越小（当数值为1时只显示色环上颜色滑块对应的颜色），当数值越小时，相邻两列色样间颜色差距越大。

混合器：单击该按钮，在下拉列表中显示如图6-10所示的选项。

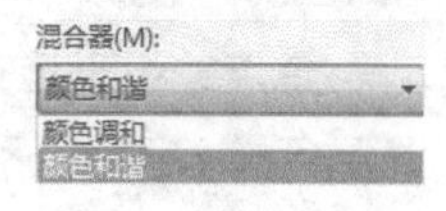

图6-10

颜色调和：在“混和器”选项卡中除“颜色和谐”以外的另一个设置界面。

3.模型填充

绘制一个图形并将其选中，然后双击“填充工具”，在弹出的“编辑填充”对话框中中选择“均匀填充”方式，接着单击“模型”选项卡，在该选项卡中使用鼠标左键在颜色选择区域单击选择色样，最后单击“确定”按钮，填充效果如图6-11所示。

[参数详解]

选项：单击该按钮，在下拉列表中显示如图6-12所示的选项。

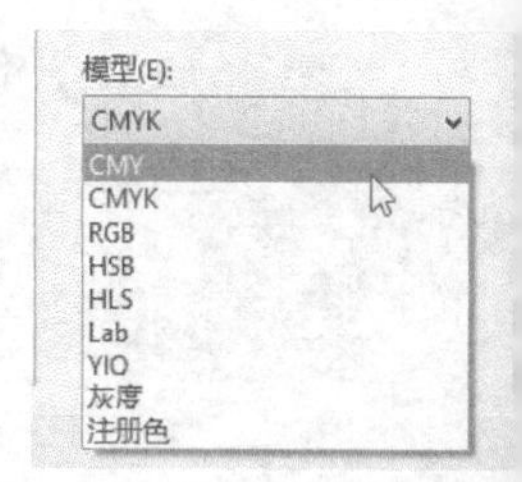

图6-11　　图6-12

颜色查看器：在“模型”选项卡中除“HSB-基于色度（默认）(H)”以外的另外3种设置界面。

6.1.4 渐变填充

使用“渐变填充”方式可以为对象添加两种或多种颜色的平滑渐进色彩效果。“渐变填充”方式包括“线性渐变填充”“椭圆形渐变填充”“圆锥形渐变填充”和“矩形渐变填充”4种填充类型，应用到设计创作中可表现物体质感，以及在绘图中表现非常丰富的色彩变化。

1.线性渐变填充

“线性渐变填充”填充类型可以用于在两个或多个颜色之间产生直线型的颜色渐变。选中要进行填充的对象，然后双击“填充工具”，在弹出的“编辑填充”面板中选择“渐变填充”方式，打开“渐变填充”对话框，接着设置“类型”为“线性渐变填充”，再设置“节点位置”为0%的色标颜色为黄色、“节点位置”为100%的色标颜色为红色，最后单击“确定”按钮，如图6-13所示，填充效果如图6-14所示。

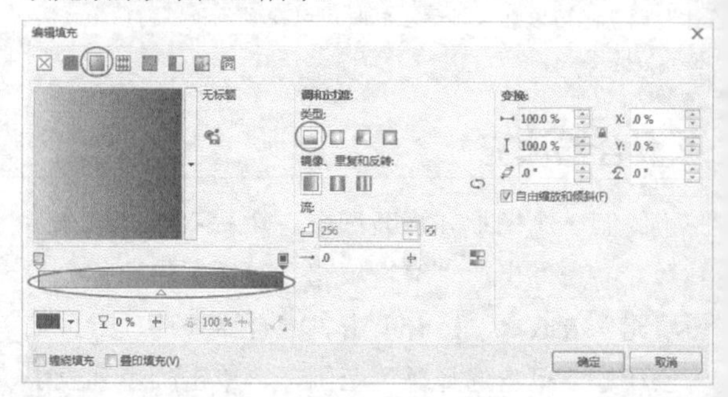

图6-13

图6–14

2.椭圆形渐变填充

“椭圆形渐变”填充类型可以用于在两个或多个颜色之间产生以同心圆的形式由对象中心向外辐射生成的渐变效果，该填充类型可以很好地体现球体的光线变化和光晕效果。

选中要进行填充的对象，双击“填充工具”，然后在“编辑填充”对话框中选择“渐变填充”方式，设置“类型”为“椭圆形渐变填充”，再设置“节点位置”为0%的色标颜色为蓝色、“节点位置”为100%的色标颜色为冰蓝，最后单击“确定”按钮，如图6-15所示，效果如图6-16所示。

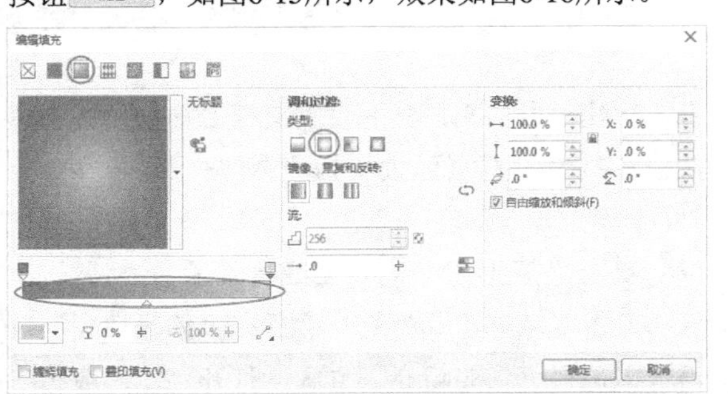

图6–15

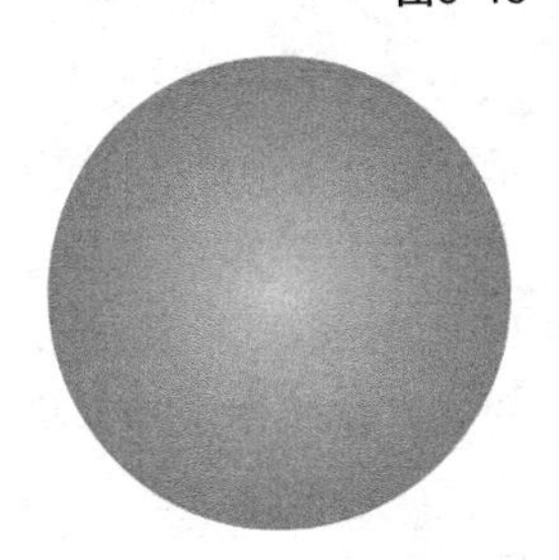

图6–16

3.圆锥形渐变填充

“圆锥形渐变”填充类型可以用于在两个或多个颜色之间产生的色彩渐变，模拟光线落在圆锥上的视觉效果，使平面图形表现出空间立体感。

选中要进行填充的对象，双击“填充工具”，然后在“编辑填充”对话框中选择“渐变填充”方式，设置“类型”为“圆锥形渐变填充”、“镜像、重复和反转”为“重复和镜像”，再设置“节点位置”为0%的色标颜色为黄色、“节点位置”为100%的色标颜色为红色，最后单击“确定”按钮，如图6-17所示，效果如图6-18所示。

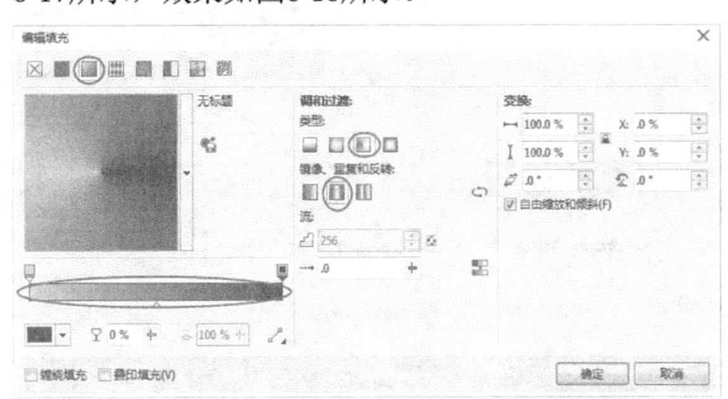

图6–17

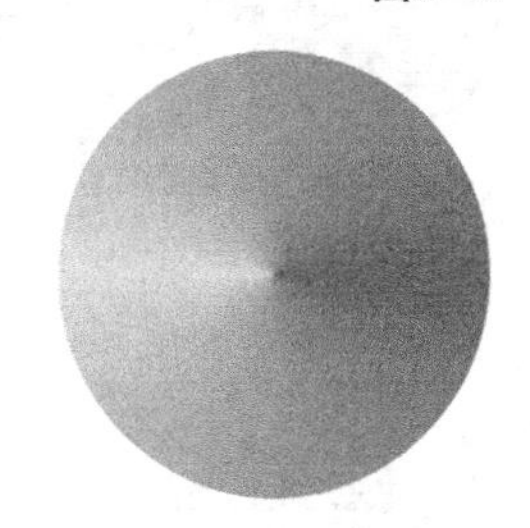

图 6–18

4.矩形渐变填充

“矩形渐变”填充类型用于在两个或多个颜色之间，产生以同心方形的形式从对象中心向外扩散的色彩渐变效果。

选中要进行填充的对象，双击“填充工具”，然后在“编辑填充”对话框中选择“渐变填充”方式，设置“类型”为“矩形渐变填充”、“镜像、重复和反转”为“默认渐变填充”，再设置“节点位置”为0%的色标颜色为绿色、“节点位置”为100%的色标颜色为白色，最后单击“确定”按钮，如图6-19所示，效果如图6-20所示。

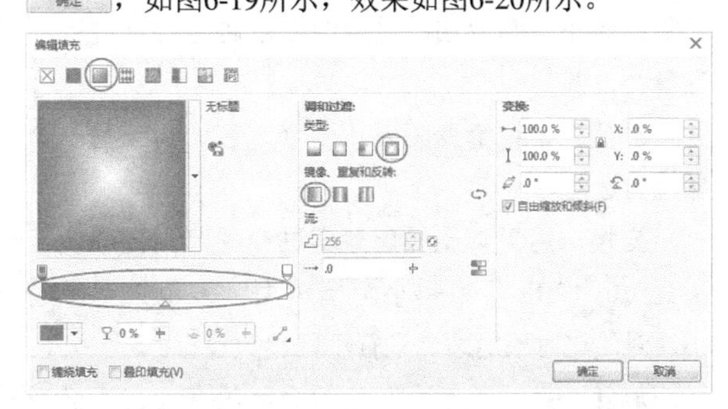

图6–19

图6-20

5.填充的设置

"渐变填充"对话框选项如图6-21所示。

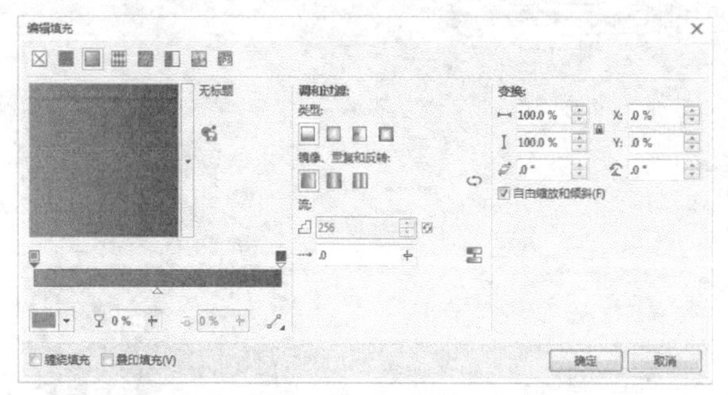

图6-21

【参数详解】

填充挑选器：单击"填充挑选器"按钮，选择下拉菜单中的填充纹样填充对象。

节点颜色： 以两种或多种颜色进行渐变设置，可在频带上双击添加色标，使用鼠标左键单击色标即可在颜色样式中为所选色标选择颜色。

节点透明度：指定选定节点的透明度。

节点位置：指定中间节点相对于第一个和最后一个节点的位置。

调和过渡：可以选择填充方式的类型，选择填充的方法。

渐变步长：设置各个颜色之间的过渡数量，当数值越大，渐变的层次越多渐变颜色也就越细腻；当数值越小，渐变层次越少渐变就越粗糙，进行不同参数设置。

加速：指定渐变填充从一个颜色调和到另一个颜色的速度。

变换：用于调整颜色渐变过渡的范围，数值范围为0%~100%，值越小范围越大，值越大范围越小，对填充对象的边界进行不同参数设置。

旋转：设置渐变颜色的倾斜角度（在"椭圆形渐变填充"类型中不能设置"角度"选项），设置该选项可以在数值框中输入数值，也可以在在预览窗口中按住色标左键拖曳，对填充对象的角度进行不同参数设置。

课堂案例

绘制音乐海报

实例位置　实例文件>CH06>课堂案例：绘制音乐海报.cdr
素材位置　素材文件>CH06>01.cdr、02.cdr、03.cdr、04.cdr、05.cdr
视频位置　多媒体教学>CH06>课堂案例：绘制音乐海报.mp4
技术掌握　渐变填充的使用方法

运用渐变填充的方法给图形填充颜色，绘制音乐海报，适用于广告宣传，效果如图6-22所示。

图6-22

01 新建空白文档，然后设置文档名称为"音乐海报"，接着设置页面大小为"A4"、页面方向为"纵向"。

02 双击"矩形工具"创建一个页面大小的矩形，双击"填充工具"，然后在"编辑填充"对话框中选择"均匀填充"方式，打开"均匀填充"对话框，再设置填充颜色为（C:22，M:28，Y:74，K:0），最后单击"确定"按钮，如图6-23所示，填充完毕后去除轮廓，效果如图6-24所示。

03 绘制光束。使用"矩形工具"绘制一个矩形，如图6-25所示，然后按快捷键Ctrl+Q将其转换为曲线，接着使用"形状工具"调整外形，调整后如图6-26所示。

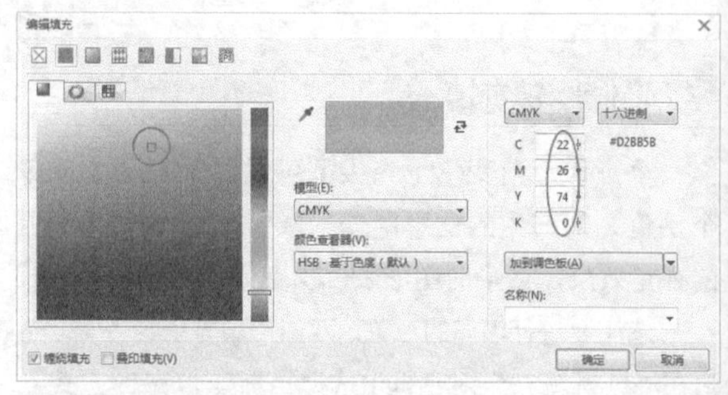

图6-23

图6-24　图6-25　图6-26

04 使用“选择工具”选中调整后的矩形，然后使用鼠标左键单击该对象，接着移动该对象的圆心至对象下方，如图6-27所示。再打开“变换”泊坞窗，最后在该泊坞窗中设置“旋转角度”为30°、“副本”为12，如图6-28所示，效果如图6-29所示。

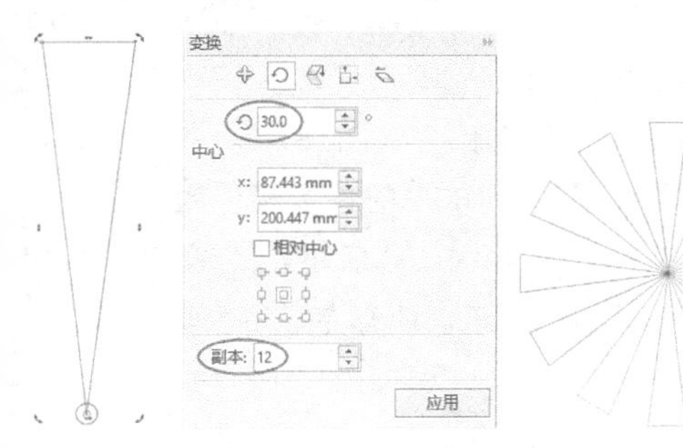

图6-27　图6-28　图6-29

05 选中前面变换后的所有对象，然后移动到页面上方，如图6-30所示。接着使用“形状工具”逐个调整，调整后如图6-31所示。最后全部选中在属性栏中单击“合并”按钮。

图6-30

图6-31

06 选中绘制好的光束图形，双击“填充工具”，然后在“编辑填充”对话框中选择“渐变填充”方式，设置“类型”为“椭圆形渐变填充”、“镜像、重复和反转”为“默认渐变填充”，再设置“节点位置”为0%的色标颜色为（C:24，M:28，Y:77，K:0）、“节点位置”为100%的色标颜色为（C:3，M:0，Y:40，K:0），“填充宽度”为91.986%、“水平偏移”为1.0%、“垂直偏移”为20.0%、“旋转”为-90°，最后单击“确定”按钮，如图6-32所示，设置完毕后去除轮廓，效果如图6-33所示。

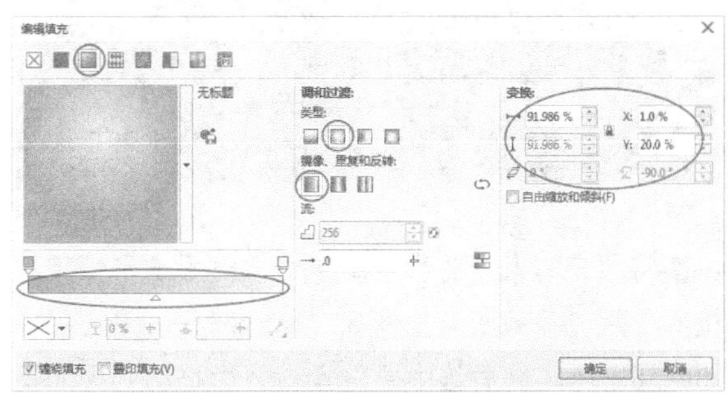

图6-32

图6-33

07 导入“素材文件>CH06>01.cdr”文件，双击“填充工具”，然后在“编辑填充”对话框中选择“渐变填充”方式，设置“类型”为“椭圆形渐变填充”、“镜像、重复和反转”为“默认渐变填充”，再设置“节点位置”为0%的色标颜色为（C:81，M:80，Y:78，K:62）、“节点位置”为100%的色标颜色为（C:20，M:42，Y:100，K:0），“填充宽度”为219.616 %、“水平偏移”为1.589 %、“垂直偏移”为-63.635 %、“旋转”为-81.8 °，最后单击“确定”按钮，如图6-34所示，填充完毕后去除轮廓，效果如图6-35所示。

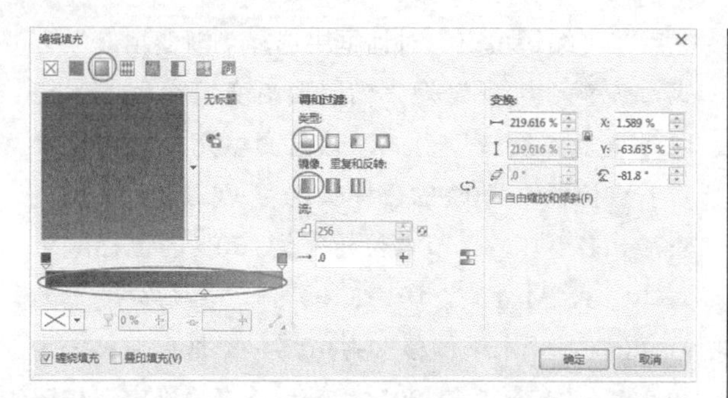

图6-34

图6-35

08 将填充的人物剪影复制一份，然后水平翻转，接着使用“裁剪工具”裁切掉一部分，裁切后如图6-36所示。最后选中两份人物剪影移动到页面下方，效果如图6-37所示。

图6-36

图6-37

09 使用“矩形工具”绘制一个与页面同宽的矩形，然后填充颜色为（C:47，M:99，Y:97，K:21），接着放置页面上方，如图6-38所示。再复制一份适当拉宽，最后放置在页面下方，效果如图6-39所示。

图6-38　　图6-39

10 使用“矩形工具”绘制一个与页面同宽的矩形，双击“填充工具”，然后在“编辑填充”对话框中选择“渐变填充”方式，设置“类型”为“线性渐变填充”、“镜像、重复和反转”为“默认渐变填充”，再设置“节点位置”为0%的色标颜色为（C:0，M:0，Y:35，K:0）、“位置”为30%的色标颜色为（C:40，M:40，Y:74，K:0）、“位置”为70%的色标颜色为（C:18，M:13，Y:49，K:0）、“位置”为100%的色标颜色为（C:42，M:48，Y:78，K:0），最后单击“确定”按钮 确定 ，如图6-40所示，填充完毕后去除轮廓，效果如图6-41所示。

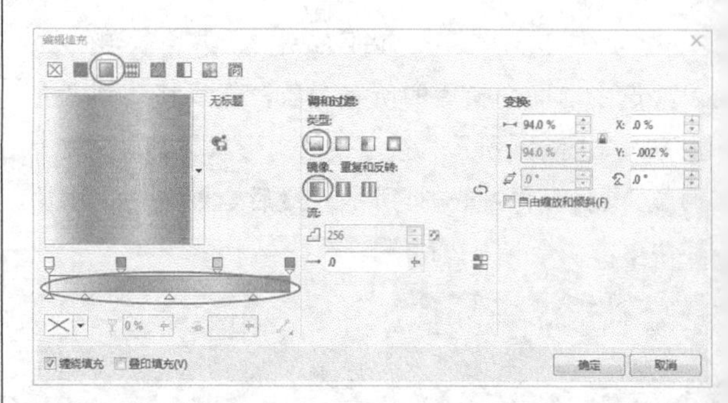

图6-40

图6-41

11 选中前面绘制的渐变矩形，然后移动到页面上方，如图6-42所示。接着导入“素材文件>CH06>02.cdr”文件，再适当调整大小，最后放置在人物剪影后面，效果如图6-43所示。

图6-42　图6-43

12 使用“椭圆形工具” 在页面下方绘制圆形图案，如图6-44所示。然后在“调色板”中为圆圈填充相应颜色，接着去除轮廓，效果如图6-45所示。最后将其全部选中按快捷键Ctrl+G进行对象组合。

图6-44　图6-45

13 导入“素材文件>CH06>03.cdr”文件，然后适当调整大小，接着放置在页面上方的红色矩形后面，效果如图6-46所示。

图6-46

14 导入“素材文件>CH06>04.cdr”文件，然后使用“属性滴管工具” 在渐变色条上进行属性取样，接着在属性栏中单击“属性”按钮 ，在打开的列表中勾选“填充”，再单击“确定”按钮 ，如图6-47所示。最后将复制的“填充”属性应用到导入的文字，效果如图6-48所示。

图6-47　图6-48

15 选中导入的文字，然后为文字轮廓填充深红色（C:47，M:100，Y:87，K:19），接着移动到页面下方，最后适当旋转，效果如图6-49所示。

图6-49

16 使用“椭圆工具” 绘制一个圆，双击“填充工具” ，然后在“编辑填充”对话框中选择“渐变填充”方式，设置“类型”为“椭圆形渐变填充”、“镜像、重复和反转”为“默认渐变填充”，再设置“节点位置”为0%的色标颜色为（C:24，M:28，Y:77，K:0）、“节点位置”为100%的色标颜色为（C:3，M:0，Y:40，K:0），“填充宽度”为101.82 %，最后单击“确定”按钮 ，如图6-50所示，填充完毕后去除轮廓，效果如图6-51所示。

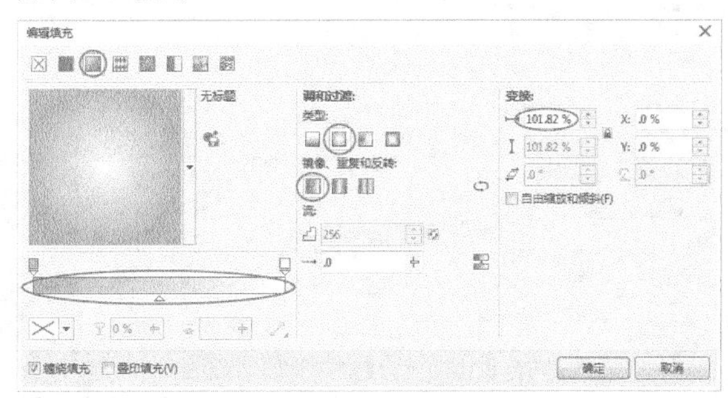

图6-50

图6-51

17 使用“星形工具”绘制一个星形，如图6-52所示。然后按快捷键Ctrl+Q将其转换为曲线，接着使用“形状工具”适当调整外形，调整后如图6-53所示。

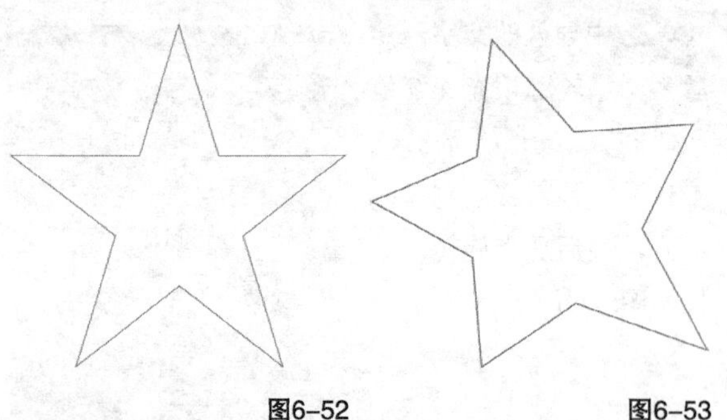

图6-52　　图6-53

18 选中前面绘制的星形对象，双击“填充工具”，然后在“编辑填充”对话框中选择“渐变填充”方式，设置“类型”为“线性渐变填充”、“镜像、重复和反转”为“默认渐变填充”，再设置“节点位置”为0%的色标颜色为（C:2，M:0，Y:35，K:0）、“位置”为30%的色标颜色为（C:35，M:35，Y:84，K:0）、“位置”为70%的色标颜色为（C:7，M:3，Y:42，K:0）、“位置”为100%的色标颜色为（C:32，M:44，Y:86，K:0），“填充宽度”为79.292%、“旋转”为-94.8°，最后单击“确定”按钮，如图6-54所示，填充完毕后去除轮廓，效果如图6-55所示。

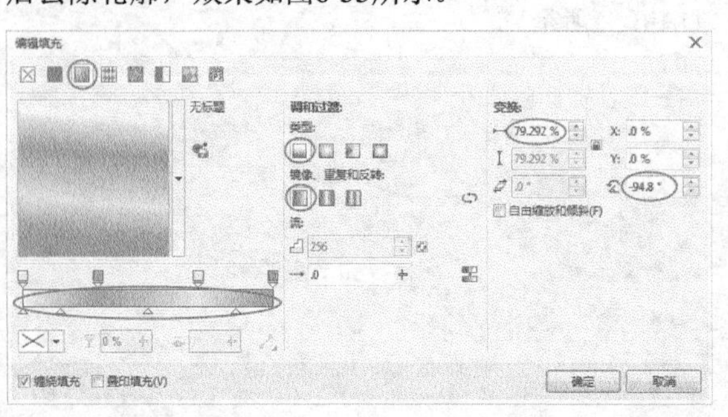

图6-54

图6-55

19 复制一个星形对象，双击“填充工具”，然后在“编辑填充”对话框中选择“渐变填充”方式，设置“类型”为“线性渐变填充”、“镜像、重复和反转”为“默认渐变填充”，再设置“节点位置”为0%的色标颜色为（C:2，M:0，Y:35，K:0）、“位置”为30%的色标颜色为（C:35，M:35，Y:84，K:0）、“位置”为70%的色标颜色为（C:7，M:3，Y:42，K:0）、“位置”为100%的色标颜色为（C:32，M:44，Y:86，K:0），“填充宽度”为141.148 %、“旋转”为129.0°，最后单击“确定”按钮，如图6-56所示，填充完毕后去除轮廓，效果如图6-57所示。

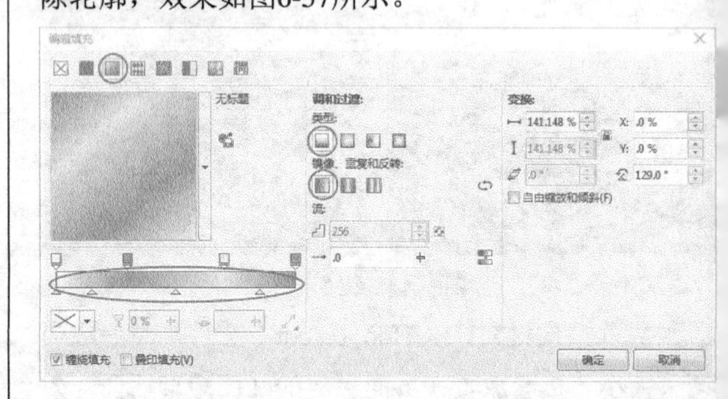

图6-56

图6-57

20 绘制星形边框。选中前面绘制的星形，然后复制两个，接着将复制的第2个星形适当缩小，再移动到复制的第1个对象中间，如图6-58所示。最后选中两个星形对象在属性栏中单击“移除前面对象”

按钮，修剪后如图6-59所示。

图6-58　　图6-59

21 选中前面制得的星形边框，然后填充颜色为（C:36，M:48，Y:89，K:0），如图6-60所示。

22 按照以上的方法，再制作一个稍小一些的星形边框，然后填充颜色为（C:15，M:24，Y:48，K:0），如图6-61所示。

图6-60　　图6-61

23 移动两个星形边框至第2个星形对象上面，然后适当调整位置，如图6-62所示。接着移动第1个星形对象至页面前面，再适当调整大小使其在第2个星形边框内部，最后将组合后的图形进行组合对象，效果如图6-63所示。

图6-62　　图6-63

24 绘制复杂星形。使用“星形工具”绘制一个星形，然后在属性栏中设置该对象的“点数或边数”为6、“锐度”为75，如图6-64所示。接着填充白色，再按快捷键Ctrl+Q将其转换为曲线，最后使用“形状工具”调整形状，调整后去除轮廓，效果如图6-65所示。

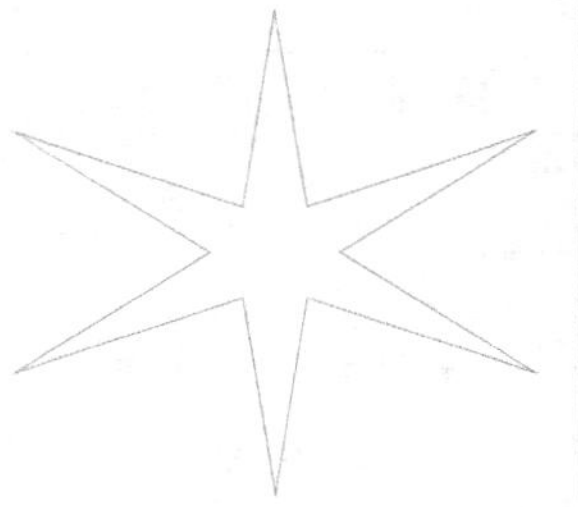

图6-64　　图6-65

25 使用“椭圆工具”绘制一个圆，然后填充白色，并去除轮廓，如图6-66所示。接着将前面绘制的渐变椭圆、星形、复杂星形和白色圆进行组合，再复制多个，调整至适当大小后散布在页面中，效果如图6-67所示。

图6-66　　图6-67

26 导入“素材文件>CH06>05.cdr”文件，然后移动到页面下方，接着适当调整大小，最终效果如图6-68所示。

图6-68

课堂案例

比萨店会员卡

实例位置　实例文件>CH06>课堂案例：比萨店会员卡.cdr

素材位置　素材文件>CH06>06.jpg

视频位置　多媒体教学>CH06>课堂案例：比萨店会员卡.mp4

技术掌握　填充工具的使用方法

运用“渐变填充工具”绘制比萨店会员卡，适用于各种店面会员卡的设计，效果如图6-69所示。

图6-69

01 单击“新建”按钮打开“创建新文档”对话框，创建名称为“比萨店会员卡”的空白文档，具体参数设置如图6-70所示。

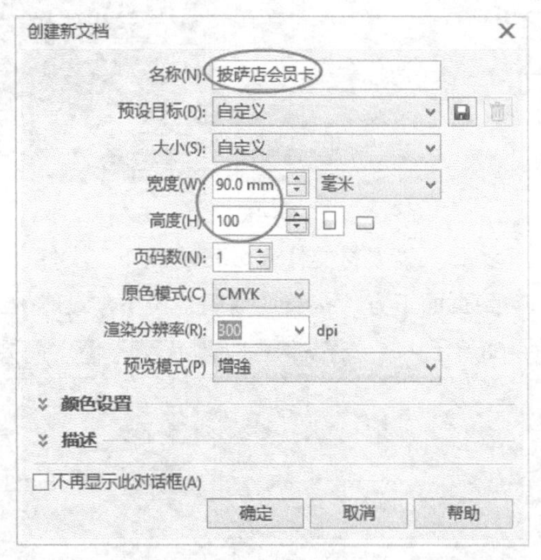

图6-70

02 使用“矩形工具”绘制一个矩形，然后在属性栏中设置矩形“宽度”为85mm、“高度”为48mm，如图6-71和图6-72所示。接着向下进行垂直复制，如图6-73所示。

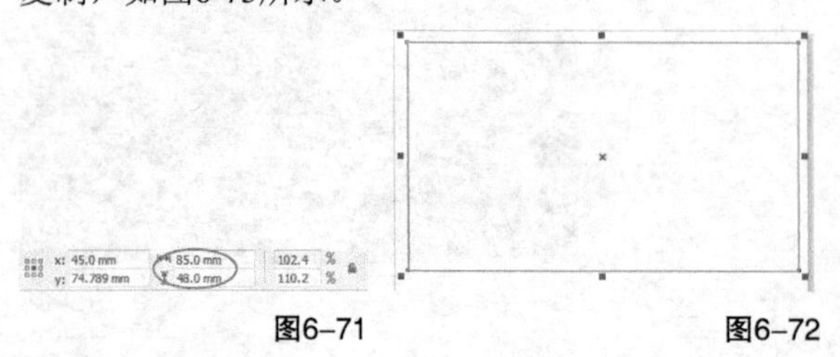

图6-71　图6-72

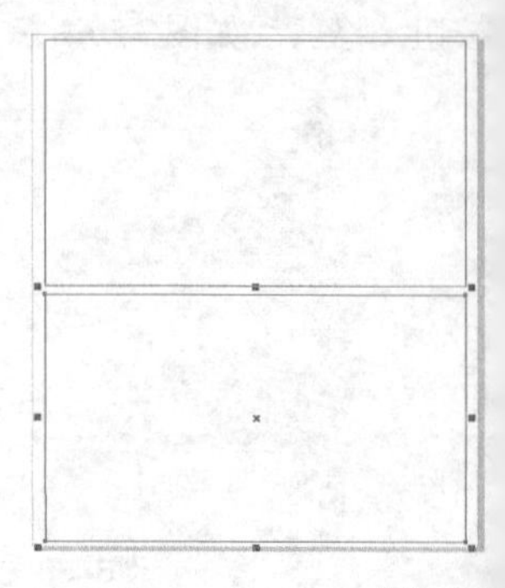

图6-73

03 先绘制卡片的正面。单击“导入”图标打开对话框，导入“素材文件>CH06>06.jpg”文件，然后选中图片执行“效果>图框精确裁剪>置于图文框内部”菜单命令，将图片放置在矩形中，如图6-74和图6-75所示。

图6-74

图6-75

04 下面绘制标志。使用“椭圆形工具”绘制圆，如图6-76所示。然后选中圆按Shift键向内进行复制，如图6-77所示。

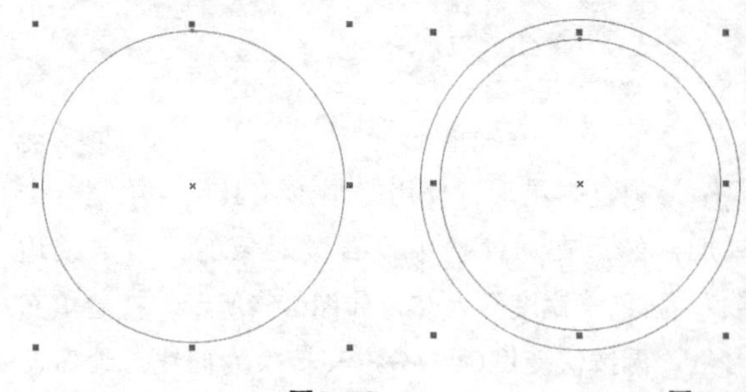

图6-76　图6-77

05 使用“钢笔工具”沿着最外层的圆绘制路径，如图6-78所示。然后填充颜色为黑色，如图6-79所示。

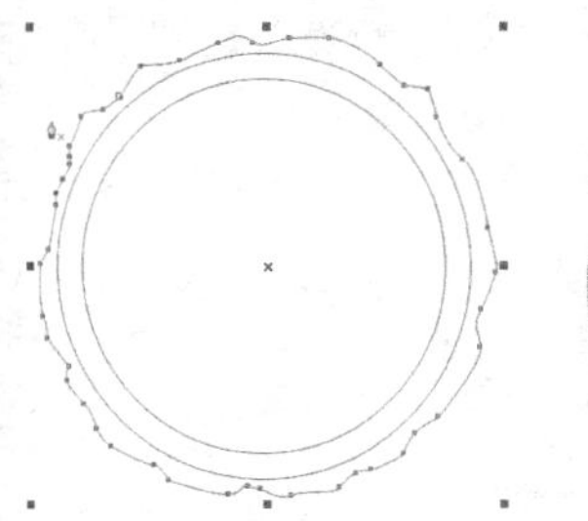

图6-78　　图6-79

06 选中外层的椭圆修剪绘制好的闭合路径，然后调整内部椭圆的位置和大小，如图6-80所示。

07 填充修剪好的路径颜色为（C:46，M:93，Y:100，K:20），然后去掉轮廓线，接着填充内部椭圆颜色为（C:25，M:54，Y:62，K:0），最后设置“轮廓宽度”为0.25mm、颜色为（C:62，M:85，Y:100，K:52），如图6-81所示。

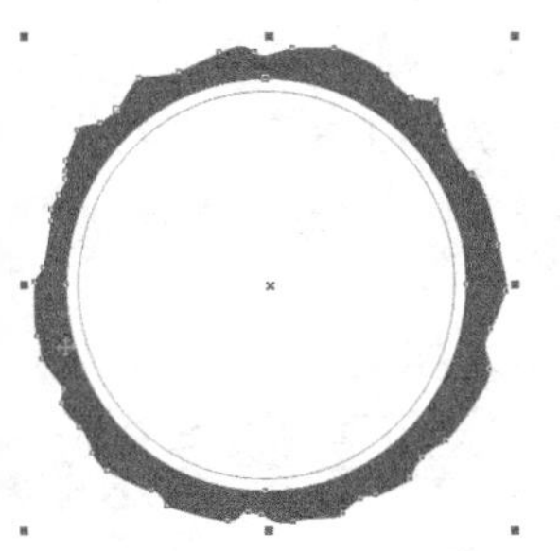

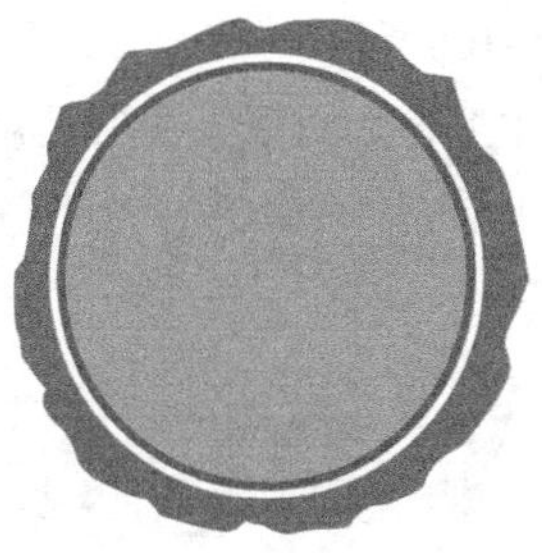

图6-80　　图6-81

08 选中椭圆向内进行缩放复制，然后去掉颜色填充，如图6-82所示。

09 使用“钢笔工具”绘制飘带的形状，然后在属性栏中调整“轮廓宽度”为0.2mm，如图6-83所示。

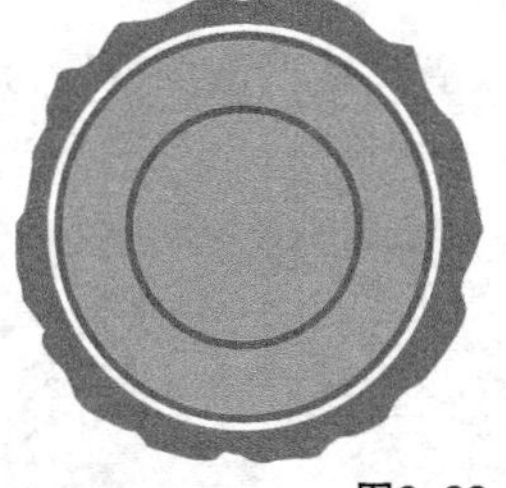

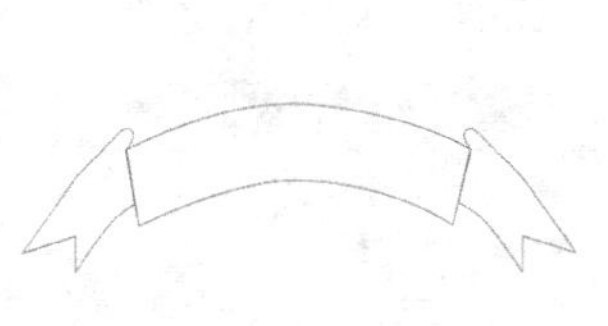

图6-82　　图6-83

10 选中飘带，然后填充颜色为（C:73，M:64，Y:100，K:36），接着填充轮廓线颜色为白色，如图6-84所示。

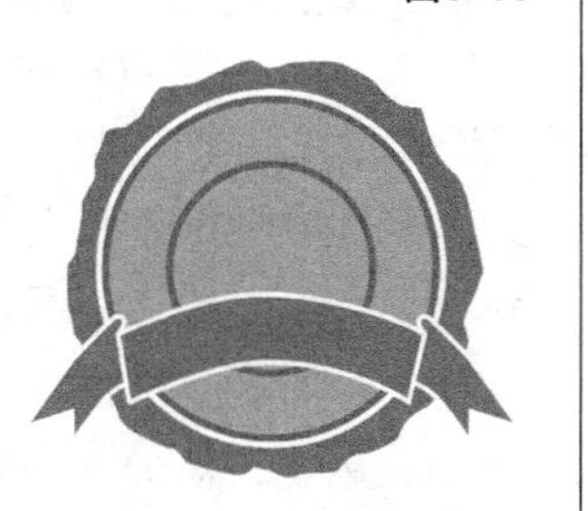

图6-84

11 使用“文本工具”输入文本，如图6-85所示。然后选择合适的字体样式，接着调整字体大小，如图6-86所示。

图6-85　　图6-86

12 使用“钢笔工具”绘制一条曲线，如图6-87所示。然后选中文本执行“文本>使文本适合路径”菜单命令将文本拖到路径上方，接着调整文本位置，如图6-88所示。

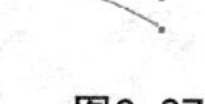

图6-87　　图6-88

13 将编辑好的文本拖曳到飘带中调整位置，然后填充颜色为白色，接着删除路径曲线，效果如图6-89所示。

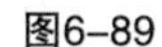

图6-89

14 选中说明文本使用同样的方法在圆形路径中调整位置，如图6-90所示。然后删除路径拖曳到标志中进行调整，效果如图6-91所示。

图6-90　　图6-91

15 将剩下的标志文本分段，然后在属性栏中单击“文本对齐”图标选择“居中”，接着将文本拖曳到飘带下方进行调整，如图6-92所示。

图6-92

16 使用“钢笔工具”绘制刀叉形状，然后填充颜色为（C:62，M:85，Y:100，K:52），再去掉轮廓线，如图6-93所示。接着将刀叉群组拖曳到标志中调整位置，如图6-94所示。

图6-93

图6-94

17 将绘制好的标志全选进行群组，然后拖曳到卡片右上角调整大小，如图6-95所示。

图6-95

18 使用“文本工具”输入文本，然后调整字体样式，如图6-96所示。接着分别选中文字调整大小，如图6-97所示。

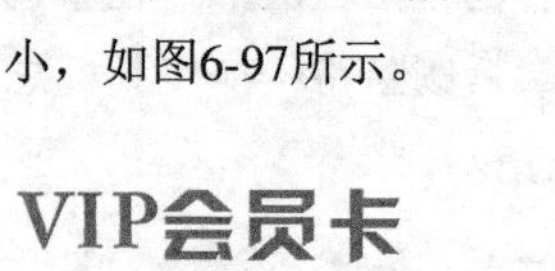

VIP会员卡
享受至尊无上的味蕾

图6-96

图6-97

19 选中卡片名称，然后打开“渐变填充”对话框，具体颜色值设置：节点位置为0的色标颜色为（C:0，M:100，Y:100，K:0）、节点位置为25的色标颜色为（C:46，M:93，Y:100，K:20）、节点位置为50的色标颜色为（C:0，M:100，Y:100，K:0）、节点位置为75的色标颜色为（C:62，M:85，Y:100，K:52）、节点位置为100的色标颜色为（C:0，M:100，Y:100，K:0），具体参数设置如图6-98所示，效果如图6-99所示。

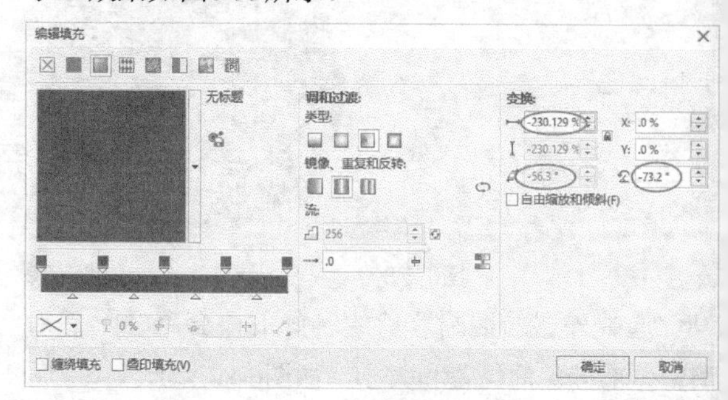

图6-98

VIP会员卡

图6-99

20 将宣传语拖曳到“会员卡”文本上方，如图6-100所示。然后卡片名称进行位移，再填充下方文本颜色为黑色，接着使用“矩形工具”在宣传语下绘制一个矩形，最后填充颜色为黑色，如图6-101所示。

VIP享受至尊无上的味蕾会员卡

图6-100

VIP享受至尊无上的味蕾会员卡

图6-101

21 将编辑好的卡片名称群组，然后拖曳到页面左上角，调整大小和位置，如图6-102所示。

22 使用“矩形工具”绘制一个矩形，然后在属性栏中单击“圆角”，输入圆角数值为5mm，再填充颜色为黑色，如图6-103所示。接着单击“透明度工具”，在属性栏中设置“透明度类型”为“标准”、“开始透明度”为50。

图6-102

图6-103

23 使用“文本工具”输入文本，然后打开“渐变填充”对话框，接着设置“类型”为“矩形渐变填充”，“镜像、重复和反转”为“默认渐变填充”，然后节点位置为0的色标颜色为（C:7，M:42，Y:96，K:0）、节点位置为50的色标颜色为（C:0，M:0，Y:0，K:0）、节点位置为100的色标颜色为（C:7，M:42，Y:96，K:0），具体参数设置如图6-104所示。最后将文本拖曳到矩形上方调整位置，如图6-105所示。

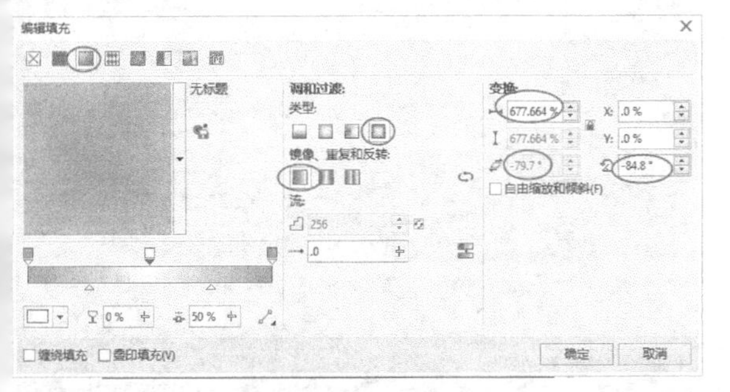

图6-104

图6-105

24 下面绘制卡片背面。选中矩形填充颜色为（C:31，M:41，Y:38，K:0），然后使用“矩形工具”绘制矩形，如图6-106所示。

图6-106

25 选中矩形，然后打开“渐变填充”对话框，在设置“类型”为“线性渐变填充”，其他为默认值，具体颜色值设置：节点位置为0的色标颜色为（C:0，M:0，Y:0，K:0）、节点位置为12的色标颜色为（C:70，M:58，Y:57，K:6）、节点位置为50的色标颜色为（C:100，M:100，Y:100，K:100）、节点位置为77的色标颜色为（C:67，M:60，Y:55，K:5）、节点位置为100的色标颜色为（C:100，M:100，Y:100，K:100），具体参数如图6-107所示，填充效果如图6-18所示。

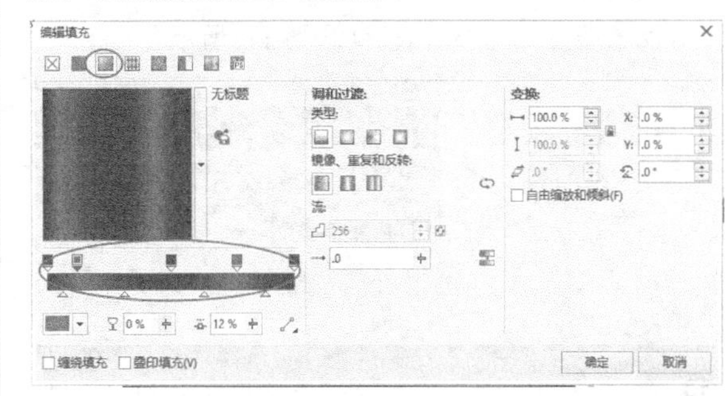

图6-107

图6-108

26 选中矩形复制一份，然后调整下方渐变矩形的大小，接着将渐变颜色调浅，最后使用“交互式填充工具”调整渐变方向，如图6-109所示。

图6-109

27 将卡片底部的矩形原位置复制一份，然后打开“图样填充”对话框，再勾选“双色”复选框，接着设置数值，如图6-110所示，最后单击“确定”按钮完成填充。

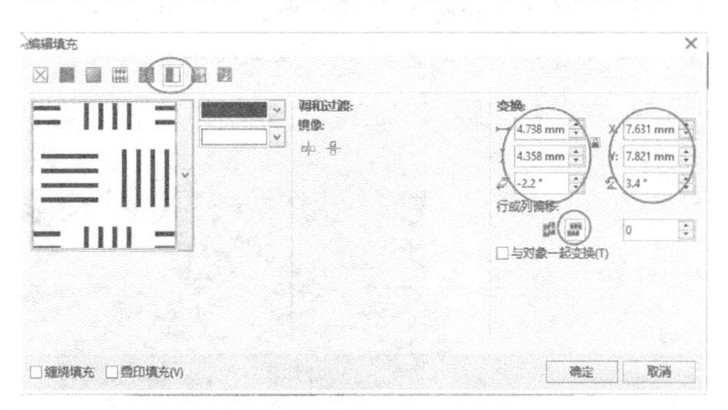

图6-110

28 选中图样填充对象调整图层位置，然后单击“透明度工具”，在属性栏中设置“透明度类型”为“标准”、“透明度操作”为“减少”、“开始透明度”为95，效果如图6-111所示。

图6–111

29 使用“文本工具”输入文本，然后按快捷键Ctrl+T打开“文本属性”泊坞窗，接着在“段落”选项卡中调整“段前间距”为150%、“字符间距”为5.0%，如图6-112所示。最后调整文本字体大小，拖曳到矩形中进行调整，如图6-113所示。

图6–112

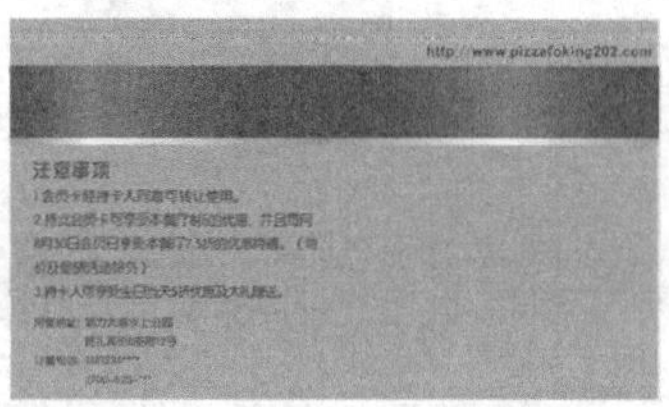

图6–113

30 使用“文本工具”输入文本，调整字体大小，然后使用“矩形工具”绘制一个矩形，再填充颜色为白色，接着将矩形和文本全选进行对齐，如图6-114所示。

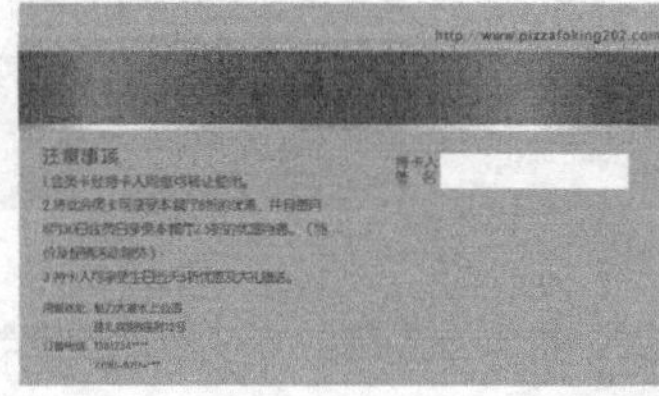

图6–114

31 将前面绘制的标志复制一份，将颜色调整为黑色，然后输入文本调整位置，接着将群组后拖曳到卡片右下角进行调整，如图6-115所示，最终效果如图6-116所示。

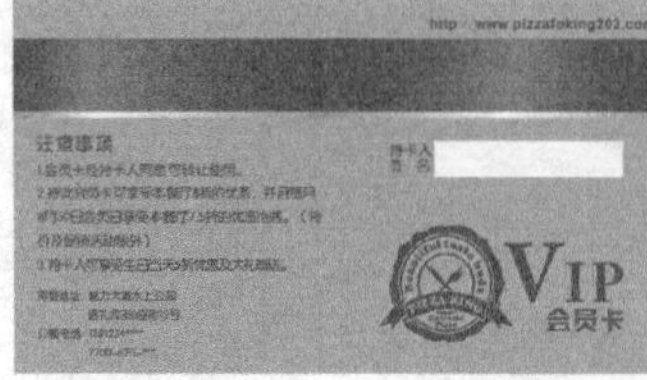

图6–115

图6–116

6.1.5 向量图样填充

选中要填充的对象，然后单击“交互式填充工具”，接着在属性栏中设置“填充类型”为“向量图样填充”、“填充图样”为，如图6-117所示，填充效果如图6-118所示。

图6–117

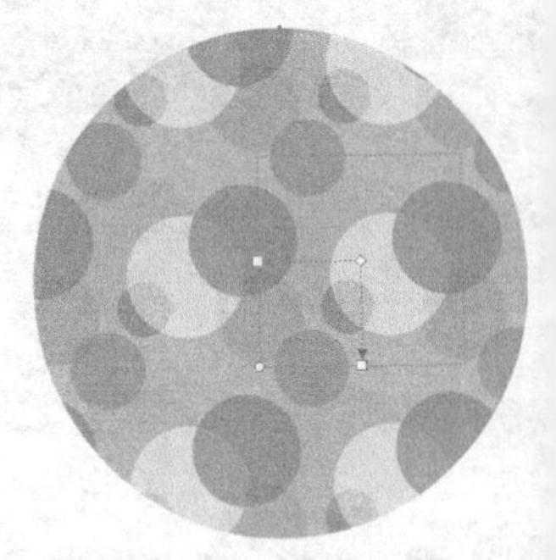

图6–118

6.1.6 位图图样填充

选中要填充的对象，然后单击“交互式填充工具”，接着在属性栏中设置“填充类型”为“位图图样填充”、“填充图样”为，如图6-119所示，填充效果如图6-120所示。

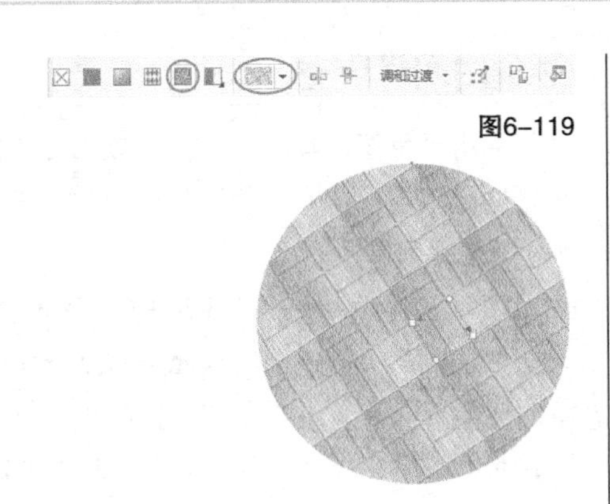

图6-119

图6-120

当选择“填充类型”为“双色图样填充”“向量图样填充”和“位图图样填充”时，除了通过属性栏对填充进行设置外，还可以直接在对象上进行编辑。

为对象填充图样后，单击虚线上的白色圆点◌，然后按住左键拖动，可以等比例地更改填充对象的“高度”和“宽度”，如图6-121所示，当光标变为十字形状+时，单击虚线上的节点，接着按住左键拖曳可以改变填充对象的“高度”或“宽度”，使填充图样产生扭曲现象，如图6-122所示。

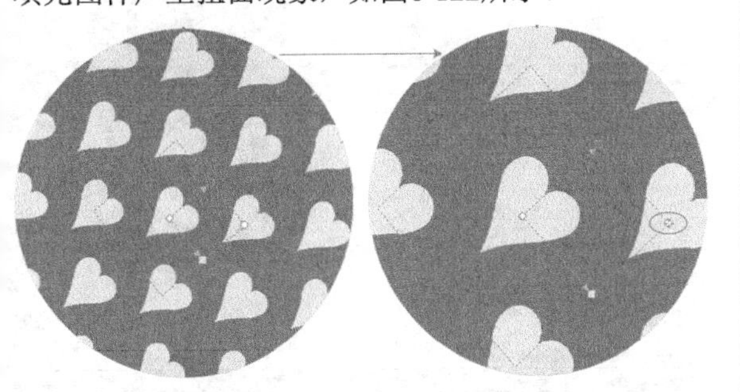

图6-121

图6-122

6.1.7 图样填充

CoreldRAW X7提供了预设的多种图案，使用“图样填充”对话框可以直接为对象填充预设的图案，也可用绘制的对象或导入的图像创建图样进行填充。

1.双色图样填充

使用“双色图样填充”，可以为对象填充只有“前部”和“后部”两种颜色的图案样式。

绘制一个圆并将其选中，然后双击“填充工具”，在弹出的“编辑填充”对话框中选择“双色图样填充”方式，并使用鼠标左键单击“图样填充挑选器”右侧的按钮选择一种图样，再分别单击“前部”和“后部”的下拉按钮进行颜色选取（在此案例中选择“白”和“红”），最后单击“确定”按钮，如图6-123所示，填充效果如图6-124所示。

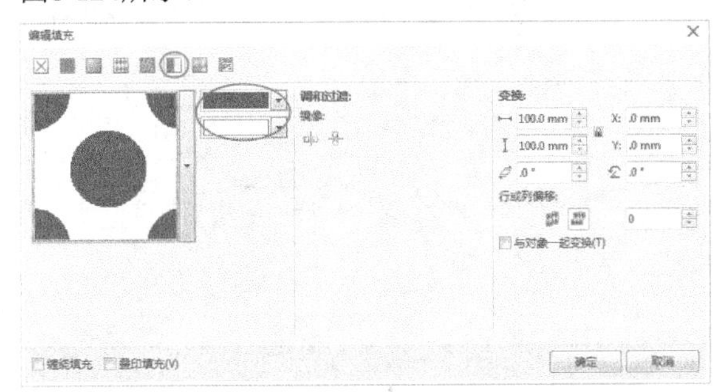

图6-123

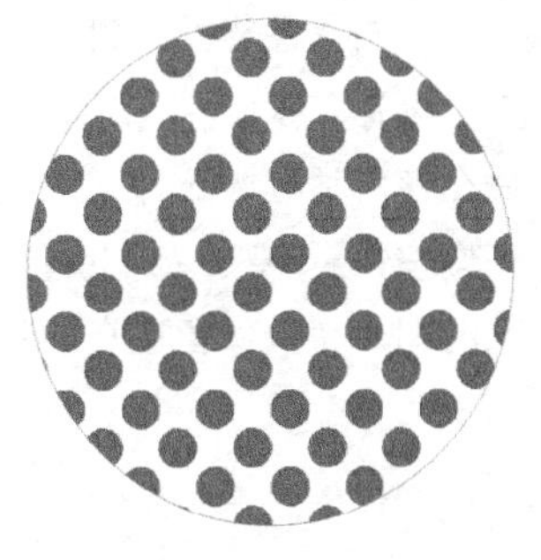

图6-124

2.向量图样填充

使用“向量图样填充”，可以把矢量花纹生成为图案样式为对象进行填充，软件中包含多种“向量”填充的图案可供选择；另外，也可以下载和创建图案进行填充。

绘制一个星形并将其选中，然后双击“填充工具”，在弹出的“编辑填充”对话框中选择“向量图样填充”方式，再单击“图样填充挑选器”

右边的下拉按钮进行图样选择，最后单击“确定”按钮，如图6-125所示，填充效果如图6-126所示。

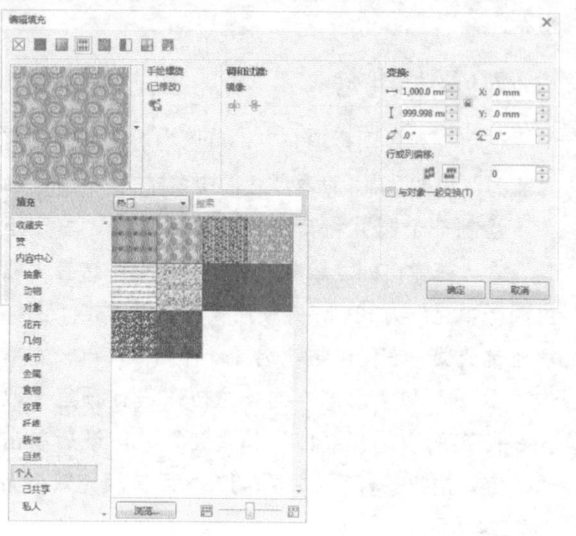

图6-125

图6-126

单击“图样填充挑选器”右边的下拉按钮，单击“浏览”按钮，弹出“打开”对话框，然后在该对话框中选择一个图片文件，接着单击“打开”按钮，如图6-127所示，系统会自动将导入的图片完全保留原有的颜色添加到“图样填充挑选器”中。

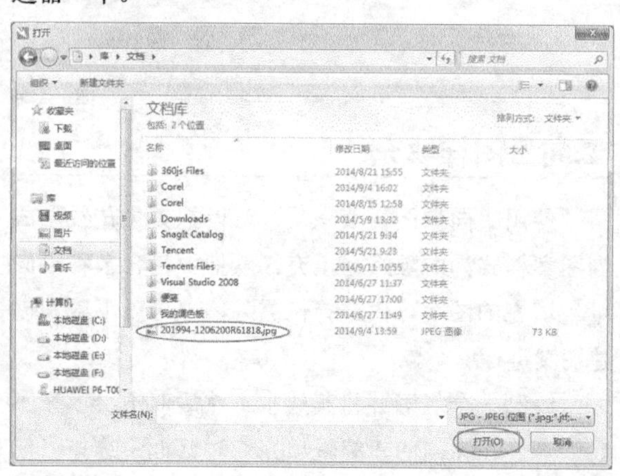

图6-127

3.位图图样填充

使用“位图图样填充”，可以选择位图图像为对象进行填充，填充后的图像属性取决于位图的大小、分辨率和深度。

绘制一个图形并将其选中，双击“填充工具”，在弹出的“编辑填充”对话框中选择“向量图样填充”方式，再单击“图样填充挑选器”的下拉按钮进行图样选择，最后单击“确定”按钮，如图6-128所示，填充效果如图6-129所示。

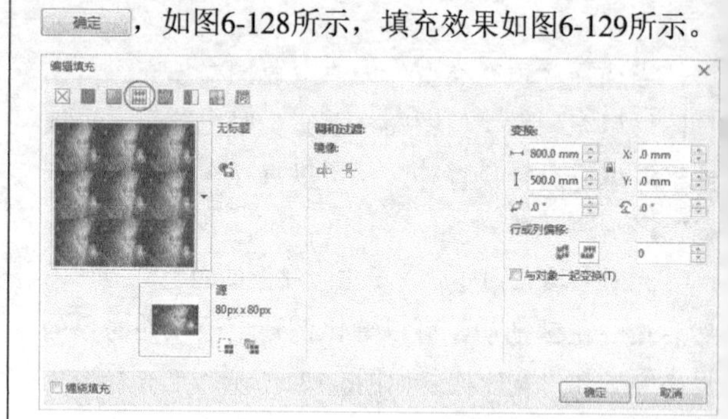

图6-128

图6-129

6.1.8 底纹填充

“底纹填充”方式是用随机生成的纹理来填充对象，使用“底纹填充”可以赋予对象自然的外观，CorelDRAW X7为用户提供多种底纹样式方便选择，每种底纹都可通过“底纹填充”对话框进行相对应的属性设置。

1.底纹库

绘制一个图形并将其选中，双击“填充工具”，在弹出的“编辑填充”对话框中选择“底纹填充”方式，接着单击“样品”右边的下拉按钮选择一个样本，再选择“底纹列表”中的一种底纹，最后单击“确定”按钮，如图6-130所示，填充效果如图6-131所示。

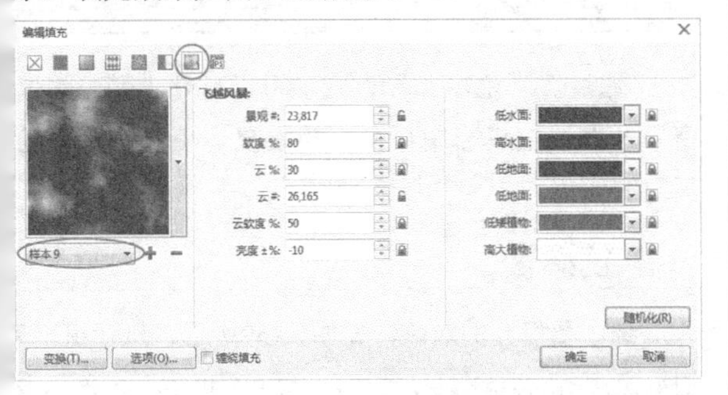

图6-130

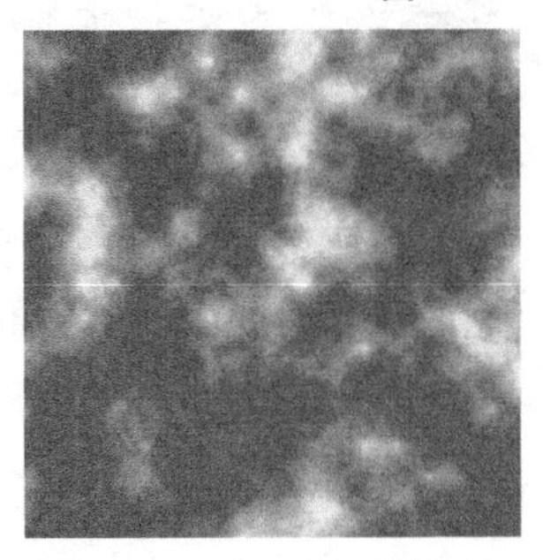

图6-131

2.颜色选择器

打开“底纹填充”对话框后，在该对话框的“底纹列表”中选择任意一种底纹类型，单击在对话框右侧下拉按钮显示相应的颜色选项（根据用户选择底纹样式的不同，会出现相应的属性选项），如图6-132所示。然后单击任意一个颜色选项后面的按钮，即可打开相应的颜色挑选器，如图6-133所示。

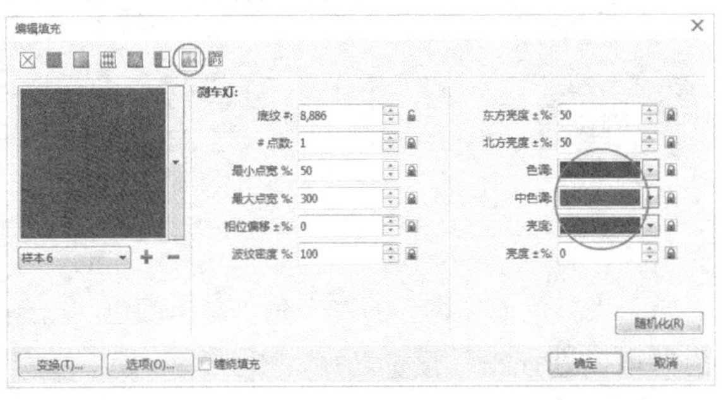

图6-132

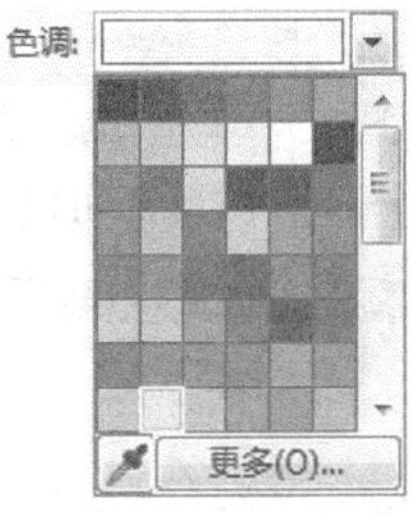

图6-133

3.选项

双击“填充工具”，在弹出的“编辑填充”对话框中选择“底纹填充”方式，然后选择任意一种底纹类型，接着单击下方的“选项”按钮，弹出“底纹选项”对话框，即可在该对话框中设置“位图分辨率”和“最大平铺宽度”，如图6-134所示。

图6-134

4.变换

双击“填充工具”，在弹出的“编辑填充”对话框中选择“底纹填充”方式，然后选择任意一种底纹类型，接着单击对话框下方的“变换”按钮，弹出“变换”对话框，在该对话框中即可对所选底纹进行参数设置，如图6-135所示。

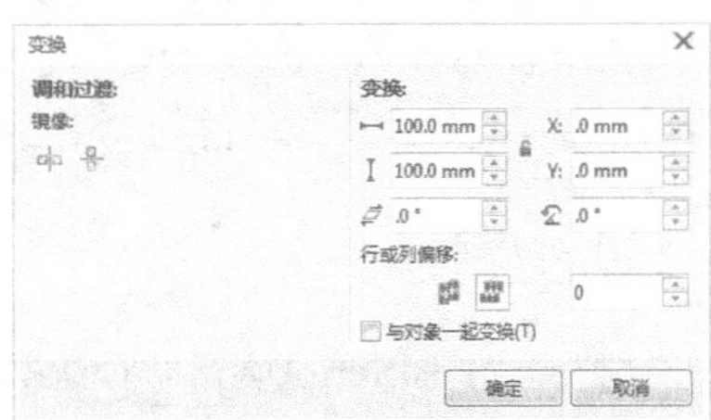

图6-135

6.1.9 PostScript填充

“PostScript填充”方式，是使用PostScript语言设计的特殊纹理进行填充，有些底纹非常复杂，因此打印或屏幕显示包含PostScript底纹填充的对象时，等待时间可能较长，并且一些填充可能不会显示，而只能显示字母ps，这种现象取决于对填充对象所应用的视图方式。

1.简单填充

绘制一个矩形并将其选中，双击“填充工具”，在弹出的“编辑填充”对话框中选择“PostScript填充”方式，接着在底纹列表框中选择一种底纹，最后单击“确定”按钮，如图

6-136所示，填充效果如图6-137所示。

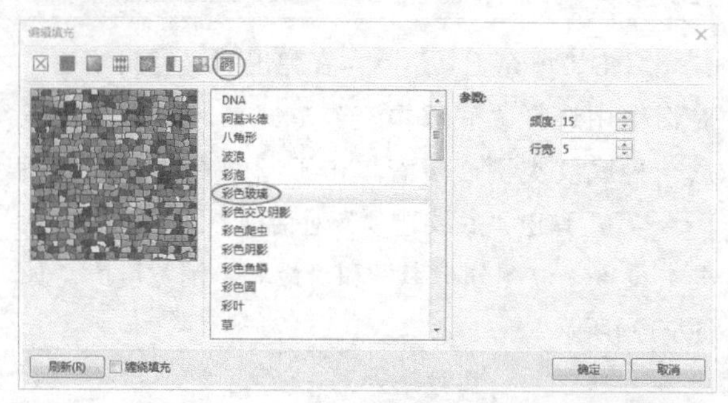

图6–136

图6–137

技巧与提示

在使用“PostScript填充” 工具进行填充时，当视图对象处于“简单线框”或“线框”模式时，无法进行显示，当视图处于“草稿”或“正常模式”时，PostScript底纹图案用字母ps表示，只有视图处于“增强”或“模拟叠印”模式时PostScript底纹图案才可显示出来。

2.设置属性

打开“PostScript填充”对话框，然后在底纹列表框中单击“彩色鱼鳞”，此时在该对话框下方显示所选底纹对应的参数选项（该对话框中显示的参数选项会根据所选底纹的不同而有所变化），接着设置“频度”为1、“行宽”为20、“背景”为20，最后单击“刷新”按钮，即可在预览窗口中对设置后的底纹进行预览，如图6-138所示。

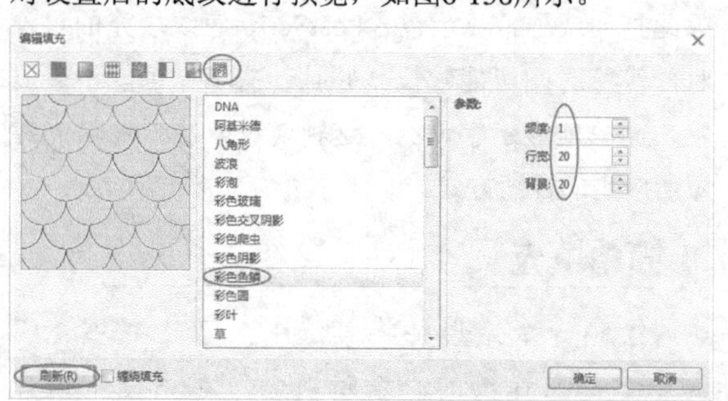

图6–138

6.1.10 彩色填充

通过“彩色填充”方式，可以打开“颜色泊坞窗”，在该泊坞窗中可以直接设置“填充”和“轮廓”的颜色。

1.颜色滴管

选中要填充的对象，如图6-139所示，执行窗口>泊坞窗>彩色菜单命令，弹出“颜色泊坞窗”，再单击“颜色滴管”按钮，待光标变为滴管形状时，即可在文档窗口中的任意对象上进行颜色取样（不论在应用程序外部还是内部），最后单击“填充”按钮，即可将取样的颜色填充到对象内部；单击“轮廓”按钮，即可将取样的颜色填充到对象轮廓，如图6-140所示，填充效果如图6-141所示。

图6–139

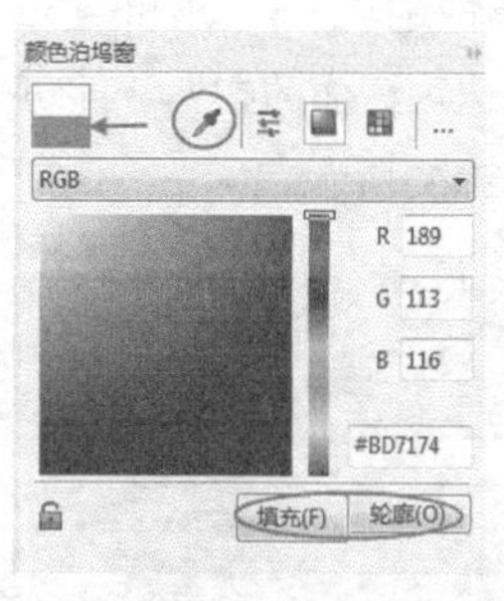

图6–140

图6–141

在“颜色泊坞窗”的左上角“参考颜色和新颜色”可以进行颜色预览，左下方的“自动应用颜色”按钮可将“颜色挑选器”“填充”和“轮廓”关联起来，以便可以自动更新颜色，如图6-142所示。

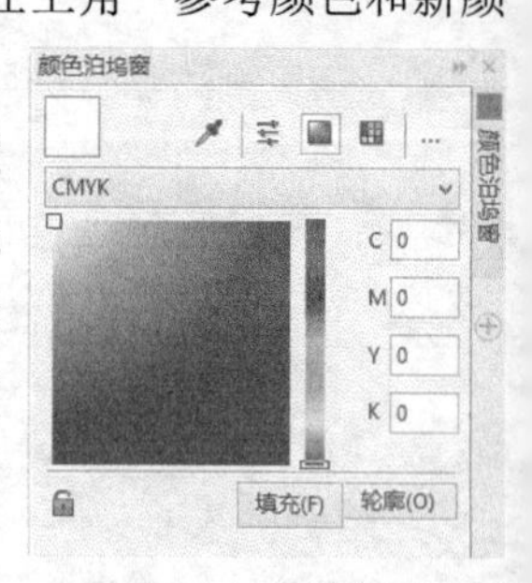

图6–142

技巧与提示

在“颜色泊坞窗”对话框中，若要将取样的颜色直接应用到对象，可以在该泊坞窗中先单击“填充”按钮或“轮廓”按钮，然后再单击“颜色滴管”，即可将取样的颜色直接填充到对象内部或对象轮廓。

2.颜色滑块

选中要填充的对象，如图6-143所示。然后在“颜色泊坞窗”中单击“显示颜色滑块”按钮，切换至“颜色滑块”操作界面，接着拖曳色条上的滑块（也可在右侧的组键中输入数值），即可选择颜色，最后单击“填充”按钮，为对象内部填充颜色，单击“轮廓”按钮，为对象轮廓填充颜色，如图6-144所示，填充效果如图6-145所示。

在该泊坞窗中单击“颜色模式”右边的按钮可以选择色彩模式，如图6-146所示。

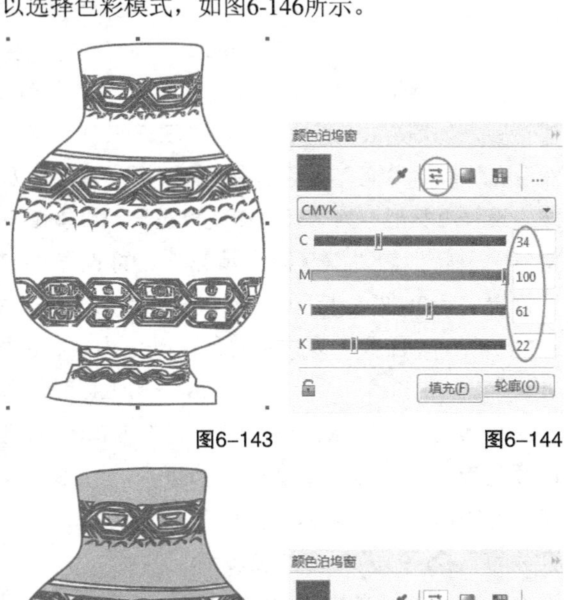

图6-143　　图6-144

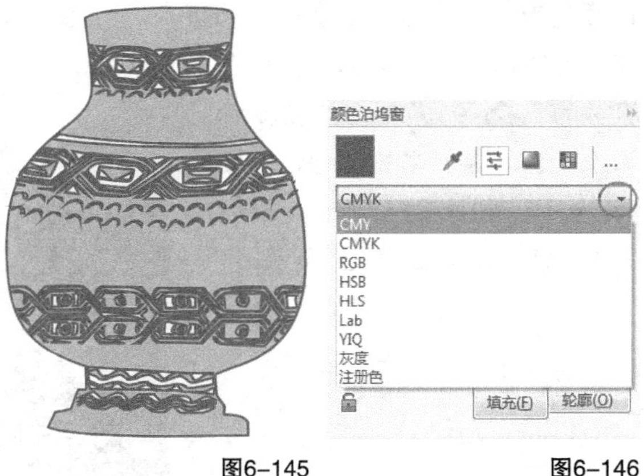

图6-145　　图6-146

3.颜色查看器

选中要填充的对象，如图6-147所示。然后在“颜色泊坞窗”中单击“颜色查看器”按钮，切换至“颜色查看器”操作界面，再使用鼠标左键在色样上单击，即可选择颜色（也可在组键中输入数值），最后单击“填充”按钮，为对象内部填充颜色，单击“轮廓”按钮，为对象轮廓填充颜色，如图6-148所示，填充效果如图6-149所示。

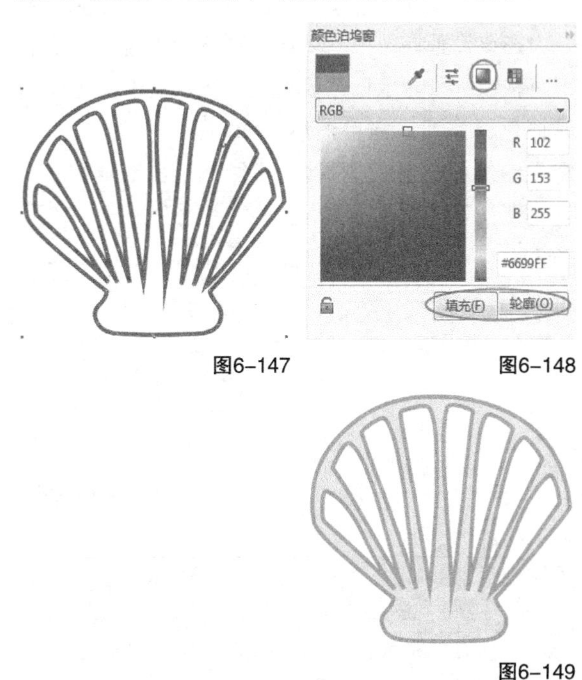

图6-147　　图6-148

图6-149

4.调色板

选中要填充的对象，如图6-150所示。然后在“颜色泊坞窗”中单击“显示调色板”按钮，切换至调色板操作界面，并在横向色条上单击鼠标左键选取颜色，最后单击“填充”按钮，即可为对象内部填充颜色；单击“轮廓”按钮，为对象轮廓填充颜色，如图6-151所示，填充效果如图6-152所示。

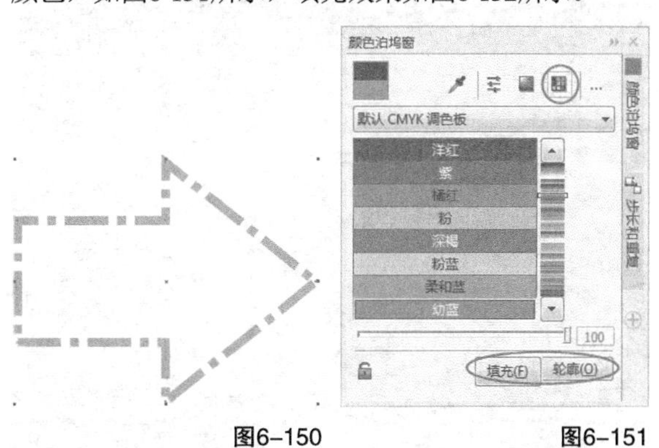

图6-150　　图6-151

图6-152

在该设置界面中，单击"颜色泊坞窗"右边的下拉按钮可以显示调色板列表，在该列表中可以选择调色板类型，拖曳泊坞窗右侧纵向色条上的滑块可对所选调色板中包含的颜色进行预览，如图6-153所示。

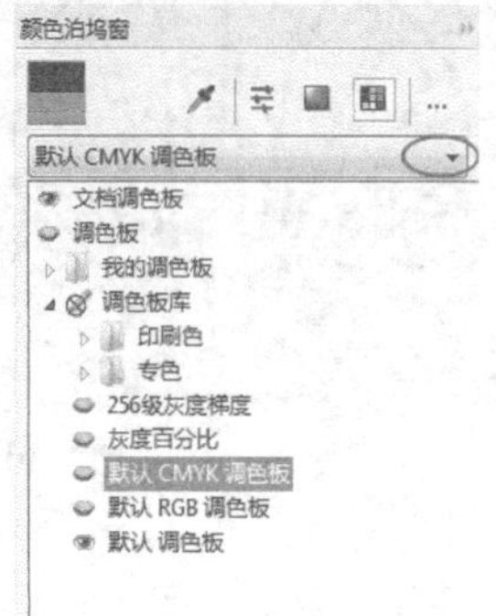

图6-153

课堂案例

绘制红酒瓶

实例位置	实例文件>CH06>课堂案例：绘制红酒瓶.cdr
素材位置	素材文件>CH06>07.cdr、07(1).cdr、07(2).cdr、07(3).cdr
视频位置	多媒体教学>CH06>课堂案例：绘制红酒瓶.mp4
技术掌握	渐变填充的使用方法

绘制红酒瓶，适用于产品设计，效果如图6-154所示。

图6-154

01 新建空白文档，然后设置文档名称为"红酒瓶"，接着设置"宽度"为270mm、"高度"为210mm。

02 使用"钢笔工具"绘制出红酒瓶的外轮廓，如图6-155所示。然后填充颜色为（C:0，M:0，Y:0，K:100），接着去除轮廓，效果如图6-156所示。

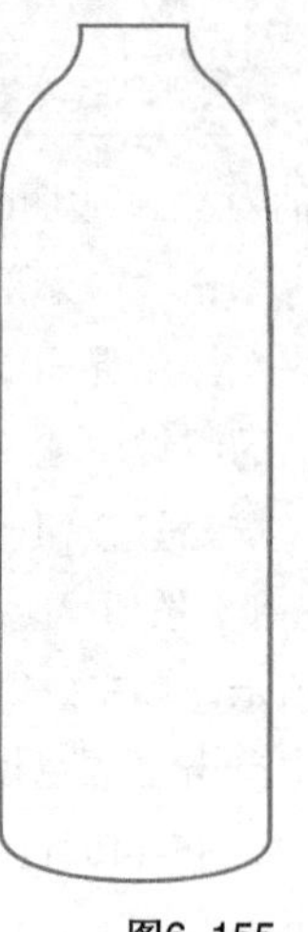

图6-155

图6-156

03 使用"钢笔工具"绘制出红酒瓶左侧反光区域轮廓，如图6-157所示，双击"填充工具"，然后在"编辑填充"对话框中选择"渐变填充"方式，设置"类型"为"线性渐变填充"、"镜像、重复和反转"为"默认渐变填充"，再设置"节点位置"为0%的色标颜色为（C:0，M:0，Y:0，K:100）、"位置"为15%的色标颜色为（C:0，M:0，Y:0，K:81）、"位置"为64%的色标颜色为（C:0，M:0，Y:0，K:90）、"位置"为100%的色标颜色为（C:0，M:0，Y:0，K:100），"填充宽度"为101.853 %、"水平偏移"为7.046 %、"垂直偏移"为-91.9%、"旋转"为-91.1°，最后单击"确定"按钮，如图6-158所示，最后去除轮廓，效果如图6-159所示。

图6-157

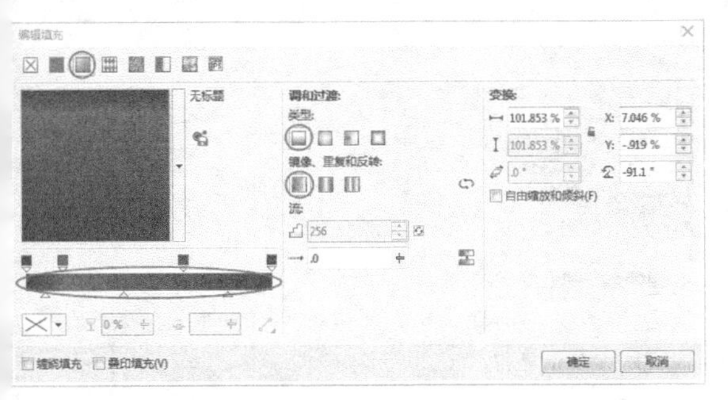

图6–158

图6–159

04 使用“钢笔工具”绘制出红酒瓶右侧反光区域轮廓，如图6-160所示，双击“填充工具”，然后在“编辑填充”对话框中选择“渐变填充”方式，设置“类型”为“线性渐变填充”、“镜像、重复和反转”为“默认渐变填充”，再设置“节点位置”为0%的色标颜色为（C:0，M:0，Y:0，K:80）、“位置”50%的色标颜色为（C:0，M:0，Y:0，K:100）、“位置”为100%的色标颜色为（C:0，M:0，Y:0，K:100），“填充宽度”为100.0 %、“水平偏移”为-.002%、“垂直偏移”为.0 %、“旋转”为-90.0°，最后单击“确定”按钮，如图6-161所示，填充完毕后去除轮廓，效果如图6-162所示。

图6–160

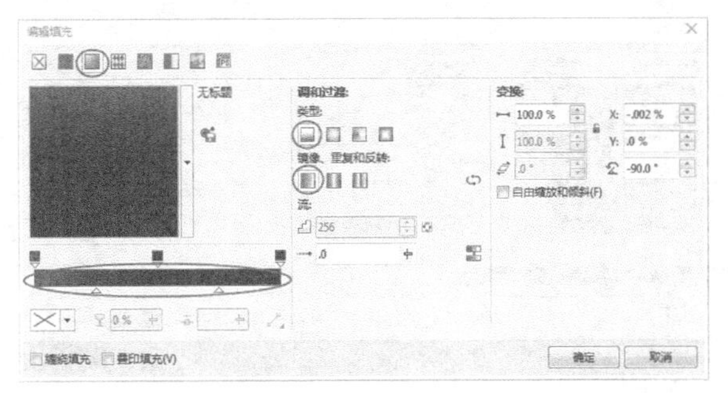

图6–161

图6–162

05 绘制出红酒瓶颈部的左侧反光区域轮廓，如图6-163所示，双击“填充工具”，然后在“编辑填充”对话框中选择“渐变填充”方式，设置“类型”为“线性渐变填充”、“镜像、重复和反转”为“默认渐变填充”，再设置“节点位置”为0%的色标颜色为（C:0，M:0，Y:0，K:70）、“位置”为85%的色标颜色为（C:0，M:0，Y:0，K:100）、“位置”为100%的色标颜色为（C:0，M:0，Y:0，K:90），“填充宽度”为99.999 %、“水平偏移”为-.002%、“垂直偏移”为0 %、“旋转”为0°，最后单击“确定”按钮，如图6-164所示，填充完毕后去除轮廓，效果如图6-165所示。

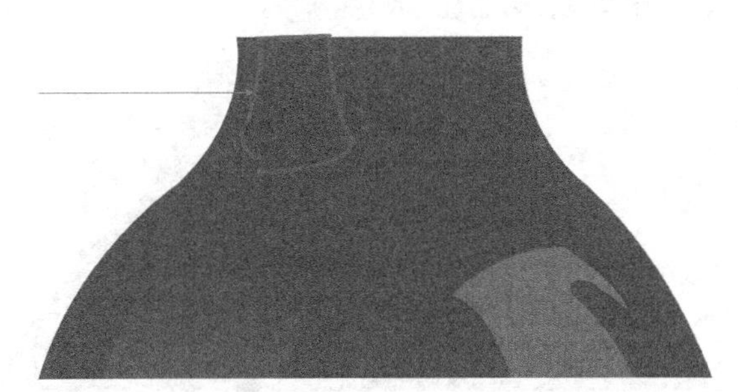

图6–163

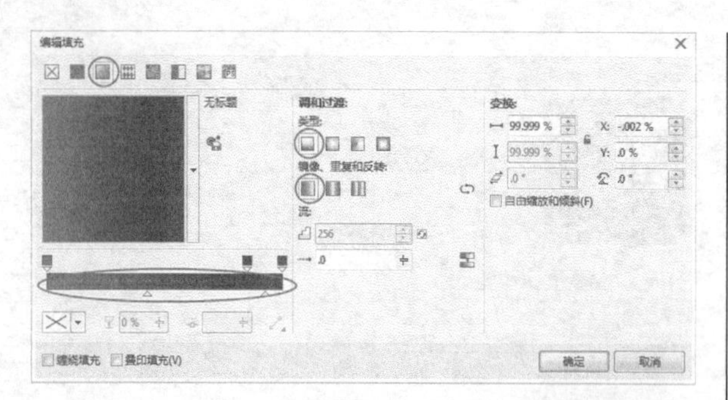

图6-164

图6-165

06 绘制出红酒瓶颈部右侧的反光区域轮廓，如图6-166所示，双击“填充工具”，然后在“编辑填充”对话框中选择“渐变填充”方式，设置“类型”为“线性渐变填充”、“镜像、重复和反转”为“默认渐变填充”，再设置“节点位置”为0%的色标颜色为（C:0，M:0，Y:0，K:100）、“位置”为100%的色标颜色为（C:0，M:0，Y:0，K:70），“填充宽度”为125.72 %、“水平偏移”为0%、“垂直偏移”为-10.497 %、“旋转”为-33.0°，最后单击“确定”按钮，如图6-167所示，填充完毕后去除轮廓，效果如图6-168所示。

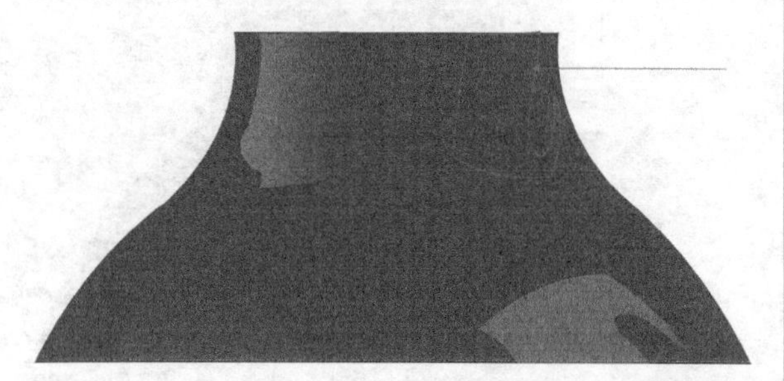

图6-166

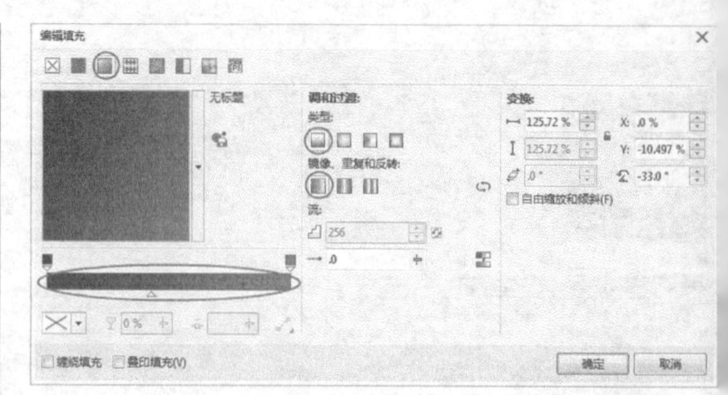

图6-167

图6-168

07 绘制出红酒瓶右侧边缘的反光区域轮廓，如图6-169所示，双击“填充工具”，然后在“编辑填充”对话框中选择“渐变填充”方式，设置“类型”为“线性渐变填充”、“镜像、重复和反转”为“默认渐变填充”，再设置“节点位置”为0%的色标颜色为（C:55，M:49，Y:48，K:14）、“位置”为85%的色标颜色为（C:0，M:0，Y:0，K:90）、“位置”为100%的色标颜色为（C:0，M:0，Y:0，K:100），“填充宽度”为82.848%、“水平偏移”为.247 %、“垂直偏移”为8.576 %、“旋转”为-90.0°，最后单击“确定”按钮，如图6-170所示，填充完毕后去除轮廓，效果如图6-171所示。

图6-169

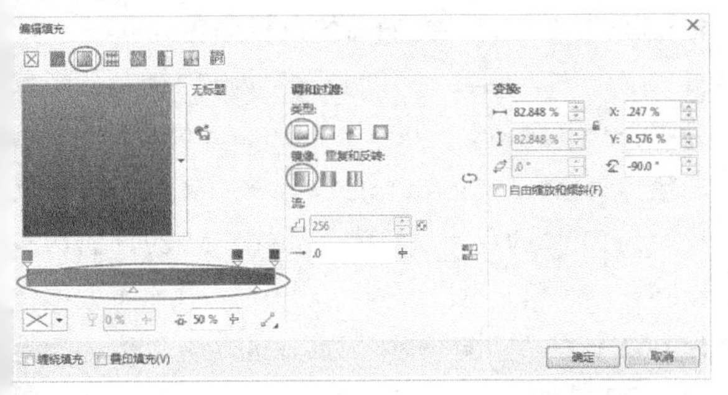

图6-170

图6-171

08 绘制出红酒瓶左侧上方边缘的反光区域轮廓，如图6-172所示，双击“填充工具”，然后在“编辑填充”对话框中选择“渐变填充”方式，设置“类型”为“线性渐变填充”、“镜像、重复和反转”为“默认渐变填充”，再设置“节点位置”为0%的色标颜色为（C:78，M:74，Y:71，K:44）、“位置”为100%的色标颜色为（C:86，M:85，Y:79，K:100），“填充宽度”为13.512%、“旋转”为-90.0°，最后单击“确定”按钮，如图6-173所示，填充完毕后去除轮廓，效果如图6-174所示。

图6-172

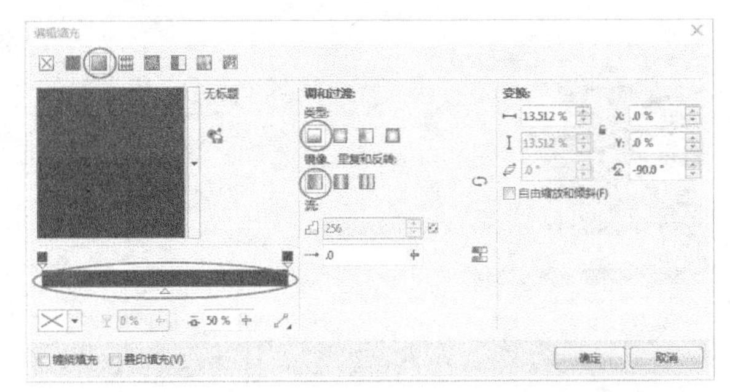

图6-173

图6-174

09 绘制出红酒瓶左侧下方边缘的反光区域轮廓，如图6-175所示，双击“填充工具”，然后在“编辑填充”对话框中选择“渐变填充”方式，设置“类型”为“线性渐变填充”、“镜像、重复和反转”为“默认渐变填充”，再设置“节点位置”为0%的色标颜色为（C:85，M:86，Y:79，K:100）、“位置”为77%的色标颜色为（C:0，M:0，Y:0，K:100）、“位置”为100%的色标颜色为（C:0，M:0，Y:0，K:70），“填充宽度”为110.883%、“水平偏移”为53.266%、“垂直偏移”为-5.442%、“旋转”为-90.0°，最后单击“确定”按钮，如图6-176所示，填充完毕后去除轮廓，效果如图6-177所示。

图6-175

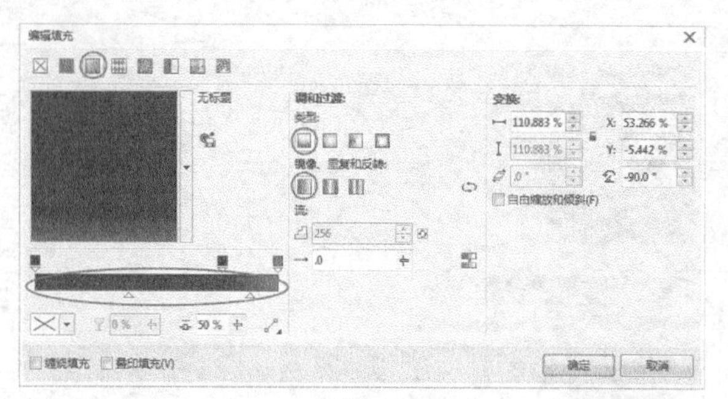

图6-176

图6-177

10 使用“矩形工具”绘制出瓶盖的外轮廓，绘制两个交叉的矩形，如图6-178所示。然后在下方绘制一个矩形，接着在上方绘制一个“圆角”为0.77mm的矩形，再将绘制的矩形全部选中，按C键使其垂直居中对齐，效果如图6-179所示。

11 选中前面绘制的矩形中最下方的矩形，然后按快捷键Ctrl+Q将其转换为曲线，接着使用“形状工具”调整外形，再选中这4个矩形，最后按快捷键Ctrl+G进行组合对象，效果如图6-180所示。

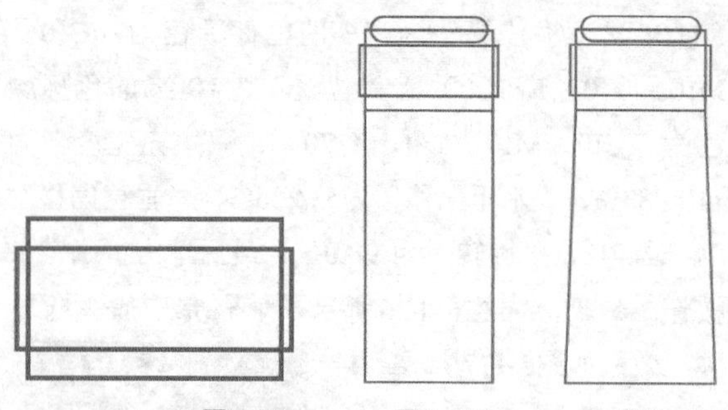

图6-178　　图6-179　　图6-180

12 选中前面组合的对象，双击“填充工具”，然后在“编辑填充”对话框中选择“渐变填充”方式，设置“类型”为“线性渐变填充”、“镜像、重复和反转”为“默认渐变填充”，再设置“节点位置”为0%的色标颜色为（C:42，M:90，Y:75，K:65）、“位置”为21%的色标颜色为（C:35，M:85，Y:77，K:42）、“位置”为43%的色标颜色为（C:44，M:89，Y:90，K:11）、“位置”为76%的色标颜色为（C:56，M:87，Y:82，K:86）、“位置”为100%的色标颜色为（C:56，M:87，Y:79，K:85），“填充宽度”为100.001%、“水平偏移”为.002 %、“垂直偏移”为-.008 %、“旋转”为0°，最后单击“确定”按钮，如图6-181所示，填充完毕后去除轮廓，效果如图6-182所示。

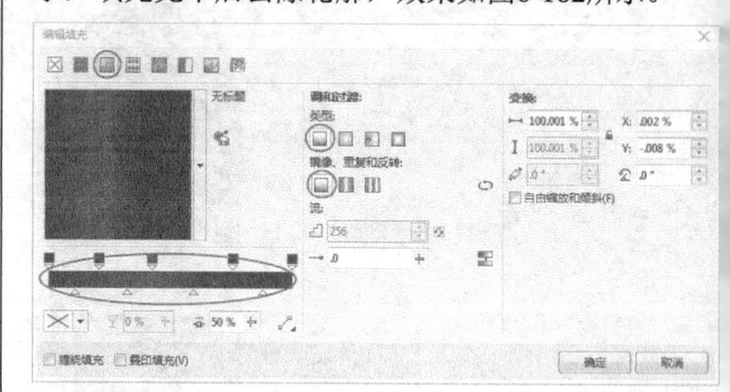

图6-181

图6-182

13 使用“矩形工具”绘制一个矩形长条，然后填充颜色为（C:49，M:87，Y:89，K:80），接着去除轮廓，如图6-183所示。最后复制3个，分别放置在瓶盖中图形的衔接处，效果如图6-184所示。

图6-183

图6-184

技巧与提示

在以上操作步骤中，将矩形长条放置在图形衔接处时，要根据所在的衔接处图形的宽度来调整矩形的宽度，矩形的宽度要与衔接处图形的宽度一致。

14 使用“矩形工具”绘制一矩形，双击“填充工具”，然后在“编辑填充”对话框中选择“渐变填充”方式，设置“类型”为“线性渐变填充”、“镜像、重复和反转”为“默认渐变填充”，再设置“节点位置”为0%的色标颜色为（C:27，M:51，Y:94，K:8）、“位置”28%的色标颜色为（C:2，M:14，Y:58，K:0）、“位置”为49%的色标颜色为（C:0，M:0，Y:0，K:0）、“位置”为67%的色标颜色为（C:43，M:38，Y:74，K:8）、“位置”为80%的色标颜色为（C:5，M:15，Y:58，K:0）、“位置”为100%的色标颜色为（C:47，M:42，Y:75，K:13），“填充宽度”为99.996 %、“水平偏移”为.002%、“垂直偏移”为-.017%、“旋转”为0°，最后单击“确定”按钮，如图6-185所示，填充完毕后去除轮廓，效果如图6-186所示。

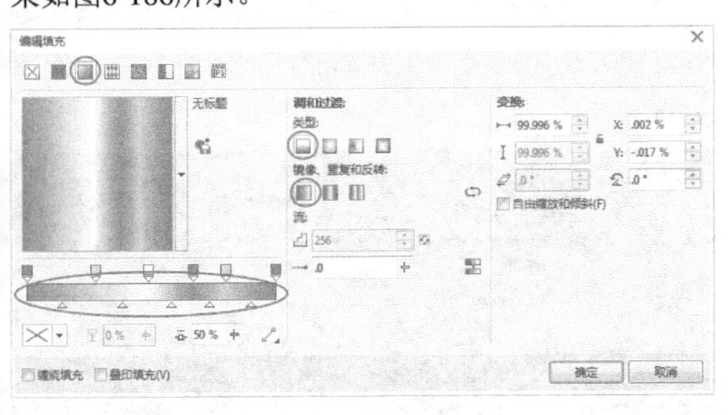

图6-185

图6-186

15 选中前面填充渐变色的矩形，然后移动到瓶盖下方，接着使用“形状工具”调整外形使矩形左右两侧的边缘与瓶盖左右两侧边缘重合，效果如图6-187所示。

16 导入“素材文件>CH06>07(1).cdr”文件，然后移动到瓶盖下方，接着适当调整大小，效果如图6-188所示。

17 选中瓶盖上的所有内容，然后按快捷键Ctrl+G进行对象组合，接着移动到瓶身上方，再适当调整位置，效果如图6-189所示。

18 使用“矩形工具”在瓶身上面绘制一个矩形作为瓶贴，如图6-190所示，双击“填充工具”，然后在“编辑填充”对话框中选择“渐变填充”方式，设置“类型”为“线性渐变填充”、“镜像、重复和反转”为“默认渐变填充”，再设置“节点位置”为0%的色标颜色为（C:47，M:39，Y:64，K:0）、“位置”为23%的色标颜色为（C:4，M:0，Y:25，K:0）、“位置”为53%的色标颜色为（C:42，M:35，Y:62，K:0）、“位置”为83%的色标颜色为（C:16，M:15，Y:58，K:0）、“位置”为100%的色标颜色为（C:60，M:53，Y:94，K:8），“填充宽度”为99.998%、“水平偏移”为.001 %、“垂直偏移”为0%、“旋转”为0°，最后单击“确定”按钮，如图6-191所示，填充完毕后去除轮廓，效果如图6-192所示。

图6-187 图6-188 图6-189 图6-190

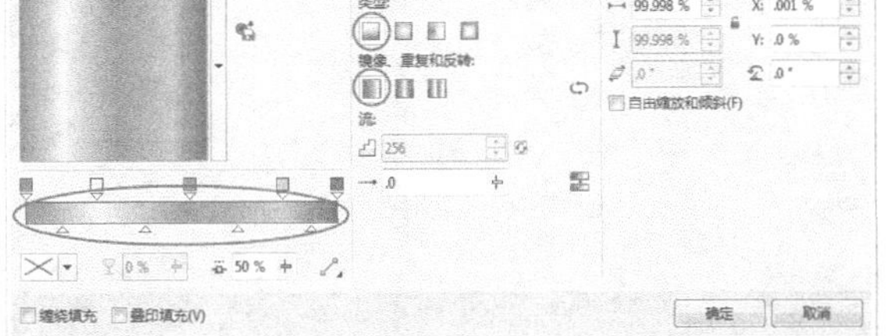

图6-191

图6-192

19 将前面绘制的瓶贴复制两个，然后将复制的第2个瓶贴适当缩小，接着稍微拉长高度，如图6-193所示，再选中两个矩形，在属性栏中单击“移除前面对象”按钮，即可制作出边框，效果如图6-194所示。

图6-193

图6-194

20 单击“属性滴管工具”，然后在属性栏中单击“属性”按钮，勾选“填充”，如图6-195所示。接着使用鼠标左键在瓶盖的金色渐变色条上进行属性取样，待光标变为形状时单击矩形框，使金色色条的“填充”属性应用到矩形边框，效果如图6-196所示。

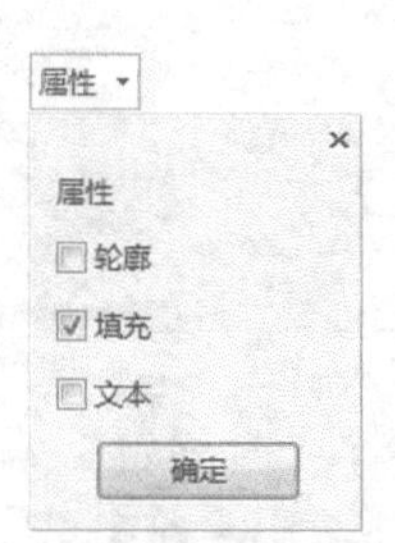

图6-195

图6-196

21 选中矩形边框，然后移动到瓶贴上面，并适当调整位置，效果如图6-197所示。

22 导入“素材文件>CH06>07(2).cdr”文件，然后适当调整大小，接着放置瓶贴上方，效果如图6-198所示。

23 导入“素材文件>CH06>07(3).cdr”文件，然后适当调整大小，接着放置瓶贴下方，如图6-199所示。最后选中红酒瓶包含的所有对象，按快捷键Ctrl+G进行组合对象。

图6-197

图6-198

图6-199

24 导入“素材文件>CH06>07.cdr”文件，然后适当调整大小，接着放置红酒瓶前面，最终效果如图6-200所示。

图6-200

6.2 网状填充工具

使用“网状填充工具”可以设置不同的网格数量和调节点位置给对象填充不同颜色的混合效果，通过“网状填充”属性栏的设置和基本使用方法的学习，可以掌握“网状填充工具”的基本使用方法。

6.2.1 属性栏的设置

“网状填充工具”属性栏选项如图6-201所示。

图6-201

【参数详解】

网格大小：可分别设置水平方向上和垂直方向上网格的数目。

选取模式：单击该选项，可以在该选项的列表中选择“矩形”或“手绘”作为选定内容的选取框。

添加交叉点：单击该按钮，可以在网状填充的网格中添加一个交叉点（使用鼠标左键单击填充对象的空白处出现一个黑点时，该按钮才可用）。

删除节点：删除所选节点，改变曲线对象的形状。

转换为线条：将所选节点处的曲线转换为直线。

转换为曲线：将所选节点对应的直线转换为曲线，转换为曲线后的线段会出现两个控制柄，通过调整控制柄更改曲线的形状。

尖突节点：单击该按钮可以将所选节点转换为尖突节点。

平滑节点：单击该按钮可以将所选节点转换为平滑节点，提高曲线的圆润度。

对称节点：将同一曲线形状应用到所选节点的两侧，使节点两侧的曲线形状相同。

对网状颜色填充进行取样：从文档窗口中对选定节点进行颜色选取。

网状填充颜色：为选定节点选择填充颜色。

透明度：设置所选节点透明度，单击透明度选项出现透明度滑块，然后拖动滑块，即可设置所选节点区域的透明度。

曲线平滑度：更改节点数量调整曲线的平滑度。

平滑网状颜色：减少网状填充中的硬边缘，使填充颜色过渡更加柔和。

复制网状填充：将文档中另一个对象的网状填充属性应用到所选对象。

清除网状：移除对象中的网状填充。

6.2.2 基本使用方法

在页面空白处，绘制如图6-202所示的图形，然后单击“网状填充工具”，接着在属性栏中设置参数数值，再单击对象下方的节点，填充较之前更深的颜色和高光，最后按住鼠标左键移动该节点的位置，效果如图6-203所示。

图6-202　　图6-203

技巧与提示

应用网状填充，可以指定网格的列数和行数，而且可以指定网格的交叉点，这些网格点所填充的颜色会相互渗透、混合，使填充对象更加自然。

在绘制一些立体感较强的对象时，可以使用网状填充来体现对象的质感和空间感，如图6-204所示。

在进行网状填充时，使用鼠标左键单击填充对象的空白处，会出现一个黑点，此时单击属性栏中的“添加交叉点”按钮即可添加节点，也可以直接在填充对象上双击鼠标左键，如图6-205所示。

图6-204 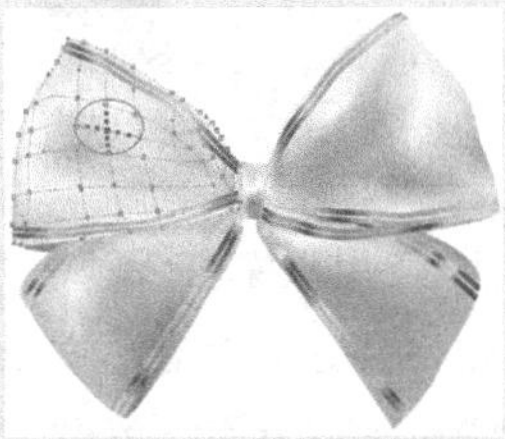　　图6-205

如果要删除节点，可以单击该处节点使其呈黑色选中状态，如图6-206所示，然后单击属性栏中的“删除节点”按钮，即可删除该处节点，也可以用鼠标左键双击该节点，如图6-207所示。

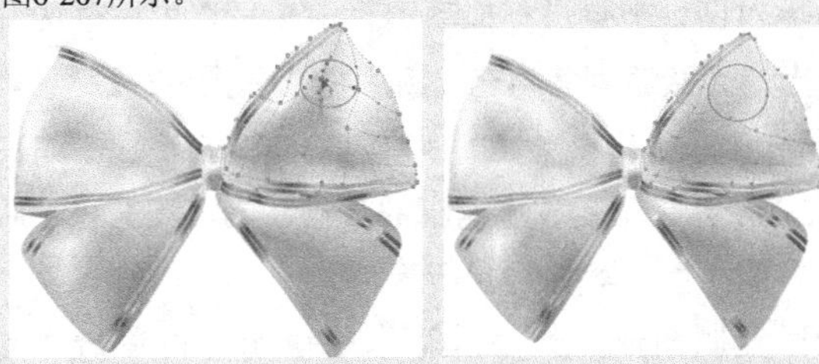

图6-206　　图6-207

如果要为对象上的多个节点填充同一颜色，可以在按住Shift键的同时，使用鼠标左键单击这些节点使其呈黑色选中状态，如图6-208所示，即可为这些节点填充同一颜色，如图6-209所示。

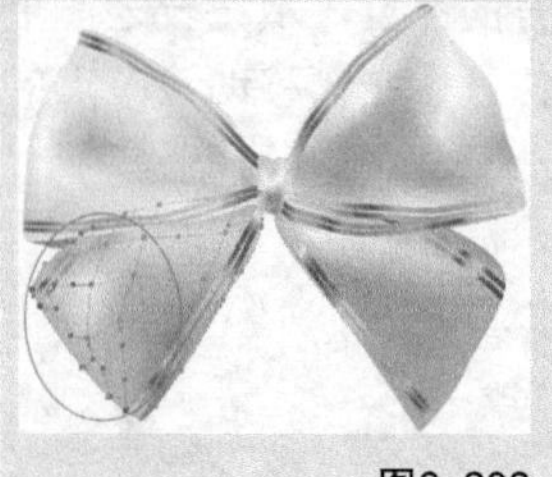

图6-208

图6-209

课堂案例

蝴蝶结的制作

实例位置　实例文件>CH06>课堂案例：蝴蝶结的制作.cdr
素材位置　素材文件>CH06>08(1).cdr
视频位置　多媒体教学>CH06>课堂案例：蝴蝶结的制作.mp4
技术掌握　网状填充工具的使用方法

使用“网状填充工具”绘制蝴蝶结，一般适用于礼品包装设计，效果如图6-210所示。

图6-210

01 使用“钢笔工具” 绘制一个不规则图形，如图6-211所示，然后单击“工具箱”中的“网状填充工具” ，接着在属性栏中设置“列数”为4、“行数”为4。

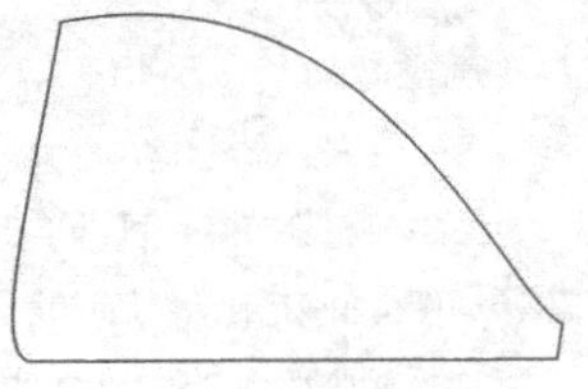

图6-211

02 对图中节点进行拖动调整，然后选中图中的几个节点，接着为其填充“粉”色，如图6-212所示。再选中另外几个节点，为其填充“红”色，如图6-213所示。最后选中剩下的节点，为其填充一个暗一点的红色，如图6-214所示。

03 复制图形，然后进行水平镜像，再单击“导入”图标 打开对话框，导入“下载资源素材>素材>CH01>08(1).cdr”文件，拖曳到页面中调整大小，接着摆放在图中适当的位置，最终效果如图6-215所示。

图6-212　图6-213

图6-214　图6-215

6.3 调色板填充

“调色板填充”是填充图形中最常用的填充方式之一，具有方便快捷以及操作简单的特点，在软件绘制过程中省去许多反复的操作步骤，起到提高操作效率的作用。

6.3.1 打开和关闭调色板

通过菜单命令可以直接打开相应的调色板，也可以打开“调色板管理器”泊坞窗，在该泊坞窗中打开相应的调色板。

1.使用菜单命令打开

执行“窗口>调色板”菜单命令，将显示“调色板”菜单命令包含的所有内容，如图6-216所示。勾选“文档调色板”“调色板”以及如图6-217所示的调色板类型，即可在软件界面的右侧以色样列表的方式显示，勾选多个调色板类型时可同时显示，如图6-218所示。

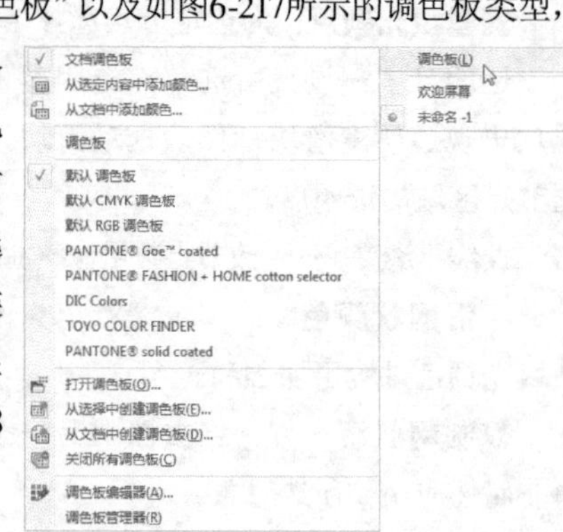

图6-216

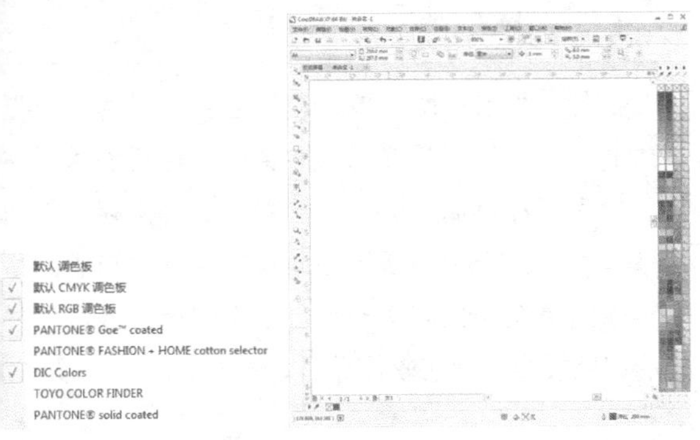

图6-217 图6-218

2.从调色板管理器打开

执行“窗口>调色板>调色板管理器”菜单命令，将打开“调色板管理器”泊坞窗，在该泊坞窗中显示系统预设的所有调色板类型和自定义的调色板类型，接着使用鼠标左键双击任意一个调色板（或是单击该调色板前面的图标，使其呈 图形），即可在软件界面右侧显示该调色板，若要关闭该调色板，可以再次使用鼠标左键双击该调色板（或是单击该调色板前面的图标，使其呈 图形），即可取消该调色板在软件界面中的显示，如图6-219所示。

在该泊坞窗中可以删除自定义的调色板，首先使用鼠标左键双击“我的调色板”文件夹，打开自定义的调色板列表，然后选中任意一个自定义的调色板，接着在泊坞窗右下方单击“删除所选的项目”按钮，如图6-220所示，即可删除所选调色板。

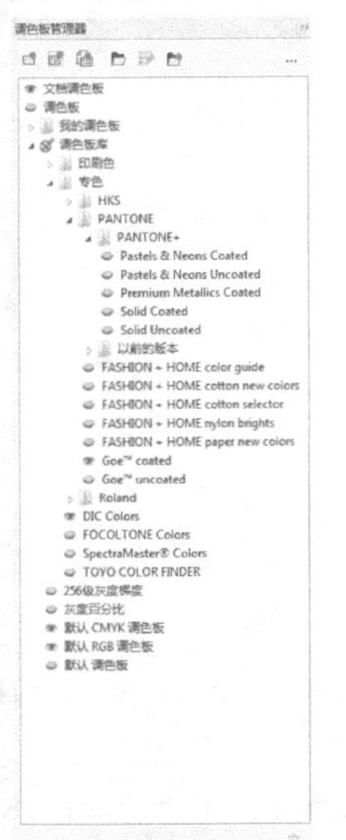

图6-219

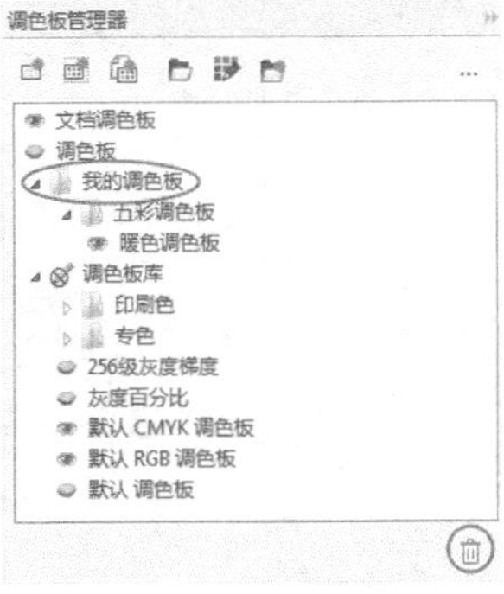

调色板管理器
文档调色板
调色板
我的调色板
五彩调色板
暖色调色板
调色板库
印刷色
专色
256级灰度梯度
灰度百分比
默认 CMYK 调色板
默认 RGB 调色板
默认 调色板

图6-220

3.关闭调色板

执行“窗口>调色板>关闭所有调色板”菜单命令，可以取消所有“调色板”在软件界面的显示，如果要取消某一个调色板在软件界面中的显示，可以在该调色板的上方单击按钮，打开菜单面板，然后依次单击“调色板”“关闭”，如图6-221所示，即可取消该调色板在软件界面中的显示。

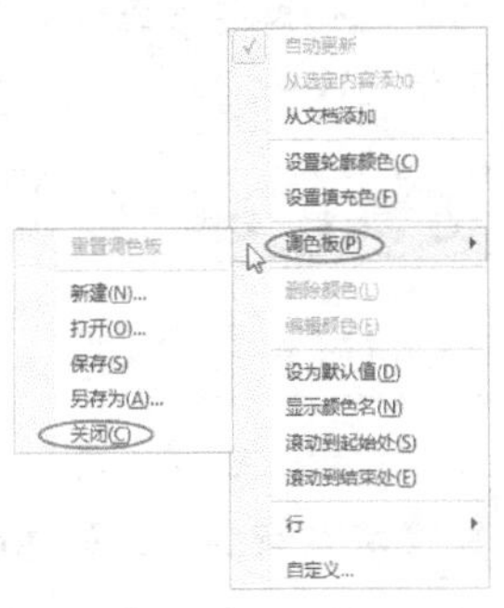

图6-221

6.3.2 添加颜色到调色板

1.从选定内容添加

选中一个已填充的对象，然后在想要添加颜色的“调色板”上方单击按钮，打开菜单面板，接着单击“从选定内容添加”，如图6-222所示，即可将对象的填充颜色添加到该调色板列表中。

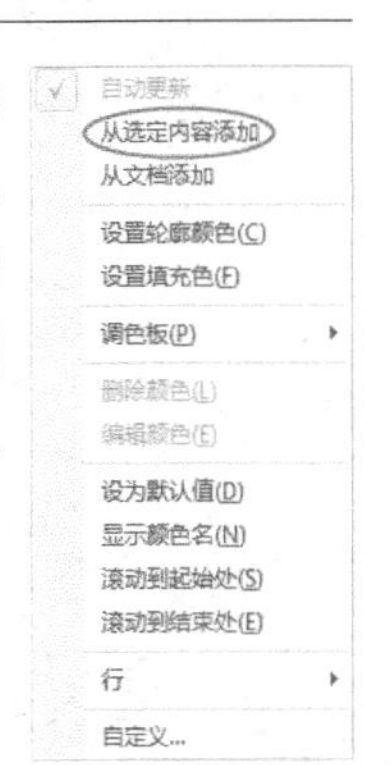

图6-222

2.从文档添加

如果要从整个文档窗口中添加颜色到指定调色板中，可以在想要添加颜色的“调色板”上方单击按钮，打开菜单面板，然后单击“从文档添加”，如图6-223所示，即可将文档窗口中的所有颜色添加到该调色板列表中。

图6-223

3.滴管添加

在任意一个打开的调色板上方单击“滴管”按钮，待光标变为滴管形状时，使用鼠标左键在文档窗口内的任意的对象上单击，即可将该处的颜色添加到相应的调色板中，如果单击该按钮后同时按住Ctrl键，待光标变为形状时，即可使用鼠标左键在文档窗口内多次单击将取样的多种颜色添到相应调色板中。

6.3.3 创建自定义调色板

1.通过对象创建

使用“矩形工具”绘制一个矩形，然后为该矩形填充渐变色，如图6-224所示。接着执行“窗口>调色板>从选择中创建调色板”菜单命令，打开“另存为”对话框，再输入“文件名”为“五彩调色板”，最后单击“保存”按钮保存(S)，如图6-225所示，即可由选定对象的填充颜色创建一个自定义的调色板，保存后的调色板会自动在软件界面右侧显示，如图6-226所示。

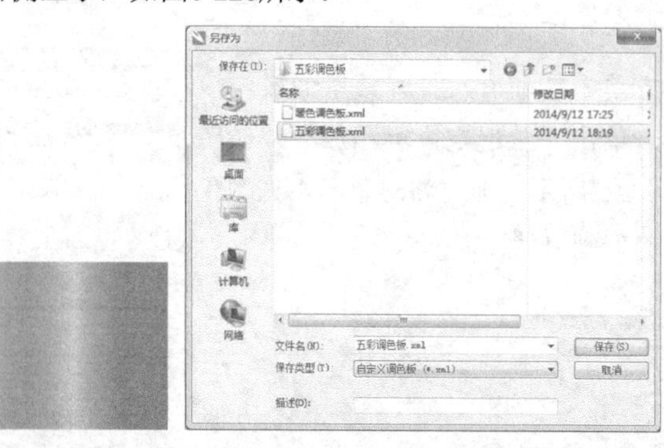

图6-224　图6-225

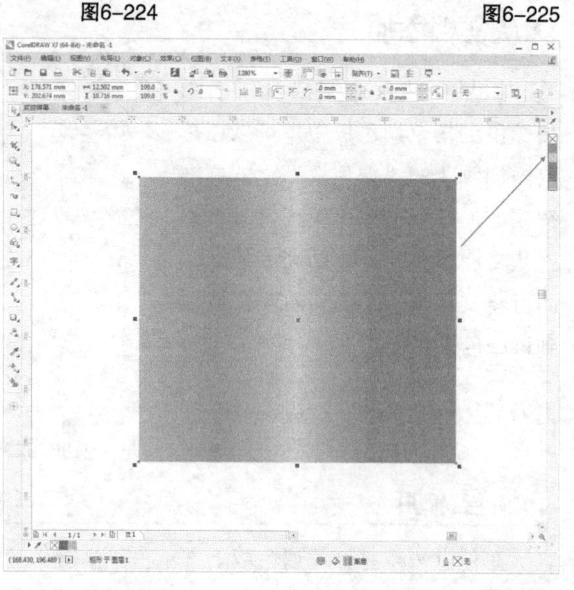

图6-226

2.通过文档创建

执行“窗口>调色板>从文档创建调色板”菜单命令，打开“另存为”对话框，然后输入“文件名”为“冷色调色板”，接着单击“保存”按钮保存(S)，如图6-227所示，即可由文档窗口中的所有对象的填充颜色创建一个自定义的调色板，保存后的调色板会自动在软件界面右侧显示。

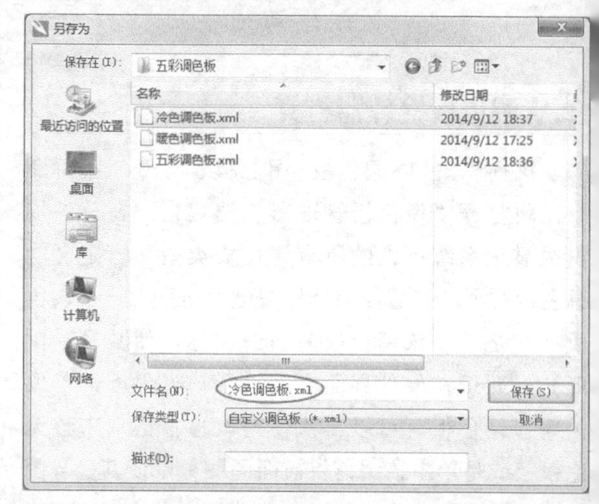

图6-227

6.3.4 调色板编辑器

执行“窗口>调色板>调色板编辑器”菜单命令，将弹出“调色板编辑器”对话框，在该对话框中可以对“文档调色板”“调色板”“我的调色板”进行编辑，如图6-228所示。

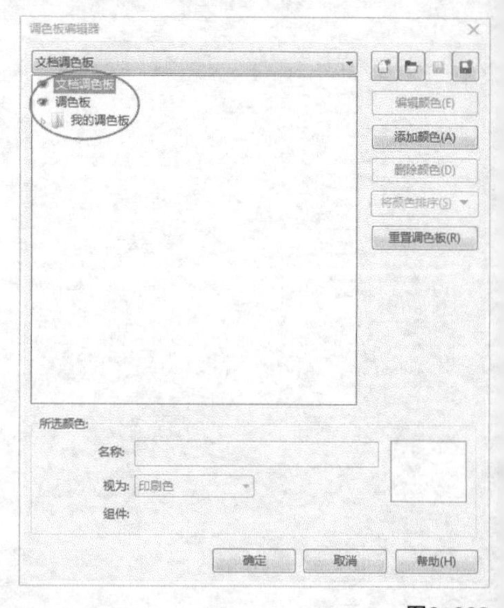

图6-228

6.3.5 调色板编辑器选项

“调色板编辑器”对话框选项如图6-229所示。

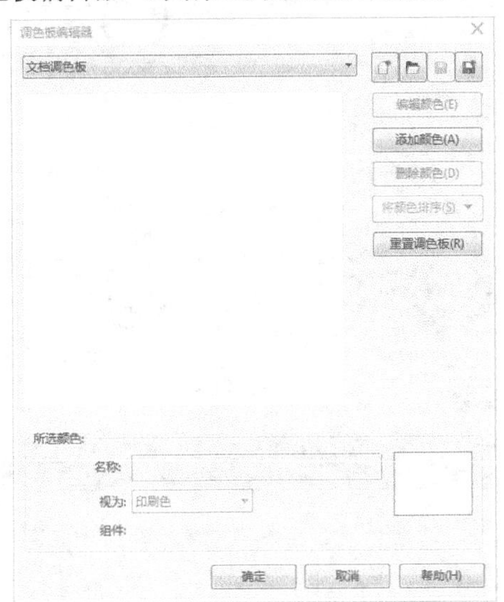

图6–229

【参数详解】

新建调色板：单击该按钮，弹出“新建调色板”对话框，然后在该对话框的“文件名”选项框中输入调色板名称，接着单击“保存”按钮，即可将编辑好的调色板进行保存。

打开调色板：单击该按钮，弹出“打开调色板”对话框，然后在该对话框中选择一个调色板类型，接着单击“打开”按钮，即可在“调色板编辑器”对话框中显示所选调色板。

保存调色板：保存新编辑的调色板（在对话框中编辑好一个新的调色板类型后，该按钮才可用）。

调色板另存为：单击该按钮，可以打开“另存为”对话框，在该对话框的“文件名”选项框中输入新的调色板名称，即可将原有的调色板另存为其他名称。

编辑颜色：单击该按钮，即可打开“选择颜色”对话框，在该对话框中可以对“调色板编辑器”对话框中所选的色样进行选择。

添加颜色：单击该按钮，弹出“选择颜色”对话框，在该对话框中选择一种颜色后，单击“确定”按钮，即可将该颜色添加到对话框选定的调色板中。

删除颜色：选中某一颜色后，单击该按钮，弹出提示对话框，然后在该对话框中单击“是”按钮，即可删除调色板中所选颜色。

将颜色排序：设置所选调色板中色样的排序方式。单击该按钮可以打开色样排序方式的列表，在该列表中可以选择任意一种排序方式作为所选调色板中色样的排序方式。

重置调色板：单击该按钮，弹出提示对话框，然后单击“是”按钮，即可将所选调色板恢复原始设置。

名称：显示对话框中所选颜色的名称。

视为：设置所选颜色为“专色”还是“印刷色”。

组件：显示所选颜色的RGB值或CMYK值。

技巧与提示

执行“窗口>调色板>文档调色板”菜单命令，将在软件界面的右侧显示该调色板。

默认的“文档调色板”中没有提供颜色，当启用该调色板时，该调色板会将在页面使用过的颜色自动添加到色样列表中，也可单击该调色板上滴管按钮进行颜色添加。

6.3.6 调色板的使用

选中要填充的对象，然后使用鼠标左键单击调色板中的色样，即可为对象内部填充颜色；如果使用右键单击，即可为对象轮廓填充颜色，填充效果如图6-230所示。

在为对象填充颜色时，除了可以使用调色板上显示的色样为对象填充外，还可以使用鼠标左键长按调色板中的任意一个色样，打开该色样的渐变色样列表，如图6-231所示，然后在该列表中选择颜色为对象填充。

图6–230

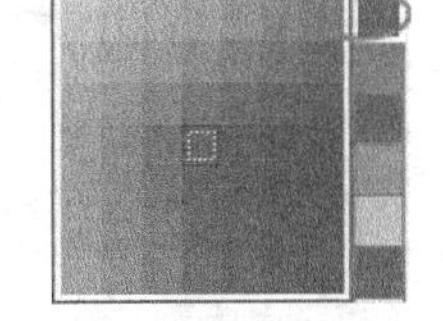

图6–231

使用鼠标左键单击调色板下方的 按钮，可以显示该调色板列表中的所有颜色，如图6-232所示。

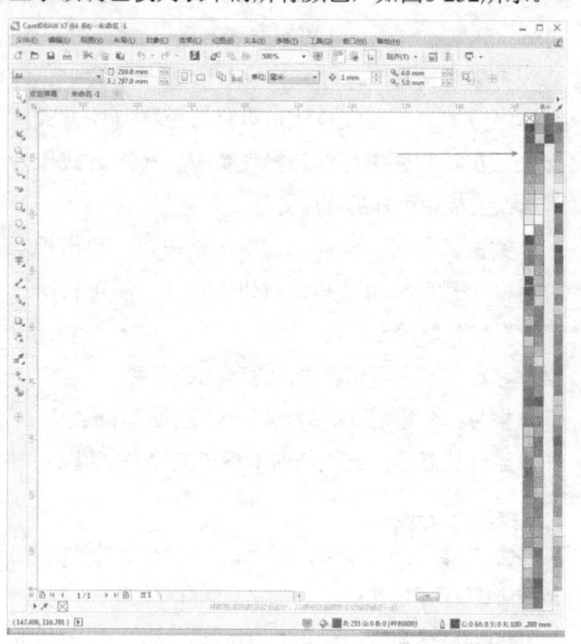

图6-232

6.4 滴管工具

滴管工具包括“颜色滴管工具”和“属性滴管工具”，滴管工具可以复制对象颜色样式和属性样式，并且可以将吸取的颜色或属性应用到其他对象上。

6.4.1 颜色滴管工具

“颜色滴管工具”可以在对象上进行颜色取样，然后应用到其他对象上。通过以下的练习，可以熟练掌握“颜色滴管工具”的基本使用方法。

任意绘制一个图形，然后单击“颜色滴管工具”，待光标变为滴管形状时，使用鼠标左键单击想要取样的对象，接着当光标变为油漆桶形状时，再悬停在需要填充的对象上，直到出现纯色色块，如图6-233所示，此时单击鼠标左键即可为对象填充，若要填充对象轮廓颜色，则悬停在对象轮廓上，待轮廓色样显示后如图6-234所示，单击鼠标左键即可为对象轮廓填充颜色，填充效果如图6-235所示。

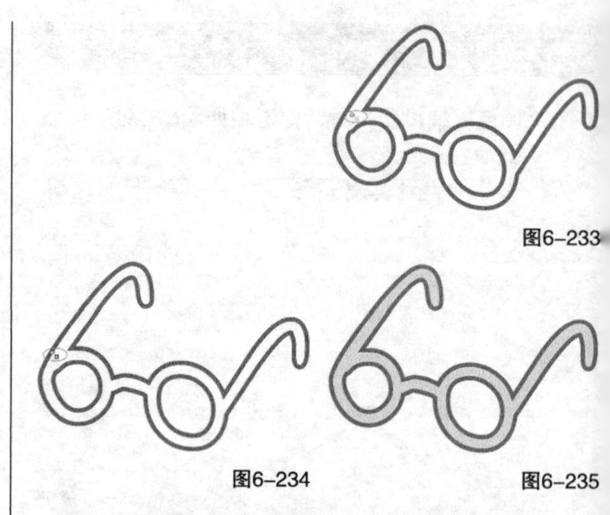

图6-233

图6-234　　图6-235

6.4.2 颜色滴管属性设置

“颜色滴管工具”属性栏选项如图6-236所示。

图6-236

【参数详解】

选择颜色：单击该按钮可以在文档窗口中进行颜色取样。

应用颜色：单击该按钮后可以将取样的颜色应用到其他对象。

从桌面选择：单击该按钮后，“颜色滴管工具”不仅可以在文档窗口内进行颜色取样；还可在对应用程序外进行颜色取样（该按钮必须在“选择颜色”模式下才可用）。

1×1：单击该按钮后，“颜色滴管工具”可以对1×1像素区域内的平均颜色值进行取样。

2×2：单击该按钮后，“颜色滴管工具”可以对2×2像素区域内的平均颜色值进行取样。

5×5：单击该按钮后，“颜色滴管工具”可以对5×5像素区域内的平均颜色值进行取样。

所选颜色：对取样的颜色进行查看。

添加到调色板：单击该按钮，可将取样的颜色添加到“文档调色板”或“默认CMYK调色板”中，单击该选项右侧的按钮可显示调色板类型。

6.4.3 属性滴管工具

使用“属性滴管工具”，可以复制对象的属

性，并将复制的属性应用到其他对象上。通过以下的练习，可以熟练"属性滴管工具"的基本使用方法，以及属性应用。

1.基本使用方法

单击"属性滴管工具"，然后在属性栏中分别单击"属性"按钮、"变换"按钮和"效果"按钮，打开相应的选项，勾选想要复制的属性复选框，接着单击"确定"按钮添加相应属性，如图6-237所示，待光标变为滴管形状时，即可在文档窗口内进行属性取样，取样结束后，光标变为油漆桶形状，此时单击想要应用的对象，即可进行属性应用。

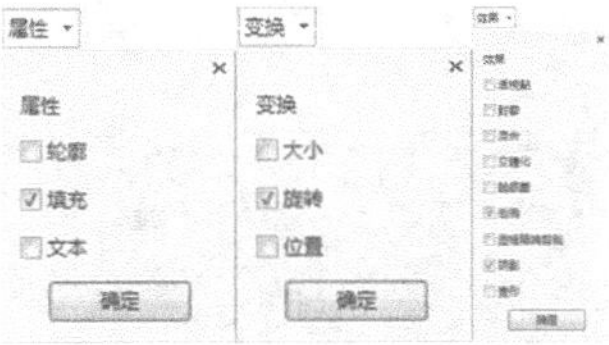

图6-237

2.属性应用

单击"椭圆形工具"，然后在属性栏中单击"饼图"按钮，接着在页面内绘制出对象并适当旋转，再为对象填充"圆锥形渐变填充"渐变，最后设置轮廓颜色为淡蓝色（C:40，M:0，Y:0，K:0）、"轮廓宽度"为4mm，效果如图6-238所示。

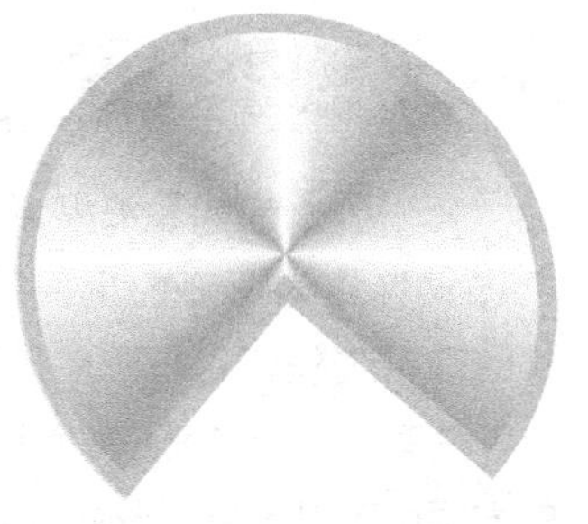

图6-238

使用"基本形状工具"在饼图对象的右侧绘制一个心形，然后为心形填充图样，并在属性栏中设置轮廓的"线条样式"为虚线、"轮廓宽度"为0.2mm，设置效果如图6-239所示。

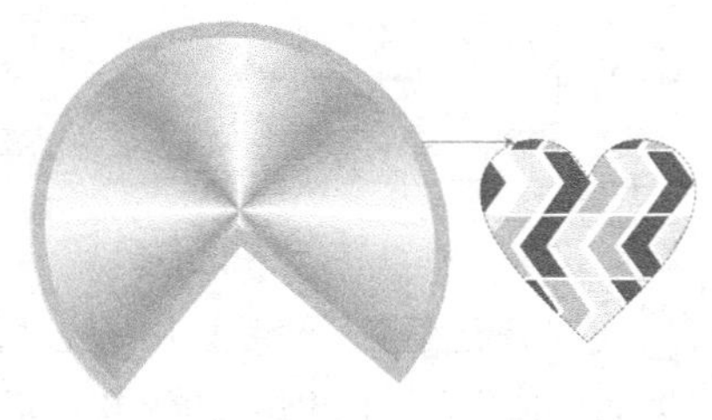

图6-239

单击"属性滴管工具"，然后在"属性"列表中勾选"轮廓"和"填充"的复选框，"变换"列表中勾选"大小"和"旋转"的复选框，如图6-240所示，并分别单击"确定"按钮添加所选属性，接着将光标移动到饼图对象单击鼠标左键进行属性取样，当光标切换至"应用对象属性"时，单击心形对象，应用属性后的效果如图6-241所示。

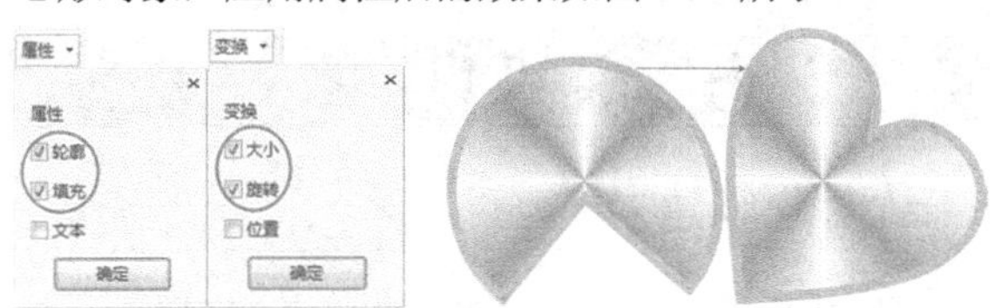

图6-240　　图6-241

技巧与提示

在属性栏中分别单击"效果"按钮、"变换"按钮和"属性"按钮，打开相应的选项列表，在列表中被勾选的选项表示"颜色滴管工具"所能吸取的信息范围；反之，未被勾选的选项对应的信息将不能被吸取。

6.5 颜色样式

在"颜色样式"泊坞窗中可以进行"颜色样式"的自定义编辑或创建新的"颜色样式"，新的颜色样式将保存到活动文档和颜色样式调色板中，"颜色样式"可组合成名为"和谐"的组，利用"颜色和谐"，可以将"颜色样式"与色度的关系相关联，并将"颜色样式"作为一个集合进行修改。

6.5.1 创建颜色样式

从文档新建

在"颜色样式"泊坞窗中，单击"新建颜色样式"按钮，然后在打开的列表中单击"从文档新建"，如图6-242所示，弹出"创建颜色样式"对话框，接着在该对话框中勾选"对象填充""对象轮廓"或"填充和轮廓"中的任意一项，再单击"确定"按钮，如图6-243所示，即可由勾选的选项对应的颜色创建归组到"和谐"的"颜色样式"，如图6-244所示。

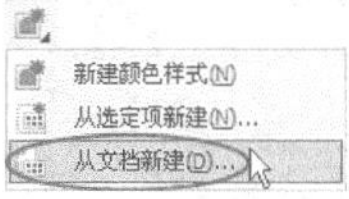

图6-242

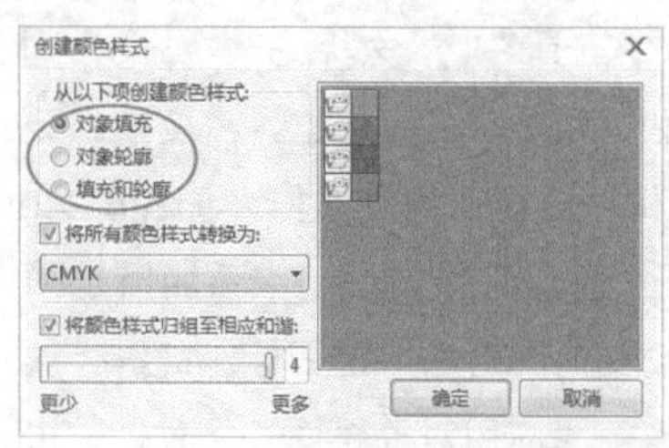

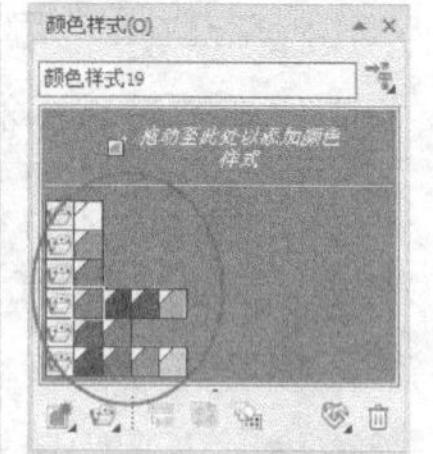

图6-243　图6-244

6.5.2 创建颜色和谐

1.从对象创建

选中一个已填充的对象，如图6-245所示，然后拖动至“颜色样式”泊坞窗灰色区域底部，弹出“创建颜色样式”对话框，接着在该对话框中勾选“对象填充”“对象轮廓”或“填充和轮廓”中的任意一项，最后单击“确定”按钮，如图6-246所示，即可由勾选的选项对应的颜色创建“颜色和谐”，如图6-247所示。

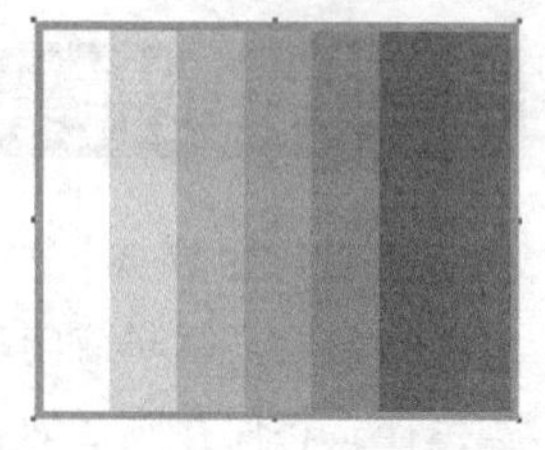

图6-245

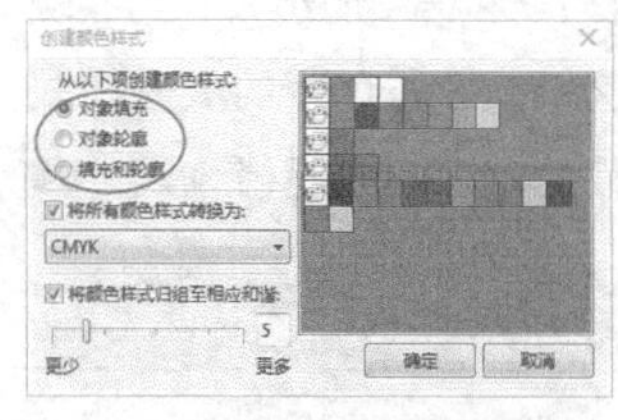

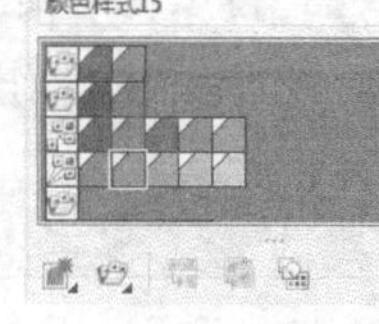

图6-246　图6-247

2.从调色板创建

使用鼠标左键从任意打开的调色板上拖动色样至“颜色样式”泊坞窗中灰色区域的底部，即可创建“颜色和谐”，如图6-248所示。

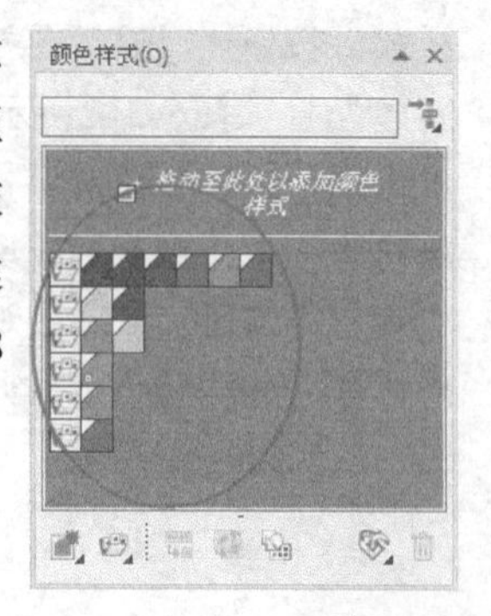

图6-248

技巧与提示

从调色板创建“颜色和谐”时，如果拖动色样至“和谐文件夹”右侧或该和谐中“颜色样式”的后面，即可将所添加的“颜色样式”归组到该“和谐”中，如果拖动色样至“和谐文件夹”下方（贴近该泊坞窗左侧边缘），即可以将该色样创建一个新的“颜色和谐”。

3.从颜色样式创建

在“颜色样式”泊坞窗中，使用鼠标左键单击该泊坞窗灰色区域顶部的“颜色样式”，然后按住左键拖动至灰色区域底部，即可将该“颜色样式”创建为“颜色和谐”，如图6-249所示。

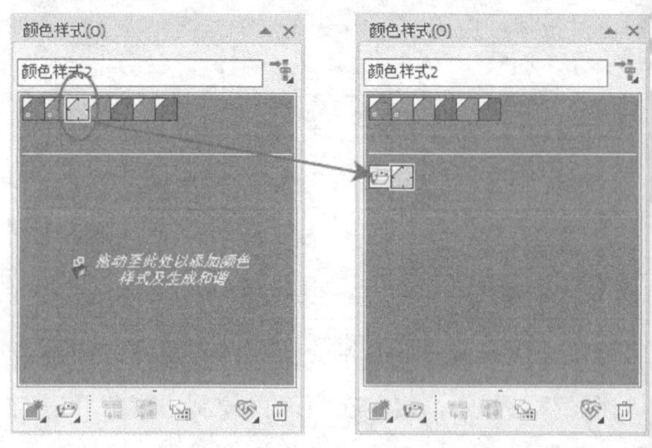

图6-249

6.5.3 创建渐变

在“颜色样式”泊坞窗中，选择任意一个“颜色样式”作为渐变的主要颜色，然后单击“新建颜色和谐”按钮，在打开的列表中单击“新建渐变”，弹出“新建渐变”对话框，接着在“颜色数”的方框中可以设置阴影的数量（默认为5），再选择“较浅的阴影”“较深的阴影”或“二者”3个选项中的任意一项，最后单击“确定”按钮，如图6-250所示，即可创建渐变，如图6-251所示。

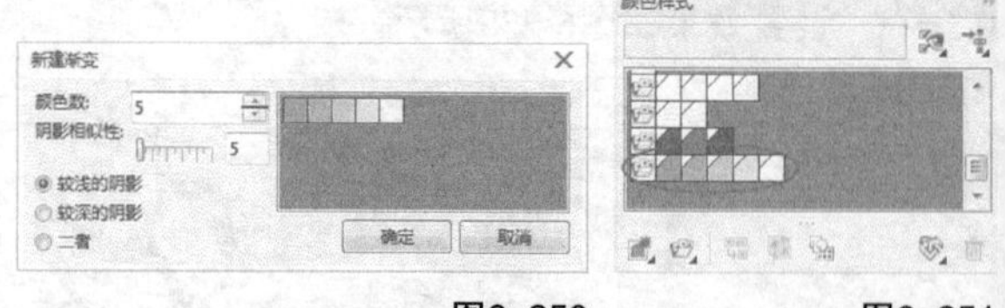

图6-250　图6-251

在“新建渐变”对话框中，设置“阴影相似性”选项，可以按住左键拖曳该选项后面的滑块，左移滑块可以创建色差较大的阴影，如图6-252所示，右移滑块可以创建色差接近的阴影，如图6-253所示。

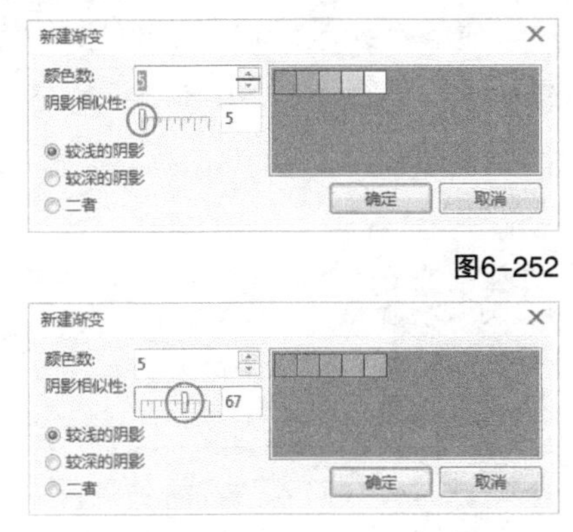

图6-252

图6-253

6.5.4 应用颜色样式

选中需要填充的对象，如图6-254所示，然后在“颜色样式”泊坞窗中，左键双击一个“颜色样式”或“颜色和谐”，即可为对象填充内部颜色，如果使用右键单击一个“颜色样式”或“颜色和谐”，即可为对象轮廓填充颜色，填充效果如图6-255所示。

图6-254　　图6-255

在“颜色样式”泊坞窗中，可以通过“对换颜色样式”更改填充对象的颜色，首先选中填充对象，然后选中填充对象中所应用的任意一种“颜色样式”，接着按住Ctrl键的同时再单击想要应用的“颜色样式”（加选该颜色样式），最后单击“对换颜色样式”按钮，即可更改对象的填充颜色和对换“颜色样式”，效果如图6-256所示。

图6-256

技巧与提示

在“颜色样式”泊坞窗中，若要选择文档（或任意填充对象）中未使用的所有“颜色样式”，可以单击“选择未使用项”按钮，即可将未使用的“颜色样式”全部选中，如图6-257所示。

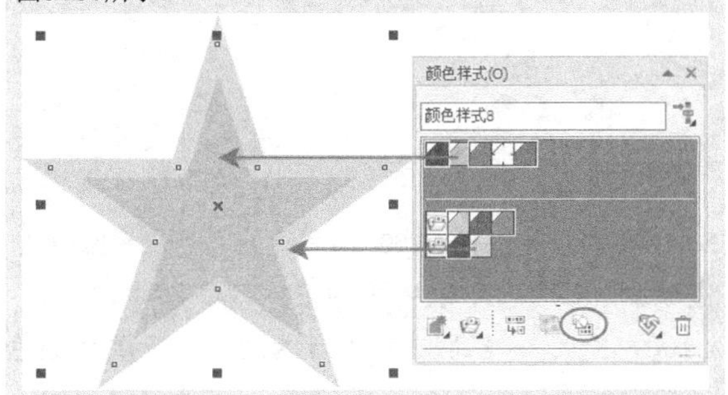

图6-257

课堂案例

冰淇淋标志

实例位置　实例文件>CH06>课堂案例：冰淇淋标志.cdr
素材位置　无
视频位置　多媒体教学>CH06>课堂案例：冰淇淋标志.mp4
技术掌握　线性填充的使用方法

冰淇淋标志效果如图6-258所示。

图6-258

01 单击“新建”按钮打开“创建新文档”对话框，创建名称为“冰淇淋标志”的空白文档，具体参数设置如图6-259所示。

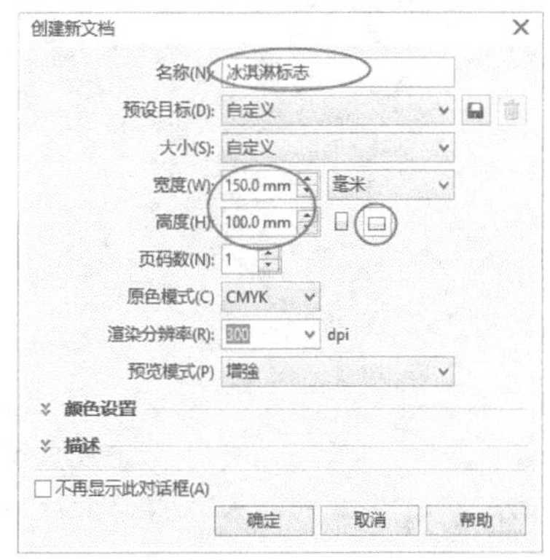

图6-259

02 使用“钢笔工具”绘制蛋卷正面，如图6-260所示，然后再绘制蛋卷的内部区域，如图6-261所示。

图6-260　　图6-261

03 选中上方的对象填充颜色为（C:27，M:76，Y:100，K:0），然后选中下方的两个对象填充颜色为（C:13，M:70，Y:95，K:0），接着去掉轮廓线，如图6-262所示。

04 选中蛋卷内部，然后单击“交互式填充工具”，接着在属性栏中设置“填充类型”为“线性渐变填充”，其他参数为默认值，颜色为（C:27，M:42，Y:100，K:0）、白色，最后在内部进行拖曳，如图6-263所示。

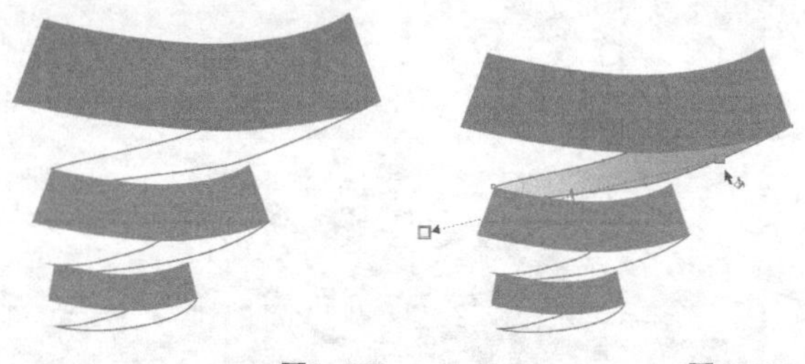

图6-262　　图6-263

05 使用“属性滴管工具”吸取内部颜色属性，然后依次填充到下面的对象，如图6-264所示。

06 使用“钢笔工具”绘制上边的冰淇淋形状，如图6-265所示。

图6-264　　图6-265

07 打开“渐变填充”对话框，具体参数如图6-266所示，节点位置为0的色标颜色为（C:57，M:88，Y:100，K:44）、节点位置为100的色标颜色为（C:0，M:20，Y:60，K:20），效果如图6-267所示。

08 使用“钢笔工具”绘制冰淇淋的内部形状，然后填充颜色为（C:0，M:5，Y:35，K:0），如图6-268所示。

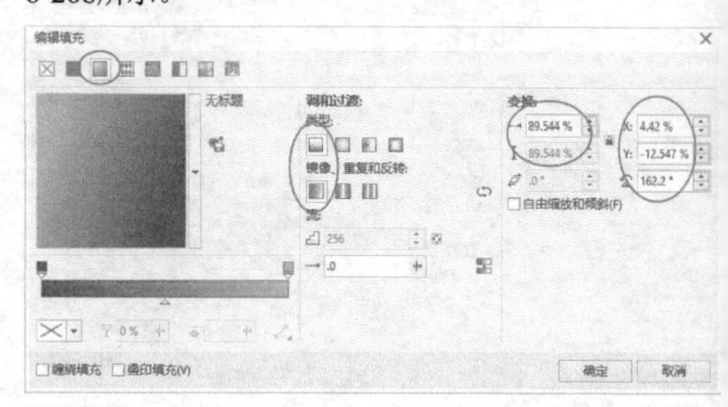

图6-266

图6-267　　图6-268

09 使用“钢笔工具”绘制冰淇淋的阴影形状，然后填充颜色为（C:0，M:33，Y:71，K:0），如图6-269所示。

10 使用“钢笔工具”绘制冰淇淋的内部高光形状，然后填充颜色为白色，如图6-270所示。

图6-269　　图6-270

11 使用“文本工具”输入文本，然后选择合适的字体，如图6-271所示，接着填充颜色为（C:79，M:58，Y:23，K:0），最后删除字母C，如图6-272所示。

图6-271

ream

图6-272

12 将前面绘制好的冰淇淋标志拖曳到文本上方，然后进行旋转，如图6-273所示。

图6-273

13 使用“钢笔工具”绘制蛋卷卷成的橙子形状，如图6-274所示，然后填充橙子皮颜色为（C:13，M:70，Y:95，K:0），接着去掉轮廓线，如图6-275所示。

图6-274　　图6-275

14 使用“属性滴管工具”吸取内部转折颜色属性，然后填充到橙子内部的对象，接着调整颜色方向，如图6-276所示。

15 选中橙子内部，然后单击“透明度工具”在连接处进行拖曳，将连接处融合，如图6-277所示。

图6-276　　图6-277

16 选中文本进行群组，然后单击“轮廓图工具”，接着在属性栏中设置类型为“到中心”、“轮廓图偏移”为0.025mm、“填充色”为（C:40，M:0，Y:0，K:0），效果如图6-278所示。

17 使用“文本工具”输入文本，然后调整大小和字体，接着拖曳到标志下方进行调整，如图6-279所示。

图6-278　　图6-279

18 双击“矩形工具”创建矩形，然后打开“渐变填充”对话框，设置具体参数如图6-280所示。再设置节点位置为0的色标颜色为（C:40，M:0，Y:0，K:0）、节点位置为24的色标颜色为（C:18，M:0，Y:0，K:0）、节点位置为100的色标颜色为白色。

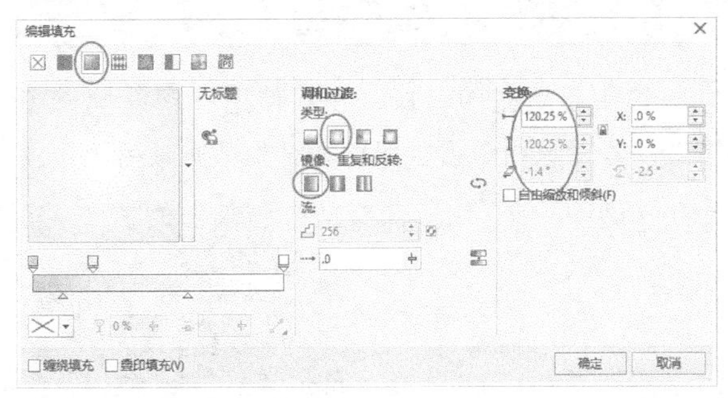

图6-280

19 将绘制好的标志群组向下复制一份，接着在属性栏中单击“垂直镜像”图标，将对象翻转，如图6-281所示。

20 选中反转的标志执行“位图>转换为位图”菜单命令，然后打开“转换为位图”对话框，再单击“确定”按钮完成转换，接着进行缩放。

21 使用“矩形工具”绘制一个矩形，然后使用矩形修剪位图，将位图在页面外的部分剪切掉，如图6-282所示。

图6-281

图6-282

22 选中位图，然后使用“透明度工具”拖曳透明度效果，如图6-283所示，最终效果如图6-284所示。

图6-283

图6-284

6.6 智能填充工具

使用“智能填充工具”可以填充多个图形的交叉区域，并使填充区域形成独立的图形。另外，还可以通过属性栏设置新对象的填充颜色和轮廓颜色。

6.6.1 单一对象填充

选中要填充的对象，然后使用“智能填充工具”在对象内单击，即可为对象填充颜色，如图6-285所示。

图6-285

6.6.2 多个对象合并填充

使用“智能填充工具”可以将多个重叠对象合并填充为一个路径，使用“矩形工具”在页面上任意绘制多个重叠的矩形，如图6-286所示。然后使用“智能填充工具”在页面空白处单击，就可以将重叠的矩形填充为一个独立对象，如图6-287所示。

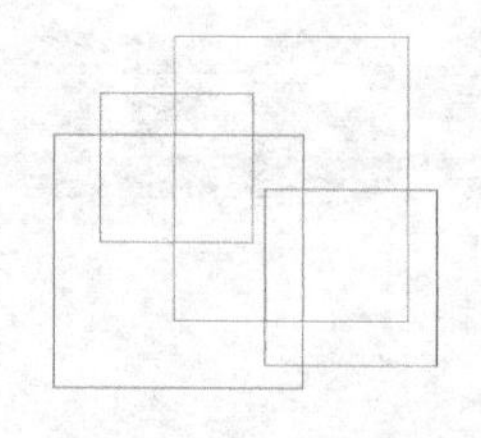

图6-286

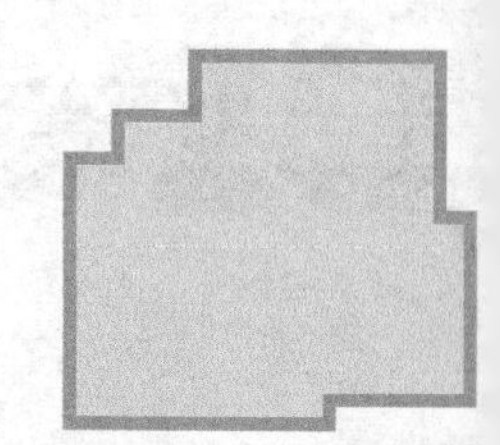

图6-287

技巧与提示

在对多个对象合并填充时，填充后的对象为一个独立对象。当使用“选择工具”移动填充形成的图形时，可以观察到原始对象不会进行任何改变，如图6-288所示。

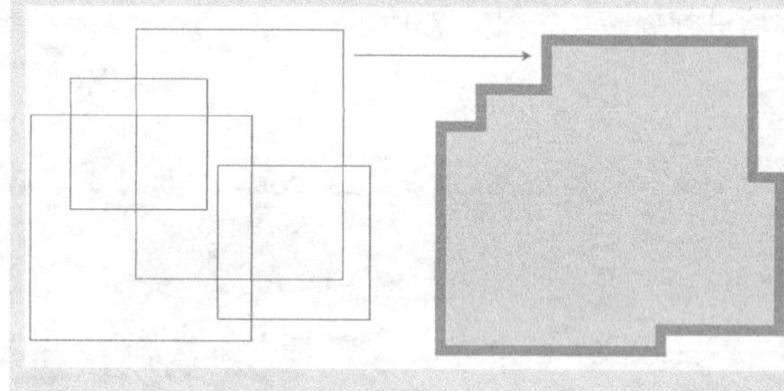

图6-288

6.6.3 交叉区域填充

使用“智能填充工具”可以将多个重叠对象形成的交叉区域填充为一个独立对象。使用“智能填充工具”在多个图形的交叉区域内部单击，即可为该区域填充颜色，如图6-289所示。

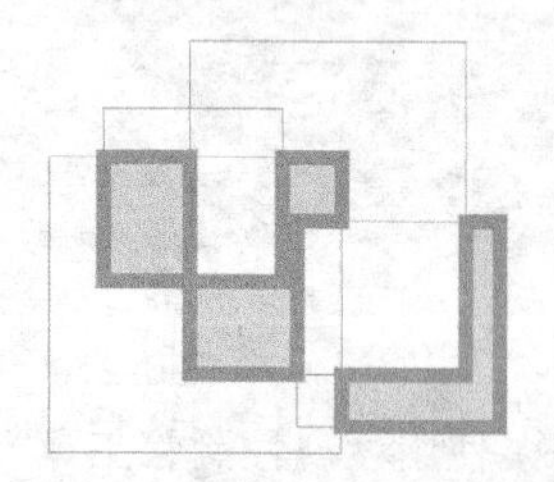

图6-289

6.6.4 设置填充属性

“智能填充工具”的属性栏如图6-290所示。

图6-290

智能填充工具选项介绍

填充选项：将选择的填充属性应用到新对象，包括“使用默认值”“指定”和“无填充”3个选项。

使用默认值：选择该选项时，将应用系统默认的设置为对象进行填充。

指定：选择该选项时，可以在后面的颜色挑选器中选择对象的填充颜色。

无填充：选择该选项时，将不对图形填充颜色。

填充色：为对象设置内部填充颜色，该选项只有“填充选项”设置为“指定”时才可用。

轮廓选项：将选择的轮廓属性应用到对象，包括“使用默认值”“指定”和“无轮廓”3个选项。

使用默认值：选择该选项时，将应用系统默认的设置为对象进行轮廓填充。

指定：选择该选项时，可以在后面的“轮廓宽度”下拉列表中选择预设的宽度值应用到选定对象。

无轮廓：选择该选项时不对图形轮廓填充颜色。

轮廓色：为对象设置轮廓颜色，该选项只有“轮廓选项”设置为“指定”时才可用。单击该选项后面的按钮，可以在弹出的颜色挑选器中选择对象的轮廓颜色。

滴管：单击该按钮，当光标变为滴管形状时，可以在整个文档窗口中随意进行颜色取样，并将吸取的颜色设置为对象的填充颜色。

更多 更多(O)...：单击该按钮可以打开“选择颜色”对话框，在该对话框中可以对颜色进行更详细的设置。

技巧与提示

除了使用属性栏中的颜色填充选项外，也可以使用操作界面右侧调色板上的颜色进行填充。使用“智能填充工具”选中要填充的区域，然后使用鼠标左键单击调色板上的色样即可为对象内部填充颜色，如果使用鼠标右键单击即可为对象轮廓填充颜色，效果如图6-291所示。

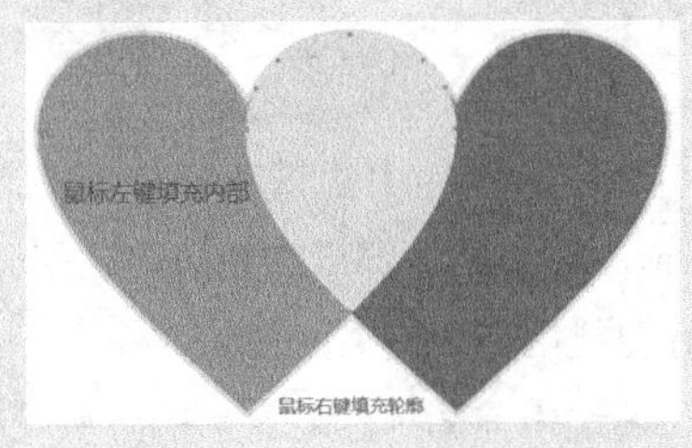

图6-291

课堂案例

绘制电视标板

实例位置	实例文件>CH06>课堂案例：绘制电视标板.cdr
素材位置	无
视频位置	多媒体教学>CH06>课堂案例：绘制电视标板.mp4
技术掌握	智能填充工具的使用方法

运用“智能填充工具”绘制电视标板，效果如图6-292所示。

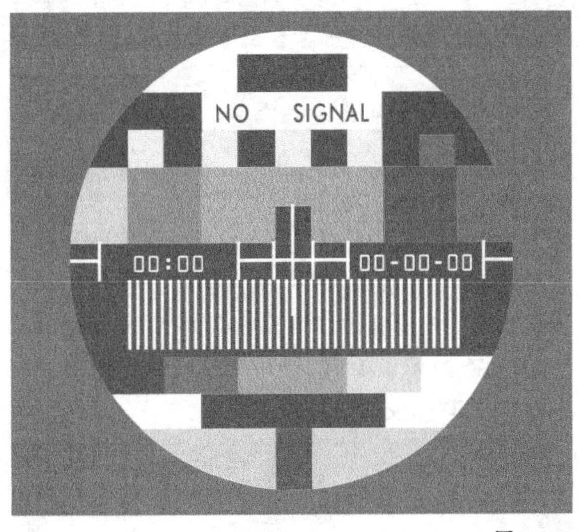

图6-292

01 新建空白文档，然后设置文档名称为“电视标板”，接着设置“宽度”为240mm、“高度”为210mm。

02 双击“矩形工具”创建一个与页面重合的矩形，然后填充颜色为（C:0，M:0，Y:0，K:80），接着去除轮廓，如图6-293所示。

03 使用“椭圆形工具”在页面中间绘制一个圆，然后填充白色，接着去除轮廓，效果如图6-294所示。

图6-293

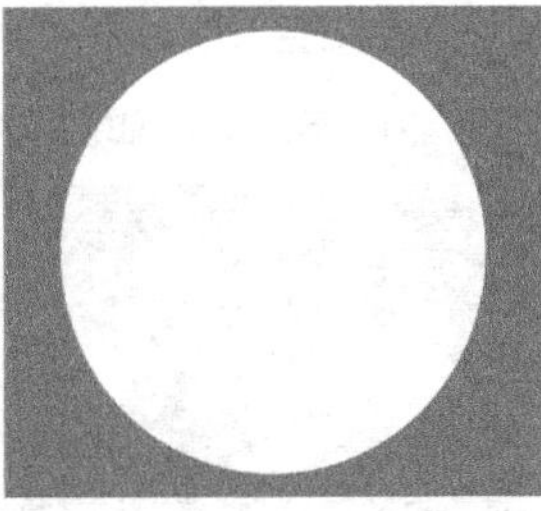

图6-294

04 使用“矩形工具”图形上绘制出方块轮廓，然后设置“轮廓宽度”为0.2mm、轮廓颜色为（C:0，M:100，Y:100，K:0），接着按快捷键Ctrl+Q将其转换为曲线，效果如图6-295所示。

05 使用“形状工具”调整好方块轮廓，完成后的效果如图6-296所示，然后选中所有的方块轮廓，接着按快捷键Ctrl+G进行组合对象。

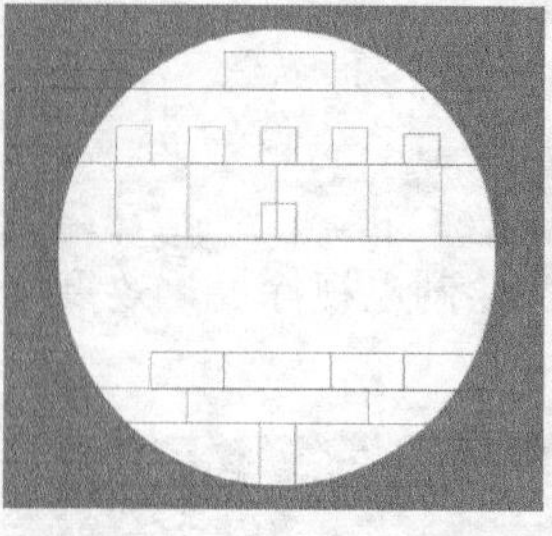
图6-295

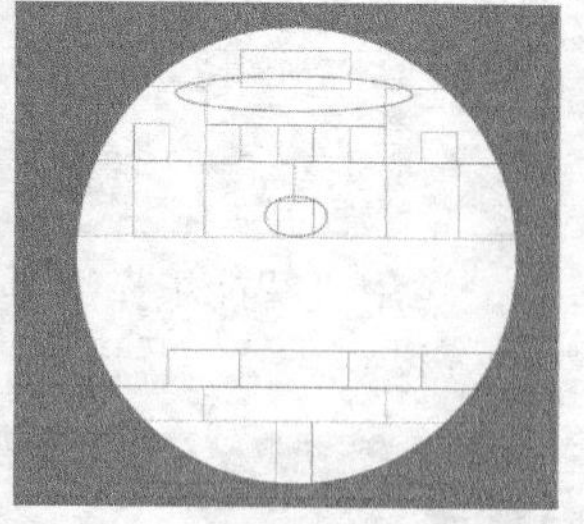
图6-296

06 单击“智能填充工具”，然后在属性栏中设置“填充选项”为“指定”、“填充色”为（C:100，M:100，Y:100，K:100）、“轮廓选项”为“无轮廓”，接着在图形中的部分区域内单击，进行智能填充，效果如图6-297所示。

07 在属性栏中更改“填充色”为（C:0，M:0，Y:100，K:0），然后在图形中的部分区域内单击，进行智能填充，效果如图6-298所示。

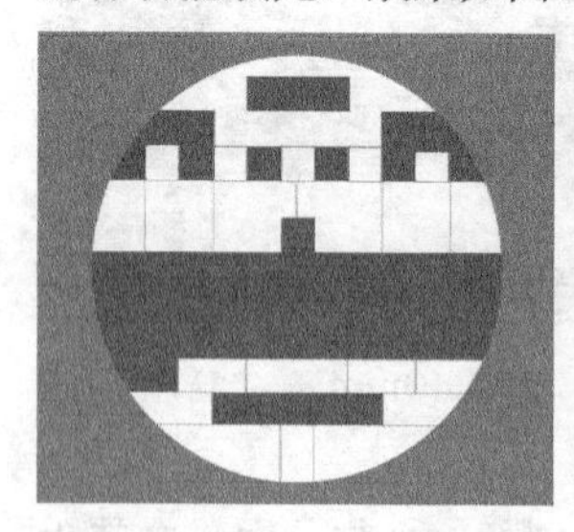
图6-297

图6-298

08 在属性栏中更改“填充色”为（C:0，M:100，Y:100，K:0），然后在图形中的部分区域内单击，进行智能填充，效果如图6-299所示。

09 在属性栏中更改“填充色”为（C:0，M:0，Y:0，K:10），然后在图形中的部分区域内单击，进行智能填充，效果如图6-300所示。

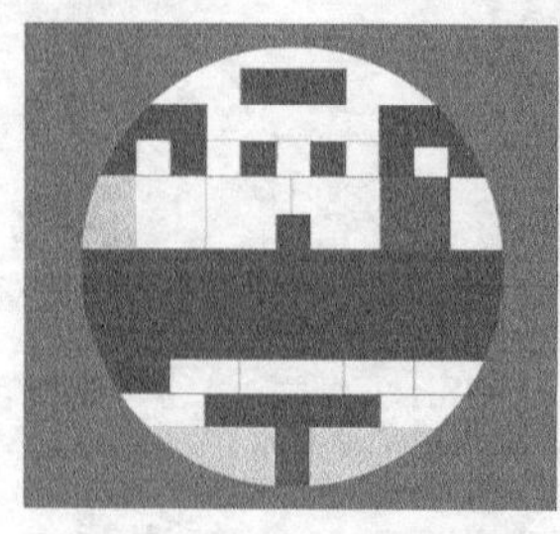
图6-299

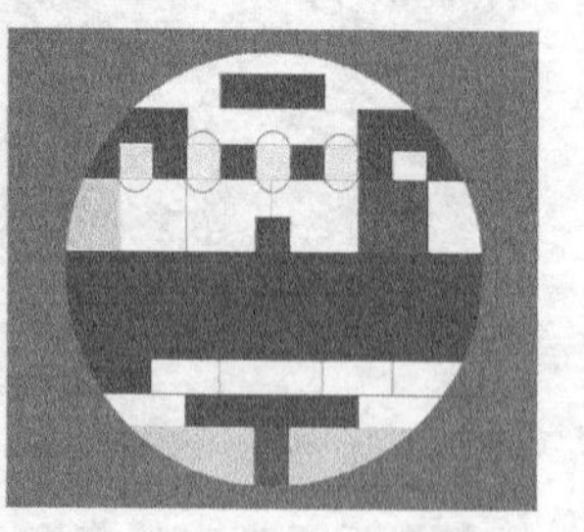
图6-300

10 在属性栏中更改“填充色”为（C:100，M:0，Y:0，K:0），然后在图形中的部分区域内单击，进行智能填充，效果如图6-301所示。

11 在属性栏中更改“填充色”为（C:40，M:0，Y:100，K:0），然后在图形中的部分区域内单击，进行智能填充，效果如图6-302所示。

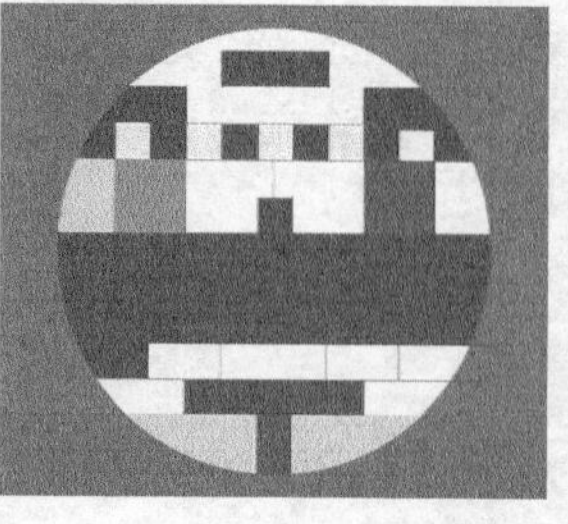
图6-301

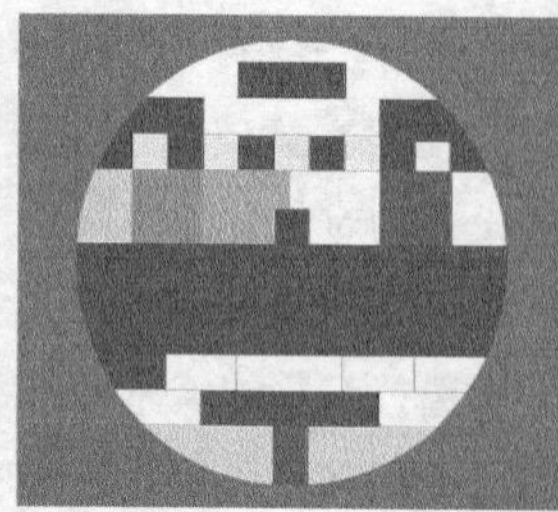
图6-302

12 在属性栏中更改“填充色”为（C:0，M:60，Y:0，K:0），然后在图形中的部分区域内单击，进行智能填充，效果如图6-303所示。

13 在属性栏中更改“填充色”为（C:0，M:0，Y:0，K:80），然后在图形中的部分区域内单击，进行智能填充，效果如图6-304所示。

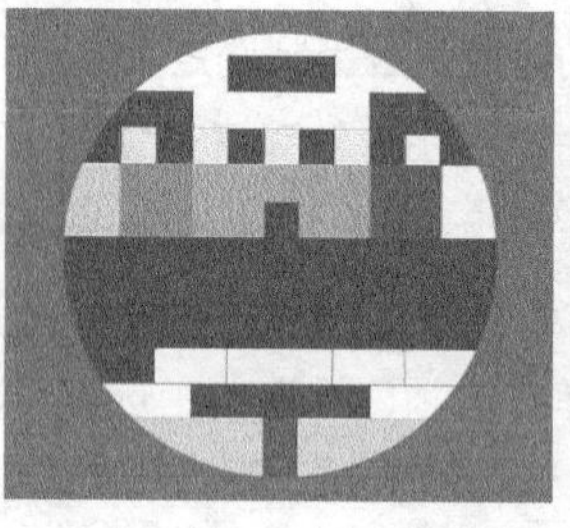
图6-303

图6-304

14 在属性栏中更改“填充色”为（C:100，M:50，Y:0，K:0），然后在图形中的部分区域内单击，进行智能填充，效果如图6-305所示。

15 在属性栏中更改“填充色”为（C:0，M:0，Y:0，K:50），然后在图形中的部分区域内单击，进行智能填充，效果如图6-306所示。

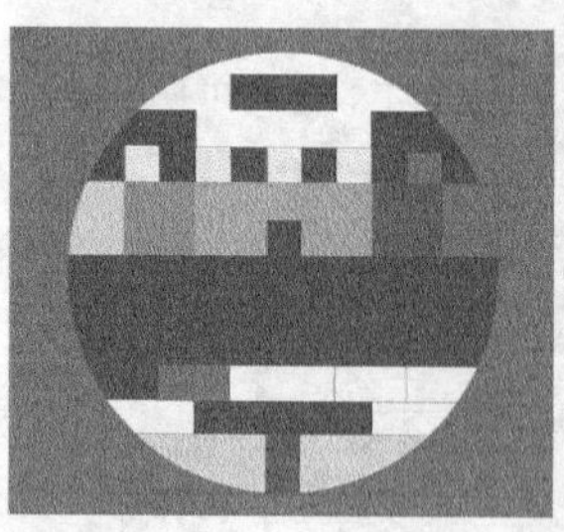
图6-305

图6-306

16 在属性栏中更改“填充色”为（C:0，M:0，Y:0，K:20），然后在图形中的部分区域内单击，进行智能填充，效果如图6-307所示。

17 选中前面组合对象后的方块轮廓，然后按Delete键将其删除，效果如图6-308所示。

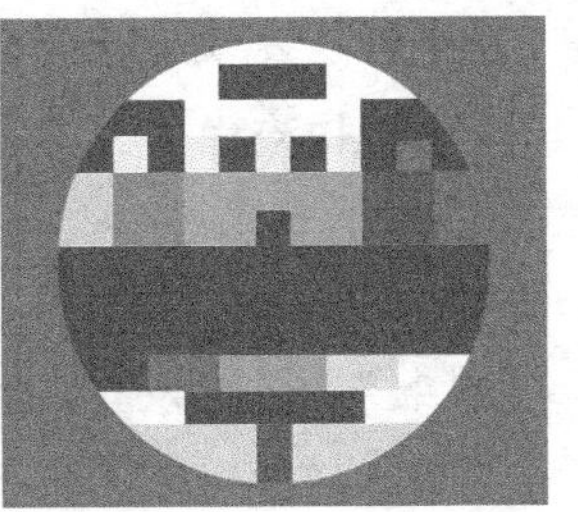

图6-307　　图6-308

18 使用“矩形工具”□在中下部的黑色区域绘制一个矩形长条，然后填充白色，并去除轮廓，接着复制出多个白色长条，如图6-309所示。

19 继续复制一些白色长条（根据实际情况进行缩放）到其他位置，完成后的效果如图6-310所示，然后选择所有的白色矩形，接着按快捷键Ctrl+G进行对象组合。

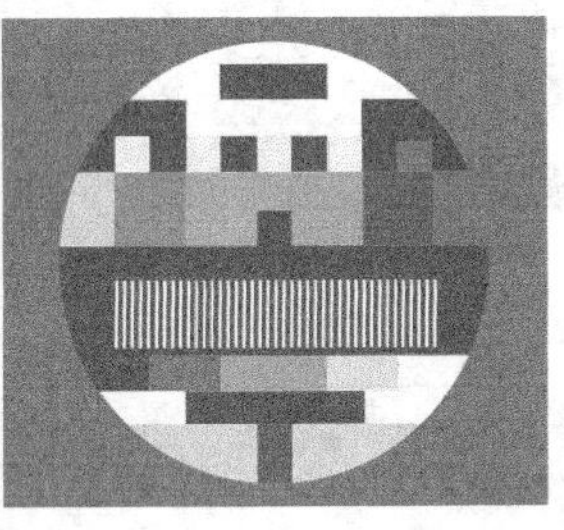
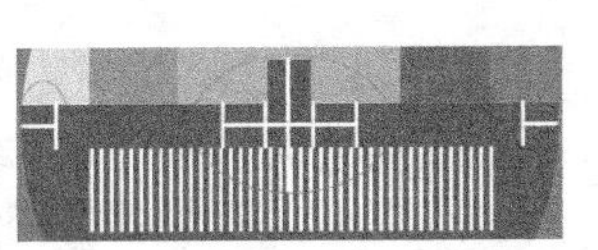

图6-309　　图6-310

20 调整好其大小与位置，最终效果如图6-311所示。

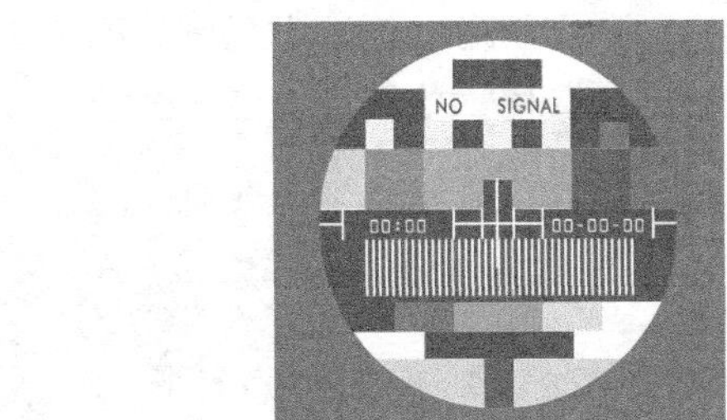

图6-311

6.7 智能绘图工具

使用“智能绘图工具”在绘制图形时，可以将手绘笔触转换成近似的基本形状或平滑的曲线。另外，还可以通过属性栏中的选项来改变识别等级和所绘制图形的轮廓宽度。

6.7.1 基本使用方法

使用“智能绘图工具”既可以绘制单一的图形，也可以绘制多个图形。

1.绘制单一图形

单击“智能绘图工具”，然后按住鼠标左键在页面空白处绘制想要的图形，如图6-312所示，待松开鼠标后，系统会自动将手绘笔触转换为与所绘形状近似的图形，如图6-313所示。

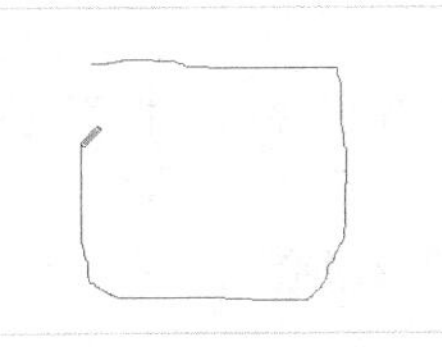
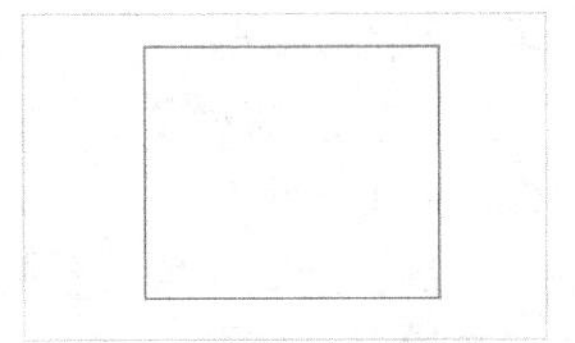

图6-312　　图6-313

技巧与提示

在使用“智能绘图工具”时，如果要绘制两个相邻的独立图形，必须要在绘制的前一个图形已经自动平滑后才可以绘制下一个图形，否则相邻的两个图形有可能会产生连接或是平滑成一个对象。

2.绘制多个图形

在绘制过程中，当绘制的前一个图形未自动平滑前，可以继续绘制下一个图形，如图6-314所示，松开鼠标左键以后，图形将自动平滑，并且绘制的图形会形成同一组编辑对象，如图6-315所示。

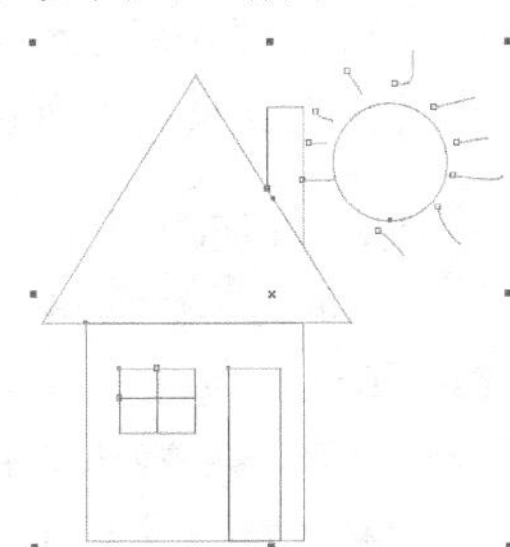

图6-314　　图6-315

当光标呈双向箭头形状时，拖曳绘制的图形可以改变图形的大小；当光标呈十字箭头形状时，可以移动图形的位置，在移动的同时单击鼠标右键还可以对其进行复制。

6.7.2 智能绘图属性设置

“智能绘图工具”的属性栏如图6-316所示。

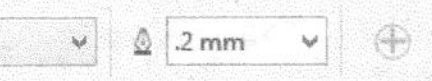

图6-316

【参数详解】

形状识别等级： 设置检测形状并将

其转换为对象的等级，包括“无”“最低”“低”“中”“高”和“最高”6个选项。

无：绘制对象形状的识别等级将保留最多。

最低：绘制对象形状的识别等级会比“无”选项保留的少一些。

低：绘制对象形状的识别等级会比“最低”选项保留的少一些。

中：绘制对象形状的识别等级会比“低”选项保留的少一些。

高：绘制对象形状的识别等级会比“中”选项保留的少一些。

最高：绘制对象形状的识别等级会保留得最少。

智能平滑等级：包括“无”“最低”“低”“中”“高”和“最高”6个选项。

无：绘制对象形状的平滑程度最低。

最低：绘制对象形状的平滑程度比“无”要高一些。

低：绘制对象形状的平滑程度比“最低”要高一些。

中：绘制对象形状的平滑程度比“低”要高一些。

高：绘制对象形状的平滑程度比“中”要高一些。

最高：绘制对象形状的平滑程度最高。

轮廓宽度：为对象设置轮廓宽度。

技巧与提示

在使用“智能绘图工具”绘制出对象后，将光标移动到对象中心且变为十字箭头形状时，可以移动对象的位置；当光标移动到对象边缘且变为双向箭头时，可以进行缩放操作。另外，在进行移动或是缩放操作时单击鼠标右键还可以复制对象。

6.8 本章小结

通过本章，大家学会了丰富的填充方法，在制作商业案例中，灵活使用这些填充方法可以帮助实现精美的商业效果，能更好地向用户传递有效信息。

课后练习1

绘制茶叶包装

实例位置	实例文件>CH06>课后练习：绘制茶叶包装.cdr
素材位置	素材文件>CH06>08.jpg、09.jpg、10.jpg、11.jpg、12.cdr
视频位置	多媒体教学>CH06>课后练习：绘制茶叶包装.mp4
技术掌握	“属性滴管工具”和“渐变填充”的使用方法

使用“属性滴管工具”和“渐变填充”的使用方法绘制茶叶包装，适用于产品设计效果如图6-317所示。

【操作流程】

新建空白文档，然后设置文档名称为“茶叶包装”，接着设置“宽度”为210mm、“高度”为290mm。使用“属性滴管工具”和“渐变填充”的使用方法绘制茶叶包装，导入素材，步骤如图6-318所示。

图6-317

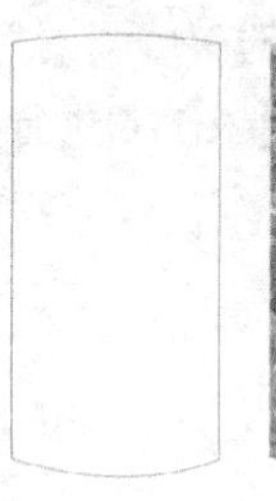

图6-318

课后练习2

红酒包装设计

实例位置	实例文件>CH06>课后练习：红酒包装设计.cdr
素材位置	素材文件>CH06>13.cdr
视频位置	多媒体教学>CH06>课后练习：红酒包装设计.mp4
技术掌握	渐变填充效果的使用

使用用渐变填充效果绘制红酒包装，适用于产品设计宣传，效果如图6-319所示。

图6-319

【制作流程】

新建空白文档，然后设置文档名称为“红酒包装设计”，接着设置“宽度”为336mm、“高度”为210mm。然后绘制图形，填充颜色，最后导入素材，适用于产品设计宣传，步骤如图6-320所示。

图6-320

第7章

轮廓线的操作

本章主要讲解图形轮廓线，在图形设计的过程中，通过编辑修改对象轮廓线的样式、颜色、宽度等属性，可以使图形设计更加丰富，更加灵活，从而提高设计的水平。轮廓线的属性在对象与对象之间可以进行复制，并且可以将轮廓转换为对象进行编辑。

课堂学习目标

轮廓笔对话框
添加箭头
轮廓线宽度
轮廓线颜色填充
轮廓线样式设置
轮廓线转换

7.1 轮廓线简介

在软件默认情况下，系统自动为绘制的图形添加轮廓线，并设置颜色为K：100，宽度为0.2mm，线条样式为直线型，用户可以选中对象进行重置修改。接下来通过CorelDRAW X7提供的工具和命令，学习对图形的轮廓线进行编辑和填充。

7.2 轮廓笔对话框

“轮廓笔”用于设置轮廓线的属性，可以设置颜色、宽度、样式、箭头等。

在状态栏下双击“轮廓笔”工具打开“轮廓笔”对话框，可以在里面变更轮廓线的属性，如图7-1所示。

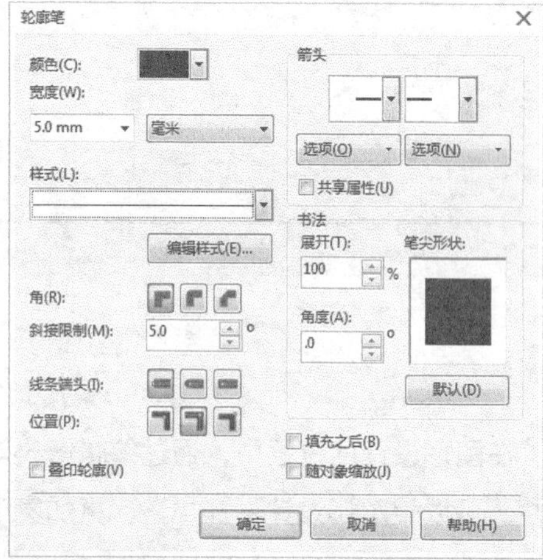

图7-1

【参数详解】

颜色：单击在下拉颜色选项里选择填充的线条颜色，可以单击已有的颜色进行填充，也可以单击“滴管”按钮吸取图片上的颜色进行填充。

更多：在颜色选项中如果没有需要的颜色，可以单击“更多”按钮，选择更多的颜色。

宽度：在下面的文字框中输入数值，或者在下拉选项中进行选择，可以在后面的文字框的下拉选项中选择单位。

样式：单击可以在下拉选项中选择线条样式。

编辑样式：可以自定义编辑线条样式，在下拉样式中没有需要样式时，单击“编辑样式”按钮可以打开“编辑线条样式”对话框进行编辑。

斜接限制：用于消除添加轮廓时出现的尖突情况，可以直接在文字框中输入数值进行修改，数值越小越容易出现尖突，正常情况下45°为最佳值，低版本的CorelDRAW中默认的“斜接限制”为45°，而高版本的CorelDRAW默认为5°。

角：“角”选项用于轮廓线夹角的“角”样式的变更。

尖角：点选后轮廓线的夹角变为尖角显示，默认情况下轮廓线的角为尖角。

圆角：点选后轮廓线的夹角变圆滑，为圆角显示。

平角：点选后轮廓线的夹角变为平角显示。

线条端头：用于设置单线条或未闭合路径线段顶端的样式。

：点选后为默认状态，节点在线段边缘。

：点选后为圆头显示，使端点更平滑。

：点选后节点被包裹在线段内。

箭头：在相应方向的下拉样式选项中，可以设置添加左边与右边端点的箭头样式。

选项：单击该按钮可以在下拉选项中进行快速操作和编辑设置，左右两个“选项”按钮，分别控制相应方向的箭头样式。

无：单击该命令可以快速去掉该方向端点的箭头。

对换：单击该命令可以快速将左右箭头样式进行互换。

属性：单击该命令可以打开“箭头属性”对话框，可以对箭头进行编辑和设置。

新建：单击该命令同样可以打开“箭头属性”进行编辑。

编辑：单击该命令可以在打开的“箭头属性”中进行调试。

删除：单击该命令可以删除上一次选中的箭头样式。

共享属性：单击选中后，会同时应用“箭头属性”中设置的属性。

书法：设置书法效果可以将单一粗细的线条修饰为书法线条。

展开：在“展开”下方的文字框中输入数值可以改变笔尖形状的宽度。

角度：在“角度”下方的文字框 -30.0 中输入数值可以改变笔尖旋转的角度。

笔尖形状：可以用来预览笔尖设置。

默认：单击“默认”按钮，可以将笔尖形状还原为系统默认，“展开”为100%，“角度”为0度，笔尖形状为圆形。

随对象缩放：勾选该选项后，在放大缩小对象时，轮廓线也会随之进行变化，不勾选轮廓线宽度不变。

7.3 轮廓线宽度

变更对象轮廓线的宽度可以使图像效果更丰富，同时起到增强对象醒目程度的作用。

7.3.1 设置轮廓线宽

设置轮廓线宽度的方法有两种。

第1种：选中对象，在属性栏中的“轮廓宽度”后面的文字框中输入数值进行修改，或在下拉选项中进行修改，如图7-2所示，数值越大轮廓线越宽，如图7-3所示。

.2 mm

图7-2

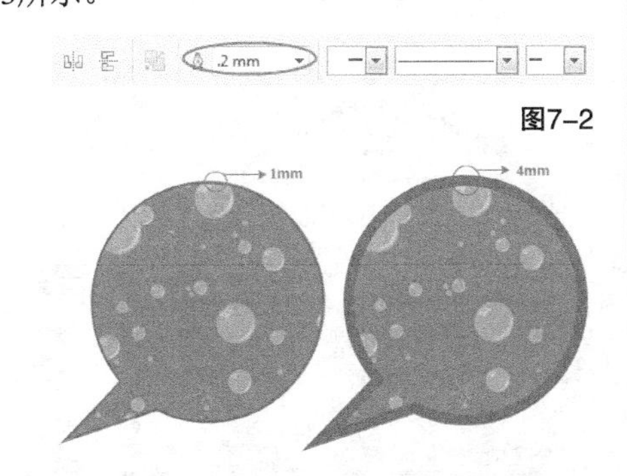

图7-3

第2种：选中对象，按F12键，可以快速打开“轮廓线”对话框，在对话框中的“宽度”选项中输入数值改变轮廓线大小。

课堂案例

交通标识的制作

实例位置	实例文件>CH07>课堂案例：交通标识的制作.cdr
素材位置	素材文件>CH07>01.cdr
视频位置	多媒体教学>CH07>课堂案例：交通标识的制作.mp4
技术掌握	轮廓宽度的运用方法

利用改变绘制好的图形的轮廓线的颜色制作交通标识，适用于交通标志设计，效果如图7-4所示。

图7-4

01 单击“工具箱”中的“椭圆形工具”，然后按快捷键Shift+Ctrl的同时拖动鼠标左键在空白文档中绘制一个正圆，在属性栏中设置轮廓线的宽度，如图7-5所示。接着使用“钢笔工具”在文档中绘制一条斜线，最后在属性栏中设置轮廓线的宽度，如图7-6所示。

图7-5　图7-6

02 全选对象然后单击“轮廓笔”工具打开“轮廓笔”对话框，参数设置如图7-7所示。接着单击“确定”按钮 确定 完成填充，效果如图7-8所示。

03 单击“导入”图标打开对话框，导入“光盘素材>素材>CH01>01.cdr”文件，然后进行适当缩放，接着将其摆放在图中适当位置，最终效果如图7-9所示。

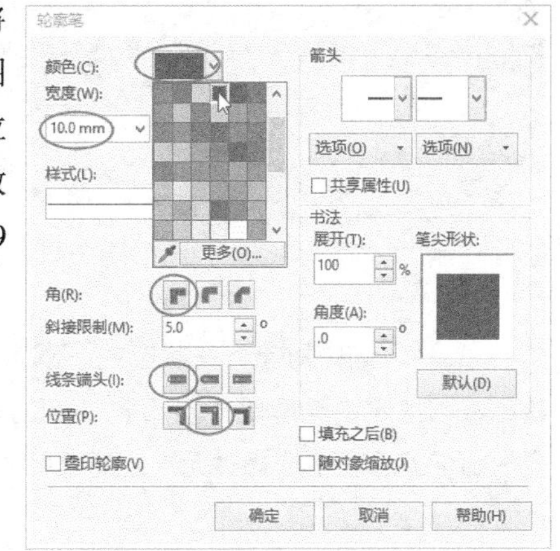

图7-7

图7-8　　图7-9

7.3.2 清除轮廓线

在绘制图形时，默认会出现宽度为0.2mm、颜色为黑色的轮廓线，通过相关操作可以将轮廓线去掉，以达到想要的效果。

去掉轮廓线的方法有三种。

第1种：单击选中对象，在默认调色板中单击"无填充"将轮廓线去掉，如图7-10所示。

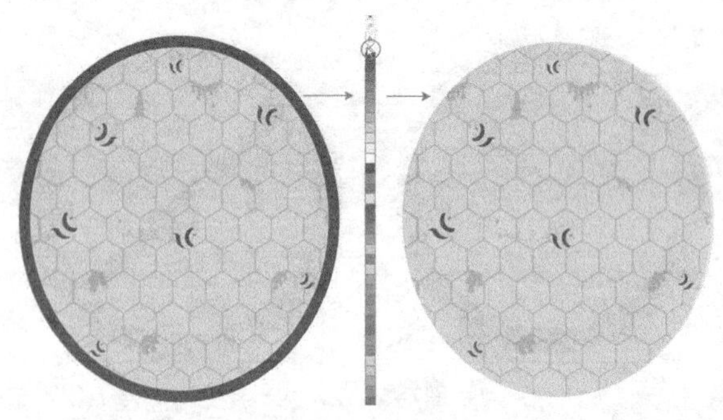

图7-10

第2种：选中对象，单击属性栏中的"轮廓宽度"的下拉选项，选择"无"将轮廓去掉，如图7-11所示。

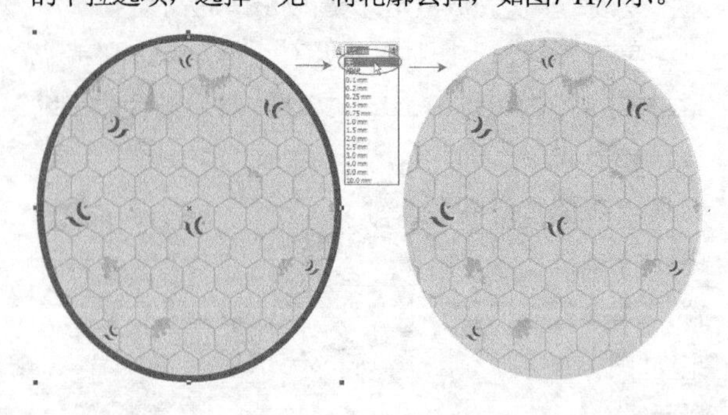

图7-11

第3种：选中对象，在状态栏下双击"轮廓笔工具"，打开"轮廓笔"对话框，在对话框中"宽度"的下拉选项中选择"无"去掉轮廓线。

7.4 轮廓线颜色

设置轮廓线的颜色可以将轮廓与对象区分开，也可以使轮廓线效果更丰富。

设置轮廓线颜色的方法有4种。

第1种：单击选中对象，在右边的默认调色板中单击鼠标右键进行修改，默认情况下，单击鼠标左键为填充对象、单击鼠标右键为填充轮廓线，可以利用调色板进行快速填充，如图7-12所示。

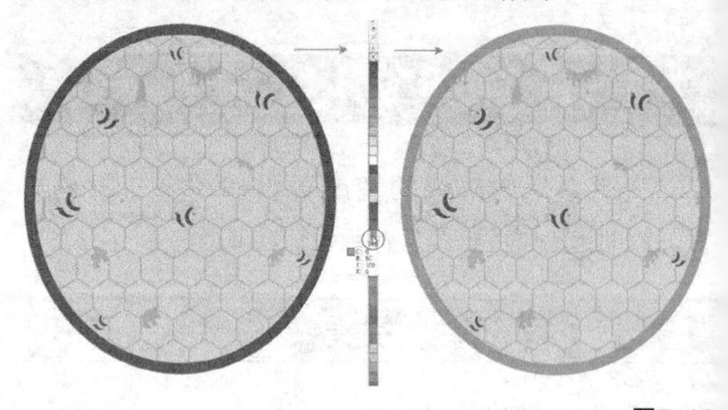

图7-12

第2种：单击选中对象，如图7-13所示，在状态栏上双击轮廓线颜色进行变更，如图7-14所示，在弹出的"轮廓线"对话框中进行修改。

图7-13

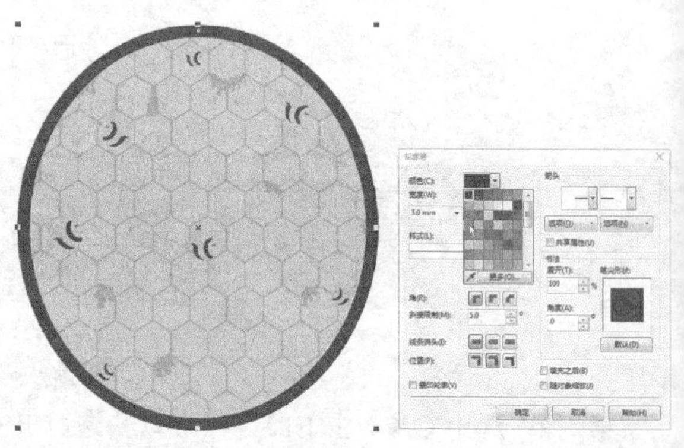

图7-14

第3种：选中对象，在下拉工具选项中单击"彩色"，打开"颜色泊坞窗"面板，如图7-15所示，单击选取颜色输入数值，单击"轮廓"按钮 轮廓(O) 进行填充，如图7-16所示。

第4种：选中对象，双击状态栏下的"轮廓笔工具"，打开"轮廓笔"对话框，在对话框里"颜色"一栏输入数值进行填充。

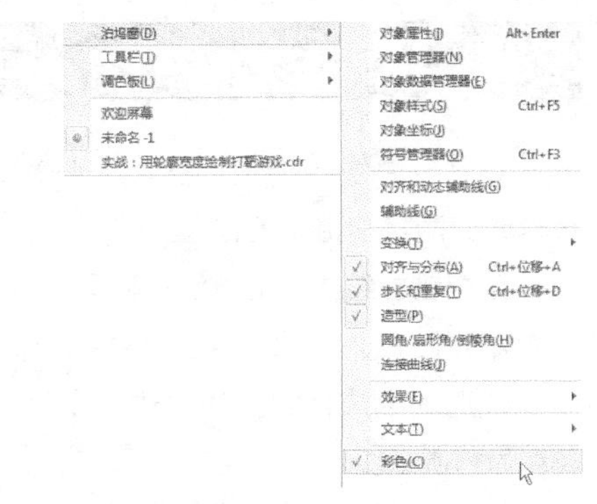

图7-15

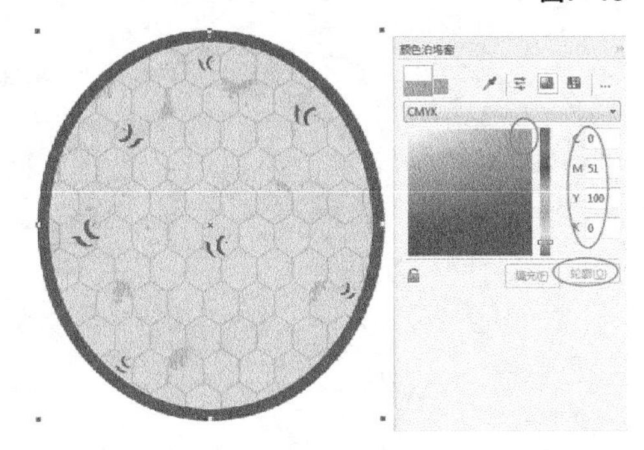

图7-16

课堂案例

用轮廓颜色绘制杯垫

实例位置	实例文件>CH07>课堂案例：用轮廓颜色绘制杯垫.cdr
素材位置	素材文件>CH07>02.psd、03.cdr
视频位置	多媒体教学>CH07>课堂案例：用轮廓颜色绘制杯垫.mp4
技术掌握	轮廓颜色的运用方法

通过改变轮廓线宽度和颜色绘制杯垫，效果如图7-17所示。

图7-17

01 新建空白文档，然后设置文档名称为“用轮廓颜色绘制杯垫”，接着设置页面大小为“A4”、页面方向为“横向”。

02 使用“星形工具”绘制正星形，然后在属性栏中设置“点数或边数”为5、“锐度”为20、“轮廓宽度”为8mm，接着填充轮廓线颜色为（C:0，M:20，Y:100，K:0），如图7-18所示。

03 使用“椭圆形工具”绘制一个正圆，然后设置“轮廓宽度”为8mm、颜色为（C:0，M:20，Y:100，K:0），如图7-19所示。接着将正圆复制4个排放在星形的凹陷位置，如图7-20所示。

图7-18　图7-19　图7-20

04 复制一个正圆进行缩放，然后复制排放在星形的凹陷位置，如图7-21所示。接着复制一份进行缩放，再放置在星形中间，如图7-22所示，最后将小圆复制在正圆的相交处，如图7-23所示。

图7-21　图7-22　图7-23

05 将组合对象，然后复制一份填充颜色为（C:0，M:60，Y:80，K:0），如图7-24所示。接着将深色的对象排放在黄色对象下方，形成厚度效果，如图7-25所示，最后全选复制一份向下进行缩放，调整厚度位置，如图7-26所示。

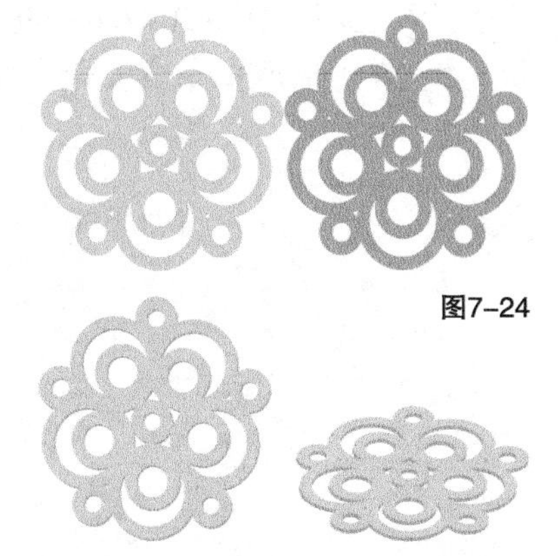

图7-24

图7-25　图7-26

06 将绘制好的杯垫复制2份删掉厚度，然后旋转角度排放在页面对角位置，如图7-27所示。接着执行“位图>转换为位图”命令，打开“转换为位图”对话框，再单击“确定”按钮将对象转换为位图，如图7-28所示。

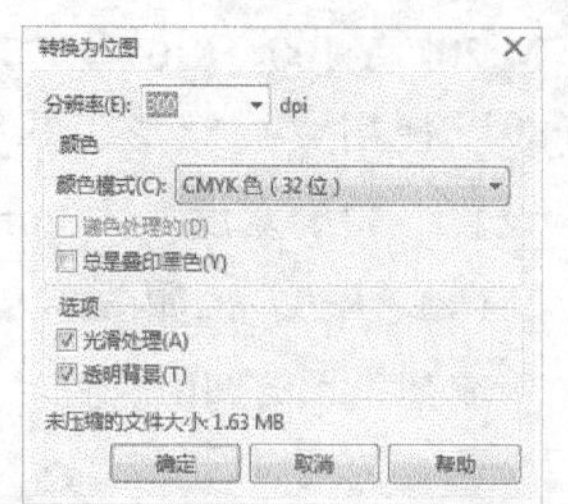

图7-27　　图7-28

07 选中位图单击“透明度工具”，在属性栏中设置“透明度类型”为“均匀透明度”、“透明度”为70。接着双击“矩形工具”创建与页面等大小的矩形，再执行“对象>图框精确裁剪>置于图文框内部”菜单命令，把图片放置在矩形中，效果如图7-29和图7-30所示。

图7-29　　图7-30

08 将前面编辑好的杯垫拖曳到页面右边，如图7-31所示。然后将缩放过的杯垫复制3个拖曳到页面左下方，如图7-32所示，接着导入“素材文件>CH07>02.psd”文件，最后将杯子缩放拖曳到杯垫上，如图7-33所示。

09 导入“素材文件>CH07>03.cdr”文件，然后解散文本拖曳到页面中，最终效果如图7-34所示。

图7-31　　图7-32

图7-33　　图7-34

7.5 轮廓线样式

设置轮廓线的样式可以使图形美观度提升，也可以起到醒目和提示的作用。

改变轮廓线样式的方法有两种。

第1种：选中对象，在属性栏中的“线条样式”的下拉选项中选择相应样式进行变更轮廓线样式，如图7-35所示。

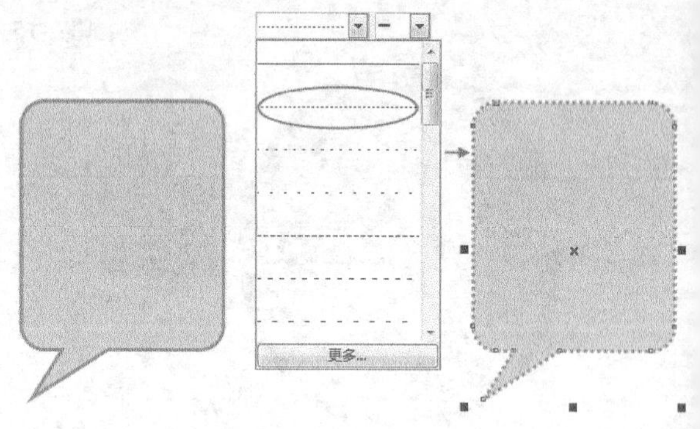

图7-35

第2种：选中对象后，双击状态栏中的“轮廓笔工具”，打开“轮廓笔”对话框，在对话框里“样式”下面选择相应的样式进行修改，如图7-36所示。

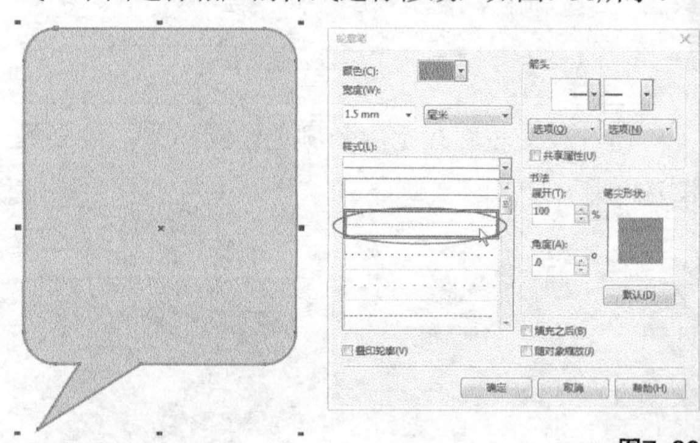

图7-36

技巧与提示

在样式选项中如果没有需要的样式，可以在下面单击“编辑样式”按钮，打开“编辑线条样式”对话框进行编辑。

7.6 轮廓线转对象

在CorelDRAW X7软件中，针对轮廓线只能进行宽度调整、颜色均匀填充、样式变更等操作，如果在编辑对象过程中需要对轮廓线进行对象操作时，可以将轮廓线转换为对象，然后进行添加渐变色、添加纹样和其他效果。

选中要进行编辑的轮廓，如图7-37所示，执行“对象>将轮廓转换为对象”菜单命令，如图7-38所示，将轮廓线转换为对象进行编辑。

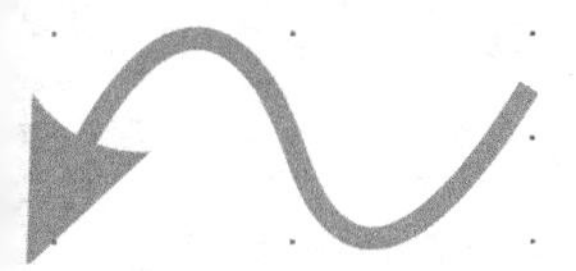

图7-37

图7-38

转为对象后，可以进行形状修改、渐变填充、图案填充等操作，如图7-39所示。

图7-39

课堂案例

用轮廓转换绘制渐变字

实例位置	实例文件>CH07>课堂案例：用轮廓转换绘制渐变字.cdr
素材位置	素材文件>CH07>04.cdr
视频位置	多媒体教学>CH07>课堂案例：用轮廓转换绘制渐变字.mp4
技术掌握	轮廓转换的运用方法

利用轮廓线的转换绘制渐变字，适用于海报设计、字体设计，效果如图7-40所示。

图7-40

01 新建空白文档，然后设置文档名称为“渐变字”，接着设置页面大小为“A4”、页面方向为“横向”。

02 导入“素材文件>CH07>04.cdr”文件，然后取消组合对象，再填充中文字颜色为（C:100，M:100，Y:71，K:65），接着设置“轮廓宽度”为1.5mm、轮廓线颜色为灰色，如图7-41所示。

03 先选中汉字执行“对象>将轮廓线转换为对象”菜单命令，将轮廓线转为对象，然后将轮廓对象拖到一边备用，如图7-42所示。接着设置汉字“轮廓宽度”为5mm，如图7-43所示。最后执行“对象>将轮廓线转换为对象”菜单命令，将轮廓线转为对象，如图7-44所示。

图7-41

图7-42

图7-43

图7-44

04 选中最粗的汉字轮廓，然后在“编辑填充”对话框中选择“渐变填充”方式，设置“类型”为“线性渐变填充”、“镜像、重复和反转”为“默认渐变填充”，再设置“节点位置”为0%的色标颜色为（C:0，M:100，Y:0，K:0）、“位置”为31%的色标颜色为（C:100，M:100，Y:0，K:0）、“位置”为56%的色标颜色为（C:60，M:0，Y:20，K:0）、“位置”为84%的色标颜色为（C:40，M:0，Y:100，K:0）、“位置”为100%的色标颜色为（C:0，M:0，Y:100，K:0），“填充宽度”为137.799、“水平偏移”为2.462、“垂直偏移”为-1.38、“旋转”为-135.6，并勾选“缠绕填充”选项，接着单击“确定”按钮 确定 完成填充，如图7-45和图7-46所示。

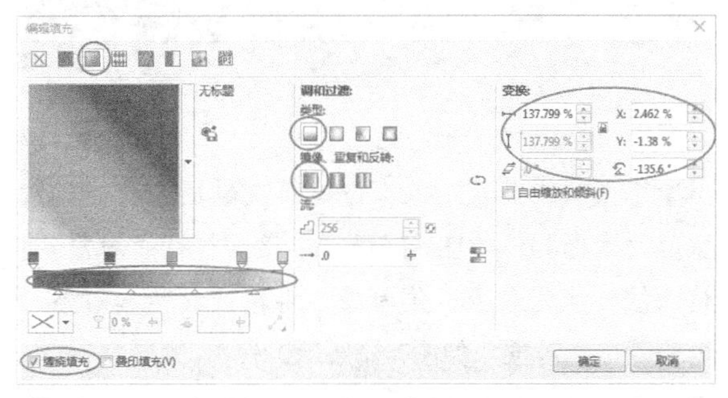

图7-45

图7-46

05 选中填充好的粗轮廓对象，然后按住鼠标右键拖曳到细轮廓对象上，如图7-47所示，松开右键在弹出的菜单中执行“复制所有属性”命令，如图7-48所示，复制效果如图7-49所示。

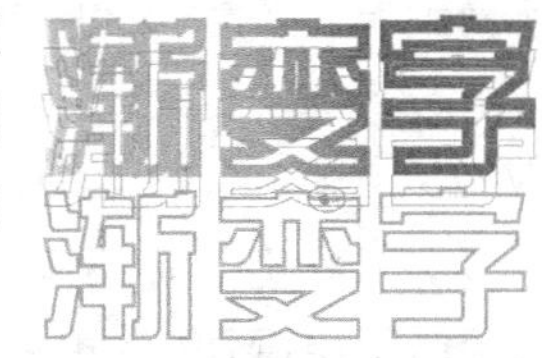

图7-47

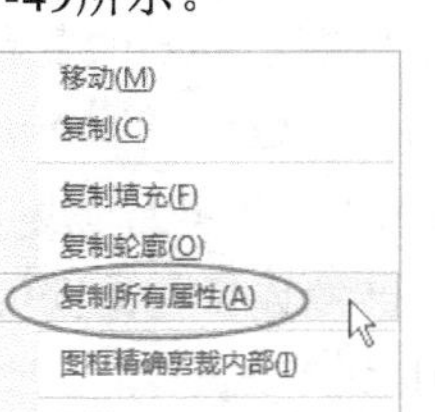

图7-48

图7-49

06 选中粗轮廓汉字对象，然后单击“透明度工具”，在属性栏中设置“透明度类型”为“均匀透明度”、“透明度”为60，效果如图7-50所示。

图7-50

07 将前面编辑的汉字复制一份拖曳到粗轮廓对象上，居中对齐，如图7-51所示。然后执行“对象>造型>合并”菜单命令，效果如图7-52所示。

图7-51 图7-52

08 选中汉字，然后使用“透明度工具”设置透明度效果，如图7-53所示。接着将编辑好的汉字和轮廓全选，再居中对齐，如图7-54所示，注意，细轮廓对象应该放置在顶层。

图7-53  图7-54

09 下面编辑英文对象。选中英文然后设置“轮廓宽度”为1mm，如图7-55所示。接着执行“对象>将轮廓线转换为对象”菜单命令将轮廓线转为对象，再删除英文对象，如图7-56所示。

图7-55  图7-56

10 选中轮廓对象，然后在“编辑填充”对话框中选择“渐变填充”方式，设置“类型”为“线性渐变填充”、“镜像、重复和反转”为“默认渐变填充”，再设置“节点位置”为0%的色标颜色为（C:0，M:24，Y:0，K:0）、“位置”为23%的色标颜色为（C:42，M:29，Y:0，K:0）、“位置”为49%的色标颜色为（C:27，M:0，Y:5，K:0）、“位置”为69%的色标颜色为（C:10，M:0，Y:40，K:0）、“位置”为83%的色标颜色为（C:1，M:0，Y:29，K:0）、“位置”为100%的色标颜色为（C:0，M:38，Y:7，K:0），“填充宽度”为96.202、“水平偏移”为7.78、“垂直偏移”为.059、“旋转”为-90.0，接着单击“确定”按钮，如图7-57所示，填充效果如图7-58所示。

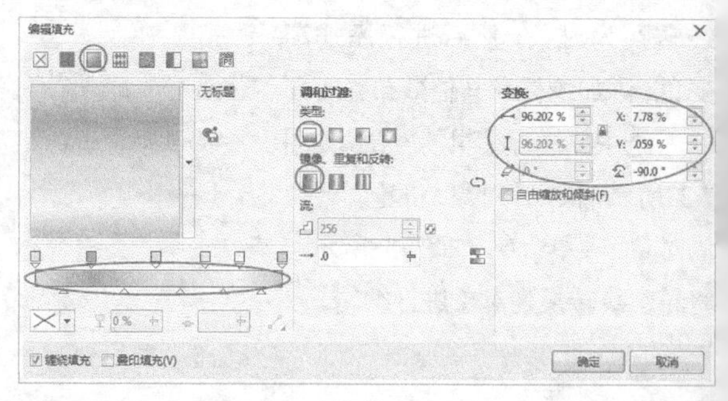

图7-57

图7-58

11 将轮廓复制一份，然后在“编辑填充”对话框中选择“渐变填充”方式，设置“类型”为“线性渐变填充”、“镜像、重复和反转”为“默认渐变填充”，再设置“节点位置”为0%的色标颜色为（C:0，M:97，Y:22，K:0）、“位置”为23%的色标颜色为（C:91，M:68，Y:0，K:0）、“位置”为49%的色标颜色为（C:67，M:5，Y:0，K:0）、“位置”为69%的色标颜色为（C:40，M:0，Y:100，K:0）、“位置”为83%的色标颜色为（C:4，M:0，Y:91，K:0）、“位置”为100%的色标颜色为（C:0，M:100，Y:55，K:0），“填充宽度”为96.202、“水平偏移”为7.78、“垂直偏移”为0.059、“旋转”为-90.0，接着单击“确定”按钮，如图7-59所示，填充效果如图7-60所示。

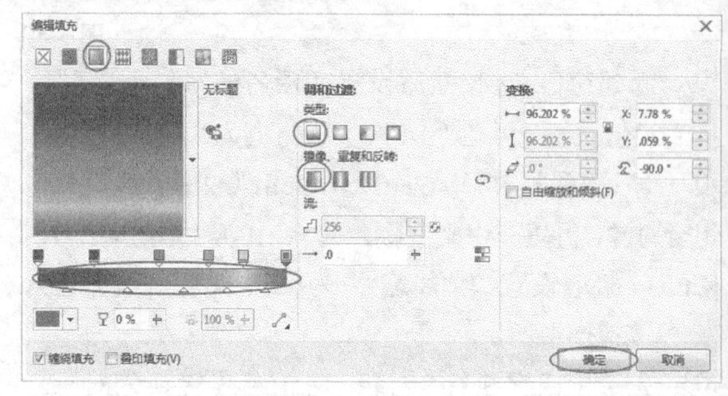

图7-59

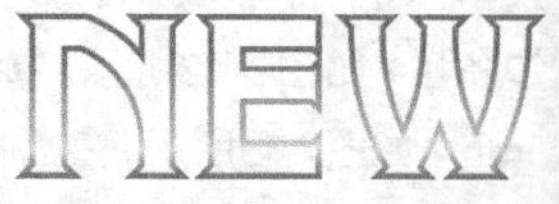

图7-60

12 选中鲜艳颜色的轮廓对象，然后执行“位图>转换为位图”菜单命令将对象转换为位图，接着执行“位图>模糊>高斯模糊”菜单命令，再打开“高斯式模糊”对话框，设置“半径”为10像素，最后单击“确定”按钮 确定 完成模糊设置，如图7-61和图7-62所示。

13 选中轮廓对象和轮廓的位图，然后居中对齐，效果如图7-63所示。接着将制作好的文字分别进行群组，再拖曳到页面外备用。

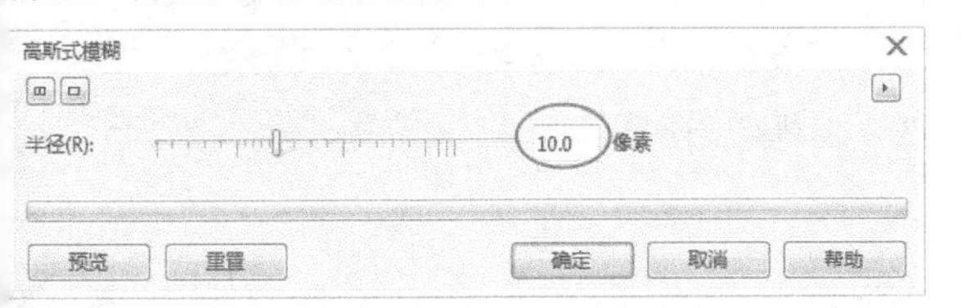

图7-61

图7-62　图7-63

14 双击“矩形工具” 创建与页面等大小的矩形，然后在“编辑填充”对话框中选择“渐变填充”方式，设置“类型”为“椭圆形渐变填充”、“镜像、重复和反转”为“默认渐变填充”，再设置“节点位置”为0%的色标颜色为（C:100，M:100，Y:71，K:65）、“位置”为37%的色标颜色为（C:100，M:100，Y:36，K:33）、“位置”为100%的色标颜色为（C:0，M:100，Y:0，K:0），“填充宽度”为237.353、“水平偏移”为0、“垂直偏移”为25.0、“旋转”为-93.8，接着单击“确定”按钮 确定 完成，如图7-64所示，效果如图7-65所示。

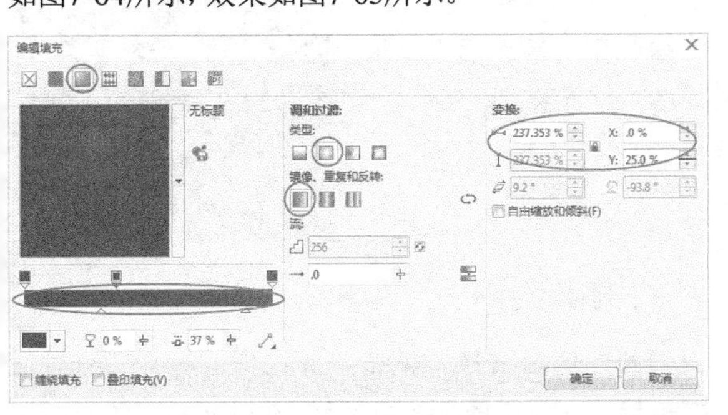

图7-64

图7-65

15 双击“矩形工具” 创建与页面等大小的矩形，然后填充颜色为（C:100，M:100，Y:56，K:51），再进行缩放，如图7-66所示。接着使用“透明度工具” 设置透明度效果，如图7-67所示。

图7-66

图7-67

16 将前面绘制好的文字拖曳到页面中，如图7-68所示。然后使用“椭圆形工具” 绘制一个正圆，再设置“轮廓宽度”为1mm，如图7-69所示。接着执行“对象>将轮廓线转换为对象”菜单命令将轮廓线转为对象，最后将圆形删除，如图7-70所示。

图7-68

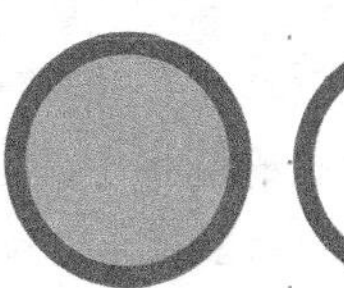

图7-69

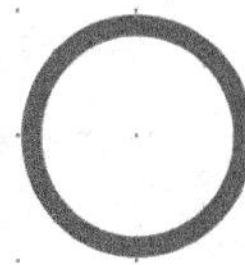

图7-70

17 将圆环进行复制排列，然后调整大小和位置，再进行合并，如图7-71所示。然后在“编辑填充”对话框中选择“渐变填充”方式，设置“类型”为“线性渐变填充”、“镜像、重复和反转”为“默认渐变填充”，再设置“节点位置”为0%的色标颜色为（C:0，M:100，Y:0，K:0）、“位置”为16%的色标颜色为（C:100，M:100，Y:0，K:0）、“位置”为34%的色标颜色为（C:100，M:0，Y:0，K:0）、“位置”为53%的色标颜色为（C:40，M:0，Y:100，K:0）、“位置”为75%的色标颜色为（C:0，M:0，Y:100，K:0）、“位置”为100%的色标颜色为（C:0，M:100，Y:100，K:0），“填充宽度”为108.541、“水平偏移”为-.549、“垂直偏移”为-6.511、“旋转”为-88.9。最后单击“确定”按钮 确定 完成，如图7-72所示，效果如图7-73所示。

图7-71

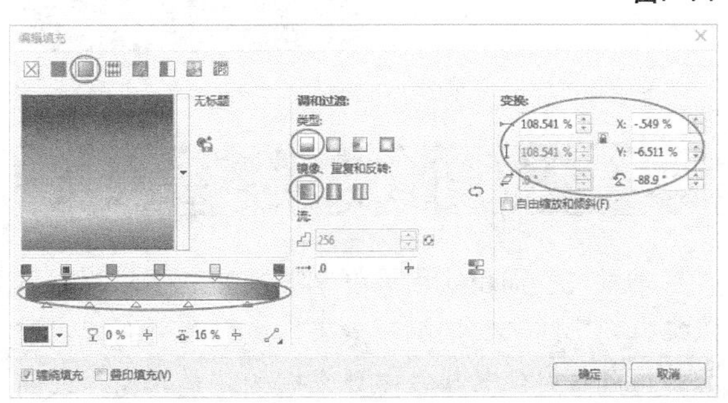

图7-72

图7-73

18 单击“透明度工具”，在属性栏中设置“透明度类型”为“均匀透明度”、“透明度”为50，效果如图7-74所示。然后将圆环对象复制一份进行缩放，再拖曳到页面文字上，如图7-75所示。

图7-74

图7-75

19 使用“椭圆形工具”绘制一个正圆，然后填充颜色为洋红，再去掉轮廓线，接着执行“位图>转换为位图”菜单命令将对象转换为位图，如图7-76所示。最后执行“位图>模糊>高斯模糊”菜单命令，打开“高斯式模糊”对话框，设置“半径”为30像素，如图7-77和图7-78所示。

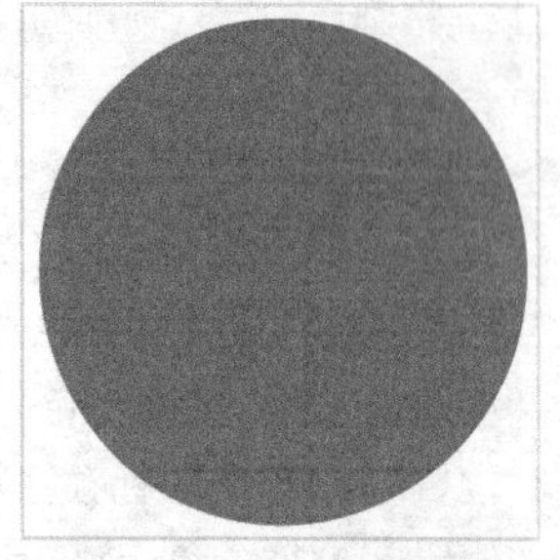

图7-76

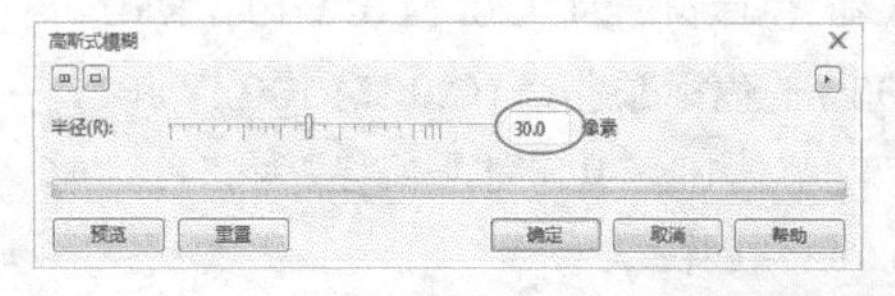

图7-77　图7-78

20 将洋红色对象复制排放在汉字周围，调整位置和大小，最终效果如图7-79所示。

图7-79

7.7 本章小结

本章内容简单实用又好掌握，通过学习我们可以掌握轮廓线丰富的编辑效果，可以在后面编辑过程中得到很好的效果，主要掌握的就是对轮廓线的宽度、颜色、样式设置和如何去应用这些设置。

课后练习1

用轮廓样式绘制鞋子

实例位置	实例文件>CH07>课后练习：用轮廓样式绘制鞋子.cdr
素材位置	素材文件>CH07> 05.cdr
视频位置	多媒体教学>CH07>课后练习：用轮廓样式绘制鞋子.mp4
技术掌握	轮廓线样式的运用

利用轮廓线的样式改变来绘制运动鞋，适用于产品设计，海报图案绘制，效果如图7-80所示。

图7-80

【制作流程】

新建空白文档，然后设置文档名称为“运动鞋”，接着设置页面大小“宽”为230mm、“高”为190mm。然后通过改变轮廓线的样式来绘图案，步骤如图7-81所示。

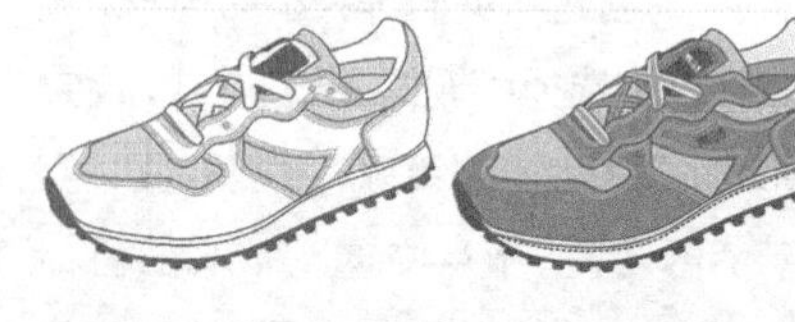

图7-81

课后练习2

制作牛仔裤兜

实例位置	实例文件>CH07>课后练习：制作牛仔裤兜.cdr
素材位置	素材文件>CH07>06.jpg
视频位置	多媒体教学>CH07>课后练习：制作牛仔裤兜.mp4
技术掌握	轮廓线样式的运用

通过改变轮廓线的样式绘制作牛仔裤兜，效果如图7-82所示。

图7-82

【制作流程】

新建空白文档，单击“导入”图标打开对话框，导入光盘中的“光盘素材>素材>CH07>06.jpg”文件，拖曳到页面中调整大小，然后单击“工具箱”中的“钢笔工具”，接着沿着裤兜的边缘进行绘制，步骤如图7-83所示。

图7-83

第8章 度量标识和连接工具

本章主要讲解的是度量和连接工具的使用，这两种工具使用范围局限，在产品设计、VI设计、景观设计等领域中比较常用。CorelDRAW X7为用户提供了丰富的度量工具和连接工具，方便进行快速、便捷、精确的测量。

课堂学习目标

平行度量工具
角度量工具
3点标注工具
直角连接器工具
直角圆形连接器工具
编辑锚点工具

8.1 度量工具

使用度量工具可以快速测量出对象水平方向、垂直方向的距离，也可以测量倾斜的角度，下面进行详细讲解。

8.1.1 平行度量工具

“平行度量工具”用于为对象测量任意角度上两个节点间的实际距离，并添加相关量词标注。

1.度量方法

在“工具箱”中单击“平行度量工具”，然后将光标移动到需要测量的对象的节点上，当光标旁出现“节点”字样时，再按住鼠标左键向下拖动，如图8-1所示。接着拖动到下面节点上松开鼠标确定测量距离，如图8-2所示。最后向空白位置移动光标，确定好添加测量文本的位置单击鼠标左键添加文本，如图8-3和图8-4所示。

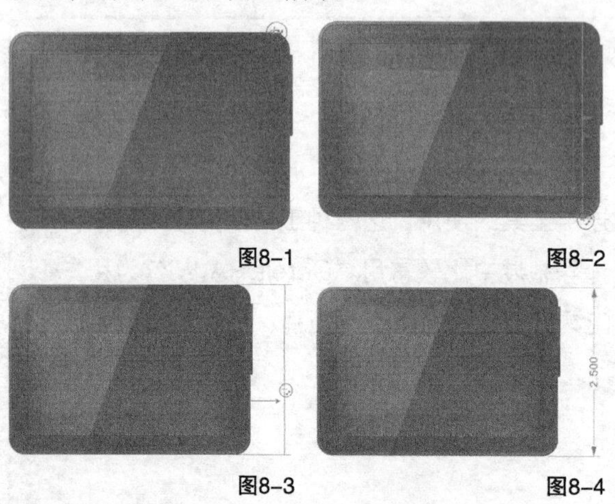

图8-1 图8-2

图8-3 图8-4

技巧与提示

在使用“平行度量工具”确定测量距离时，除了单击选择节点间的距离外，也可以选择对象边缘之间的距离。

“平行度量工具”可以测量任何角度方向的节点间的距离，如图8-5所示。

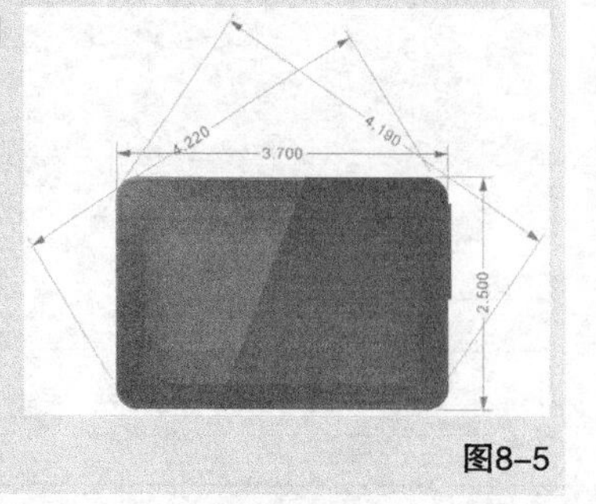

图8-5

2.度量设置

“平行度量工具”的属性栏如图8-6所示。

图8-6

【参数详解】

度量样式：在下拉选项中选择度量线的样式，包含“十进制”“小数”“美国工程”“美国建筑学的”4种，默认情况下使用“十进制”进行度量。

度量精度：在下拉选项中选择度量线的测量精度，方便用户得到精确的测量数值。

尺寸单位：在下拉选项中选择度量线的测量单位，方便用户得到精确的测量数值。

显示单位：激活该按钮，在度量线文本后显示测量单位；反之则不在文本后显示测量单位。

度量前缀：在后面的文本框中输入相应的前缀文字，在测量文本中显示前缀。

度量后缀：在后面的文本框中输入相应的后缀文字，在测量文本中显示后缀。

显示前导零：在测量数值小于1时，激活该按钮显示前导零；反之则隐藏前导零。

动态度量：在重新调整度量线时，激活该按钮可以自动更新测量数值；反之数值不变。

技巧与提示

在激活“动态度量”图标情况下才可以进行参数细节设置，熄灭该图标测量数值不可变更也不能进行参数设置，如图8-7所示。

图8-7

文本位置：在该按钮的下拉选项中选择设定以度量线为基准的文本位置，包括“尺度线上方的文本”“尺度线中的文本”“尺度线下方的文本”“将延伸线间的文本居中”“横向放置文本”“在文本周围绘制文本框”6种。

尺度线上方的文本：选择该选项，测量文本位于度量线上方，可以水平移动文本的位置。

尺度线中的文本：选择该选项，测量文本位于度量线中，可以水平移动文本的位置。

尺度线下方的文本：选择该选项，测量文本位于度量线下方，可以水平移动文本的位置。

将延伸线间的文本居中：在选择文本位置后加选该选项，测量文本以度量线为基准居中放置。

横向放置文本：在选择文本位置后加选该选项，测量文本横向显示。

在文本周围绘制文本框：在选择文本位置后加选该选项，测量文本外显示文本框。

延伸线选项：在下拉选项中可以自定义度量线上的延伸线。

到对象的距离：勾选该选项，在下面“间距”文本框输入数值可以自定义延伸线到测量对象的距离。

技巧与提示

延伸线向外延伸的距离最大值取决于度量时文本位置的确定，文本离对象的距离就是“到对象的距离”的最大值，值为最大时则不显示箭头到对象的延伸线，如图8-8所示。

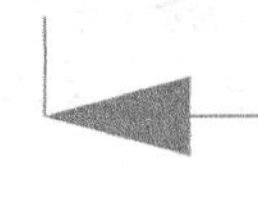

图8-8

延伸伸出量：勾选该选项，在下面“间距”文本框中输入数值可以自定义延伸线向上伸出的距离。

技巧与提示

“延伸伸出量”不限制最大值，最小值为0时没有向上延伸线，如图8-9所示。

图8-9

轮廓宽度：在后面的选项中选择设置轮廓线的宽度。

双箭头：在下拉选项中可以选择度量线的箭头样式。

双击“平行度量工具”可以打开“选项”对话框，在“度量工具”面板可以进行“样式”“精度”“单位”“前缀”“后缀”设置。

8.1.2 水平或垂直度量工具

“水平或垂直度量工具”用于为对象测量水平或垂直角度上两个节点间的实际距离，并添加标注。

在“工具箱”中单击“水平或垂直度量工具”，然后将光标移动到需要测量的对象的节点上，当光标旁出现“节点”字样时，再按住左键向下或左右拖动会得到水平或垂直的测量线，如图8-10和图8-11所示。接着拖动到相应的位置松开左键完成度量。

图8-10

图8-11

技巧与提示

“水平或垂直度量工具”可以在拖动测量距离的时候，同时拖动文本距离。

因为“水平或垂直度量工具”只能绘制水平和垂直的度量线，所以在确定第一节点后若斜线拖动，会出现长度不一的延伸线，不会出现倾斜的度量线，如图8-12所示。

图8-12

课堂案例

用平行或垂直度量绘制Logo制作图

实例位置　实例文件>CH08>课堂案例：用平行或垂直度量绘制logo制作图.cdr
素材位置　素材文件>CH08> 01.cdr
视频位置　多媒体教学>CH08>课堂案例：用平行或垂直度量绘制logo制作图.mp4
技术掌握　水平或垂直度量工具的运用方法

运用平行或垂直度量绘制Logo制作图，制作图效果如图8-13所示。

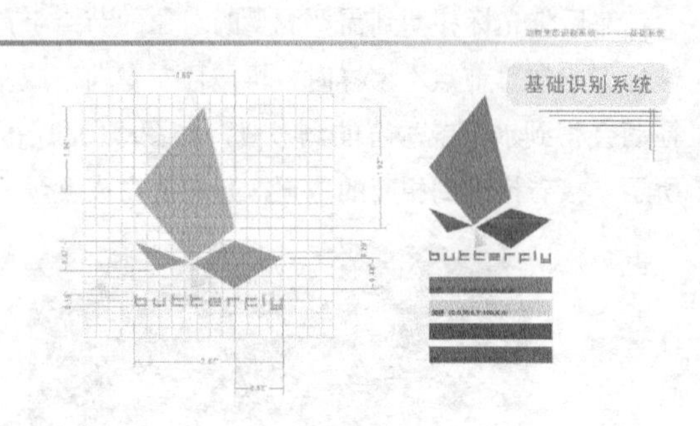

图8-13

01 新建空白文档，然后设置文档名称为“VI标志尺寸”，接着设置页面大小为“A4”、页面方向为“横向”。

02 使用“多边形工具”绘制蝴蝶的形状，然后使用“形状工具”调整形状，如图8-14所示。接着分别填充蝴蝶翅膀的颜色为（C:100，M:0，Y:100，K:0）、（C:0，M:100，Y:100，K:0）、（C:0，M:0，Y:100，K:0）、（C:0，M:100，Y:0，K:0），最后去掉轮廓线，如图8-15所示。

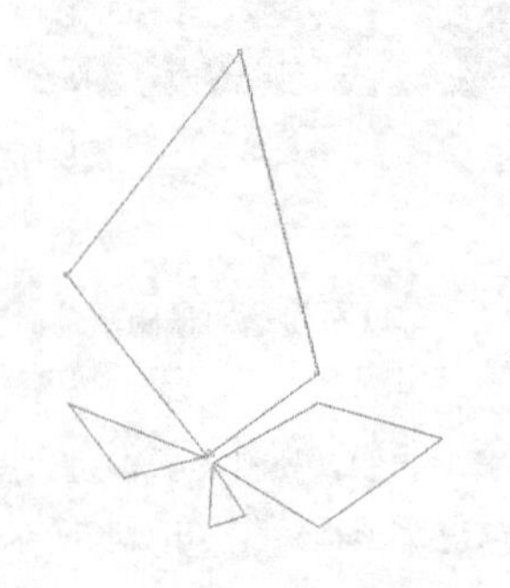

图8-14

图8-15

03 选择文本工具输入文本，然后调整字体和大小，如图8-16所示。接着为文本填充颜色为（C:100，M:0，Y:100，K:0），如图8-17所示，最后将文本拖曳到标志下面并调整位置。

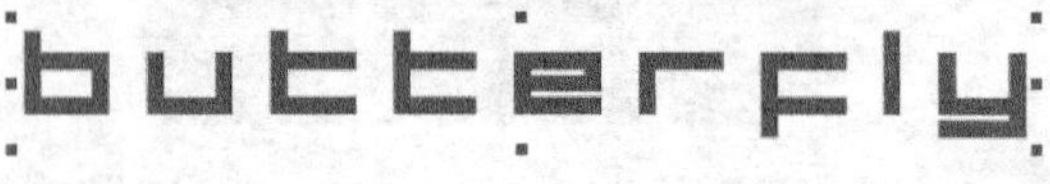

butterfly

图8-16

butterfly

图8-17

04 下面绘制表格。单击“图纸工具”，然后在属性栏中设置“行数和列数”为20和20，接着在页面绘制表格，注意每个格子都必须为正方形，最后单击右键填充轮廓线颜色为（C:0，M:0，Y:0，K:30），如图8-18所示。

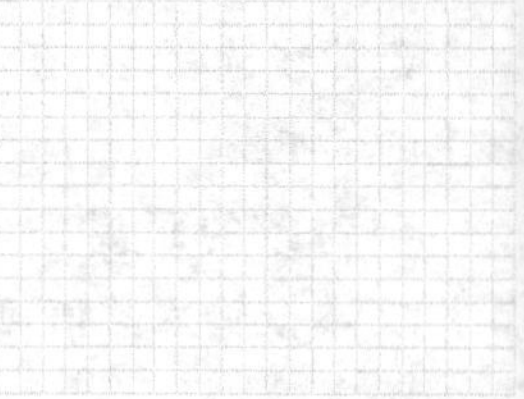

图8-18

05 选中标志复制一份，然后执行“位图>转换为位图”命令转换成位图，如图8-19所示。接着单击“透明度工具”，在属性栏中设置“透明度类型”为“均匀透明度”、“透明度”为50，最后将半透明标志缩放在表格上，调整标志与格子位置，如图8-20所示 。

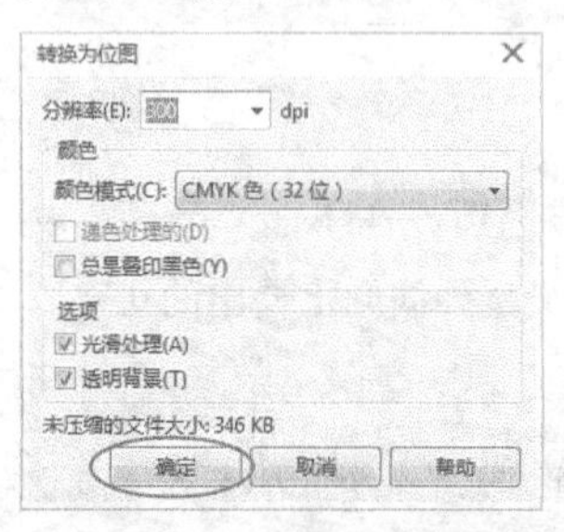

图8-19

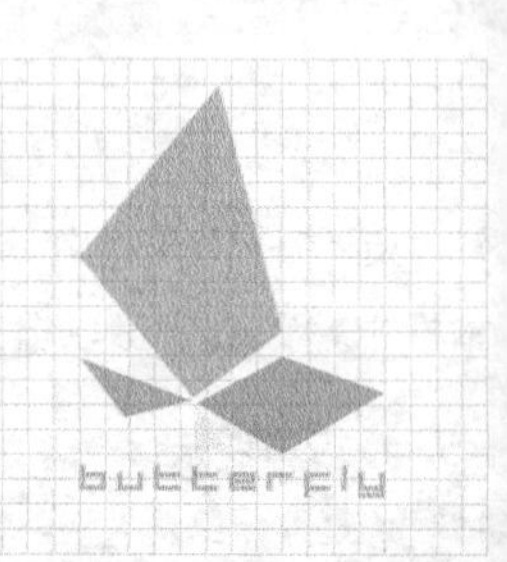

图8-20

06 使用“水平或垂直度量工具”绘制度量线，注意度量线的两个顶端要在标志相应的顶点处，如图8-21所示。接着选中度量线，在属性栏中设置“文本位置”为“尺度线中的文本”和“将延伸线间的文本居中”、“双箭头”为“无箭头”，如图8-22所示。最后选中文本，在属性栏中设置“字体”为Arial、“字体大小”为8pt，效果如图8-23所示。

图8-21

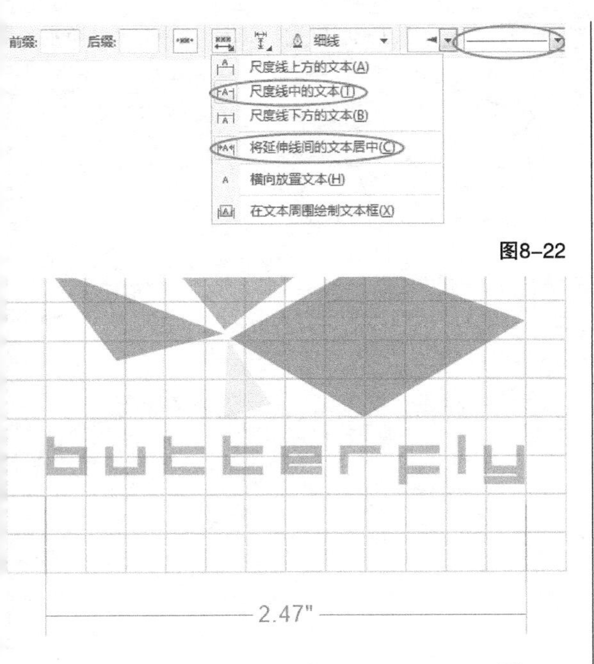

图8-22

图8-23

07 按上述方法绘制所有度量线，然后调整每个度量线文本的穿插，注意不要将度量线盖在文本上，效果如图8-24所示，最后全选进行组合对象。

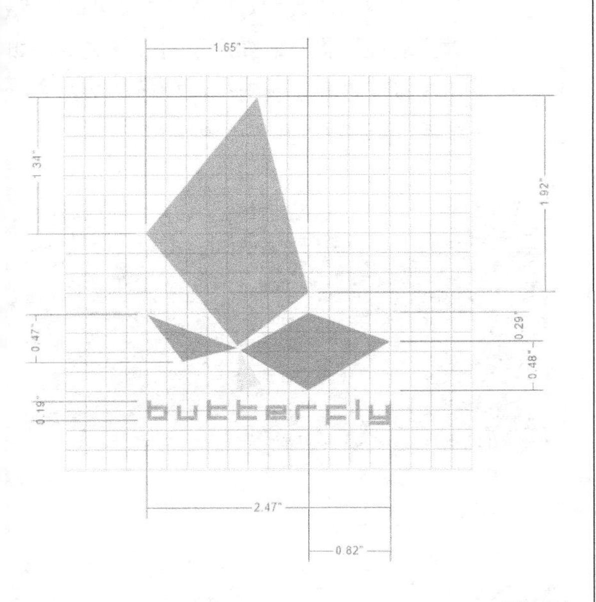

图8-24

08 使用“矩形工具”绘制矩形，如图8-25所示。然后从上到下依次填充颜色为（C:100，M:0，Y:100，K:0）、（C:0，M:100，Y:100，K:0）、（C:0，M:0，Y:100，K:0）、（C:0，M:100，Y:0，K:0），填充完毕再去掉轮廓线，如图8-26所示。

图8-25　　图8-26

09 使用“文本工具”输入文字，调整字体，然后将字体放到绘制好的矩形上面，如图8-27所示。最后，组合对象再移动到标志下面，调整画面如图8-28所示。

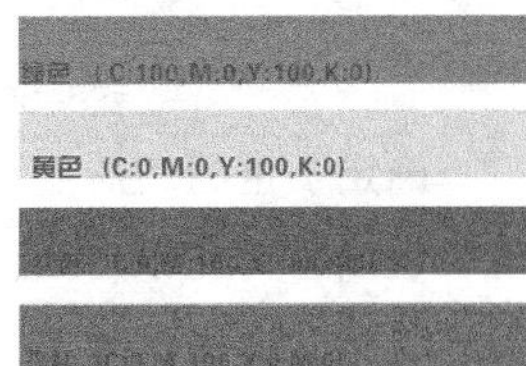

图8-27

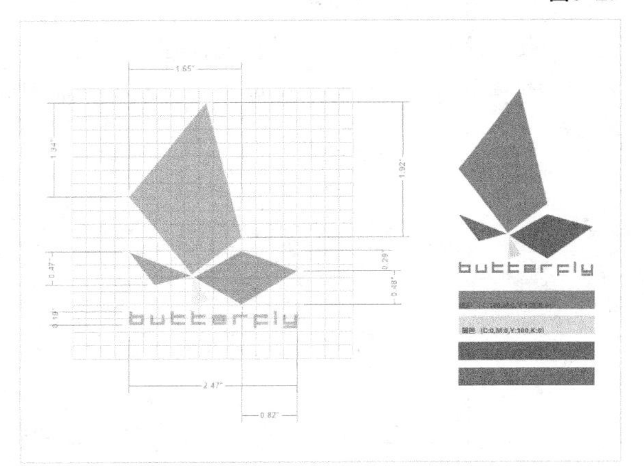

图8-28

10 最后导入“素材文件>CHO8>01.cdr”文件，然后解散对象，再将文字对象缩放排列，调整画面关系，最终效果如图8-29所示。

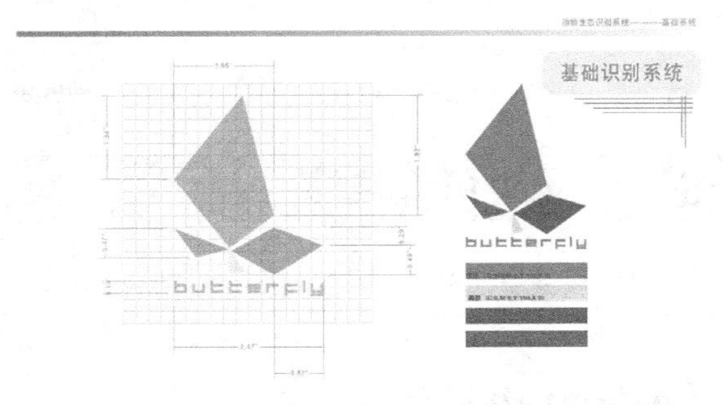

图8-29

8.1.3 角度量工具

“角度量工具”用于准确地测量对象的角度。

在“工具箱”中单击“角度量工具”，然后将光标移动到要测量角度的相交处，确定角的定点，如图8-30所示。接着按住左键沿着所测角度的其中一条边线拖动，确定角的一条边，如图8-31所示。

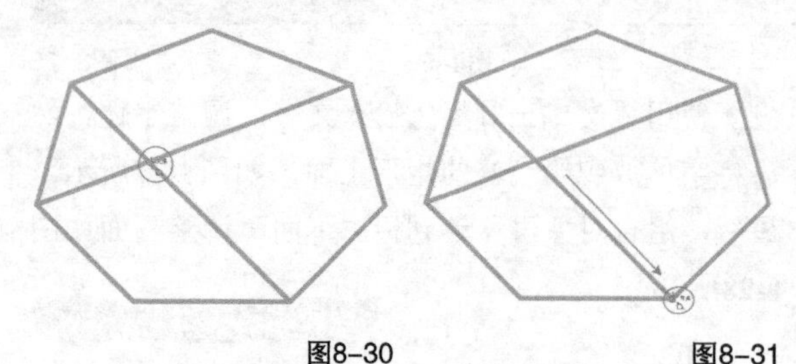

图8-30　　图8-31

确定了角的边后松开左键将光标移动到另一条角的边线位置，单击鼠标左键确定边线，如图8-32所示。然后向空白处移动文本的位置，单击鼠标左键确定，如图8-33和图8-34所示。

在使用度量工具前，可以在属性栏中设置角的单位，包括“度”“°”“弧度”“粒度”，如图8-35所示。

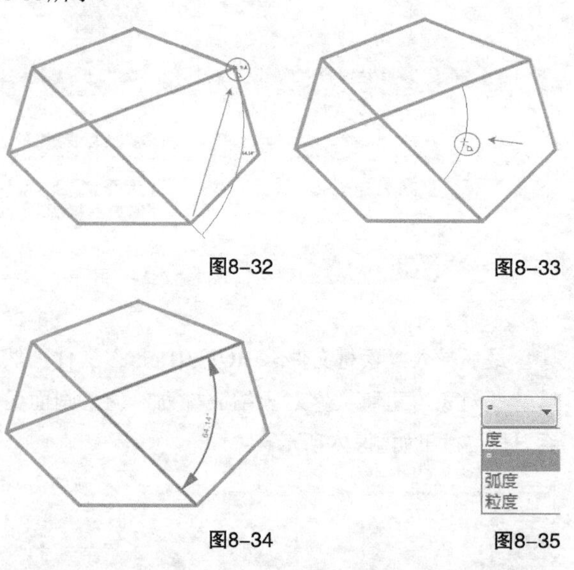

图8-32　　图8-33

图8-34　　图8-35

8.1.4 线段度量工具

“线段度量工具”用于自动捕捉测量两个节点间线段的距离。

1.度量单一线段

在“工具箱”中单击“线段度量工具”，然后将光标移动到要测量的线段上，单击鼠标左键自动捕捉当前线段，如图8-36所示。接着移动光标确定文本位置，单击鼠标左键完成度量，如图8-37和图8-38所示。

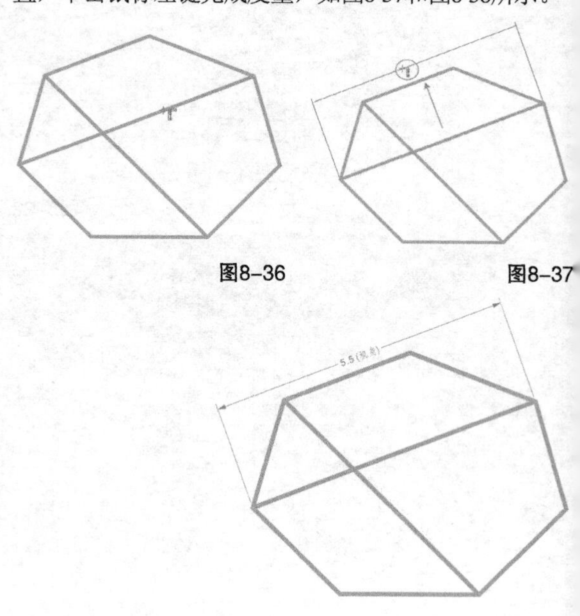

图8-36　　图8-37

图8-38

2.度量连续线段

“线段度量工具”，可以进行连续测量操作，在属性栏中单击激活“自动连续度量”图标，然后按住左键拖动范围将要连续测量的节点选中，如图8-39所示。接着松开左键向空白处拖动文本的位置，单击鼠标左键完成测量，如图8-40所示。

图8-39

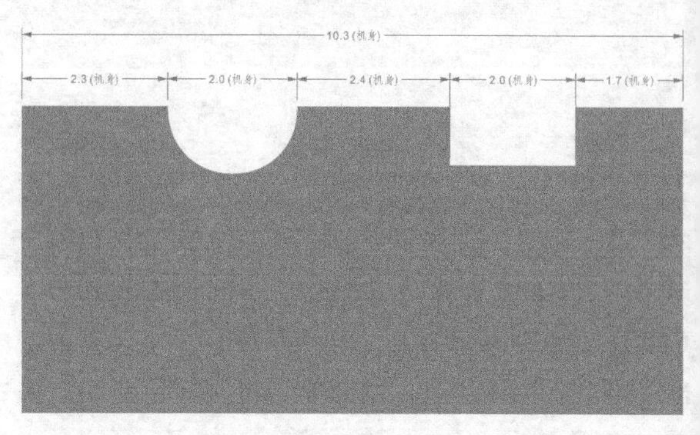

图8-40

8.1.5 3点标注工具

“3点标注工具”用于快速为对象添加折线标注文字。

1.标注方法

在“工具箱”中单击“3点标注工具” ，将光标移动到需要标注的对象上，如图8-41所示。然后按住左键拖动，确定第二个点后松开左键，再拖动一段距离单击鼠标左键可以确定文本位置，输入相应文本完成标注，如图8-42~图8-44所示。

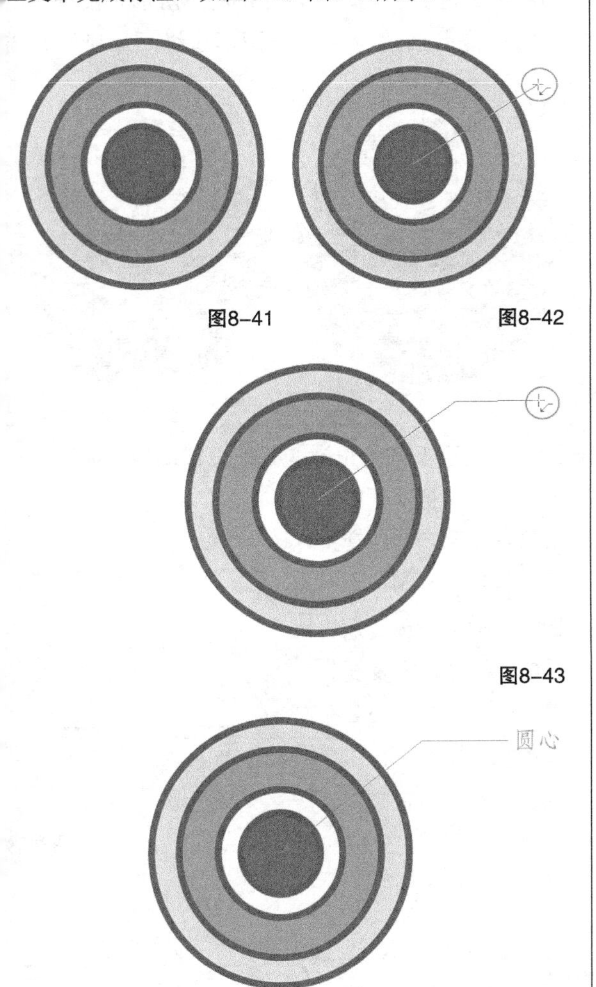

图8-41 图8-42

图8-43

图8-44

2.标注设置

“3点标注工具” 的属性栏如图8-45所示。

图8-45

【参数详解】

起始箭头： 为标注添加起始箭头，在下拉选项中可以选择样式。

标注样式： 为标注添加文本样式，在下拉选项中可以选择样式。

标注间距： 在文本框中输入数值设置标注与折线的间距。

8.2 连接工具

CorelDRAW X7为用户提供了丰富的连接工具，方便快速、便捷地连接对象，包括“直线连接器工具”“直角连接器工具”“直角圆形连接器工具”和“编辑锚点工具”，下面进行详细介绍。

8.2.1 直线连接器工具

“直线连接器工具”用于以任意角度创建对象间的直线连接线。

在“工具箱”中单击“直线连接器工具” ，将光标移动到需要进行连接的节点上，然后按住左键移动到对应的连接节点上，松开左键完成连接，如图8-46和图8-47所示。

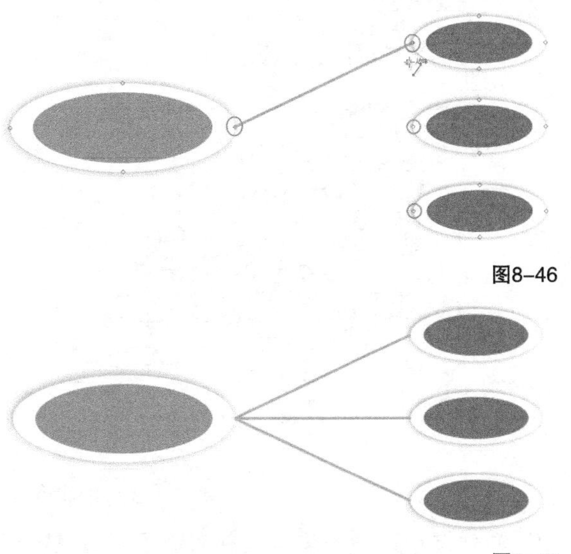

图8-46

图8-47

技巧与提示

在出现多个连接线连接到同一个位置时，起始连接节点需要从没有选中连接线的节点上开始，如果在已经连接的节点上单击拖动，则会拖动当前连接线的节点，如图8-48所示。

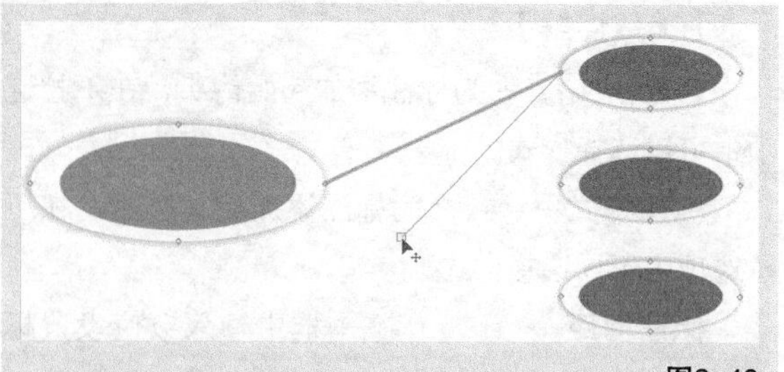

图8-48

连接后的对象，在移动时连接线依旧依附存在，方向随着移动进行变化，如图8-49所示。

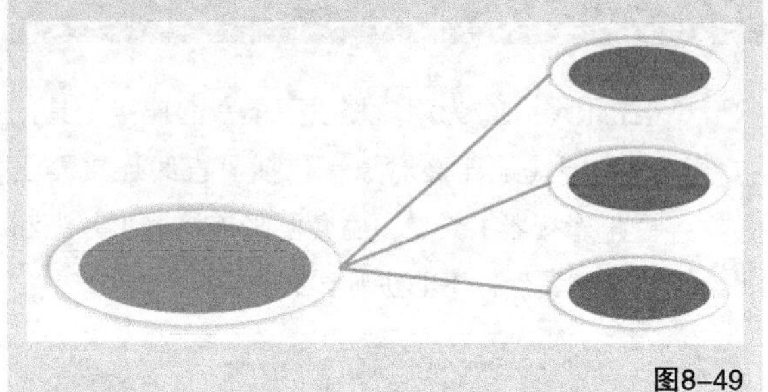

图8-49

课堂案例

用直线连接器绘制跳棋盘

实例位置	实例文件>CH08>课堂案例：用直线连接器绘制跳棋盘.cdr
素材位置	素材文件>CH08> 02.cdr、03.cdr、04.cdr
视频位置	多媒体教学>CH08>课堂案例：用直线连接器绘制跳棋盘.mp4
技术掌握	直线连接器的运用方法

跳棋盘效果如图8-50所示。

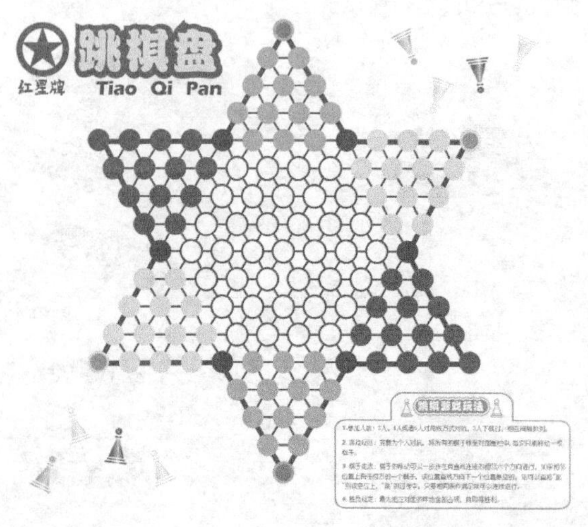

图8-50

01 新建空白文档，然后设置文档名称为“跳棋盘”，接着设置页面大小为“A4”、页面方向为“横向”。

02 单击“星形工具”，然后在属性栏中设置“点数或边数”为6、“锐度”为30、“轮廓宽度”为2mm，接着在页面内绘制星形，如图8-51所示。

图8-51

03 使用“椭圆形工具”绘制圆，然后填充颜色为红色，再去掉轮廓线，如图8-52所示。接着使用“编辑锚点工具”，在圆形边缘添加连接线锚点，如图8-53所示。

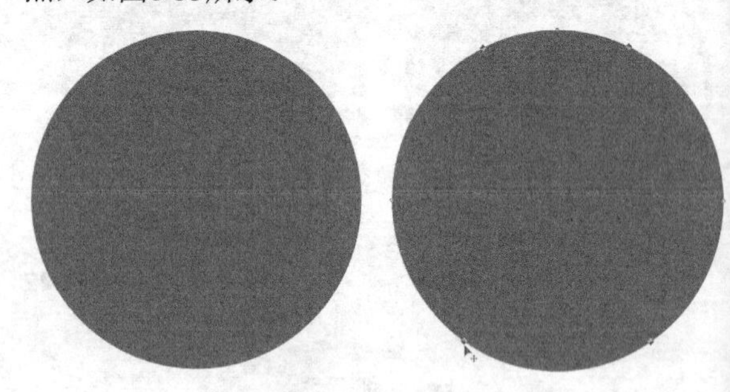

图8-52　　图8-53

04 以星形下方的角为基础拖曳辅助线，如图8-54所示。然后把前面绘制的圆形拖曳到辅助线交接位置，再拖动复制一份，如图8-55所示。接着按快捷键Ctrl+D进行重复复制，最后全选进行对齐分布，如图8-56所示。

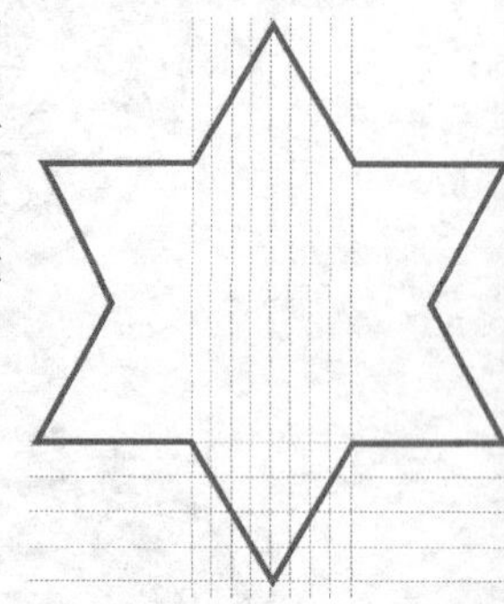

图8-54

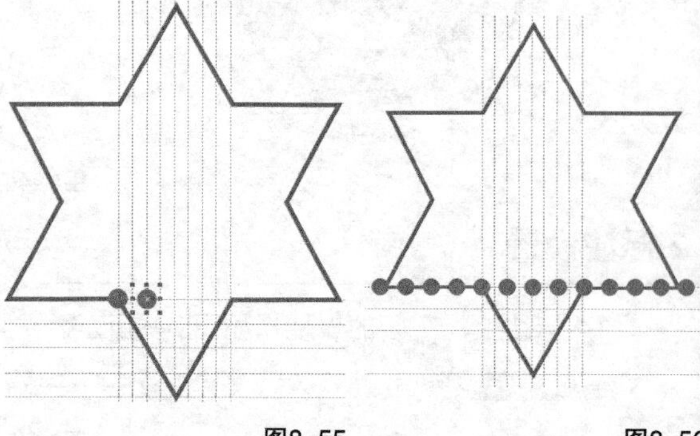

图8-55　　图8-56

05 将正圆全选进行组合对象，然后复制到下面辅助线交叉的位置，如图8-57所示。接着将两行正圆组合对象进行垂直复制，如图8-58所示。

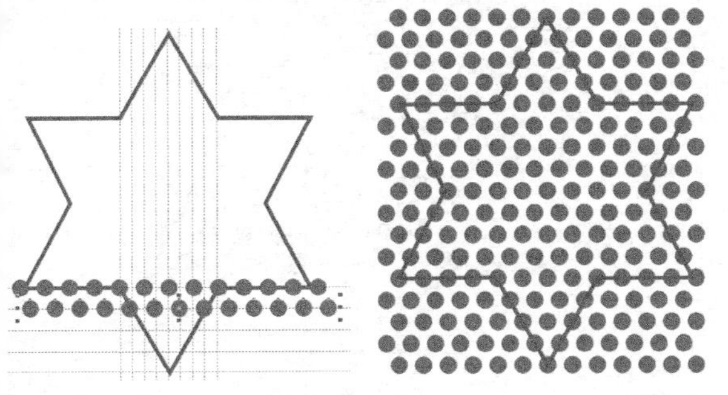

图8-57　　图8-58

06 将正圆对象全选然后取消全部组合对象，再删除与星形重合以外的圆，接着将星形置于正圆下方，如图8-59所示。最后将星形钝角处的正圆选中填充颜色为黑色，如图8-60所示。

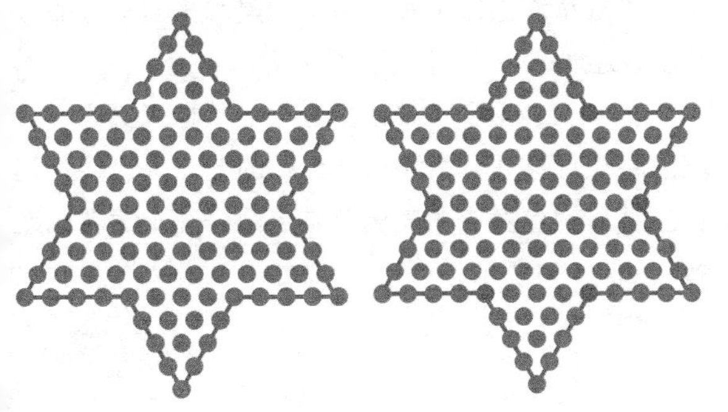

图8-59　　图8-60

07 选中星形上边尖角内的正圆进行组合对象，然后填充颜色为（C:40，M:0，Y:100，K:0），接着选中对应角内的正圆，填充相同的颜色，效果如图8-61所示。

08 选中绿色角旁边的角内的正圆，然后填充颜色为黄色，再填充对应角内的正圆，如图8-62所示。接着将星形尖角内的正圆全选进行组合对象。

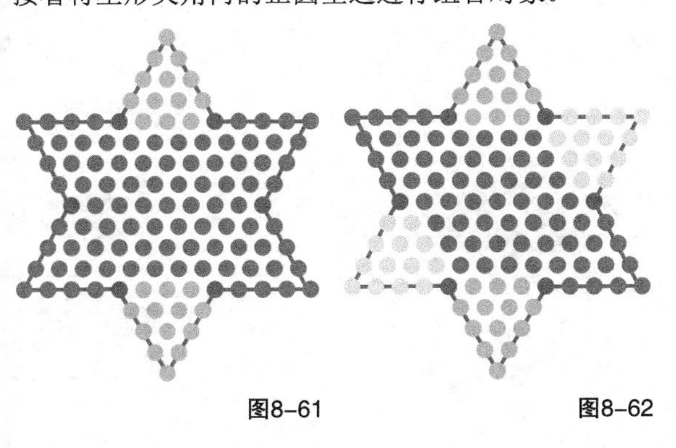

图8-61　　图8-62

09 选中星形中间的正圆，然后去掉填充颜色，再设置轮廓线“宽度”为0.75mm、颜色为黑色，如图8-63所示。接着将星形6个顶端的正圆向内复制，最后填充深色为深红色（C:40，M:100，Y:100，K:8）、深绿色（C:100，M:0，Y:100，K:0）、深黄色（C:0，M:60，Y:100，K:0），效果如图8-64所示。

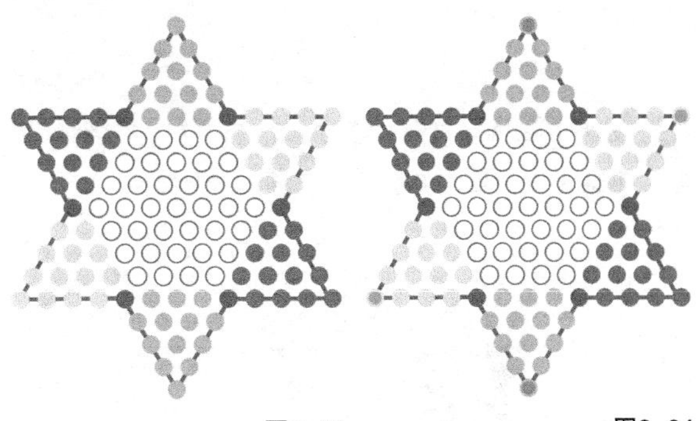

图8-63　　图8-64

10 单击“直线连接器工具”，将光标移动到需要进行连接的节点上，单击绘制连接线，如图8-65所示。

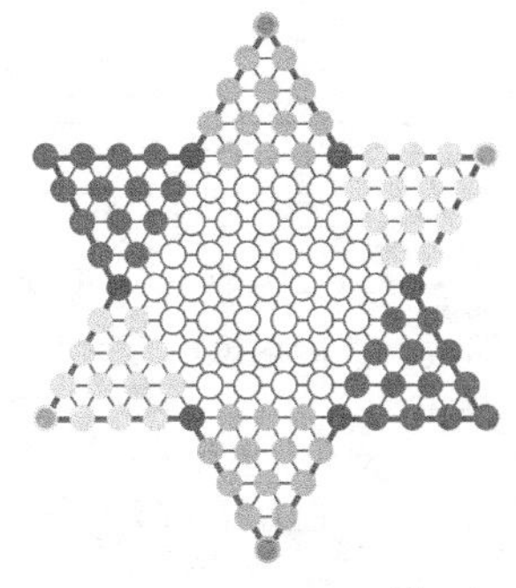

图8-65

11 导入“素材文件>CHO8>02.cdr”文件，如图8-66所示。然后取消组合对象，再复制一份黄色棋子，接着将4枚棋子进行旋转排列，如图8-67所示。

图8-66

图8-67

12 把棋子全选进行组合对象，然后复制一份垂直镜像，再拖曳到页面对角位置，如图8-68所示。

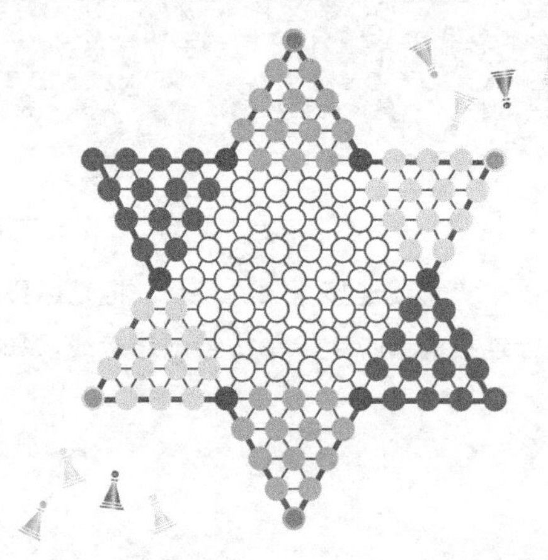

图8-68

13 导入“素材文件>CHO8>03.cdr”文件，将标志缩放，然后拖曳到页面左上角，如图8-69所示。

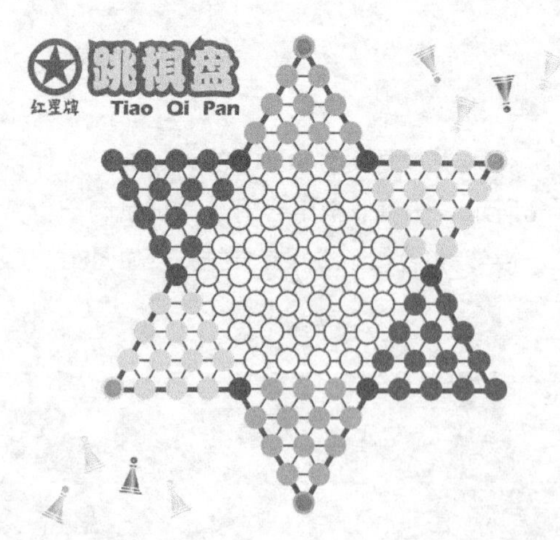

图8-69

14 导入“素材文件>CHO8>04.cdr”文件，然后将说明拖曳到页面右下方空白处进行缩放，最终效果如图8-70所示。

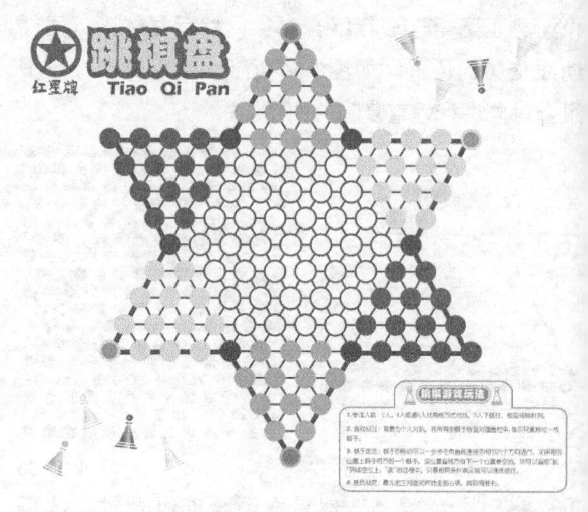

图8-70

8.2.2 直角连接器工具

“直角连接器工具”用于创建水平和垂直的直角线段连线。

在“工具箱”中单击“直角连接器工具”，然后将光标移动到需要进行连接的节点上，接着按住左键移动到对应的连接节点上，松开左键完成连接，如图8-71所示。

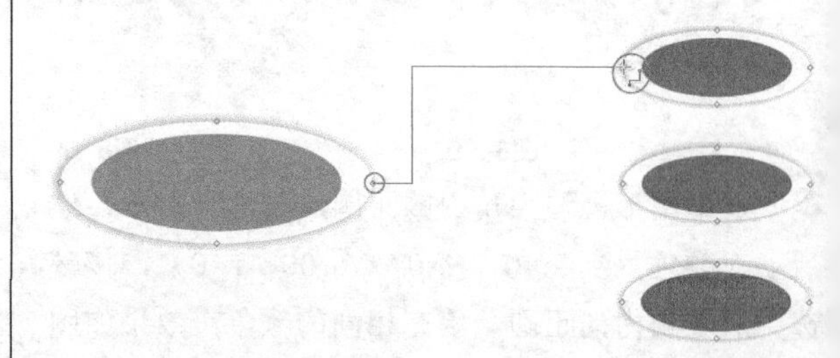

图8-71

在绘制平行位置的直角连接线时，拖动的连接线为直线，如图8-72所示。连接后效果如图8-73所示，连接后的对象，在移动时连接形状随着移动变化，如图8-74所示。

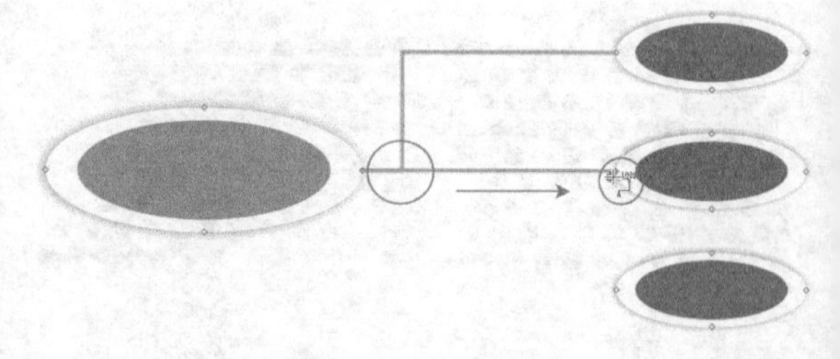

图8-72

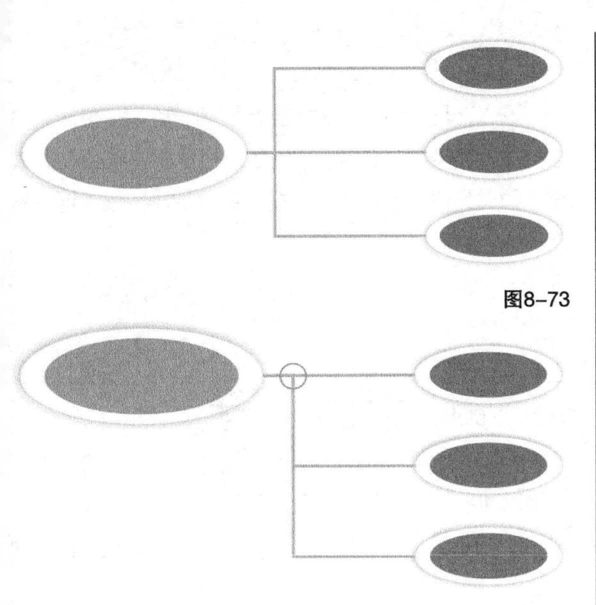

图8-73

图8-74

8.2.3 直角圆形连接器工具

“直角圆形连接器工具”用于创建水平和垂直的圆直角线段连线。

在“工具箱”中单击“直角圆形连接器工具”，然后将光标移动到对象的节点上，接着按住左键移动到对应的连接节点上，松开左键完成连接，如图8-75所示，连接好的对象均是以圆角直角连接线连接，如图8-76所示。

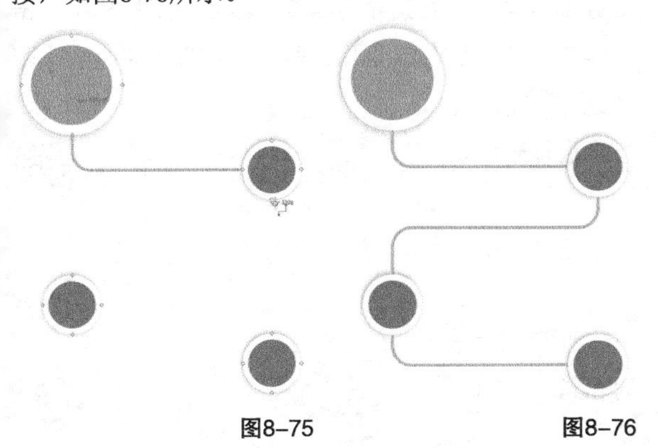

图8-75　　图8-76

在属性栏中的“圆形直角”后面的文本框里输入数值可以设置圆角的弧度，数值越大弧度越大，数值为0时，连接线变为直角。

技巧与提示

使用“直角圆形连接器工具” 绘制连接线，然后将光标移动到连接线上，当光标变为双向箭头时双击鼠标左键，添加文本，如图8-77和图8-78所示。

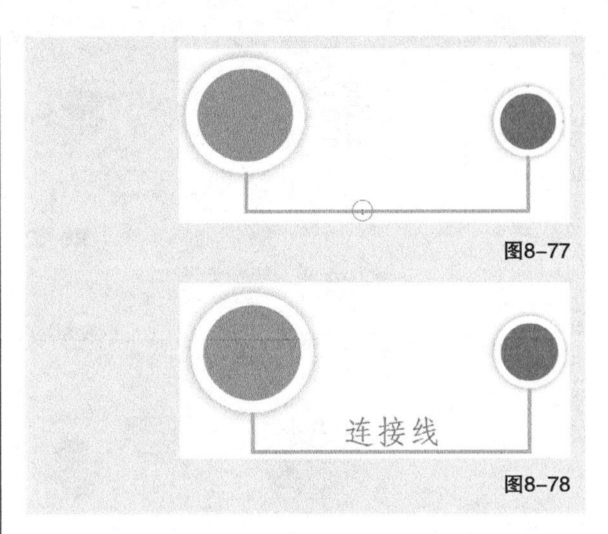

图8-77

图8-78

8.2.4 编辑锚点工具

“编辑锚点工具”用于修饰连接线，变更连接线节点等操作。

1.编辑锚点设置

“编辑锚点工具” 的属性栏如图8-79所示。

图8-79

【参数详解】

调整锚点方向：激活该按钮可以按指定度数调整锚点方向。

锚点方向：在文本框内输入数值可以变更锚点方向，单击“调整锚点方向”图标激活文本框，输入数值为直角度数“0°”“90°”“180°”“270°”，只能变更直角连接线的方向。

自动锚点：激活该按钮可允许锚点成为连接线的贴齐点。

删除锚点：单击该图标可以删除对象中的锚点。

2.变更连接线方向

在“工具箱”中单击“编辑锚点工具”，然后单击对象选中需要变更方向的连接线锚点，如图8-80所示。接着在属性栏中单击“调整锚点方向”图标激活文本框，如图8-81所示。最后在文本框内输入90°按回车键完成，如图8-82所示。

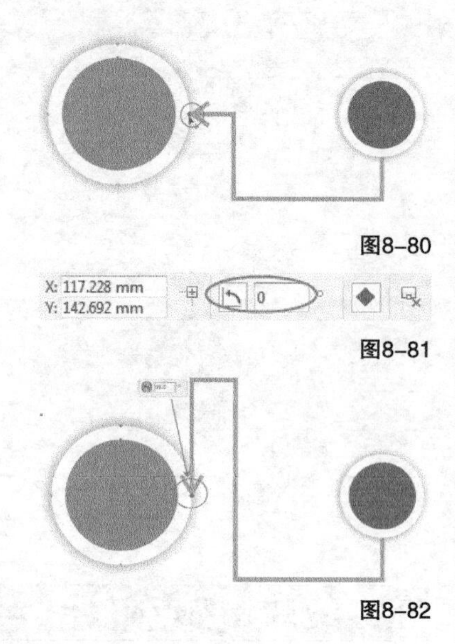

图8-80

图8-81

图8-82

3.增加对象锚点

在“工具箱”中单击“编辑锚点工具”，然后在要添加锚点的对象上双击左键进行添加锚点，如图8-83所示。新增加的锚点会以蓝色空心圆标识，如图8-84所示。添加连接线后，在蓝色圆形上的连接线分别接在独立锚点上，如图8-85所示。

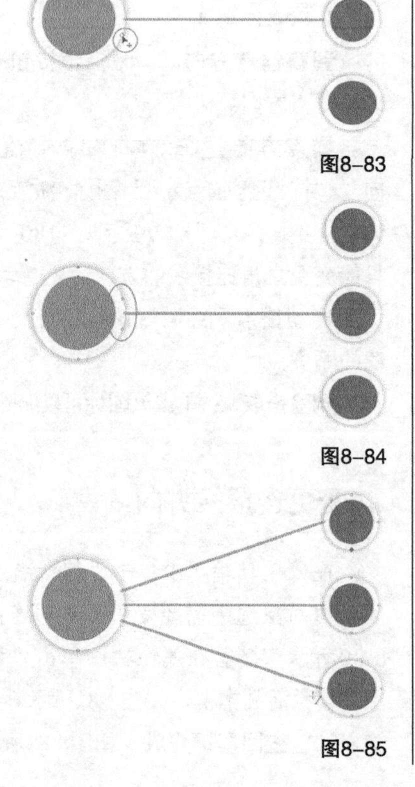

图8-83

图8-84

图8-85

4.移动锚点

在“工具箱”中单击“编辑锚点工具”，单击选中连接线上需要移动的锚点，然后按住鼠标左键移动到对象上的其他锚点上，如图8-86和图8-87所示。锚点可以移动到其他锚点上，也可以移动到中心和任意地方上，可以根据用户需要进行拖动。

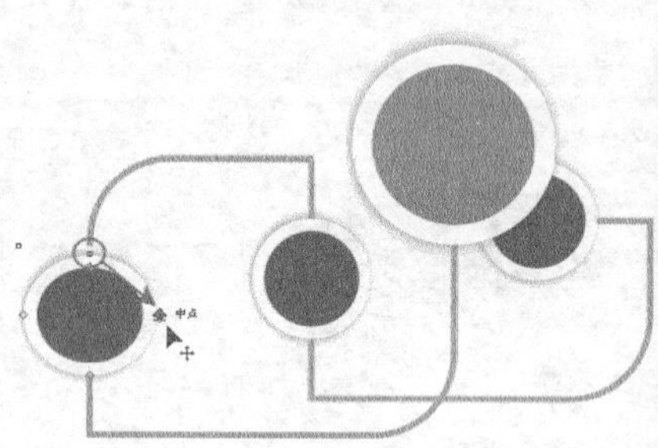

图8-86

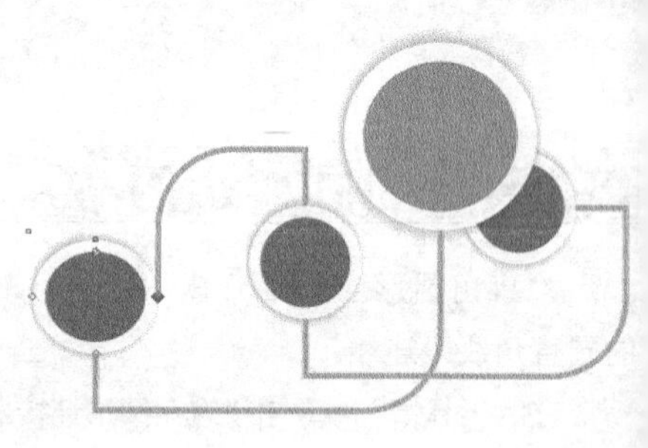

图8-87

5.删除锚点

在“工具箱”中单击“编辑锚点工具”，单击选中对象上需要删除的锚点，然后在属性栏中单击“删除锚点”图标删除该锚点，如图8-88所示，双击选中的锚点也可以进行删除。

图8-88

删除锚点的时候除了单个删除，也可以拖动范围进行多选，如图8-89和图8-90所示。

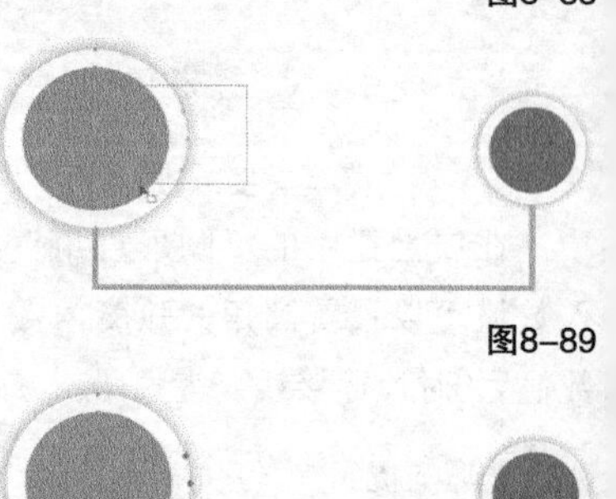

图8-89

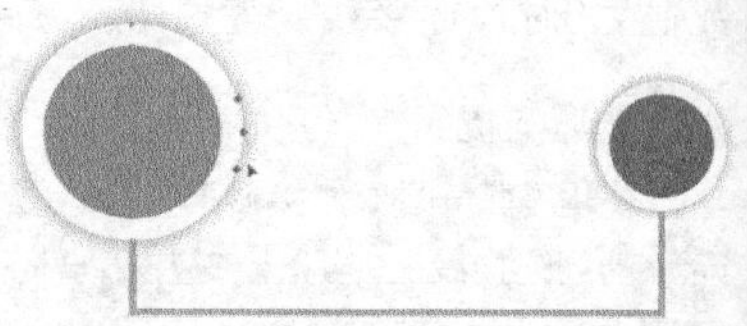

图8-90

8.3 本章小结

本章讲解的主要是度量标识和连接工具的应用与设置，是与其他所学知识相结合的一章，需要知识点的结合与贯通。

课后练习1

用标注绘制相机说明图

实例位置	实例文件>CH08>课后练习：用标注绘制相机说明图.cdr
素材位置	素材文件>CH08> 06.psd、07.psd、08.cdr
视频位置	多媒体教学>CH08>课后练习：用标注绘制相机说明图.mp4
技术掌握	标注的运用

绘制相机说明图，一般运用于电子产品的说明书，效果如图8-91所示。

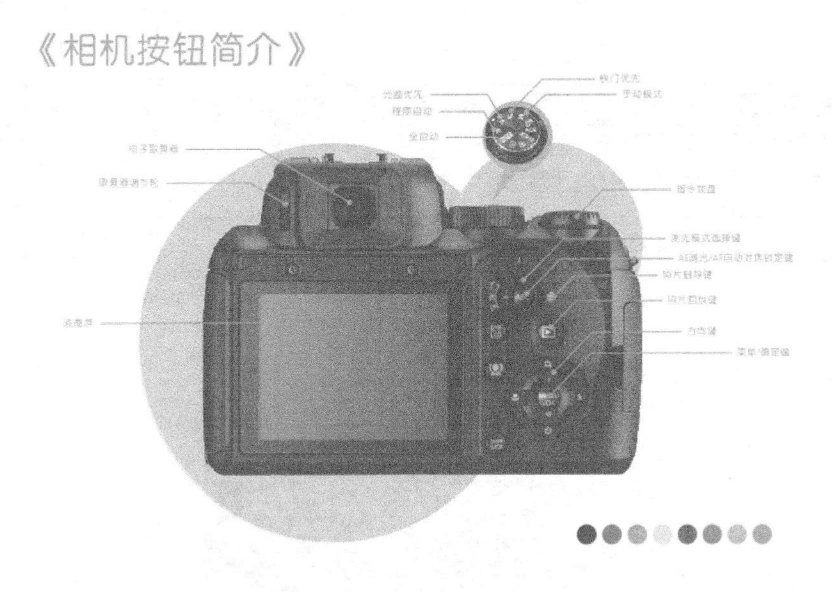

图8-91

【制作流程】

新建空白文档，然后设置文档名称为“相机说明图”，接着设置页面大小为“A4”、页面方向为“横向”。运用学过的标注绘制说明图，步骤如图8-92~图8-93所示。

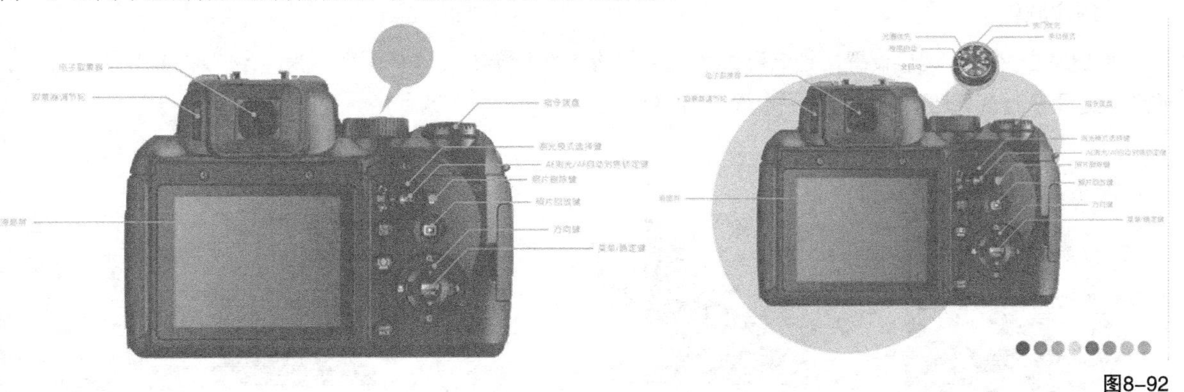

图8-92

《相机按钮简介》

图8-93

课后练习2

用标注绘制昆虫结构图

实例位置	实例文件>CH08>课后练习：用标注绘制昆虫结构图.cdr
素材位置	素材文件>CH08> 09.jpg
视频位置	多媒体教学>CH08>课后练习：用标注绘制昆虫结构图.mp4
技术掌握	标注的运用

绘制昆虫结构图，如图8-94所示。

图8-94

【制作流程】

新建空白文档，然后设置文档名称为“昆虫结构图”，接着设置页面大小为“A4”、页面方向为“横向”。运用学过的标注绘制结构图，步骤如图8-95所示。

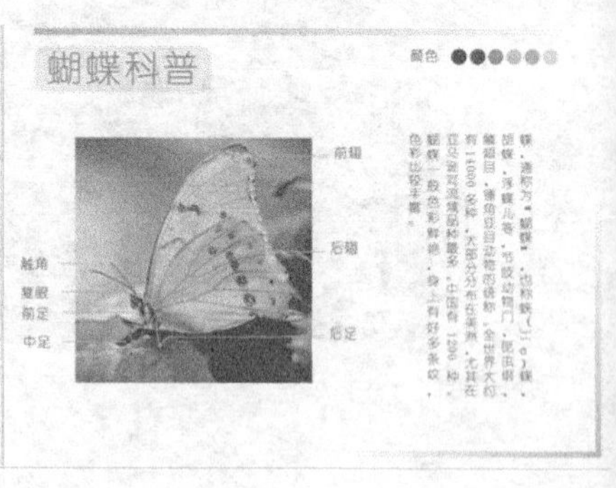

图8-95

第9章

图像效果操作

本章讲解的是图像效果的操作，其实这些工具就是给我们绘制好 的图形加特效的，同样是修饰图形，包括常用且重点的调和工具、轮廓图工具、变形工具、阴影工具、封套工具、立体化工具和透明度工具等。

课堂学习目标

调和效果
轮廓图效果
阴影效果
立体化效果
透明效果
图框精确剪裁

9.1 调和效果

调和效果是CorelDRAW X7中用途最广泛、性能最强大的工具之一，用于创建任意两个或多个对象之间的颜色和形状过渡，包括直线调和、曲线路径调和以及复合调和等多种方式。

调和可以用来增强图形和艺术文字的效果，也可以创建颜色渐变、高光、阴影、透视等特殊效果，在设计中运用频繁，CorelDRAW X7为用户提供了丰富的调和设置，使调和更加丰富。

9.1.1 创建调和效果

“调和工具”通过创建中间的一系列对象，以颜色序列来调和两个源对象，源对象的位置、形状、颜色会直接影响调和效果。

1.直线调和

单击“调和工具”，将光标移动到起始对象，按住左键不放向终止对象进行拖动，会出现一列对象的虚框进行预览，如图9-1所示，确定无误后松开左键完成调和，效果如图9-2所示。

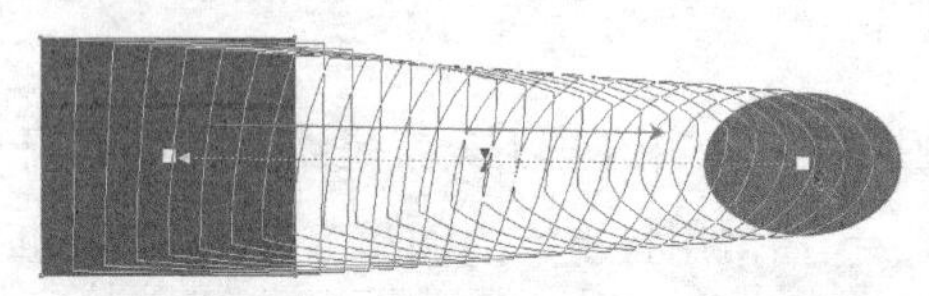

图9-1

图9-2

在调和时两个对象的位置大小会影响中间系列对象的形状变化，两个对象的颜色决定中间系列对象的颜色渐变的范围。

技巧与提示

“调和工具”也可以创建轮廓线的调和，创建两条曲线，填充不同颜色，如图9-3所示。

图9-3

单击“调和工具”选中蓝色曲线按住左键拖动到终止曲线，当出现预览线后松开左键完成调和，如图9-4和图9-5所示。

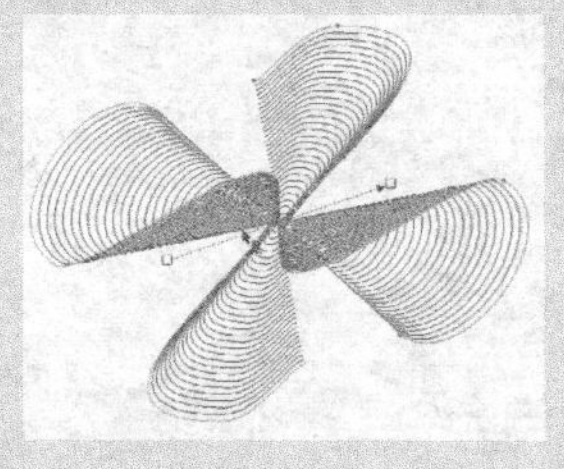

图9-4

图9-5

当线条形状和轮廓线“宽度”都不同时，也可以进行调和，调和的中间对象会进行形状和宽度渐变，如图9-6和图9-7所示。

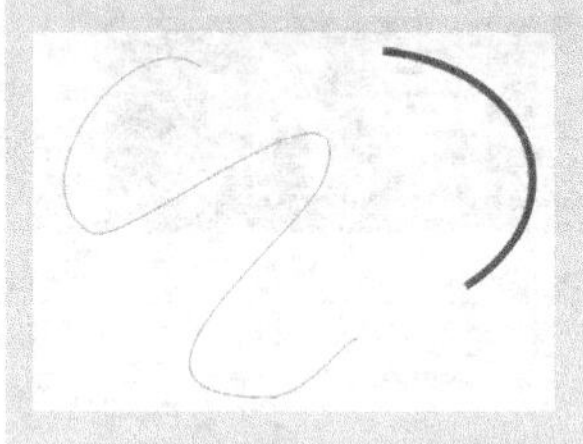

图9-6

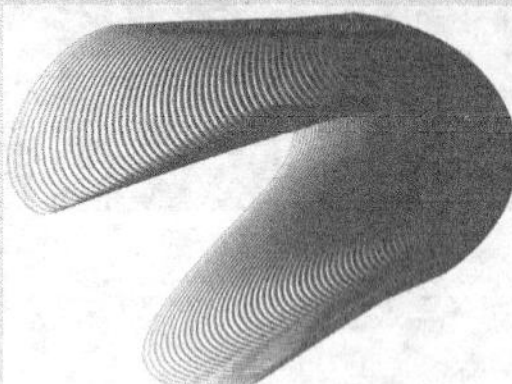

图9-7

2.曲线调和

单击“调和工具”，将光标移动到起始对象，先按住Alt键不放，然后按住左键向终止对象拖动出曲线路径，出现一系列对象的虚框进行预览，如图9-8所示。松开左键完成调和，效果如图9-9所示。

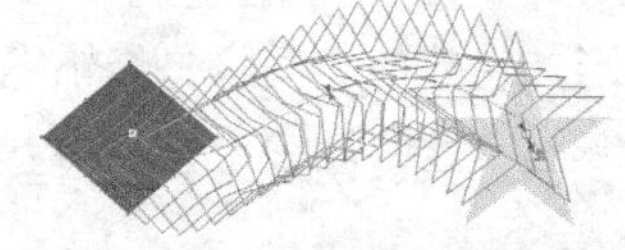

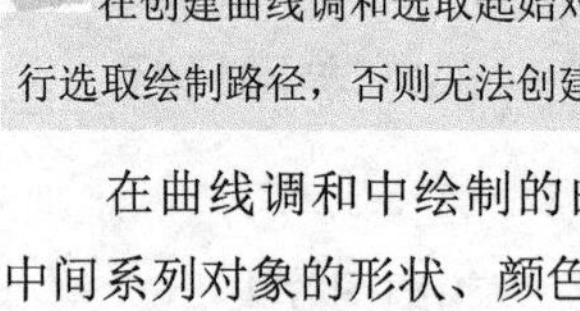

图9-8

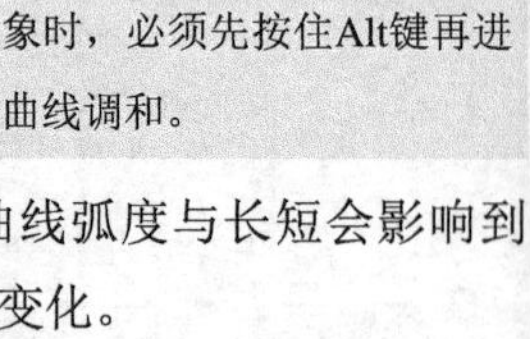

图9-9

技巧与提示

在创建曲线调和选取起始对象时，必须先按住Alt键再进行选取绘制路径，否则无法创建曲线调和。

在曲线调和中绘制的曲线弧度与长短会影响到中间系列对象的形状、颜色变化。

技巧与提示

使用“钢笔工具”绘制一条平滑曲线，如图9-10所示，然后将已经进行直线调和的对象选中，在属性栏中单击“路径属性”图标，在下拉选项中选择“新路径”命令，如图9-11所示。

图9-10

图9-11

此时光标变为弯曲箭头形状，如图9-12所示，将箭头对准曲线然后单击鼠标左键即可，效果如图9-13所示。

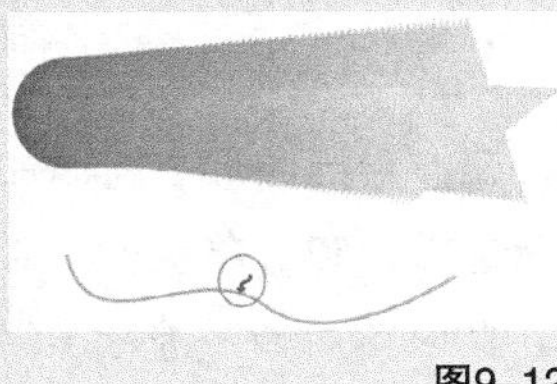
图9-12

图9-13

3.复合调和

创建3个几何对象，填充不同颜色，然后单击“调和工具”，将光标移动到蓝色起始对象，按住左键不放向洋红对象拖动直线调和，如图9-14所示。

图9-14

在空白处单击取消直线路径的选择，然后再选择圆形按住左键向星形对象拖动直线调和。如图9-15所示，如果需要创建曲线调和，可以按住Alt键选中圆形向星形创建曲线调和，如图9-16所示。

图9-15

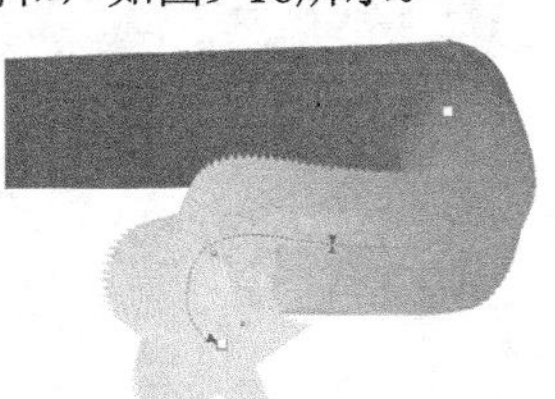
图9-16

技巧与提示

选中调和对象，如图9-17所示，然后在属性栏中的“调和步长”的文本框里输入数值，数值越大调和效果越细腻越自然，如图9-18所示，按回车键应用后，调和效果如图9-19所示。

图9-17

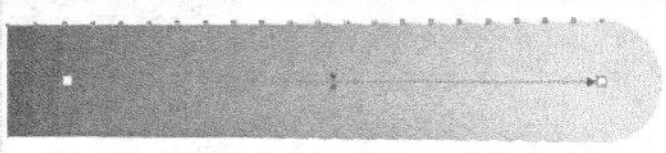

图9-18

图9-19

9.1.2 调和参数设置

在调和后，可以在属性栏中进行调和参数设置，也可以执行“效果>调和”菜单命令，在打开的“调和”泊坞窗进行参数设置。

1.属性栏参数

“调和工具”的属性栏设置如图9-20所示。

图9-20

【参数详解】

预设列表：系统提供的预设调和样式，可以在下拉列表选择预设选项。

添加预设：单击该图标可以将当前选中的调和对象另存为预设。

删除预设：单击该图标可以将当前选中的调和样式删除。

调和步长：用于设置调和效果中的调和步长数和形状之间的偏移距离。激活该图标，可以在后面“调和对象”文本框 35 中输入相应的步长数。

调和间距：用于设置路径中调和步长对象之间的距离。激活该图标，可以在后面“调和对象”文本框 .764 mm 中输入相应的步长数。

调和方向 .0 °：在后面的文本框中输入数值可以设置已调和对象的旋转角度。

环绕调和：激活该图标可将环绕效果添加应用到调和中。

直接调和：激活该图标设置颜色调和序列为直接颜色渐变。

顺时针调和：激活该图标设置颜色调和序列为按色谱顺时针方向颜色渐变。

逆时针调和：激活该图标设置颜色调和序列为按色谱逆时针方向颜色渐变。

对象和颜色加速：单击该按钮，在弹出的对话框中通过拖动“对象”、“颜色”后面的滑块，可以调整形状和颜色的加速效果。

调整加速大小：激活该对象可以调整调和对象的大小更改变化速率。

更多调和选项：单击该图标，在弹出的下拉选项中进行“映射节点”“拆分”“熔合始端”“熔合末端”“沿全路径调和”“旋转全部对象”操作。

起始和结束属性：用于重置调和效果的起始点和终止点。单击该图标，在弹出的下拉选项中进行显示和重置操作。

路径属性：用于将调和好的对象添加到新路径、显示路径和分离出路径等操作。

复制调和属性：单击该按钮可以将其他调和属性应用到所选调和中。

清除调和：单击该按钮可以清除所选对象的调和效果。

2.泊坞窗参数

执行“效果>调和”菜单命令，打开“调和”泊坞窗。

【参数详解】

沿全路径调和：沿整个路径延展调和，该命令仅运用在添加路径的调和中。

旋转全部对象：沿曲线旋转所有的对象，该命令仅运用在添加路径的调和中。

应用于大小：勾选后把调整的对象加速应用到对象大小。

链接加速：勾选后可以同时调整对象加速和颜色加速。

重置：将调整的对象加速和颜色加速还原为默认设置。

映射节点：将起始形状的节点映射到结束形状的节点上。

拆分：将选中的调和拆分为两个独立的调和。

熔合始端：熔合拆分或复合调和的始端对象，按住Ctrl键选中中间和始端对象，可以激活该按钮。

熔合末端：熔合拆分或复合调和的末端对象，按住Ctrl键选中中间和末端对象，可以激活该按钮。

始端对象：更改或查看调和中的始端对象。

末端对象：更改或查看调和中的末端对象。

路径属性：用于将调和好的对象添加到新路径、显示路径和分离出路径。

9.1.3 调和操作

利用属性栏和泊坞窗的相关参数选项来进行调和的操作。

1.变更调和顺序

使用“调和工具”，在方形到圆形中间添加调和，如图9-21所示。然后选中调和对象执行“对象>顺序>逆序”菜单命令，此时前后顺序进行了颠倒，如图9-22所示。

图9-21　图9-22

2.变更起始和终止对象

在终止对象下面绘制另一个图形，然后单击“调和工具”，再选中调和的对象，接着单击泊坞窗“末端对象”图标的下拉选项中“新终点”选项，当光标变为箭头时单击新图形，如图9-23所示。此时调和的终止对象变为下面的图形，如图9-24所示。

图9-23

图9-24

在起始对象下面绘制另一个图形，接着选中调和的对象，再单击泊坞窗“始端对象”图标的下拉选项中“新起点”选项，当光标变为箭头时单击新图形，如图9-25所示。此时调和的起始对象变为下面的图形，如图9-26所示。

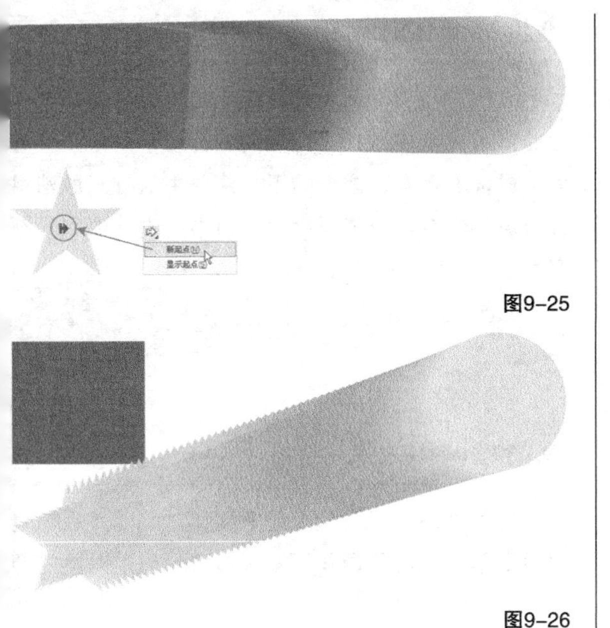

图9-25

图9-26

3.修改调和路径

选中调和对象，如图9-27所示。然后单击“形状工具”选中调和路径进行调整，如图9-28所示。

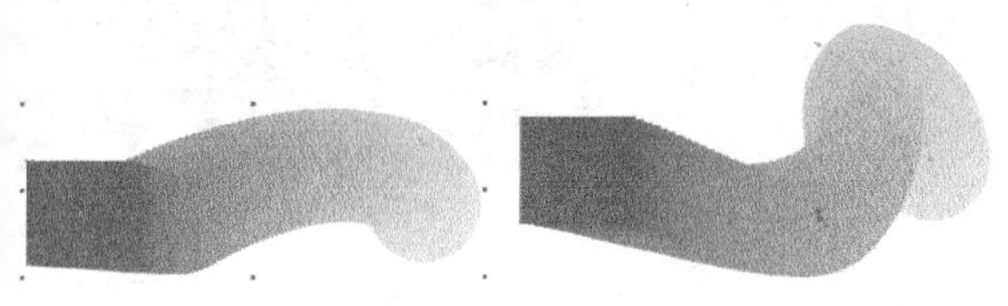

图9-27　　图9-28

4.变更调和步长

选中直线调和对象，在上面属性栏“调和对象”文本框中出现当前调和的步长数，然后在文本框中输入需要的步长数，按回车键确定步数，效果如图9-29所示。

图9-29

5.变更调和间距

选中曲线调和对象，在上面属性栏“调和间距”文本框中输入数值更改调和间距。数值越大间距越大，分层越明显；数值越小间距越小，调和越细腻，效果如图9-30所示。

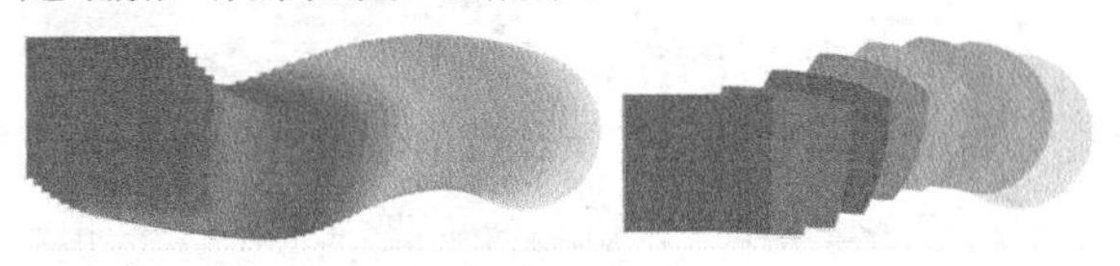

图9-30

6.调整对象颜色的加速

选中调和对象，然后在激活“锁头”图标时移动滑轨，可以同时调整对象加速和颜色加速，效果如图9-31所示。

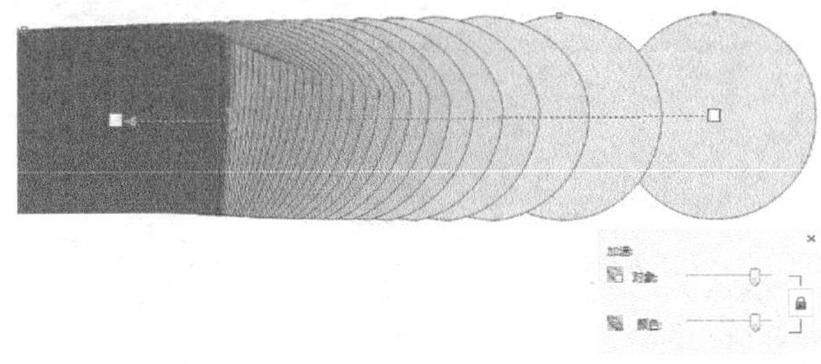

图9-31

解锁后可以分别移动两种滑轨。移动对象滑轨，颜色不变对象间距进行改变；移动颜色滑轨，对象间距不变颜色进行改变，效果如图9-32所示。

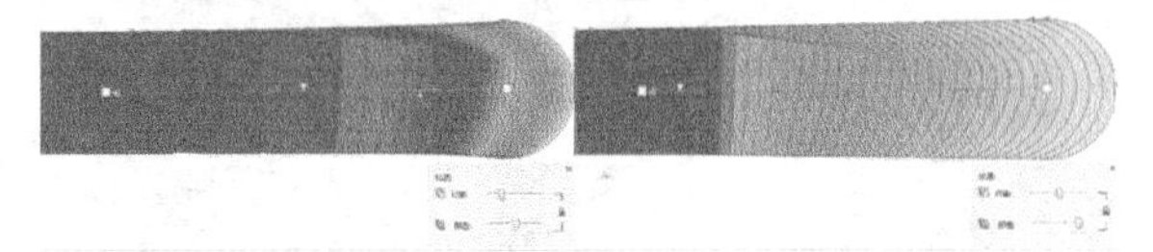

图9-32

7.调和的拆分与熔合

使用“调和工具”选中调和对象，然后单击“拆分”按钮，当光标变为弯曲箭头时单击中间任意形状，完成拆分，如图9-33所示。

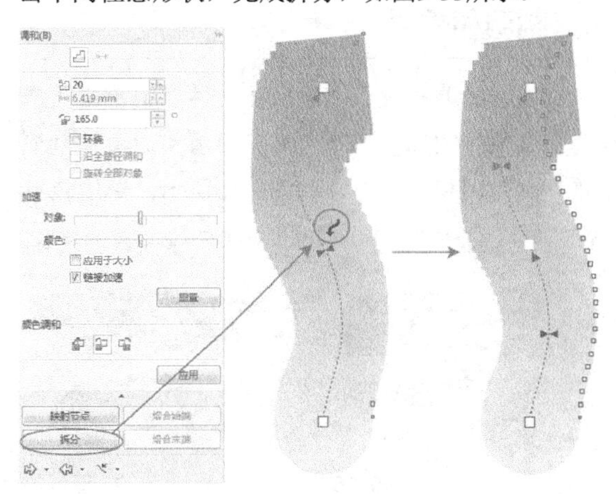

图9-33

单击“调和工具”，按住Ctrl键单击上半段路径，然后单击“熔合始端”按钮完成熔合，如图9-34所示。按住Ctrl键单击下半段路径，然后单击“熔合末端”按钮完成熔合，如图9-35所示。

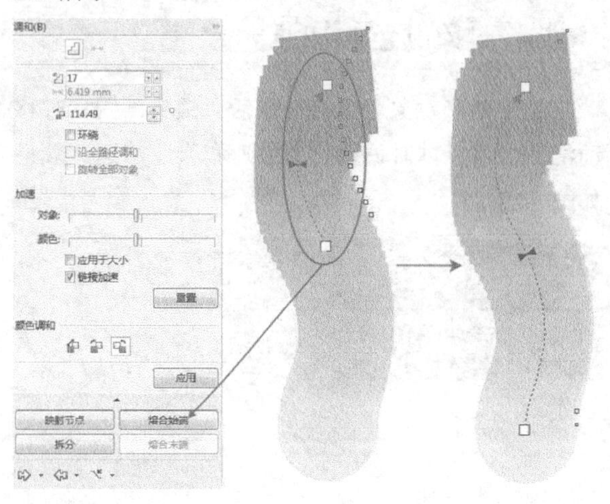

图9-34

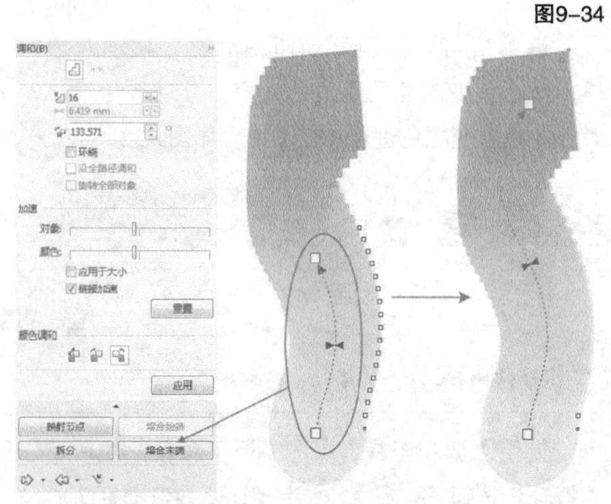

图9-35

8.复制调和效果

选中直线调和对象，然后在属性栏中单击“复制调和属性”图标，当光标变为箭头后再移动到需要复制的调和对象上，如图9-36所示，单击鼠标左键完成属性复制，效果如图9-37所示。

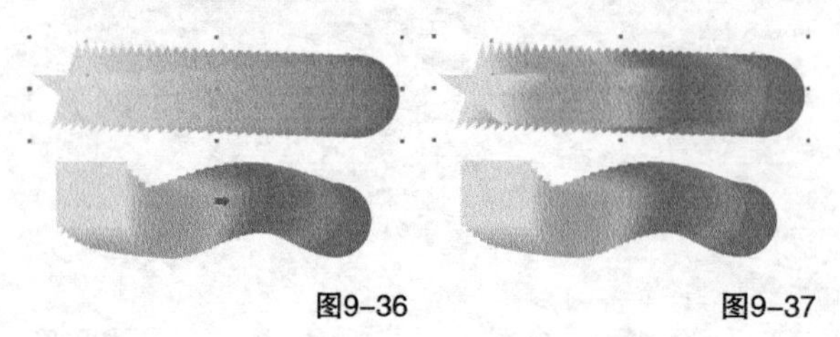

图9-36　　图9-37

9.拆分调和对象

选中曲线调和对象，然后单击鼠标右键，在弹出的下拉菜单中执行“拆分调和群组”命令，接着单击鼠标右键，在弹出的下拉菜单中执行“取消组合对象”命令。取消组合对象后中间进行调和的渐变对象可以分别进行移动，如图9-38所示。

图9-38

9.清除调和效果

使用“调和工具”选中调和对象，然后在属性栏中单击“清除调和”图标清除选中对象的调和效果，如图9-39所示。

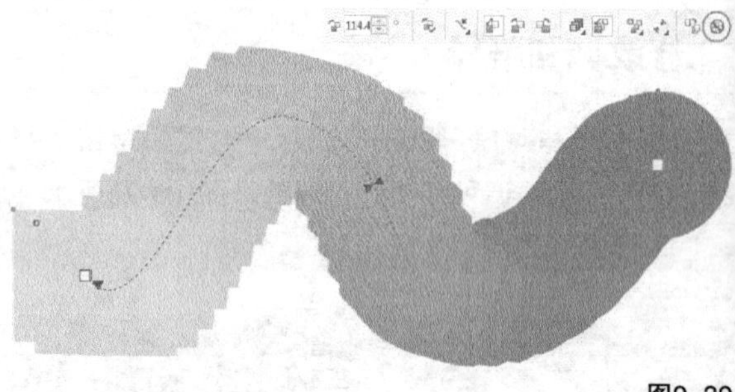

图9-39

课堂案例

用调和绘制国画

实例位置	实例文件>CH9>课堂案例：用调和绘制国画.cdr
素材位置	素材文件>CH9> 01.cdr、02.cdr
视频位置	多媒体教学>CH9>课堂案例：用调和绘制国画.mp4
技术掌握	调和的运用方法

运用“调和工具”绘制花鸟国画，用于装饰画设计，或者主题网页设计，效果如图9-40所示。

图9-40

01 新建空白文档，然后设置文档名称为“花鸟国画”，接着设置页面大小为“A4”、页面方向为“横向”。

02 首先绘制青色果子。使用“椭圆形工具”绘制两个相交的椭圆形，然后在“造型”泊坞窗中选择“相交”类型，再勾选“保留原目标对象”选项，接着单击“相交对象”按钮完成相交操作，如9-41所示。

03 选中椭圆填充颜色为（C:16，M:6，Y:53，K:0），然后选中相交对象填充颜色为（C:22，M:59，Y:49，K:0），再全选对象去掉轮廓线，如图9-42所示。接着使用“调和工具”拖动调和效果，在属性栏中设置“调和对象”为20，如图9-43所示。

图9-41 图9-42 图9-43

04 使用“椭圆形工具”在调和对象上方绘制一个椭圆，然后填充颜色为黑色，如图9-44所示。接着将黑色椭圆置于调和对象后面，再调整位置，效果如图9-45所示。

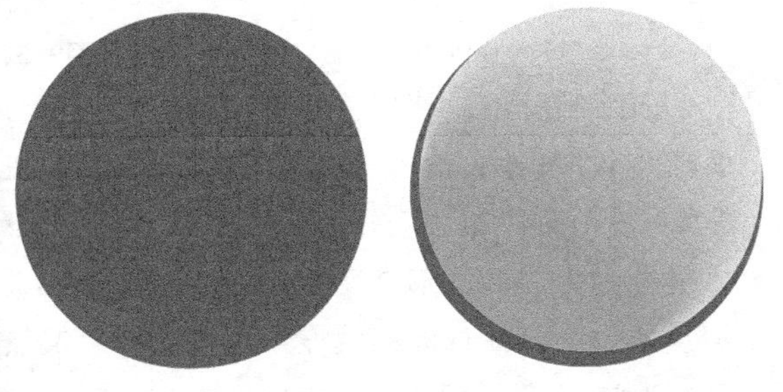

图9-44 图9-45

05 下面绘制水果上的斑点。使用“椭圆形工具”绘制椭圆，然后由深到浅依次填充颜色为（C:38，M:29，Y:63，K:0）、（C:32，M:24，Y:58，K:0）、（C:23，M:18，Y:55，K:0），如图9-46所示。接着绘制小点的斑点，填充颜色为黑色，最后全选果子进行组合对象，效果如图9-47所示。

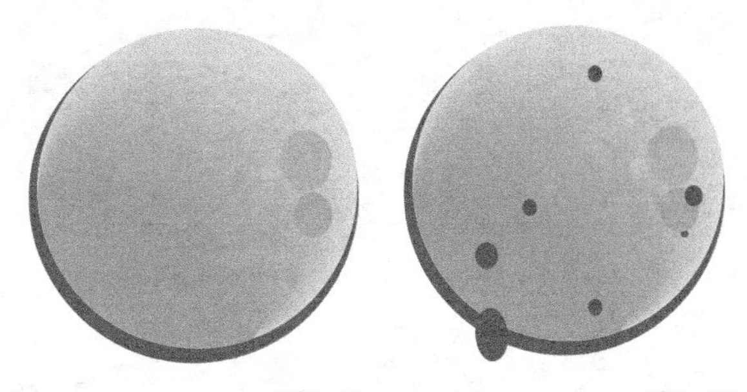

图9-46 图9-47

06 下面绘制熟透的果子。使用“椭圆形工具”绘制果子的外形，然后选中椭圆形填充颜色为（C:0，M:54，Y:82，K:0），再选中相交区域填充颜色为（C:22，M:100，Y:100，K:0），接着全选删除轮廓线，如图9-48所示。最后使用“调和工具”拖动调和效果，效果如图9-49所示。

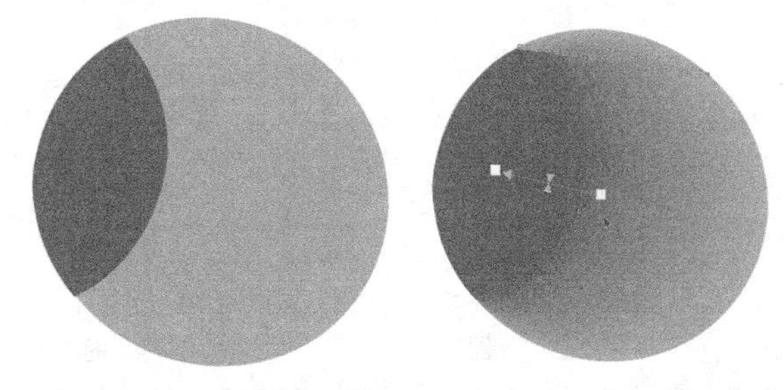

图9-48 图9-49

07 绘制一个黑色椭圆置于调和对象下面，调整位置，如图9-50所示。然后在果身上绘制斑点，填充颜色为（C:16，M:67，Y:100，K:0），接着使用“透明度工具”拖动渐变透明效果，如图9-51所示。

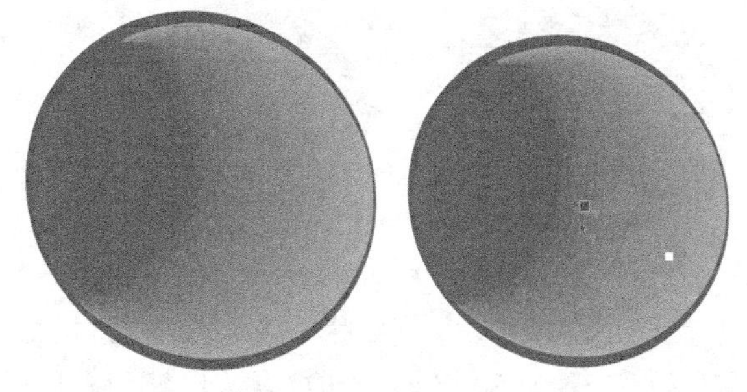

图9-50 图9-51

08 使用“椭圆形工具”绘制小斑点，然后填充颜色为黑色，如图9-52所示。接着使用相同的方法绘制三颗果子，最后重叠排列在一起进行组合对象，如图9-53所示。

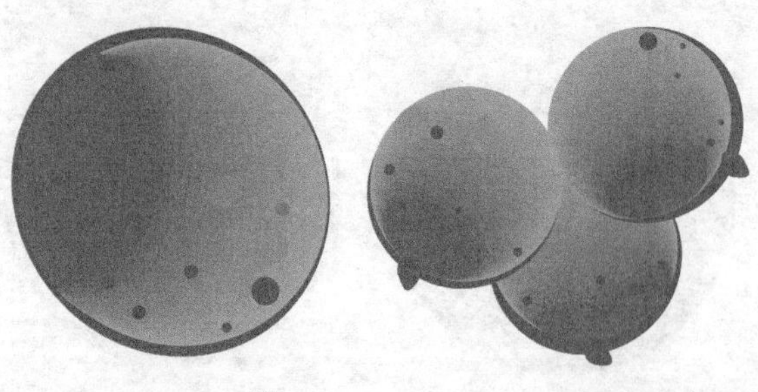

图9-52　图9-53

09 下面绘制叶子。使用“钢笔工具”绘制叶子的轮廓线，然后复制一份在上面绘制剪切范围，再修剪掉多余的部分，如图9-54所示。接着选中叶片填充颜色为（C:31，M:20，Y:58，K:0），填充修剪区域颜色为（C:28，M:72，Y:65，K:0），最后删除轮廓线，如图9-55所示。

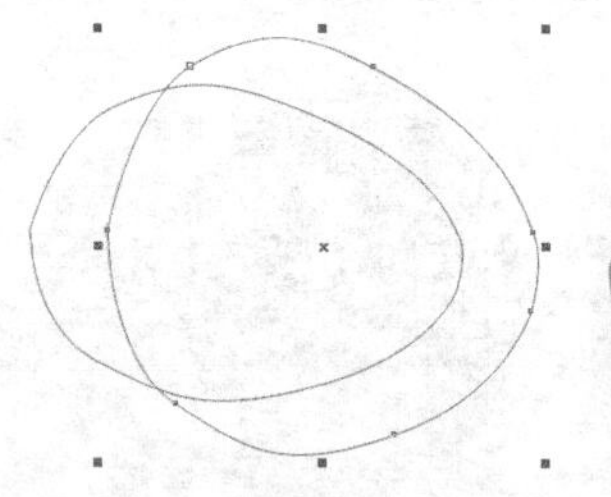

图9-54　图9-55

10 使用“调和工具”拖动调和效果，如图9-56所示。然后单击“艺术笔工具”，在属性栏中设置“笔触宽度”为1.073mm、“类别”为“书法”，再选取合适的“笔刷笔触”，接着在叶片上绘制叶脉，效果如图9-57所示。

图9-56　图9-57

11 使用同样方法绘制绿色叶片，然后选中叶片填充颜色为（C:31，M:20，Y:58，K:0），填充修剪区域颜色为（C:77，M:58，Y:100，K:28），如图9-58所示。接着使用“调和工具”拖动调和效果，如图9-59所示。最后使用“艺术笔工具”绘制叶脉，效果如图9-60所示。

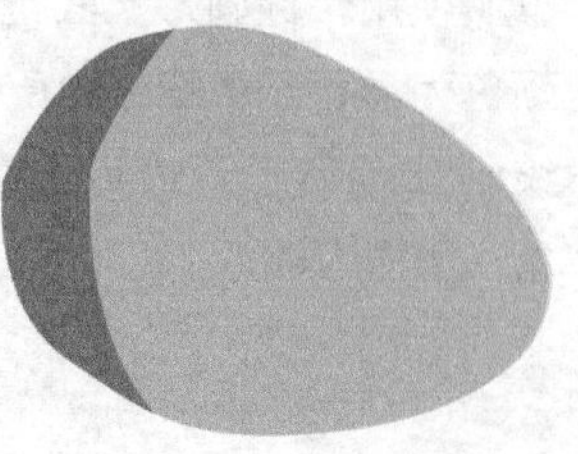

图9-58

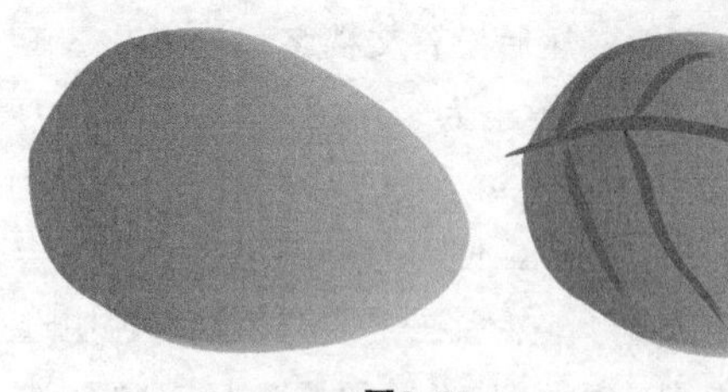

图9-59　图9-60

12 使用“艺术笔工具”绘制枝干，然后在属性栏中调整“笔触宽度”数值，效果如图9-61所示。接着将果子和树叶拖曳到枝干上，如图9-62所示。

图9-61　图9-62

13 将伸出的枝丫绘制完毕，然后将果子复制拖曳到枝丫上，如图9-63所示。接着导入“素材文件>CH9>01.cdr”文件，将麻雀拖曳到枝丫上，最后全选对象进行组合，效果如图9-64所示。

图9-63　图9-64

14 下面绘制背景。使用“矩形工具”创建与页面等大小的矩形，双击“填充工具”，然后在“编辑填充”对话框中选择“渐变填充”方式，设置“类型”为“椭圆形渐变填充”、“镜像、重复和反转”为“默认渐变填充”，再设置“节点位置”为0%的色标颜色为（C,24，M:25，Y:37，K:0）、“节点位置”为100%的色标颜色为白色，“填充宽度”为122.499、“旋转”为-1.7，“倾斜”为-8，接着单击“确定”按钮完成填充，最后去掉轮廓线，效果如图9-65所示。

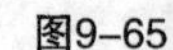

图9-65

15 使用“椭圆形工具”绘制圆形光斑，如图9-66所示。然后填充颜色为黑色，再去掉轮廓线，接着单击“透明度工具”，在属性栏中设置“透明度类型”为“均匀透明度”、“透明度”为90，效果如图9-67所示。

图9-66

图9-67

16 使用“矩形工具”在页面下方绘制两个矩形，然后填充颜色为（C:76，M:58，Y:100，K:28），再去掉轮廓线，接着单击“透明度工具”，在属性栏中设置“透明度类型”为“均匀透明度”、“透明度”为27，效果如图9-68所示。

17 导入“素材文件>CH9>02.cdr”文件，然后将光斑复制排放在页面中，调整大小和位置，效果如图9-69所示。

图9-68

图9-69

18 将花鸟国画拖曳到页面中，调整位置，如图9-70所示。然后将光斑复制排放在国画上相应位置，形成光晕覆盖效果，如图9-71所示。

图9-70

图9-71

19 将文字拖曳到页面右上角，最终效果如图9-72所示。

图9-72

9.2 轮廓图效果

轮廓图效果是指，通过拖曳为对象创建一系列渐进到对象内部或外部的同心线。轮廓图效果广泛运用于创建图形和文字的三维立体效果、剪切雕刻制品输出，以及特殊效果的制作。创建轮廓图效果可以在属性栏中进行设置，使轮廓图效果更加精确美观。

9.2.1 创建轮廓图

在CorelDRAW X7中提供的轮廓图效果主要为3种：“到中心”“内部轮廓”“外部轮廓”。

1.创建中心轮廓图

绘制一个星形。然后单击“工具箱”中的“轮廓图工具”，再单击属性栏中的“到中心”图标，则自动生成到中心一次渐变的层次效果，如图9-73所示。

图9-73

在创建“到中心”轮廓线效果时，可以在属性栏中设置数量和距离。

2.创建内部轮廓图

创建内部轮廓图的方法有两种。

第1种：选中星形，然后使用“轮廓图工具”在星形轮廓处按住左键向内拖动，如图9-74所示。松开左键完成创建。

第2种：选中星形，然后单击“轮廓图工具”，再单击属性栏中的“内部轮廓”图标，则自动生成内部轮廓图效果，如图9-75所示。

图9-74　图9-75

3.创建外部轮廓图

创建外部轮廓图的方法有两种。

第1种：选中星形，然后使用“轮廓图工具”在星形轮廓处按住左键向外拖动，如图9-76所示。松开左键完成创建。

第2种：选中星形，然后单击“轮廓图工具”，再单击属性栏中的“外部轮廓”图标，则自动生成外部轮廓图效果，如图9-77所示。

图9-76　　图9-77

技巧与提示

轮廓图效果除了手动拖曳创建、在属性栏中单击创建之外，还可以在“轮廓图”泊坞窗进行单击创建。

9.2.2 轮廓图参数设置

在创建轮廓图后，可以在属性栏中进行调和参数设置，也可以执行“效果>轮廓图”菜单命令，在打开的“调和”泊坞窗进行参数设置。

“轮廓图工具”的属性栏设置如图9-78所示。

图9-78

轮廓图选项介绍

预设列表：系统提供的预设轮廓图样式，可以在下拉列表选择预设选项。

到中心：单击该按钮，创建从对象边缘向中心放射状的轮廓图。创建后无法通过“轮廓图步长”进行设置，可以利用“轮廓图偏移”进行自动调节，偏移越大层次越少，偏移越小层次越多。

内部轮廓：单击该按钮，创建从对象边缘向内部放射状的轮廓图。创建后可以通过“轮廓图步长”设置轮廓图的层次数。

外部轮廓：单击该按钮，创建从对象边缘向外部放射状的轮廓图。创建后可以通过“轮廓图步长”设置轮廓图的层次数。

轮廓图步长：在后面的文本框输入数值来调整轮廓图的数量。

轮廓图偏移：在后面的文本框输入数值来调整轮廓图各步数之间的距离。

轮廓图角：用于设置轮廓图的角类型。单击该图标，在下拉选项列表选择相应的角类型进行应用。

斜接角：在创建的轮廓图中使用尖角渐变。

圆角：在创建的轮廓图中使用倒圆角渐变。

斜切角：在创建的轮廓图中使用倒角渐变。

轮廓色：用于设置轮廓图的轮廓色渐变序列。单击该图标，在下拉选项列表选择相应的颜色渐变序列类型进行应用。

线性轮廓色：单击该选项，设置轮廓色为直接渐变序列。

顺时针轮廓色：单击该选项，设置轮廓色为按色谱顺时针方向逐步调和的渐变序列。

逆时针轮廓色：单击该选项，设置轮廓色为按色谱逆时针方向逐步调和的渐变序列。

轮廓色：在后面的颜色选项中设置轮廓图的轮廓线颜色。当去掉轮廓线“宽度”后，轮廓色不显示。

填充色：在后面的颜色选项中设置轮廓图的填充颜色。

对象和颜色加速：调整轮廓图中对象大小和颜色变化的速率。

复制轮廓图属性：单击该按钮可以将其他轮廓图属性应用到所选轮廓中。

清除轮廓：单击该按钮可以清除所选对象的轮廓。

9.2.3 轮廓图操作

利用属性栏和泊坞窗的相关参数选项来进行轮廓图的操作。

1.调整轮廓步长

选中创建好的中心轮廓图，然后在属性栏中的“轮廓图偏移”对话框中输入数值，按回车键自动生成步数，效果如图9-79所示。

图9-79

选中创建好的内部轮廓图，然后在属性栏中的“轮廓图步长”对话框中输入不同数值，“轮廓图偏移”对话框中输入数值不变，按回车键生成步数，效果如图9-80所示。在轮廓图偏移不变的情况下步长越大越向中心靠拢。

图9-80

选中创建好的外部轮廓图，然后在属性栏中的“轮廓图步长”对话框中输入不同数值，“轮廓图偏移”对话框中输入数值不变，按回车键生成步数，效果如图9-81所示。在轮廓图偏移不变的情况下步长越大越向外扩散，产生的视觉效果越向下延伸。

图9-81

2.轮廓图颜色

填充轮廓图颜色分为填充颜色和轮廓线颜色，两者都可以在属性栏或泊坞窗直接选择进行填充。选中创建好的轮廓图，然后在属性栏中的“填充色”图标后面选择需要的颜色，轮廓图就向选取的颜色进行渐变，如图9-82所示。在去掉轮廓线“宽度”的时候“轮廓色”不显示。

图9-82

将对象的填充去掉，设置轮廓线“宽度”为1mm，如图9-83所示。此时“轮廓色”显示出来，“填充色”不显示。然后选中对象，在属性栏中的“轮廓色”图标后面选择需要的颜色，轮廓图的轮廓线以选取的颜色进行渐变，如图9-84所示。

图9-83

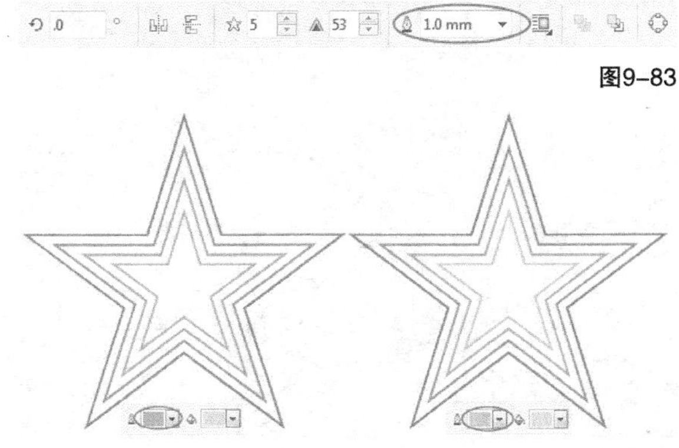

图9-84

在没有去掉填充效果和轮廓线“宽度”时，轮廓图会同时显示“轮廓色”和“填充色”，并以设置的颜色进行渐变，如图9-85所示。

图9-85

3.拆分轮廓图

在设计中会出现一些特殊的效果，比如形状相同的错位图形、在轮廓上添加渐变效果等，这些都可以用轮廓图快速创建。

选中轮廓图，然后单击鼠标右键，在弹出的下拉菜单中执行“拆轮廓图群组”命令。注意，拆分后的对象只是将生成的轮廓图和源对象进形分离，还不能分别移动。

选中轮廓图单击右键，在弹出的下拉菜单中执行“取消组合对象”命令，此时可以将对象分别移动进行编辑。

课堂案例

用轮廓图绘制粘液字

实例位置	实例文件>CH9>课堂案例：用轮廓图绘制粘液字.cdr
素材位置	素材文件>CH9> 03.cdr、04.cdr、05.cdr
视频位置	多媒体教学>CH9>课堂案例：用轮廓图绘制粘液字.mp4
技术掌握	轮廓图的运用方法

用轮廓图绘制粘液字，适用于字体设计或者创意字体，效果如图9-86所示。

MUCUS
corrosion
1
2
3
I'm ready,
are you ready?

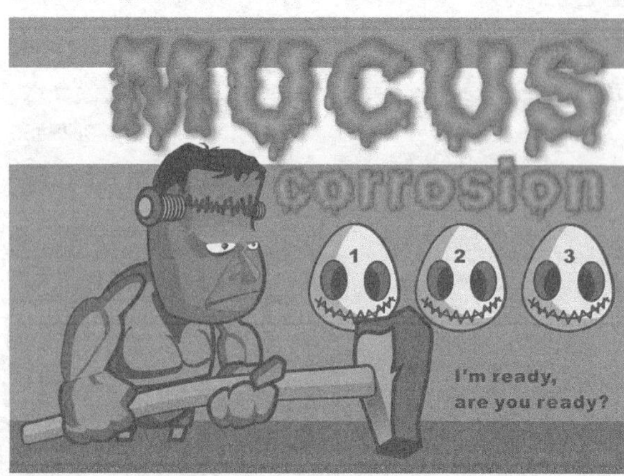

图9-86

01 新建空白文档，然后设置文档名称为“粘液字”，接着设置页面大小为“A4”、页面方向为“横向”。

02 导入“素材文件>CH9>03.cdr”文件，然后将文字取消组合对象，再将标题文字拖放到页面上，如图9-87所示。接着填充文字颜色为灰色，方便进行视图，如图9-88所示。

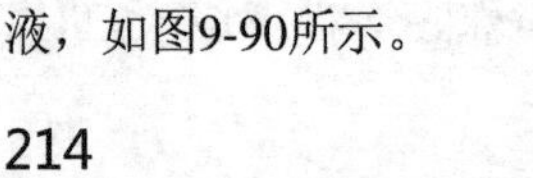

MUCUS

图9-87

MUCUS

图9-88

03 使用“钢笔工具”沿着字母M的轮廓绘制粘液状的轮廓，然后使用“形状工具”调整形状，如图9-89所示。接着在其他英文字母外面绘制粘液，如图9-90所示。

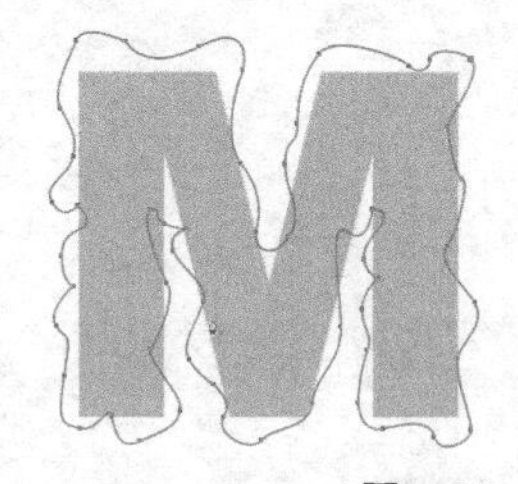

M

图9-89

MUCUS

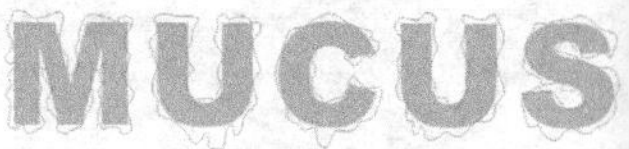

图9-90

04 绘制完成后删除英文素材，如图9-91所示。然后全选绘制的对象进行组合，再填充颜色为（C:78，M:44，Y:100，K:6），接着去掉轮廓线，如图9-92所示。

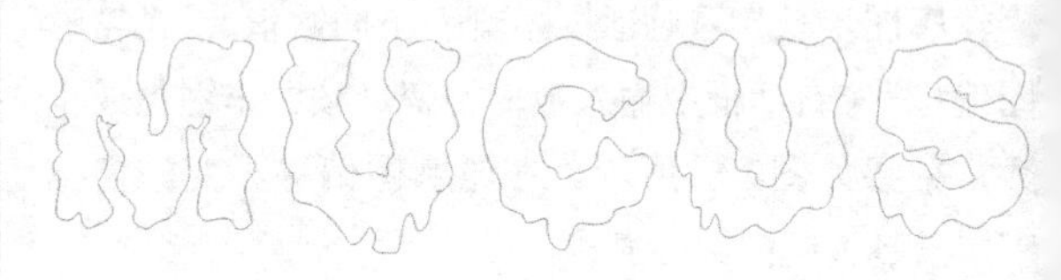

图9-91

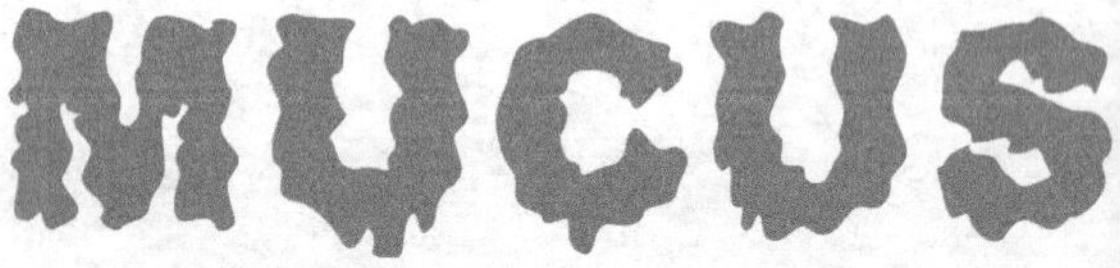

MUCUS

图9-92

05 单击“轮廓图工具”，然后在属性栏中选择“到中心”，设置“轮廓图偏移”为0.2mm、“填充色”为（C:40，M:0，Y:100，K:0），接着选中对象单击“到中心”按钮，将轮廓图效果应用到对象，效果如图9-93所示。

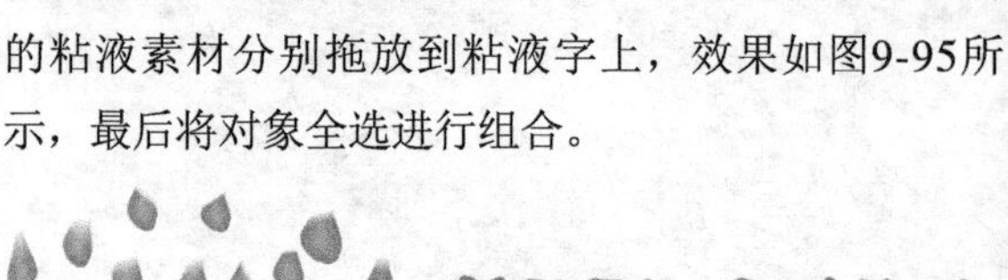

MUCUS

图9-93

06 导入“素材文件>CH9>04.cdr”文件，然后拖曳到页面上取消组合对象，如图9-94所示。接着将流淌的粘液素材分别拖放到粘液字上，效果如图9-95所示，最后将对象全选进行组合。

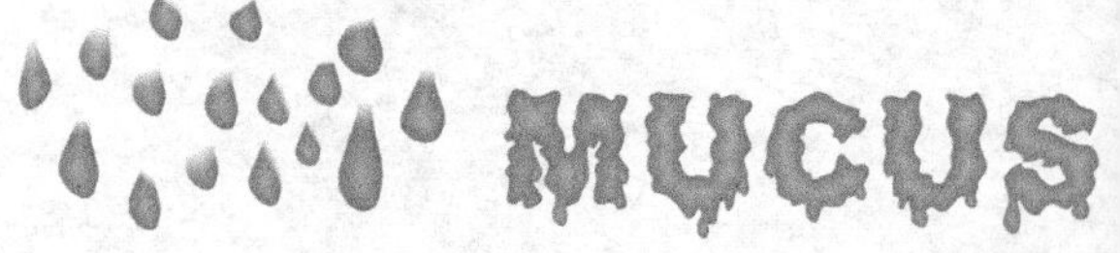

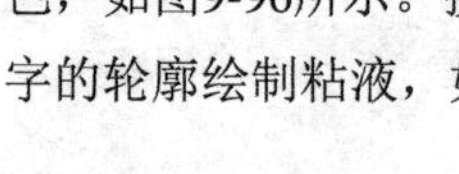

图9-94

MUCUS

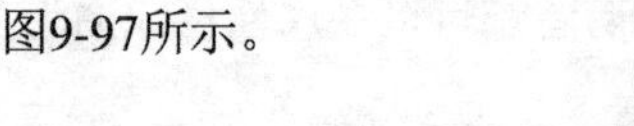

图9-95

07 将小写英文拖曳到页面中，然后填充颜色为灰色，如图9-96所示。接着使用“钢笔工具”沿着文字的轮廓绘制粘液，如图9-97所示。

图9-96

图9-97

08 将绘制的粘液全选组合对象，然后删除英文，如图9-98所示。接着填充粘液颜色为（C:40，M:0，Y:100，K:0），如图9-99所示。最后以同样的参数为对象添加“到中心”轮廓图，效果如图9-100所示。

图9-98

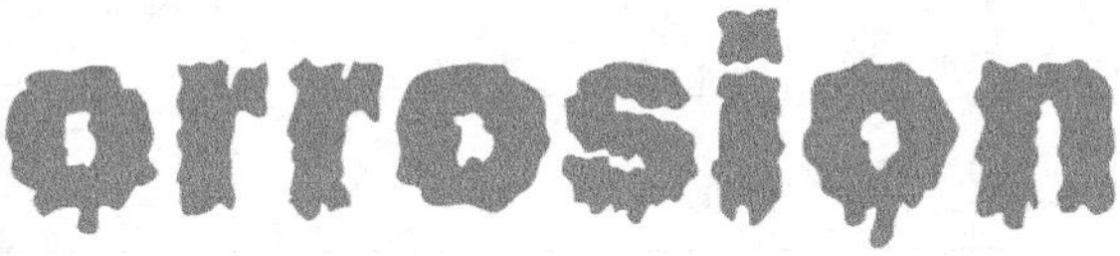

图9-99

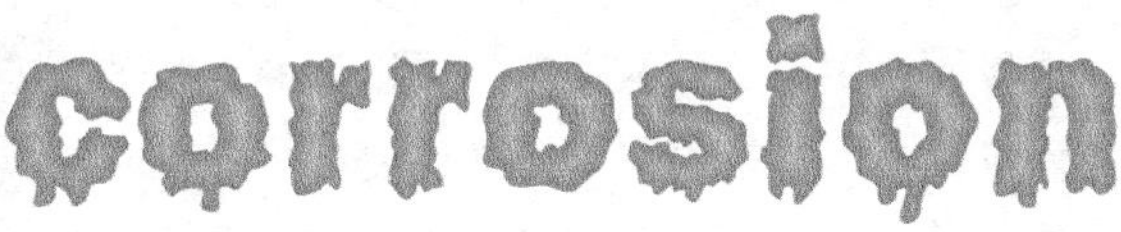

图9-100

09 使用“矩形工具”，在页面上绘制一大一小两个矩形，如图9-101所示。然后选中两个矩形进行组合对象，再填充颜色为（C:0，M:0，Y:0，K:50），接着去掉轮廓线，如图9-102所示。

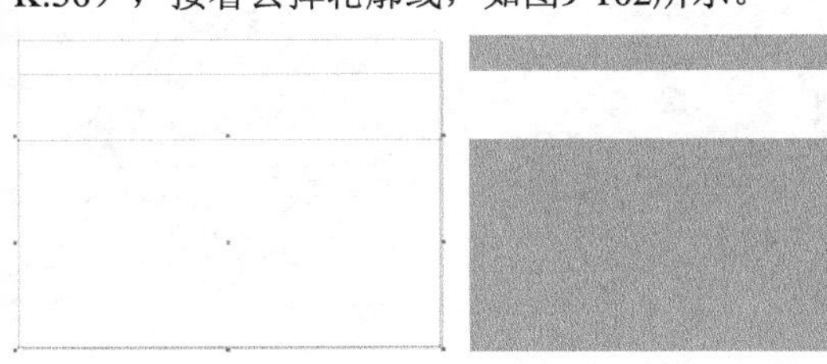

图9-101　　图9-102

10 将编辑好的粘液字拖曳到页面上方，如图9-103所示。选中大写英文粘液字，然后使用“阴影工具”拖动阴影效果，接着在属性栏中设置“阴影羽化”值为10、“阴影颜色”为（C:87，M:55，Y:100，K:28），如图9-104所示。

11 选中下面小写粘液字，然后使用“阴影工具”拖动阴影效果，接着在属性栏中设置“阴影羽化”值为10，“阴影颜色”为（C:84，M:60，Y:100，K:39），如图9-105所示。

图9-103

图9-104

图9-105

12 导入“素材文件>CH9>05.cdr”文件，然后将骷髅头素材拖曳到文字下面，再水平复制两个，如图9-106所示。

13 使用“矩形工具”，在页面下方绘制矩形，然后填充颜色为（C:0，M:0，Y:0，K:80），再去掉轮廓线，如图9-107所示。接着将怪物拖曳到页面左面空白处，调整位置和大小，如图9-108所示。

14 将数字拖曳到骷髅头中间，调整大小，然后把英文拖曳到页面右下方进行缩放，最终效果如图9-109所示。

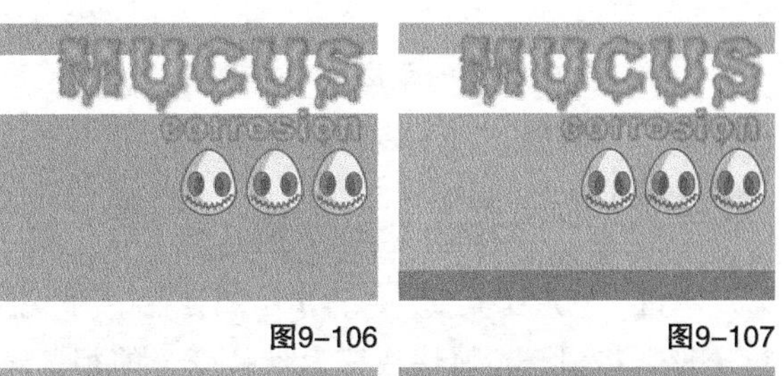

图9-106　　图9-107

图9-108 　　图9-109

9.3 变形效果

“变形工具”可以将图形通过拖动进行不同效果的变形，CorelDRAW X7为用户提供了“推拉变形”“拉链变形”“扭曲变形”3种变形方法，丰富变形效果。

9.3.1 推拉变形

“推拉变形”效果可以通过手动拖曳的方式，将对象边缘进行推进或拉出操作。

1.创建推拉变形

绘制一个正星形，在属性栏中设置“点数或边数”为7。然后单击“变形工具”，再单击属性栏中的“推拉变形”按钮将变形样式转换为推拉变形。接着将光标移动到星形中间位置，按住左键进行水平方向拖动，最后松开左键完成变形。

在进行拖动变形时，向左边拖动可以使轮廓边缘向内推进；向右边拖动可以使轮廓边缘从中心向外拉出，如图9-110所示。

图9-110

在水平方向移动的距离决定推进和拉出的距离和程度，在属性栏中也可以进行设置。

2.推拉变形设置

单击“变形工具”，再单击属性栏中的“推拉变形”按钮，属性栏变为推拉变形的相关设置，如图9-111所示。

图9-111

【参数详解】

预设列表：系统提供的预设变形样式，可以在下拉列表选择预设选项。

推拉变形：单击该按钮可以激活推拉变形效果，同时激活推拉变形的属性设置。

添加新的变形□：单击该按钮可以将当前变形的对象转为新对象，然后进行再次变形。

推拉振幅：在后面的文本框中输入数值，可以设置对象推进拉出的程度。输入数值为正数则向外拉出，最大为200；输入数值为负数则向内推进，最小为-200。

居中变形：单击该按钮可以将变形效果居中放置。

9.3.2 拉链变形

“拉链变形”效果可以通过手动拖曳的方式，将对象边缘调整为尖锐锯齿效果操作，可以通过移动拖曳线上的滑块来增加锯齿的个数。

1.创建拉链变形

绘制一个正圆，然后单击“变形工具”，再单击属性栏中的“拉链变形”按钮将变形样式转换为拉链变形。接着将光标移动到正圆中间位置，按住左键向外进行拖动，出现蓝色实线进行预览变形效果，最后松开左键完成变形，如图9-112所示。

变形后移动调节线中间的滑块可以添加尖角锯齿的数量，如图9-113所示。

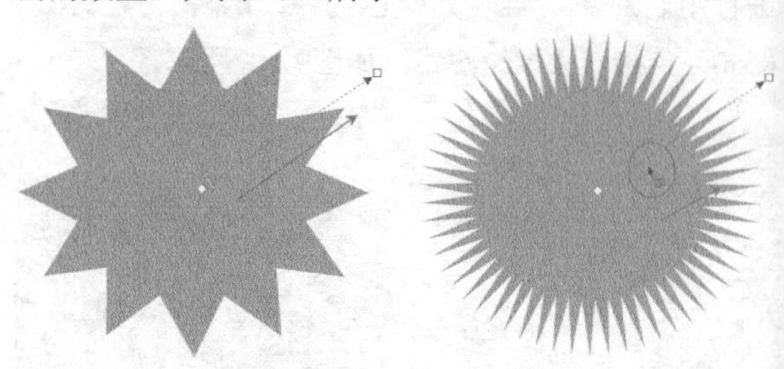

图9-112　　图9-113

2.拉链变形设置

单击“变形工具”，再单击属性栏中的“拉链变形”按钮，属性栏变为拉链变形的相关设置，如图9-114所示。

图9-114

【参数详解】

拉链变形：单击该按钮可以激活拉链变形效果，同时激活拉链变形的属性设置。

拉链振幅：用于调节拉链变形中锯齿的高度。

拉链频率：用于调节拉链变形中锯齿的数量。

随机变形：激活该图标，可以将对象按系统默认方式随机设置变形效果。

平滑变形：激活该图标，可以将变形对象的节点平滑处理。

局限变形：激活该图标，可以随着变形的进行，降低变形的效果。

9.3.3 扭曲变形

“扭曲变形”效果可以使对象绕变形中心进行旋转，产生螺旋状的效果，可以用来制作墨迹效果。

1.创建扭曲变形

绘制一个正星形，然后单击“变形工具”，再单击属性栏中的“扭曲变形”按钮将变形样式转换为扭曲变形。

将光标移动到星形中间位置，按住左键向外进行拖动确定旋转角度的固定边，然后不放开左键直接拖动旋转角度，再根据蓝色预览线确定扭曲的形状，接着松开左键完成扭曲变形，如图9-115所示。

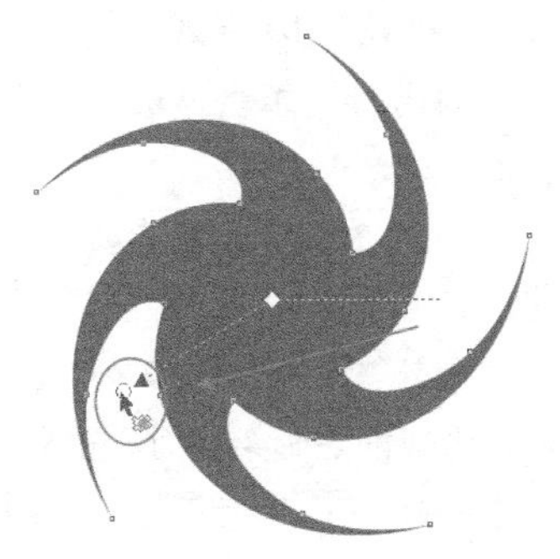

图9-115

2.扭曲变形设置

单击“变形工具”，再单击属性栏中的“扭曲变形”按钮，属性栏变为扭曲变形的相关设置，如图9-116所示。

图9-116

【参数详解】

扭曲变形：单击该按钮可以激活扭曲变形效果，同时激活扭曲变形的属性设置。

顺时针旋转：激活该图标，可以使对象按顺时针方向进行旋转扭曲。

逆时针旋转：激活该图标，可以使对象按逆时针方向进行旋转扭曲。

完整旋转：在后面的文本框中输入数值，可以设置扭曲变形的完整旋转次数。

附加度数：在后面的文本框中输入数值，可以设置超出完整旋转的度数。

9.4 阴影效果

阴影效果是绘制图形中不可缺少的，使用阴影效果可以使对象产生光线照射、立体的视觉感受。

CorelDRAW X7为用户提供了方便的创建阴影的工具，可以模拟各种光线的照射效果，也可以对多种对象添加阴影，包括位图、矢量图、美工文字、段落文本等。

9.4.1 创建阴影效果

“阴影工具”用于为平面对象创建不同角度的阴影效果，通过属性栏中的参数设置可以使效果更自然。

1.中心创建

单击“阴影工具”，然后将光标移动到对象中间，再按住左键进行拖曳，会出现蓝色实线进行预览，接着松开左键生成阴影，最后调整阴影方向线上的滑块设置阴影的不透明度，如图9-117所示。

图9-117

在拖动阴影效果时，“白色方块”标示阴影的起始位置，“黑色方块”标示拖动阴影的终止位置，在创建阴影后移动“黑色方块”可以更改阴影的位置和角度，如图9-118所示。

图9-118

2.底端创建

单击“阴影工具”，然后将光标移动到对象底端中间位置，再按住左键进行拖曳，会出现蓝色实线进行预览。接着松开左键生成阴影，最后调整阴影方向线上的滑块设置阴影的不透明度，如图9-119所示。

图9-119

当创建底部阴影时，阴影倾斜的角度决定字体的倾斜角度，给观者的视觉感受也不同，如图9-120所示。

图9-120

3.顶端创建

单击“阴影工具”，然后将光标移动到对象顶端中间位置，再按住左键进行拖曳。接着松开左键生成阴影，最后调整阴影方向线上的滑块设置阴影的不透明度，如图9-121所示。

图9-121

顶端阴影给人以对象斜靠在墙上的视觉感受，在设计中用于组合式字体创意比较多。

4.左边创建

单击“阴影工具”，然后将光标移动到对象左边中间位置，再按住左键进行拖曳。接着松开左键生成阴影，最后调整阴影方向线上的滑块设置阴影的不透明度，如图9-122所示。

图9-122

5.右边创建

右边创建阴影和左边创建阴影步骤相同，如图9-123所示。左右边阴影效果在设计中多运用于产品的包装设计。

图9-123

9.4.2 阴影参数设置

“阴影工具”的属性栏设置如图9-124所示。

图9-124

【参数详解】

阴影偏移：在*x*轴和*y*轴后面的文本框输入数值，设置阴影与对象之间的偏移距离，正数为向上向右偏移，负数为向左向下偏移。“阴影偏移”在创建无角度阴影时才会激活。

阴影角度：在后面的文本框输入数值，设置阴影与对象之间的角度。该设置只在创建呈角度透视阴影时激活。

阴影的不透明度：在后面的文本框输入数值，设置阴影的不透明度。值越大颜色越深，值越小颜色越浅。

阴影羽化：在后面的文本框输入数值，设置阴影的羽化程度。

羽化方向：单击该按钮，在弹出的选项中，选择羽化的方向。包括“向内”“中间”“向外”“平均”4种方式。

向内：单击该选项，阴影从内部开始计算羽化值。

中间：单击该选项，阴影从中间开始计算羽化值。

向外：单击该选项，阴影从外开始计算羽化值，形成的阴影柔和而且较宽。

平均：单击该选项，阴影以平均状态介于内外之间进行计算羽化，是系统默认的羽化方式。

羽化边缘：单击该按钮，在弹出的选项中，选择羽化的边缘类型。包括“线性”“方形的”“反白方形”“平面”4种方式。

线性：单击该选项，阴影以边缘开始进行羽化。

方形的：单击该选项，阴影从边缘外进行羽化。

反白方形：单击该选项，阴影以边缘开始向外突出羽化。

平面：单击该选项，阴影以平面方式进行羽化。

阴影淡出：用于设置阴影边缘向外淡出的程度。在后面的文本框输入数值，最大值为100，最小值为0，值越大向外淡出的效果越明显。

阴影延展：用于设置阴影的长度。在后面的文本框输入数值，数值越大阴影的延伸越长。

透明度操作：用于设置阴影和覆盖对象的颜色混合模式。可在下拉选项中选择进行设置。

阴影颜色：用于设置阴影的颜色，在后面的下拉选项中选取颜色进行填充。填充的颜色会在阴影方向线的终端显示。

9.4.3 阴影操作

利用属性栏和菜单栏的相关选项来进行阴影的操作。

1.添加真实投影

选中美工文字，然后使用“阴影工具”拖动底端阴影，如图9-125所示。接着在属性栏中进行设置“阴影角度”为40、“阴影的不透明度”为60、“阴影羽化”为5、“阴影淡出”为70、“阴影延展”为50、“透明度操作”为“颜色加深”、“阴影颜色”为（C:100，M:100，Y:0，K:0），如图9-126所示。调整后的效果如图9-127所示。

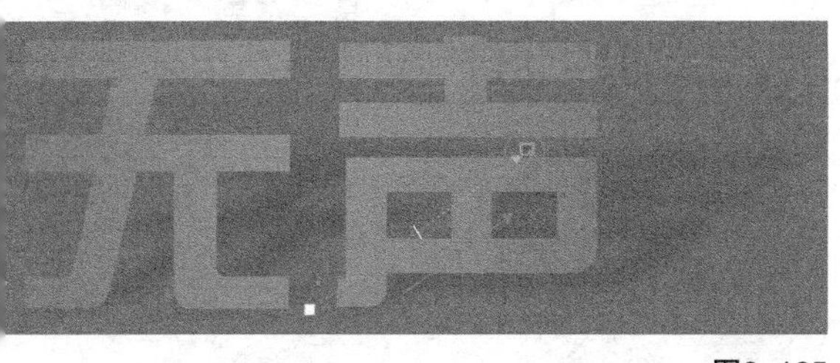

图9-125

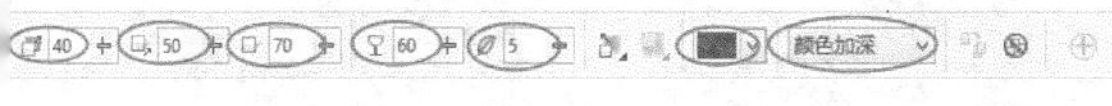

图9-126

图9-127

2.复制阴影效果

选中未添加阴影效果的美工文字，然后在属性栏中单击“复制阴影效果属性”图标，如图9-128所示。当光标变为黑色箭头时，单击目标对象的阴影，复制该阴影属性到所选对象，如图9-129和图9-130所示。

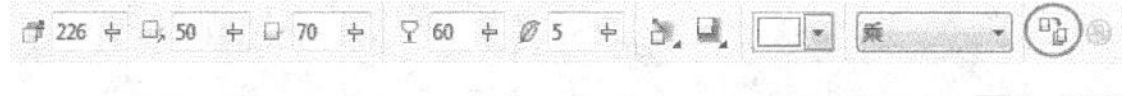

图9-128

图9-129 图9-130

3.拆分阴影效果

选中对象的阴影，然后单击右键，在弹出的菜单中执行“拆分阴影群组”命令，如图9-131所示。接着将阴影选中可以进行移动和编辑，如图9-132所示。

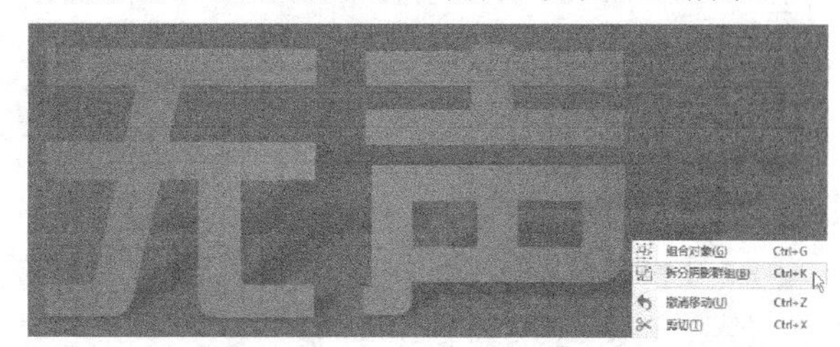

图9-131

图9-132

课堂案例

用阴影绘制甜品宣传海报

实例位置	实例文件>CH9>课堂案例：用阴影绘制甜品宣传海报.cdr
素材位置	素材文件>CH9>06.cdr、08.cdr、09.jpg、10.jpg、11.cdr、12.jpg~15.jpg、16.cdr
视频位置	多媒体教学>CH9>课堂案例：用阴影绘制甜品宣传海报.mp4
技术掌握	阴影的运用方法

使用“阴影工具”绘制甜品宣传海报，适用于海报宣传，效果如图9-133所示。

图9-133

01 新建空白文档，然后设置文档名称为“甜品海报”，接着设置页面大小为“A4”、页面方向为“横向”。

02 导入“素材文件>CH9>11.cdr”文件，然后解组将英文进行拆分，中文接下来后面备用，接着将字母S缩放合适大小，如图9-134所示。

03 导入“素材文件>CH9>08.psd、09.jpg、10. jpg”文件，然后取消组合对象拖曳到页面中，如图9-135所示。

图9-134

图9-135

04 将条纹纹样拖曳到字母S的后面，然后进行旋转角度，再执行“对象>图框精确裁剪>置于图文框内部”菜单命令，把纹样放置在字母中，如图9-136和图9-137所示。

图9-136

图9-137

05 使用上述方法将纹样置入相应的字母中，效果如图9-138所示。接着将字母参差排放，调整间距，如图9-139所示。

图9-138

图9-139

06 选中字母S，然后使用“阴影工具”在字母中心拖动阴影效果，接着在属性栏中设置“阴影的不透明度”为78、“阴影羽化”为15、“阴影颜色”为（C:31，M:68，Y:61，K:26），阴影效果如图9-140所示。

图9-140

07 以同样的数值为字母W添加阴影，更改“阴影颜色”为（C:75，M:80，Y:100，K:67），如图9-141所示。然后为字母E添加阴影，更改“阴影颜色”为（C:69，M:97，Y:97，K:67），如图9-142所示。接着为字母E添加阴影，更改“阴影颜色”为（C:84，M:71，Y:100，K:61），如图9-143所示。最后为字母T添加阴影，更改“阴影颜色”为（C:65，M:100，Y:73，K:55），如图9-144所示。

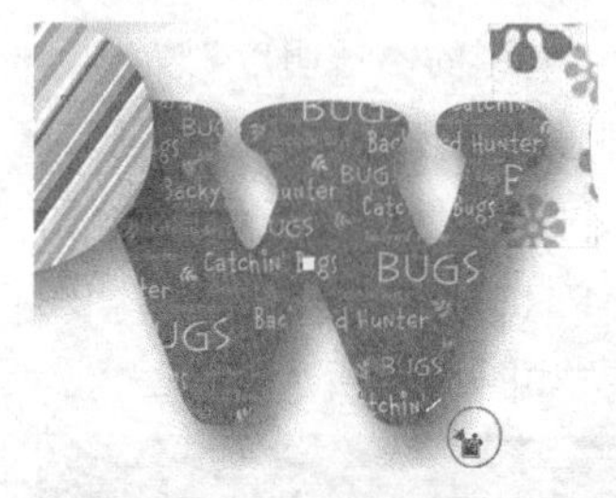

图9-141

图9-142

图9-143

图9-144

08 将店主名称拖曳到字母W上方，然后填充颜色为洋红，如图9-145所示。接着使用“阴影工具”拖动中心阴影效果，数值不变，更改“阴影颜色”为（C:60，M:80，Y:0，K:20），如图9-146所示。最后调整英文和中文的位置关系，效果如图9-147所示。

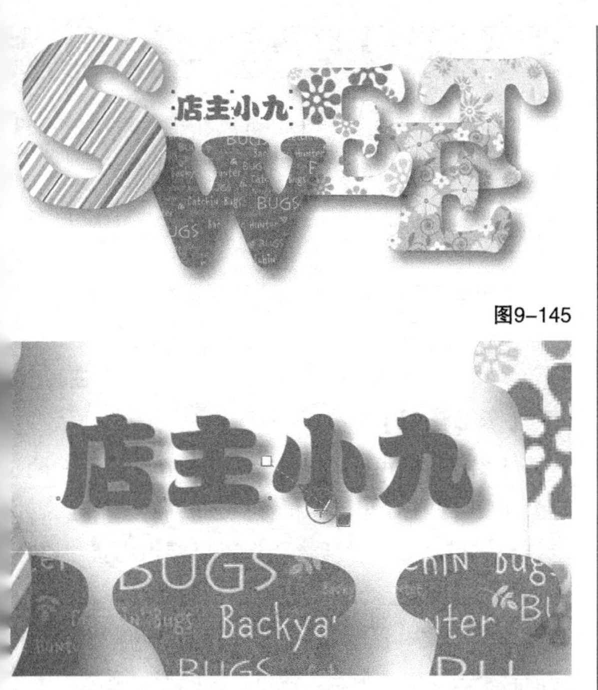

图9-145

图9-146

图9-147

09 导入“素材文件>CH9>06.cdr”文件，使用“椭圆形工具”在页面左上角绘制正圆，然后重叠排列，再分别依次填充颜色为（C:0，M:60，Y:60，K:0）、（C:0，M:40，Y:20，K:0）、（C:31，M:68，Y:61，K:26），接着在右边绘制圆，最后分别填充颜色为（C:0，M:40，Y:20，K:0）、（C:0，M:0，Y:40，K:0），选中所有圆然后使用“阴影工具”拖动中心阴影效果，如图9-148~图9-150所示。

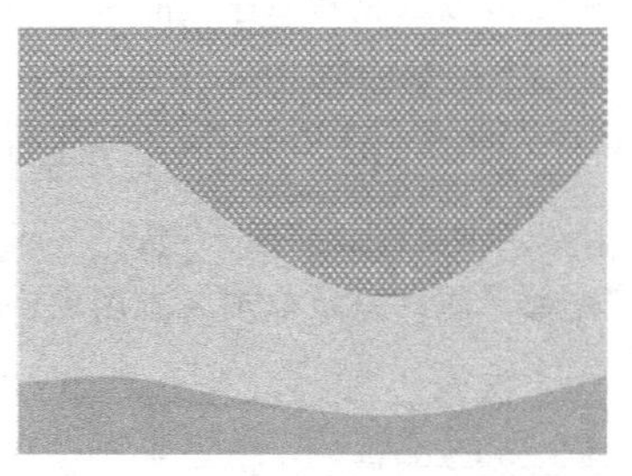

图9-148

图9-149　图9-150

10 将前面绘制的标题拖曳到页面中，如图9-151所示。然后使用“钢笔工具”绘制一条曲线，接着设置线条“轮廓宽度”为0.75、轮廓线颜色为（C:62，M:75，Y:100，K:40），然后选中曲线使用“阴影工具”拖动中心阴影效果，接着在属性栏中设置“阴影的不透明度”为31、“阴影羽化”为1、“阴影颜色”为（C:31，M:68，Y:61，K:26），最后将线条对象置于正圆对象后面，使线头被覆盖住，如图9-152所示。

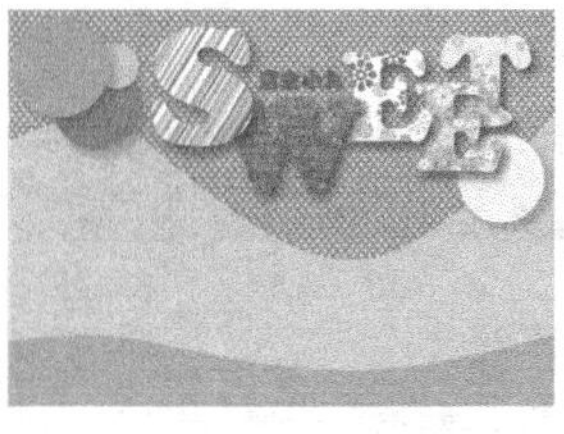

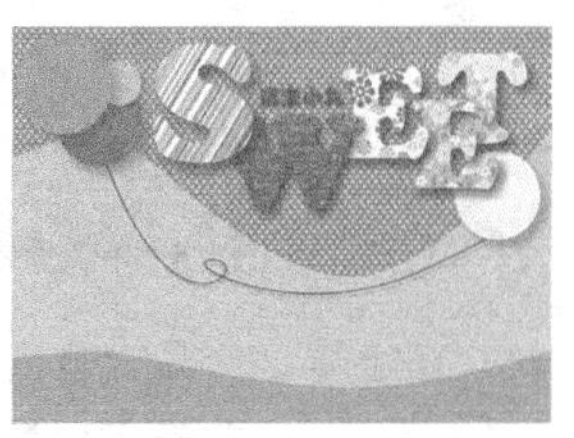

图9-151　图9-152

11 导入“素材文件>CH9>12.jpg~15.jpg”文件，然后旋转缩放在曲线下方，如图9-153所示。接着使用“阴影工具”拖动中心阴影效果，最后在属性栏中设置“阴影的不透明度”为82、“阴影羽化”为15、“阴影颜色”为（C:31，M:68，Y:61，K:26），阴影效果如图9-154所示。

图9-153　图9-154

12 导入“素材文件>CH9>16.cdr”文件。然后将夹子旋转复制在糖果图片上方，选中夹子然后使用“阴影工具”拖动中心阴影效果，如图9-155所示。接着设置前两个阴影的参数为“阴影的不透明度”为82、“阴影羽化”为15、“阴影颜色”为（C:31，M:68，Y:61，K:26），效果如图9-156所示。最后设置后两个阴影的参数为“阴影的不透明度”为59、“阴影羽化”为15、“阴影颜色”为（C:31，M:68，Y:61，K:26），效果如图9-157所示。

13 将宣传语拖曳到字母E下面，然后填充颜色为（C:61，M:100，Y:100，K:56），最终效果如图9-158所示。

图9-155

图9-156

图9-157

图9-158

9.5 封套效果

在字体、产品、景观等设计中，有时需要将编辑好的对象调整为透视效果，来增加视觉美感。使用“形状工具”修改形状会比较麻烦，而利用封套可以快速创建逼真的透视效果，使用户在转换三维效果的创作中更加灵活。

9.5.1 创建封套

“封套工具”用于创建不同样式的封套来改变对象的形状。

使用“封套工具”单击对象，在对象外面自动生成一个蓝色虚线框，如图9-159所示。然后左键拖动虚线上的封套控制节点来改变对象形状，如图9-160所示。

图9-159　　图9-160

在使用封套改变形状时，可以根据需要选择相应的封套模式，CorelDRAW X7为用户提供了“直线模式”“单弧模式”“双弧模式”3种封套类型。

9.5.2 封套参数设置

单击“封套工具”，可以在属性栏中进行设置，也可以在“封套”泊坞窗中进行设置。

1.属性栏设置

“封套工具”的属性栏设置如图9-161所示。

图9-161

【参数详解】

选取范围模式：用于切换选取框的类型。在下拉现象列表中包括“矩形”和“手绘”两种选取框。

直线模式：激活该图标，可应用由直线组成的封套改变对象形状，为对象添加透视点。

单弧模式：激活该图标，可应用单边弧线组成的封套改变对象形状，使对象边线形成弧度。

双弧模式：激活该图标，可用S形封套改变对象形状，使对象边线形成S形弧度。

非强制模式：激活该图标，将封套模式变为允许更改节点的自由模式，同时激活前面的节点编辑图标，选中封套节点可以进行自由编辑。

添加新封套：在使用封套变形后，单击该图标可以为其添加新的封套。

映射模式：选择封套中对象的变形方式。在后面的下拉选项中进行选择。

保留线条：激活该图标，在应用封套变形时直线不会变为曲线。

创建封套自：单击该图标，当光标变为箭头时在图形上单击，可以将图形形状应用到封套中。

2.泊坞窗设置

执行“效果>封套”菜单命令，打开“封套”泊坞窗可以看见封套工具的相关设置。

【参数详解】

添加预设：将系统提供的封套样式应用到对象上。单击“添加预设”按钮可以激活下面的样式表，选择样式单击“应用”按钮完成添加。

保留线条：勾选该选项，在应用封套变形时保留对象中的直线。

9.6 立体化效果

三维立体效果在logo设计、包装设计、景观设计、插画设计等领域中运用相当频繁，为了方便用户在制作过程中快速达到三维立体效果，CorelDRAW X7提供了强大的立体化效果工具，通过设置可以得到满意的立体化效果。

“立体化工具”可以为线条、图形、文字等对象添加立体化效果。

9.6.1 创建立体效果

“立体化工具”用于将立体三维效果快速运用到对象上。

选中“立体化工具”，然后将光标放在对象中心，按住左键进行拖动，出现矩形透视线预览效果，如图9-162所示。接着松开左键出现立体效果，可以移动方向改变立体化效果，效果如图9-163所示。

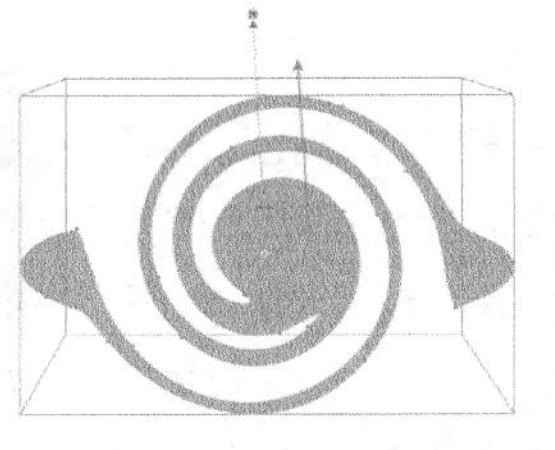

图9-162

图9-163

9.6.2 立体参数设置

在创建立体效果后，可以在属性栏中进行参数设置，也可以执行“效果>立体化”菜单命令，在打开的“立体化”泊坞窗进行参数设置。

1.属性栏设置

“立体化工具”的属性栏设置如图9-164所示。

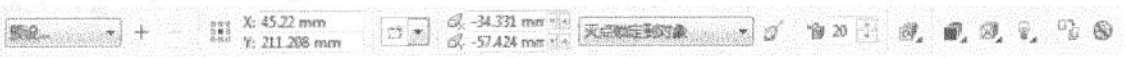

图9-164

【参数详解】

立体化类型：在下拉选项中选择相应的立体化类型应用到当前对象上。

深度：在后面的文本框中输入数值调整立体化效果的进深程度。数值范围最大为99、最小为1，数值越大进深越深。

灭点坐标：在相应的x轴y轴上输入数值可以更改立体化对象的灭点位置，灭点就是对象透视线相交的消失点，变更灭点位置可以变更立体化效果的进深方向。

灭点属性：在下拉列表中选择相应的选项来更改对象灭点属性，包括“灭点锁定到对象”“灭点锁定到页面”“复制灭点，自…”“共享灭点”4种选项。

页面或对象灭点：用于将灭点的位置锁定到对象或页面中。

立体化旋转：单击该按钮在弹出的小面板中，将光标移动到红色“3”形状上，当光标变为抓手形状时，按住左键进行拖动，可以调节立体对象的透视角度。

：单击该图标可以将旋转后的对象恢复为旋转前。

：单击该图标可以输入数值进行精确旋转。

立体化颜色：在下拉面板中选择立体化效果的颜色模式。

使用对象填充：激活该按钮，将当前对象的填充色应用到整个立体对象上。

使用纯色：激活该按钮，可以在下面的颜色选项中选择需要的颜色填充到立体效果上。

使用递减的颜色：激活该按钮，可以在下面的颜色选项中选择需要的颜色，以渐变形式填充到立体效果上。

立体化倾斜：单击该按在钮弹出的面板中可以为对象添加斜边。

使用斜角修饰边：勾选该选项可以激活“立体化倾斜”面板进行设置，显示斜角修饰边。

只显示斜角修饰边：勾选该选项，只显示斜角修饰边，隐藏立体化效果。

斜角修饰边深度：在后面的文本框中输入数值，可以设置对象斜角边缘的深度。

斜角修饰边角度：在后面的文本框中输入数值，可以设置对象斜角的角度，数值越大斜角就越大。

立体化照明：单击该按钮，在弹出面板中可以为立体对象添加光照效果，可以使立体化效果更强烈。

光源：单击可以为对象添加光源，最多可以添加3个光源进行移动。

强度：可以移动滑块设置光源的强度，数值越大光源越亮。

使用全色范围：勾选该选项可以让阴影效果更真实。

2.泊坞窗设置

执行“效果>立体化”菜单命令，打开“立体化”泊坞窗可以看见相关参数设置。

【参数详解】

立体化相机：单击该按钮可以快速切换为立体化编辑版面，用于编辑修改立体化对象的灭点位置和进深程度。

技巧与提示

使用泊坞窗进行参数设置时，可以单击上方的按钮来切换相应的设置面板，参数和属性栏中的参数相同。在编辑时需要选中对象，再单击“编辑”按钮 编辑 激活相应的设置。

9.6.3 立体化操作

利用属性栏和泊坞窗的相关参数选项来进行立体化的操作。

1.更改灭点位置和深度

更改灭点和进深的方法有两种。

第1种：选中立体化对象，然后在泊坞窗单击“立体化相机”按钮激活面板选项，再单击“编辑”按钮 编辑 出现立体化对象的虚线预览图，如图9-165所示。接着在面板上输入数值进行设置，虚线会以设置的数值显示，如图9-166所示。最后单击“应用”按钮 应用 应用设置。

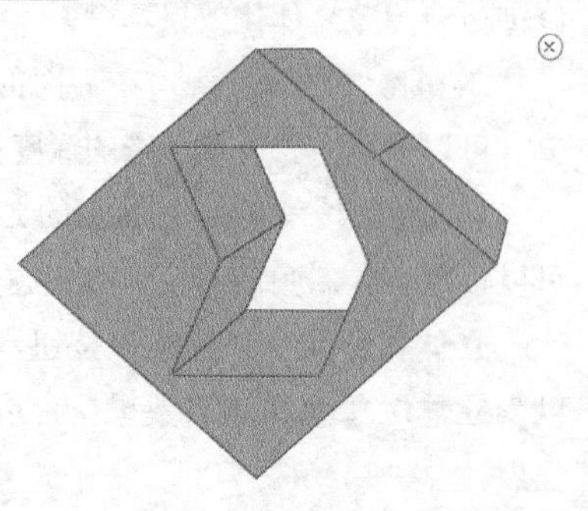

图9-165

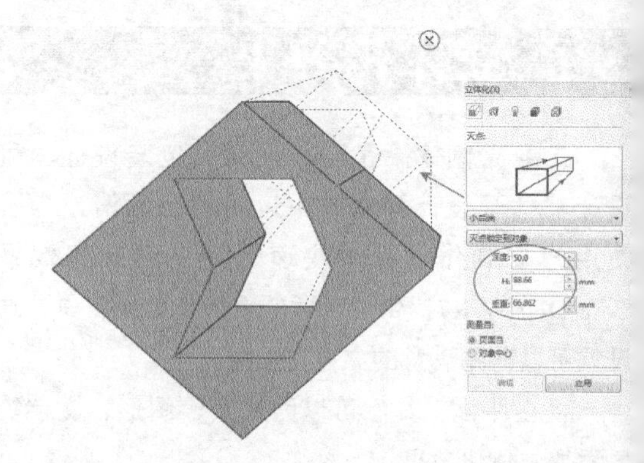

图9-166

第2种：选中立体化对象，然后在属性栏中“深度”后面的文本框中更改进深数值，在“灭点坐标”后相应的x轴y轴上输入数值可以更改立体化对象的灭点位置，如图9-167所示。

图9-167

属性栏更改灭点和进深不会出现虚线预览，可以直接在对象上进行修改。

2.旋转立体化效果

选中立体化对象，然后在“立体化”泊坞窗上单击“立体化旋转”，激活旋转面板，然后使用左键拖动立体化效果，出现虚线预览图，如图9-168所示。再单击“应用”按钮 应用 应用设置。在旋转后如果效果不合心意，需要重新旋转时，可以单击按钮去掉旋转效果，如图9-169所示。

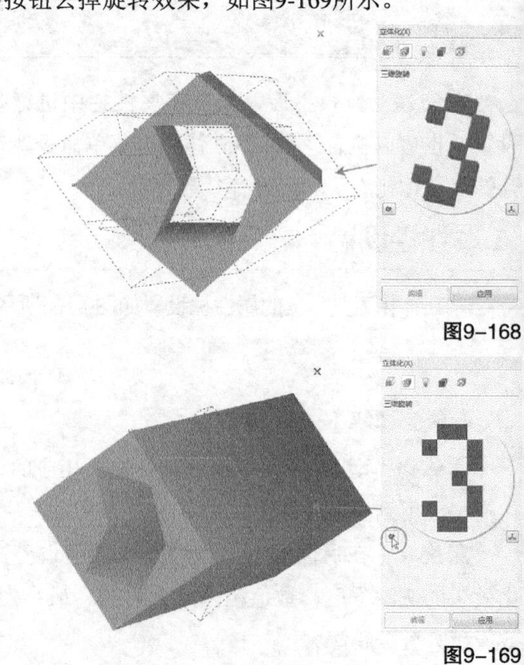

图9-168

图9-169

3.设置斜边

选中立体化对象，然后在“立体化”泊坞窗上单击“立体化倾斜”，激活倾斜面板，再使用左键拖动斜角效果，接着单击“应用”按钮 应用 应用设置，如图9-170所示。

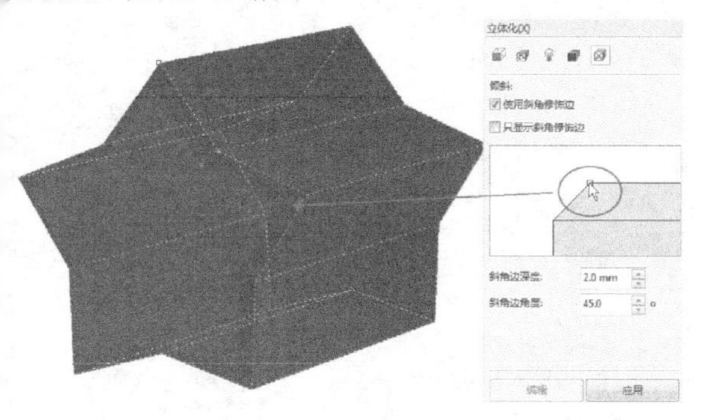

图9-170

在创建斜角后可以勾选“只显示斜角修饰边”选项隐藏立体化进深效果，保留斜角和对象，如图9-171所示。

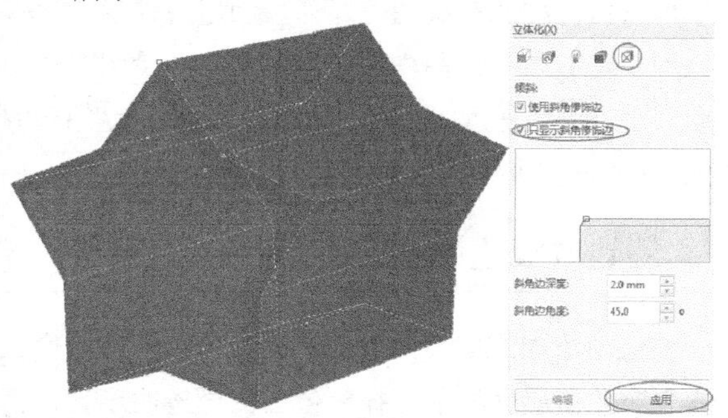

图9-171

4.添加光源

选中立体化对象，然后在“立体化”泊坞窗上单击“立体化倾斜”，激活倾斜面板，再单击添加光源，在下面调整光源的强度，如图9-172所示。单击“应用”按钮 应用 应用设置，如图9-173所示。

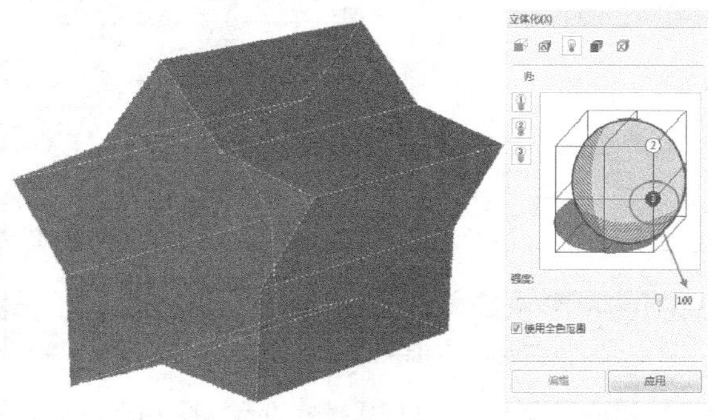

图9-172

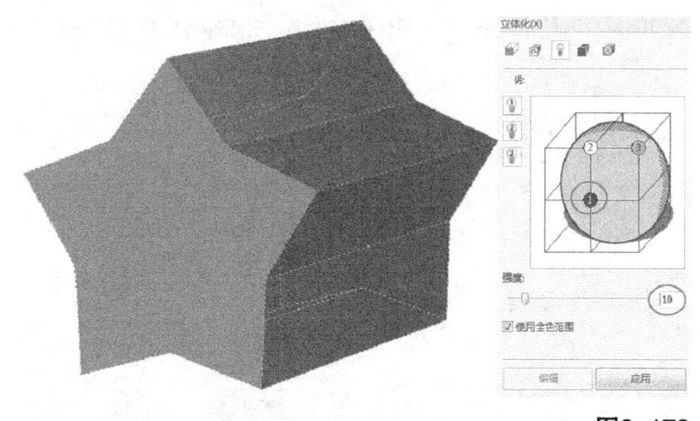

图9-173

9.7 透明效果

透明效果经常运用于书籍装帧、排版、海报设计、广告设计和产品设计等领域中。使用CorelDRAW X7提供的“透明度工具”可以将对象转换为半透明效果，也可以拖曳为渐变透明效果，通过设置可以得到丰富的透明效果，方便用户进行绘制。

9.7.1 创建透明效果

“透明度工具”用于改变对象填充色的透明程度来添加效果。通过添加多种透明度样式来丰富画面效果。

1.创建渐变透明度

单击“透明度工具”，光标后面会出现一个高脚杯形状，然后将光标移动到绘制的矩形上光标所在的位置为渐变透明度的起始点，透明度为0，如图9-174所示。

拖动“透明度工具”，然后松开左键，对象会显示渐变效果，然后拖动中间的“透明度中心点”滑块可以调整渐变效果，如图9-175所示。

图9-174

图9-175

创建渐变透明度可以灵活运用在产品设计、海报设计、logo设计等领域，可以达到添加光感的作用。

渐变的类型包括“线性渐变透明度”“椭圆形渐变

透明度”“锥形渐变透明度”“矩形渐变透明度”4种，用户可以在属性栏中进行切换，绘制方式相同。

2.创建均匀透明度

选中添加透明度的对象，如图9-176所示。然后单击“透明度工具”，在属性栏中选择“均匀透明度”，再通过调整“透明度”来设置透明度大小，如图9-177所示。调整后效果如图9-178所示。

图9-176

图9-177

图9-178

创建均匀透明度效果常运用在杂志书籍设计中，可以为文本添加透明底色、丰富图片效果和添加创意。用户可以在属性栏中进行相关设计，使添加的效果更加丰富。

3.创建图样透明度

选中添加透明度的对象，然后单击“透明度工具”，在属性栏中选择“向量图样透明度”，再选取合适的图样，接着通过调整“前景透明度”和“背景透明度”来设置透明度大小，如图9-179所示。调整后效果如图9-180所示。

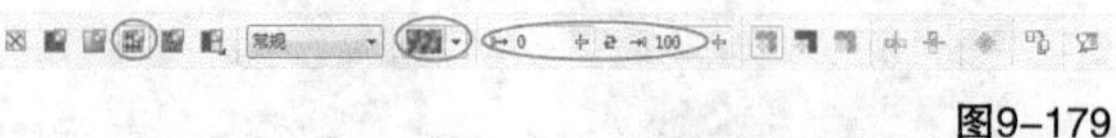

图9-179

图9-180

调整图样透明度矩形范围线上的白色圆点，可以调整添加的图样大小，矩形范围线越小图样越小，如图9-181所示；范围越大图样越大，如图9-182所示。调整图样透明度矩形范围线上的控制柄，可以编辑图样的倾斜旋转效果，如图9-183所示。

图9-181

图9-182

图9-183

创建图样透明度，可以进行美化图片或为文本添加特殊样式的底图等操作，利用属性栏的设置达到丰富的效果。图样透明度包括“向量图样透明度”“位图图样透明度”“双色图样透明度”3种方式，在属性栏中进行切换，绘制方式相同。

4.创建底纹透明度

选中添加透明度的对象，然后单击“透明度工具”，在属性栏中选择“位图图样透明度”，再选取合适的图样，接着通过调整“前景透明度”和“背景透明度”来设置透明度大小，如图9-184所示。调整后的效果如图9-185所示。

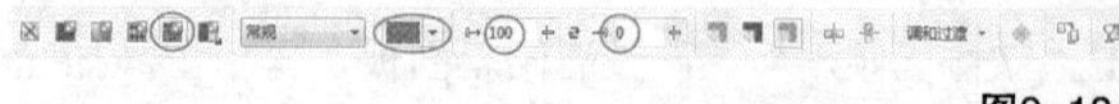

图9-184

图9-185

9.7.2 透明参数设置

“透明度工具”的属性栏设置如图9-186所示。

图9-186

【参数详解】

编辑透明度：以颜色模式来编辑透明度的属性。单击该按钮，在打开的“编辑透明度”对话框中设置“调和过渡”可以变更渐变透明度的类型、选择透明度的目标、选择透明度的方式；“变换”可以设置渐变的偏移、旋转和倾斜；“节点透明度”可以设置渐变的透明度，颜色越浅透明度越低，颜色越深透明度越高；“中点”可以调节透明渐变的中心。

透明度类型：在属性栏中选择透明图样进行应用。包括“无透明度”“均匀透明度”“线性渐变透明度”“椭圆形渐变透明度”“圆锥形渐变透明度”“矩形渐变透明度”“向量图样透明度”“位图图样透明度”“双色图样透明度”“底纹透明度”。

无透明度：选择该选项，对象没有任何透明效果。

均匀透明度：选择该选项，可以为对象添加均匀的渐变效果。

线性渐变透明度：选择该选项，可以为对象添加直线渐变的透明效果。

椭圆形渐变透明度：选择该选项，可以为对象添加放射渐变的透明效果。

圆锥形渐变透明度：选择该选项，可以为对象添加圆锥渐变的透明效果。

矩形渐变透明度：选择该选项，可以为对象添加矩形渐变的透明效果。

向量图样透明度：选择该选项，可以为对象添加全色矢量纹样的透明效果。

位图图样透明度：选择该选项，可以为对象添加位图纹样的透明效果。

双色图样透明度：选择该选项，可以为对象添加黑白双色纹样的透明效果。

底纹透明度：选择该选项，可以为对象添加系统自带的底纹纹样的透明效果。

透明度操作：在属性栏中的“合并模式”下拉选项中选择透明颜色与下层对象颜色的调和方式。

透明度目标：在属性栏中选择透明度的应用范围。包括“全部”“填充”“轮廓”3种范围。

填充：选择该选项，可以将透明度效果应用到对象的填充上。

轮廓：选择该选项，可以将透明度效果应用到对象的轮廓线上。

全部：选择该选项，可以将透明度效果应用到对象的填充和轮廓线上。

冻结透明度：激活该按钮，可以冻结当前对象的透明度叠加效果，在移动对象时透明度叠加效果不变。

复制透明度属性：单击该图标可以将文档中目标对象的透明度属性应用到所选对象上。

下面根据创建透明度的类型，进行分别讲解。

1.均匀透明度

在“透明度类型”的选项中选择“均匀透明度”切换到均匀透明度的属性栏，如图9-187所示。

图9-187

【参数详解】

透明度：在后面的文字框内输入数值可以改变透明度的程度，数值越大对象越透明，反之越弱。

2.渐变透明度

在“透明度类型”中选择“渐变透明度”切换到渐变透明度的属性栏，如图9-188所示。

图9-188

【参数详解】

线性渐变透明度：选择该选项，应用沿线性路径逐渐更改不透明的透明度。

椭圆形渐变透明度：选择该选项，应用从同心椭圆形中心向外逐渐更改不透明度的透明度。

圆锥形渐变透明度：选择该选项，应用以锥形逐渐更改不透明度的透明度。

矩形渐变透明度：选择该选项，应用从同心矩形的中心向外逐渐更改不透明度的透明度。

节点透明度：在后面的文本框中输入数值可以移动透明效果的中心点。最小值为0、最大值为100。

节点位置：在后面的文本框中输入数值设置不同的节点位置可以丰富渐变透明效果。

旋转：在旋转后面的文本框内输入数值可以旋转渐变透明效果。

3.图样透明度

在“透明度类型”的选项中选择“向量图样透明度”切换到图样透明度的属性栏，如图9-189所示。

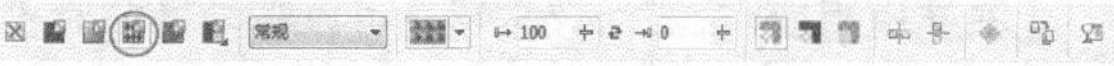

图9-189

【参数详解】

透明度挑选器：可以在下拉选项中选取填充的图样类型。

前景透明度：在后面的文字框内输入数值可以改变填充图案浅色部分的透明度。数值越大对象越不透明，反之越强。

背景透明度：在后面的文字框内输入数值可以改变填充图案深色部分的透明度。数值越大对象越透明，反之越弱。

水平镜像平铺：单击该图标，可以将所选的排列图像相互镜像，达成在水平方向相互反射对称效果。

水平镜像平铺：单击该图标，可以将所选的排列图像相互镜像，达成在垂直方向相互反射对称效果。

4.底纹透明度

在“透明度类型”的选项中选择“底纹透明度”切换到底纹透明度的属性栏，如图9-190所示。

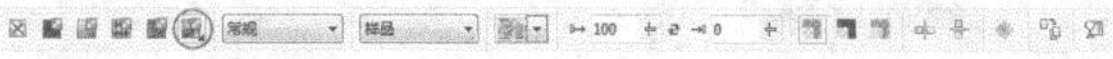

图9-190

【参数详解】

底纹库：在下拉选项中可以选择相应的底纹库。

课堂案例

用透明度绘制油漆广告

实例位置	实例文件>CH9>课堂案例：用透明度绘制油漆广告.cdr
素材位置	素材文件>CH9>17.cdr、18.cdr
视频位置	多媒体教学>CH9>课堂案例：用透明度绘制油漆广告.mp4
技术掌握	透明度的运用方法

运用透明度来绘制油漆广告，适用于广告设计，效果如图9-191所示。

图9-191

01 新建空白文档，然后设置文档名称为“油漆广告”，接着设置页面大小为“A4”、页面方向为“横向”。

02 使用“椭圆形工具”绘制9个重叠的椭圆，然后调整遮盖的位置，如图9-192所示。接着从左到右依次填充颜色为（C:80，M:58，Y:0，K:0）、（C:97，M:100，Y:27，K:0）、（C:59，M:98，Y:24，K:0）、（C:4，M:99，Y:13，K:0）、（C:6，M:100，Y:100，K:0）、（C:0，M:60，Y:100，K:0）、（C:0，M:20，Y:100，K:0）、（C:52，M:3，Y:100，K:0）、（C:100，M:0，Y:100，K:0），最后全选删除轮廓线，效果如图9-193所示。

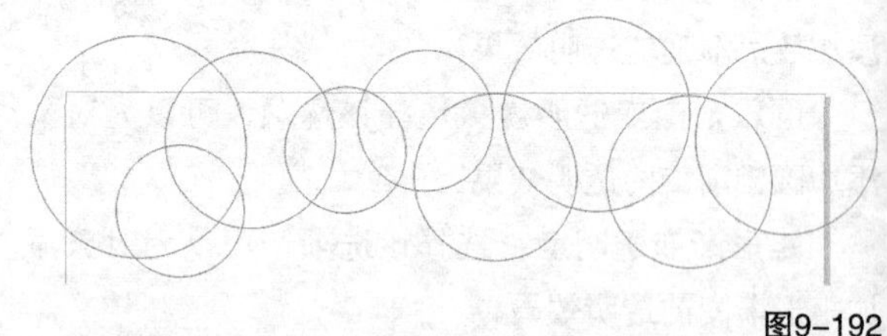

图9-192

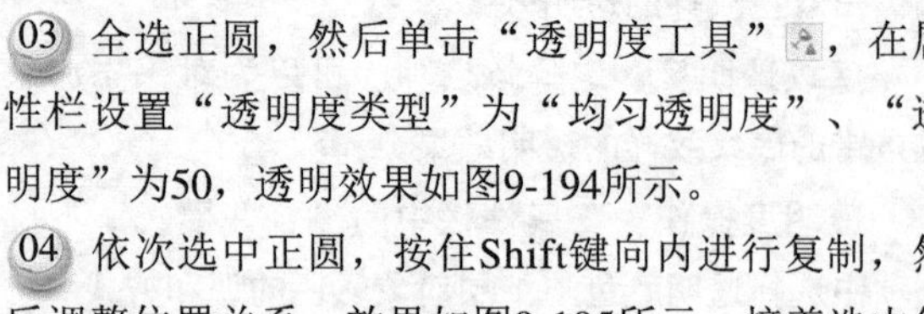

图9-193

03 全选正圆，然后单击“透明度工具”，在属性栏设置“透明度类型”为“均匀透明度”、“透明度”为50，透明效果如图9-194所示。

04 依次选中正圆，按住Shift键向内进行复制，然后调整位置关系，效果如图9-195所示。接着选中每组正圆的最上方对象去掉透明度效果，如图9-196所示，最后将对象全选进行组合。

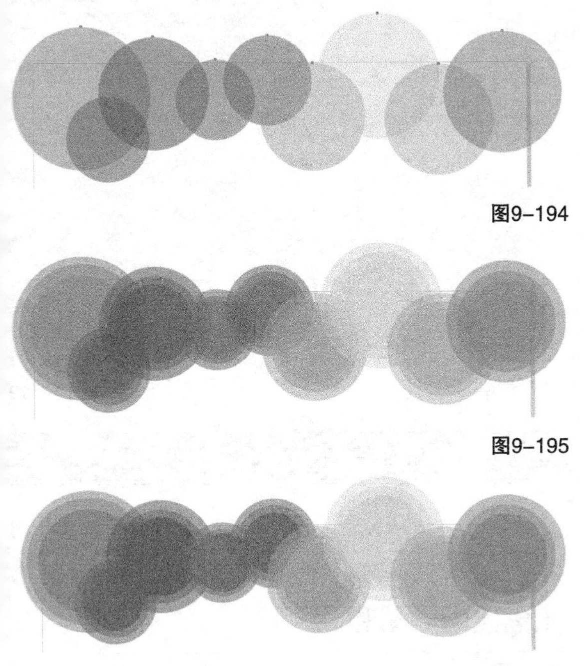

图9-194

图9-195

图9-196

05 使用“矩形工具”绘制一个矩形，然后在属性栏中设置“圆角”为10mm，再进行转曲，接着复制排列在页面中，调整形状和位置，如图9-197所示。最后将正圆的颜色填充到相应位置的矩形中，效果如图9-198所示。

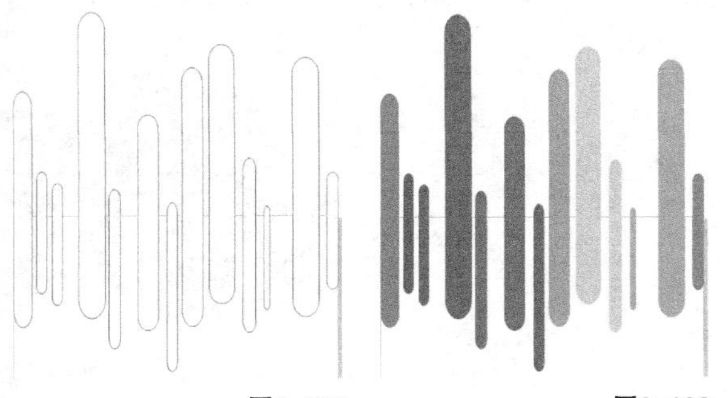

图9-197　图9-198

06 将矩形全选，然后修剪掉页面外多余的部分，如图9-199所示。接着使用“透明度工具”拖动透明渐变效果，如图9-200所示。

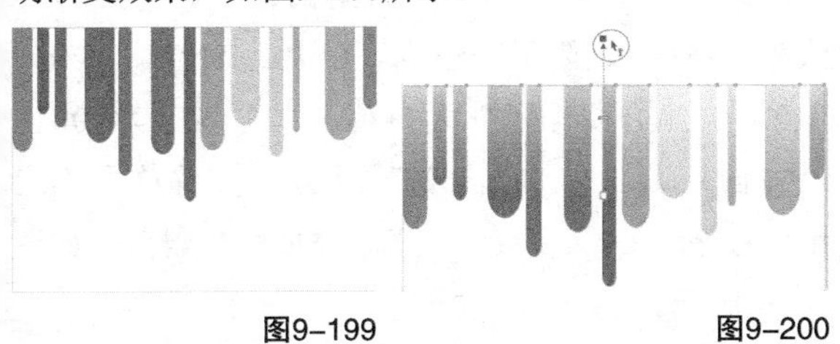

图9-199　图9-200

07 将前面绘制的正圆拖曳到页面上方，然后双击“矩形工具”创建与页面等大的矩形，接着选中正圆执行“对象>图框精确裁剪>置于图文框内部”菜单命令，把图片放置在矩形中，如图9-201和图9-202所示。

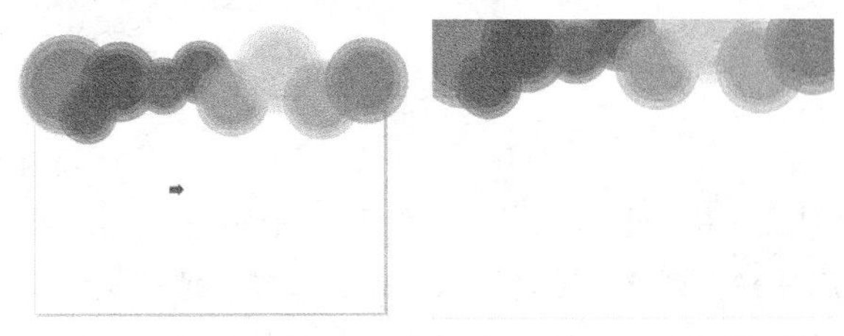

图9-201　图9-202

08 把前面绘制的矩形对象拖曳到页面上方，置于最底层，如图9-203所示。然后双击“矩形工具”创建矩形，再使用“钢笔工具”绘制曲线，如图9-204所示。接着使用曲线修剪矩形，最后删除上半部分和曲线，如图9-205所示。

图9-203

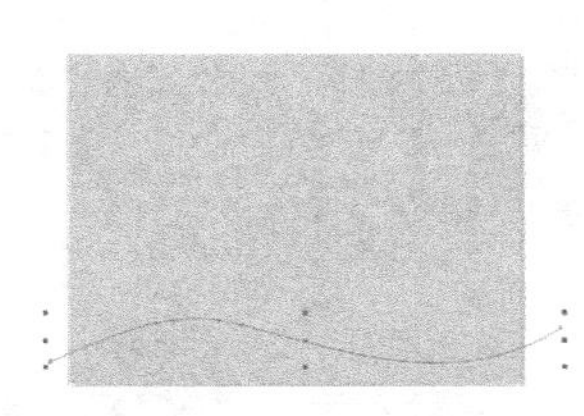

图9-204　图9-205

09 将修剪形状拖曳到页面最下方，然后使用“透明度工具”拖动渐变效果，如图9-206所示。接着复制一份向下缩放，再进行水平镜像，最后改变透明渐变的方向，如图9-207所示。

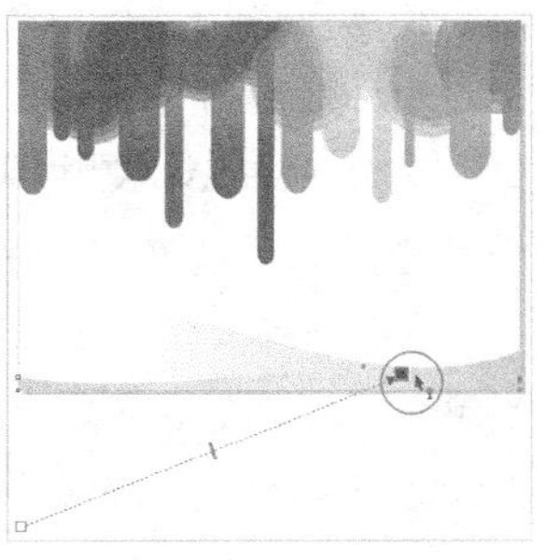

图9-206　图9-207

10 导入“素材文件>CH9>17.cdr”文件，然后拖曳到页面右下方，如图9-208所示。

图9-208

11 使用“矩形工具”绘制一个矩形，然后在属性栏中设置“圆角”为3mm，接着填充颜色为（C:80，M:58，Y:0，K:0），再去掉轮廓线，如图9-209所示。最后单击“透明度工具”，在属性栏中设置“透明度类型”为“均匀透明度”、“透明度”为50，效果如图9-210所示。

图9-209

图9-210

12 导入“素材文件>CH9>18.cdr”文件。然后将文字拖曳到页面左下角，再变更矩形上的文字颜色为白色，最终效果如图9-211所示。

图9-211

9.8 斜角效果

斜角效果广泛运用在产品设计、网页按钮设计、字体设计等领域中，可以丰富设计对象的效果。在CorelDRAW X7中用户可以使用“斜角效果”修改对象边缘，使对象产生三维效果。

在菜单栏执行“效果>斜角”命令打开“斜角”泊坞窗，然后在泊坞窗设置数值添加斜角效果，如图9-212所示。在“样式”选项中可以选择为对象添加“柔和边缘”效果或“浮雕”效果。

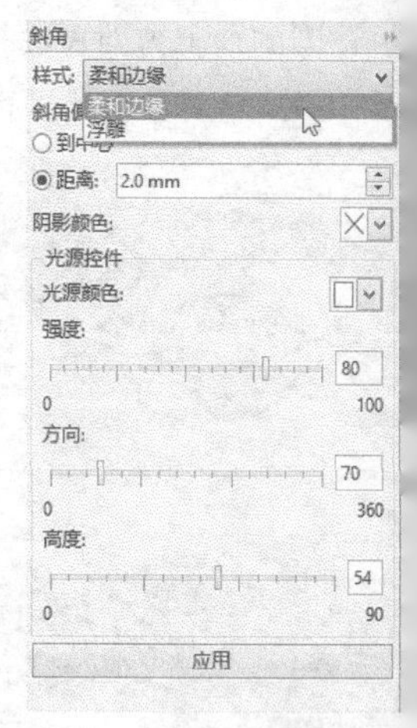

图9-212

9.8.1 创建柔和斜角效果

CorelDRAW X7提供了两种创建“柔和边缘”的效果，包括“到中心”和“距离”。

1.创建中心柔和

选中要添加斜角的对象。然后在“斜角”泊坞窗内设置“样式”为“柔和边缘”、“斜角偏移”为“到中心”、阴影颜色为（C:70，M:95，Y:0，K:0）、“光源颜色”为白色、“强度”为100、“方向”为118、“高度”为27，接着单击“应用”按钮完成添加斜角，如图9-213所示。

图9-213

2.创建边缘柔和

选中对象，然后在“斜角”泊坞窗内设置“样式”为“柔和边缘”、“斜角偏移”的“距离”值为2.24mm、阴影颜色为（C:70，M:95，Y:0，K:0）、“光源颜色”为白色、“强度”为100、“方向”为118、“高度”为27，接着单击“应用”按钮完成添加斜角，如图9-214所示。

图9-214

3.删除效果

选中添加斜角效果的对象，然后执行“效果>清除效果”菜单命令，将添加的效果删除，“清除效果”也可以清除其他的添加效果。

9.8.2 创建浮雕效果

选中对象，然后在“斜角”泊坞窗内设置“样式”为“浮雕”、“距离”值为2.0mm、阴影颜色为（C:95，M:73，Y:0，K:0）、“光源颜色”为白色、“强度”为60、“方向”为200，接着单击“应用”按钮 应用 完成添加斜角，如图9-215所示。

图9-215

9.8.3 斜角设置

在菜单栏执行“效果>斜角”命令可以打开“斜角”泊坞窗，如图9-216所示。

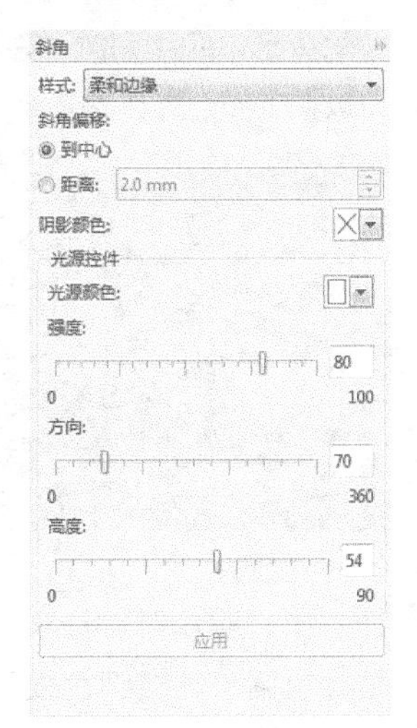

图9-216

【参数详解】

样式：在下拉选项中选择应用样式，包括“柔和边缘”和“浮雕”。

到中心：勾选该选项可以从对象中心开始创建斜角。

距离：勾选该选项可以创建从边缘开始的斜角，在后面的文本框中输入数值可以设定斜面的宽度。

阴影颜色：在后面的下拉颜色列表中可以选取阴影斜面的颜色。

光源颜色：在后面的下拉颜色列表中可以选取聚光灯的颜色。聚光灯的颜色会影响对象和斜面的颜色。

强度：在后面的文本框内输入数值可以更改光源的强度，范围为0~100。

方向：在后面的文本框内输入数值可以更改光源的方向，范围为0~360。

高度：在后面的文本框内输入数值可以更改光源的高度，范围为0~90。

9.9 透镜效果

透镜效果可以运用在图片显示效果中，可以将对象颜色、形状调整到需要的效果，广泛运用在海报设计、书籍设计和杂志设计中，来体现一些特殊效果。

9.9.1 添加透镜效果

通过改变观察区域下对象的显示和形状来添加透镜效果。

执行“效果>透镜”菜单命令可以打开“透镜”泊坞窗，在“类型”下拉列表中选取透镜的应用效果，包括“无透镜效果”“变亮”“颜色添加”“色彩限度”“自定义彩色图”“鱼眼”“热图”“反显”“放大”“灰度浓淡”“透明度”“线框”。

1.无透镜效果

选中位图上的正圆，然后在“透镜”泊坞窗中设置“类型”为“无透明效果”，正圆没有任何透镜效果，如图9-217所示。“无透明效果”用于清除添加的透镜效果。

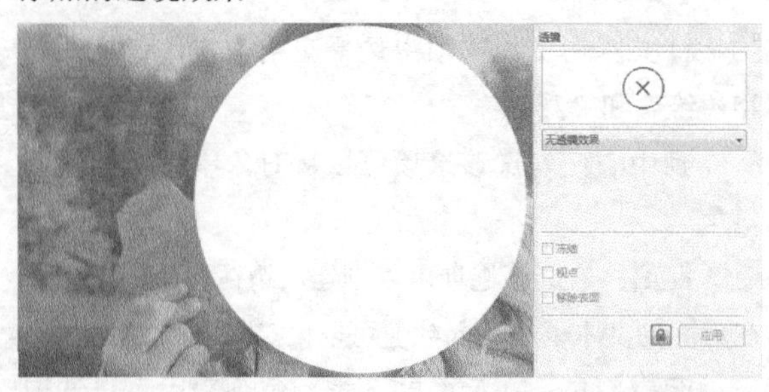

图9-217

2.变亮

选中位图上的正圆，然后在“透镜”泊坞窗中设置“类型”为“变亮”，正圆内部重叠部分颜色变亮。调整“比率”的数值可以更改变亮的程度，数值为正数时对象变亮，数值为负数时对象变暗，如图9-218和图9-219所示。

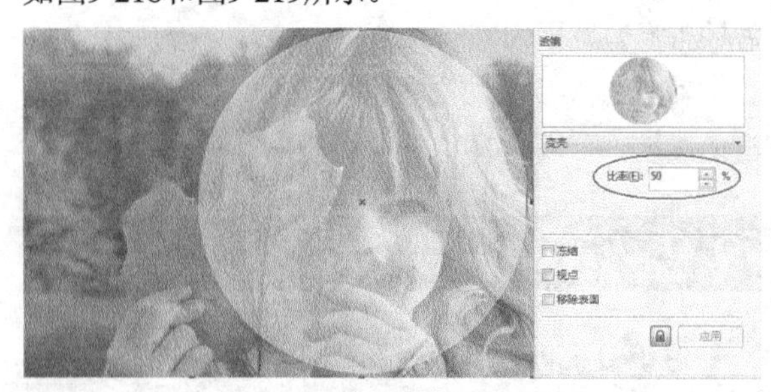

图9-218

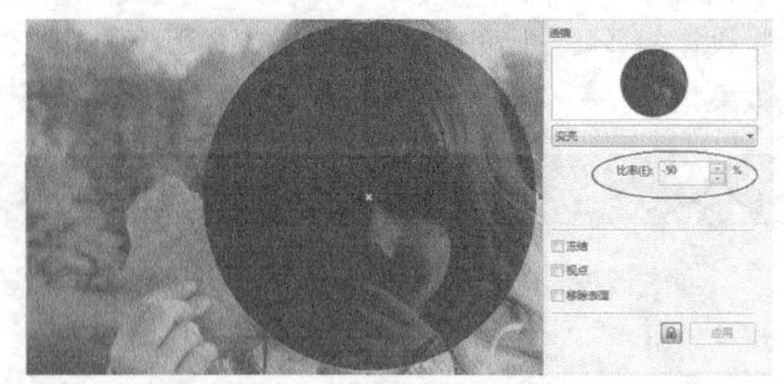

图9-219

3.颜色添加

选中位图上的正圆，然后在“透镜”泊坞窗中设置“类型”为“颜色添加”，正圆内部重叠部分颜色和所选颜色进行混合显示，如图9-220所示。

调整“比率”的数值可以控制颜色添加的程度，数值越大添加的颜色比例越大，数值越小越偏向于原图颜色，数值为0时不显示添加颜色。在下面的颜色选项中更改滤镜颜色。

图9-220

4.色彩限度

选中位图上的正圆，然后在“透镜”泊坞窗中设置“类型”为“色彩限度”，正圆内部只允许黑色和滤镜颜色本身透过显示，其他颜色均转换为滤镜相近颜色显示，如图9-221所示。

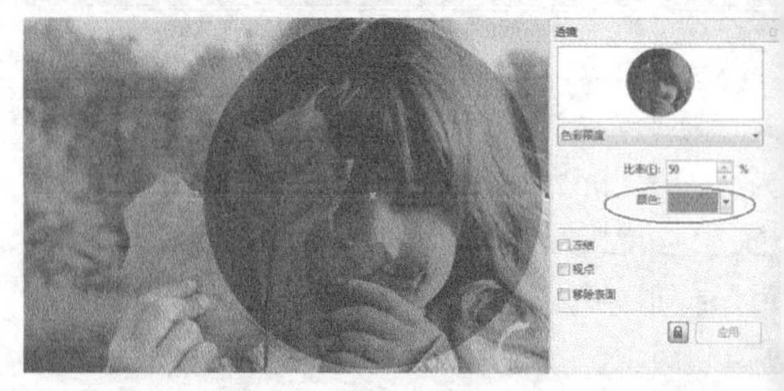

图9-221

在“比率”中输入数值可以调整透镜的颜色浓度，值越大越浓，反之越浅，可以在下面的颜色选项中更改滤镜颜色。

5.自定义彩色图

选中位图上的正圆，然后在“透镜”泊坞窗中设置“类型”为“自定义彩色图”，正圆内部所有颜色改为介于所选颜色中间的一种颜色显示，如图9-222所示。可以在下面的颜色选项中更改起始颜色和结束颜色。

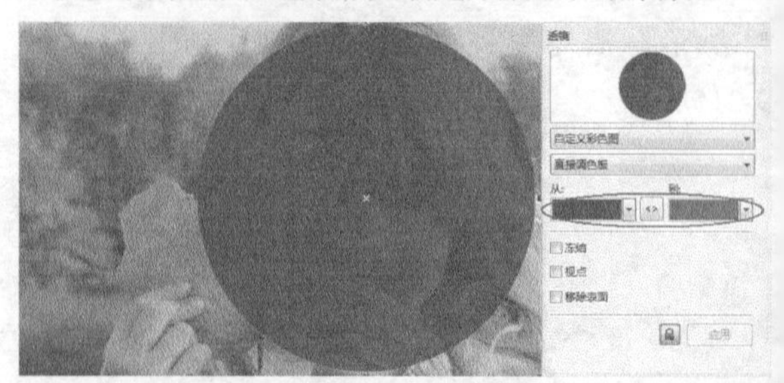

图9-222

在“颜色范围选项”的下拉列表中可以选择范围，包括“直接调色板”“向前的彩虹”和“反转的彩虹”，后两种效果如图9-223和图9-224所示。

图9-223

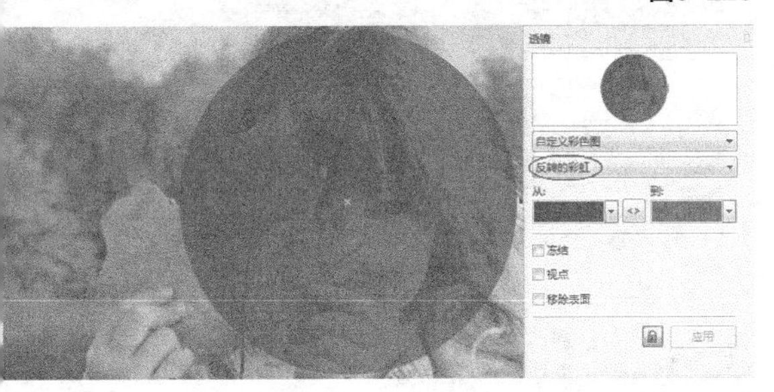

图9-224

6.鱼眼

选中位图上的正圆，然后在“透镜”泊坞窗中设置“类型”为“鱼眼”，正圆内部以设定的比例进行放大或缩小扭曲显示，如图9-225和图9-226所示。可以在“比率”后的文本框中输入需要的比例值。

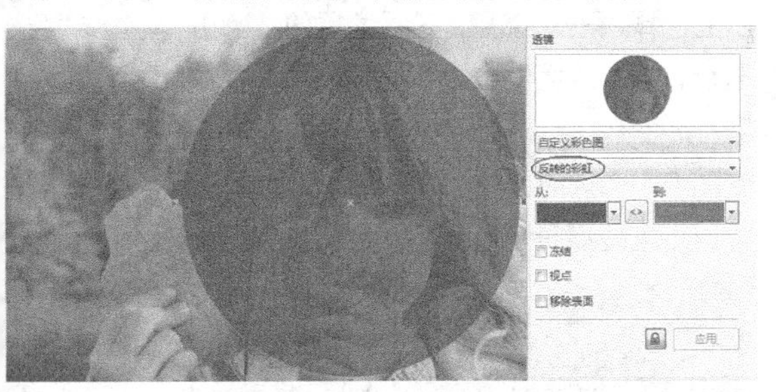

图9-225

图9-226

比例为正数时为向外推挤扭曲，比例为负数时为向内收缩扭曲。

7.热图

选中位图上的正圆，然后在“透镜”泊坞窗中设置“类型”为“热图”，正圆内部模仿红外图像效果显示冷暖等级。在“调色板旋转”设置数值为0%或者100%时显示同样的冷暖效果，如图9-227所示；数值为50%时暖色和冷色颠倒，如图9-228所示。

图9-227

图9-228

8.反显

选中位图上的正圆，然后在“透镜”泊坞窗中设置“类型”为“反显”，正圆内部颜色变为色轮对应的互补色，形成独特的底片效果，如图9-229所示。

图9-229

9.放大

选中位图上的正圆，然后在“透镜”泊坞窗中设置“类型”为“放大”，正圆内部以设置的量放大或缩小对象上的某个区域，如图9-230所示。在

“数量”输入数值决定放大或缩小的倍数，值为1时不改变大小。

图9-230

技巧与提示

在“放大”和“鱼眼”都有放大缩小显示的效果，区别在于“放大”的缩放效果更明显，而且在放大时不会进行扭曲。

10.灰度浓淡

选中位图上的正圆，然后在“透镜”泊坞窗中设置“类型”为“灰度浓淡”，正圆内部以设定颜色等值的灰度显示，如图9-231所示。可以在下面“颜色”列表中选取颜色。

图9-231

11.透明度

选中位图上的正圆，然后在“透镜”泊坞窗中设置“类型”为“透明度”，正圆内部变为类似着色胶片或覆盖彩色玻璃的效果，如图9-232所示。可以在下面“比率”文本框中输入0~100的数值，数值越大透镜效果越明显。

图9-232

12.线框

选中位图上的正圆，然后在“透镜”泊坞窗中设置“类型”为“线框”，正圆内部允许所选填充颜色和轮廓颜色通过，如图9-233所示。通过勾选“轮廓”或“填充”来指定透镜区域下轮廓和填充的颜色。

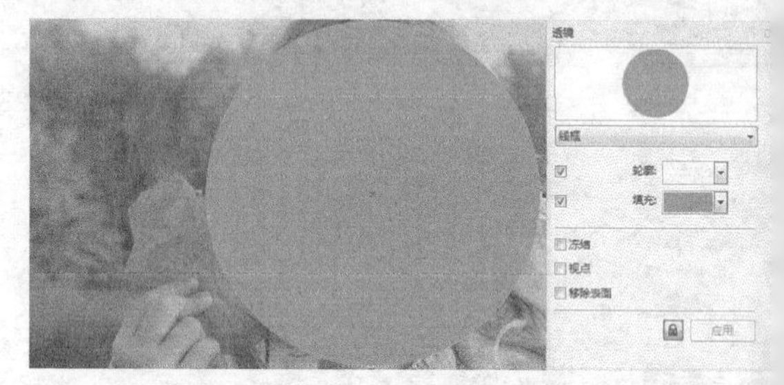

图9-233

9.9.2 透镜编辑

执行“效果>透镜”菜单命令打开“透镜”泊坞窗。

【参数详解】

冻结：勾选该复选框后，可以将透镜下方对象显示转变为透镜的一部分，在移动透镜区域时不会改变透镜显示。

视点：可以在对象不进行移动的时候改变透镜显示的区域，只弹出透镜下面对象的一部分。勾选该复选框后，单击后面的“编辑”按钮[编辑]打开中心设置面板，如图9-234所示。然后在x轴和y轴上输入数值，改变图中中心点的位置，再单击“结束”按钮[结束]完成设置，如图9-235所示。效果如图9-236所示。

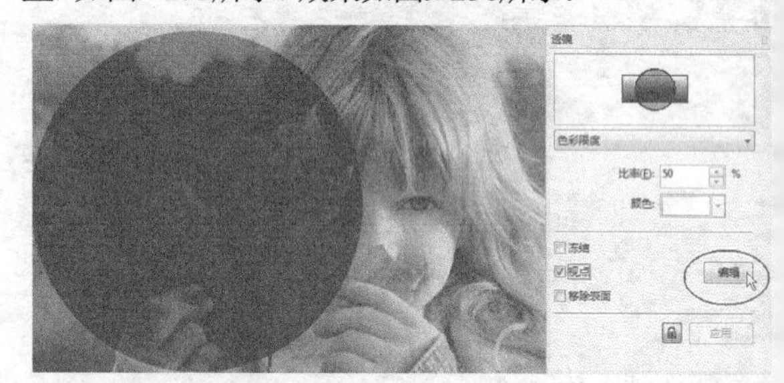

图9-234

图9-235

图9-236

移除表面：可以使透镜覆盖对象的位置显示透镜，在空白处不显示透镜。在没有勾选该复选框时，空白处也显示透镜效果，勾选后空白处不显示透镜。

9.10 透视效果

透视效果可以将平面对象通过变形达到立体透视效果，常运用于产品包装设计、字体设计和一些效果处理上，为设计提升视觉感受。

选中添加透视的对象，然后在菜单栏执行“效果>添加透视”命令，在对象上生成透视网格，接着移动网格的节点调整透视效果，如图9-237所示。

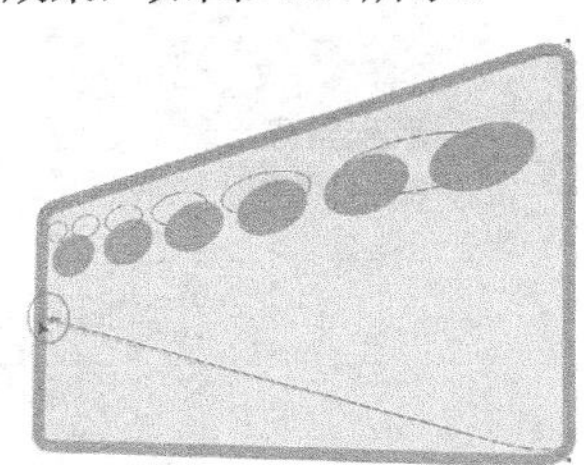

图9-237

9.11 图框精确剪裁

在CorelDRAW X7中，用户可以所选对象置入目标容器中，形成纹理或者裁剪图像效果。所选对象可以是矢量对象也可以是位图对象，置入的目标可以是任何对象，比如文字或图形等。

9.11.1 置入对象

导入一张位图，然后在位图上方绘制一个矩形，矩形内重合的区域为置入后显示的区域，如图9-238所示。接着执行“对象>图框精确剪裁>置于图文框内部”菜单命令，当光标显示箭头形状时单击矩形将图片置入，如图9-239所示，效果如图9-240所示。

图9-238

图9-239

图9-240

在置入时，绘制的目标对象可以不在位图上，如图9-241所示，置入后的位图居中显示。

图9-241

9.11.2 编辑操作

在置入对象后可以在菜单栏“对象>图框精确剪裁”的子菜单上进行选择操作。也可以在对象下方的悬浮图标上进行选择操作，如图9-242所示。

图9-242

1.编辑内容

用户可以选择相应的编辑方式编辑置入内容。

（1）编辑PowerClip

选中对象，在下方出现悬浮图标，然后单击“编辑PowerClip”图标进入容器内部，如图9-243

所示。接着调整位图的位置或大小，如图9-244所示。最后单击“停止编辑内容”图标完成编辑，如图9-245所示。

图9-243

图9-244　　图9-245

（2）选择PowerClip内容

选中对象，在下方出现悬浮图标，然后单击“选择PowerClip内容”图标选中置入的位图，如图9-246所示。

“选择PowerClip内容”进行编辑内容时不需要进入容器内部，可以直接选中对象，以圆点标注出来，然后直接进行编辑，单击任意位置完成编辑，如图9-247所示。

图9-246　　图9-247

2.调整内容

单击下悬浮图标后面的展开箭头，在展开的下拉菜单上可以选择相应的调整选项来调整置入的对象。

（1）内容居中

当置入的对象位置有偏移时，选中矩形，在悬浮图标的下拉菜单上执行“内容居中”命令，将置入的对象居中排放在容器内，如图9-248所示。

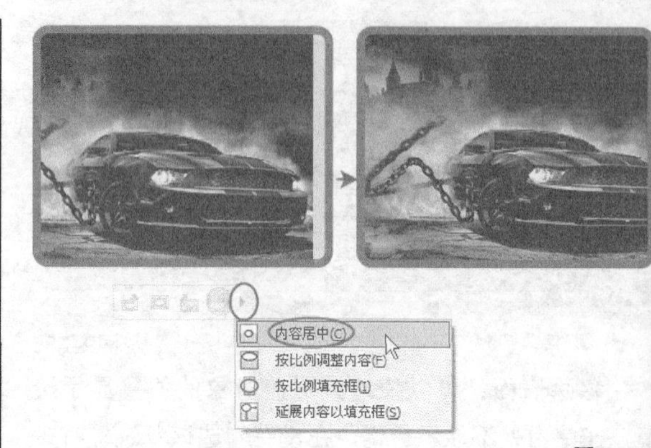

图9-248

（2）按比例调整内容

当置入的对象大小与容器不符时，选中矩形，在悬浮图标的下拉菜单上执行“按比例调整内容”命令，将置入的对象按图像原比例缩放在容器内，如图9-249所示。如果容器形状与置入的对象形状不符合时，会留空白位置。

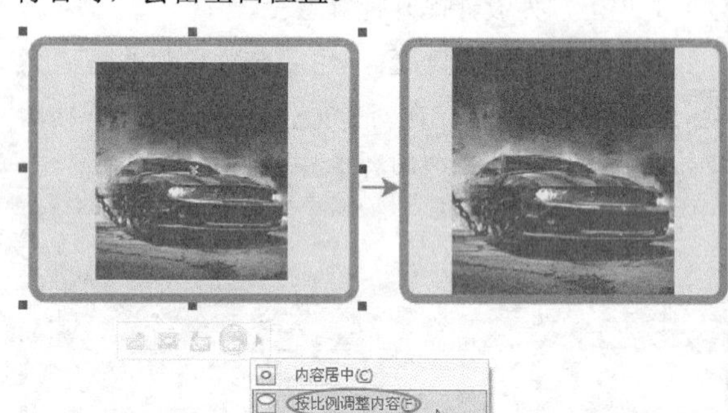

图9-249

（3）按比例填充框

当置入的对象大小与容器不符时选中矩形，在悬浮图标的下拉菜单上执行“按比例填充框”命令，将置入的对象按图像原比例填充在容器内，如图9-250所示，图像不会产生变化。

图9-250

（4）延展内容以填充框

当置入对象的比例大小与容器形状不符时，选中矩形，在悬浮图标的下拉菜单上执行“延展内容以填充框”命令，将置入的对象按容器比例进行填充，如图9-251所示，图像会产生变形。

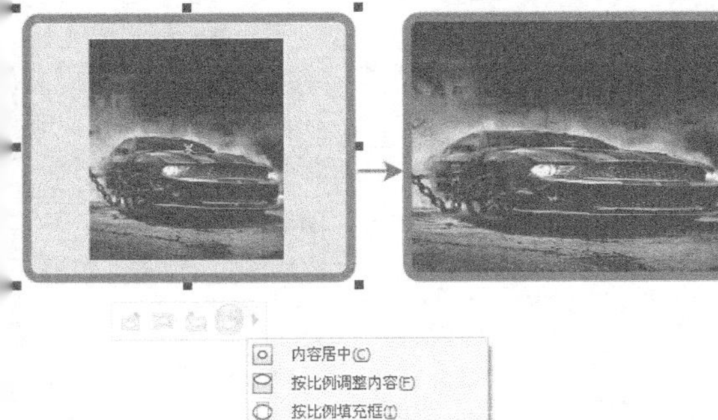

图9-251

3. 锁定内容

在对象置入后，在下方悬浮图标单击“锁定PowerClip内容”图标解锁，然后移动矩形容器，置入的对象不会随着移动而移动。单击“锁定PowerClip内容”图标激活上锁后，移动矩形容器会连带置入对象一起移动。

4. 提取内容

选中置入对象的容器，然后在下方出现的悬浮图标中单击“提取内容”图标将置入对象提取出来，如图9-252所示。

图9-252

提取对象后，容器对象中间会出现×线，表示该对象为“空PowerClip图文框”显示。此时拖入图片或提取出的对象可以快速置入，如图9-253所示。

图9-253

选中“空PowerClip图文框”，然后单击右键，在弹出的菜单中执行“框类型>无”命令可以将空PowerClip图文框转换为图形对象。

9.12 本章小结

这一章讲的主要是在CorelDRAW X7中为编辑好的图形和文本加特效的一些工具，本章的知识点很多，需要课后反复练习，因为本章在以后的学习还有自我创作过程中都很重要。

课后练习1

用轮廓图绘制电影字体

实例位置	实例文件>CH9>课后练习：用轮廓图绘制电影字体.cdr
素材位置	素材文件>CH9>19.cdr、20.psd
视频位置	多媒体教学>CH9>课后练习：用轮廓图绘制电影字体.mp4
技术掌握	轮廓图的运用

利用轮廓图绘制电影字体，适用于电影海报宣传设计，效果如图9-254所示。

图9-254

【操作流程】

新建空白文档，然后设置文档名称为“电影字体”，接着设置页面大小“宽”为250mm、“高”为195mm。然后利用学过的“轮廓图工具”绘制字体，最后导入素材，步骤如图9-255所示。

图9-255

课后练习2

用透明度绘制唯美效果

实例位置	实例文件>CH9>课后练习：用透明度绘制唯美效果.cdr
素材位置	素材文件>CH9>21.cdr、22.jpg
视频位置	多媒体教学>CH9>课后练习：用透明度绘制唯美效果.mp4
技术掌握	透明度工具的使用

使用“透明度工具”绘制唯美效果，适用于贺卡设计，效果如图9-256所示。

【操作流程】

新建空白文档，然后设置文档名称为“唯美效果”，接着设置页面大小“宽”为260mm、“高”为175mm。使用“透明度工具”绘制唯美效果图片，步骤如图9-257所示。

图9-256

图9-257

课后练习3

用立体化绘制立体字

实例位置	实例文件>CH9>课后练习：用立体化绘制立体字.cdr
素材位置	素材文件>CH9>23.cdr、24.psd
视频位置	多媒体教学>CH9>课后练习：用立体化绘制立体字.mp4
技术掌握	立体化工具的使用

利用“立体化工具”绘制立体字，适用于字体设计和立体效果设计，效果如图9-258所示。

【操作流程】

新建空白文档，然后设置文档名称为“立体字”，接着设置页面大小为“A4”、页面方向为“横向”。使用“立体化工具”绘制立体字，最后导入素材，步骤如图9-259所示。

图9-258

图9-259

第10章

位图操作

本章主要讲解的是位图的操作，CorelDRAW X7软件允许矢量图和位图进行互相转换。本章包括位图的转换、位图的编辑以及颜色的调整，还有位图里面包含的一些特殊效果，在以后的设计中非常重要。

课堂学习目标

矢量图与位图的转换

位图模式转换

位图颜色的调整

位图艺术笔触

三维效果

模糊效果

10.1 转换位图和矢量图

在设计中我们会运用矢量图转换为位图来添加一些特殊效果，常用于产品设计和效果图制作，以丰富制作效果。

10.1.1 矢量图转位图

在设计制作中，需要将矢量对象转换为位图来方便添加颜色调和、滤镜等一些位图编辑效果，来丰富设计效果，比如绘制光斑、贴图等。下面进行详细的讲解。

1.转换操作

选中要转换为位图的对象，然后执行“位图>转换为位图”菜单命令，打开“转换为位图”对话框。接着在“转换为位图”对话框中选择相应的设置模式，如图10-1所示。最后单击“确定”按钮 确定 完成转换。效果如图10-2所示。

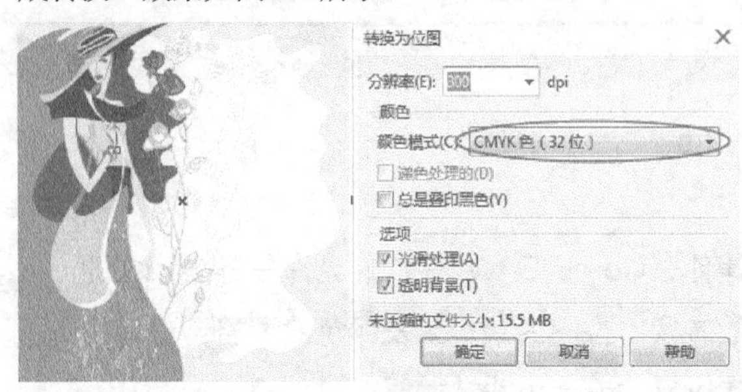

图10–1

图10–2

对象转换为位图后可以进行位图的相应操作，而无法进行矢量编辑，需要编辑时可以使用描摹来转换回矢量图。

2.选项设置

“转换为位图”的参数设置如图10-3所示。

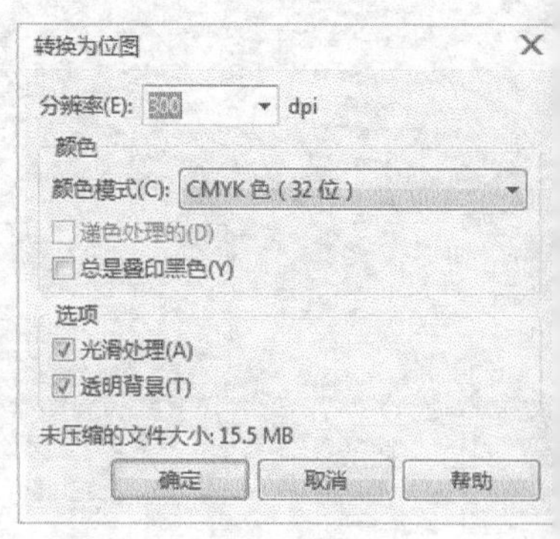

图10–3

【参数详解】

分辨率：用于设置对象转换为位图后的清晰程度，可以在后面的下拉选项中选择相应的分辨率，也可以直接输入需要的数值。数值越大图片越清晰，数值越小图像越模糊，会出现马赛克边缘。

颜色模式：用于设置位图的颜色显示模式，包括“黑白（1位）”“16色（4位）”“灰度（8位）”“调色板色（8位）”“RGB色（24位）”“CMYK色（32位）”。颜色位数越少，颜色丰富程度越低。

递色处理的：以模拟的颜色块数目来显示更多的颜色，该选项在可使用颜色位数少时激活，如“颜色模式”为8位色或更少。勾选该选项后转换的位图以颜色块来丰富颜色效果。该选项未勾选时，转换的位图以选择的颜色模式显示。

总是叠印黑色：勾选该选项可以在印刷时避免套版不准和露白现象，在“RGB色”和“CMYK色”模式下激活。

光滑处理：使转换的位图边缘平滑，去除边缘锯齿。

透明背景：勾选该选项可以使转换对象背景透明，不勾选时显示白色背景。

10.1.2 描摹位图

描摹位图可以把位图转换为矢量图形，进行编辑填充等操作。用户可以在位图菜单栏下进行选择操作，如图10-4所示，也可以在属性栏中单击“描摹位图”，在弹出的下拉菜单中进行选择操作，如图10-5所示。描摹位图的方式包括“快速描摹”“中心线描摹”“轮廓描摹”。

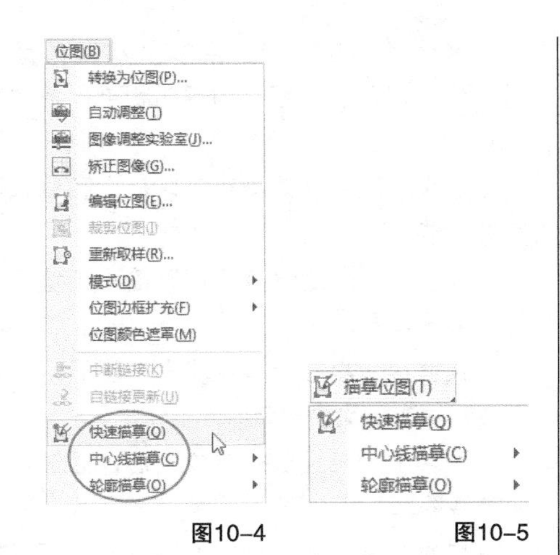

图10-4　　　　图10-5

1.快速描摹

快速描摹可以进行一键描摹，快速描摹出对象。

选中需要转换为矢量图的位图对象，然后执行“位图>快速描摹”菜单命令，或单击属性栏中“描摹位图”下拉菜单中的“快速描摹”命令，如图10-6所示。

图10-6

等待描摹完成后，会在位图对象上面出现描摹的矢量图，可以取消组合对象进行编辑，如图10-7所示。

图10-7

2.中心线描摹

中心描摹也可以称之为笔触描摹，可以将对象以线描的形式描摹出来，用于技术图解、线描画和拼版等。中心线描摹方式包括“技术图解”和“线条画”。

选中需要转换为矢量图的位图对象，然后执行“位图>中心线描摹>技术图解”或“位图>中心线描摹>线条画”菜单命令，打开“PowerTRACE”对话框。也可以单击属性栏中“描摹位图”下拉菜单中的“中心线描摹”命令，如图10-8所示。

图10-8

在“PowerTRACE”对话框中调节“细节”“平滑”“拐角平滑度”的数值，来设置线稿描摹的精细程度，然后在预览视图上查看调节效果。接着单击“确定”按钮 完成描摹。效果如图10-9所示。

图10-9

3.轮廓描摹

轮廓描摹也可以称之为填充描摹，使用无轮廓的闭合路径描摹对象。适用于描摹相片、剪贴画等。轮廓描摹包括“线条图”“徽标”“详细徽标”“剪切画”“低品质图像”和“高品质图像”。

选中需要转换为矢量图的位图对象，然后执行“位图>轮廓描摹>高质量描摹”菜单命令，打开“PowerTRACE”对话框。也可以单击属性栏中“描摹位图”下拉菜单中的“轮廓描摹>高质量描摹”命令，如图10-10所示。

图10-10

在“PowerTRACE”对话框中设置“细节”“平滑”和“拐角平滑度”的数值，调整描摹的精细程度，然后在预览视图上查看调整效果。接着单击“确定”按钮 确定 完成描摹。效果如图10-11所示。

图10-11

4.设置参数

“PowerTRACE”的“设置”选项卡参数如图10-12所示。

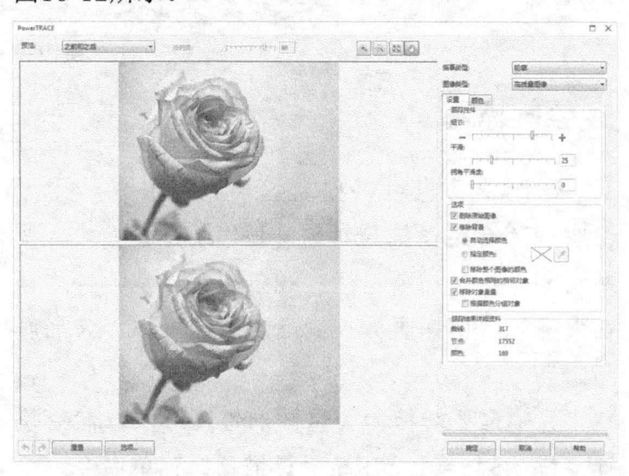

图10-12

【参数详解】

预览：在下拉选项可以选择描摹的预览模式，包括“之前和之后”“较大预览”和“线框叠加”。

透明度：在选择“线框叠加”预览模式时激活，用于调节底层图片的透明程度，数值越大透明度越高。

放大：激活该按钮可以放大预览视图，方便查看细节。

缩小：激活该按钮可以缩小预览视图，方便查看整体效果。

按窗口大小显示：单击该图标可以将预览视图按**预览窗口大小显示**。

平移：在预览视图放大后，激活该按钮可以平移视图。

描摹类型：在后面的选项列表中可以切换“中心线描摹”和“轮廓描摹”类型。

图像类型：选择“描摹类型”后，可以在“图像类型”的下拉选项中选择描摹的图像类型。

技术图解：使用细线描摹黑白线条图解。

线条画：使用线条描摹出对象的轮廓，用于描摹黑白草图。

线条图：突出描摹对象的轮廓效果。

徽标：描摹细节和颜色相对少些的简单徽标。

徽标细节：描摹细节和颜色较精细的徽标。

剪贴画：根据复杂程度、细节量和颜色数量来描摹对象。

低品质图像：用于描摹细节量不多或相对模糊的对象，可以减少不必要的细节。

高质量图像：用于描摹精细的高质量图片，描摹质量很高。

细节：拖曳中间滑块可以设置描摹的精细程度，精细程度低描摹速度越快，反之则越慢。

平滑：可以设置描摹效果中线条的平滑程度，用于减少节点和平滑细节，值越大平滑程度越大。

拐角平滑度：可以设置描摹效果中尖角的平滑程度，用于减少节点。

删除原始图像：勾选该选项可以在描摹对象后删除图片。

移除背景：勾选该选项可以在描摹效果中删除背景色块。

合并颜色相同的相邻对象：勾选该选项可以合并描摹中颜色相同且相邻的区域。

移除对象重叠：勾选该选项可以删除对象之间重叠的部分，起到简化描摹对象的作用。

跟踪结果详细资料：显示描摹对象的信息，包括“曲线”“节点”“颜色”的数目。

撤销：单击该按钮可以撤销当前操作，回到上一步。

重做：单击该按钮可以重做撤销的步骤。

重置：单击该按钮可以删除所有设置，回到设置前状态。

选项...：单击该按钮可以打开“选项”对话框，在“PowerTRACE”选项卡上设置相关参数。

5. “PowerTRACE”的颜色参数

PowerTRACE”的“颜色”选项卡参数如图10-13所示。

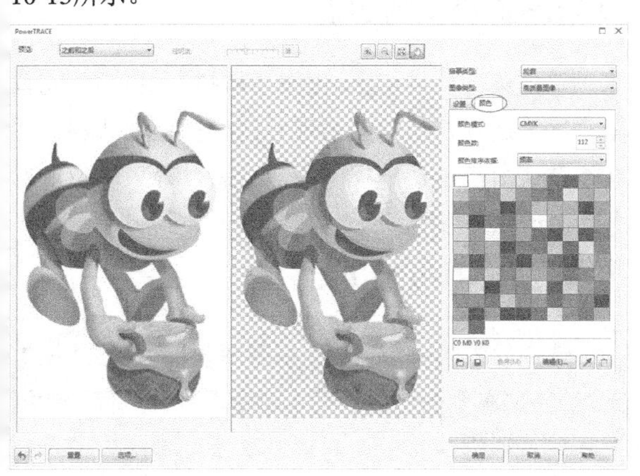

图10-13

【参数详解】

颜色模式：在下拉选项中可以选择描摹的颜色模式。

颜色数：显示描摹对象的颜色数量。在默认情况下为该对象所包含的颜色数量，可以在文本框输入需要的颜色数量进行描摹，最大数值为图像本身包含的颜色数量。

颜色排序依据：可以在下拉选项中选择颜色显示的排序方式。

打开调色板：单击该按钮可以打开保存的其他调色板。

保存调色板：单击该按钮可以将描摹对象的颜色保存为调色板。

合并(M)：选中两个或多个颜色可以激活该按钮，单击该按钮将选中的颜色合并为一个颜色。

编辑(E)...：单击该按钮可以编辑选中颜色，更改或修改所选颜色。

选择颜色：单击该图标可以从描摹对象上吸取选择颜色。

删除颜色：选中颜色单击该按钮可以进行删除。

10.2 位图的编辑

位图在导入CorelDRAW X7后，并不都是符合用户需求的，通过菜单栏上的位图操作可以进行矫正位图的编辑。

10.2.1 矫正位图

当导入的位图倾斜或有白边时，用户可以使用“矫正图像”命令进行修改。

1.矫正操作

选中导入的位图，然后执行“位图>矫正图像”菜单命令，打开“矫正图像”对话框，接着移动“旋转图像”下的滑块进行矫正，再通过查看裁切边缘和网格的间距，在后面的文字框内进行微调，如图10-14所示。

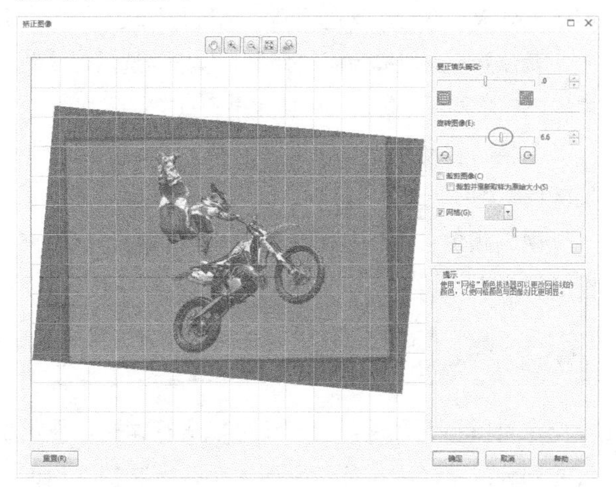

图10-14

调整好角度后勾选“裁剪并重新取样为原始大小”选项，将预览改为修剪效果进行查看。接着单击“确定”按钮 确定 完成矫正，效果如图10-15所示。

图10-15

2. “矫正图像”的参数设置

“矫正图像”的参数选项如图10-16所示。

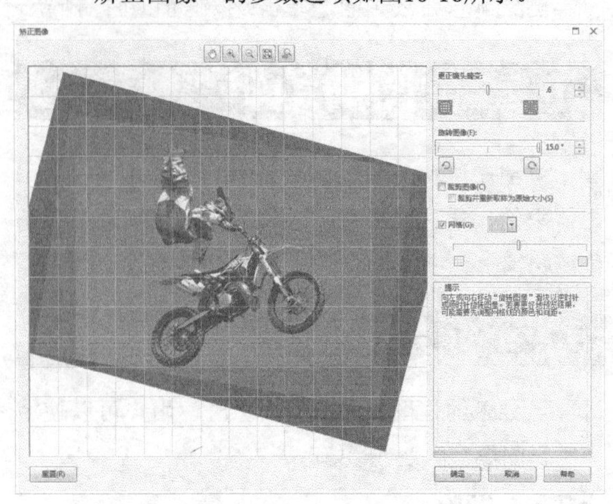

图10-16

【参数详解】

旋转图像：移动滑块或输入-15°~15°之间的数值来旋转图像的角度。预览旋转效果时，灰色区域为裁剪掉的区域。

裁剪图像：勾选该选项可以将旋转后的效果裁剪下来显示。不勾选该选项则只是进行旋转。

裁剪并重新取样为原始大小：勾选该选项后将裁剪框内部效果预览显示，剪切效果和预览显示相同。

网格：移动滑块可以调节网格大小，网格越小旋转调整越精确。

网格颜色：在下拉颜色选项中可以选择修改网格的颜色。

10.2.2 重新取样

在位图导入之后，用户还可以进行调整位图的尺寸和分辨率。根据分辨率的大小决定文档输出的模式，分辨率越大文件越大。

选中位图对象，然后执行“位图>重新取样”菜单命令，打开“重新取样”对话框。

在“图像大小”下“宽度”和“高度”后面的文本框输入数值可以改变位图的大小；在“分辨率”下“水平”和“垂直”后面的文本框输入数值可以改变位图的分辨率。文本框前面的数值为原位图的相关参数，可以参考进行设置。

勾选“光滑处理”选项可以在调整大小和分辨率后平滑图像的锯齿；勾选“保持纵横比”选项可以在设置时保持原图的比例，保证调整后不变形。如果仅调整分辨率就不用勾选“保持原始大小”选项。

设置完成后单击“确定”按钮完成重新取样。

10.2.3 位图边框扩充

在编辑位图时，会对位图进行边框扩充的操作，形成边框效果。CorelDRAW X7为用户提供了两种方式进行操作，包括“自动扩充位图边框”和“手动扩充位图边框”。

1.自动扩充位图边框

单击菜单栏“位图>位图边框扩充>自动扩充位图边框”选项，当前面出现对钩时为激活状态。在系统默认情况下该选项为激活状态，导入的位图对象均自动扩充边框。

2. 手动扩充位图边框

选中导入的位图。然后执行“位图>位图边框扩充>手动扩充位图边框”菜单命令，打开“位图边框扩充”对话框，接着在对话框更改“宽度”和“高度”，最后单击“确定”按钮完成边框扩充。

在扩充的时候，勾选“位图边框扩充”对话框中“保持纵横比”选项，可以按原图的宽高比例进行扩充。扩充后，对象的扩充区域为白色，如图10-17所示。

图10-17

10.2.4 位图编辑

选中导入的位图，然后执行“位图>编辑位图”菜单命令，将位图转到CorelPHOTO-PAINT X7软件中进行辅助编辑，编辑完成后可转回CorelDRAW X7中进行使用，如图10-18所示。

图10-18

10.2.5 位图模式转换

CorelDRAW X7为用户提供丰富的位图的颜色模式，包括“黑白”“灰度”“双色”“调色板色”“RGB颜色”“Lab色”“CMYK色”。改变颜色模式后，位图的颜色结构也会随之变化。

技巧与提示

每将位图颜色模式转换一次，位图的颜色信息都会减少一些，效果也和之前不同，所以在改变模式前可以先将位图备份。

1.转换黑白图像

黑白模式的图像每个像素只有1位深度，显示颜色只有黑白颜色，任何位图都可以转换成黑白模式。

（1）转换方法

选中导入的位图，然后执行“位图>模式>黑白（1位）”菜单命令，打开“转换为1位”对话框，在对话框进行设置后单击“预览”按钮预览在右边视图查看效果，接着单击“确定”按钮确定完成转换，效果如图10-19所示。

图10-19

（2）“转换为1位”的参数设置

参数选项如图10-20所示。

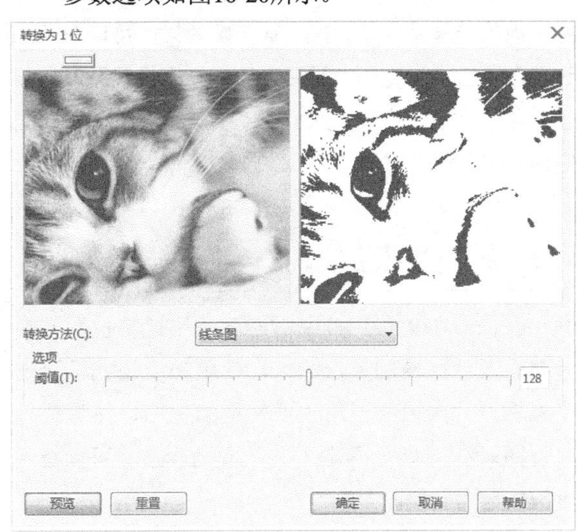

图10-20

【参数详解】

转换方法：在下拉列表中可以选择7种转换效果，包括“线条图”“顺序”“Jarvis”“Stucki”“Floyd-Steinberg”“半色调”和“基数分布”。

线条图：可以产生对比明显的黑白效果，灰色区域高于阈值设置变为白色，低于阈值设置则变为黑色。

顺序：可以产生比较柔和的效果，突出纯色，使图像边缘变硬。

Jarvis：可以对图像进行Jarvis运算形成独特的偏差扩散，多用于摄影图像。

Stucki：可以对图像进行Stucki运算形成独特的偏差扩散，多用于摄影图像。比Jarvis计算细腻。

Floyd-Steinberg：可以对图像进行Floyd-Steinberg运算形成独特的偏差扩散，多用于摄影图像，并且比Stucki计算细腻。

半色调：通过改变图中的黑白图案来创建不同的灰度。

基数分布：将计算后的结果分布到屏幕上，来创建带底纹的外观。

阈值：调整线条图效果的灰度阈值，来分隔黑色和白色的范围。值越小变为黑色区域的灰阶越少，值越大变为为黑色区域的灰阶越多。

强度：设置运算形成偏差扩散的强度，数值越小扩散越小，反之则越大。

屏幕类型：在“半色调”转换方法下，可以选择相应的屏幕显示图案来丰富转换效果，可以在下面调整图案的“角度”“线数”和单位来设置图案的显示。包括“正方形”“圆角”“线条”“交叉”“固定的4×4”和“固定的8×8”。

2.转换灰度图像

在CorelDRAW X7中用户可以快速将位图转换为包含灰色区域的黑白图像，使用灰度模式可以产生黑白照片的效果。选中要转换的位图，然后执行“位图>模式>灰度（8位）”菜单命令，就可以将灰度模式应用到位图上。

3.转换双色图像

双色模式可以将位图以选择的一种或多种颜色混合显示。

（1）单色调效果

选中要转换的位图，然后执行“位图>模式>双色（8位）”菜单命令，打开“双色调”对话框，选择“类型”为“单色调”，再双击下面颜色变更颜色，接着在右边曲线上进行调整效果，最后单击“确定”按钮完成双色模式转换，如图10-21所示。

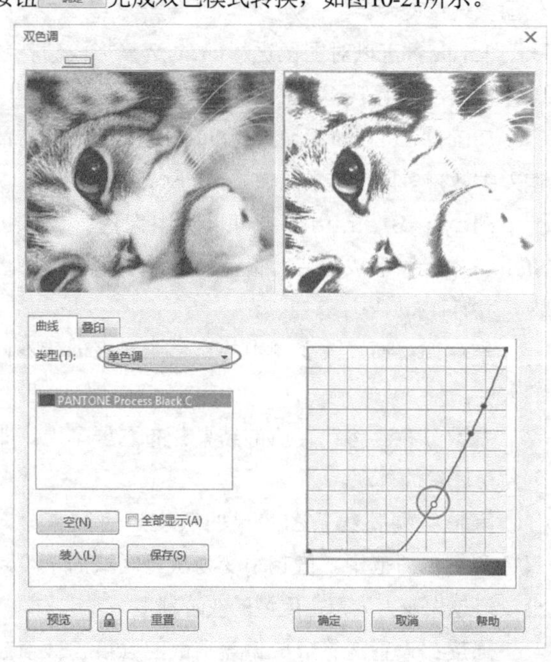

图10-21

通过曲线调整可以使默认的双色效果更丰富，在调整不满意时，单击“空”按钮可以将曲线上的调节点删除，方便进行重新调整。调整后效果如图10-22所示。

图10-22

（2）多色调效果

多色调类型包括“双色调”“三色调”“四色调”，可以为双色模式添加丰富的颜色。选中位图，然后执行“位图>模式>双色（8位）”菜单命令，打开“双色调”对话框，选择“类型”为“四色调”，接着选中黑色，右边曲线显示当前选中颜色的曲线，调整颜色的程度，如图10-23所示。

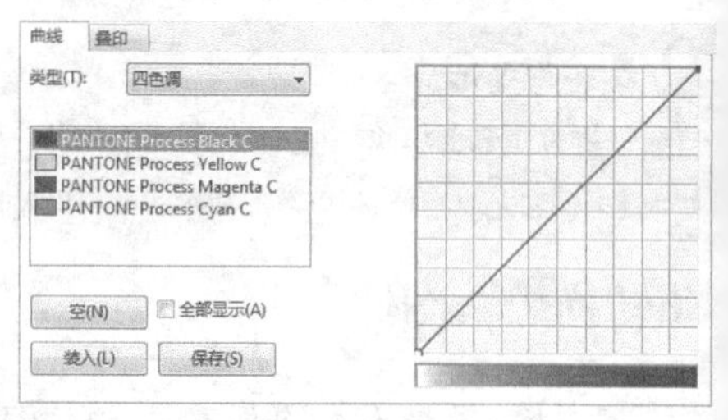

图10-23

选中黄色，右边曲线显示黄色的曲线，调整颜色的程度，如图10-24所示。接着将洋红和蓝色的曲线进行调节，如图10-25和图10-26所示。

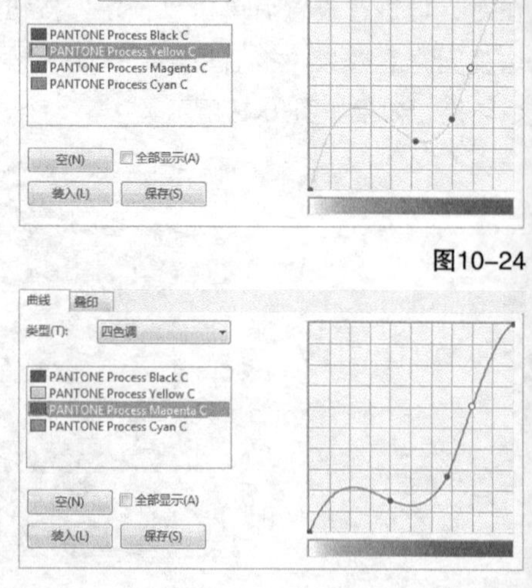

图10-24

图10-25

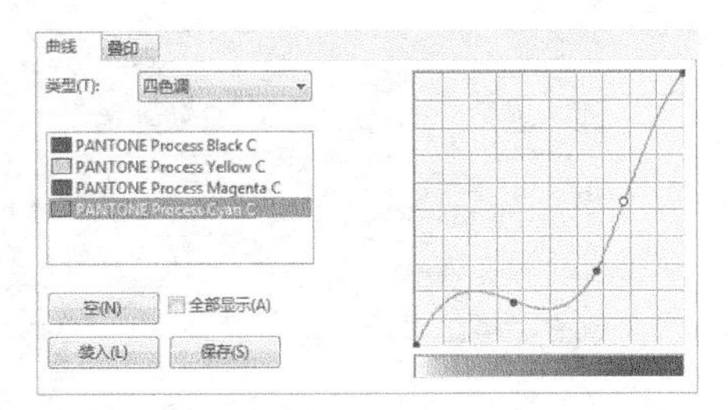

图10-26

调整完成后单击“确定”按钮 完成模式转换，效果如图10-27所示，“双色调”和“三色调”的调整方法和“四色调”一样。

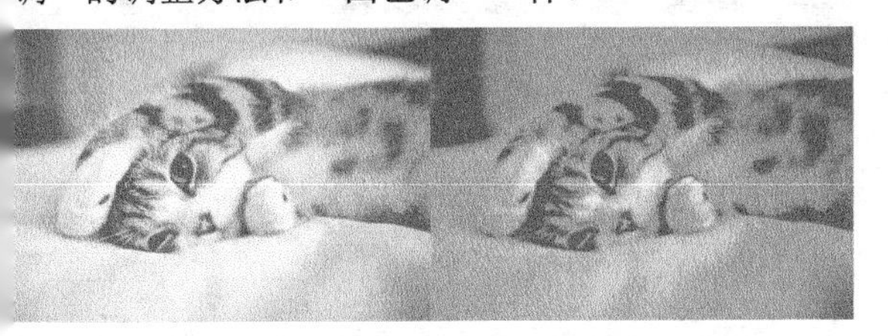

图10-27

技巧与提示

曲线调整中左边的点为高光区域，中间为灰度区域，右边的点为暗部区域。在调整时注意调节点在三个区域的颜色比例和深浅度，在预览视图中查看调整效果。

4.转换调色板色图像

选中要转换的位图，然后执行“位图>模式>调色板色（8位）”菜单命令，打开“转换至调色板色”对话框，选择“调色板”为“标准色”，再选择“递色处理”为“Floyd-Steinberg”，接着在“抵色强度”调节Floyd-Steinberg的扩散程度，最后单击“确定”按钮 完成模式转换，完成转换后位图出现磨砂的感觉，如图10-28所示。

图10-28

5.转换RGB图像

RGB模式的图像用于屏幕显示，是运用最为广泛的模式之一。RGB模式通过红、绿、蓝3种颜色叠加呈现更多的颜色，3种颜色的数值大小决定位图颜色的深浅和明度。导入的位图在默认情况下为RGB模式。

RGB模式的图像通常情况下比CMYK模式的图像颜色鲜亮，CMYK模式要偏暗一些。

6.转换Lab图像

Lab模式是国际色彩标准模式，由“透明度”“色相”和“饱和度”3个通道组成。

Lab模式下的图像比CMYK模式的图像处理速度快，而且，该模式转换为CMYK模式时颜色信息不会替换或丢失。用户转换颜色模式时可以先将对象转换成Lab模式，再转换为CMYK模式，输出颜色偏差会小很多。

7. 转换CMYK图像

CMYK是一种便于输出印刷的模式，颜色为印刷常用油墨色，包括黄色、洋红色、蓝色、黑色，通过这4种颜色的混合叠加呈现多种颜色。

CMYK模式的颜色范围比RGB模式要小，所以直接进行转换会丢失一部分颜色信息。

10.2.6 校正位图

可以通过校正移除尘埃与刮痕标记，来快速改进位图的质量和显示。设置半径可以确定更改影响的像素数量，所选的设置取决于瑕疵大小及其周围的区域。

选中位图，然后执行“效果>校正>尘埃与刮痕”菜单命令，打开“尘埃与刮痕”对话框。接着调整阈值滑块，来设置杂点减少的数量，要保留图像细节，可以将值设置高些。最后调整“半径”大小设置应用范围大小，为保留细节，可以将值设置小点，如图10-29所示。

图10-29

调整好后可以单击左下角的“预览”按钮 在位图上直接预览效果，接着单击“确定”按钮 完成校正。

10.3 颜色的调整

导入位图后，用户可以在“效果>调整”的子菜单选择相应的命令对其进行颜色调整，使位图表现得更丰富。

10.3.1 高反差

“高反差”通过重新划分从最暗区到最亮区颜色的浓淡，来调整位图阴影区、中间区域和高光区域。保证在调整对象亮度、对比度和强度时高光区域和阴影区域的细节不丢失。

1.添加高反差效果

选中导入的位图，然后执行“效果>调整>高反差”菜单命令，打开“高反差”对话框，然后在“通道”的下拉选项中进行调节，如图10-30所示。

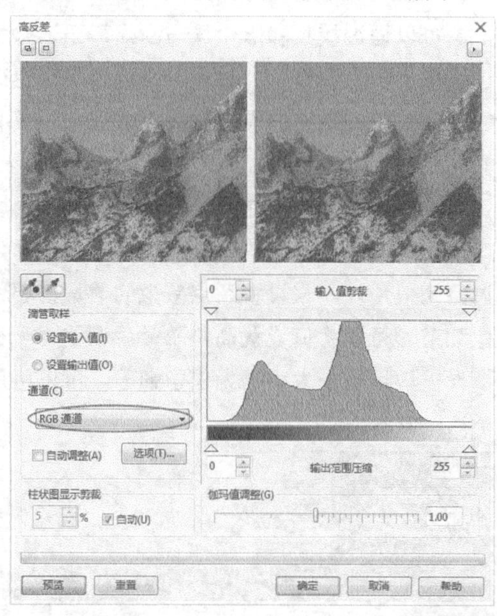

图10-30

选中“红色通道”选项，然后调整右边“输出范围压缩”的滑块，再预览调整效果，接着以同样的方法将“绿色通道”和“蓝色通道”调整完毕，调整完成后单击“确定”按钮 完成调整，效果如图10-31所示。

图10-31

2.“高反差”的参数设置

“高反差”的参数选项如图10-32所示。

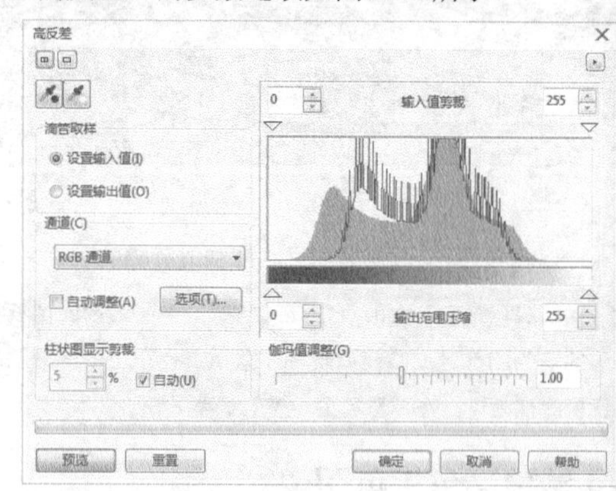

图10-32

【参数详解】

显示预览窗口：单击该按钮可以打开预览窗口，默认显示为原图与调整后的对比窗口，单击按钮可以切换预览窗口为仅显示调整后的效果。

滴管取样：单击上面的吸管可以在位图上吸取相应的通道值，应用在选取的通道调整中。包括深色滴管和浅色滴管，可以分别吸取相应的颜色区域。

设置输入值：勾选该选项可以吸取输入值的通道值，颜色在选定的范围内重新分布，并应用到“输入值剪裁”中。

设置输出值：勾选该选项可以吸取输出值的通道值，应用到“输出范围压缩”中。

通道：在下拉选项中可以更改调整的通道类型。

RGB通道：该通道用于整体调整位图的颜色范围和分布。

红色通道：该通道用于调整位图红色通道的颜色范围和分布。

绿色通道：该通道用于调整位图绿色通道的颜

色范围和分布。

蓝色通道：该通道用于调整位图蓝色通道的颜色范围和分布。

自动调整：勾选该复选框，可以在当前色阶范围内自动调整像素值。

选项：单击该按钮，可以在弹出的“自动调整范围”对话框中设置自动调整的色阶范围。

柱状图显示剪裁：设置“输入值剪裁”的柱状图显示大小，数值越大柱状图越高。设置数值时，需要勾掉后面“自动”复选框。

伽玛值调整：拖动滑块可以设置图像中所选颜色通道的显示亮度和范围。

10.3.2 局部平衡

“局部平衡”可以通过提高边缘附近的对比度来显示亮部和暗部区域的细节。选中位图，然后执行“效果>调整>局部平衡”菜单命令，打开“局部平衡”对话框，接着调整边缘对比的“宽度”和“高度”值，在预览窗口查看调整效果。调整后效果如图10-33所示。

图10-33

10.3.3 取样/目标平衡

“取样/目标平衡”用于从图中吸取色样来参照调整位图颜色值，支持分别吸取暗色调、中间调和浅色调的色样，再将调整的目标颜色应用到每个色样区域中。

选中位图，然后执行“效果>调整>取样/目标平衡”菜单命令，打开“样本/目标平衡”对话框，接着使用“暗色调吸管”工具吸取位图的暗部颜色，再使用“中间调吸管”工具吸取位图的中间色，最后使用“浅色调吸管”工具吸取位图的亮部颜色，在“示例”和“目标”中显示吸取的颜色，如图10-34所示。

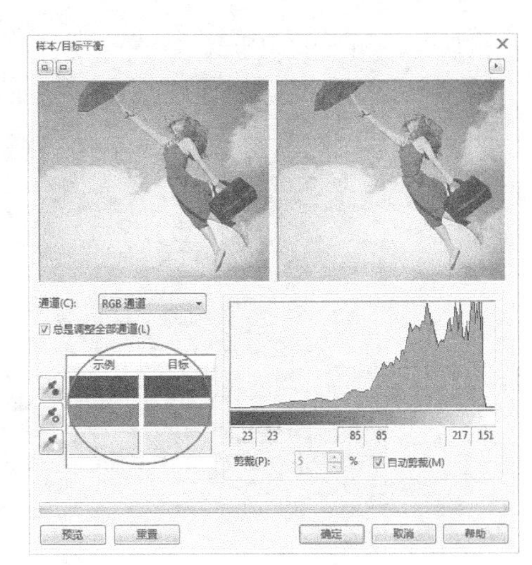

图10-34

双击“目标”下的颜色在“选择颜色”对话框里更改颜色，然后再单击“预览”按钮进行预览查看，接着在“通道”的下拉选项中选取相应的通道进行分别设置，如图10-35~图10-37所示。

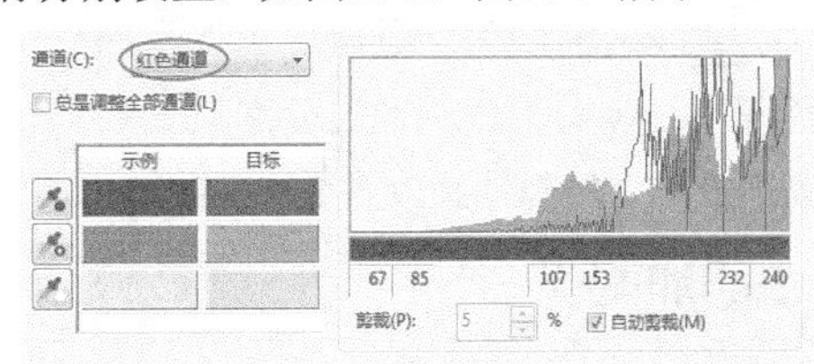

图10-35

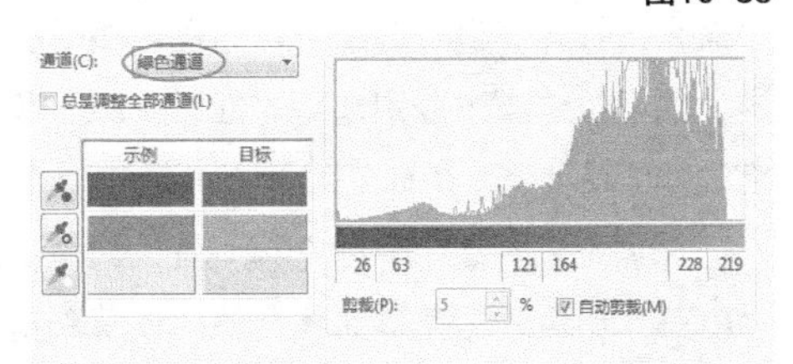

图10-36

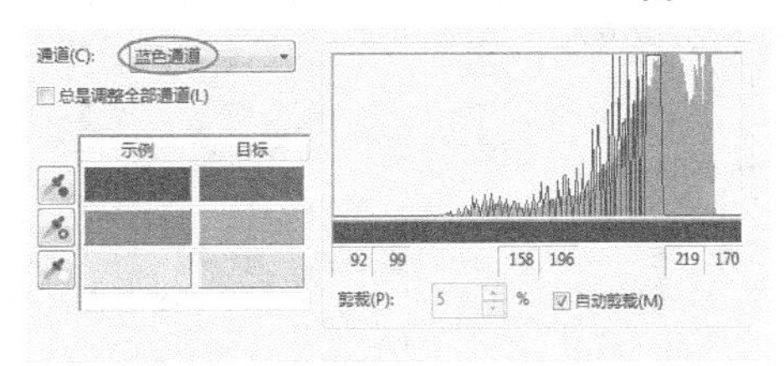

图10-37

技巧与提示

在分别调整每个通道的“目标”颜色时，需要勾掉“总是调整全部通道”复选框。

将每种颜色的通道调整完毕，然后选回“RGB通道”再进行微调，接着单击“确定”按钮完成调整，如图10-38所示。

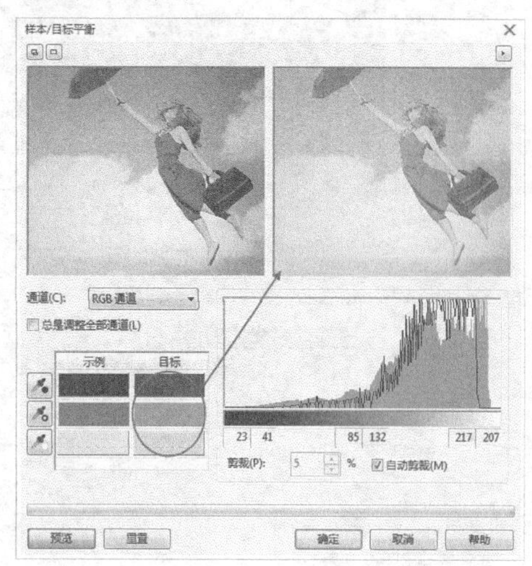

图10-38

10.3.4 调合曲线

“调合曲线”通过改变图像中的单个像素值来精确校正位图颜色。通过分别改变阴影、中间色和高光部分，精确地修改图像局部的颜色。

1.添加调合

选中位图，然后执行“效果>调整>调合曲线”菜单命令，打开“调合曲线”对话框。接着在“活动通道”的下拉选项中分别选择“红”“绿”和“蓝”通道进行曲线调整，在预览窗口进行查看对比。

在调整完“红”“绿”和“蓝”通道后，再选择“RGB”通道进行整体曲线调整，接着单击“确定”按钮 确定 完成调整，如图10-39所示。

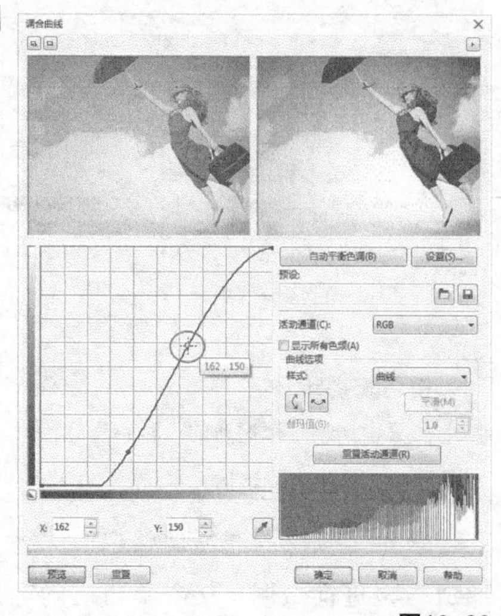

图10-39

2.“调合曲线”的参数设置

“调合曲线”的参数选项如图10-40所示。

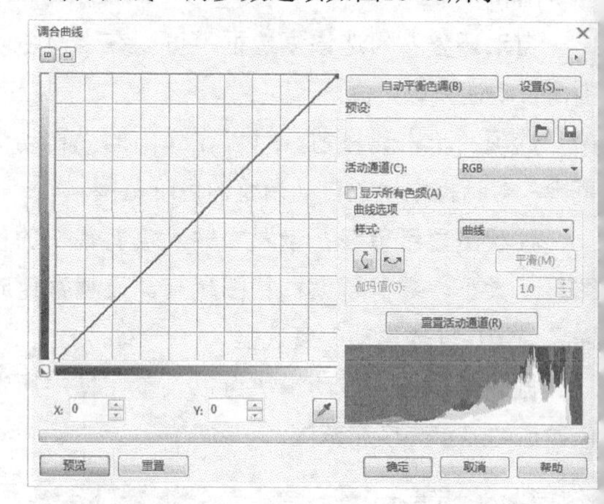

图10-40

【参数详解】

自动平衡色调： 单击该按钮以设置的范围进行自动平衡色调。可以在后面设置中设置范围。

活动通道： 在下拉选项中可以切换颜色通道，包括“RGB”“红”“绿”和“蓝”4种，用户可以切换相应的通道进行分别调整。

显示所有色频： 勾选该复选框，可以将所有的活动通道显示在一个调节窗口中。

曲线样式： 在下拉选项中可以选择曲线的调节样式，包括“曲线”“直线”“手绘”“伽玛值”，在绘制手绘曲线时，可以单击下面“平滑”按钮平滑曲线。

重置活动通道： 单击该按钮可以重置当前活动通道的设置。

10.3.5 亮度/对比度/强度

“亮度/对比度/强度”用于调整位图的亮度与深色区域和浅色区域的差异。选中位图，然后执行“效果>调整>亮度/对比度/强度”菜单命令，打开“亮度/对比度/强度”对话框，接着调整“亮度”和“对比度”，再调整“强度”使变化更柔和，最后单击“确定”按钮 确定 完成调整，如图10-41所示。

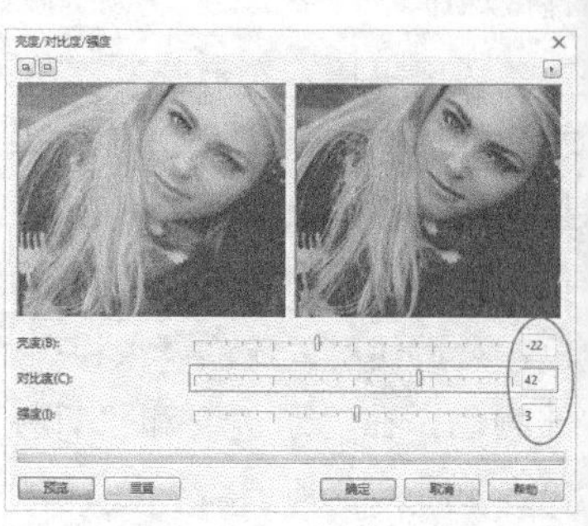

图10-41

10.3.6 颜色平衡

“颜色平衡”用于将青色、红色、品红、绿色、黄色、蓝色添加到位图中，来添加颜色偏向。

1.添加颜色平衡

选中位图，然后执行“效果>调整>颜色平衡”菜单命令，打开“颜色平衡”对话框，接着选择添加颜色偏向的范围，再调整“颜色通道”的颜色偏向，在预览窗口进行预览，最后单击“确定”按钮完成调整，如图10-42所示。

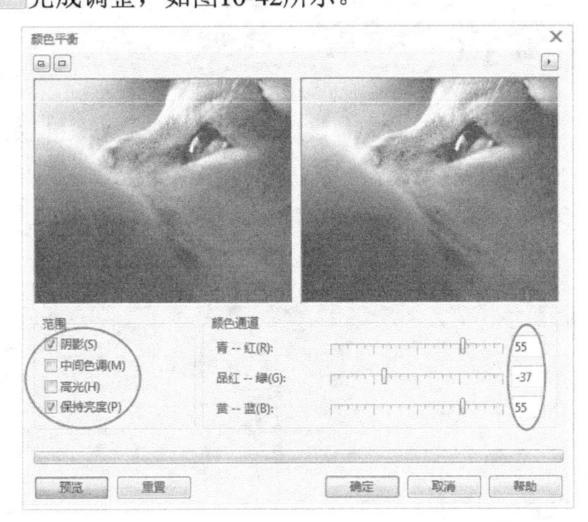

图10-42

2.“颜色平衡”的参数设置

“颜色平衡”的参数选项如图10-43所示。

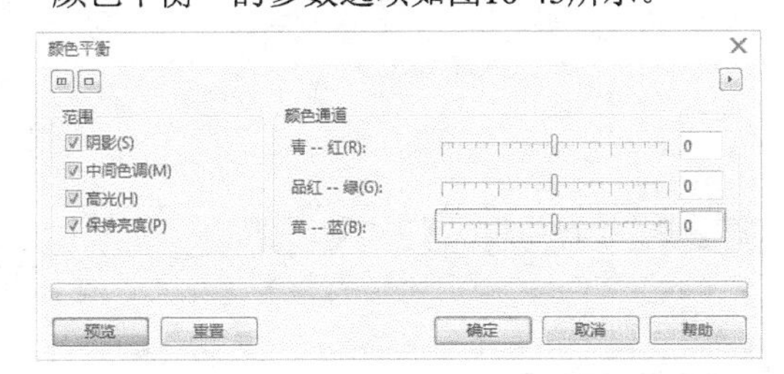

图10-43

【参数详解】

阴影：勾选该复选框，则仅对位图的阴影区域进行颜色平衡设置。

中间色调：勾选该复选框，则仅对位图的中间色调区域进行颜色平衡设置。

高光：勾选该复选框，则仅对位图的高光区域进行颜色平衡设置。

保持亮度：勾选该复选框，在添加颜色平衡的过程中保证位图不会变暗。

10.3.7 伽玛值

“伽玛值”用于在较低对比度的区域进行细节强化，不会影响高光和阴影。选中位图，然后执行“效果>调整>伽玛值”菜单命令，打开“伽玛值”对话框，接着调整伽玛值大小，在预览窗口进行预览，最后单击“确定”按钮完成调整，如图10-44所示。

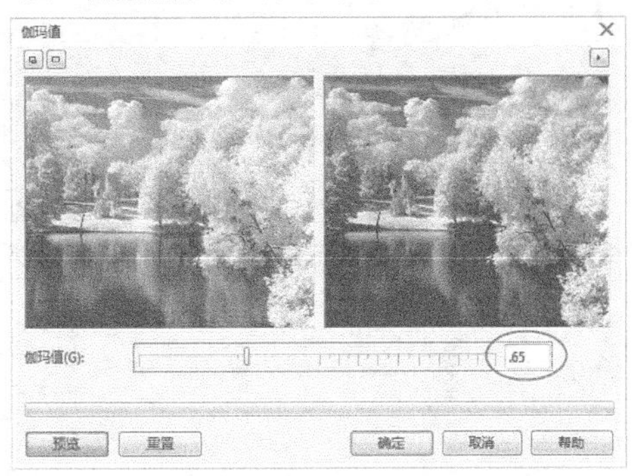

图10-44

10.3.8 色度/饱和度/亮度

“色度/饱和度/亮度”用于调整位图中的色频通道，并改变色谱中颜色的位置，这种效果可以改变位图的颜色、浓度和白色所占的比例。选中位图然后执行“效果>调整>色度/饱和度/亮度”菜单命令，打开“色度/饱和度/亮度”对话框，接着分别调整“红”“黄色”“绿”“青色”“蓝”“品红”“灰度”的色度、饱和度、亮度大小，在预览窗口进行预览。

调整完局部颜色后，再选择“主对象”进行整体颜色调整，接着单击“确定”按钮完成调整，如图10-45所示。

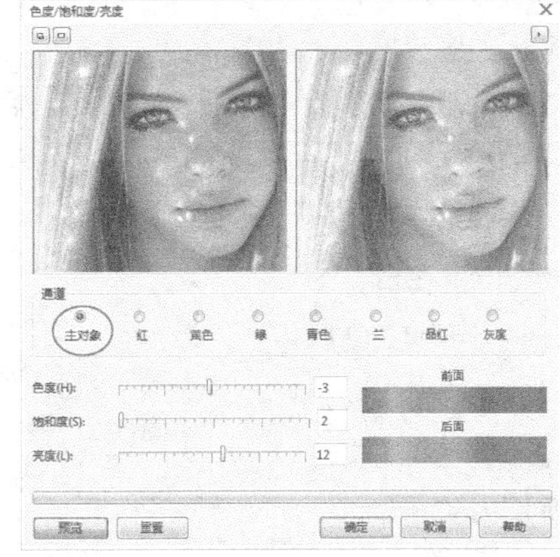

图10-45

10.3.9 所选颜色

“所选颜色”通过改变位图中的“红”“黄”“绿”“青”“蓝”“品红”色谱的CMYK数值来改变颜色。选中位图，然后执行“效果>调整>所选颜色”菜单命令，打开“所选颜色”对话框，接着分别选择“红”“黄”“绿”“青”“蓝”“品红”色谱，再调整相应的“青”“品红”“黄”“黑”的数值大小，在预览窗口进行预览，最后单击“确定”按钮 确定 完成调整，如图10-46所示。效果如图10-47所示。

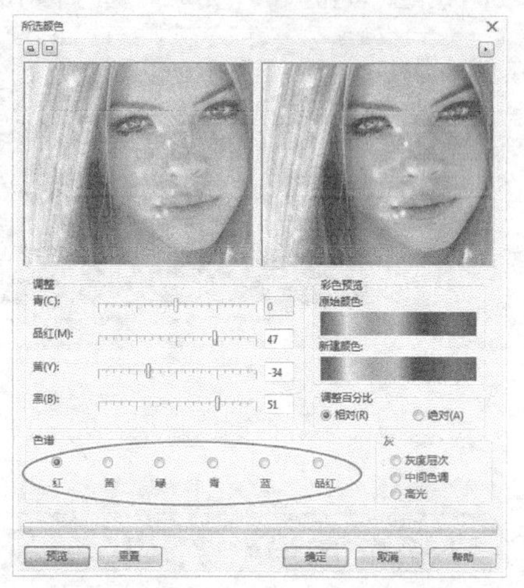

图10-46

图10-47

10.3.10 替换颜色

“替换颜色”可以使用另一种颜色替换位图中所选的颜色。选中位图，然后执行“效果>调整>替换颜色”菜单命令，打开“替换颜色”对话框，接着单击原颜色后面的吸管工具，吸取位图上需要替换的颜色，再选择“新建颜色”的替换颜色，在预览窗口进行预览，最后单击“确定”按钮 确定 完成调整，如图10-48所示。

图10-48

10.3.11 取消饱和

“取消饱和”用于将位图中每种颜色饱和度都减为零，转化为相应的灰度，形成灰度图像。选中位图，然后执行“效果>调整>取消饱和”菜单命令，即可将位图转换为灰度图，如图10-49所示。

图10-49

10.3.12 通道混合器

“通道混合器”通过改变不同颜色通道的数值来改变图像的色调。选中位图，然后执行“效果>调整>通道混合器”菜单命令，打开“通道混合器”对话框，在色彩模式中选择颜色模式，接着选择相应的颜色通道进行分别设置，最后单击“确定”按钮 确定 完成调整，如图10-50所示。

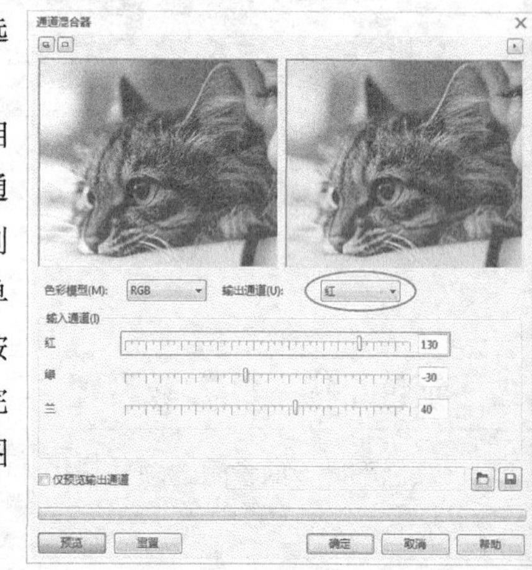

图10-50

课堂案例

调整颜色制作复古期刊封面

实例位置　实例文件>CH10>课堂案例：调整颜色制作复古期刊封面.cdr
素材位置　素材文件>CH10>01.jpg
视频位置　多媒体教学>CH10>课堂案例：调整颜色制作复古期刊封面.mp4
技术掌握　颜色调整的运用方法

通过调整颜色制作复古期刊封面，适用于简单的照片颜色处理，效果如图10-51所示。

图10-51

01 新建空白文档，然后设置文档名称为“调整颜色制作复古期刊封面”，再设置页面大小“宽”为75mm，“高”为100mm。接着导入“素材文件>CH10>01.jpg”文件，如图10-52所示。

图10-52

02 选中导入的图片，执“行效果>调整>高反差”，弹出“高反差”对话框，然后设置参数具体数值，如图10-53所示。依据同样的方法调出“调和曲线”对话框和“亮度/对比度/强度”对话框，接着设置参数，基体数值如图10-54和图10-55所示，调整后的效果如图10-56所示。

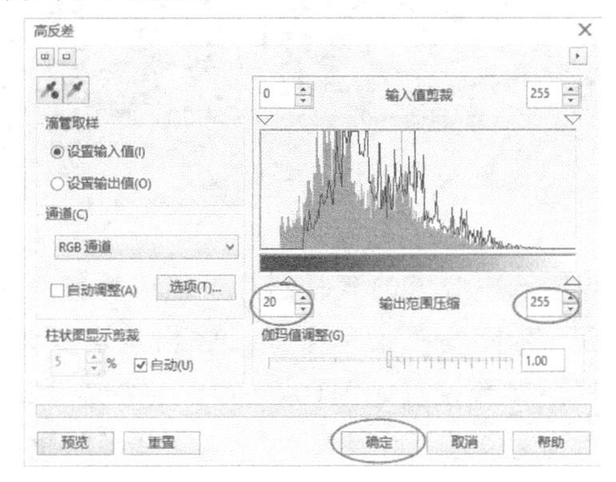

图10-53

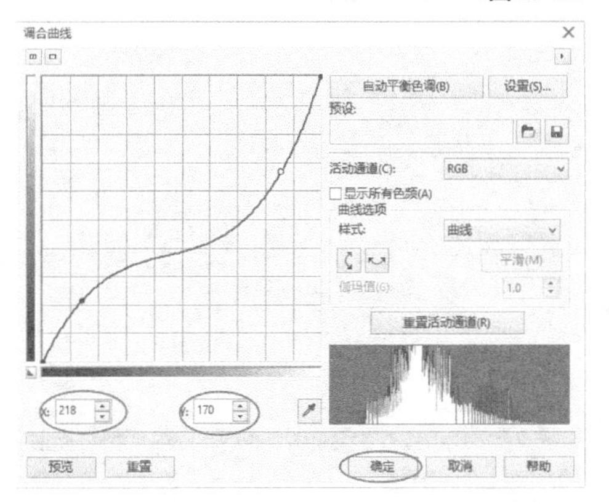

图10-54

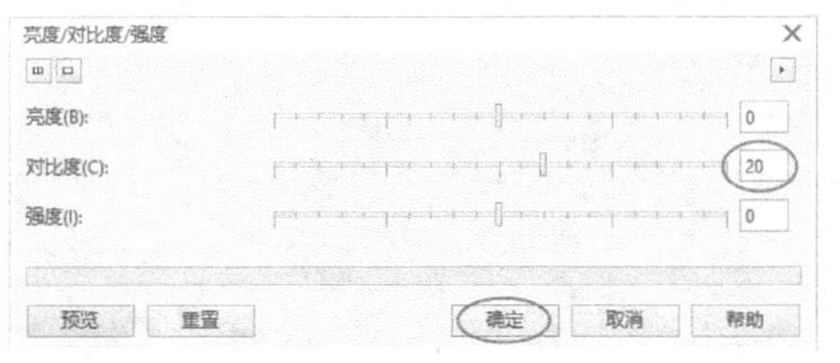

图10-55

图10-56

03 使用字“文本工具”输入文本，然后设置字体和大小，接着按快捷键Ctrl+G将文本转化为曲线，再次选中输入的文本，为文本依次添加颜色，调整字体位置如图10-57所示。

图10-57

技巧与提示

在制作过程中，字体的颜色还有字体的大小以及样式，没有具体的规定，这也便于在设计过程中不会单一地依靠教材，从而可创造出更有设计感的作品。

04 使用“椭圆形工具”，绘制一个圆，然后填充颜色为（C:0，M:60，Y:100，K:0），再去掉边框，如图10-58所示。接着选中绘制好的圆，按住Shift键的同时向内缩放复制另一个圆，并为其填充颜色为（C:4，M:44，Y:69，K:0），如图10-59所示。最后在绘制好的圆上面添加文本，并为文本设置字体大小及颜色，如图10-60所示。

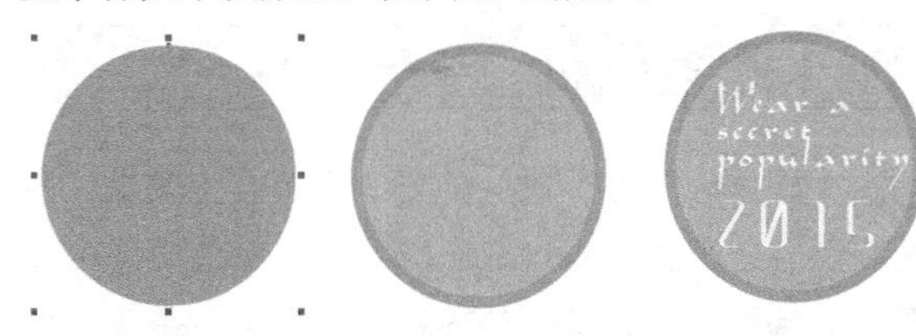
图10-58　图10-59　图10-60

05 使用字“文本工具”输入文本，并为文本添加一个渐变的颜色然后调整字体的位置，效果如图10-61所示。接着选中对象，再插入条形码，放置在画面左下角，最终效果如图10-62所示。

图10-61

图10-62

10.4 变换颜色和色调

在菜单栏“效果>变换”命令下，我们可以选择“去交错”“ 反显”和“ 极色化”操作来对位图的色调和颜色添加特殊效果。

10.4.1 去交错

“去交错”用于从扫描或隔行显示的图像中移除线条。选中位图，然后执行“效果>变换>去交错”菜单命令，打开“去交错”对话框，在“扫描线”中选择样式“偶数行”和“奇数行”，再选择相应的“替换方法”，在预览图中查看效果，接着单击“确定”按钮 确定 完成调整。

10.4.2 反显

“反显”可以反显图像的颜色。反显图像会形成摄影负片的外观。选中位图，然后执行“效果>变换>反显”菜单命令，即可将位图转换为灰度图。

10.4.3 极色化

“极色化”用于减少位图中色调值的数量，减少颜色层次产生大面积缺乏层次感的颜色。选中位图，然后执行“效果>变换>极色化”菜单命令，打开“极色化”对话框，在“层次”后设置调整的颜色层次，在预览图中查看效果，接着单击“确定”按钮 确定 完成调整。

课堂案例

变换颜色制作梦幻海报

实例位置	实例文件>CH10>课堂案例：变换颜色制作梦幻海报.cdr
素材位置	素材文件>CH10>02.jpg、03.jpg
视频位置	多媒体教学>CH10>课堂案例：变换颜色制作梦幻海报.mp4
技术掌握	变换颜色运用方法

用变换颜色制作梦幻海报，效果如图10-63所示。

01 新建空白文档，然后设置文档名称为“变换颜色制作梦幻海报”，接着设置页面大小“宽”为210mm，“高”为297mm。然后导入“素材文件>CH10>02.jpg”文件，如图10-64所示。

图10-63

图10-64

02 选中导入的素材图片，然后执行“效果>调整>高反差”菜单命令，弹出“高反差”对话框，参数设置如图10-65所示。接着调出“亮度/对比度/强度”对话框，参数设置如图10-66所示。图片调整后的效果如图10-67所示。

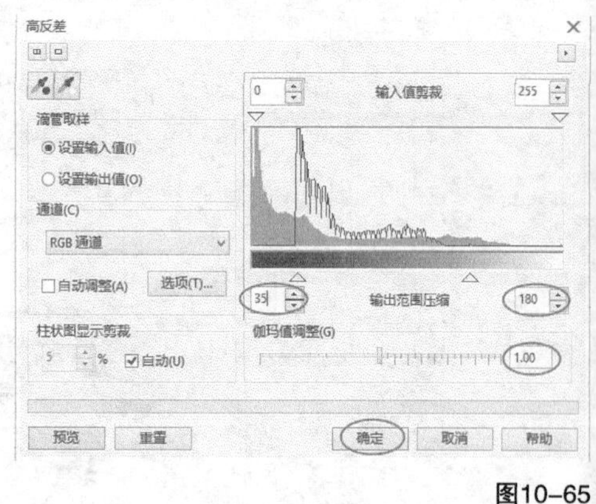

图10-65

亮度/对比度/强度
亮度(B): 0
对比度(C): 19
强度(I): 66
预览 重置 确定 取消 帮助

图10-66

图10-67

03 导入“素材文件>CH10>03.cdr”文件，将导入图片放置在页面上方，与调整好的图片重合，然后为图片添加一个透明，如图10-68所示。接着设置合并模式为“反转”，如图10-69所示。最后复制一份并旋转角度，放置在画面上方，如图10-70所示。

图10-68

图10-69

图10-70

04 使用“文本工具”，输入文本设置字体大小，为文本填充颜色，最后将文本摆放至画面相应的位置，最终效果如图10-71所示。

图10-71

10.5 三维效果

三维效果滤镜组可以对位图添加三维特殊效果，使位图具有空间和深度效果，三维效果的操作命令包括“三维旋转”“柱面”“浮雕”“卷页”“透视”“挤远/挤近”和“球面”。

10.5.1 三维旋转

“三维旋转”通过手动拖动三维模型效果，来添加图像的旋转3D效果。选中位图，然后执行“位图>三维效果>三维旋转”菜单命令，打开“三维旋转”对话框，接着使用鼠标左键拖动三维效果，在预览图中查看效果，最后单击“确定”按钮完成调整，如图10-72所示。

图10-72

10.5.2 柱面

“柱面”以圆柱体表面贴图为基础，为图像添加三维效果。选中位图，然后执行“位图>三维效果>柱面”菜单命令，打开“柱面”对话框，接着选择“柱面模式”，再调整拉伸的百分比，最后单击“确定”按钮完成调整，如图10-73所示。

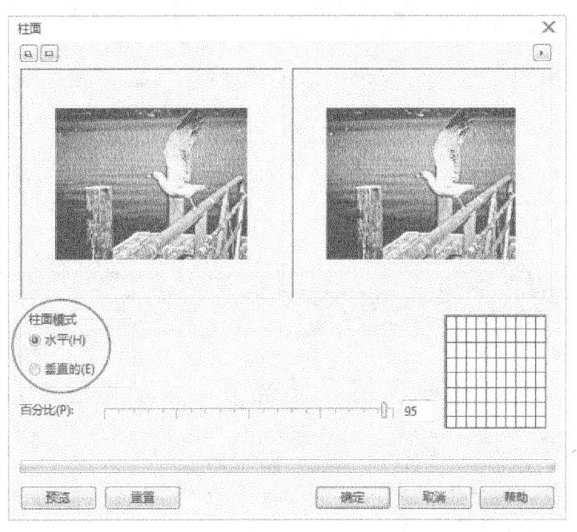

图10-73

10.5.3 浮雕

“浮雕”可以为图像添加凹凸效果，形成浮雕图案。选中位图，然后执行“位图>三维效果>浮雕”菜单命令，打开“浮雕”对话框，接着调整“深度”“层次”和“方向”，再选择浮雕的颜色，最后单击“确定”按钮完成调整，如图10-74所示。

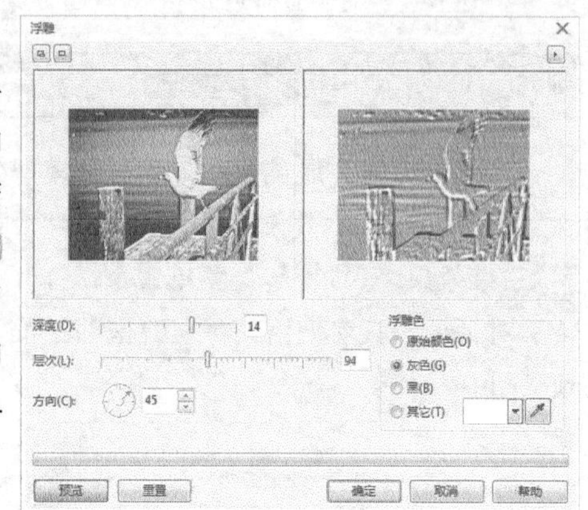

图10-74

10.5.4 卷页

“卷页”可以卷起位图的一角，形成翻卷效果。选中位图，然后执行“位图>三维效果>卷页”菜单命令，打开“卷页”对话框，接着选择卷页的“定向”“纸张”和“颜色”，再调整卷页的“宽度”和“高度”，最后单击“确定”按钮完成调整，如图10-75所示。

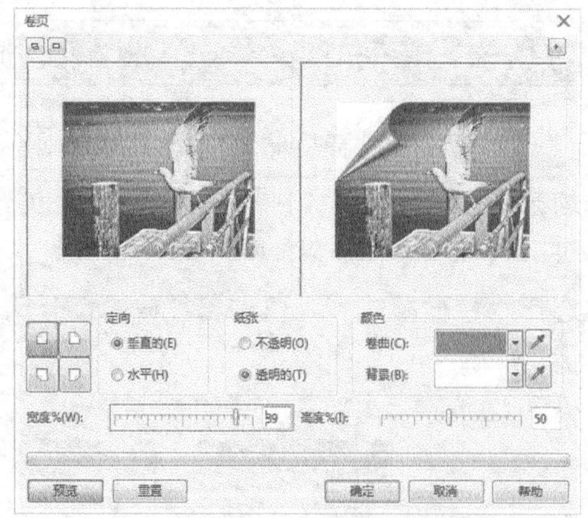

图10-75

10.5.5 透视

“透视”可以通过手动移动为位图添加透视深度。选中位图，然后执行“位图>三维效果>透视”菜单命令，打开“透视”对话框，接着选择透视的“类型”，再使用鼠标左键拖动透视效果，最后单击“确定”按钮完成调整，如图10-76所示。

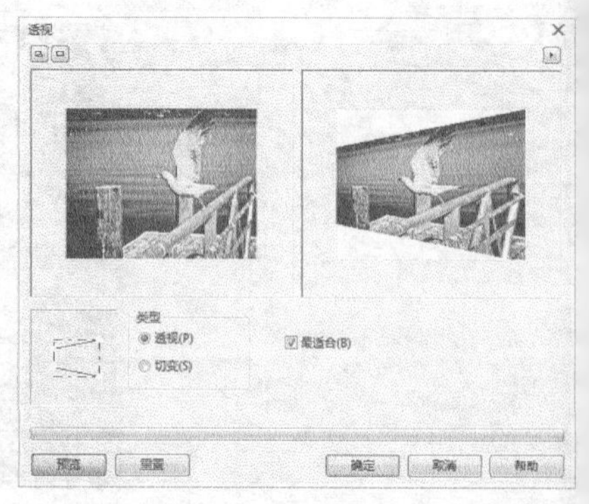

图10-76

10.5.6 挤远/挤近

“挤远/挤近”以球面透视为基础为位图添加向内或向外的挤压效果。选中位图，然后执行“位图>三维效果>挤远/挤近”菜单命令，打开“挤远/挤近”对话框，接着调整挤压的数值，最后单击“确定”按钮完成调整，如图10-77所示。

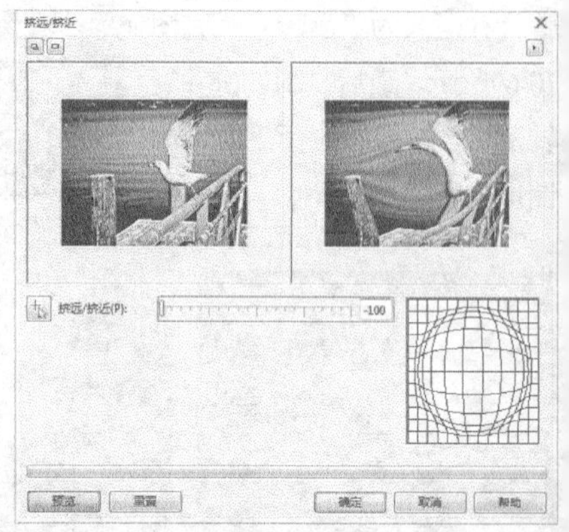

图10-77

10.5.7 球面

“球面”可以为图像添加球面透视效果。选中位图，然后执行“位图>三维效果>球面”菜单命令，打开“球面”对话框，接着选择“优化”类型，再调整球面效果的百分比，最后单击“确定”按钮完成调整，如图10-78所示。

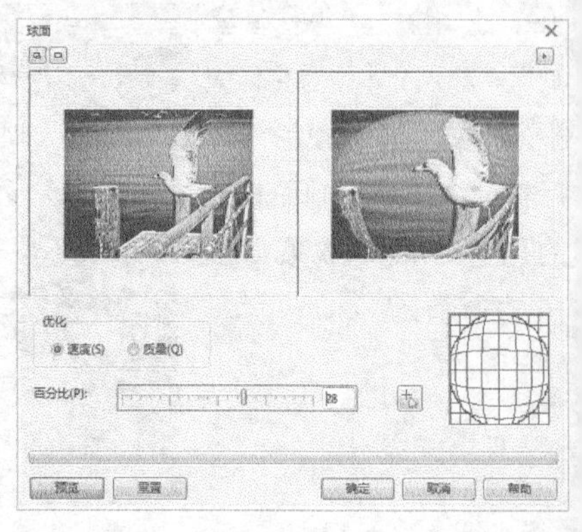

图10-78

10.6 艺术笔触

“艺术笔触”用于将位图以手工绘画方法进行转换，创造不同的绘画风格。包括“炭笔画”“单色蜡笔画”“蜡笔画”“立体派”“印象派”“调色刀”“彩色蜡笔画”“钢笔画”“点彩派”“木版画”“素描”“水彩画”“水印画”“波纹纸画”14种，效果如图10-79~图10-93所示。用户可以选择相应的笔触打开对话框进行详细设置。

图10-79 原图

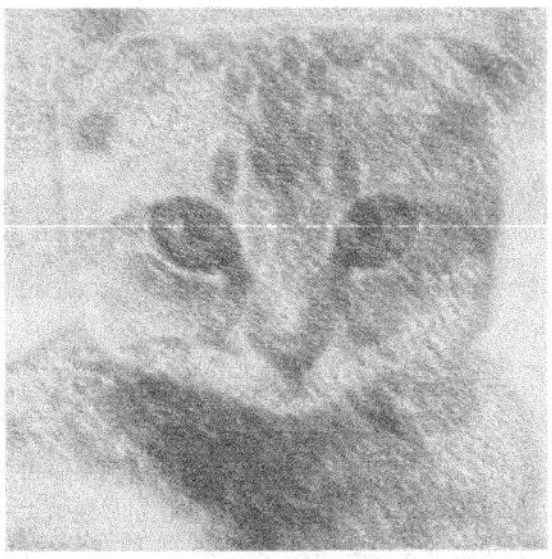

图10-80炭笔画

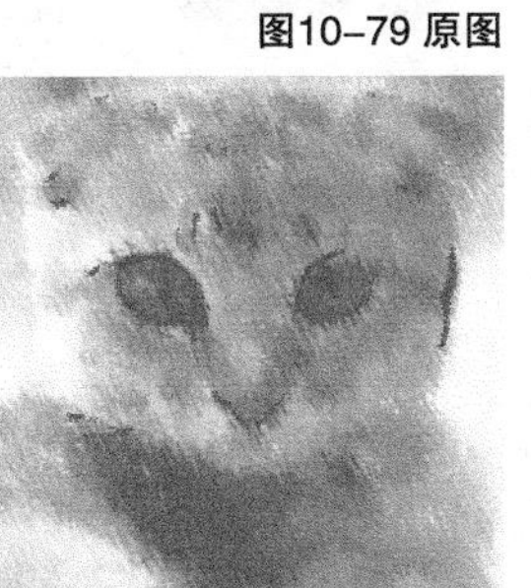
图10-81单色蜡笔画

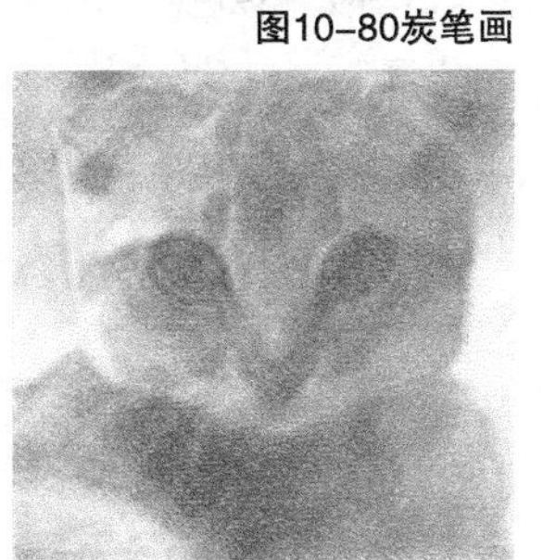
图10-82 蜡笔画

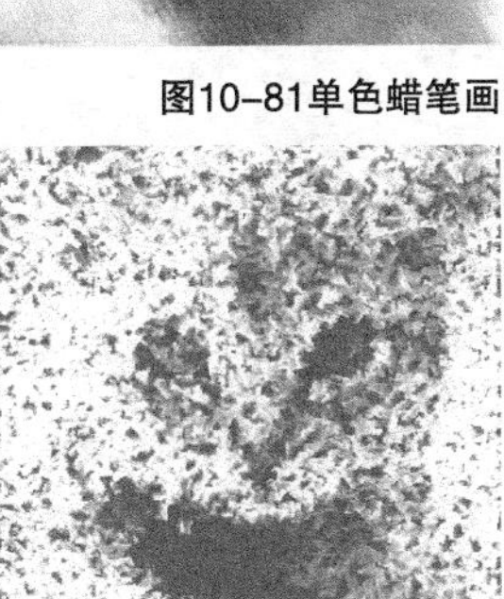

图10-83 立体派

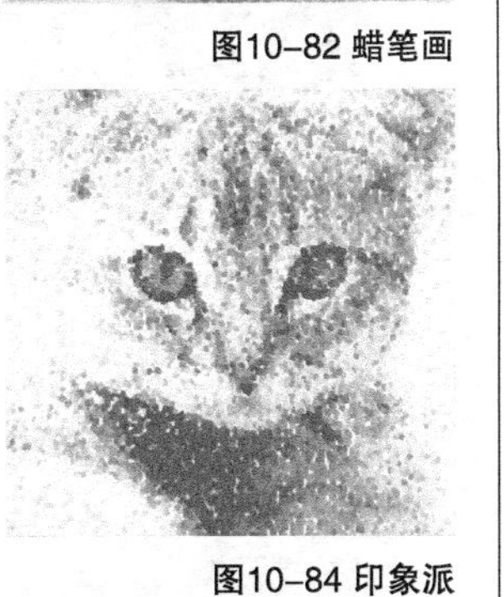
图10-84 印象派

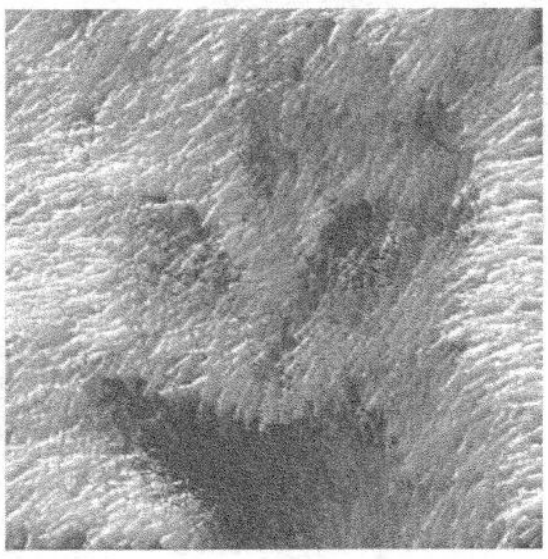

图10-85调色刀

图10-86 彩色蜡笔画

图10-87 钢笔画

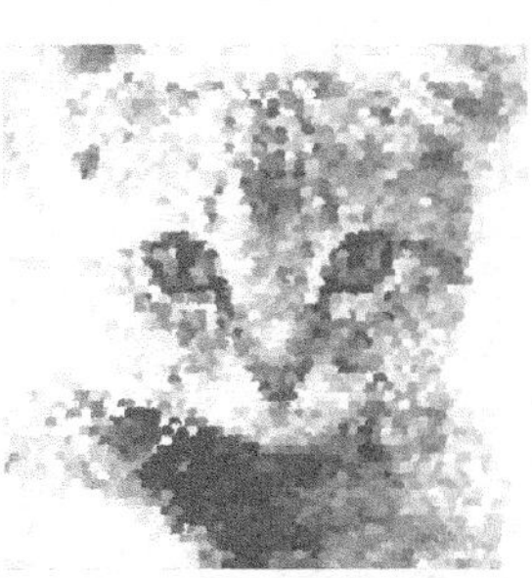

图10-88 点彩派

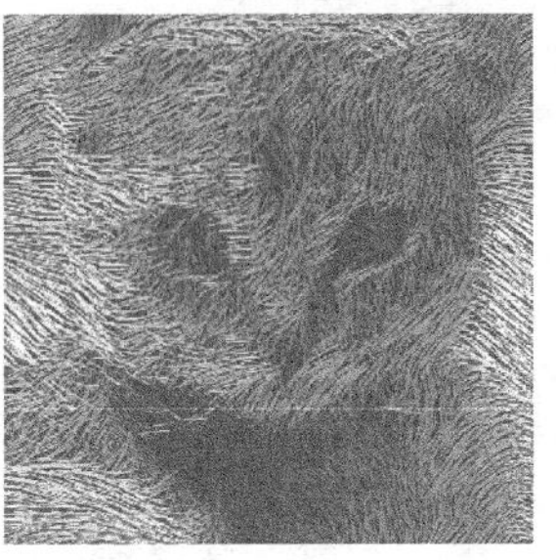
图10-89木版画

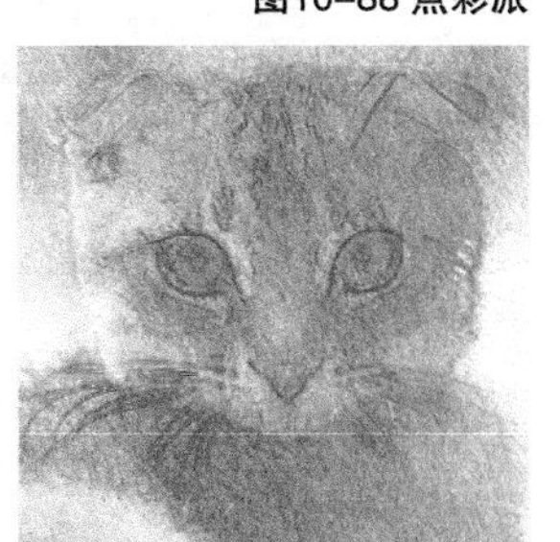
图10-90 素描

图10-91水彩画

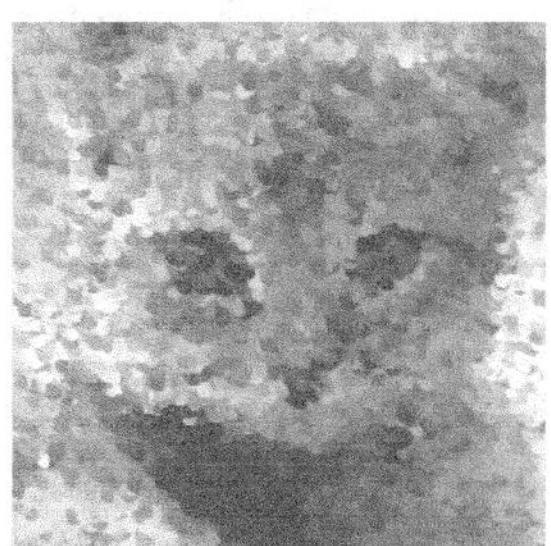
图10-92水印画

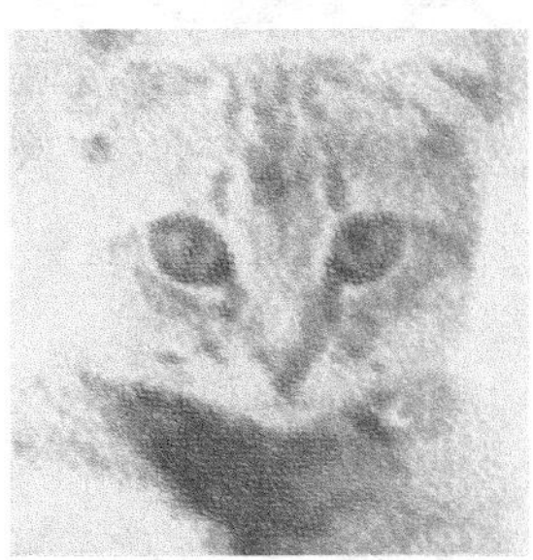
图10-93波纹纸画

10.7 模糊

模糊是绘图中最为常用的效果，方便用户添加特殊光照效果。在位图菜单下可以选择相应的模糊类型为对象添加模糊效果，包括“定向平滑”“高斯模糊”“锯齿状模糊”“低通滤波器”“动态模糊”“放射式模糊”“平滑”“柔和”“缩放”和“智能模糊”10种，效果如图10-94~图10-104所示。用户可以选择相应的模糊效果打开对话框进行数值调节。

图10-94 原图

图10-95 定向平滑

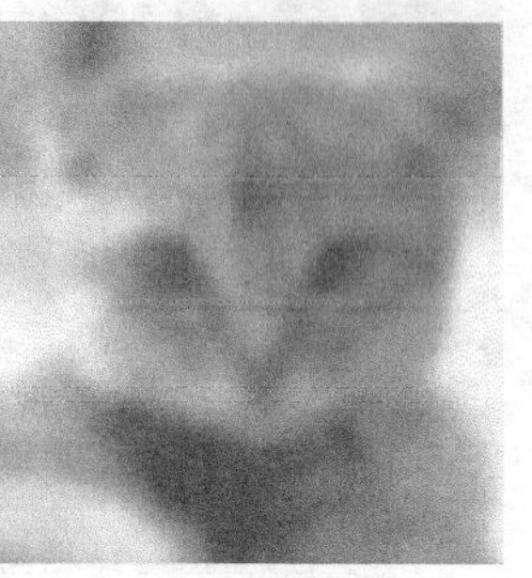

图10-96 高斯模糊

图10-97 锯齿状模糊

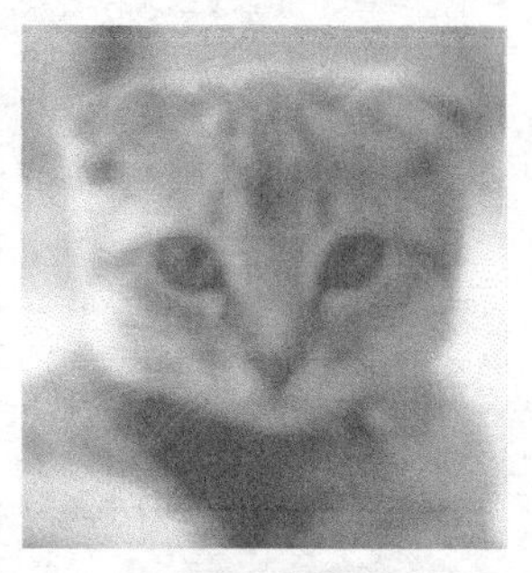

图10-98 低通滤波器

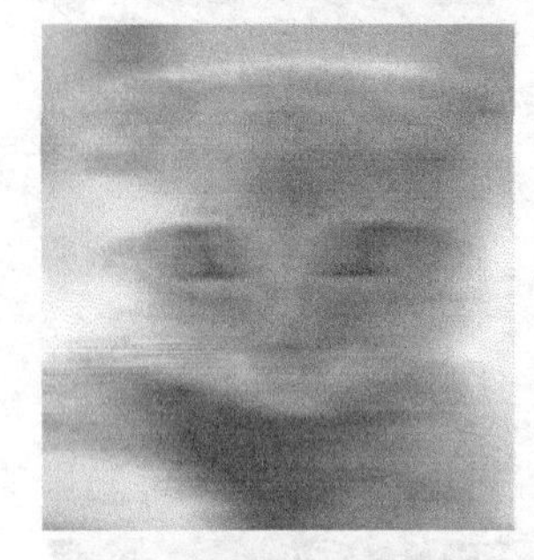

图10-99 动态模糊

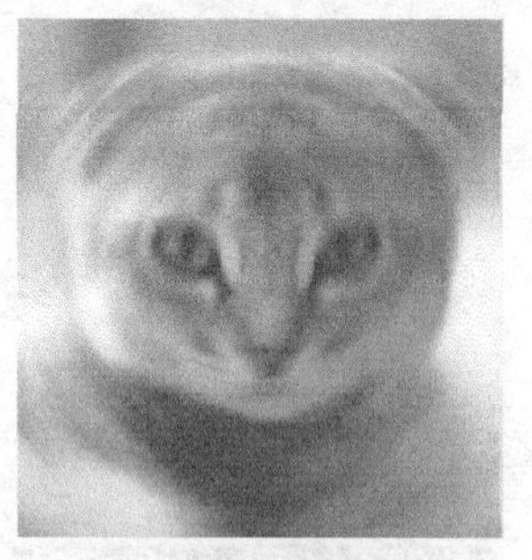

图10-100 放射式模糊

图10-101 平滑

图10-102 柔和

图10-103 缩放

图10-104 智能模糊

技巧与提示

模糊滤镜中最为常用的是“高斯模糊”和“动态模糊”这两种，可以制作光晕效果和速度效果。

10.8 相机

“相机”可以为图像添加相机产生的光感效果，为图像去除存在的杂点，给照片添加颜色效果，包括“着色”“扩散”“照片过滤器”“棕褐色色调”“延时”5种，效果如图10-105~图10-109所示。用户可以选择相应的滤镜效果打开对话框进行数值调节。

图10-105

图10-106

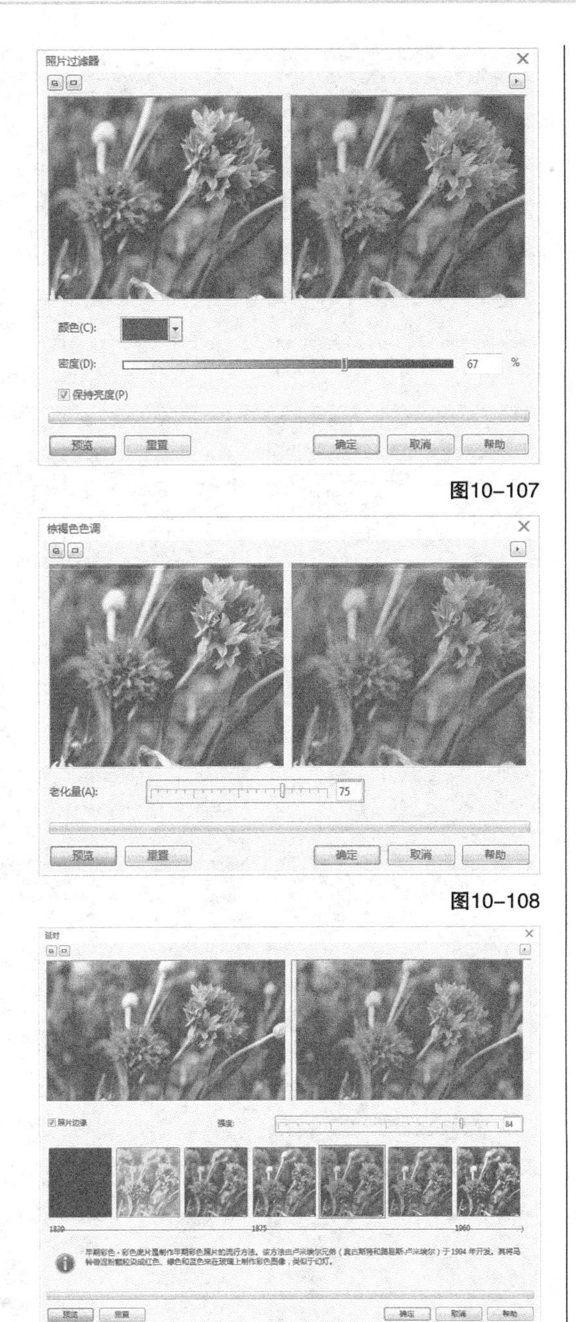

图10-107

图10-108

图10-109

10.9 颜色转换

“颜色转换”可以将位图分为3个颜色平面进行显示，也可以为图像添加彩色网版效果，还可以转换色彩效果，包括“位平面”“半色调”“梦幻色调”“曝光”4种，效果如图10-110~图10-114所示。用户可以选择相应的颜色转换类型打开对话框进行数值调节。

图10-110 原图

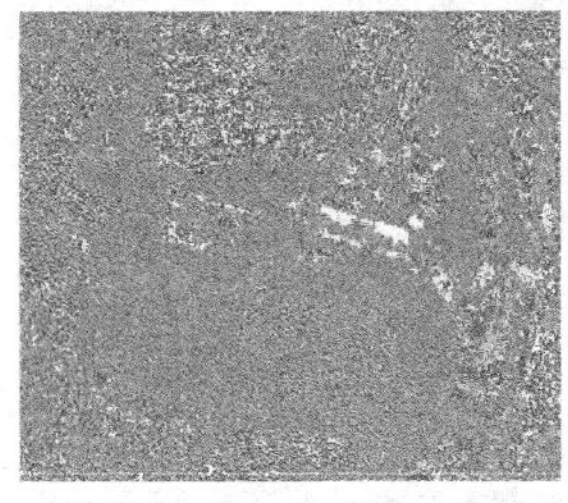

图10-111 位平面

图10-112 半色调

图10-113 梦幻色调

图10-114 曝光

10.10 轮廓图

“轮廓图”用于处理位图的边缘和轮廓，可以突出显示图像边缘。包括“边缘检测”“查找边缘”“描摹轮廓”3种，效果如图10-115~图10-118所示。用户可以选择相应的类型打开对话框进行数值调节。

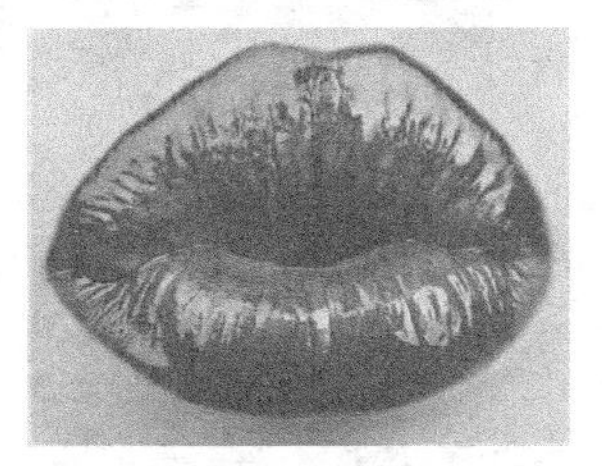

图10-115原图

图10-116边缘检测

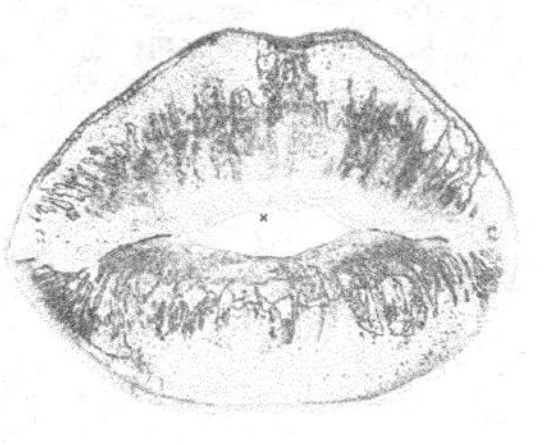

图10-117查找边缘

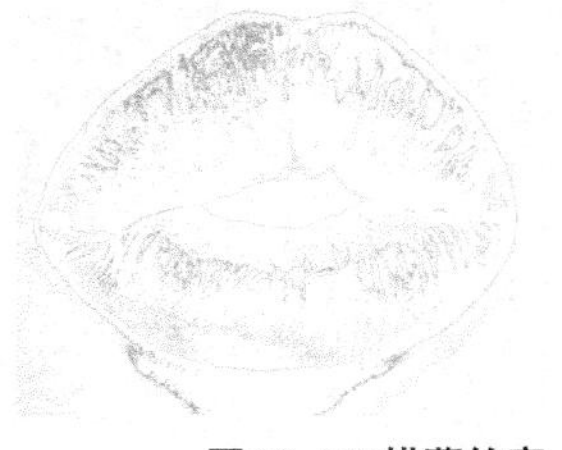

图10-118描摹轮廓

10.11 创造性

“创造性”为用户提供了丰富的底纹和形状，包括“工艺”“晶体化”“织物”“框架”“玻璃砖”“儿童游戏”“马赛克”“粒子”“散开”“茶色玻璃”“彩色玻璃”“虚光”“漩涡”和“天气”14种，效果如图10-119~图10-133所示。用户可以选择相应的类型打开对话框进行选择和调节，使效果更丰富更完美。

图10-119 原图

图10-120工艺

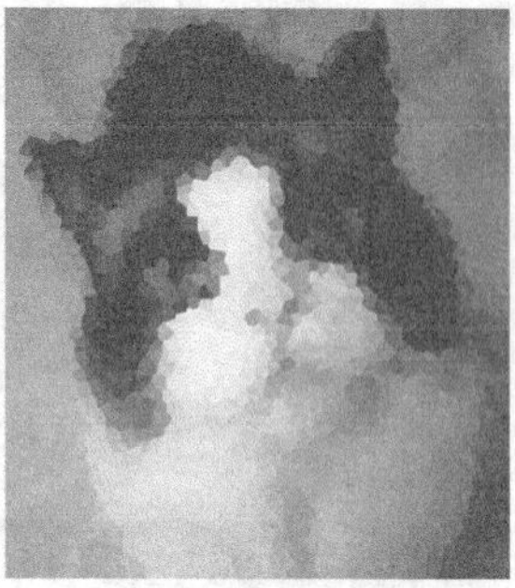

图10-121晶体化

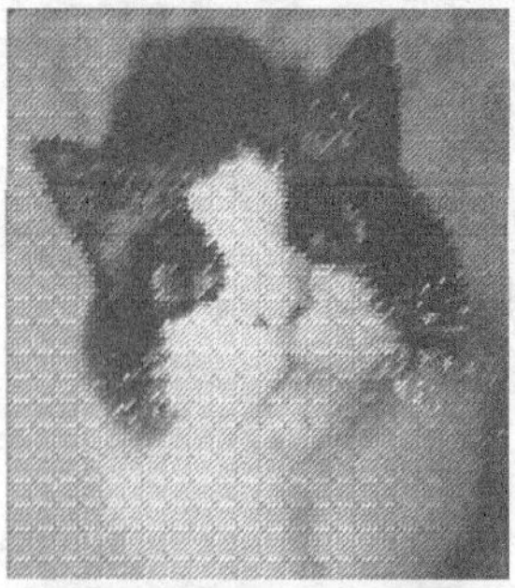

图10-122织物

图10-123框架

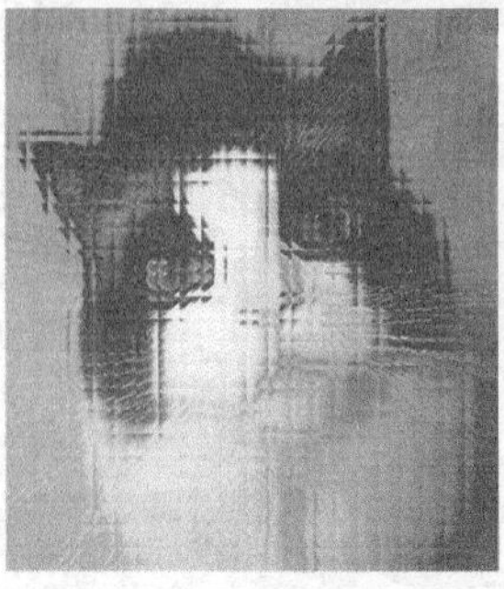

图10-124玻璃砖

图10-125儿童游戏

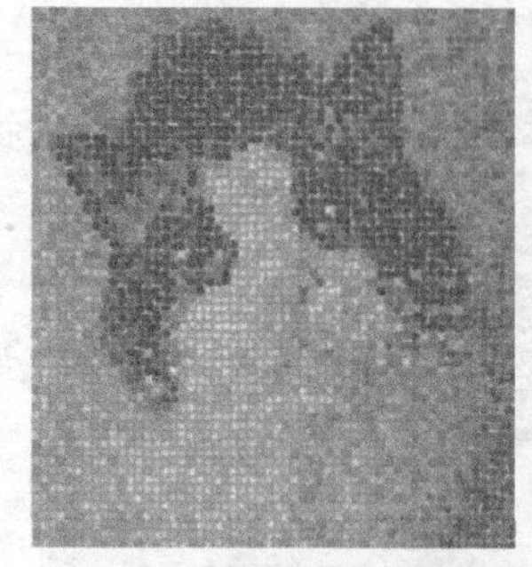

图10-126马赛克

图10-127粒子

图10-128散开

图10-129茶色玻璃

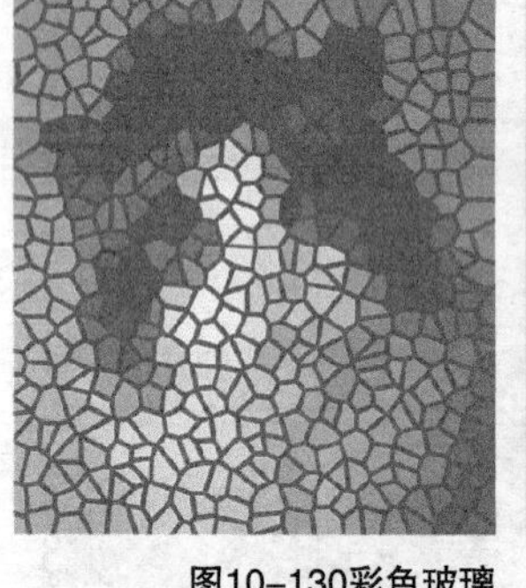

图10-130彩色玻璃

图10-131虚光

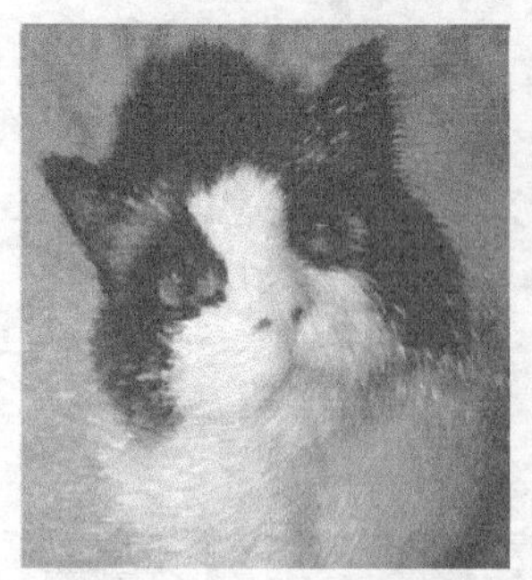

图10-132 旋涡

图10-133 天气

10.12 自定义

“自定义”可以为位图添加图像画笔效果，包括“Alchemy”和“凹凸贴图”2种，效果如图10-134~图10-136所示。用户可以选择相应的类型打开对话框进行选择和调节，利用“自定义”效果可以添加图像的画笔效果。

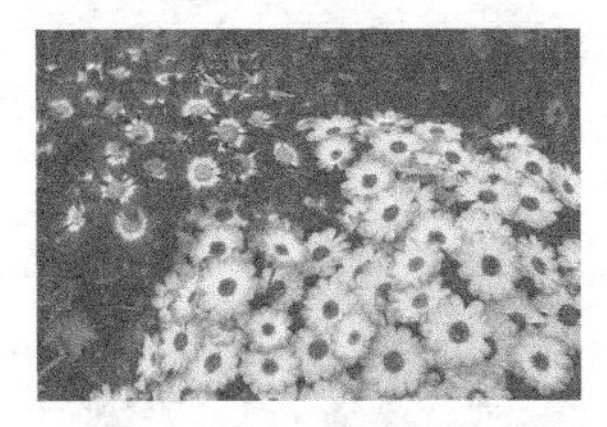

图10-134 原图

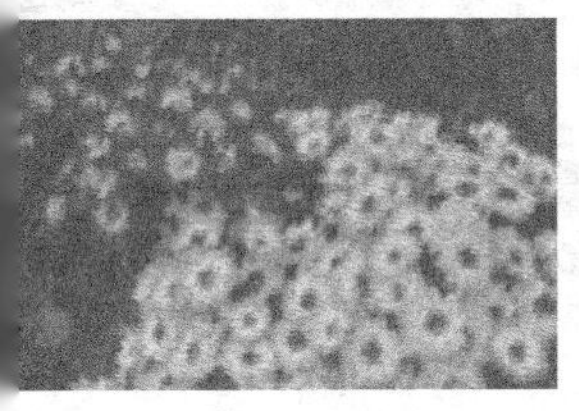

图10-135 Alchemy

图10-136凹凸贴图

10.13 扭曲

“扭曲”可以使位图产生变形扭曲效果，包括“块状”“置换”“网孔扭曲”“偏移”“像素”“龟纹”“漩涡”“平铺”“湿笔画”“涡流”“风吹效果”11种，效果如图10-137~图10-148所示。用户可以选择相应的类型打开对话框进行选择和调节，使效果更丰富更完美。

10-137 原图

图10-138 块状

图10-139 置换

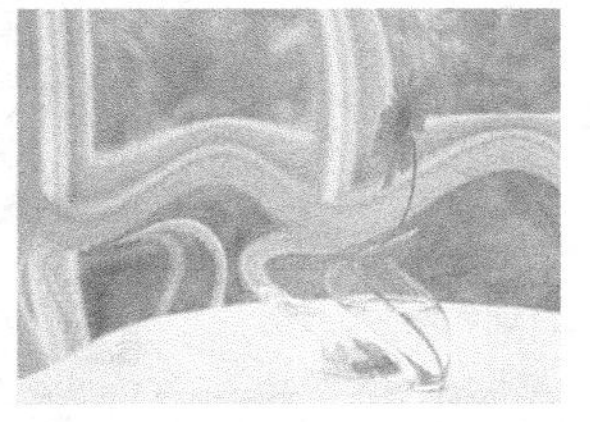

图10-140 网孔扭曲

图10-141 偏移

图10-142 像素

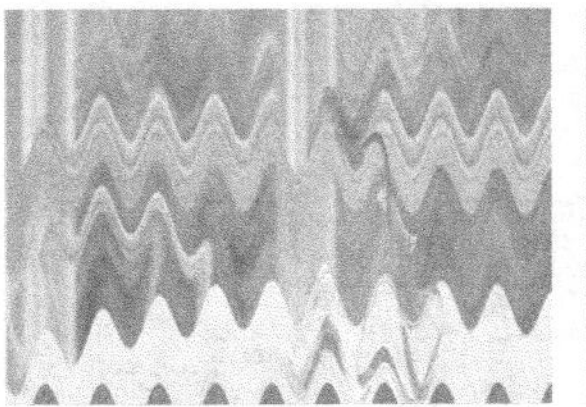

图10-143 龟纹

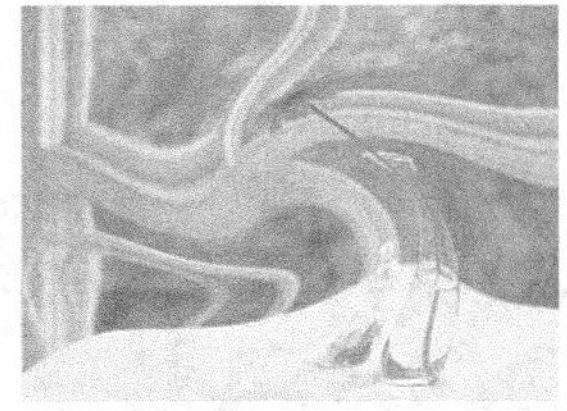

图10-144 漩涡

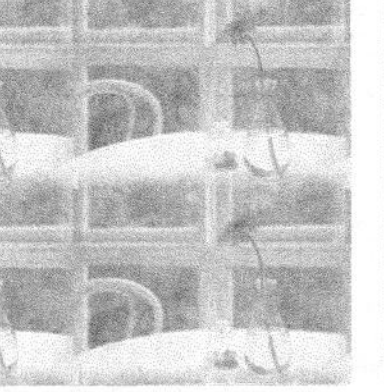

图10-145 平铺

图10-146 湿笔画

图10-147 涡流

图10-148 风吹效果

10.14 杂点

“杂点”可以为图像添加颗粒，并调整添加颗粒的程度，包括“添加杂点”“最大值”“中值”“最小”“去除龟纹”和“去除杂点”6种，效果如图10-149~图10-155所示。用户可以选择相应的类型打开对话框进行选择和调节，利用杂点可以创建背景也可以添加刮痕效果。

图10-149 原图

图10-150 添加杂点

图10-151 最大值

图10-152 中值

图10-153 最小

图10-154 去除龟纹

图10-155 去除杂点

10.15 鲜明化

“鲜明化”可以突出强化图像边缘，修复图像中缺损的细节，使模糊的图像编得更清晰，包括“适应非鲜明化”“定向柔化”“高通滤波器”“鲜明化”和“非鲜明化遮罩”5种，效果如图10-156~图10-161所示。用户可以选择相应的类型打开对话框进行选择和调节，利用“鲜明化”效果可以提升图像显示的效果。

图10-156 原图

图10-157 适应非鲜明化

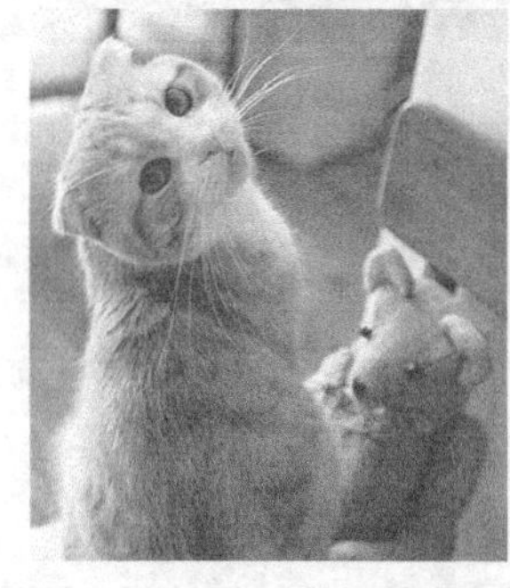

图10-158 定向柔化

图10-159 高通滤波器

图10-160 鲜明化

图10-161 非鲜明化遮罩

10.16 底纹

“底纹”为用户提供了丰富的底纹肌理效果，包括“鹅卵石”“褶皱”“蚀刻”“塑料”“浮雕”和“石头”6种，效果如图10-162~图10-168所示。用户可以选择相应的类型打开对话框进行选择和调节，使效果更加丰富完美。

图10-162 原图

图10-163 鹅卵石

图10-164褶皱

图10-165 蚀刻

图10-166 塑料

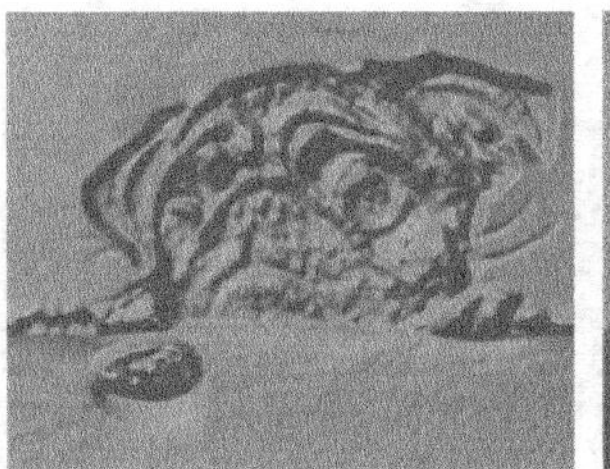
图10-167 浮雕

图10-168 石头

10.17 本章小结

本章主要讲的是如何用CorelDRAW X7去处理图片，制作出想要的效果，尤其是在制作海报或者杂志封面的时候，需要重点掌握，并在课后创新练习。

课后练习1

制作暴风雪效果

实例位置 实例文件>CH10>课后练习：制作暴风雪效果.cdr
素材位置 素材文件>CH10>04.jpg
视频位置 多媒体教学>CH10>课后练习：制作暴风雪效果.mp4
技术掌握 位图效果的运用方法

通过运用位图效果制作暴风雪效果，如图10-169所示。

图10-169

【制作流程】

新建空白文档，然后设置文档名称为“制作暴风雪效果”，接着设置页面大小，最后通过改变位图的样式来制作，步骤如图10-170所示。

图10-170

课后练习2

制作科幻杂志封面

实例位置　实例文件>CH10>课后练习：制作科幻杂志封面.cdr
素材位置　素材文件>CH10>05.jpg、06.jpg
视频位置　多媒体教学>CH10>课后练习：制作科幻杂志封面.mp4
技术掌握　位图效果的运用方法

通过运用位图效果制作科幻杂志封面，效果如图10-171所示。

图10-171

【制作流程】

新建空白文档，然后设置文档名称为“制作暴风雪效果”，接着设置页面大小，最后导入相应素材，通过变换位图的样式来制作，步骤如图10-172所示。

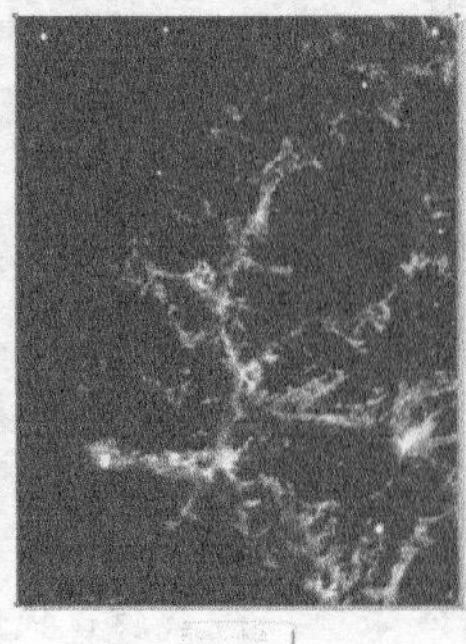

图10-172

第11章 文本与表格

本章主要介绍的是文本与表格，文本的作用就是输入美术字体或者段落文本，而表格则是用来绘制图表的。绘制的图表里面，也可以用文本工具输入文本，一起进行编辑，本章需要掌握的是文本编排，艺术字体的设计，以及表格的编辑和文本与表格的互换。

课堂学习目标

文本的设置与编辑
文本编排
页码设置
文本的转曲操作
艺术字体设计
文本表格互转
移动表格边框
填充表格

11.1 文本的输入

文本在平面设计作品中起到解释说明的作用，它在CorelDRAW X7中主要以美术字和段落文本这两种形式存在，美术字具有矢量图形的属性，可用于添加断行的文本。段落文本可以用于对格式要求更高的、篇幅较大的文本，也可以将文字当作图形来进行设计，使平面设计的内容更广泛。

11.1.1 美术文本

在CorelDRAW X7中，系统把美术字作为一个单独的对象来进行编辑，并且可以使用各种处理图形的方法对其进行编辑。

1.创建美术字

单击“文本工具”，然后在页面内使用鼠标左键单击建立一个文本插入点，即可输入文本，所输入的文本即为美术字，如图11-1所示。

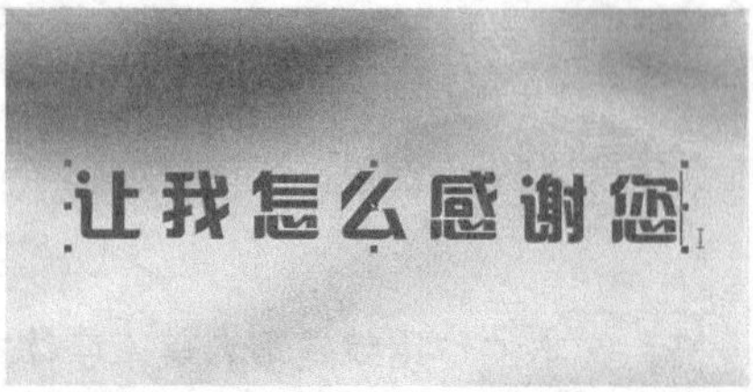

图11-1

2.选择文本

在设置文本属性之前，必须先将需要设置的文本选中，选择文本的方法有3种。

第1种：单击要选择的文本字符的起点位置，然后按住Shift键的同时，再按键盘上的“左箭头”或“右箭头”。

第2种：单击要选择的文本字符的起点位置，然后按住鼠标左键拖动到选择字符的终点位置松开左键，如图11-2所示。

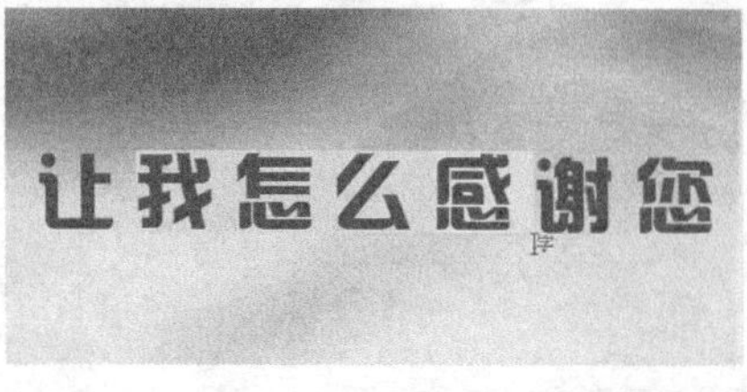

图11-2

第3种：使用“选择工具”单击输入的文本，可以直接选中该文本中的所有字符。

3.美术文本转换为段落文本

在输入美术文本后，若要对美术文本进行段落文本的编辑，可以将美术文本转换为段落文本。

使用“选择工具”选中美术文本，然后单击鼠标右键，接着在弹出的菜单中使用鼠标左键单击“转换为段落文本”，即可将美术文本转换为段落文本（也可以直接按快捷键Ctrl+F8），如图11-3所示。

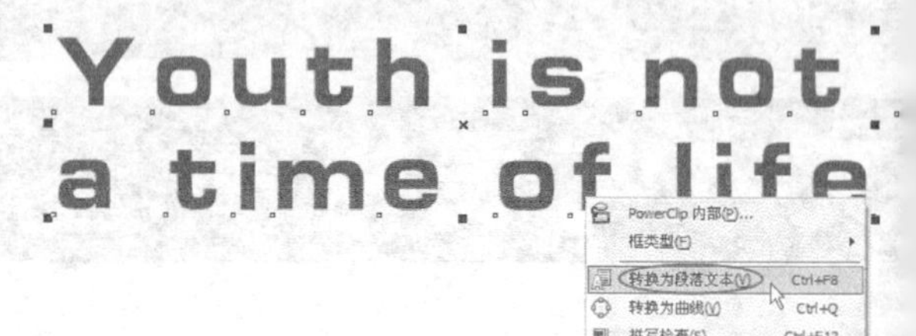

图11-3

除了使用以上的方法以外，还可以执行“文本>转换为段落文本”菜单命令，将美术文本转换为段落文本。

课堂案例

制作下沉文字效果

实例位置	实例文件>CH11>课堂案例：制作下沉文字效果.cdr
素材位置	无
视频位置	多媒体教学>CH11>课堂案例：制作下沉文字效果.mp4
技术掌握	美术字的输入方法

输入美术字制作下沉文字，适用于海报的文字特效设计，效果如图11-4所示。

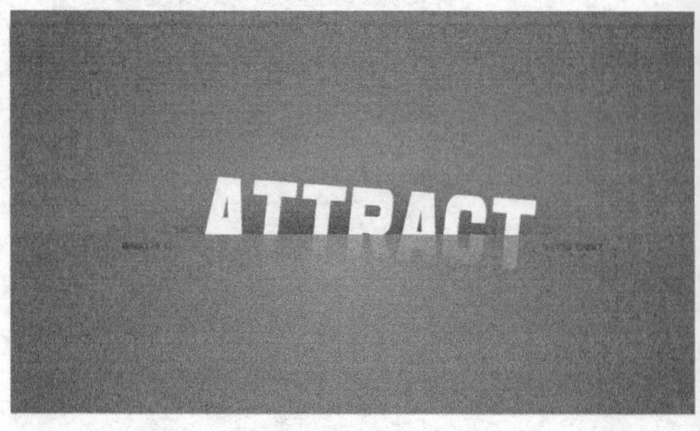

图11-4

01 新建空白文档，然后设置文档名称为“下沉文字效果”，接着设置“宽度”为280mm、“高度”为155mm。

02 双击“矩形工具”创建一个与页面重合的矩形，接着双击“渐变工具”，然后在“编辑填充”对话框中选择“渐变填充”方式，设置“类型”为“椭圆形渐变填充”、“镜像、重复和反转”为“默认渐变填充”，再设置“节点位置”为0%的色标颜色为（C:88，M:100，Y:47，K:4）、“节点位置”为100%的色标颜色为（C:33，M:47，Y:24，K:0），“填充宽度”为125.849、“水平偏移”为0、“垂直偏移”为-19.0、“旋转”为0.8，最后单击“确定”按钮，效果如图11-5所示。

03 使用“椭圆形工具”绘制一个椭圆，然后填充颜色为（C:95，M:100，Y:60，K:35），接着去除轮廓，如图11-6所示。

图11-5

图11-6

04 选中前面绘制的椭圆，然后执行“位图>转换为位图”菜单命令，弹出“转换为位图”对话框，接着单击“确定”按钮完成转换，如图11-7所示。

图11-7

05 选中转换为位图的椭圆，然后执行“位图>模糊>高斯模糊”菜单命令，弹出“高斯式模糊”对话框，接着设置“半径”为250像素，最后单击“确定”按钮，如图11-8所示，模糊后的效果如图11-9所示。

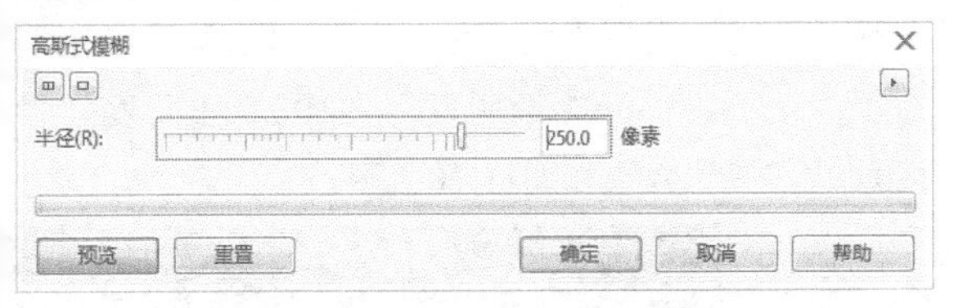

图11-8

图11-9

06 移动模糊后的椭圆到页面下方，然后单击“透明度工具”，接着在属性栏中设置“渐变透明度”为“线性渐变透明度”、“合并模式”为“常规”、“旋转”为“90”，设置后的效果如图11-10所示。

图11-10

07 使用“矩形工具”在页面下方绘制一个矩形，双击“渐变工具”，然后在“编辑填充”对话框中选择“渐变填充”方式，设置“类型”为“椭圆形渐变填充”、“镜像、重复和反转”为“默认渐变填充”，再设置“节点位置”为0%的色标颜色为（C:88，M:100，Y:47，K:4）、“节点位置”为100%的色标颜色为（C:33，M:47，Y:24，K:0），“填充宽度”为110.495、“水平偏移”为0、“垂直偏移”为45.0，最后单击“确定”按钮，填充完毕后去除轮廓，效果如图11-11所示。

图11-11

08 使用“文本工具”输入美术文本，然后在属性栏中设置“字体”为Ash、“字体大小”为84pt，接着填充颜色为白色，如图11-12所示，再适当旋转，最后放置页面下方的矩形后面，效果如图11-13所示。

图11-12

图11-13

09 选中页面下方的矩形，然后单击“透明度工具”，接着在属性栏中设置“渐变透明度”为“线性渐变透明度”、“合并模式”为“常规”、“旋转”为88.8，设置后的效果如图11-14所示。

图11-14

10 选中前面输入的文本，然后复制一份，接着删除前面的字母只留下字母“T”，再移动该字母位置使其与原来的字母“T”重合，如图11-15所示。

图11-15

11 选中复制的字母，然后单击“透明度工具”，接着在属性栏中设置“渐变透明度”为“线性渐变透明度”、“合并模式”为“常规”、“旋转”为152.709，设置后的效果如图11-16所示。

图11-16

12 使用“文本工具”输入美术文本，然后在属性栏上设置“字体”为Ash、“字体大小”为8pt，接着填充颜色为黑色（C:0，M:0，Y:0，K:100），如图11-17所示。再复制一份，最后分别放置倾斜文字的左右两侧，如图11-18所示。

图11-17

图11-18

13 选中页面左侧的文字，然后单击“透明度工具”，接着在属性栏中设置“渐变透明度”为“线性渐变透明度”、“合并模式”为“常规”、“节点透明度”为62，设置后的效果如图11-19所示。

图11-19

14 选中右侧的文字，然后单击“透明度工具”，接着在属性栏中设置“渐变透明度”为“线性渐变透明度”、“合并模式”为“常规”、“旋转”为-176.1、“节点透明度”为62。接着在属性栏中设置“透明度类型”为“线性”、“透明度操作”为“常规”、“开始透明度”为100、“角度”为180.477，最终效果如图11-20所示。

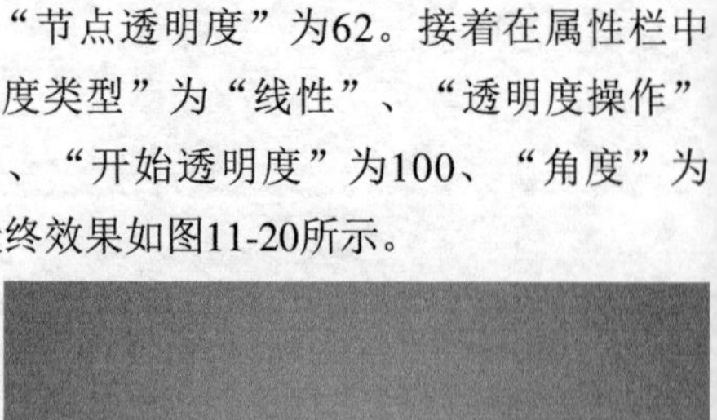

图11-20

11.1.2 段落文本

当作品中需要编排很多文字时，利用段落文本可以方便快捷地输入和编排，另外段落文本在多页面文件中可以从一个页面流动到另一个页面，编排起来非常方便。

1.输入段落文本

单击“文本工具”，然后在页面内按住鼠标左键拖动，待松开鼠标后生成文本框，如图11-21所示。此时输入的文本即为段落文本，在段落文本框内输入文本，排满一行后将自动换行，如图11-22所示。

图11-21

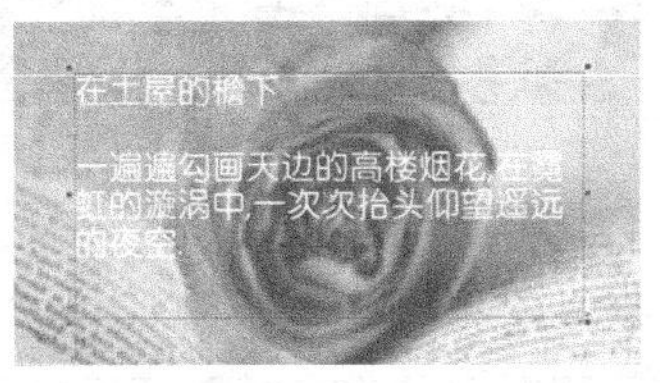

图11-22

2.文本框的调整

段落文本只能在文本框内显示，若超出文本框的范围，文本框下方的控制点内会出现一个黑色三角箭头，向下拖动该箭头，使文本框扩大，可以显示被隐藏的文本，如图11-23和图11-24所示。也可以按住左键拖曳文本框中任意的一个控制点，调整文本框的大小，使隐藏的文本完全显示。

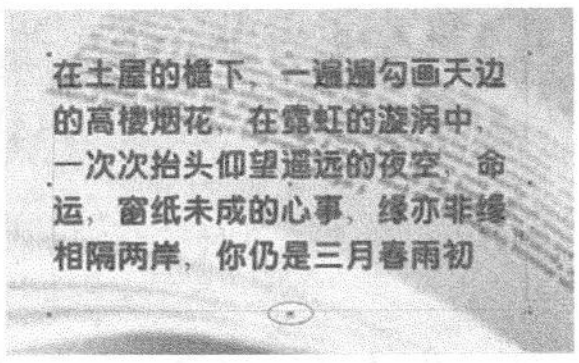

图11-23 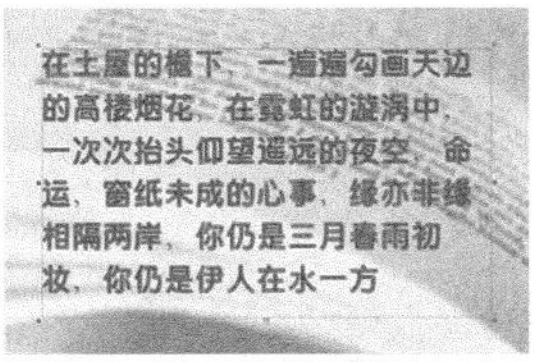 图11-24

技巧与提示

段落文本可以转换为美术文本。首先选中段落文本，然后单击右键，接着在弹出的面板中使用鼠标左键单击“转换为段落文本”，如图11-25所示；也可以执行“文本>转换为美术字”菜单命令，还可以直接按快捷键Ctrl+F8。

图11-25

11.1.3 导入/粘贴文本

无论是输入美术文本还是段落文本，利用“导入/粘贴文本”的方法都可以节省输入文本的时间。

执行“文件>导入”菜单命令或按快捷键Ctrl+I，在弹出的“导入”对话框中选取需要的文本文件，然后单击“导入”按钮，弹出“导入/粘贴文本”对话框，此时单击“确定”按钮，即可导入文本。如图11-26所示。

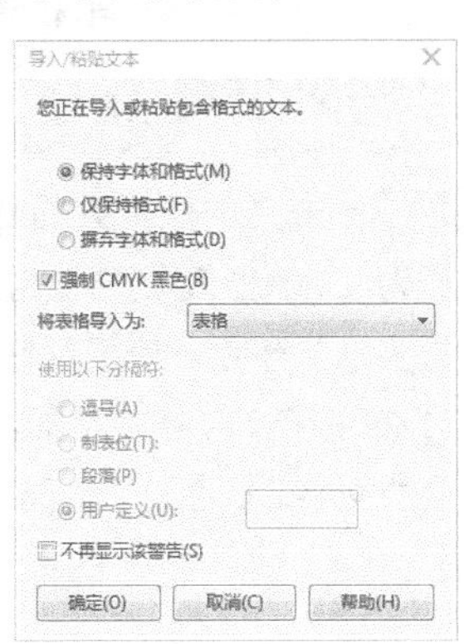

图11-26

【参数详解】

保持字体和格式：勾选该选项后，文本将以原系统的设置样式进行导入。

仅保持格式：勾选该选项后，文本将以原系统的文字字号、当前系统的设置样式进行导入。

摒弃格式和样式：勾选该选项后，文本将以当前系统的设置样式进行导入。

强制CMYK黑色：勾选该选项的复选框，可以使导入的文本统一为CMYK色彩模式的黑色。

技巧与提示

如果是在网页中复制的文本，可以直接按快捷键Ctrl+V粘贴到软件的页面中间，并且会以软件中的设置样式显示。

11.1.4 段落文本链接

如果在当前工作页面中输入了大量文本，可以将其分为不同的部分进行显示，还可以对其添加文本链接效果。

1.链接段落文本框

单击文本框下方的黑色三角箭头，当光标变为 时，如图11-27所示。在文本框以外的空白处使用鼠标左键单击将会产生另一个文本框，新的文本框内显示前一个文本框中被隐藏的文字，如图11-28所示。

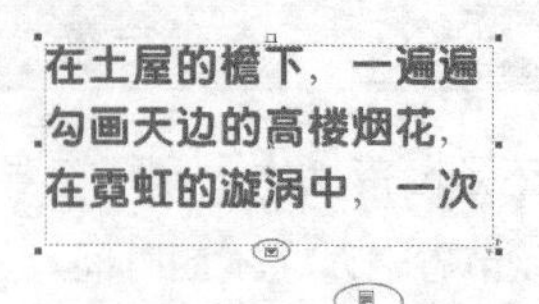

图11-27

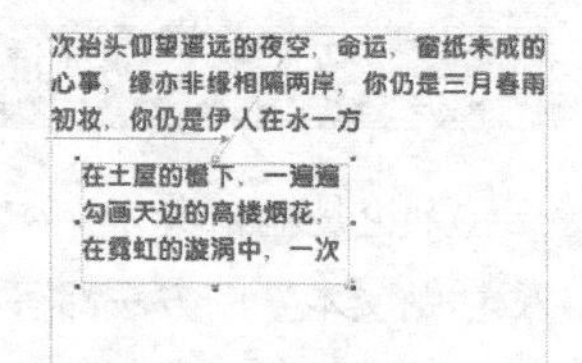

图11-28

2.与闭合路径链接

单击文本框下方的黑色三角箭头▣，当光标变为▤时，移动到想要链接的对象上，待光标变为箭头形状➡时，使用鼠标左键单击链接对象，如图11-29所示，即可在对象内显示前一个文本框中被隐藏的文字，如图11-30所示。

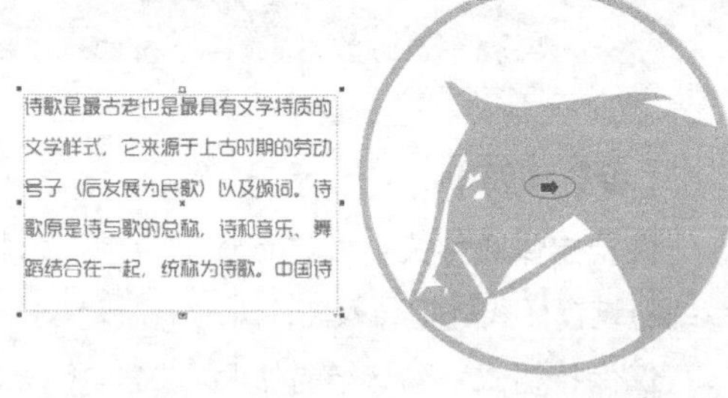

图11-29

图11-30

3.与开放路径链接

使用“钢笔工具”🖋或是其他线型工具绘制一条曲线，然后使用左键单击文本框下方的黑色三角箭头▣，当光标变为▤时，移动到将要链接的曲线上，待光标变为箭头形状➡时，使用鼠标左键单击曲线，如图11-31所示，即可在曲线上显示前一个文本框中被隐藏的文字，如图11-32所示。

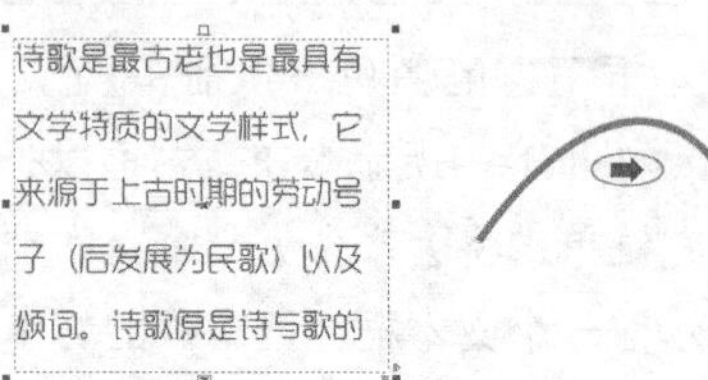

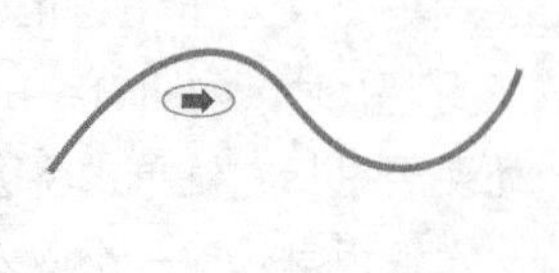

图11-31

图11-32

技巧与提示

将文本链接到开放的路径时，路径上的文本就具有“沿路径文本”的特性，当选中该路径文本时，属性栏的设置和“沿路径文本”的属性栏相同，此时可以在属性上对该路径上的文本进行属性设置。

11.2 文本设置与编辑

在CorelDRAW X7中，无论是美术文字，还是段落文本，都可以对其进行文本编辑和属性的设置。

11.2.1 形状工具调整文本

使用“形状工具”选中文本后，每个文字的左下角都会出现一个白色小方块，该小方块称为“字元控制点”。使用鼠标左键单击或是按住鼠标左键拖动框选这些“字元控制点”，使其呈黑色选中状态，即可在属性栏中对所选字元进行旋转、缩放和颜色改变等操作，如图11-33所示，如果拖动文本对象右下角的水平间距箭头，可按比例更改字符间的间距（字距）；如果拖动文本对象左下角的垂直间距箭头，可以按比例更改行距，如图11-34所示。

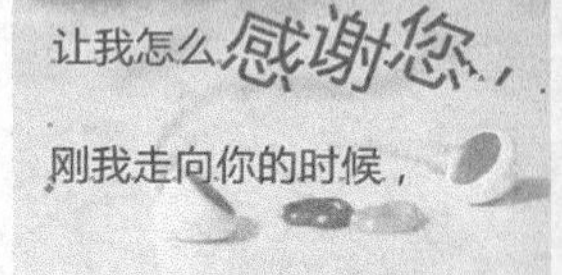

图11-33

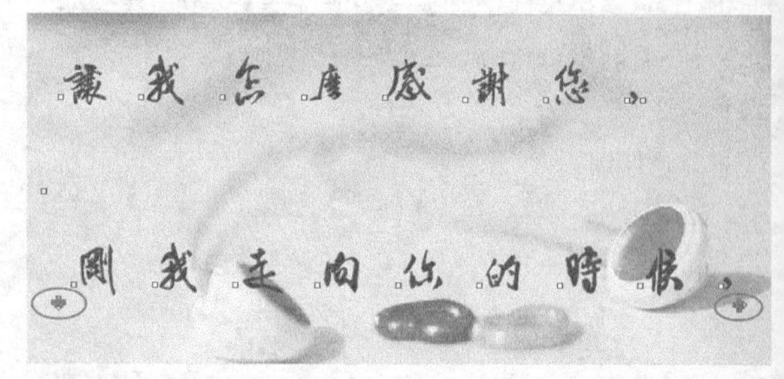

图11-34

技巧与提示

将使用“形状工具”选中文本后，属性栏如图11-35所示。

图11-35

当使用“形状工具”选中文本中任意一个文字的字元控制点（也可以框选住多个字元控制点）时，即可在该属性栏中更改所选字元的字体样式和字体大小，如图11-36所示，并且还可以为所选字元设置粗体、斜体和下划线样式，如图11-37所示，在后面的3个选项框中还可以设置所选字元相对于原始位置的距离和倾斜角度，如图11-38所示。

图11-36

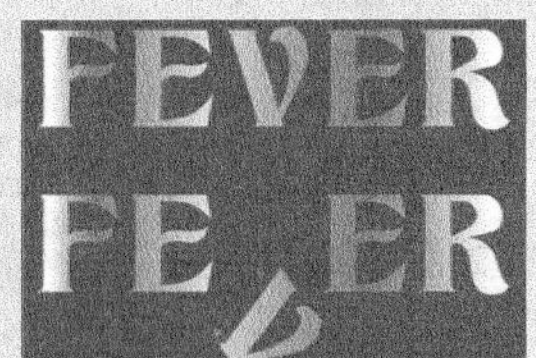

图11-37 图11-38

除了可以在“形状工具”的属性栏中调整所选字元的位置外，还可以直接使用鼠标左键单击需要调整的文字对应的“字元控制点”，然后按住鼠标左键拖动，如图11-39所示。待调整到合适位置时松开鼠标，即可更改所选字元的位置，如图11-40所示。

图11-39 图11-40

11.2.2 属性栏设置

“文本工具”属性栏选项如图11-41所示。

图11-41

【参数详解】

字体列表：为新文本或所选文本选择该列表中的一种字体。单击该选项，可以打开系统装入的字体列表。

字体大小：指定字体的大小。单击该选项，即可在打开的列表中选择字号，也可以在该选项框中输入数值。

粗体：单击该按钮即可将所选文本加粗显示。

斜体：单击该按钮可以将所选文本倾斜显示。

下划线：单击该按钮可以为文字添加预设的下划线样式。

文本对齐：选择文本的对齐方式。单击该按钮，可以打开对齐方式列表。

项目符号列表：为新文本或是选中文本，添加或是移除项目符号列表格式。

首字下沉：为新文本或是选中文本，添加或是移除首字下沉设置。

文本属性：单击该按钮可以打开“文本属性”泊坞窗，在该泊坞窗中可以编辑段落文本和艺术文本的属性。

编辑文本：单击该按钮，可以打开“编辑文本”对话框，在该对话框中可以对选定文本进行修改或是输入新文本。

水平方向：单击该按钮，可以将选中文本或是将要输入的文本更改或设置为水平方向（默认为水平方向）。

垂直方向：单击该按钮，可以将选中文本或是将要输入的文本更改或设置为垂直方向。

交互式OpenType：当某种OpenType功能用于选定文本时，在屏幕上显示指示。

11.2.3 字符设置

使用CorelDRAW X7可以更改文本中文字的字体、字号和添加下划线等字符属性，用户可以单击属性栏中的“文本属性”按钮，或是执行“文本>文本属性”菜单命令，打开“文本属性”泊坞窗，然后展开“字符”的设置面板。

技巧与提示

在“文本属性”泊坞窗中使用鼠标左键单击按钮，可以展开对应的设置面板；如果单击按钮，可以折叠对应的设置面板。

【参数详解】

脚本：在该选项的列表中可以选择要限制的文

本类型，当选择“拉丁文”时，在该泊坞窗中设置的各选项将只对选择文本中的英文和数字起作用；当选择“亚洲”时，只对选择文本中的中文起作用（默认情况下选择“所有脚本”，即对选择的文本全部起作用）。

字体列表：可以在弹出的字体列表中选择需要的字体样式。

下划线：单击该按钮，可以在打开的列表中为选中的文本添加其中的一种下划线样式。

无：使用该选项时不对所选文本进行下划线的设置，若所选文本中有下划线的设置，还可以移除下划线设置。

单细：使用单细线为所选文本和空格添加下划线。

字下加单细线：仅在所选文本的文字下方添加单细下划线，不对空格添加单细下划线。

单粗：使用单粗线为所选文本和空格添加下划线。

字下加单粗线：仅在所选文本的文字下方添加单粗下划线，不对空格添加单粗下划线。

双细：使用双细线为所选文本和空格添加下划线。

字下加双细线：仅在所选文本的文字下方添加双细下划线，不对空格添加双细下划线。

字体大小：设置字体的字号，设置该选项可以使用鼠标左键单击后面的按钮；也可以将光标移动到文本边缘，当光标变为↘时，按住鼠标左键拖曳，调整字体大小。

字距调整范围：扩大或缩小选定文本范围内单个字符之间的间距，设置该选项可以使用鼠标左键单击后面的按钮，也可以当光标变为⇕，按住鼠标左键拖曳，调整字符之间的间距。

技巧与提示

字符设置面板中的“字句调整范围”选项，只有使用“文本工具”字或是“形状工具”选中文本中的部分字符时，该选项才可用。

填充类型：用于选择字符的填充类型。

无填充：选择该选项后，不对文本进行填充，并且可以移除文本原来填充的颜色，使选中文本为透明。

均匀填充：选择该选项后，可以在右侧的“文本颜色”的颜色挑选器中选择一种色样，为所选文本填充颜色。

渐变填充：选择该选项后，可以在右侧的“文本颜色”下拉列表中选择一种渐变样式，为所选文本填充渐变色。

双色图样填充：选择该选项后，可以在右侧的“文本颜色”下拉列表中选择一种双色图样，为所选文本填充。

技巧与提示

在为所选文本填充双色图样时，填充图样的颜色将以文本原来的填充颜色作为“前部”的颜色，白色作为“后部”的颜色。

向量图样填充：选择该选项后，可以在右侧的“文本颜色”下拉列表中选择一种全色图案，为所选文本填充。

位图图样填充：选择该选项后，可以在右侧的“文本颜色”下拉列表中选择一种位图图样，为所选文本填充位图。

底纹填充：选择该选项后，可以在右侧的“文本颜色”下拉列表中选择一种底纹，为所选文本填充底纹。

PostScript填充：选择该选项后，可以在右侧的“文本颜色”下拉列表中选择一种“PostScript底纹”，为所选文本填充“PostScript底纹”。

填充设置：单击该按钮，可以打开相应的填充对话框，在打开的对话框中可以对“文本颜色”中选择的填充样式进行更详细的设置。

背景填充类型：用于选择字符背景的填充类型。

无填充：选择该选项后，不对文本的字符背景进行填充，并且可以移除之前填充的背景样式。

均匀填充：选择该选项后，可以在右侧的“文本背景颜色”的颜色挑选器中选择一种色样，为所选文本的字符背景填充颜色。

技巧与提示

为文本填充颜色还可以直接使用鼠标左键在调色板上单击色样，如果要为文本轮廓填充颜色，可以使用鼠标右键单击调色板上的色样。

渐变填充：选择该选项后，可以在右侧的“文本背景颜色”下拉列表中选择一种渐变样式，为所选文本的字符背景填充渐变色。

双色图样填充：选择该选项后，可以在右侧的“文本背景颜色”下拉列表中选择一种双色图案，为所选文本的字符背景填充图案。

向量图样填充：选择该选项后，可以在右侧的“文本背景颜色”下拉列表中选择一种全色图样，为所选文本的字符背景填充图样。

位图图样填充：选择该选项后，可以在右侧的“文本背景颜色”下拉列表中选择一种位图图样，为所选文本的字符背景填充图样。

底纹填充：选择该选项后，可以在右侧的“文本颜色”下拉列表中选择一种底纹图样，为所选文本的字符背景填充底纹。

PostScript填充：选择该选项后，可以在右侧的“文本颜色”下拉列表中选择一种PostScript底纹，为所选文本的字符背景进行填充。

填充设置：单击该按钮，可以打开所选填充类型对应的填充对话框，在对应的对话框内可以对字符背景的填充颜色或填充图样进行更详细的设置。

轮廓宽度：可以在该选项的下拉列表中选择系统预设的宽度值作为文本字符的轮廓宽度，也可以在该选项数值框中输入数值进行设置。

轮廓颜色：可以从该选项的颜色挑选器中选择颜色为所选字符的轮廓填充颜色，也可以单击“更多”按钮 更多(O)... ，打开“选择颜色”对话框，从该对话框中选择颜色。

轮廓设置：单击该按钮，可以打开“轮廓笔”对话框。

大写字母：更改字母或英文文本为大写字母或小型大写字母。

位置：更改选定字符相对于周围字符的位置。

课堂案例

制作错位文字

实例位置	实例文件>CH11>课堂案例：制作错位文字.cdr
素材位置	无
视频位置	多媒体教学>CH11>课堂案例：制作错位文字.mp4
技术掌握	文字的填充方法

利用文字的填充制作错位文字，使用与网页字体设计，效果如图11-42所示。

图11-42

01 新建空白文档，然后设置文档名称为“错位文字”，接着设置“宽度”为190mm、“高度”为160mm。

02 双击“矩形工具”创建一个与页面重合的矩形，然后单击“交互式填充工具”，接着在属性栏中设置“渐变填充”为“椭圆形渐变填充”、第1个节点填充颜色为白色、第2个节点的位置为64%填充颜色为（C:5，M:4，Y:4，K:0）、第3个节点的填充颜色为（C:22，M:16，Y:16，K:0），填充效果如图11-43所示。

03 使用“文本工具”输入文本，然后选择合适的字体，再设置“字体大小”为110pt，接着适当拉长文字，如图11-44所示。

图11-43  图11-44

04 选中文字，然后单击“交互式填充工具”，在属性栏中设置“渐变填充”为“线性渐变填充”、第1个节点填充颜色为（C:69，M:43，Y:40，K:0）、第二节点个填充颜色为（C:84，M:82，Y:55，K:10），接着设置“旋转”为-90°，填充效果如图11-45所示。

图11-45

05 复制一份填充的文字，然后使用“裁剪工具”框住文字的下部分，如图11-46所示，裁剪后如图11-47所示。

图11-46 　图11-47

06 选中前面完整的文字，使其与裁剪后的文字重合，然后单击“裁剪工具”框住文字的上部分（该部分正好是前一个裁剪的文字裁掉的部分），如图11-48所示，裁剪后向上移动该部分，使两部分的文字间流出一点距离，如图11-49所示。

图11-48 　图11-49

07 选中上部分的文字，然后单击“交互式填充工具”，接着在属性栏中设置“渐变填充”为“线性渐变填充”、第1个节点填充颜色为（C:53，M:22，Y:24，K:0）、第二节点个填充颜色为（C:89，M:65，Y:56，K:15），接着设置“旋转”为-90°，填充效果如图11-50所示。

08 保持上部分文字的选中状态，然后执行“效果>增加透视”菜单命令，接着按住鼠标左键拖曳文字两端的节点，使其向中间倾斜相同的角度，并保持两个节点在同一水平线上，如图11-51所示。

图11-50 　图11-51

09 选中文字的上部分和下部分，然后移动到页面中间，如图11-52所示。

图11-52

10 使用“矩形工具”绘制一个矩形，双击“渐变工具”，然后在“编辑填充”对话框中选择“渐变填充”方式，设置“类型”为“椭圆形渐变填充”、“镜像、重复和反转”为“默认渐变填充”，再设置“节点位置”为0%的色标颜色为白色、“节点位置”为100%的色标颜色为（C:44，M:20，Y:29，K:0），“填充宽度”为192.128、“水平偏移”为0、“垂直偏移”为11.0，最后单击“确定”按钮，填充完毕后去除轮廓，效果如图11-53所示。

11 保持矩形的选中状态，然后单击“透明度工具”接着在属性栏中设置“渐变透明度”为“线性渐变透明度”、“合并模式”为“常规”、“节点透明度”为100，效果如图11-54所示。

图11-53　图11-54

12 移动矩形到下部分文字的后面一层，然后选中矩形和下部分文字，按T键使其顶端对齐，最终效果如图11-55所示。

图11-55

11.2.4 段落设置

使用CorelDRAW X7可以更改文本中文字的字句、行距和段落文本断行等段落属性，用户可以执行“文本>文本属性”菜单命令，打开“文本属性”泊坞窗，然后展开“段落”的设置面板，如图11-56所示。

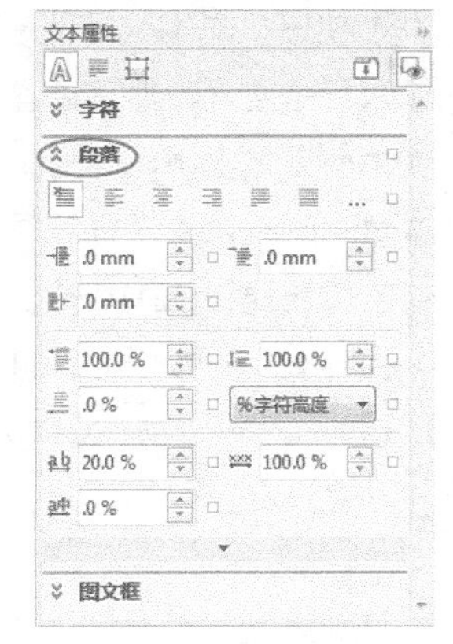

图11-56

【参数详解】

无水平对齐：使文本不与文本框对齐（该选项为默认设置）。

左对齐：使文本与文本框左侧对齐。

居中：使文本置于文本框左右两侧之间的中间位置。

右对齐：使文本与文本框右侧对齐。

两端对齐：使文本与文本框两侧对齐（最后一行除外）。

技巧与提示

设置文本的对齐方式为“两端对齐”时，如果在输入的过程中按Enter键进行过换行，则设置该选项后“文本对齐”为“左对齐”样式。

强制两端对齐：使文本与文本框的两侧同时对齐。

调整间距设置：单击该按钮，可以打开“间距设置”对话框，在该对话框中可以进行文本间距的自定义设置。

水平对齐：单击该选项后面的按钮，可以在下拉列表中为所选文本选择一种对齐方式。

最大字间距：设置文字间的最大间距。

最小字间距：设置文字间的最小间距。

最小字符间距：设置单个文本字符之间的间距。

首行缩进：设置段落文本的首行相对于文本框左侧的缩进距离（默认为0mm），该选项的范围为0~25400mm。

左行缩进：设置段落文本（首行除外）相对于文本框左侧的缩进距离（默认为0mm），该选项的范围为0~25400mm。

右行缩进：设置段落文本相对于文本框右侧的缩进距离（默认为0mm），该选项的范围为0~25400mm。

垂直间距单位：设置文本间距的度量单位。

行距：指定段落中各行之间的间距值，该选项的设置范围为0%~2000%。

段前间距：指定在段落上方插入的间距值，该选项的设置范围为0%~2000%。

段后间距：指定在段落下方插入的间距值，该选项的设置范围为0%~2000%。

字符间距：指定一个词中单个文本字符之间的间距，该选项的设置范围为-100%~2000%。

语言间距：控制文档中多语言文本的间距，该选项的设置范围为0%~2000%。

字间距：指定单个字之间的间距，该选项的设置范围为0%~2000%。

课堂案例

绘制花店鲜花卡片

实例位置	实例文件>CH11>课堂案例：绘制花店鲜花卡片.cdr
素材位置	素材文件>CH11>01.jpg
视频位置	多媒体教学>CH11>课堂案例：绘制花店鲜花卡片.mp4
技术掌握	文本的属性设置

改变文本的属性来绘制花店鲜花卡片，用作明信片设计，效果如图11-57所示。

图11-57

01 新建空白文档，然后设置文档名称为“绘制花店鲜花卡片”，接着设置“宽度”为21mm、“高度”为27mm。

02 双击“矩形工具”创建一个与页面重合的矩形（作为背景），然后填充颜色为（C:82，M:42，Y:60，K:1），接着去除轮廓，如图11-58所示。

03 使用“矩形工具”在页面内绘制一个稍微小于页面的矩形，然后填充淡粉色（C:6，M:21，Y:0，K:0），接着去除轮廓线，如图11-59所示。

图11-58

图11-59

04 导入“素材文件>CH11>01.jpg”文件，如图11-60所示。然后使用“矩形工具”绘制一个矩形如图11-61所示。接着执行“对象>图框精确剪裁>置于图文框内部”菜单命令，将图片放置到矩形内部，并调节图片大小。最后单击“停止编辑内容”如图11-62所示，最终效果如图11-63所示。

图11-60

图11-61

图11-62

图11-63

05 使用“文本工具”输入段落文本，然后设置文本的字体大小，并为文本填充颜色，将设置后的文字按快捷键Ctrl+Q转换为曲线，效果如图11-64所示。

图11-64

06 使用“文本工具”在页面右下方输入美术文本，然后调整字体和大小，再填充颜色为（C:82，M:42，Y:60，K:1），接着更改＂DAY＂的填充颜色为（C:25，M:95，Y:60，K:0），如图11-65所示，调整文本的位置，最终效果如图11-66所示。

图11-65

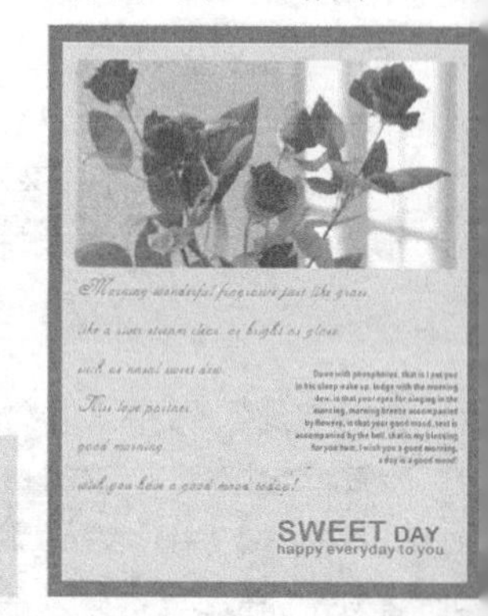

图11-66

11.2.5 制表位

设置制表位的目的是为了保证段落文本按照某种方式进行对齐，以使整个文本井然有序。执行“文本>制表位”菜单命令将弹出“制表位设置”对话框。如图11-67所示。

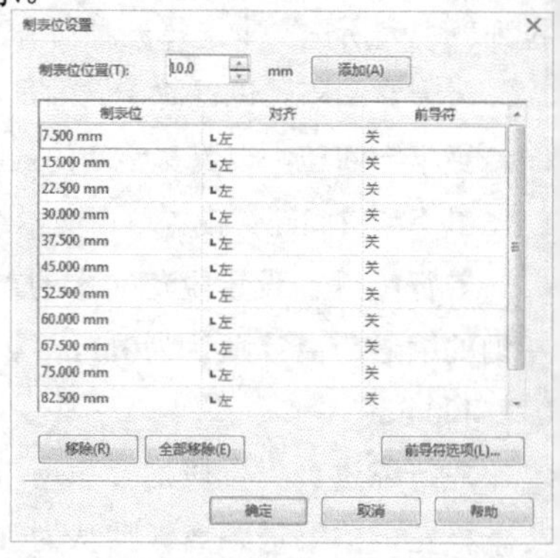

制表位设置

制表位位置(T): 10.0 mm 添加(A)

制表位	对齐	前导符
7.500 mm	左	关
15.000 mm	左	关
22.500 mm	左	关
30.000 mm	左	关
37.500 mm	左	关
45.000 mm	左	关
52.500 mm	左	关
60.000 mm	左	关
67.500 mm	左	关
75.000 mm	左	关
82.500 mm	左	关

移除(R) 全部移除(E) 前导符选项(L)...

确定 取消 帮助

图11-67

【参数详解】

制表位位置：用于设置添加制表位的位置，新设置的数值是在最后一个制表位的基础上而设置的，单击后面的“添加”添加(A)按钮，可以将设置的该位置添加到制表位列表的底部。

移除移除(R)**：**单击该按钮，可以移除在制表位列表中选择的制表位。

全部移除全部移除(E)**：**单击该按钮，可以移除制表位列表中所有的制表位。

前导符选项前导符选项(L)...**：**单击该按钮，弹出“前导符设置”对话框，在该对话框中可以选择制表位将显示的符号，并能设置各符号间的距离。

字符：单击该选项后面的按钮，可以在下拉列表中选择系统预设的符号作为制表位间的显示符号。

间距：用于设置各符号间的间距，该选项范围为0~10。

预览：该选项可以对“字符”和“间距”的设置在右侧的预览框中进行预览。

11.2.6 栏设置

当编辑大量文字时，通过“栏设置”对话框对文本进行设置，可以使排列的文字更加容易阅读，看起来也更加美观。执行“文本>栏”菜单命令将弹出“栏设置”对话框。

【参数详解】

栏数：设置段落文本的分栏数目，在栏设置的对话框列表中显示了分栏后的栏宽和栏间距，当勾选“栏宽相等”的复选框时，在“宽度”和“栏间宽度”中左键单击，可以设置不同的宽度和栏间宽度。

栏宽相等：勾选该项的复选框，可以使分栏后的栏和栏之间的距离相等。

保持当前图文框宽度：单击选择该选项后，可以保持分栏后文本框的宽度不变。

自动调整图文框宽度：单击选择该选项后，当对段落文本进行分栏时，系统可以根据设置的栏宽自动调整文本框宽度。

11.2.7 项目符号

在段落文本中添加项目符号，可以使一些没有顺序的段落文本内容编排成统一风格，使版面的排列井然有序。执行“文本>项目符号”菜单命令将弹出“项目符号”对话框，如图11-68所示。

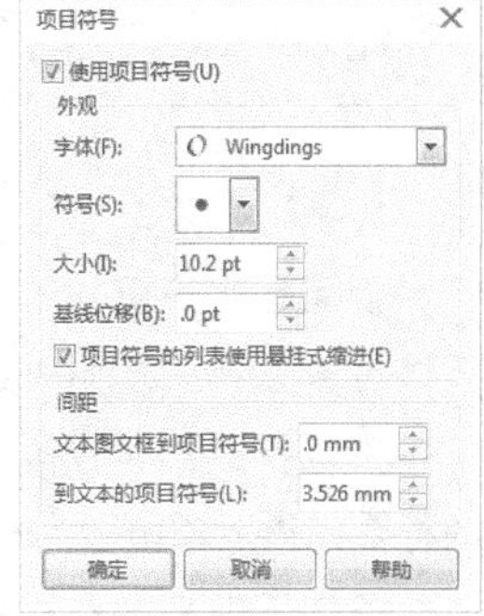

图11-68

【参数详解】

使用项目符号：勾选该选项的复选框，该对话框中的各个选项才可用。

字体：设置项目符号的字体，当该选项中的字体样式改变时，当前选择的“符号”也将随之改变。

大小：为所选的项目符号设置大小。

基线位移：设置项目符号在垂直方向上的偏移量，当参数为正值时，项目符号向上偏；当参数为负值时，项目符号向下偏移。

项目符号的列表使用悬挂式缩进：勾选该选项的复选框，添加的项目符号将在整个段落文本中悬挂式缩进。

文本图文框到项目符号：设置文本和项目符号到图文框（或文本框）的距离，设置该选项可以在数值框中输入数值，也可以单击后面的按钮，还可以当光标变为时，按住鼠标拖曳。

到文本的项目符号：设置文本到项目符号的距离，设置该选项可以在数值框中输入数值，也可以单击后面的按钮，还可以当光标变为时，按住鼠标拖曳。

11.2.8 首字下沉

首字下沉可以将段落文本中每一段文字的第1个文字或是字母放大，同时嵌入文本。执行“文本>首字下沉”菜单命令将弹出“项目符号”对话框，如图11-69所示。

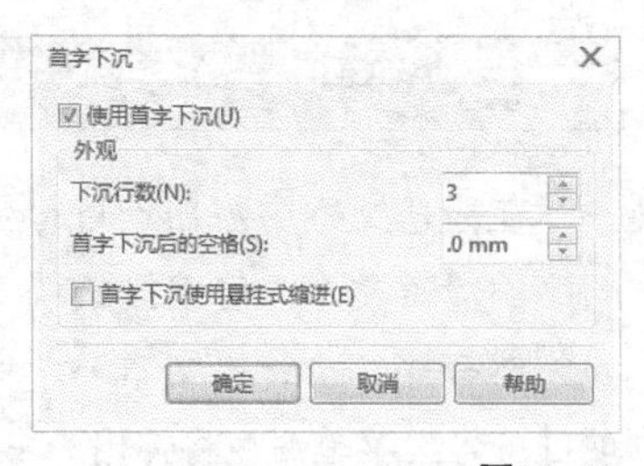

图11-69

【参数详解】

使用首字下沉：勾选该选项的复选框，才可进行该对话框中各选项的设置。

下沉行数：设置段落文本中每个段落首字下沉的行数，该选项范围为2~10。

首字下沉后的空格：设置下沉文字与主体文字之间的距离。

首字下沉使用悬挂式缩进：勾选该选项的复选框，首字下沉的效果将在整个段落文本中悬挂式缩进。

11.2.9 断行规则

执行“文本>断行规则”命令，弹出“断行规则”对话框。

【参数详解】

前导字符：确保不在选项文本框的任何字符之后断行。

下随字符：可以确保不在选项文本框的任何字符之前断行。

字符溢值：可以允许选项文本框中的字符延伸到行边距之外。

重置：在相应的选项文本框中，可以输入或移除字符，若要清空相应选项文本框中的字符，进行重新设置时，即可单击该按钮清空文本框中的字符。

预览：勾选该选项的复选框，可以对正在进行“文本不断行规则”设置的文本进行预览。

11.2.10 字体乐园

CorelDRAW X7的“字体乐园”泊坞窗引入了一种更易于浏览、体验的选择最合适字体的方法。用户执行“文本>字体乐园”菜单命令，打开“字体乐园”泊坞窗，在该泊坞窗中，选择好“字体”和“样式”，然后按住鼠标左键拖曳窗口的滚动条，待出现需要的字体排列样式时，松开鼠标左键单击字体，并在“缩放”中更改示例文本的大小，接着单击“复制”按钮。如图11-70所示。

图11-70

【参数详解】

字体列表：在弹出的字体列表中选择需要的字体样式。

单行：单击该按钮显示单行字体。

多行：单击该按钮显示一段文本。

瀑布式：单击该按钮显示字体逐渐变大的单行文本。

11.2.11 插入符号字符

执行“插入符号字符”菜单命令，可以将系统已经定义好的符号或图形插入到当前文件中。

执行“文本>插入符号字符”菜单命令，弹出“插入字符”泊坞窗，在该泊坞窗中，选择好“代码页”和“字体”，然后按住鼠标左键拖曳下方符号选项窗口的滚动条，待出现需要的符号时，松开左键单击符号，并在“字符大小”文本框中设置好插入符号的大小，接着单击“复制”按钮（或是在选择的符号上双击鼠标左键），即可将所选符号插入到绘图窗口的中心位置。

【参数详解】

字体列表：为字符和字形中的列表项目选择字体。

字符过滤器：为特定的OpenType特性、语言、类别等查找字符和字形。

11.2.12 文本框编辑

创建文本框除了使用“文本工具”在页面上拖动创建出文本框以外，还可以由页面上绘制出的任意图形来创建文本框，首先选中绘制的图形，然后单击右键执行“框类型>创建空文本框”菜单命令，即可将绘制的图形作为文本框，如图11-71所示，此时使用“文本工具”字在对象内单击即可输入文本。

图11-71

11.2.13 书写工具

通过使用“拼写检查器”或“语法”，可以检查整个文档或选定的文本中的拼写和语法错误。执行“文本>书写工具>拼写检查”菜单命令，即可打开“书写工具”对话框的“拼写检查器”选项卡。

1. 检查整个绘图

执行“文本>书写工具>拼写检查”菜单命令或执行“文本>书写工具>语法”菜单命令，打开“书写工具”对话框，然后在“检查”选项的下拉选项中选择“文档”，如图11-72所示。接着单击“开始”按钮开始(S)，即可对整个绘图中的语法或拼写错误进行检查。

检查(K): 选定的文本
文档
选定的文本

图11-72

2.检查选定文本

选中一段文本中的部分文本，然后执行“文本>书写工具>拼写检查”菜单命令或执行“文本>书写工具>语法”菜单命令，打开“书写工具”对话框，接着在“检查”选项的下拉选项中选择任意一项，接着单击“开始”按钮开始(S)，即可对部分文本中的语法或拼写错误进行检查。

3.手动编辑文本

执行“文本>书写工具>拼写检查”菜单命令或执行“文本>书写工具>语法”菜单命令，打开“书写工具”对话框。当拼写或语法检查器停在某个单词或短语处时，可以从“替换”列表中单击选择一个单词或短语，然后单击“替换”按钮替换(R)，如果拼写检查器未提供替换单词可以在“替换为”的框中手动输入替换单词。

4.定义自动文本替换

执行“文本>书写工具>拼写检查”菜单命令或执行“文本>书写工具>语法”菜单命令，打开“书写工具”对话框，当拼写或语法检查器停在某个单词或短语处时，单击“自动替换”按钮自动替换(U)，即可定义自动文本替换。

技巧与提示

在使用语法或拼写检查器时，要跳过一次拼写或语法错误，可以当语法或拼写检查器停止时单击“跳过一次”按钮跳过一次(O)，如果要跳过所有同一错误，可以单击“全部跳过”按钮全部跳过(A)。

11.2.14 文本统计

执行“文本>文本统计信息”菜单命令，即可打开“统计”对话框，在该对话框的窗口中可以看到所选文本或是整个工作区中文本的各项统计信息。

11.3 文本编排

在CorelDRAW X7中，可以进行页面的操作、页面设置、页码操作、文本转曲以及文本的特殊处理等。

11.3.1 页面操作与设置

在CorelDRAW X7中，可以对页面进行多项操作与设置，这样在使用CorelDRAW X7进行文本编排和图形绘制时会更加方便快捷。

1.插入页面

执行“布局>插入页面”菜单命令，即可打开“插入页面”对话框。

【参数详解】

页码数：设置插入页面的数量。

之前：将页面插入到所在页面的前面一页。

之后：将页面插入到所在页面的后面一页。

现存页面：在该选项中设置好页面后，所插入的页面将在该页面之后或之前。

大小：设置将要插入的页面的大小。

宽度：设置插入页面的宽度。

高度：设置插入页面的高度。

单位：设置插入页码的“高度”和“宽度”的量度单位。

2.删除页面

执行“布局>删除页面”菜单命令，即可打开“删除页面”对话框，在“删除页面”选项的数值框中设置好要删除的页面的页码，然后单击“确定”按钮，即可删除该页面；如果勾选“通到页面”，并在该数值框中设置好页码，即可将“删除页面”到“通到页面”的所有页面删除。

技巧与提示

按照以上对话框中的设置，即可将页面1到页面3的所有页面删除，需要注意的是，“通到页面”中的数值无法比“删除页面”中的数值小。

3.转到某页

执行“布局>转到某页”菜单命令，即可打开“转到某页”对话框，在该对话框中设置好页面的页码数，然后单击“确定”按钮，即可将当前页面切换到设置的页面。

4.切换页面方向

执行“布局>切换页面方向”菜单命令，即可将原本为“横向”的页面设置为“纵向”，原本为“纵向”的页面设置为“横向”，如果要更快捷地切换页面方向，可以直接单击属性栏中的“纵向”按钮和“横向”按钮切换页面方向。

5.布局

在菜单栏中执行“布局>页面设置”菜单命令，打开“选项”对话框，然后单击右侧的“布局”选项，展开该选项的设置页面，如图11-73所示。

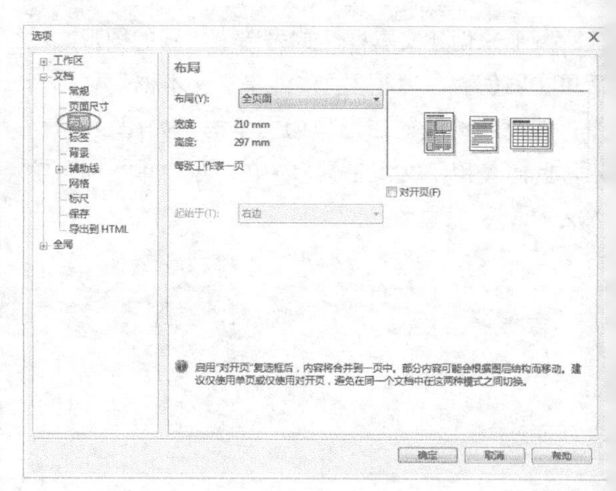

图11-73

【参数详解】

布局：单击该选项，可以在打开的列表中单击选择一种作为页面的样式。

对开页：勾选该选项的复选框，可以将页面设置为对开页。

起始于：单击该选项，在打开的列表中可以选择对开页样式起始于“左边”或是“右边”。

6.背景

执行“布局>页面设置”菜单命令，将打开“选项”对话框，然后单击右侧的“背景”选项，可以展开该选项的设置页面。

【参数详解】

无背景：勾选该选项后，单击“确定”按钮，即可将页面的背景设置为无背景。

纯色：勾选该选项后，可以在右侧的颜色挑选器中选择一种颜色作为页面的背景颜色（默认为白色）。

位图：勾选该选项后，可以单击右侧的“浏览”按钮，打开“导入”对话框，然后导入一张位图作为页面的背景。

默认尺寸：将导入的位图以系统默认的尺寸设置为页面背景。

自定义尺寸：勾选该选项后，可以在“水平”和“垂直”的数值框中自定义位图的尺寸（当导入位图后，该选项才可用）。

保持纵横比：勾选该选项的复选框，可以使导入的图片不会因为尺寸的改变，而出现扭曲变形的现象。

11.3.2 页码操作

1.插入页码

执行“布局>插入页码”菜单命令，可以观察到将要插入的页码有4种不同的插入样式可供选择，执行这4种插入命令中的任意一种，即可插入页码。

第1种：执行“布局>插入页码>位于活动图层”菜单命令，可以让插入的页码只位于活动图层下方的中间位置，如图11-74所示。

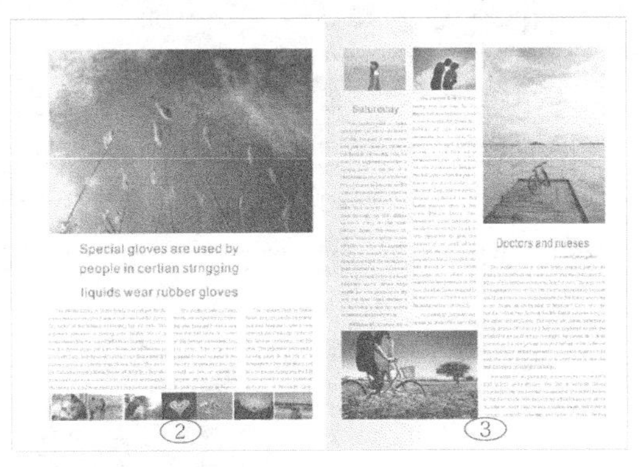

图11-74

第2种：执行“布局>插入页码>位于所有页”菜单命令，可以使插入的页码位于每一页面的下方。

第3种：执行“布局>插入页码>位于所有奇数页”菜单命令，可以使插入的页码位于每一个奇数页面下方，为了方便进行对比，可以重新设置为“对开页”进行显示，如图11-75所示。

图11-75

第4种：执行“布局>插入页码>位于所有偶数页”菜单命令，可以使插入的页码位于每一个偶数页面下方，为了方便进行对比，可以重新设置为“对开页”进行显示，如图11-76所示。

图11-76

技巧与提示

如果要执行“布局>插入页码>位于所有偶数页”菜单命令或执行“布局>插入页码>位于所有奇数页”菜单命令，就必须使页面总数为偶数或奇数，并且页面不能设置为“对开页”，这两项命令才可用。

2.页码设置

执行“布局>页码设置”菜单命令，打开“页码设置”对话框，可以在该对话框中设置页码的“起始页编号”和“起始页”，单击“样式”选项右侧的按钮，可以打开页码样式列表，在列表中可以选择一种样式作为插入页码的样式。

11.3.3 文本绕图

在CorelDRAW X7中可以将段落文本围绕图形进行排列，使画面更加美观。段落文本围绕图形排列称为文本绕图。

设置文本绕图的具体操作为：单击“文本工具”输入段落文本，然后绘制任意图形或是导入位图图像，将图形或图像放置在段落文本上，使其与段落文本有重叠的区域，接着单击属性栏中的“文本换行”按钮，弹出“换行样式”选项面板，单击面板中的任意一个按钮即可选择一种文本绕图效果（“无”按钮除外）。

【参数详解】

无：取消文本绕图效果。

轮廓图：使文本围绕图形的轮廓进行排列。

文本从左向右排列：使文本沿对象轮廓从左向右排列。

文本从右向左排列：使文本沿对象轮廓从右

向左排列。

跨式文本：使文本沿对象的整个轮廓排列。

正方形：使文本围绕图形的边界框进行排列。

文本从左向右排列：使文本沿对象边界框从左向右排列。

文本从右向左排列：使文本沿对象边界框从右向左排列。

跨式文本：使文本沿对象的整个边界框排列。

上/下：使文本沿对象的上下两个边界框排列。

文本换行偏移：设置文本到对象轮廓或对象边界框的距离，设置该选项可以单击后面的按钮；也可以当光标变为时，拖曳鼠标进行设置。

11.3.4 文本适合路径

在输入文本时，可以将文本沿着开放路径或闭合路径的形状进行分布，通过路径调整文字的排列，即可创建不同排列形态的文本效果。

1.直接填入路径

绘制一个矢量对象，然后单击“文本工具”，接着将光标移动到对象路径的边缘，待光标变为时，单击对象的路径，即可在对象的路径上直接输入文字，输入的文字依路径的形状进行分布，如图11-77所示。

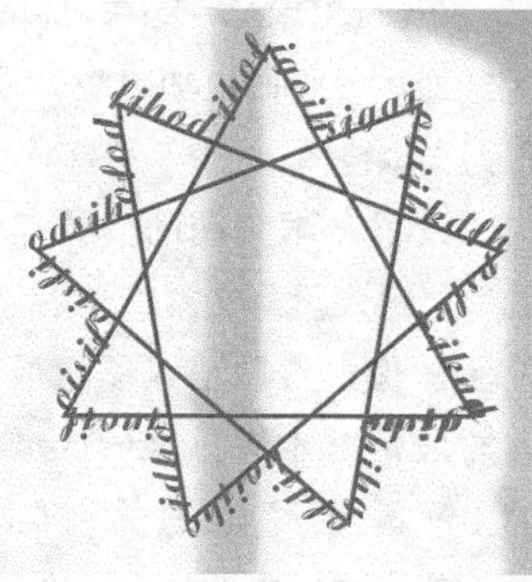

图11-77

2.执行菜单命令

选中某一美术文本，然后执行“文本>使文本适合路径”菜单命令，当光标变为时，移动到要填入的路径，在对象上移动光标可以改变文本沿路径的距离和相对路径终点和起点的偏移量（还会显示与路径距离的数值），如图11-78所示。

图11-78

3.右键填入文本

选中美术文本，然后按住鼠标左键拖曳文本到要填入的路径，待光标变为时，松开鼠标右键，弹出菜单面板，接着使用鼠标左键单击“使文本适合路径”，即可在路径中填入文本，如图11-79所示。

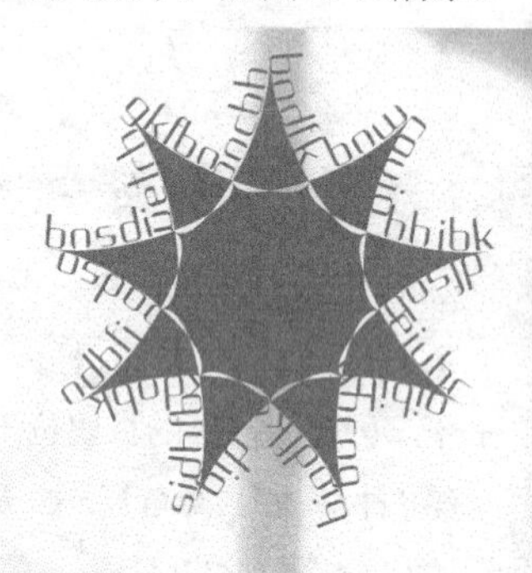

图11-79

4.路径文本属性设置

沿路径文本属性栏如图11-80所示。

图11-80

【参数详解】

文本方向：指定文本的总体朝向。

与路径的距离：指定文本和路径间的距离，当参数为正值时，文本向外扩散；当参数为负值时，文本向内收缩。

偏移：通过指定正值或负值来移动文本，使其靠近路径的终点或起点，当参数为正值时，文本按顺时针方向旋转偏移；当参数为负值时，文本按逆时针方向偏移。

水平镜像文本：单击该按钮可以使文本从左到右翻转。

垂直镜像文本：单击该按钮可以使文本从上到下翻转。

贴齐标记贴齐标记：指定文本到路径间的距离，单击该按钮，弹出“贴齐标记”选项面板，单击“打开贴齐标记”即可在“记号间距”数值框中设置贴齐的数值，此时在调整文本与路径之间的距离时会按照设置的“记号间距”自动捕捉文本与路径之间的距离，若单击“关闭贴齐标记”即可关闭该功能。

课堂案例

绘制饭店胸针

实例位置　实例文件>CH11>课堂案例：绘制饭店胸针.cdr
素材位置　素材文件>CH11>02.jpg、03.cdr
视频位置　多媒体教学>CH11>课堂案例：绘制饭店胸针.mp4
技术掌握　文本适合路径的操作方法

运用文本适合路径的操作方法制作饭店胸针，适用于胸针、动漫胸针周边设计，效果如图11-81所示。

图11-81

01 新建空白文档，然后设置文档名称为“饭店胸针”，接着设置“宽度”为185mm、“高度”为170mm。

02 导入“素材文件>CH11>02.jpg”文件，然后放置页面内与页面重合，如图11-82所示。

03 使用“椭圆形工具”在页面中间绘制一个正圆，然后填充黑色（C:0，M:0，Y:0，K:100），接着去除轮廓，如图11-83所示。

图11-82

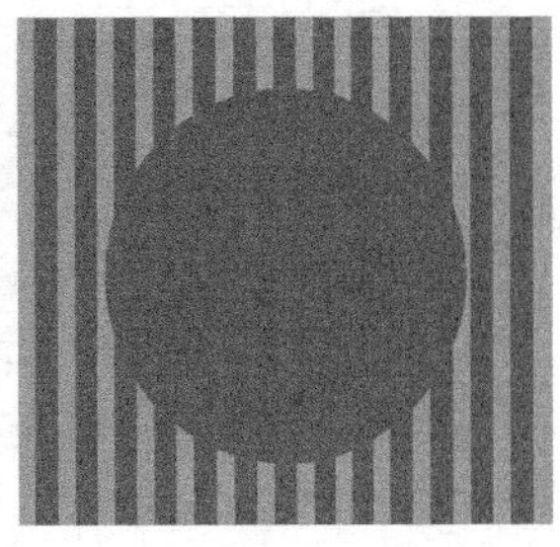

图11-83

04 选中前面绘制的正圆，然后单击“透明度工具”，接着在属性栏中设置“透明度类型”为“均匀透明度”、“合并模式”为“常规”，“透明度”为50，效果如图11-84所示。

05 复制一个前面绘制好的正圆，然后移除透明度设置，接着填充白色，再放置黑色正圆上面，最后稍微向左上方移动，效果如图11-85所示。

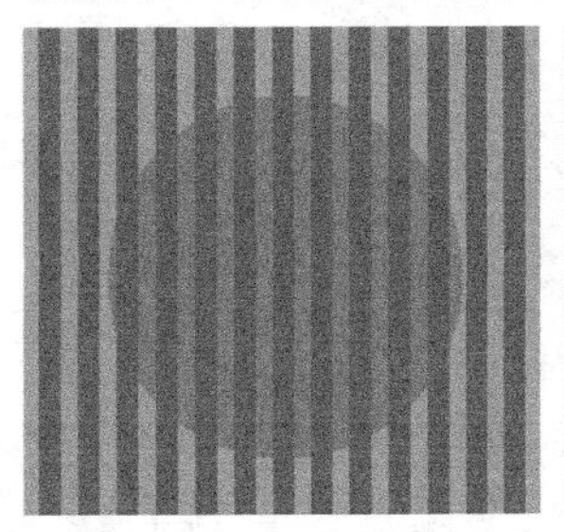

图11-84

图11-85

06 选中白色正圆，使其由中心缩小的同时复制两个一大一小的正圆，接着选中两个正圆，再单击属性栏中的“移除前面对象”按钮，最后填充颜色为（C:7，M:8，Y:12，K:0），效果如图11-86所示。

07 导入“素材文件>CH11>03.cdr”文件，然后放置在白色正圆内，如图11-87所示。

图11-86

图11-87

08 单击“文本工具”字输入美术文本，然后在属性栏中设置“字体”为Arrus Blk BT、“字体大小”为36pt，接着填充颜色为（C:52，M:59，Y:100，K:8），如图11-88所示。

RESTAURANT MENU

图11-88

09 使用“椭圆形工具”绘制一个正圆，然后选中前面输入的文本，接着执行“文本>使文本适合路径”菜单命令，最后将光标移动到正圆上面待调整合适后单击鼠标左键，即可创建沿路径文本，如图11-89所示。

10 使用“形状工具”适当调整沿路径文本的字句，如图11-90所示。然后单击“文本工具”输入美术文本，接着在属性栏中设置“字体”为Arrus Blk BT、“字体大小”为26pt，接着填充颜色为（C:52，M:59，Y:100，K:8），如图11-91所示。

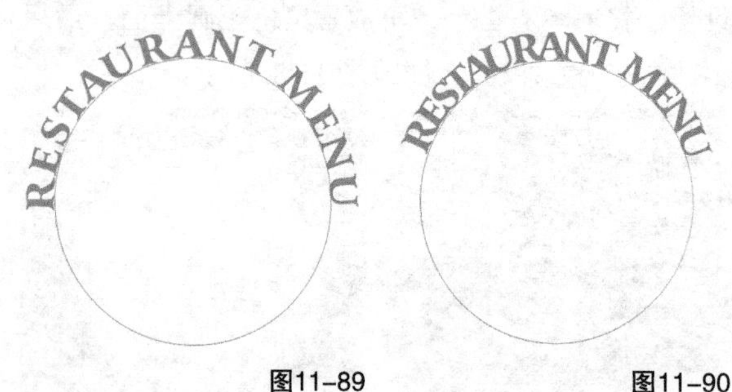

图11-89　图11-90

FOOD & DRINK

图11-91

11 选中前面输入的文本，然后执行“文本>使文本适合路径”菜单命令，接着将光标移动到沿路径文本的正圆上，待调整合适后单击左键，效果如图11-92所示。

12 使用“文本工具”选中沿路径文本中下方的文本，然后在属性栏中设置“与路径的距离”为6mm、“偏移”为164.192mm，接着依次单击“水平镜像文本”按钮和“垂直镜像文本”按钮，设置后的效果如图11-93所示。

图11-92　图11-93

13 单击“文本工具”输入美术文本，然后在属性栏上设置“字体”为Arno Pro Smbd Display、“字体大小”为24pt，接着填充颜色为（C:90，M:81，Y:66，K:46），如图11-94所示。

BREAKFAST · LUNCH · DINNER · DESSERT · BEVERAGE ·

图11-94

14 使用“椭圆形工具”绘制一个正圆，然后选中前面输入的文本，执行“文本>使文本适合路径”菜单命令，接着将光标移动到正圆上，待调整合适后单击鼠标左键，即可创建沿路径文本，如图11-95所示。

15 选中第2组沿路径文本，然后使用“形状工具”调整沿路径文本的字句，使其不再有重叠现象，如图11-96所示。

图11-95　图11-96

16 选中两个沿路径文本移动到白色正圆内，然后使用“形状工具”选中沿路径文本中的正圆，接着单击“选择工具”再按Delete键删除，效果如图11-97所示。

17 使用“椭圆形工具”在白色正圆上绘制一个正圆，然后填充边框颜色为（C:40，M:33，Y:36，K:0），接着在属性栏中设置“轮廓宽度”为1mm，设置完毕后，如图11-98所示。

图11-97 　图11-98

18 保持正圆轮廓的选中状态，然后单击“裁剪工具”框住正圆轮廓的中间部分，然后双击左键裁剪掉正圆的上下部分，效果如图11-99所示。

19 使用“椭圆形工具”绘制一个正圆，然后在该正圆的边缘上再绘制两个较小的正圆，接着填充两个小圆颜色为（C:62，M:96，Y:98，K:59），最后去除轮廓，效果如图11-100所示。

图11-99

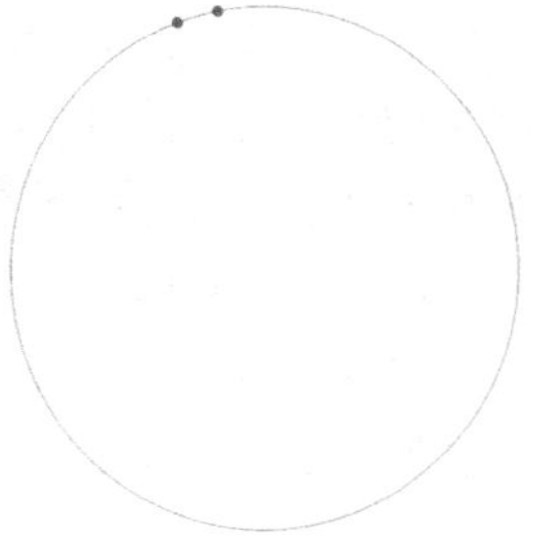

图11-100

20 单击“调和工具”按住鼠标左键由第1个小圆拖曳到第2个小圆，然后在属性栏中单击“路径属性”按钮，在打开的菜单中选择“新路径”，如图11-101所示。接着使用鼠标左键单击正圆轮廓，再设置属性栏中的“调和步长”为119，最后拖曳正圆上的小圆使其均匀分布在正圆轮廓的边缘，效果如图11-102所示。

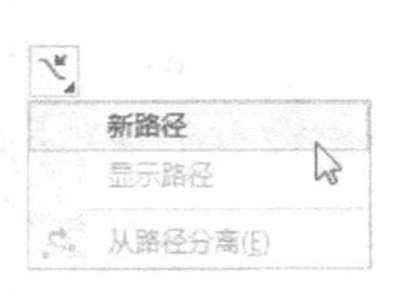

图11-101

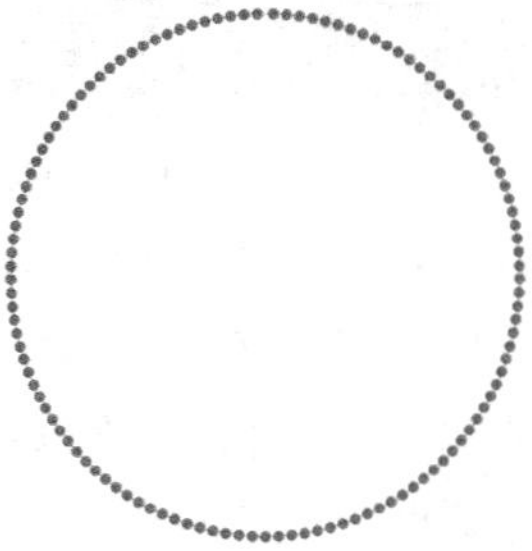

图11-102

21 选中前面的调和对象，然后使用鼠标左键单击调色板上的图标，移除正圆轮廓，接着移动该对象到白色正圆上，再适当调整位置，最终效果如图11-103所示。

图11-103

11.3.5 文本框设置

文本框分为固定文本框和可变文本框，系统默认的为固定文本框。

使用固定文本框时，绘制的文本框大小决定了在文本框中能显示文字的多少。使用可变文本框时，文本框的大小会随输入文本的多少而随时改变。

执行“工具>选项”菜单命令（或按快捷键Ctrl+J），在弹出的对话框中使用鼠标左侧依次单击“工作区>文本>段落文本框”，然后在右侧展开的面板中勾选“按文本缩放段落文本框”，接着单击“确定”按钮，如图11-104所示，即可将固定的文本框设置为可变的文本框。

图11-104

11.4 文本转曲操作

美术文本和段落文本都可以转换为曲线，转曲后的文字无法再进行文本的编辑，但是，转曲后的文字具有曲线的特性，可以使用编辑曲线的方法对其进行编辑。

11.4.1 文本转曲的方法

选中美术文本或段落文本，然后单击右键，在弹出的菜单中左键单击“转换为曲线”菜单命令，即可将选中文本转换为曲线，也可以执行“对象>转换为曲线”菜单命令；还可以直接按快捷键Ctrl+Q转换为曲线，转曲后的文字可以使用“形状工具”对其进行编辑，如图11-105所示。

图11-105

11.4.2 艺术字体设计

艺术字体设计表达的含意丰富多彩，常用于表现产品属性和企业经营性质。运用夸张、明暗、增减笔画形象以及装饰等手法，以丰富的想象力，重新构成字形，既加强了文字的特征，又丰富了标准字体的内涵。

艺术字广泛应用于宣传、广告、商标、标语、企业名称、展览会，以及商品包装和装潢等。在CorelDRAW X7中，利用文本转曲的方法，可以在原有字体样式上对文字进行编辑和再创作，如图11-106所示。

图11-106

课堂案例

绘制书籍封套

实例位置	实例文件>CH11>课堂案例：绘制书籍封套.cdr
素材位置	素材文件>CH11>04.cdr、05.jpg
视频位置	多媒体教学>CH11>课堂案例：绘制书籍封套.mp4
技术掌握	文本适合路径的操作方法

利用将文字转曲的功能绘制书籍封套，适用于图书封面设计，图书装帧设计，效果如图11-107所示。

图11-107

01 新建空白文档，然后设置文档名称为“书籍封套”，接着设置“宽度”为128mm、“高度”为165mm。

02 双击“矩形工具”创建一个与页面重合的矩形，然后填充颜色为白色，轮廓线填充颜色为（C:0，M:78，Y:36，K:20），再向内复制，设置“宽度”为124mm、“高度”为157mm，接着填充颜色为（C:0，M:78，Y:36，K:20），最后去掉轮廓线，如图11-108所示。

03 导入“素材文件>CH11>04.cdr”文件，然后放置在页面上方的位置，如图11-109所示。

图11-108

图11-109

04 导入“素材文件>CH11>05.jpg”文件，放置在页面下方的位置，如图11-110所示。然后单击“透明度工具”，接着设置“透明度类型”为“均匀透明度”、“合并模式”为“反转”、“透明度”为0，效果如图11-111所示。

图11-110

图11-111

05 使用“阴影工具”，按住鼠标左键为对象拖曳阴影效果，接着在属性栏中设置“阴影的不透明度”为22、“阴影羽化”为2，如图11-112所示。

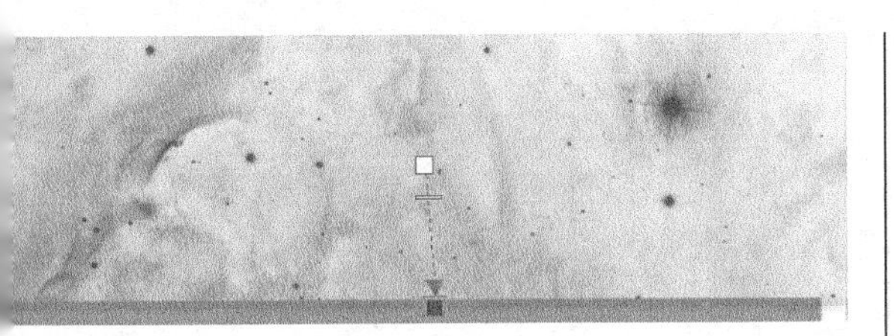
图11-112

06 使用“文本工具”字输入美术文本，然后在属性栏中设置“字体”为AvantGarde-Book、第一行“字体大小”为11pt、第二行“字体大小”为29pt、第三行“字体大小”为13pt、文本对齐为“强制调整”，接着填充整个颜色文本为（C:0，M:100，Y:60，K:0），效果如图11-113所示。

图11-113

07 选中前面的文本，然后按快捷键Ctrl+Q将其转换为曲线，接着单击属性栏中的“取消组合对象”按钮，再按快捷键Ctrl+K拆分曲线，最后选中第二行转曲文本并在垂直方向适当拉长进行调整，效果如图11-114所示。

图11-114

08 使用“文本工具”字输入美术文本，在属性栏中设置“字体”为AvantGarde-Thin、“字体大小”为9pt，接着填充颜色为白色，最后放置于页面的下方，选中文本执行“对象>对齐与分布>在页面水平居中”菜单命令进行对齐，如图11-115所示，最终效果如图11-116所示。

图11-115

图11-116

11.5 字库的安装

在平面设计中，只用Windows系统自带的字体，很难满足设计需要，因此需要在Windows系统中安装系统外的字体。

11.5.1 从计算机C盘安装

使用鼠标左键单击需要安装的字体，然后按快捷键Ctrl+C复制，接着单击“我的电脑”，打开C盘，依次单击打开文件夹“WINDOWS>Fonts”，如图11-117所示，再单击字体列表的空白处，按快捷键Ctrl+V粘贴字体，最后安装的字体会以蓝色选中样式在字体列表中显示，待刷新页面后重新打开CorelDRAW X7，即可在该软件的“字体列表”中找到装入的字体，如图11-118所示。

图11-117

图11-118

11.5.2 从控制面板安装

使用鼠标左键单击需要安装的字体，然后按快捷键Ctrl+C复制，接着依次单击“我的电脑>控制面板”，再双击“字体”打开字体列表，如图11-119所示。此时在字体列表空白处单击，按快捷键Ctrl+V粘贴字体，最后安装的字体会以蓝色选中样式在字体列表中显示，如图11-120所示。待刷新页面后重新打开CorelDRAW X7，即可在该软件的“字体列表”中找到装入的字体，如图11-121所示。

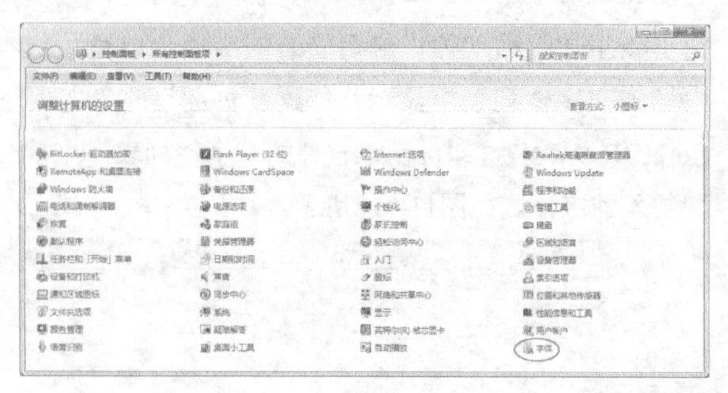

图11-119

图11-120

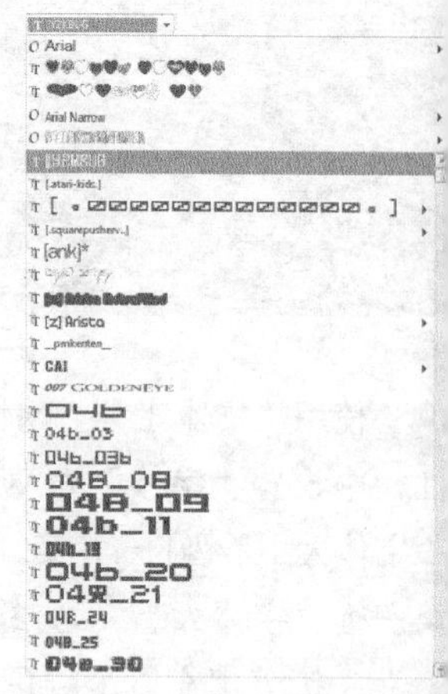

图11-121

11.6 创建表格

11.6.1 表格工具创建

单击“表格工具”，当光标变为时，在绘图窗口中按住鼠标左键拖曳，即可创建表格，如图11-122所示，创建表格后可以在属性栏中修改表格的行数和列数，还可以将单元格进行合并、拆分等。

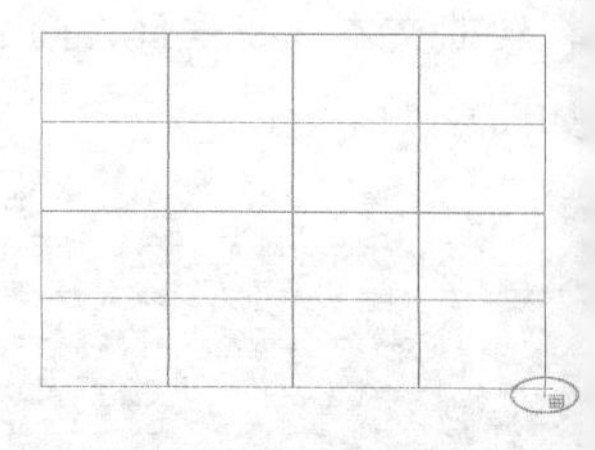

图11-122

11.6.2 菜单命令创建

执行“表格>创建新表格”菜单命令，弹出“创建新表格”对话框，在该对话框中可以对将要创建的表格进行“行数”“栏数”以及“高宽”的设置，设置好对话框中的各个选项后，单击“确定”按钮，如图11-123所示，即可创建表格。

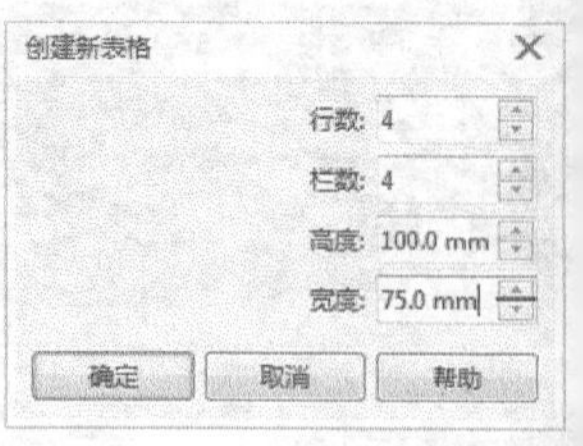

图11-123

技巧与提示

除了使用以上方法创建表格外，还可以由文本创建表格，首先使用“文本工具”字输入段落文本，如图11-124所示。然后执行“表格>将文本转换为表格”菜单命令，弹出“将文本转换为表格”对话框，接着勾选“逗号”，最后单击“确定”按钮 确定 ，如图11-125所示，即可创建表格，如图11-126所示。

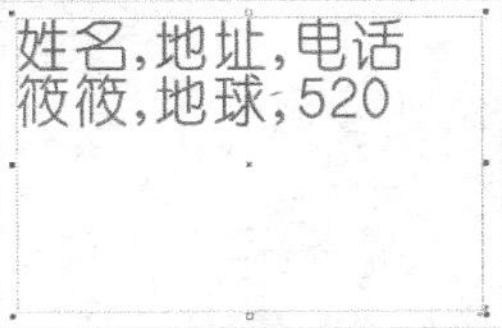

姓名,地址,电话
筱筱,地球,520

图11-124

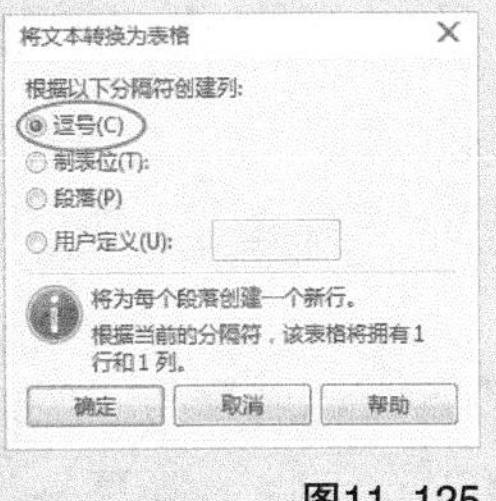

图11-125

姓名	地址	电话
筱筱	地球	520

图11-126

11.7 文本表格互转

11.7.1 表格转换为文本

执行“表格>创建新表格”菜单命令，弹出“创建新表格”对话框，然后设置“行数”为3、“栏数”为3、“宽度”为100mm、高度为130mm，接着单击“确定”按钮 确定 ，如图11-127所示。

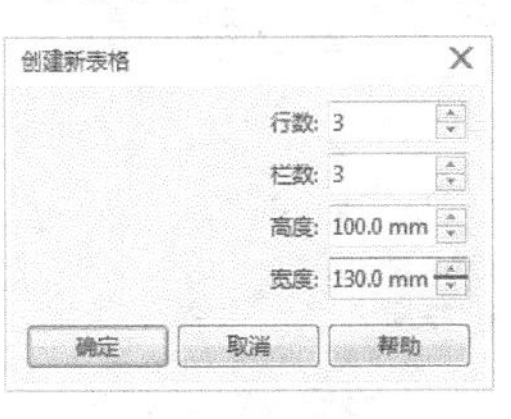

图11-127

在表格的单元格中输入文本，然后执行“表格>将表格转换为文本”菜单命令，弹出“将表格转换为文本”对话框，接着勾选“用户定义”选项，再输入符号“*”，最后单击“确定”按钮 确定 ，如图11-128所示，转换后的效果如图11-129所示。

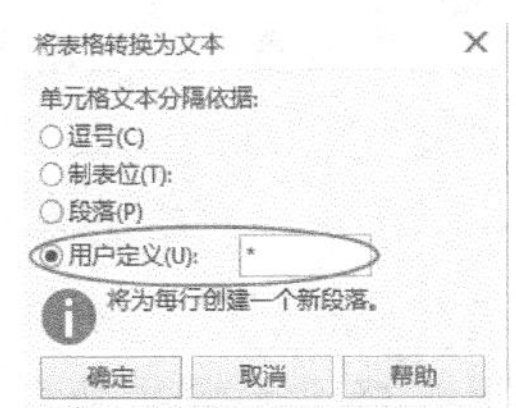

图11-128

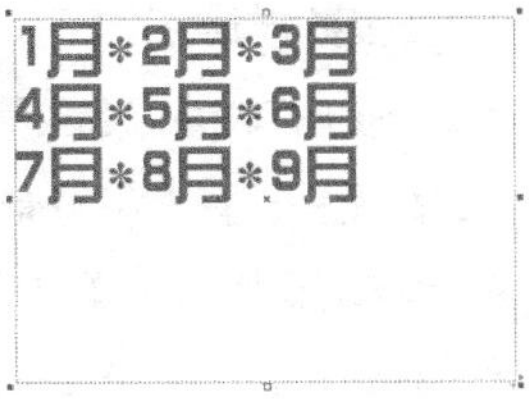

1月*2月*3月
4月*5月*6月
7月*8月*9月

图11-129

技巧与提示

在表格的单元格中输入文本，可以使用“表格工具” 单击该单元格，当单元格中显示一个文本插入点时，即可输入文本，如图11-130所示，也可以使用“文本工具”字单击该单元格，当单元格中显示一个文本插入点和文本框时，即可输入文本，如图11-131所示。

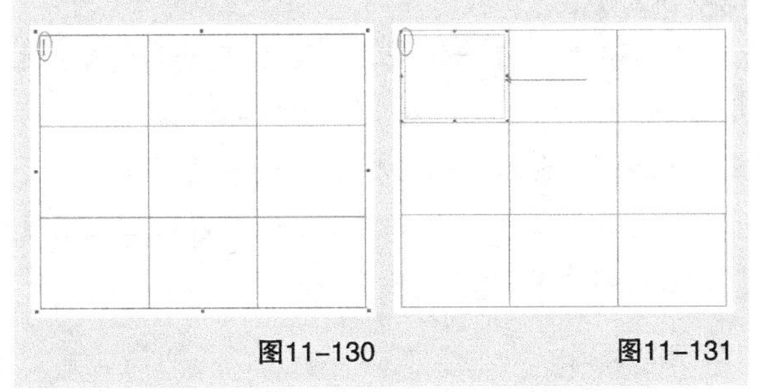

图11-130　　图11-131

11.7.2 文本转换为表格

选中前面转换的文本，然后执行“表格>文本转换为表格”菜单命令，弹出“将文本转换表格”对话框，接着勾选“用户定义”选项，再输入符号“*”，最后单击“确定”按钮 确定 ，如图11-132所示，转换后的效果如图11-133所示。

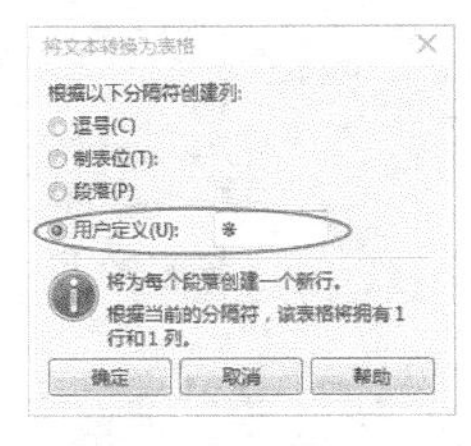

图11-132

1月	2月	3月
4月	5月	6月
7月	8月	9月

图11-133

11.8 表格设置

11.8.1 表格属性设置

“表格工具” 的属性栏如图11-134所示。

图11-134

【参数详解】

行数和列数：设置表格的行数和列数。

背景：设置表格背景的填充颜色。

编辑颜色：单击该按钮可以打开"均匀填充"对话框，在该对话框中可以对已填充的颜色进行设置，也可以重新选择颜色为表格背景填充。

边框：用于调整显示在表格内部和外部的边框，单击该按钮，可以在下拉列表中选择所要调整的表格边框（默认为外部）。

轮廓宽度：单击该选项按钮，可以在打开的列表中选择表格的轮廓宽度，也可以在该选项的数值框中输入数值。

轮廓颜色：单击该按钮，可以在打开的颜色挑选器中选择一种颜色作为表格的轮廓颜色。

轮廓笔：双击状态栏下的轮廓笔工具，打开"轮廓笔"对话框，在该对话框中可以设置表格轮廓的各种属性。

技巧与提示

打开"轮廓笔"对话框，可以在"样式"选项的列表中为表格的轮廓选择不同的线条样式，拖曳右侧的滚动条可以显示列表中隐藏的线条样式，如图11-135所示。选择线条样式后，单击"确定"按钮，即可将该线条样式设置为表格轮廓的样式，如图11-136所示。

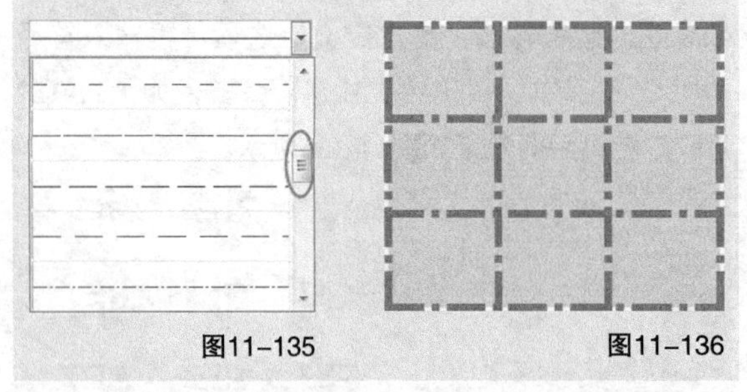

图11-135　　图11-136

在属性栏中单击 按钮，可以在下拉列表中设置"在键入时自动调整单元格大小"或"单独的单元格边框"。

在键入时自动调整单元格大小：勾选该选项后，在单元格内输入文本时，单元格的大小会随输入的文字的多少而变化。若不勾选该选项，文字输入满单元格时继续输入的文字会被隐藏。

单独单元格边距：勾选该选项，可以在"水平单元格间距"和"垂直单元格间距"的数值框中设置单元格间的水平距离和垂直距离。

课堂案例

绘制明信片

实例位置	实例文件>CH11>课堂案例：绘制明信片.cdr
素材位置	素材文件>CH11>06.jpg、07.cdr
视频位置	多媒体教学>CH11>课堂案例：绘制明信片.mp4
技术掌握	表格工具的使用方法

编辑表格制作明信片，效果如图11-137所示。

图11-137

01 新建空白文档，然后设置文档名称为"明信片"，接着设置"宽度"为296mm、"高度"为185mm。

02 双击"矩形工具"创建一个与页面重合的矩形，然后导入"素材文件>CH11>06.jpg"文件，效果如图11-138所示。

03 单击"表格工具"，然后在属性栏中设置"行数和列数"为1和6，接着在页面左上方绘制出表格，设置"背景色"为（C:0，M:0，Y:0，K:20）、"边框选择"为"无"、单击"选项"下拉菜单，勾选"单独的单元格边框"、"水平单元格间距"为0，效果如图11-139所示。

图11-138　　图11-139

04 选中表格，然后单击"透明度工具"，在属性栏中设置"透明度类型"为"均匀透明度"、"透明度"为30，效果如图11-140所示。

05 单击"表格工具"，然后在属性栏中设置"行数和列数"为6和1，接着在页面左上方绘制出表格，设置"背景色"为白色、"边框"为"无"，如图11-141所示。

图11-140　　图11-141

06 选中表格，然后单击“透明度工具”，在属性栏中设置“透明度类型”为“均匀透明度”、“透明度”为30，接着适当调整位置，效果如图11-142所示。

07 导入“素材文件>CH11>07.cdr”文件，然后放置在页面右上方，接着适当调整位置，效果如图11-143所示。

图11-142　　图11-143

08 使用“文本工具”字输入美术文本，然后在属性栏中设置“字体”为Folio Bk BT、“字体大小”为50pt，接着填充颜色为（C:0，M:60，Y:100，K:0），如图11-144所示。

09 使用“文本工具”字在前面输入的文本下方输入美术文本，然后在属性栏中设置“字体”为AF TOMMY HIFIGER、“字体大小”为8pt，接着设置颜色为（C:0，M:60，Y:100，K:0），最终效果如图11-145所示。

图11-144　　图11-145

11.8.2 选择单元格

当使用“表格工具”选中表格时，移动光标到要选择的单元格中，待光标变为加号形状时，单击鼠标左键即可选中该单元格，如果拖曳光标可将光标经过的单元格按行、按列选择，如图11-146所示；如果表格不处于选中状态，可以使用“表格工具”单击要选择的单元格，然后按住鼠标左键拖曳光标至表格右下角，即可选中所在单元格（如果拖曳光标至其他单元格，即可将光标经过的单元格按行、按列选择）。

当使用“表格工具”选中表格时，移动光标到表格左侧，待光标变为箭头形状时，单击鼠标左键，即可选中当行单元格，如图11-147所示，如果按住左键拖曳，可将光标经过的单元格按行选择。

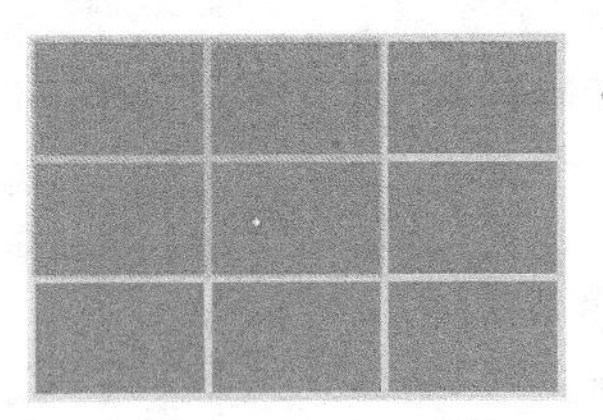

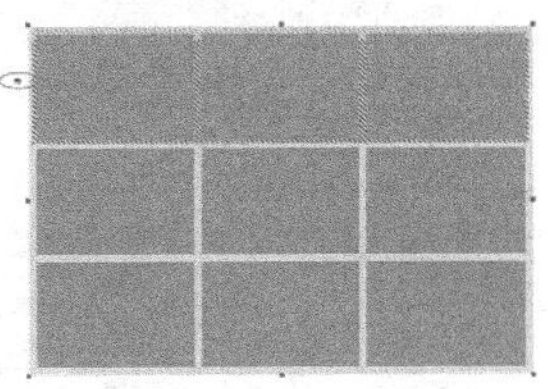

图11-146　　图11-147

移动光标到表格上方，待光标变为向下的箭头时，单击鼠标左键，即可选中当列单元格，如图11-148所示，如果按住左键拖曳，可将光标经过的单元格按列选择。

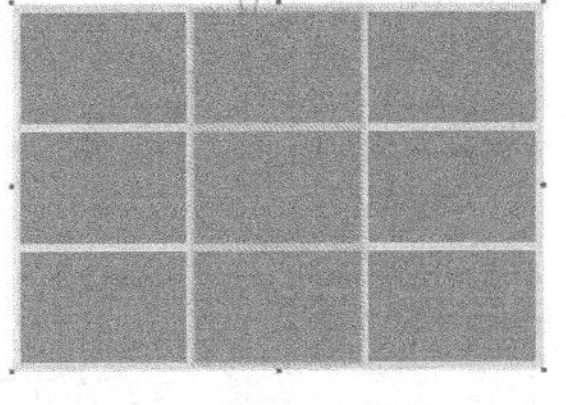

图11-148

11.8.3 单元格属性栏设置

选中单元格后，“表格工具”的属性栏如图11-149所示。

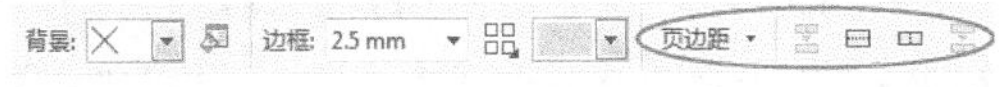

图11-149

【参数详解】

页边距：指定所选单元格内的文字到4个边的距离，单击该按钮，弹出设置面板，单击中间的按钮，即可以对其他3个选项进行不同的数值设置。

合并单元格：单击该按钮，可以将所选单元格合并为一个单元格。

水平拆分单元格：单击该按钮，弹出“拆分单元格”对话框，选择的单元格将按照该对话框中设置的行数进行拆分。

垂直拆分单元格：单击该按钮，弹出“拆分单元格”对话框，选择的单元格将按照该对话框中设置的行数进行拆分。

撤销合并：单击该按钮，可以将当前单元格还原为没合并之前的状态（只有当选中合并过的单元格，该按钮才可用）。

课堂案例

绘制时尚日历

实例位置	实例文件>CH11>课堂案例：绘制时尚日历.cdr
素材位置	素材文件>CH11>08.jpg、09.jpg、10.cdr
视频位置	多媒体教学>CH11>课堂案例：绘制时尚日历.mp4
技术掌握	表格工具的使用方法

运用“表格工具”制作时尚日历，效果如图11-150所示。

图11-150

01 新建空白文档，然后设置文档名称为“日历”，接着设置“宽度”为297mm、“高度”为183mm。

02 导入“素材文件>CH11>08.jpg”文件，然后拖曳到页面上，接着适当调整位置，效果如图11-151所示。

03 导入“素材文件>CH11>09.jpg”文件，然后拖曳到页面下方，接着适当调整位置，再接着选中素材文件，单击“透明度工具”，设置“透明度类型”为“无”、“合并模式”为“如果更亮”，效果如图11-152所示。

图11-151　图11-152

04 导入“素材文件>CH11>10.cdr”文件，然后拖曳到页面右侧，适当调整位置，如图11-153所示。接着向外复制一份，调整大小位置，最后填充颜色为（C:0，M:63，Y:0，K:0），效果如图11-154所示。

图11-153　图11-154

05 使用“文本工具”输入美术文本，然后设置“字体”为TPF Quackery、“字体大小”为39pt，接着填充颜色为（C:0，M:100，Y:0，K:0），如图11-155所示。

06 单击“表格工具”，然后在属性栏中设置“行数和列数”为6和7，接着在页面上绘制出表格，如图11-156所示。

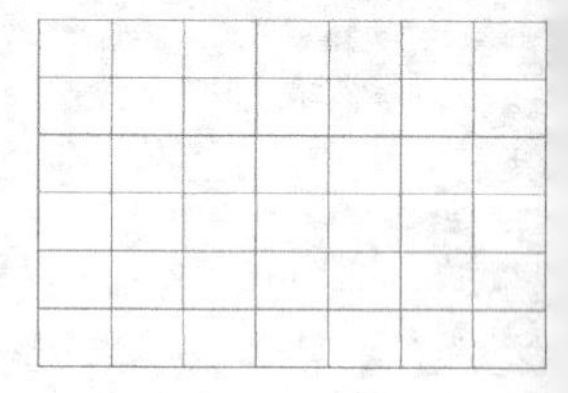

图11-155　图11-156

07 使用“文本工具”在表格内单击输入美术文本，然后设置第一行“字体”为AVGmdBU、“字体大小”为12pt、剩余文本“字体”为Busorama Md BT、“字体大小”为12pt，如图11-157所示。接着选中表格按快捷键Ctrl+Q将其转换为曲线，再接着将表格框删除，如图11-158所示。最后填充颜色为（C:0，M:100，Y:0，K:0），最后适当调整位置，最终效果如图11-159所示。

Su	Mo	Tu	We	Th	Fr	Sa
		1	2	3	4	5
6	7	8	9	10	11	12
13	14	15	16	17	18	19
20	21	22	23	24	25	26
27	28	29	30	31		

图11-157

Su	Mo	Tu	We	Th	Fr	Sa
		1	2	3	4	5
6	7	8	9	10	11	12
13	14	15	16	17	18	19
20	21	22	23	24	25	26
27	28	29	30	31		

图11-158　图11-159

11.9 表格操作

表格的运用与编辑也是很重要的，那么现在就开始进入表格操作的学习。

11.9.1 插入命令

选中任意一个单元格或多个单元格，然后执行“表格>插入”菜单命令，可以观察到在“插入”菜单命令的列表中有多种插入方式。

1.行上方

选中任意一个单元格，然后执行“表格>插入>行上方”菜单命令，可以在所选单元格的上方插入行，并且插入的行与所选单元格所在的行属性相同（例如，填充颜色、轮廓宽度、高度和宽度等），如图11-160所示。

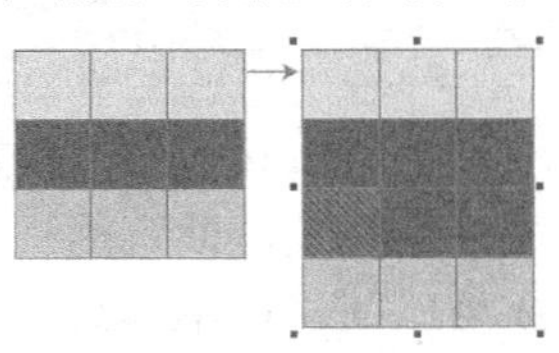

图11-160

2.行下方

选中任意一个单元格，然后执行“表格>插入>行下方”菜单命令，可以在所选单元格的下方插入行，并且插入的行与所选单元格所在的行属性相同，如图11-161所示。

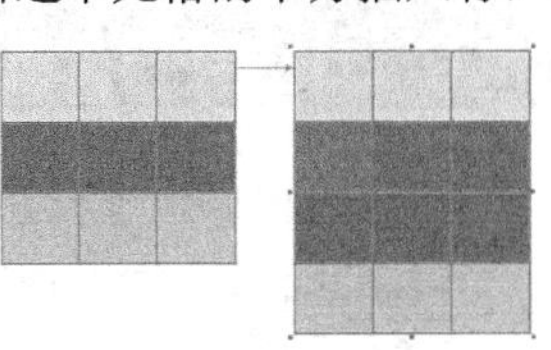

图11-161

3.列左侧

选中任意一个单元格，然后执行“表格>插入>列左侧”菜单命令，可以在所选单元格的左侧插入列，并且插入的列与所选单元格所在的列属性相同，如图11-162所示。

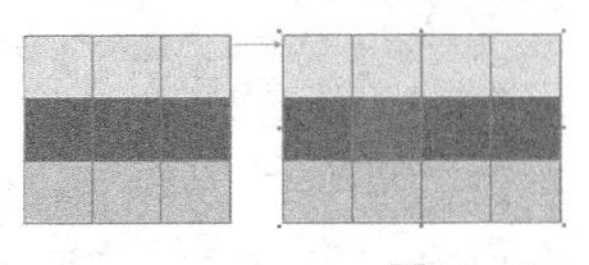

图11-162

4.列右侧

选中任意一个单元格，然后执行“表格>插入>列右侧”菜单命令，可以在所选单元格的右侧插入列，并且所插入的列与所选单元格所在的列属性相同，如图11-163所示。

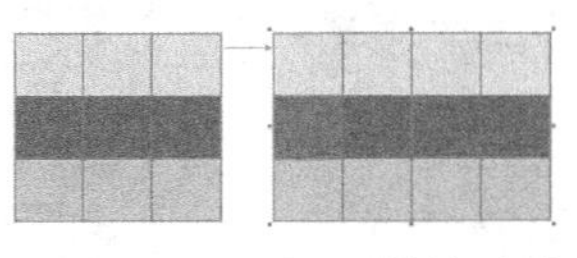

图11-163

5.插入行

选中任意一个单元格，然后执行“表格>插入>插入行”菜单命令，弹出“插入行”对话框，接着设置相应的“行数”，再勾选“在选定行上方”或“在选定行下方”，最后单击“确定”按钮，即可插入行，如图11-164所示。

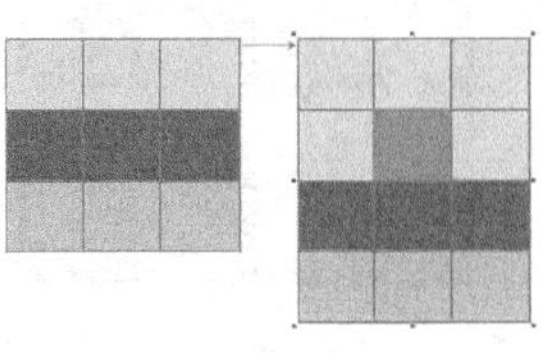

图11-164

6.插入列

选中任意一个单元格，然后执行“表格>插入>插入列”菜单命令，弹出“插入列”对话框，接着设置相应的“行数”，再勾选“在选定列左侧”或“在选定列右侧”，最后单击“确定”按钮，即可插入行，如图11-165所示。

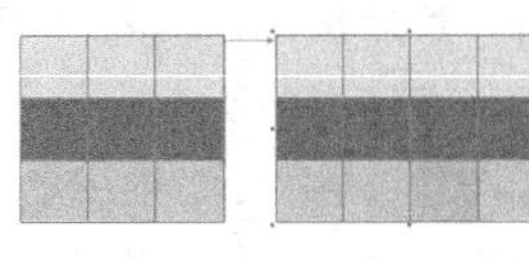

图11-165

11.9.2 删除单元格

要删除表格中的单元格，可以使用“表格工具”将要删除的单元格选中，然后按Delete键，即可删除。也可以选中任意一个单元格或多个单元格，然后执行“表格>删除”菜单命令，在该命令的列表中执行“行”“列”或“表格”菜单命令，即可对选中单元格所在的行、列或表格进行删除。

11.9.3 移动边框位置

当使用“表格工具”选中表格时，移动光标至表格边框，待光标变为垂直箭头↕或水平箭头↔时，按住鼠标左键拖曳，可以改变该边框位置，如图11-166所示；如果将光标移动到单元格边框的交叉点上，待光标变为倾斜箭头时，按住鼠标左键拖曳，可以改变交叉点上两条边框的位置，如图11-167所示。

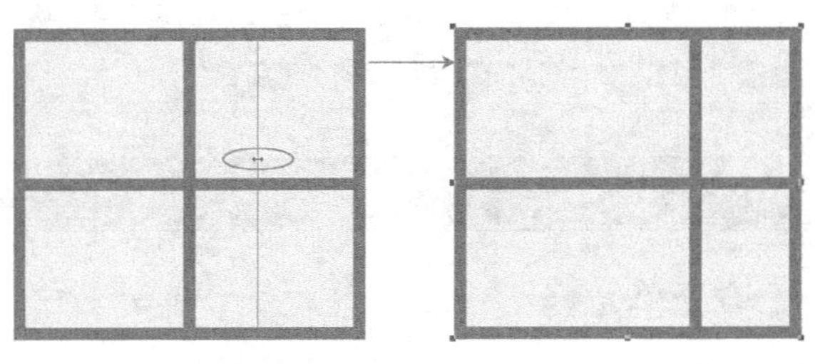

图11-166

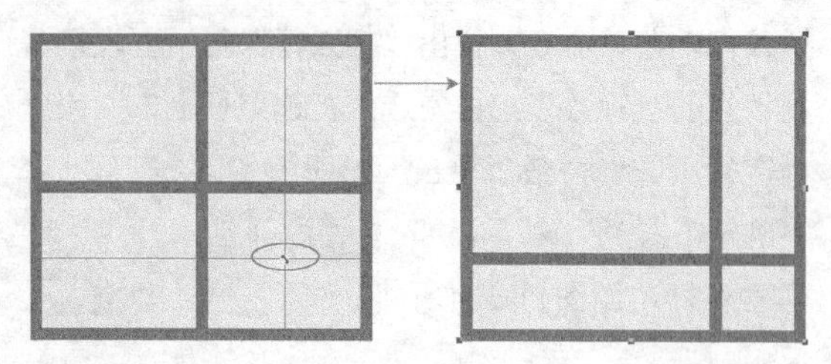

图11-167

11.9.4 分布命令

当表格中的单元格大小不一时，可以使用分布命令对表格中的单元格进行调整。

使用“表格工具”选中表格中所有的单元格，然后执行“表格>分布>行均分”菜单命令，即可将表格中的所有分布不均的行调整为均匀分布，如图11-168所示；如果执行“表格>分布>列均分”菜单命令，即可将表格中的所有分布不均的列调整为均匀分布，如图11-169所示。

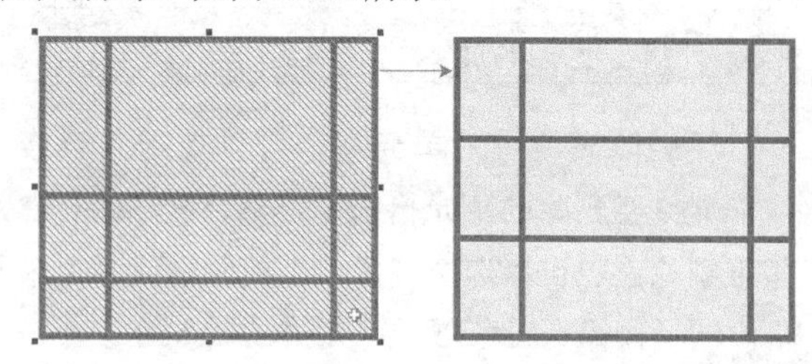

图11-168

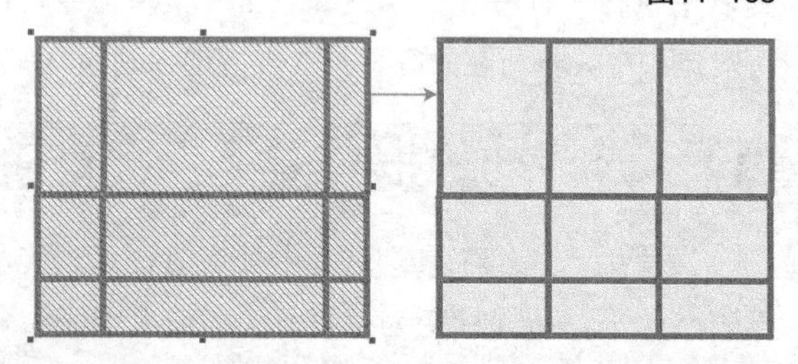

图11-169

技巧与提示

在执行表格的“分布”菜单命令时，选中的单元格行数和列数必须要在两个或两个以上，“行均分”和“列均分”菜单命令才可以同时执行，如果选中的多个单元格中只有一行，则“行均分”菜单命令不可用；如果选中的多个单元格中只有一列，则“列均分”菜单命令不可用。

11.9.5 填充表格

1.填充单元格

使用“表格工具”选中表格中的任意一个单元格或整个表格，然后在调色板上单击鼠标左键，即可为选中单元格或整个表格填充单一颜色，也可以双击状态栏下的“填充工具”，打开不同的填充对话框，然后在相应的对话框中为所选单元格或整个表格填充单一颜色、渐变颜色、位图或底纹图样。

2.填充表格轮廓

填充表格的轮廓颜色除了通过属性栏设置，还可以通过调色板进行填充，首先使用“表格工具”选中表格中的任意一个单元格（或整个表格），然后在调色板中单击鼠标右键，即可为选中单元格（或整个表格）的轮廓填充单一颜色，如图11-170所示。

图11-170

11.10 本章小结

本章可以看出文本和表格是相互有联系的，所以在学习的过程中，也要学会将两个相关的知识点融会贯通，同样练习也非常重要，创新也是在练习中产生的。

课后练习1

绘制杂志封面

实例位置	实例文件>CH11>课后练习：绘制杂志封面.cdr
素材位置	素材文件>CH11>11.jpg
视频位置	多媒体教学>CH11>课后练习：绘制杂志封面.mp4
技术掌握	文本属性的运用

通过改变文本属性制作杂志封面，适用于时尚杂志封面设计和时尚海报宣传设计，效果如图11-171所示。

图11-171

【操作流程】

新建空白文档，然后设置文档名称为“杂志封面”，接着设置“宽度”为210mm、“高度”为285mm。然后通过改变文本属性制作美术字体，导入素材，最后调整。步骤如图11-172所示。

图11-172

课后练习2

绘制杂志内页

实例位置　实例文件>CH11>课后练习：绘制杂志内页.cdr
素材位置　素材文件>CH11>12.jpg
视频位置　多媒体教学>CH11>课后练习：绘制杂志内页.mp4
技术掌握　文本属性的运用

设置文本属性制作杂志内页，用于杂志内页排版设计，效果如图11-173所示。

图11-173

【操作流程】

新建空白文档，然后设置文档名称为“杂志内页”，接着设置“宽度”为210mm、“高度”为275mm，在通过改变文本属性，制作杂志内页，最后导入素材，步骤如图11-174所示。

图11-174

课后练习3

绘制邀请函

实例位置　实例文件>CH11>课后练习：绘制邀请函.cdr
素材位置　素材文件>CH11>13.cdr
视频位置　多媒体教学>CH11>课后练习：绘制邀请函.mp4
技术掌握　适合路径功能的掌握

使用文本适合路径功能绘制邀请函，用于邀请函、电子请柬设计，效果如图11-175所示。

图11-175

【操作流程】

新建空白文档，然后设置文档名称为“邀请函”，接着设置“宽度”为290mm、“高度”为180mm，运用前面学过的文本适合路径，改变美术字路径制作请柬，导入素材进行调整，步骤如图11-176所示。

图11-176

课后练习4

绘制梦幻信纸

实例位置　实例文件>CH11>课后练习：绘制梦幻信纸.cdr
素材位置　素材文件>CH11>14.jpg、15.cdr
视频位置　多媒体教学>CH11>课后练习：绘制梦幻信纸.mp4
技术掌握　表格和字符插入的运用

运用表格和字符插入制作梦幻信纸，适用于电子书信设计，效果如图11-177所示。

【操作流程】

新建空白文档，然后设置文档名称为“信纸”，再设置“宽度”为210mm、“高度”为297mm，接着将前面学过的表格操作和字符插入相结合制作梦幻信纸，导入素材调整，步骤如图11-178所示。

图11-177

图11-178

第12章 综合案例

本章全部是综合案例的教学，目的就是将前面学过的所有知识融会贯通，互相结合，创造出富有新意的产品与作品，同时可以看出CorelDRAW X7在平面设计中具有很强大的功能与作用。本章的案例涉及的方面很广，涵盖了整本书所有的知识点，掌握起来较难，需要反复练习创新。

课堂学习目标

精通字体设计

精通版式设计

精通跨版式内页设计

精通标志设计

精通工业产品设计

12.1 文字设计

12.1.1 综合案例：精通折纸文字设计

实例位置　实例文件>CH12>综合案例：精通折纸文字设计.cdr
素材位置　素材文件>CH12>01.jpg
视频位置　多媒体教学>CH12>综合案例：精通折纸文字设计.mp4
技术掌握　折纸文字的制作方法

【思路分析】

折纸类文字设计，最重要的是分析每一笔画之间的穿插关系，以及前后折叠关系，了解这些穿插关系就可以准确地找到字体的起始位置与结束比划，也可以精确地处理笔画之间的覆盖效果，加上阴影的效果，可以产生独特的字体特效，案例效果如图12-1所示。

图12-1

【制作流程】

01 新建空白文档，然后设置文档名称为“折叠文字”，接着设置“宽度”为180mm、“高度”为140mm。

02 使用“文本工具”输入美术文本，然后设置“字体”为Atmosphere、“字体大小”为255pt、“文本对齐”为“居中”，如图12-2所示。

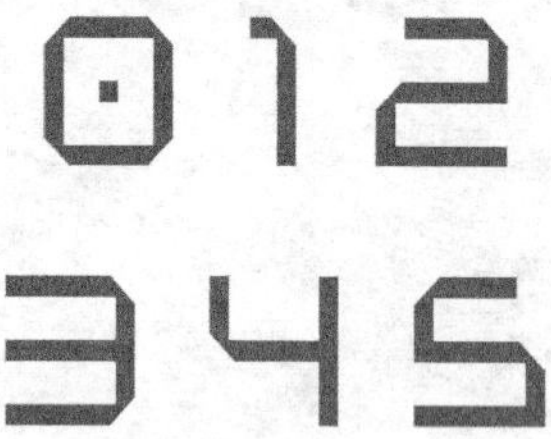

图12-2

03 选中文本，然后按快捷键Ctrl+Q将其转换为曲线，接着使用“形状工具”框选住第1个文字中间的矩形，如图12-3所示，再按Delete键删除，效果如图12-4所示。

图12-3 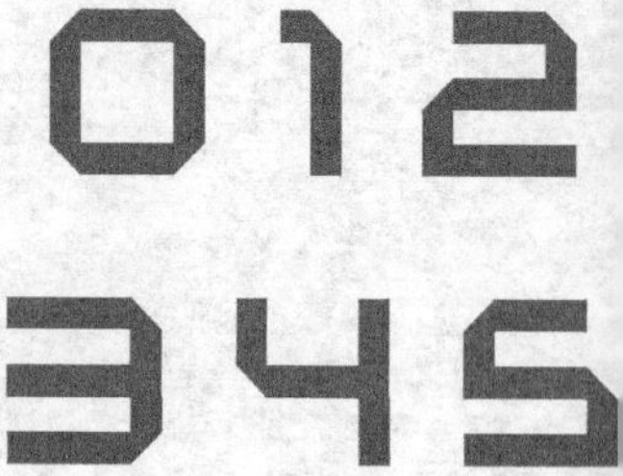　图12-4

04 选中转曲后的文本，然后按快捷键Ctrl+K拆分曲线，拆分后如图12-5所示。接着选中第1个文字，按快捷键Ctrl+L合并，如图12-6所示。再使用“形状工具”调整文字的外形，调整后如图12-7所示。

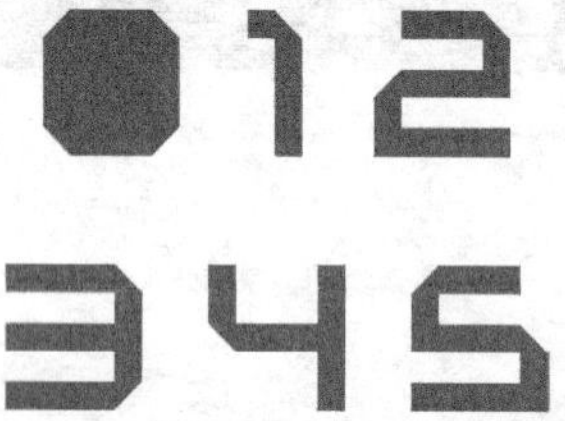

图12-5 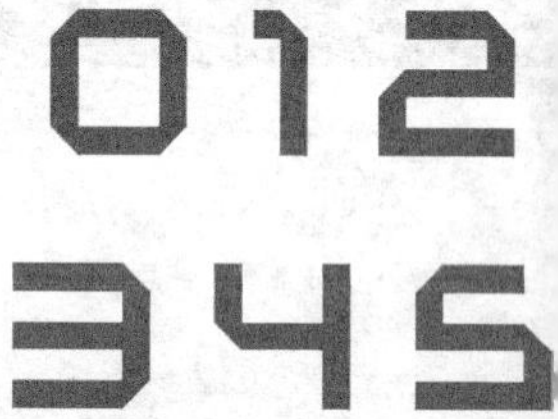　图12-6

图12-7

技巧与提示

在调整文字的外形时，需要拖动辅助线来进行对齐。

05 使用“钢笔工具”在第1个文字上绘制出与该文字上方笔画相同的图形，如图12-8所示。然后单击“交互式填充工具”，接着在属性栏中选择“渐变填充”为“线性渐变填充”、第1个节点填充颜色为（C:47，M:100，Y:100，K:27）、第2个节点填充颜色为（C:0，M:100，Y:100，K:0），再适当调整两个节点的位置，填充完毕后去除轮廓，效果如图12-9所示。

图12-8

图12-9

技巧与提示

在绘制以上的图形时，可以使用“形状工具”对不满意的地方进行调整，并且所绘制图形的边缘要与对应文字的边缘完全重合。

06 绘制出与第1个文字左边笔画相同的图形，如图12-10所示。然后单击“交互式填充工具”，接着在属性栏中选择“渐变填充”为“线性渐变填充”、第1个节点填充颜色为（C:47，M:100，Y:100，K:27）、第2个节点填充颜色为（C:0，M:100，Y:100，K:0），再适当调整两个节点的位置，填充完毕后去除轮廓，效果如图12-11所示。

图12-10　图12-11

技巧与提示

在绘制与文字笔画相同的图形时，为了易于区分，在绘制前可以单击“轮廓笔工具”，打开“轮廓笔”对话框，然后在“颜色”选项对应的颜色挑选器中选择颜色来设置所绘制图形的轮廓颜色，如图12-12所示。

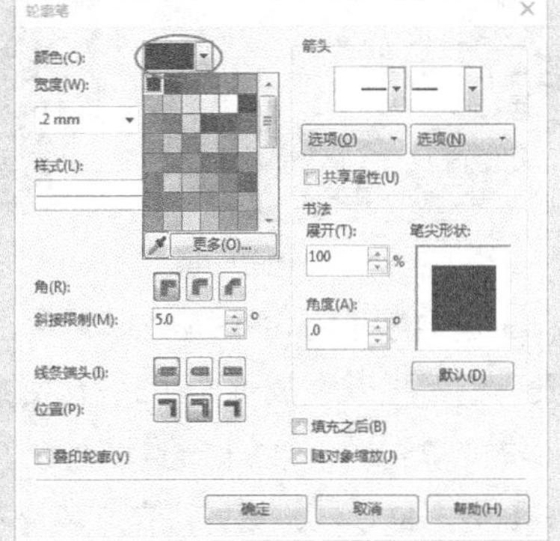

图12-12

07 绘制出与第1个文字右边笔画相同的图形，如图12-13所示。然后单击“交互式填充工具”，接着在属性栏中选择“渐变填充”为“线性渐变填充”、第1个节点填充颜色为（C:47，M:100，Y:100，K:27）、第2个节点填充颜色为（C:0，M:100，Y:100，K:0），再适当调整两个节点的位置，填充完毕后去除轮廓，效果如图12-14示。

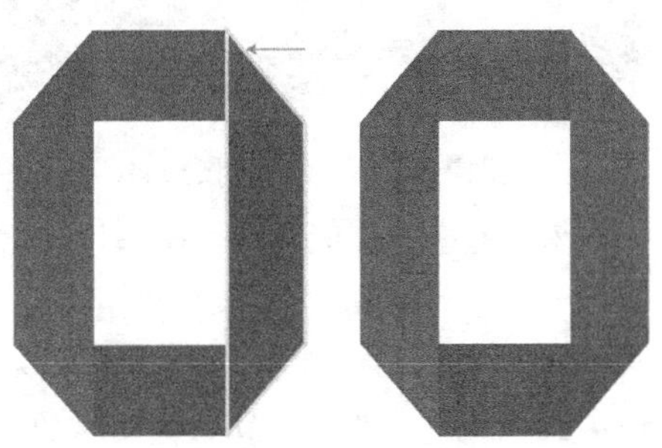

图12-13　图12-14

08 绘制出与第1个文字下方笔画相同的图形，如图12-15所示，然后单击“交互式填充工具”，接着在属性栏中选择“渐变填充”为“线性渐变填充”、第1个节点填充颜色为（C:55，M:100，Y:100，K:45）、第2个节点填充颜色为（C:0，M:100，Y:100，K:0），再适当调整两个节点的位置，最后去除轮廓，效果如图12-16所示。

图12-15　图12-16

技巧与提示

在使用“交互式填充工具”时，如果多个图形的填充设置相同，可以先使用“属性滴管工具”将已填充对象的“填充”属性应用到其余的图形上，然后再通过属性栏设置或是拖曳对象上的虚线，这样可以有效提高绘制的速度。

09 调整文字上各个图形的前后顺序，效果如图12-17所示。然后在文字左上方绘制一个梯形，如图12-18所示。接着单击“交互式填充工具”，在属性栏中选择“渐变填充”为“线性渐变填充”、第1个节点填充颜色为（C:3，M:100，Y:100，K:2）、

第2个节点填充颜色为（C:11，M:100，Y:100，K:6），再适当调整两个节点的位置，填充完毕后去除轮廓，效果如图12-19所示。

图12-17　　图12-18　　图12-19

10 按照前面介绍的方法，绘制出第2个文字上的图形，如图12-20所示。然后单击“交互式填充工具”，接着在属性栏中选择“渐变填充”为“线性渐变填充”、第1个节点填充颜色为（C:65，M:3，Y:0，K:0）、第2个节点填充颜色为（C:100，M:86，Y:52，K:25），再适当调整两个节点的位置，填充完毕后去除轮廓，效果如图12-21所示。

11 选中文字下方的图形，然后单击“交互式填充工具”，接着在属性栏中选择“渐变填充”为“线性渐变填充”、第1个节点填充颜色为（C:65，M:3，Y:0，K:0）、第2个节点填充颜色为（C:100，M:86，Y:52，K:25），再适当调整两个节点的位置，填充完毕后去除轮廓，效果如图12-22所示。

图12-20　　图12-21　　图12-22

12 绘制出第3个文字上的图形，如图12-23所示。然后选中序号为1的图形，接着单击“交互式填充工具”，在属性栏中选择“渐变填充”为“线性渐变填充”、第1个节点填充颜色为（C:0，M:0，Y:100，K:0）、第2个节点填充颜色为（C:40，M:50，Y:100，K:0），再适当调整两个节点的位置，填充完毕后去除轮廓，效果如图12-24所示。

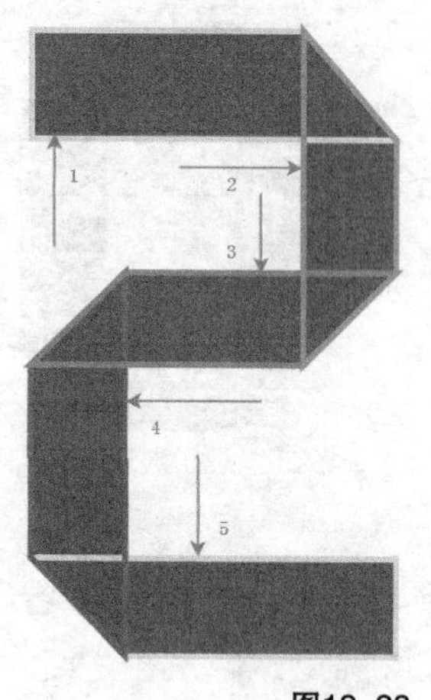

图12-23　　图12-24

13 选中序号为2的图形，然后单击“交互式填充工具”，接着在属性栏中选择“渐变填充”为“线性渐变填充”、第1个节点填充颜色为（C:0，M:0，Y:100，K:0）、第2个节点填充颜色为（C:40，M:50，Y:100，K:0），再适当调整两个节点的位置，填充完毕后去除轮廓，效果如图12-25所示。

14 选中序号为3的图形，然后单击“交互式填充工具”，接着在属性栏中选择“渐变填充”为“线性渐变填充”、第1个节点填充颜色为（C:0，M:0，Y:100，K:0）、第2个节点填充颜色为（C:40，M:50，Y:100，K:0），再适当调整两个节点的位置，最后去除轮廓，效果如图12-26所示。

图12-25　　图12-26

15 选中序号为4的图形，然后单击“交互式填充工具”，接着在属性栏中选择“渐变填充”为“线性渐变填充”、第1个节点填充颜色为（C:0，M:0，Y:100，K:0）、第2个节点填充颜色为（C:40，M:50，Y:100，K:0），再适当调整两个节点的位置，最后去除轮廓，效果如图12-27所示。

16 选中序号为5的图形，然后单击“交互式填充工具”，接着在属性栏中选择“渐变填充”为“线性渐变填充”、第1个节点填充颜色为（C:0，M:0，Y:100，K:0）、第2个节点填充颜色为（C:40，M:50，Y:100，K:0），再适当调整两个节点的位置，填充完毕后去除轮廓，效果如图12-28所示。

图12-27　　图12-28

17 绘制出第4个文字上的图形，如图12-29所示，然后选中序号为1的图形，接着单击“交互式填充工具”，在属性栏中选择“渐变填充”为“线性渐变填充”、第1个节点填充颜色为（C:34，M:0，Y:35，K:0）、第2个节点填充颜色为（C:85，M:55，Y:90，K:30），再适当调整两个节点的位置，填充完毕后去除轮廓，效果如图12-30所示。

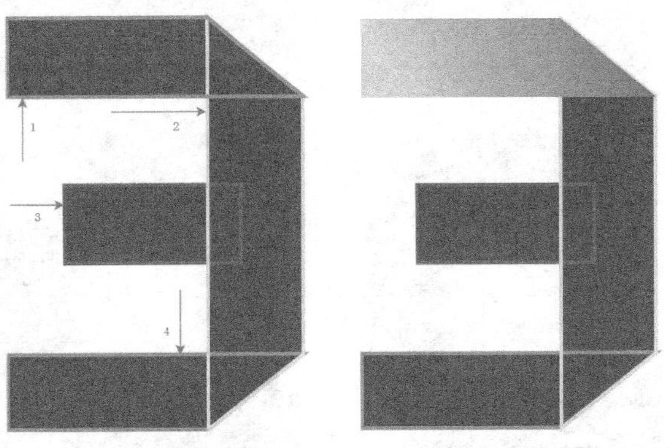

图12-29　　图12-30

18 选中序号为2的图形，然后单击“交互式填充工具”，接着在属性栏中选择“渐变填充”为“线性渐变填充”、第1个节点填充颜色为（C:34，M:0，Y: 35，K: 0）、第2个节点填充颜色为（C:85，M:55，Y:90，K:30），再适当调整两个节点的位置，填充完毕后去除轮廓，效果如图12-31所示。

19 选中序号为3的图形，然后单击“交互式填充工具”，接着在属性栏中选择“渐变填充”为“线性渐变填充”、第1个节点填充颜色为（C:34，M:0，Y: 35，K: 0）、第2个节点填充颜色为（C:85，M:55，Y:90，K:30），再适当调整两个节点的位置，填充完毕后去除轮廓，效果如图12-32所示。

图12-31　　图12-32

20 选中序号为4的图形，然后单击“交互式填充工具”，接着在属性栏中选择“渐变填充”为“线性渐变填充”、第1个节点填充颜色为（C:34，M:0，Y: 35，K: 0）、第2个节点填充颜色为（C:85，M:55，Y:90，K:30），再适当调整两个节点的位置，填充完毕后去除轮廓，效果如图12-33所示。

图12-33

21 绘制出第5个文字上的图形，如图12-34所示。然后选中序号为1的图形，接着单击“交互式填充工具”，在属性栏中选择“渐变填充”为“线性渐变填充”、第1个节点填充颜色为（C:69，M:100，Y:17，K:10）、第2个节点填充颜色为（C:0，M:100，Y:0，K:0），再适当调整两个节点的位置，填充完毕后去除轮廓，效果如图12-35所示。

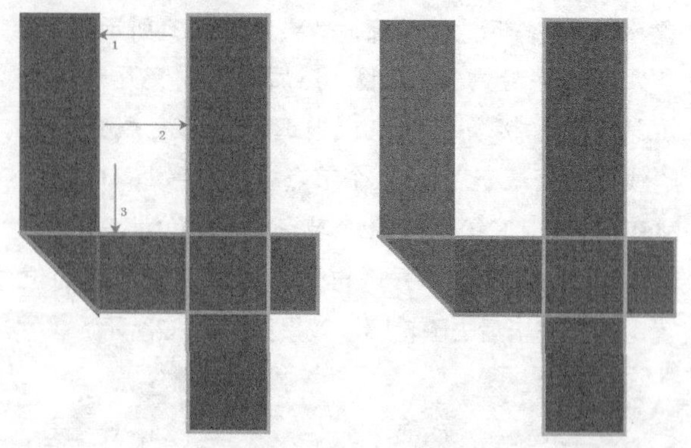

图12-34　　图12-35

22 选中序号为2的图形，然后填充颜色为（C:0，M:100，Y:0，K:0），接着去除轮廓，效果如图12-36所示。

23 选中序号为3的图形，然后单击“交互式填充工具”，接着在属性栏中选择“渐变填充”为“线性渐变填充”、第1个节点和第2个节点的填充颜色均为（C:0，M:100，Y:0，K:0），再添加一个节点，设置该节点填充颜色为（C:69，M:100，Y: 17，K:10），填充完毕后去除轮廓，效果如图12-37所示。

图12-36　　图12-37

24 绘制出第6个文字上的图形，如图12-38所示。然后选中序号为1的图形，接着单击“交互式填充工具”，在属性栏中选择“渐变填充”为“线性渐变填充”、第1个节点填充颜色为（C:40，M:0，Y:100，K:0）、第2个节点填充颜色为（C:71，M:52，Y:100，K:12），再适当调整两个节点的位置，最后去除轮廓，效果如图12-39所示。

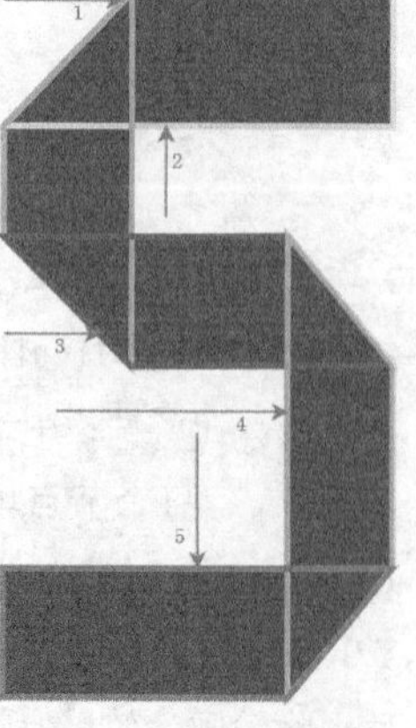

图12-38

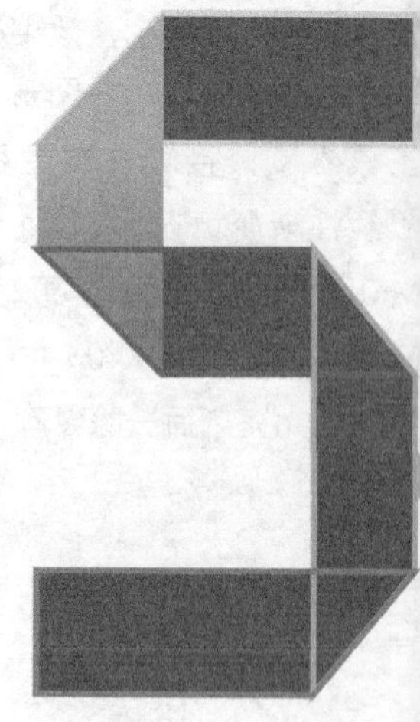

图12-39

25 选中序号为2的图形，然后单击“交互式填充工具”，接着在属性栏中选择“渐变填充”为“线性渐变填充”、第1个节点填充颜色为（C:40，M:0，Y:100，K:0）、第2个节点填充颜色为（C:71，M:52，Y:100，K:12），再适当调整两个节点的位置，填充完毕后去除轮廓，效果如图12-40所示。

26 选中序号为3的图形，然后单击“交互式填充工具”，接着在属性栏中选择“渐变填充”为“线性渐变填充”、第1个节点填充颜色为（C:40，M:0，Y:100，K:0）、第2个节点填充颜色为（C:71，M:52，Y:100，K:12），再适当调整两个节点的位置，填充完毕后去除轮廓，效果如图12-41所示。

图12-40　　图12-41

27 选中序号为4的图形，然后单击“交互式填充工具”，接着在属性栏中选择“渐变填充”为“线性渐变填充”、第1个节点填充颜色为（C:40，M:0，Y:100，K:0）、第2个节点填充颜色为（C:71，

M:52，Y:100，K:12），再适当调整两个节点的位置，填充完毕后去除轮廓，效果如图12-42所示。

28 选中序号为5的图形，然后单击“交互式填充工具”，接着在属性栏中选择“渐变填充”为“线性渐变填充”、第1个节点填充颜色为（C:40，M:0，Y:100，K:0）、第2个节点填充颜色为（C:71，M:52，Y:100，K:12），再适当调整两个节点的位置，填充完毕后去除轮廓，效果如图12-43所示。

图12-42　　图12-43

29 分别组合每个文字对象上填充的图形，然后删除图形后面的文字，接着移动图形到页面中间，再适当调整位置和大小，效果如图12-44所示。

30 选中第1个文字图形，然后单击“阴影工具”，按住鼠标左键在对象上由下到上拖动，接着在属性栏中设置“阴影角度”为113°、“阴影的不透明度”为26、“阴影羽化”为4，效果如图12-45所示。

图12-44　　图12-45

31 分别选中其余的文字图形，然后在属性栏中单击“复制阴影效果属性”按钮，接着单击第1个文字图形，将该文字图形的阴影效果应用到其余文字图形，效果如图12-46所示。

32 导入“素材文件>CH12>01.jpg”文件，然后移动到文字图形后面，接着调整位置，使其与页面重合，效果如图12-47所示。

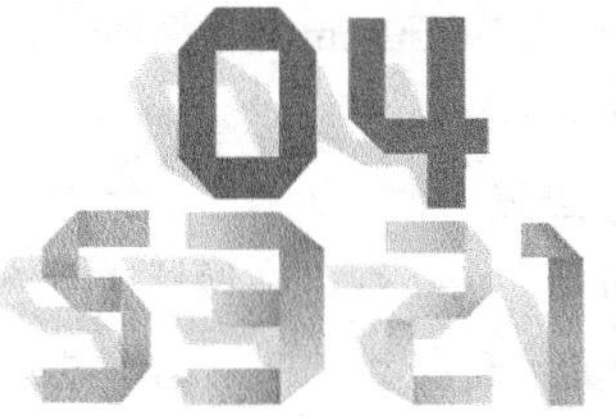

图12-46　　图12-47

33 选中所有的文字图形，然后在原来的位置复制一份（加强阴影的效果），最终效果如图12-48所示。

图12-48

12.1.2 综合案例：精通炫光文字设计

实例位置　实例文件>CH12>综合案例：精通炫光文字设计.cdr
素材位置　素材文件>CH12>02.cdr、03.cdr、04.cdr
视频位置　多媒体教学>CH12>综合案例：精通炫光文字设计.mp4
技术掌握　发光文字的设计方法

【思路分析】

炫光文字的制作需要在制作前分析出炫光光效来自哪里，和搭配什么类型的背景，根据背景来设置字体的光效颜色，保证字体有足够的透明发光效果，案例效果如图12-49所示。

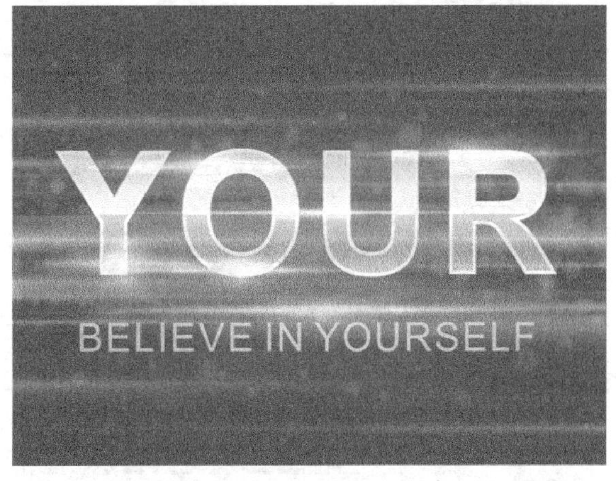

图12-49

【制作流程】

01 新建空白文档，然后设置文档名称为“炫光文字”，接着设置“宽度”为160mm、“高度”为120mm。

02 双击“矩形工具”创建一个与页重合的矩形，然后单击“交互式填充工具”，接着在属性栏中选择“渐变填充”为“椭圆形渐变填充”，两个节点填充颜色为（C:82，M:88，Y:92，K:76）和（C:45，M:100，Y:98，K:13），再适当调节节点的位置，填充完毕后去除轮廓，效果如图12-50所示。

图12-50

03 导入“素材文件>CH12>02.cdr”文件，然后放置在页面水平居中的位置，如图12-51所示。接着单击“透明度工具”，在属性栏中设置“透明度类型”为“均匀透明度”、“合并模式”为“添加”，效果如图12-52所示。

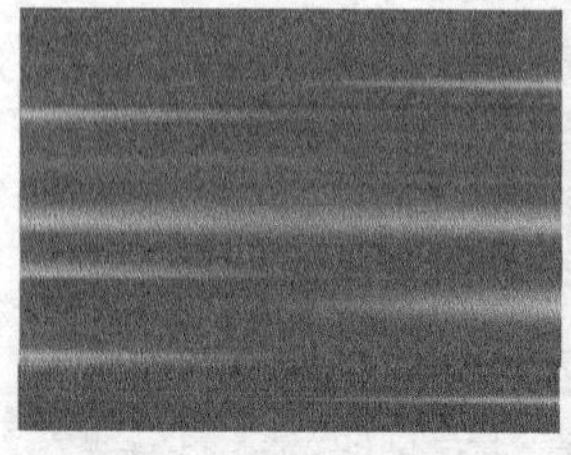

图12-51

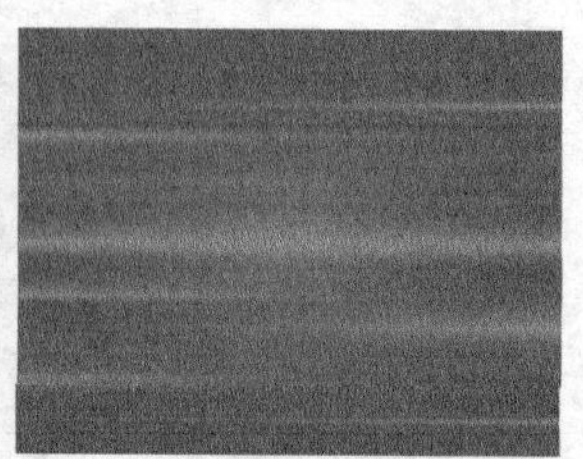

图12-52

技巧与提示

制作如上图所示的光晕效果，可以先使用“网状填充工具”在对象上添加多个节点，然后填充颜色并调整各个节点位置来达到渐变射线的效果，如图12-53所示。接着使用“透明度工具”进行透明度设置，最后将其放置在辐射渐变的对象上面，即可制作出光晕效果。

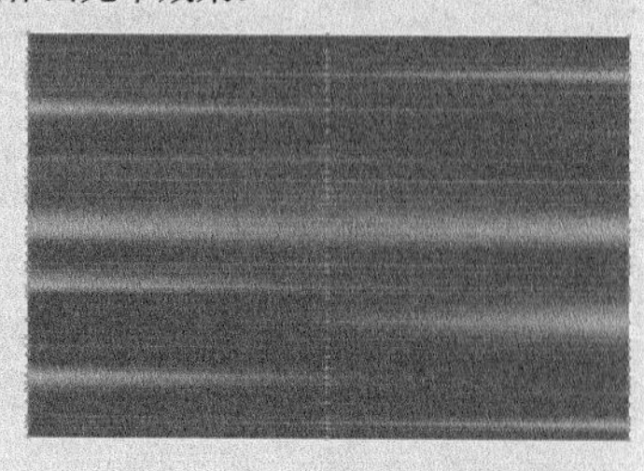

图12-53

04 导入“素材文件>CH12>03.cdr”文件，然后放置页面水平居中的位置，如图12-54所示。接着单击“透明度工具”，在属性栏中设置“透明度类型”为“均匀透明度”、“合并模式”为“添加”，“透明度”为50，效果如图12-55所示。

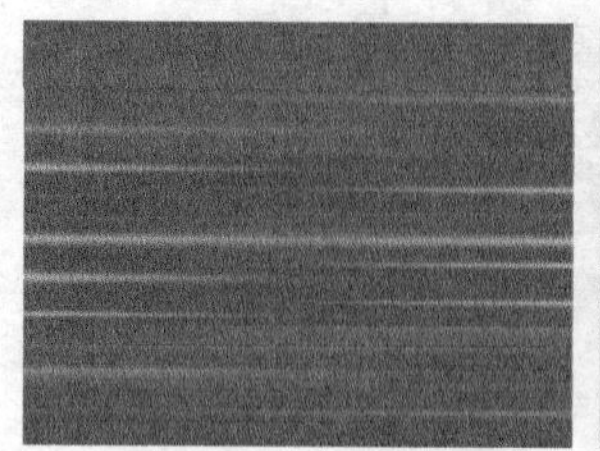

图12-54

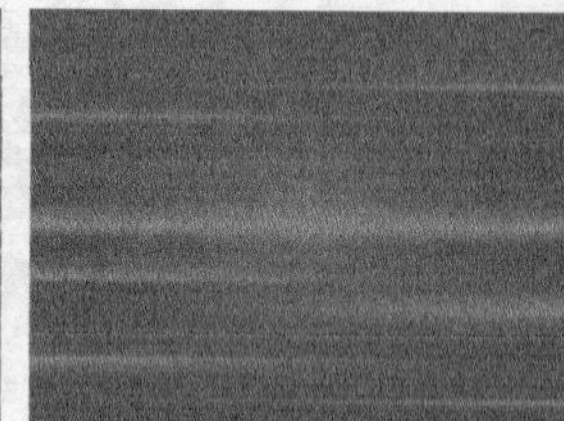

图12-55

05 使用“椭圆形工具”绘制一个圆，然后单击“交互式填充工具”，接着在属性栏中选择“渐变填充”为“椭圆形渐变填充”、第1个节点填充颜色为（C:58，M:91，Y:100，K:51）、第2个节点填充颜色为（C:58，M:91，Y:100，K:51），再添加一个节点，设置该节点的填充颜色为（C:58，M:91，Y:100，K:51）、“节点位置”为50%，最后去除轮廓，效果如图12-56所示。

06 选中前面绘制的圆，然后单击“透明度工具”，接着在属性栏中设置“透明度类型”为“均匀透明度”、“合并模式”为“添加”，“透明度”为60，最后移动对象到页面内，效果如图12-57所示。

图12-56

图12-57

07 使用“椭圆形工具”绘制一个圆，然后单击“交互式填充工具”，接着在属性栏中选择“渐变填充”为“椭圆形渐变填充”、第1个节点填充颜色为（C:48，M:94，Y:100，K:22）、第2个节点填充颜色为（C:0，M:0，Y:00，K:100），再添加两个节点，设置添加的第1个节点填充颜色为（C:44，M:90，Y:100，K:30）、“节点位置”为50%，第2

个添加的节点填充颜色为（C:57，M:91，Y:100，K:47）、“节点位置”为38%，设置完毕后去除轮廓，效果如图12-58所示。

08 选中前面绘制的圆，然后单击“透明度工具”，接着在属性栏中设置“透明度类型”为“均匀透明度”、“合并模式”为“添加”，“透明度”为60，再移动对象到页面内，效果如图12-59所示。

图12-58　图12-59

09 使用“椭圆形工具”绘制一个圆，然后单击“交互式填充工具”，接着在属性栏中选择“渐变填充”为“椭圆形渐变填充”、第1个节点填充颜色为（C:26，M:93，Y:100，K:0）、第2个节点填充颜色为（C:0，M:0，Y:100，K:100），再添加两个节点，设置添加的第1个节点的颜色为（C:9，M:91，Y:95，K: 0）、“节点位置”为41%，设置添加的第2个节点填充颜色为（C:82，M:88，Y:92，K:76）、“节点位置”为26%，设置完毕后去除轮廓，效果如图12-60所示。

10 选中前面绘制的圆，然后单击“透明度工具”，接着在属性栏中设置“透明度类型”为“均匀透明度”、“合并模式”为“添加”，“透明度”为60，再移动对象到页面内，效果如图12-61所示。

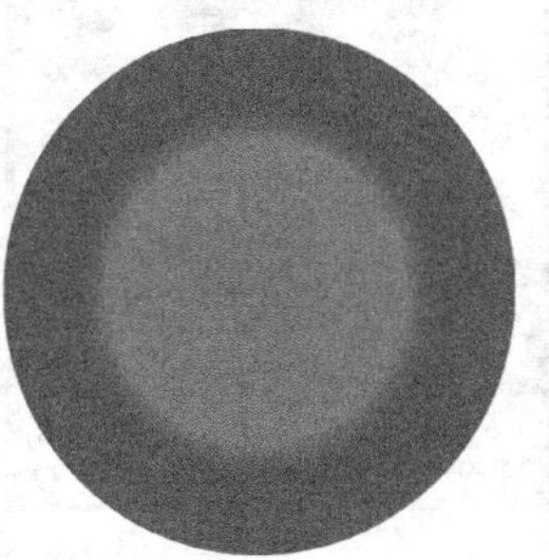

图12-60　图12-61

11 使用“椭圆形工具”绘制一个圆，然后单击“交互式填充工具”，接着在属性栏中选择“渐变填充”为“椭圆形渐变填充”、第1个节点填充颜色为（C:76，M:90，Y:95，K:72）、第2个节点填充颜色为（C:93，M:88，Y:89，K:80），再添加一个节点，设置该节点填充颜色为（C:73，M:91，Y:96，K:70）、“节点位置”为18%，设置完毕后去除轮廓，效果如图12-62所示。

12 选中绘制的圆，然后单击“透明度工具”，接着在属性栏中设置“透明度类型”为“均匀透明度”、“合并模式”为“添加”，“透明度”为60，再移动对象到页面内，效果如图12-63所示。

图12-62　图12-63

13 按照以上的方法，适当调整圆的“节点位置”和“边界”，再制作出多个圆，然后放置在页面内，接着选中所有的圆，复制多个，再调整为不同的大小，散布在页面内，最后按快捷键Ctrl+G将所有的圆进行群组，效果如图12-64所示。

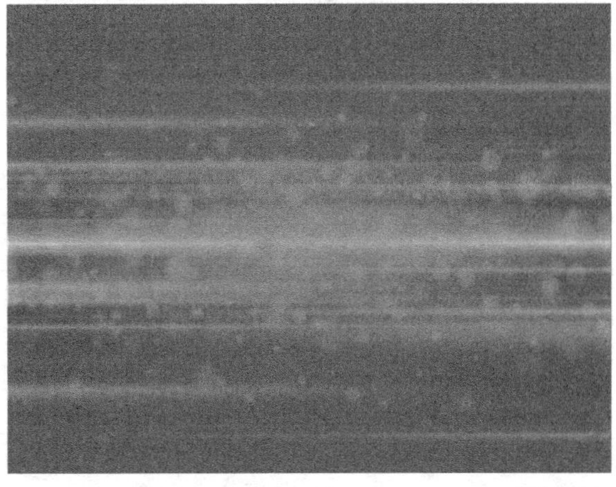

图12-64

14 使用“文本工具”输入美术文本，然后在属性栏中设置“字体”为Arial、“字体大小”为125pt，接着单击“粗体”按钮，如图12-65所示。

图12-65

15 选中前面输入的文本，然后复制一个，接着按快捷键Ctrl+Q将其转换为曲线，再设置“轮廓宽度”为1mm，最后移除文本的填充颜色，效果如图12-66所示。

图12-66

16 选中转曲的文本轮廓，然后按快捷键Ctrl+Shift+Q将轮廓转换为可编辑对象，接着打开“渐变填充”对话框，设置“类型”为“线性渐变填充”，“旋转”为90°，再设置“节点位置”为0%的色标颜色为白色、“节点位置”为15%的色标颜色为（C:4，M:13，Y:38，K:0）、“节点位置”为47%的色标颜色为白色、“节点位置”为82%的色标颜色为（C:4，M:13，Y:38，K:0）、“节点位置”为100%的色标颜色为（C:4，M:13，Y:38，K:0），最后单击“确定”按钮，如图12-67所示，效果如图12-68所示。

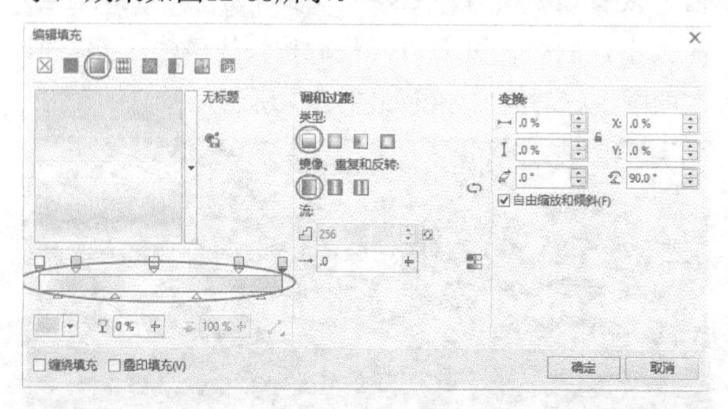

图12-67

图12-68

17 选中前面填充的文本轮廓，然后移动到页面水平居中的位置，如图12-69所示。

图12-69

18 选中文本对象，然后打开“编辑填充”对话框，接着选择“渐变填充”为“线性渐变填充”、“旋转”为-90°，再设置“节点位置”为0%的色标颜色为（C:4，M:13，Y:38，K:0）、“位置”为29%的色标颜色为白色、“位置”为54%的色标颜色为（C:4，M:13，Y:38，K:0）、“位置”为74%的色标颜色为（C:35，M:66，Y:100，K:0）、“位置”为100%的色标颜色为（C:4，M:13，Y:38，K:0），最后单击“确定”按钮，如图12-70所示，效果如图12-71所示。

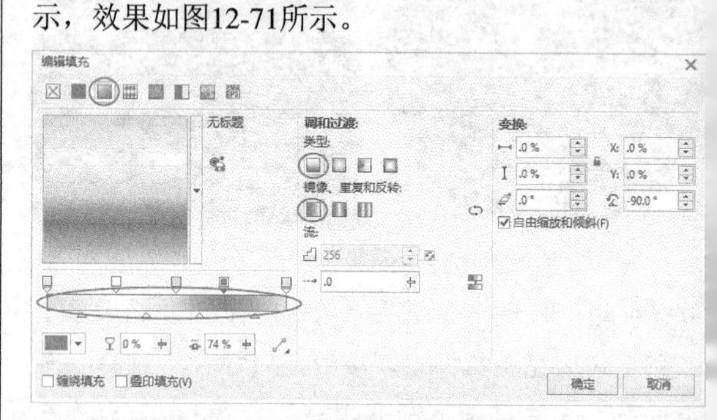

图12-70

图12-71

19 选中填充的文本，然后移动到文本轮廓内部，效果如图12-72所示。

图12-72

20 选中填充的文本，复制一个，然后使用“裁剪工具”框住文本的上半部分，接着双击左键，裁剪后效果如图12-73所示。

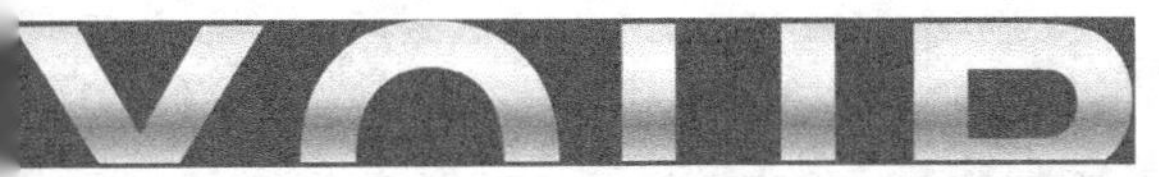

图12-73

21 选中裁剪后的文本，然后打开“编辑填充”对话框，接着设置“渐变填充”为“线性渐变填充”、“旋转”为90°，再设置“节点位置”为0%的色标颜色为白色、“位置”为50%的色标颜色为（C:9，M:87，Y:61，K:0）、“位置”为100%的色标颜色为（C:75，M:89，Y:86，K:69），最后单击“确定”按钮，如图12-74所示，效果如图12-75所示。

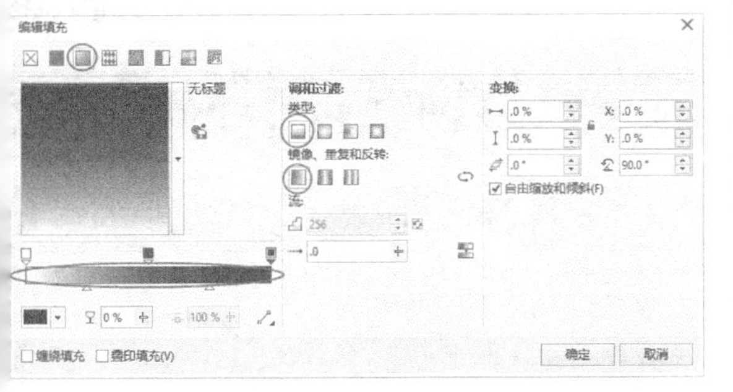

图12-74

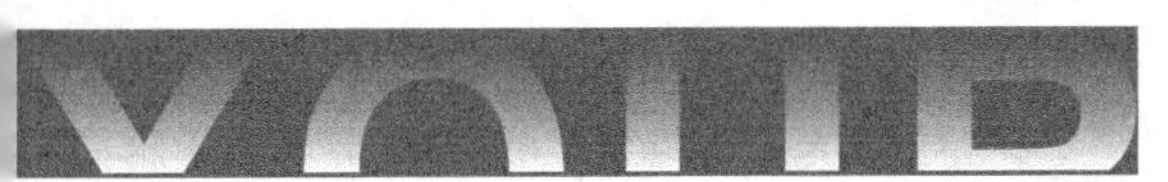

图12-75

22 选中页面内的矢量文本，然后单击“透明度工具”，接着在属性栏中设置“透明度类型”为“均匀透明度”、“合并模式”为“屏幕”、“透明度”为20，再按快捷键Ctrl+Q将其转换为曲线，效果如图12-76所示。

图12-76

23 选中裁剪后的文本，然后单击“透明度工具”，接着在属性栏中设置“透明度类型”为“均匀透明度”、“合并模式”为“屏幕”、“透明度”为0，再移动到转曲文本的上面，效果如图12-77所示。

图12-77

24 导入“素材文件>CH12>04.cdr”文件，然后放置在文字上面，如图12-78所示。接着单击“透明度工具”，在属性栏中设置“透明度类型”为“均匀透明度”、“合并模式”为“添加”、“透明度”为31，效果如图12-79所示。

图12-78

图12-79

技巧与提示

制作以上光束的方法与制作光晕的方法类似，首先绘制好对象，然后使用“网状填充工具”在对象上添加多个节点，接着使填充的渐变颜色呈光束的形状，如图12-80所示。再单击“透明度工具”，在属性栏中设置“透明度类型”为“均匀透明度”、“合并模式”为添加，最后移动对象到深色背景上，即可看到光束的效果，如图12-81所示。

图12-80

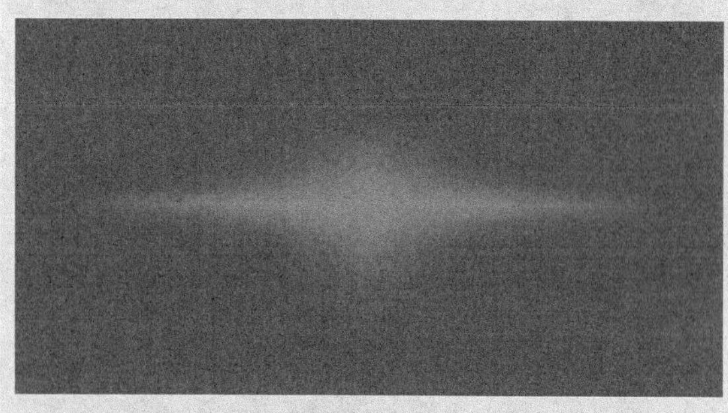

图12-81

如果要调节光束的明暗度，可以通过设置“开始透明度”的数值，来调节光束的明暗。

25 使用“文本工具”输入美术文本，然后在属性栏中设置“字体”为Arial、“字体大小”为30pt，接着单击“交互式填充工具”，在属性栏中选择“渐变填充”为“椭圆形渐变填充”、第1个添加的节点的颜色为（C:4，M:13，Y:38，K:0）、第2个节点的填充颜色为（C:4，M:0，Y:22，K:0），效果如图12-82所示。

BELIEVE IN YOURSELF

图12-82

26 移动文本到页面下方水平居中的位置，然后单击“透明度工具”，接着在属性栏中设置“透明度类型”为“均匀透明度”、“合并模式”为“屏幕”、“透明度”为20，最终效果如图12-83所示。

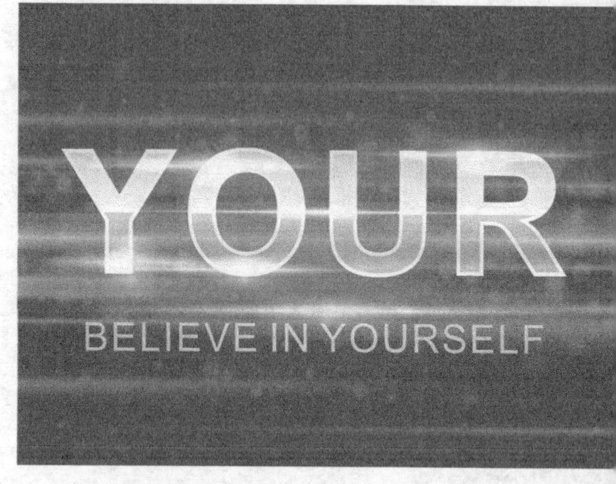

图12-83

12.2 版式设计

12.2.1 综合案例：精通摄影网页设计

实例位置　实例文件>CH12>综合案例：精通摄影网页设计.cdr
素材位置　素材文件>CH12>05.jpg~15.jpg
视频位置　多媒体教学>CH12>综合案例：精通摄影网页设计.mp4
技术掌握　网页的版面编排方法

【思路分析】

根据既定的尺寸，在制作前，首先要为页面进行基础布局分割，根据内容合理地分布图文格局，使页面产生一种整洁、规范和舒适的视觉呈现，案例效果如图12-84所示。

图12-84

【制作流程】

01 新建空白文档，然后设置文档名称为“摄影网页”，接着设置“宽度”为180mm、“高度”为200mm。

02 双击“矩形工具”创建一个与页面重合的矩形，然后填充白色，接着填充轮廓颜色为（C:0，M:0，Y:0，K:70），最后设置“轮廓宽度”为0.2mm，如图12-85所示。

03 导入“素材文件>CH12>05.jpg”文件，然后适当调整图片（版头图片），接着放置在页面上方，效果如图12-86所示。

图12-85  图12-86

04 使用“多边形工具”在版头图片左侧绘制一个三角形，然后填充白色，接着旋转-90°，如图12-87所示。再单击“透明度工具”，在属性栏中设置“透明度类型”为“均匀透明度”、“合并模式”为“常规”、“透明度”为20，设置完毕后去除轮廓，效果如图12-88所示。

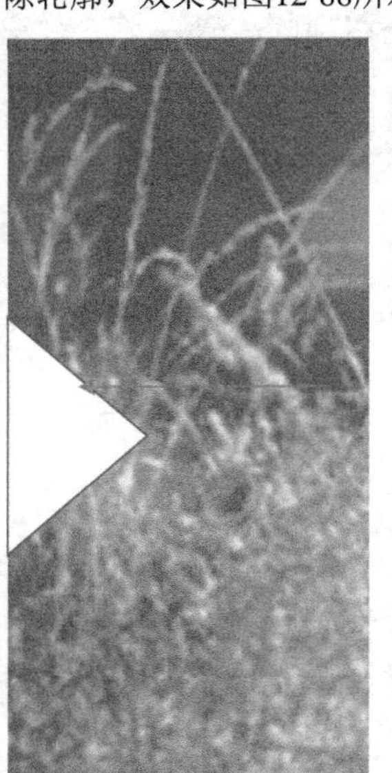

图12-87  图12-88

05 选中前面绘制的三角形，然后复制一个，接着放置水平移动到版头图片右侧，再水平翻转，效果如图12-89所示。

图12-89

06 使用“矩形工具”绘制一个与页面同宽的矩形长条，然后填充黑色（C:0，M:0，Y:0，K:100），如图12-90所示。接着单击“透明度工具”，再设置属性栏中的“透明度类型”为“均匀透明度”、“合并模式”为“减少”，设置完毕后去除轮廓，最后移动到版头图片下方，效果如图12-91所示。

图12-90

图12-91

07 使用“文本工具”在版头图片上输入标题文本，然后设置“字体”为Arial、“字体大小”为25pt、“文本对齐”为“右对齐”、颜色为（C:0，M:0，Y:0，K:100），接着更改第二行的字号为9pt，效果如图12-92所示。

图12-92

08 分别在两个三角形和矩形条上输入文本，然后设置三角形上的文本字体为Arial、“字体大小”为8pt，接着设置矩形条上的文本字体为Arial、“字体大小”为14pt，颜色为白色，效果如图12-93所示。

图12-93

09 使用“矩形工具”绘制一个与页面同宽的矩形，然后设置“高度”为10mm、“轮廓宽度”为0.2mm，接着填充轮廓颜色为（C:0，M:0，Y:0，K:60），再放置于版头图片下方，效果如图12-94所示。

图12-94

10 使用“文本工具”在前面绘制的矩形框内输入文本，然后设置第一行前面两个单词的字体为BodoniClassicChancery、“字体大小”为12pt，接着设置后面两个字母的字体为Arial、“字体大小”为4pt，再设置最后一行字体为Arial、“字体大小”为6pt，最后设置文本的对齐方式为“右对齐”，效果如图12-95所示。

图12-95

11 在矩形框的右边输入文本，作为网页导航，然后设置“字体”为微软雅黑、“字体大小”为8pt，如图12-96所示。接着使用“矩形工具”绘制一个矩形竖条，填充灰色（C:0，M:0，Y:0，K:70），再去除轮廓，最后使其平均分布在文本词组中间，效果如图12-97所示。

图12-96

图12-97

12 使用“矩形工具”绘制一个矩形，然后在属性栏中设置“宽度”为166mm、“高度”为6mm、“圆角”为1.5mm、“轮廓宽度”为0.2mm，接着填充边框颜色为（C:0，M:0，Y:0，K:50），再移动到页面水平居中的位置，效果如图12-98所示。

图12-98

13 使用“文本工具”在圆角矩形内输入文本，然后设置“字体”为微软雅黑、“字体大小”为6pt，如图12-99所示。接着选中上方矩形框左侧的文本复制一个，再放置圆角矩形左侧，最后只保留该文本中前两个单词，效果如图12-100所示。

图12-99

图12-100

14 选中前面绘制的矩形竖条，然后复制一个，接着放置在矩形框内（中文文本的间隔处），如图12-101所示。

新作快讯 春天人物外景摄影系列

图12-101

15 使用“椭圆形工具”绘制一个圆，然后填充颜色为洋红（C:9，M:94，Y:0，K:0），接着去除轮廓，如图12-102所示。再移动到圆角矩形内的矩形竖条后面，最后适当调整大小，效果如图12-103所示。

图12-102

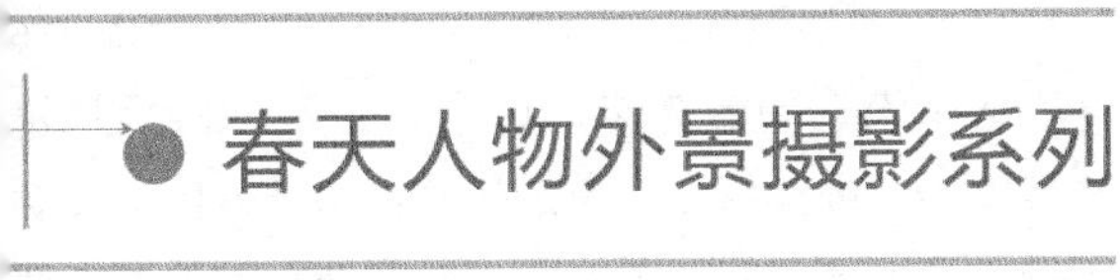

春天人物外景摄影系列

图12-103

16 使用“选择工具”拖动辅助线到圆角矩形的左右两侧边缘，如图12-104所示。

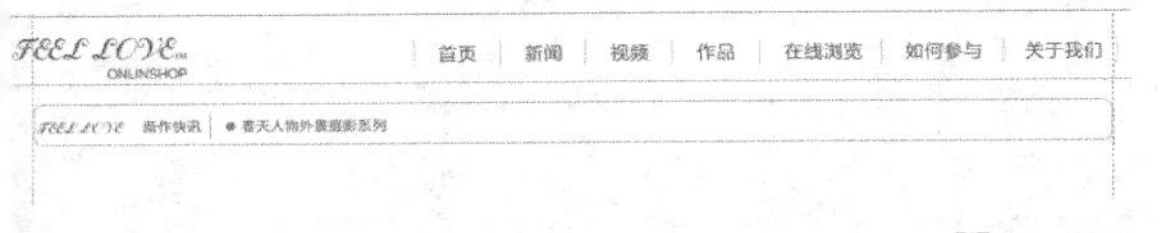

图12-104

17 导入“素材文件>CH12>06.jpg~08.jpg”文件，然后将图片调整为相同高度，接着适当缩小，使位于两端的图片贴齐圆角矩形两侧的辅助线，如图12-105所示。

图12-105

18 选中18.jpg~20.jpg文件，然后执行“对象>对齐与分布>对齐与分布”菜单命令，接着在打开的泊坞窗中依次单击“顶端对齐”按钮和“水平分散排列间距”按钮，如图12-106所示，效果如图12-107所示。

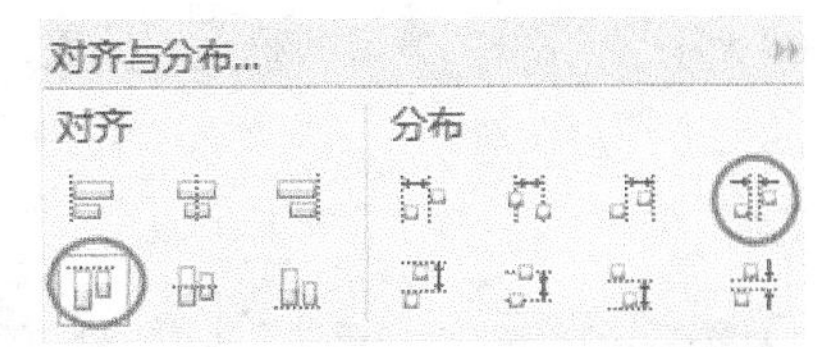

图12-106

图12-107

19 选中18.jpg文件，然后单击“阴影工具”，按住鼠标左键在图片上拖曳，接着在属性栏中设置“阴影偏移”为（x：0mm，y：0mm）、“阴影的不透明度”为22、“阴影颜色”为（C:9，M:90，Y:100，K:0），效果如图12-108所示。

图12-108

20 按照以上方法，为另外的两张图片设置相同的阴影效果，如图12-109所示。

图12-109

21 使用“文本工具”字分别在导入的3张图片下方输入文本，然后设置3组文本标题的字体和大小，接着设置轮廓颜色为黑色（C:0，M:0，Y:0，K:100），正文的“字体”为Aldine721LtBT、“字体大小”为6pt，最后调整文本位置，使其与相对应的上方图片左对齐，效果如图12-110所示。

图12-110

22 接着使用“形状工具”调整3组标题文字的位置，使其均向右平移适当距离，效果如图12-111所示。

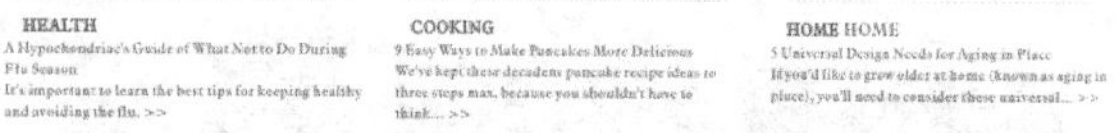

图12-111

23 选中前面绘制的洋红色圆，然后复制3个，接着分别放置在图片下方的标题文字前面，效果如图12-112所示。

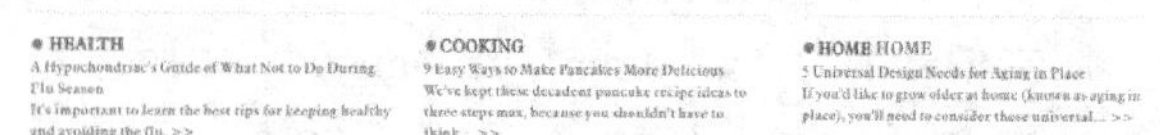

图12-112

24 选中前面绘制的圆角矩形和矩形内的标题文字，然后复制一份，接着垂直移动到文本下方，如图12-113所示。

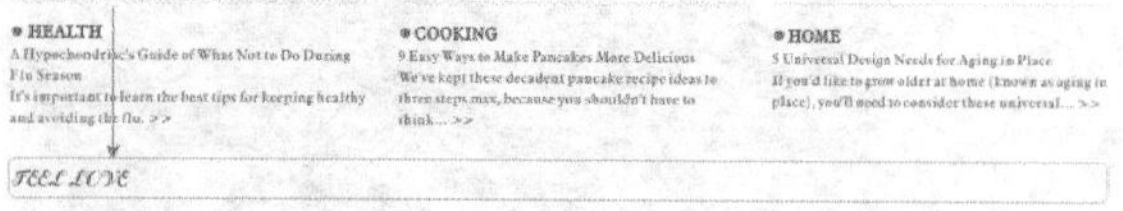

图12-113

25 单击“文本工具”字在页面下方的圆角矩形内输入文本，然后设置“字体”为微软雅黑、“字体大小”为6pt，接着适当调整位置，效果如图12-114所示。

图12-114

26 选中前面绘制的三角形，然后复制一个，接着单击“阴影工具”按住鼠标左键在三角形上拖动，再设置属性栏中的“阴影偏移”为（x：1.6mm、y：0mm）、“阴影的不透明度”为20、“阴影羽化”为20、“阴影颜色”为（C:0，M:0，Y:0，K:80），设置完毕后效果如图12-115所示。

27 选中前面设置阴影的三角形，然后复制一个，接着适当缩小，再水平翻转，最后放置在原始对象左侧，效果如图12-116所示。

图12-115　　图12-116

28 选中设置阴影效果的两个三角形，然后按快捷键Ctrl+G进行组合对象，接着在水平方向上复制一份，再水平翻转，最后分别放置在页面的左右两侧，效果如图12-117所示。

图12-117

29 导入“素材文件>CH12>09.jpg~15.jpg”文件，然后选中导入的7张图片，调整为相同高度，接着按T键使其顶端对齐，再打开“对齐与分布”泊坞窗，单击“水平分散排列间距”按钮，如图12-118所示。最后移动图片到页面水平居中的位置，效果如图12-119所示。

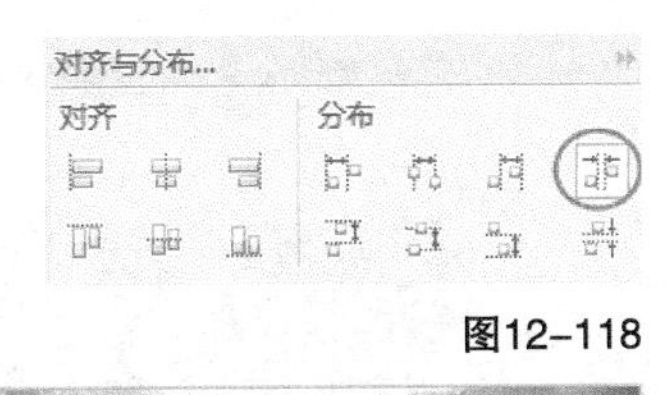

对齐与分布...
对齐
分布

图12-118

THE NEW FEEL LOVE
PREV
NEXT
FEEL LOVE
首页
新闻
视频
作品
在线浏览
如何参与
关于我们
HEALTH
COOKING
HOME

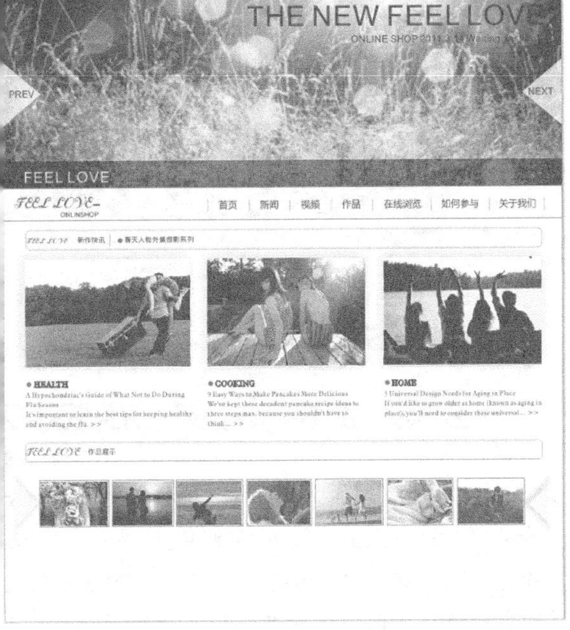

图12-119

30 使用“矩形工具”绘制一个矩形，然后在属性栏中设置“宽度”为40mm、“高度”为8mm、“圆角”为1.5mm、“轮廓宽度”为0.2mm，接着填充轮廓颜色为（C:0，M:0，Y:0，K:50），再移动到页面下方水平居中的位置，效果如图12-120所示。

31 选中页面最上方的标题文本，然后复制一份，接着更改“文本对齐”为“居中”、第一行的“字体”为Aldine721LtBT、“字体大小”为7.5pt，第二行的字号为4pt，如图12-121所示，再移动到页面下方的矩形内，效果如图12-122所示。

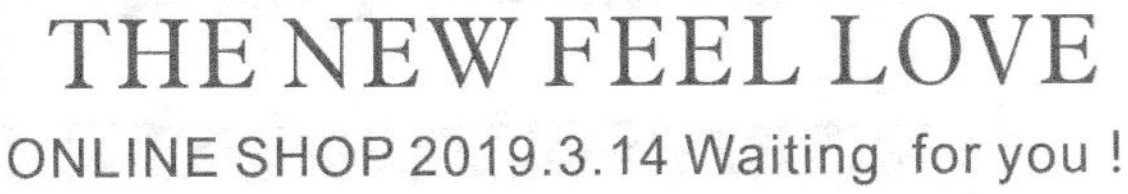

THE NEW FEEL LOVE
ONLINE SHOP 2019.3.14 Waiting for you !

图12-120

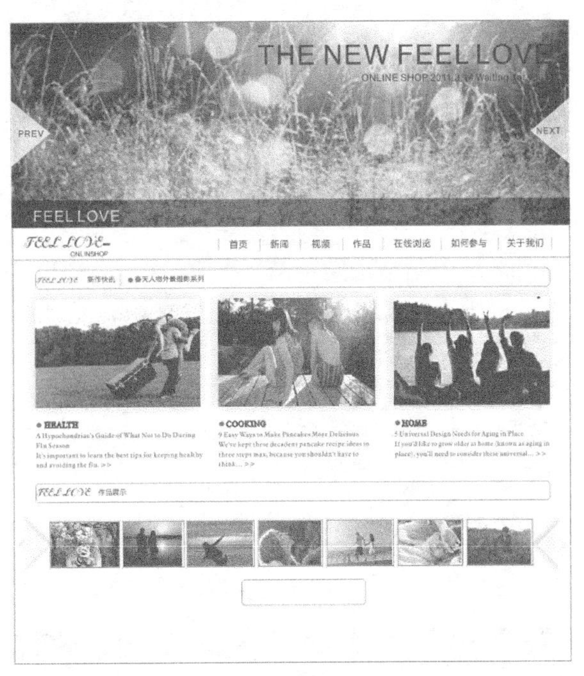

THE NEW FEEL LOVE
PREV
NEXT
FEEL LOVE
首页
新闻
视频
作品
在线浏览
如何参与
关于我们
HEALTH
COOKING
HOME

图12-121

THE NEW FEEL LOVE
PREV
NEXT
FEEL LOVE
首页
新闻
视频
作品
在线浏览
如何参与
关于我们
HEALTH
COOKING
HOME
THE NEW FEEL LOVE

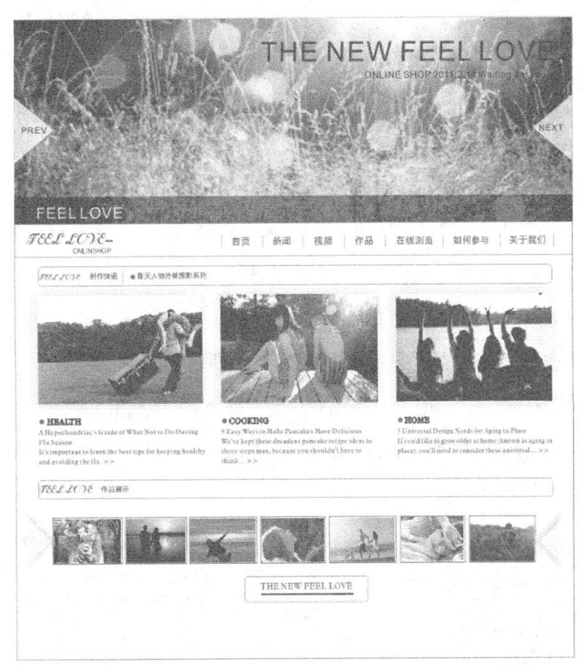

图12-122

32 选中版头图片，复制一份，然后使用“裁剪工具”保留图片中间颜色丰富的部分，如图12-123所示。接着放置于页面下方，效果如图12-124所示。

图12-123

图12-124

33 使用“矩形工具”绘制一个矩形，然后在“编辑填充”对话框中选择“渐变填充”方式，设置“类型”为“线性渐变填充”、“镜像、重复和反转”为“默认渐变填充”，再设置“节点位置”为0%的色标颜色为（C:0，M:0，Y:0，K:90）、“节点位置”为100%的色标颜色为（C:90，M:85，Y:87，K:80）、“节点位置”为80%的色标颜色为（C:0，M:0，Y:0，K:90），“填充宽度”为100%、“水平偏移”为0%、“垂直偏移”为0%、“旋转”为-90°，最后单击“确定”按钮，如图12-125所示。填充完毕后去除轮廓，效果如图12-126所示。

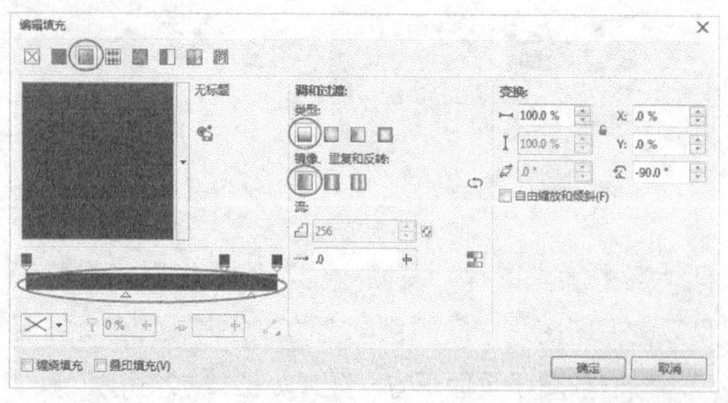

图12-125

图12-126

34 移动渐变矩形到裁切后的版头图片上面，然后调整位置，使两个对象重合，如图12-127所示。接着单击“透明度工具”，再设置属性栏中的“透明度类型”为“均匀透明度”、“合并模式”为“常规”、“透明度”为15，设置后的效果如图12-128所示。

图12-127

图12-128

35 单击“阴影工具”按住鼠标左键在渐变矩形条上拖动，然后在属性栏中设置“阴影角度”为90、“阴影的不透明度”为50、“阴影羽化”为2，接着将页面内文本对象转换为曲线，最终效果如图12-129所示。

图12-129

12.2.2 综合案例：精通跨版式内页设计

实例位置 实例文件>CH12>综合案例：精通跨版式内页设计.cdr
素材位置 素材文件>CH12>16.jpg
视频位置 多媒体教学>CH12>综合案例：精通跨版式内页设计.mp4
技术掌握 跨版式内页的版面编排方法

【思路分析】

跨版式页面一般会有一张或多张资料图片跨过装订线，然后延伸到第2页，在制作时必须要了解图书的装订方式，比如本案例的装订方式为骑马订，因此图片跨版可以直接展示，不需要处理装订部分的遮盖，案例效果如图12-130所示。

图12-130

【制作流程】

01 新建名称为“跨版式内页”的文档，接着设置“宽度”为142.5mm、“高度”为200mm。

02 执行“工具>选项”菜单命令，弹出“选项”对话框，然后在“页面尺寸”选项下输入“出血”的值为0.5mm，如图12-131所示。接着单击左边的“布局”选项，在展开的选项组中勾选“对开页”，再设置“起始于”为“左边”，最后单击“确定”按钮，如图12-132所示。

图12-131

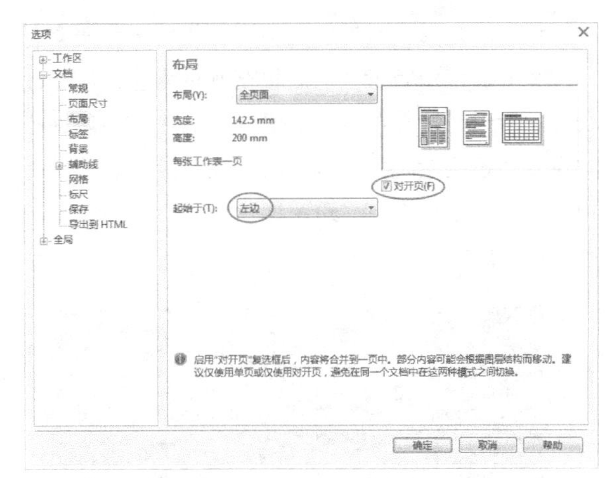

图12-132

03 单击“导航器”添加“页面”，使用“挑选工具”拖动“辅助线”来设置杂志的内页边距为10mm、外页边距为10mm，如图12-133所示。

图12-133

04 导入“素材文件>CH12>16.jpg”文件，然后移动图片到两个页面中心的位置，如图12-134所示。

图12-134

技巧与提示

当版面设计中有跨版编排的图片时，在两个页面的交接处可以分别设置5mm的出血值，这样可以避免文件输出后在装订过程中跨版图片被裁切或是掩盖。

05 使用“矩形工具”在左侧页面绘制一个与素材文件相同高度的矩形，然后填充颜色为蓝色，如图12-135所示。接着单击“透明度工具”，在属性栏中设置“透明度类型”为“均匀透明度”、“合并模式”为“常规”、“透明度”为50，最后去除轮廓线，效果如图12-136所示。

图12-135

图12-136

06 使用“文本工具”输入标题文本，然后设置标题的“字体”为Avante、“字体大小”为47pt，接着填充标题文字的颜色为白色，如图12-137所示。

图12-137

07 使用“文本工具”在标题文本下方输入文本，然后设置文字的“字体”为Avante、“字体大小”为8pt、“文本对齐”为“居中对齐”，接着填充文字的颜色为白色，最后适当调整文本位置，如图12-138所示。

图12-138

08 使用“文本工具”在右边页面的右上方输入文本，然后设置“字体”为Arial Black、“字体大小”为7pt、“文本对齐”为“左对齐”，接着填充文字的颜色为白色，如图12-139所示。

图12-139

09 使用“文本工具”在前面输入的文本下方输入文本，然后设置“字体”为Arial Black、“字体大小”为7pt、“文本对齐”为“左对齐”，填充文字的颜色为白色，接着移动文本使其与上方文本左对齐，效果如图12-140所示。

图12-140

10 使用“文本工具”字在前面输入的文本下方输入文本，然后设置“字体”为Arial Black、“字体大小”为7pt、“文本对齐”为“左对齐”，填充文字的颜色为白色，接着移动文本使其与上方文本左对齐，效果如图12-141所示。

图12-141

11 使用“矩形工具”□在右侧页面绘制一个与页面相同高度的矩形，然后填充颜色为黑色，如图12-142所示。接着单击“透明度工具”，在属性栏中设置“渐变透明度”为“线性渐变透明度”、“合并模式”为“常规”、“节点透明度”为71、“旋转”为180°，最后去除轮廓，效果如图12-143所示。

图12-142

图12-143

12 使用“文本工具”字在页面的左下角输入页码，然后设置“字体”为AvantGarde-Thin、“字体大小”为24pt，填充颜色为白色，接着按快捷键Ctrl+Q将其转换为曲线，最后按快捷键Ctrl+G进行组合对象，效果如图12-144所示。

图12-144

13 执行“编辑>全选>辅助线”菜单命令，按Delete键将辅助线删除，最终效果如图12-145所示。

图12-145

12.3 插画设计

12.3.1 综合案例：精通影视海报插画设计

实例位置　实例文件>CH12>综合案例：精通影视海报插画设计.cdr
素材位置　素材文件>CH12>17.psd~20.psd
视频位置　多媒体教学>CH12>综合案例：精通影视海报插画设计.mp4
技术掌握　剪影拼合以及替换颜色的方法

【思路分析】

一些时尚的插画形式电影海报习惯使用人物剪影，或者使用人物矢量图来表示，本案例就采取的是第2种方法，使用人物的矢量单色图来设计，效果如图12-146所示。

图12-146

【制作流程】

01 单击“新建”按钮打开“创建新文档”对话框，创建名称为“影视海报插画”的空白文档，具体参数设置如图12-147所示。

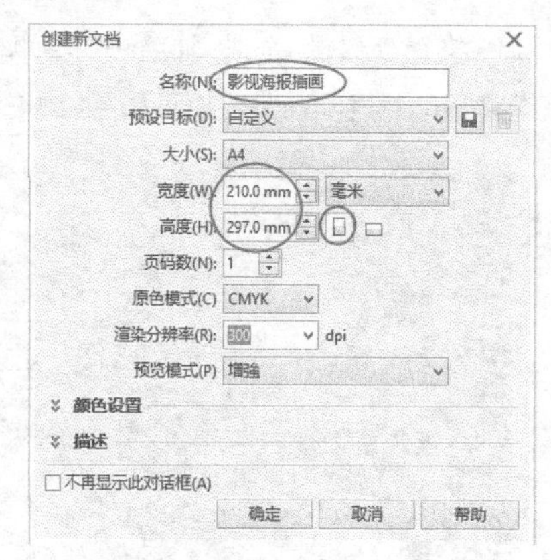

图12-147

02 单击“导入”图标打开对话框，导入“素材文件>CH12>17.psd”文件，然后拖曳到页面中调整大小和位置，如图12-148所示。

图12-148

03 导入“素材文件>CH12>18. psd”文件，然后解散群组，接着分别将其拖曳到人物右边和下边调整位置和角度，最后使用“形状工具”调整形状，如图12-149~图12-153所示。

图12-149

图12-150

图12-151

图12-152

图12-153

04 导入“素材文件>CH12>19. psd”文件，然后解散群组，再去掉黑色背景，接着将骷髅素材拖曳到下方的墨迹中，调整角度和位置，最后使用“形状工具”调整形状，如图12-154所示。

图12-154

05 单击“导入”图标打开对话框，导入光盘中的“素材文件>CH12>20. psd”文件，然后解散群组，再去掉黑色背景，接着拖曳到墨迹中调整位置和大小，如图12-155所示。

图12-155

06 全选对象进行群组，然后执行“位图>转换为位图”菜单命令转换为位图，如图12-156所示。接着执行“位图>模式>RGB颜色（24位）”菜单命令转换颜色模式。

图12-156

07 选中位图，然后执行“效果>调整>替换颜色”菜单命令，打开“替换颜色”对话框，接着吸取“原颜色”颜色为位图颜色，再设置“新建颜色”为（R:125，G:20，B:24），最后单击“确定”按钮确定完成替换，如图12-157所示。

图12-157

08 单击“艺术笔工具”，然后在属性栏中设置“类型”为“笔刷”、“手绘平滑”为100、“笔触宽度”为15.787、“类别”为“艺术”，接着选择合适的样式绘制笔触形状，如图12-158所示。最后更改笔触颜色为（R:99，G:6，B:9），如图12-159所示。

图12-158

图12-159

09 使用“文本工具”字输入文本，然后选择合适的字体和大小，接着更改颜色为（R:125，G:20，B:24），如图12-160所示。

图12-160

10 使用“文本工具”字输入标题文本，然后调整合适的字体和大小，接着更改颜色为白色，最后拖曳到墨迹上调整位置和大小，如图12-161所示。

图12-161

11 使用“文本工具”字输入内容文本，然后调整合适的字体和大小，再填充颜色为白色，接着拖曳到墨迹上调整位置和大小，如图12-162所示。

图12-162

12 双击“矩形工具”□创建矩形，然后打开“渐变填充”对话框，设置参数，如图12-163所示，最终效果如图12-164所示。

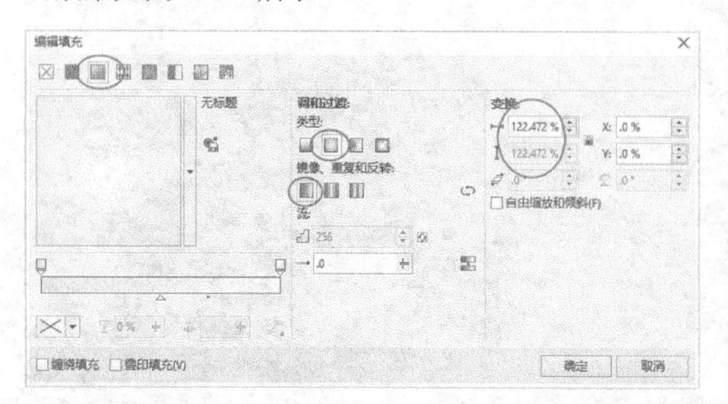

图12-163

图12-164

12.3.2 综合案例：精通时尚插画设计

实例位置　实例文件>CH12>综合案例：精通时尚插画设计.cdr
素材位置　素材文件>CH12>21.cdr、22.cdr
视频位置　多媒体教学>CH12>综合案例：精通时尚插画设计.mp4
技术掌握　插画的绘制方法

【思路分析】

时尚插画主要靠时代感比较强的图案以及鲜艳的流行颜色进行设计，不仅可以突出绘画的美观，还有很强的视觉冲击感，既可作为商业时尚插画，也可用作店面橱窗的装潢设计，效果如图12-165所示。

图12-165

【制作流程】

01 新建空白文档，然后设置文档名称为“时尚插画”，接着设置页面大小为A4、页面方向为“纵向”。

02 首先绘制插画场景。双击“矩形工具”创建与页面等大的矩形，然后在“编辑填充”对话框中设置“渐变填充”为“线性渐变填充”、再设置“节点位置”为0%的色标颜色为（C:0，M:50，Y:10，K:0）、“节点位置”为100%的色标颜色为（C:77，M:60，Y:0，K:0），接着单击“确定”按钮完成填充，如图12-166所示。

图12-166

03 使用“椭圆形工具”绘制一个圆形，然后填充颜色为白色，如图12-167所示。接着去除轮廓线，放置页面左上方，适当调整位置，如图12-168所示。

图12-167　图12-168

04 使用“钢笔工具”绘制背景，如图12-169所示。然后填充颜色为黑色，接着将背景放置页面适当位置，效果如图12-170所示。

图12-169

图12-170

05 导入“素材文件>CH12>21.cdr”文件，然后拖曳至页面左上方，接着适当调整位置，如图12-171所示。

图12-171

06 下面绘制汽车。使用“钢笔工具”绘制汽车轮廓，如图12-172所示。然后填充颜色为（C:0，M:0，Y:100，K:0），效果如图12-173所示。

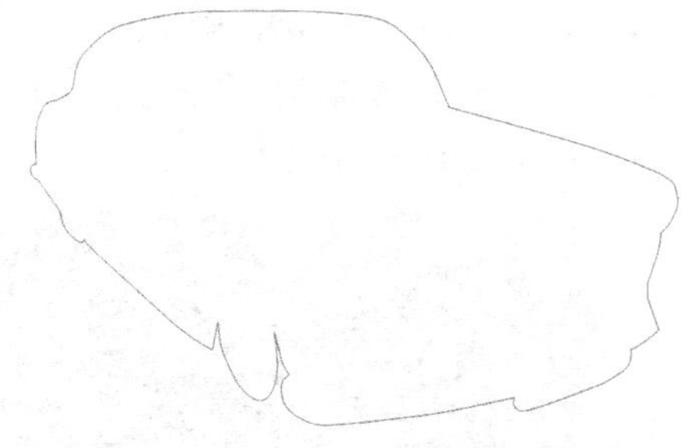

图12-172

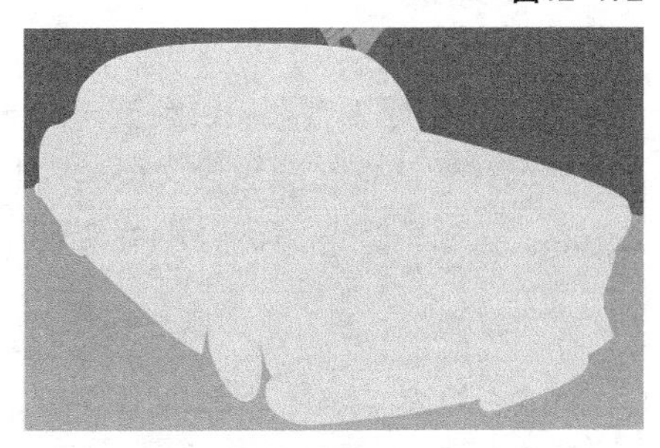

图12-173

07 使用“钢笔工具”绘制汽车阴影，然后填充颜色为黑色，移动至汽车下方，如图12-174所示。

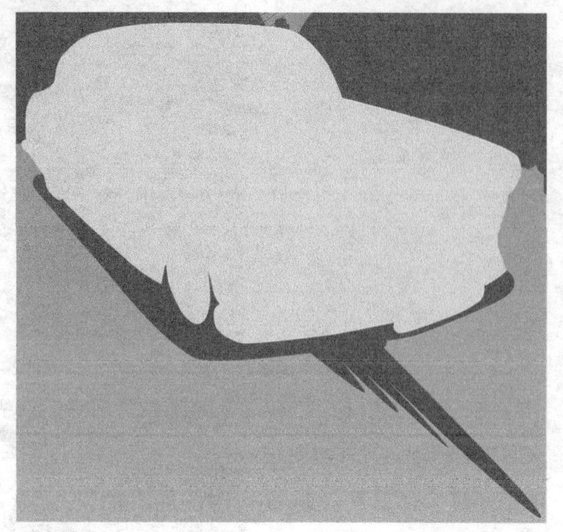

图12-174

08 使用“钢笔工具”绘制汽车挡风玻璃，然后填充颜色为（C:0，M:0，Y:0，K:90），去除轮廓线，如图12-175所示。

图12-175

09 向内复制两份，然后由里到外分别填充颜色为（C:100，M:100，Y:100，K:100）、（C:0，M:0，Y:0，K:100），接着去除轮廓线，最后全选对象进行组合，如图12-176所示。

图12-176

10 使用“钢笔工具”绘制玻璃反光，如图12-177所示。然后填充颜色为（C:0，M:20，Y:0，K:20），去除轮廓线，如图12-178所示。

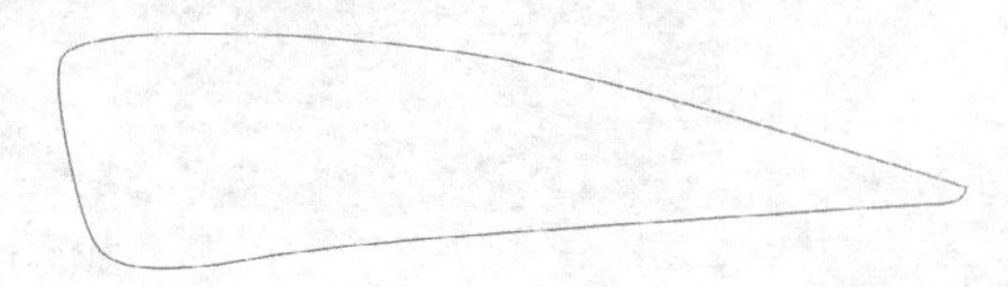

图12-177

图12-178

11 使用“钢笔工具”绘制汽车窗户，然后填充颜色为（C:0，M:0，Y:0，K:90），去除轮廓线，如图12-179所示。

图12-179

12 向内复制两份，然后由里到外分别填充颜色为（C:100，M:100，Y:100，K:100）、（C:0，M:0，Y:0，K:100），接着去除轮廓线，最后全选对象进行组合，如图12-180所示。

图12-180

13 使用“钢笔工具”绘制车窗反光，然后填充颜色为（C:0，M:20，Y:0，K:20），接着去除轮廓线，如图12-181所示。最后适当调整位置，效果如图12-182所示。

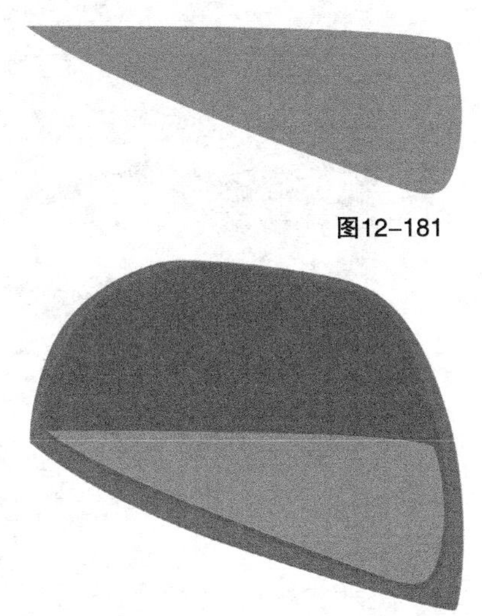

图12-181

图12-182

14 使用“钢笔工具”绘制一个不规则长条矩形，然后填充颜色为（C:0，M:0，Y:0，K:90），接着复制一份，填充颜色为（C:0，M:0，Y:0，K:100），如图12-183所示。适当调整位置，最后全选窗户进行组合对象，效果如图12-184所示。

图12-183 图12-184

15 使用“椭圆形工具”绘制汽车车轮，然后填充颜色为（C:0，M:0，Y:0，K:90），如图12-185所示。接着向内复制3份，由里到外分别填充颜色为白色、（C:100，M:100，Y:100，K:100）、（C:0，M:0，Y:0，K:100），再接着去除轮廓线，最后全选对象进行组合，如图12-186所示。最后适当调整位置，如图12-187所示。

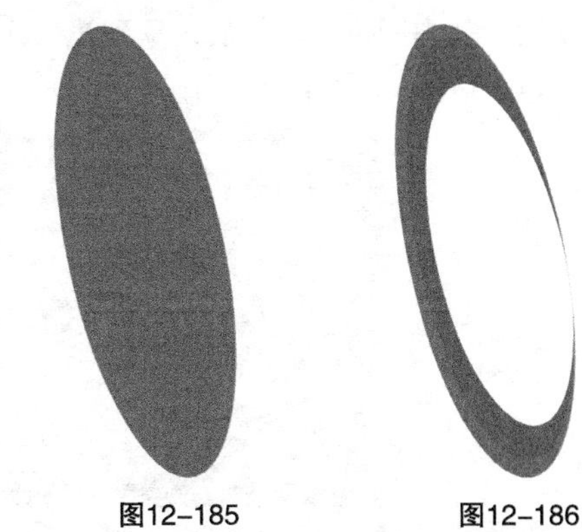

图12-185 图12-186

图12-187

16 使用“钢笔工具”绘制汽车侧面，然后填充颜色为黑色，如图12-188所示。接着绘制车头，填充颜色为黑色，如图12-189所示。

图12-188

图12-189

17 使用“钢笔工具”绘制车灯，然后填充颜色为白色，如图12-190所示。接着使用“钢笔工具”绘制车头中间位置，最后由深到浅依次填充颜色为黑色、白色，如图12-191所示。

图12-190

图12-191

18 使用“钢笔工具”在页面右下方绘制矩形，复制一份调整大小，然后填充颜色为白色，如图12-192所示。接着导入“素材文件>CH12>22.cdr”文件，移动到汽车的左边，最后适当调整位置，如图12-193所示。

图12-192

图12-193

19 使用“文本工具”在汽车右上方输入美术文本，然后设置“字体”为Busorama Md BT、“字体大小”为68pt，接着填充颜色为白色，最后按快捷键Ctrl+Q将其转为曲线，最终效果如图12-194所示。

图12-194

12.4 产品设计

12.4.1 综合案例：精通休闲鞋设计

实例位置　实例文件>CH12>综合案例：精通休闲鞋设计.cdr
素材位置　素材文件>CH12>23.jpg、24.jpg
视频位置　多媒体教学>CH12>综合案例：精通休闲鞋设计.mp4
技术掌握　质感的添加方法

【思路分析】

我们可以先根据既有的鞋子的照片来进行设计，参考相关鞋子的质感，选择合适的皮革材质，然后使用绘图工具设计鞋子的基本型，制作的时候需要注意鞋子结构以及相互之间的遮盖关系，案例效果如图12-195所示。

图12-195

【制作流程】

01 新建空白文档，然后设置文档名称为“休闲鞋”，接着设置页面大小“宽”为279mm、“高”为213mm。

02 首先绘制鞋底。使用“钢笔工具”绘制鞋底厚度，然后在“编辑填充”对话框中选择“渐变填充”方式，设置“类型”为“线性渐变填充”、“镜像、重复和反转”为“默认渐变填充”，再设置“节点位置”为0%的色标颜色为（C:45，M:58，Y:73，K:2）、“节点位置”为100%的色标颜色为（C:57，M:75，Y:95，K:31），接着单击“确定”按钮 确定 完成填充，最后设置“轮廓宽度”为0.5mm、颜色为（C:69，M:86，Y:100，K:64），如图12-196所示。

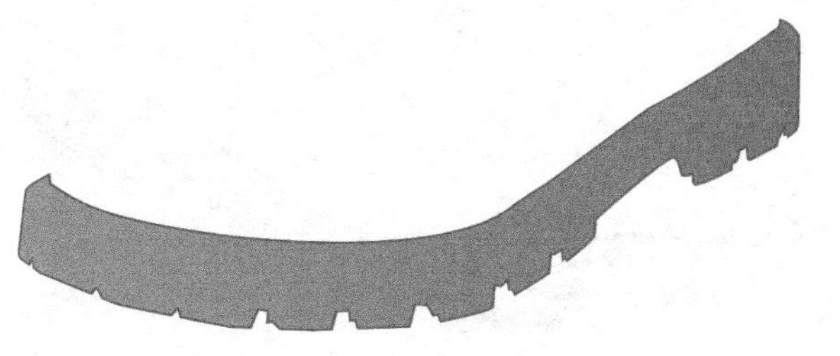

图12-196

03 使用“钢笔工具”绘制鞋底厚度，如图12-197所示。然后填充颜色为（C:68，M:86，Y:100，K:63），再去掉轮廓线，如图12-198所示。

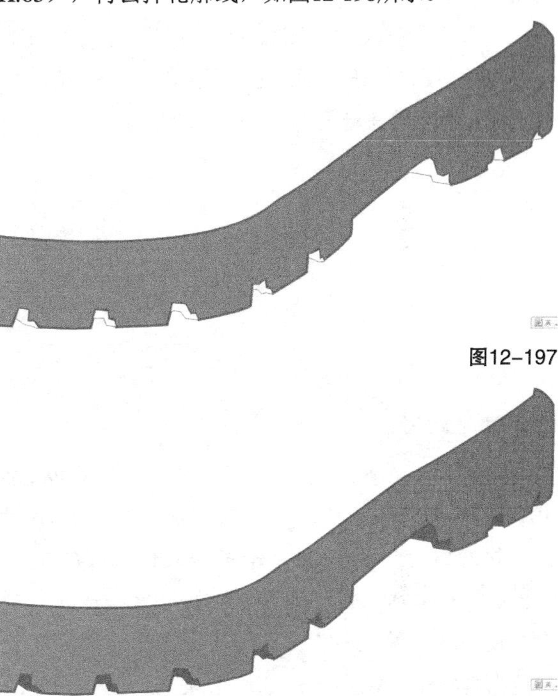

图12-197

图12-198

04 使用“钢笔工具”绘制鞋底和鞋面的连接处，然后填充颜色为（C:53，M:69，Y:100，K:16），再设置“轮廓宽度”为0.75mm、颜色为（C:58，M:86，Y:100，K:46），如图12-199所示。接着绘制缝纫线，设置“轮廓宽度”为1mm、轮廓线颜色为白色，如图12-200所示。

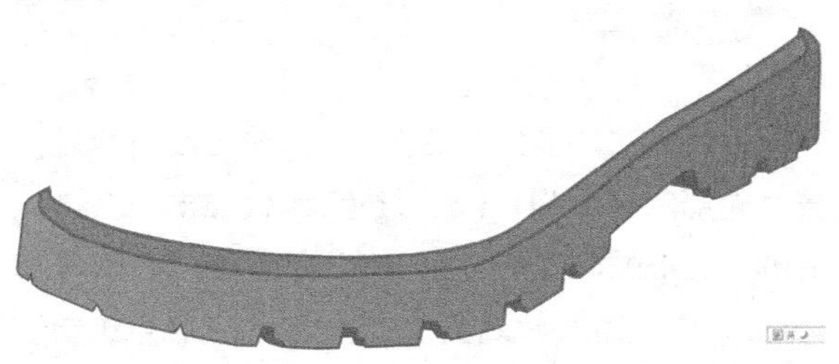

图12-199

图12-200

05 使用“钢笔工具”绘制鞋面，然后设置“轮廓宽度”为0.5mm、颜色为（C:58，M:85，Y:100，K:46），如图12-201所示。

06 导入“素材文件>CH12>23jpg”文件，然后执行“对象>图框精确裁剪>置于图文框内部”菜单命令，把布料放置在鞋面中，如图12-202所示。

图12-201　　图12-202

07 使用“钢笔工具”绘制鞋面块面，然后设置“轮廓宽度”为1mm、轮廓线颜色为（C:58，M:85，Y:100，K:45），效果如图12-203所示。

08 使用“钢笔工具”绘制块面阴影，然后填充颜色为（C:58，M:85，Y:100，K:45），再去掉轮廓线，如图12-204所示。

图12-203　　图12-204

09 使用“钢笔工具”绘制鞋面缝纫线，然后设置“轮廓宽度”为1mm、颜色为（C:58，M:84，Y:100，K:45），如图12-205所示。接着将缝纫线复制一份，再填充轮廓线颜色为白色，最后将白色缝纫线排放在深色缝纫线上面，如图12-206所示。

图12-205　　图12-206

10 使用“钢笔工具”绘制鞋舌，然后选中导入的布料执行“效果>调整>颜色平衡”菜单命令，打开“颜色平衡”对话框，再设置“青--红”为28、“品红--绿”为-87、“黄--蓝”为-65，接着单击“确定”按钮完成设置，如图12-207所示。

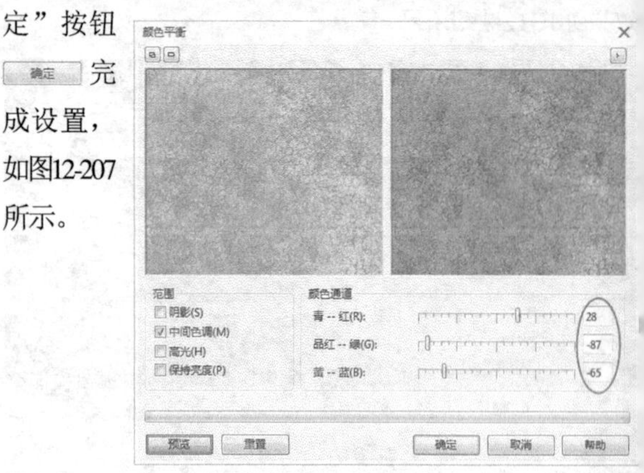

图12-207

11 选中布料，然后执行“效果>调整>色度/饱和度/亮度”菜单命令，打开“色度/饱和度/亮度”对话框，再选择“主对象”、设置“色度”为-2、“饱和度”为15、“亮度”为-32，接着单击“确定”按钮完成设置，如图12-208所示。最后将调整好的布料置入鞋舌中，如图12-209所示。

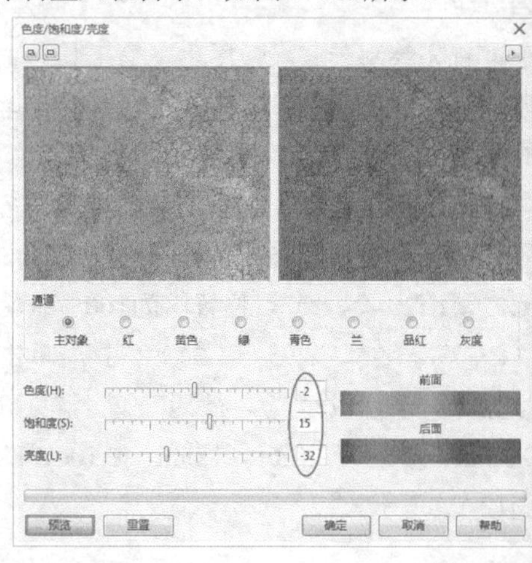

图12-208

图12-209

⑫ 下面绘制脚踝部分。使用“钢笔工具”绘制脚踝处轮廓，如图12-210所示。然后在“编辑填充”对话框中选择“渐变填充”方式，设置“类型”为“线性渐变填充”、“镜像、重复和反转”为“默认渐变填充”，再设置“节点位置”为0%的色标颜色为黑色、“节点位置”为100%的色标颜色为（C:69，M:83，Y:94，K:61），接着单击“确定”按钮完成填充，如图12-211所示。

图12-210

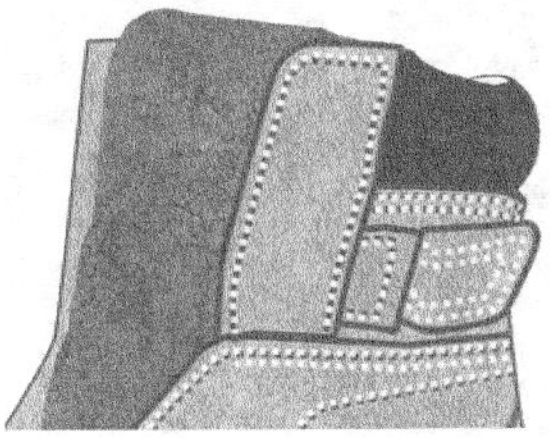

图12-211

⑬ 使用“钢笔工具”绘制鞋面与鞋舌的阴影处，然后填充颜色为（C:68，M:86，Y:100，K:63），再去掉轮廓线，如图12-212所示。

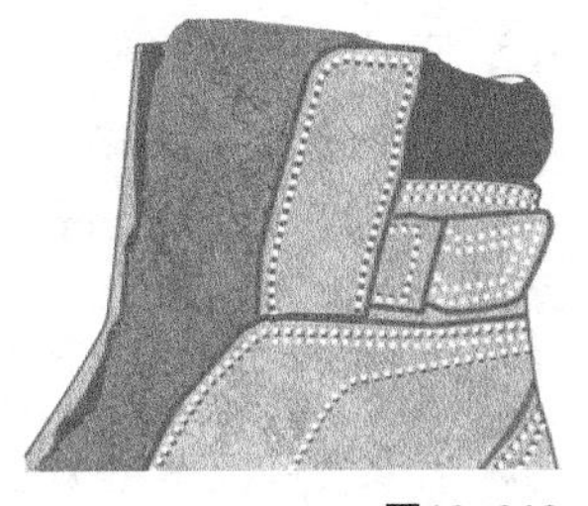

图12-212

⑭ 使用“钢笔工具”绘制鞋舌阴影，然后填充颜色为黑色，如图12-213所示。接着使用“透明度工具”拖动透明度效果，如图12-214所示。

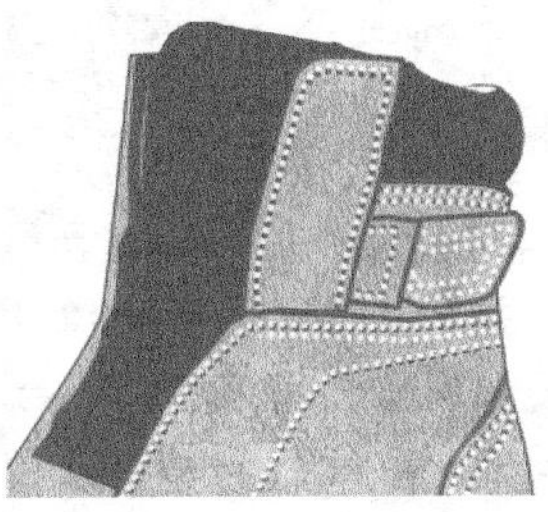

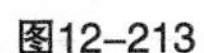

图12-213

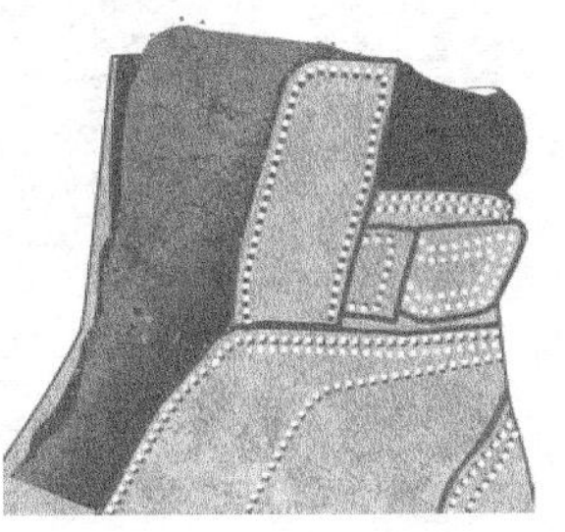

图12-214

⑮ 使用“钢笔工具”绘制鞋面转折区，然后填充颜色为（C:60，M:75，Y:98，K:38），如图12-215所示。接着使用“透明度工具”拖动透明度效果，如图12-216所示。

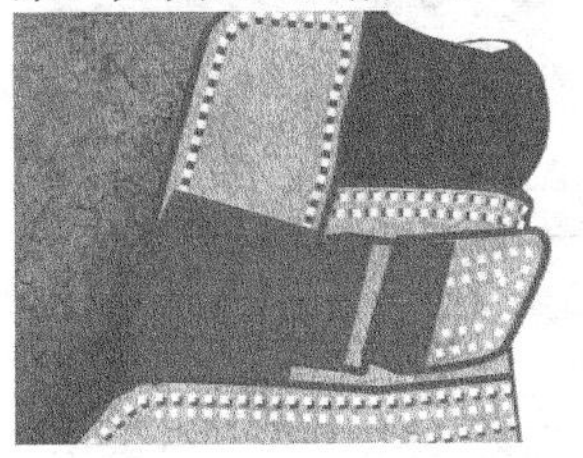

图12-215

图12-216

⑯ 使用“钢笔工具”绘制鞋面前段鞋带穿插处，然后将布料置入对象中，再设置“轮廓宽度”为1mm、颜色为（C:58，M:84，Y:100，K:45），如图12-217所示。

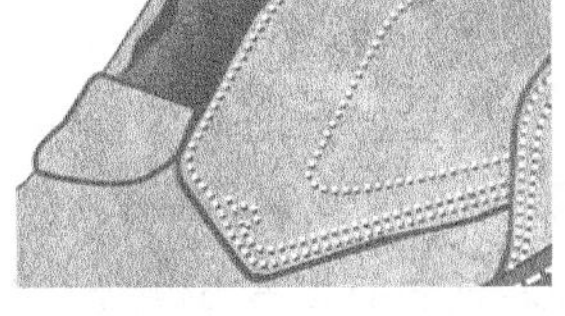

图12-217

⑰ 使用“钢笔工具”绘制缝纫线，然后设置“轮廓宽度”为0.5mm、轮廓线颜色为（C:0，M:0，Y:0，K:40），接着绘制阴影，再填充颜色为（C:51，M:79，Y:100，K:21），如图12-218所示。最后为对象添加缝纫线，效果如图12-219所示。

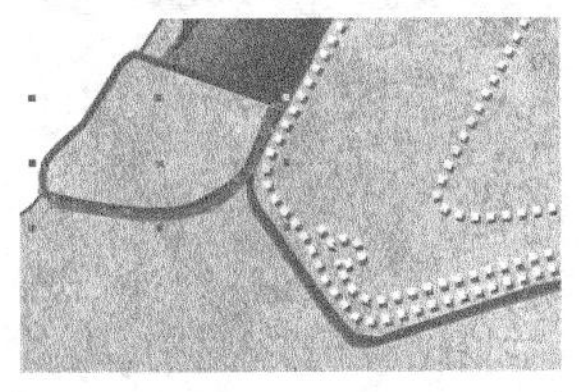

图12-218

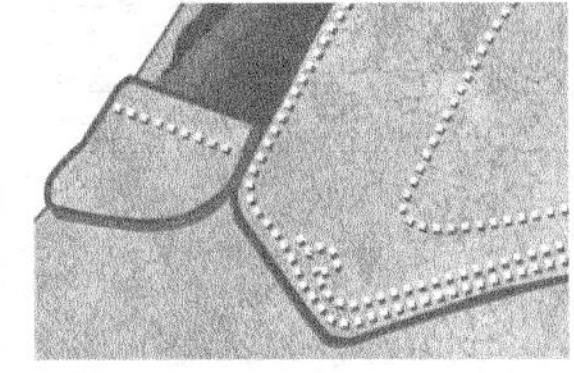

图12-219

⑱ 下面绘制鞋面阴影。使用“钢笔工具”绘制阴影部分，然后从深到浅依次填充颜色为（C:68，M:86，Y:100，K:63）、（C:60，M:75，Y:98，K:38），再去掉轮廓线，如图12-220所示。接着使用“透明度工具”拖动透明度效果，如图12-221所示。

图12-220

图12-221

19 使用“椭圆形工具”绘制圆，然后向内进行复制，再合并为圆环，接着填充颜色为（C:44，M:60，Y:75，K:2），最后设置“轮廓宽度”为1mm，如图12-222所示。

20 使用“椭圆形工具”绘制圆，然后在“编辑填充”对话框中选择“渐变填充”方式，设置“类型”为“椭圆形渐变填充”、“镜像、重复和反转”为“默认渐变填充”，再设置“节点位置”为0%的色标颜色为黑色、“节点位置”为100%的色标颜色为（C:0，M:20，Y:20，K:60），接着单击“确定”按钮完成填充，最后去掉轮廓线，如图12-223所示。

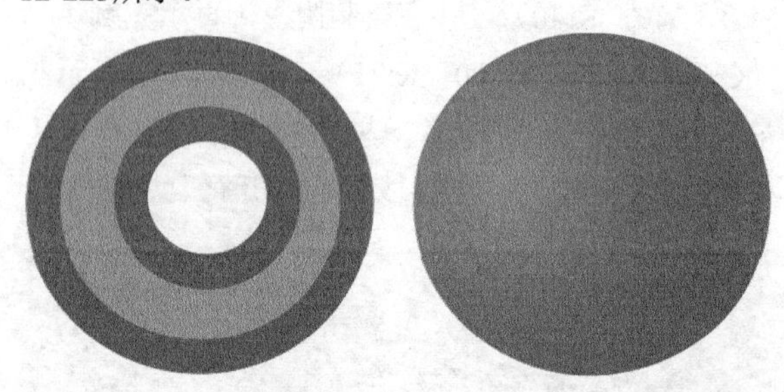

图12-222　图12-223

21 将前面绘制的圆环和纽扣拖曳到鞋子上，如图12-224所示。然后使用“矩形工具”绘制矩形，再设置“圆角”为2.8mm，如图12-225所示。

图12-224

图12-225

22 选中矩形然后在“编辑填充”对话框中选择“渐变填充”方式，设置“类型”为“线性渐变填充”、“镜像、重复和反转”为“默认渐变填充”，再设置“节点位置”为0%的色标颜色为黑色、“位置”为34%的色标颜色为（C:55，M:67，Y:94，K:17）、“位置”为56%的色标颜色为黑色、“位置”为100%的色标颜色为（C:55，M:67，Y:94，K:17），接着单击“确定”按钮完成填充，如图12-226所示，将矩形复制一份拖曳到下方，如图12-227所示。

图12-226　图12-227

23 使用“钢笔工具”绘制鞋舌上的标志形状，然后填充颜色为黑色，接着绘制缝纫线，再设置“轮廓宽度”为0.5mm、颜色为白色，如图12-228所示。

24 使用“钢笔工具”绘制标志上的形状，然后从上到下依次填充颜色为（C:0，M:20，Y:20，K:60）、（C:20，M:0，Y:20，K:40）如图12-229所示。

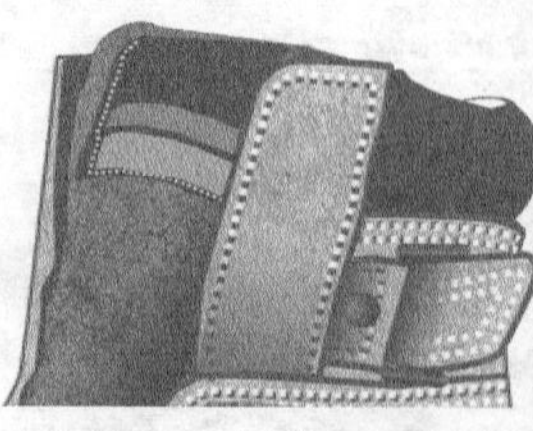

图12-228　图12-229

25 使用“钢笔工具”绘制标志上的形状，然后在“编辑填充”对话框中选择“渐变填充”方式，设置“类型”为“线性渐变填充”、“镜像、重复和反转”为“默认渐变填充”，再设置“节点位置”为0%的色标颜色为（C:0，M:20，Y:100，K:0）、“位置”为19%的色标颜色为（C:41，M:79，Y:100，K:5）、“位置”为42%的色标颜色为（C:35，M:70，Y:100，K:7）、“位置”为100%的色标颜色为（C:0，M:20，Y:100，K:0），接着单击“确定”按钮完成填充，如图12-230所示。

26 使用“钢笔工具”绘制鞋带穿插，然后设置“轮廓宽度”为4mm，再从深到浅依次填充颜色为（C:57，M:86，Y:100，K:44）、（C:50，M:77，Y:91，K:18），如图12-231所示。

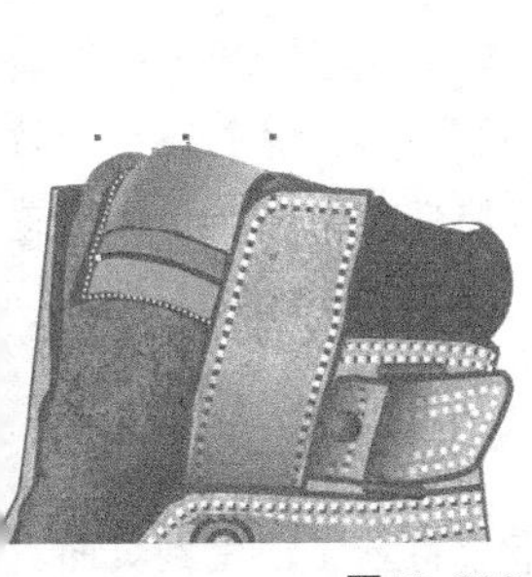

图12-230

图12-231

27 使用“钢笔工具”绘制鞋带钩，然后在“编辑填充”对话框中选择“渐变填充”方式，设置“类型”为“线性渐变填充”、“镜像、重复和反转”为“默认渐变填充”，再设置“节点位置”为0%的色标颜色为黑色、“位置”为34%的色标颜色为（C:54，M:67，Y:92，K:16）、“节点位置”为56%的色标颜色为黑色、“节点位置”为100%的色标颜色为（C:55，M:67，Y:94，K:17），接着单击“确定”按钮完成填充，最后去掉轮廓线，如图12-232所示。

图12-232

28 使用“钢笔工具”绘制鞋带钩底座，然后在“编辑填充”对话框中选择“渐变填充”方式，设置“类型”为“线性渐变填充”、“镜像、重复和反转”为“默认渐变填充”，再设置“节点位置”为0%的色标颜色为黑色、“位置”为56%的色标颜色为（C:100，M:100，Y:100，K:100）、“位置”为100%的色标颜色为（C:55，M:67，Y:97，K:18），接着单击“确定”按钮完成填充，如图12-233所示。

图12-233

29 使用“椭圆形工具”绘制椭圆，然后在“编辑填充”对话框中选择“渐变填充”方式，设置“类型”为“线性渐变填充”、“镜像、重复和反转”为“默认渐变填充”，再设置“节点位置”为0%的色标颜色为（C:54，M:66，Y:90，K:15）、“位置”为56%的色标颜色为（C:71，M:84，Y:93，K:64）、“位置”为100%的色标颜色为（C:54，M:66，Y:90，K:15），接着单击“确定”按钮完成填充，如图12-234所示。

30 将编辑好的对象组合在一起，如图12-235所示。然后绘制侧面的鞋带钩，再使用“属性滴管工具”吸取颜色属性，填充在绘制的侧面鞋带钩上，如图12-236所示，接着将鞋带钩拖曳在鞋子上，如图12-237所示。

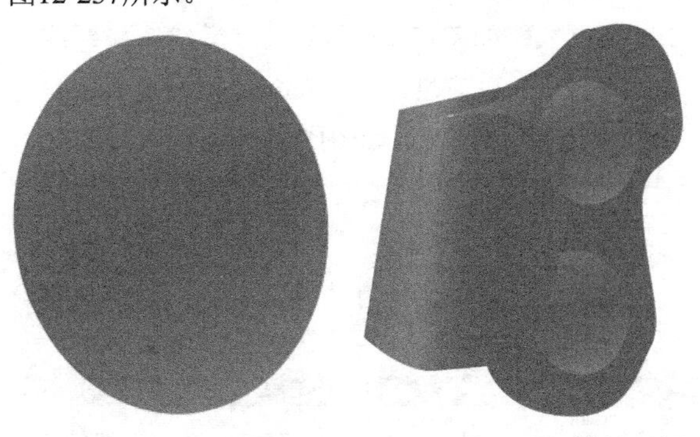

图12-234 图12-235

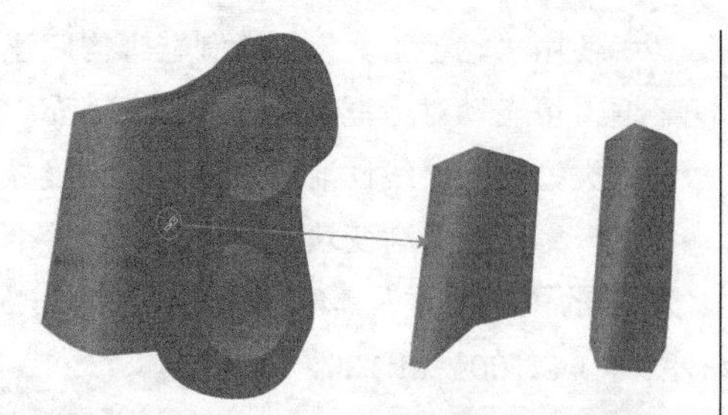
图12-236

图12-237

31 使用“钢笔工具”绘制鞋舌上的布条，然后填充颜色为（C:69，M:86，Y:98，K:64），再设置“轮廓宽度”为0.5mm，接着填充暗部颜色为黑色，如图12-238所示。

图12-238

32 使用“钢笔工具”绘制布条上的条纹，然后填充颜色为（C:43，M:78，Y:100，K:7），再去掉轮廓线，如图12-239所示。接着绘制缝纫线，最后设置“轮廓宽度”为0.5mm、颜色为（C:43，M:78，Y:100，K:7），如图12-240所示。

图12-239

图12-240

33 使用“文本工具”输入标志文本和鞋子侧面的文本，然后填充文本颜色为（C:71，M:85，Y:97，K:65）如图12-241所示。

图12-241

34 导入“素材文件>CH12>24.jpg”文件，然后执行“效果>调整>替换颜色”菜单命令打开“替换颜色”对话框，再吸取“原颜色”为黑色、设置“新建颜色”为（C:69，M:86，Y:98，K:64）、“色度”为10、“饱和度”为29、“亮度”为4、“范围”为38，接着单击“确定”按钮完成替换，如图12-242所示。最后将鞋子拖曳到页面右边，如图12-243所示。

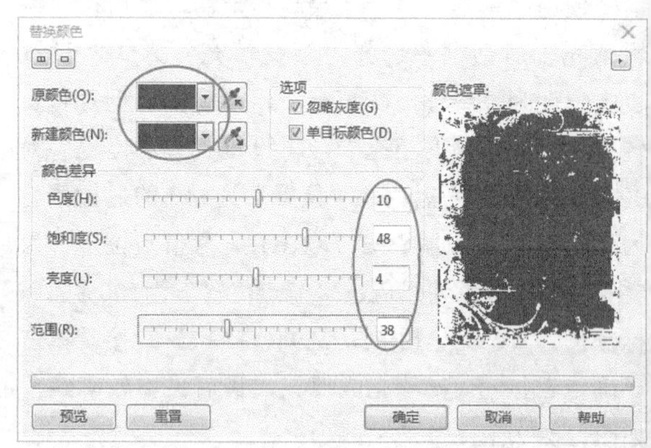

图12-242

图12-243

35 使用“椭圆形工具”绘制圆，然后进行水平复制，接着从左到右依次填充颜色为（C:9，M:32，Y:84，K:0）、（C:47，M:61，Y:74，K:3）、（C:52，M:78，Y:100，K:23）、（C:57，M:86，Y:100，K:44）、（C:81，M:89，Y:97，K:77），最后去掉轮廓线，如图12-244所示。

图12-244

36 使用“文本工具”输入文本“休闲鞋”，最终效果如图12-245所示。

图12-245

12.4.2 综合案例：精通单反相机设计

实例位置　实例文件>CH12>综合案例：精通单反相机设计.cdr
素材位置　素材文件>CH12>25.jpg
视频位置　多媒体教学>CH12>综合案例：精通单反相机设计.mp4
技术掌握　皮质和金属光感的制作方法

【思路分析】

制作本案例，需要在设计前，绘制基础形状的手绘稿，然后在软件里面转换为矢量图，在设计的时候要参考真实的相机颜色效果，力求在设计的时候达到真实效果，如图12-246所示。

图12-246

【制作流程】

01 新建空白文档，然后设置文档名称为“单反相机”，接着设置页面大小为“A4”、页面方向为“横向”。

02 首先绘制机身。使用“钢笔工具”绘制机身轮廓，如图12-247所示。然后向内进行复制，如图12-248所示。

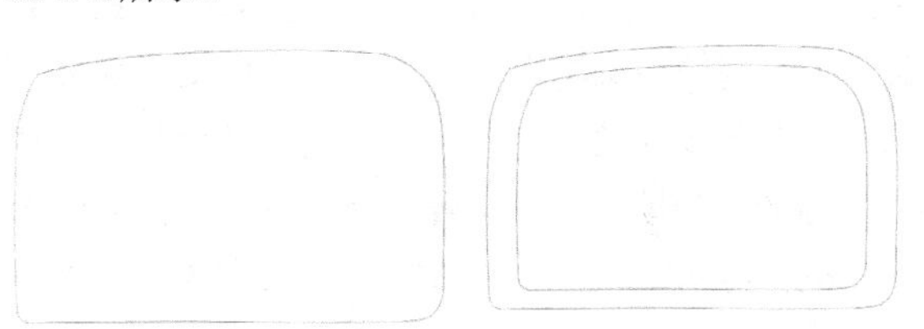

图12-247　图12-248

03 选中外面的机身轮廓，然后在“编辑填充”对话框中选择“渐变填充”方式，设置“类型”为“线性渐变填充”、“镜像、重复和反转”为“默认渐变填充”，再设置“节点位置”为0%、“颜色调和”为“自定义”，再设置“节点位置”为0%的色标颜色为0%的色标颜色为（C:1，M:50，Y:25，K:0）、“节点位置”为27%的色标颜色为（C:20，M:100，Y:100，K:20）、“节点位置”为100%的色标颜色为（C:100，M:100，Y:100，K:100），“填充宽度”为102.59 %、“水平偏移”为18.768%、“垂直偏移”为1.378%、“旋转”为-91.1°，接着单击“确定”按钮完成填充，最后去掉轮廓线，如图12-249所示。

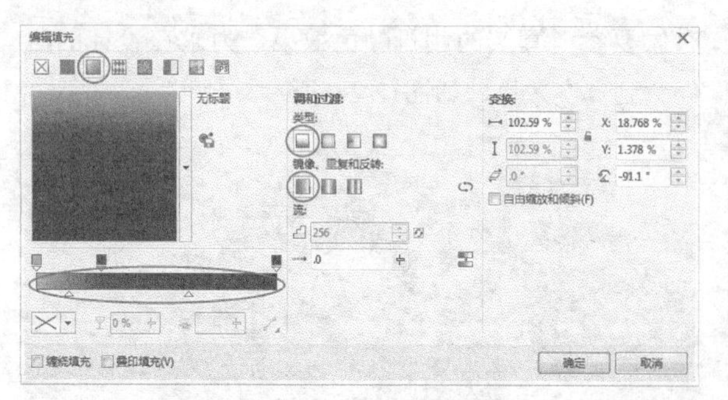

图12-249

04 选中内部机身形状，然后填充颜色为（C:57，M:100，Y:100，K:52），再去掉轮廓线，如图12-250所示。接着使用“调和工具”进行调和，如图12-251所示。

图12-250　　图12-251

05 使用“钢笔工具”绘制侧面凸起的结构，如图12- 252所示。然后选中凸起结构，然后在“编辑填充”对话框中选择“渐变填充”方式，设置“类型”为“线性渐变填充”、“镜像、重复和反转”为“默认渐变填充”，再设置“节点位置”为0%的色标颜色为黑色、“位置”为17%的色标颜色为（C:68，M:98，Y:95，K:66）、“位置”为28%的色标颜色为（C:49，M:100，Y:100，K:26）、“位置”为38%的色标颜色为（C:17，M:60，Y:34，K:0）、“位置”为48%的色标颜色为（C:57，M:100，Y:100，K:51）、“位置”为60%的色标颜色为（C:51，M:100，Y:100，K:37）、“位置”为75%的色标颜色为（C:73，M:91，Y:97，K:70）、“位置”为100%的色标颜色为黑色，接着单击“确定”按钮完成填充，最后去掉轮廓线，如图12-253所示。

图12- 252　　图12-253

06 选中凸起结构上的皮面区域进行复制，然后导入“素材文件>CH12>25.jpg”文件，再执行“对象>图框精确裁剪>置于图文框内部”菜单命令置入对象中，如图12-254所示。

图12-254

07 选中复制的皮质区域，然后在“编辑填充”对话框中选择“渐变填充”方式，设置“类型”为“线性渐变填充”、“镜像、重复和反转”为“默认渐变填充”，再设置“节点位置”为0%的色标颜色为黑色、“位置”为38%的色标颜色为白色、“位置”为59%的色标颜色为（C:0，M:0，Y:0，K:30）、“位置”为100%的色标颜色为黑色，接着单击“确定”按钮完成填充，如图12-255所示。最后使用“透明度工具”拖动透明效果，如图12-256所示。

图12-255　　图12-256

08 下面绘制机身中间突出部分。使用“钢笔工具”绘制突出轮廓和高光区域，然后填充突出区域颜色为（C:71，M:96，Y:93，K:69），再填充高光区域颜色为（C:47，M:100，Y:100，K:26），接着选中去掉轮廓线，如图12-257所示。最后使用“调和工具”进行调和，如图12-258所示。

图12-257　　图12-258

09 确定好机身结构后开始刻画左边突出部分。使用“钢笔工具”绘制皮质高光区域，然后转换为位图，再执行“位图>模糊>高斯模糊”菜单命令，在“高斯式模糊”对话框中设置“半径”为10像素，如图12-259所示。

图12-259

10 使用“钢笔工具”绘制斜面轮廓，然后填充颜色为（C:51，M:100，Y:100，K:37），再去掉轮廓线，如图12-260所示。接着使用“透明度工具”拖动透明效果，如图12-261所示。

图12-260

图12-261

11 将斜面复制一份，然后更改颜色为（C:0，M:82，Y:25，K:0），再转换为位图，接着执行“位图>模糊>高斯式模糊”菜单命令，在“高斯式模糊”对话框中设置“半径”为10像素，如图12-262所示。

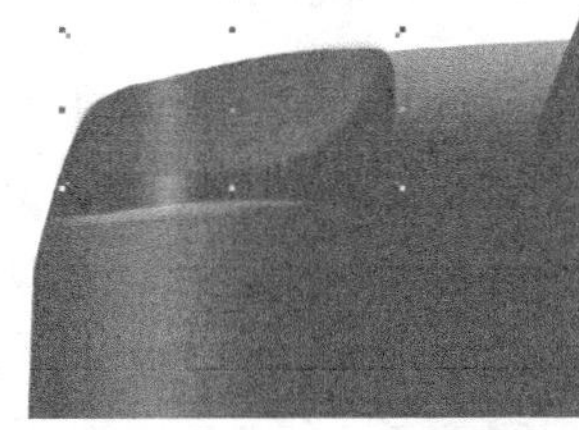

图12-262

12 使用“钢笔工具”绘制阴影区域，然后填充颜色为黑色，再转换为位图，如图12-263所示。接着执行“位图>模糊>高斯式模糊”菜单命令，在“高斯式模糊”对话框中设置“半径”为20像素，最后使用“透明度工具”拖动透明效果，如图12-264所示。

图12-263

图12-264

13 使用前面所述方法绘制斜面白色高光和下面黑色阴影，如图12-265和图12-266所示。

图12-265

图12-266

14 下面绘制快门按键。使用“椭圆形工具”绘制按键阴影处，然后在“编辑填充”对话框中选择“渐变填充”方式，设置“类型”为“线性渐变填充”、“镜像、重复和反转”为“默认渐变填充”，再设置“节点位置”为0%的色标颜色为（C:0，M:0，Y:0，K:90）、设置“节点位置”为100%的色标颜色为黑色，接着单击“确定”按钮完成填充，如图12-267所示。

15 复制椭圆进行缩放，然后在“编辑填充”对话框中选择“渐变填充”方式，设置“类型”为“线性渐变填充”、“镜像、重复和反转”为“默认渐变填充”，再设置“节点位置”为0%的色标颜色为黑色、“节点位置”为55%的色标颜色为（C:0，M:0，Y:0，K:60），接着单击“确定”按钮完成填充，如图12-268所示。

图12-267

图12-268

16 复制阴影椭圆，然后进行缩放，如图12-269所示。然后复制浅色椭圆，再使用“交互式填充工具”改变填充方向，如图12-270所示。

图12-269

图12-270

17 下面绘制闪光灯。绘制一个圆，然后在“编辑填充”对话框中选择“渐变填充”方式，设置“类型”为“线性渐变填充”、“镜像、重复和反转”

为“默认渐变填充”，再设置“节点位置”为0%的色标颜色为（C:68，M:98，Y:96，K:66）、“节点位置”为100%的色标颜色为（C:51，M:100，Y:100，K:37），接着单击“确定”按钮完成填充，如图12-271所示。

图12-271

18 向内复制圆，然后在“编辑填充”对话框中选择“渐变填充”方式，设置“类型”为“椭圆形渐变填充”、“镜像、重复和反转”为“默认渐变填充”，再设置“节点位置”为0%颜色为（C:0，M:0，Y:0，K:70）、“位置”37%颜色为（C:0，M:0，Y:0，K:30）、“位置”42%颜色为（C:0，M:0，Y:0，K:90）、“位置”65%颜色为（C:0，M:0，Y:0，K:70）、“位置”100%颜色为白色，接着单击“确定”按钮完成填充，效果如图12-272所示。

图12-272

19 下面绘制镜头。使用“椭圆形工具”绘制圆，然后在“编辑填充”对话框中选择“渐变填充”方式，设置“类型”为“椭圆形渐变填充”、“镜像、重复和反转”为“默认渐变填充”，再设置“节点位置”为0%颜色为黑色、“位置”100%颜色为（C:0，M:0，Y:0，K:60），接着单击“确定”按钮完成填充，如图12-273所示。

图12-273

20 向内复制，然后在“渐变填充”对话框中更改设置“旋转”为137.3°，再单击“确定”按钮完成填充，如图12-274所示。接着向内复制，在“渐变填充”对话框中更改设置“旋转”为321.3°，最后单击“确定”按钮完成填充，如图12-275所示。

图12-274

图12-275

21 向内复制，然后在“编辑填充”对话框中选择“渐变填充”方式，设置“类型”为“线性渐变填充”、“镜像、重复和反转”为“默认渐变填充”，再设置“节点位置”为0%的色标颜色为（C:0，M:0，Y:0，K:80）、“节点位置”为100%的色标颜色为（C:0，M:0，Y:0，K:30），再单击“确定”按钮完成填充，如图12-276所示。

图12-276

22 向内复制，然后在“渐变填充”对话框中更改设置“旋转”为141.7°、0%的色标颜色为黑色、“节点位置”为100%的色标颜色为（C:0，M:0，Y:0，K:60），接着单击“确定”按钮完成填充，如图12-277所示。

图12-277

23 向内进行复制，然后在“编辑填充”对话框中选择“渐变填充”方式，设置“类型”为“椭圆形渐变填充”、“镜像、重复和反转”为“默认渐变填充”，再设置“节点位置”为0%的色标颜色为（C:73，M:56，Y:48，K:2）、“节点位置”为100%的色标颜色为（C:73，M:56，Y:48，K:2），接着单击“确定”按钮完成填充，如图12-278所示。

图12-278

24 向内进行复制，然后填充颜色为黑色，如图12-279所示。接着向内复制，再填充颜色为（C:100，M:85，Y:80，K:70），如图12-280所示。

图12-279

图12-280

25 向内进行复制，然后填充颜色为（C:0，M:0，Y:0，K:80），如图12-281所示。接着向内复制填充相同的颜色，效果如图12-282所示。

图12-281

图12-282

26 下面绘制镜头反光。选中中间黑色的圆，原位置复制一份，然后在“编辑填充”对话框中选择“渐变填充”方式，设置“类型”为“圆锥形渐变填充”、“镜像、重复和反转”为“重复和镜像”，再设置“节点位置”为0%的色标颜色为黑色、“节点位置”为100%的色标颜色为（C:67，M:35，Y:60，K:0），接着单击“确定”按钮完成填充，如图12-283所示。最后使用“透明度工具”拖动透明效果，如图12-284所示。

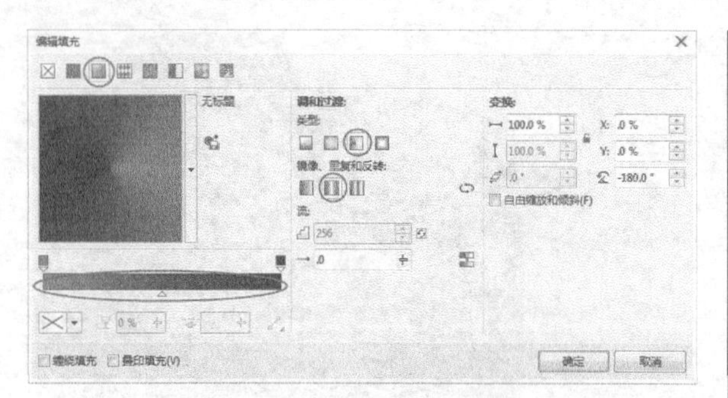

图12-283

图12-284

27 将反光复制一份，然后进行水平镜像，如图12-285所示。接着将反光向内复制，然后在“编辑填充”对话框中选择“渐变填充”方式，设置“类型”为“线性渐变填充”、“镜像、重复和反转”为“默认渐变填充”，再设置“节点位置”为0%的色标颜色为（C:100，M:85，Y:80，K:70）、“位置”为39%的色标颜色为白色、“位置”为66%的色标颜色为白色、“位置”为100%的色标颜色为（C:100，M:85，Y:80，K:70），接着单击“确定”按钮 确定 完成填充，如图12-286所示。

图12-285

图12-286

28 将白色反光复制一份进行水平镜像，然后在“编辑填充”对话框中选择“渐变填充”方式，设置“类型”为“圆锥形渐变填充”、“镜像、重复和反转”为“重复和镜像”，再设置“节点位置”为0%的色标颜色为（C:100，M:85，Y:80，K:70）、“位置”为21%的色标颜色为（C:20，M:80，Y:0，K:20）、“位置”为39%的色标颜色为白色、“位置”为66%的色标颜色为白色、“位置”为87%的色标颜色为（C:20，M:80，Y:0，K:20）、“位置”为100%的色标颜色为黑色，接着单击“确定”按钮 确定 完成填充，如图12-287所示，效果如图12-288所示。

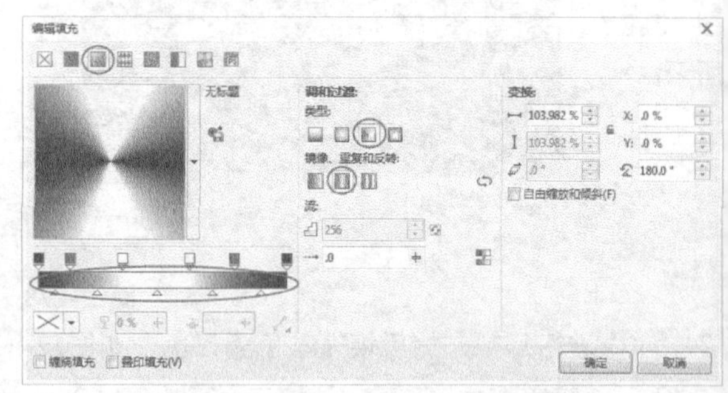

图12-287

图12-288

29 下面绘制标志突起。使用“钢笔工具”绘制突起轮廓，然后填充颜色为（C:71，M:96，Y:91，K:69），再去掉轮廓线。接着向内复制，然后在“编辑填充”对话框中选择“渐变填充”方式，设置“类型”为“线性渐变填充”、“镜像、重复和反转”为“默认渐变填充”，再设置“节点位置”为0%的色标颜色为（C:65，M:100，Y:97，K:63）、“节点位置”为100%的色标颜色为（C:11，M:100，Y:100，K:0），最后单击“确定”按钮完成填充，如图12-289所示。

图12-289

30 使用“调和工具”进行调和，如图12-290所示。然后绘制阴影面，然后在“编辑填充”对话框中选择“渐变填充”方式，设置“类型”为“线性渐变填充”、“镜像、重复和反转”为“默认渐变填充”，再设置“节点位置”为0%的色标颜色为（C:58，M:98，Y:94，K:51）、“节点位置”为100%的色标颜色为黑色，接着单击“确定”按钮完成填充，如图12-291所示。最后将阴影放置在镜头后面。

图12-290

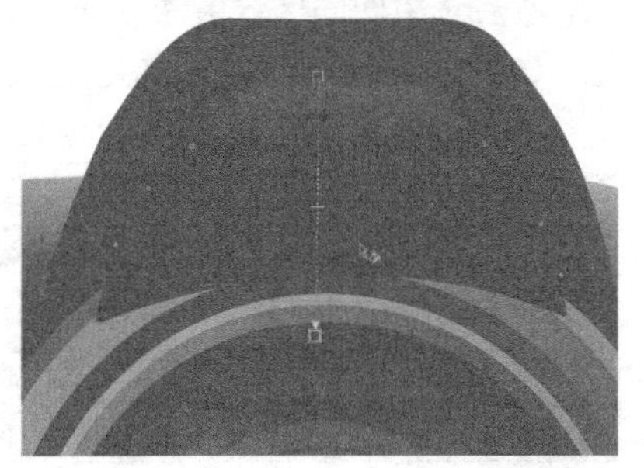

图12-291

31 绘制转折处的高光，然后填充颜色为（C:13，M:62，Y:33，K:0），接着去掉轮廓线，如图12-292所示，接着转换为位图，再执行“位图>模糊>高斯模糊”菜单命令，在“高斯式模糊”对话框中设置“半径”为7像素，最后把高光顺序调整到镜头后面，如图12-293所示。

图12-292

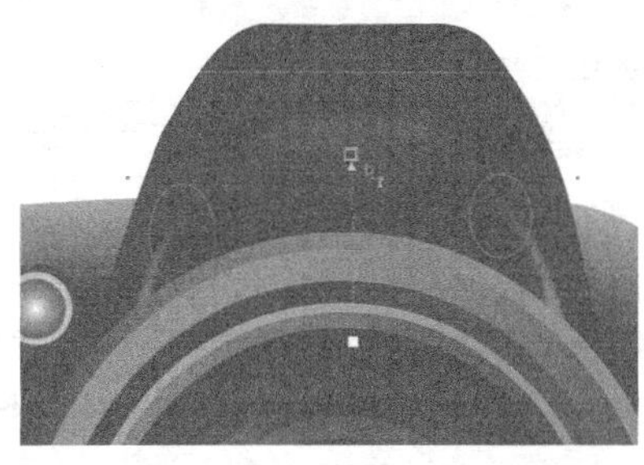

图12-293

32 绘制相机上方高光区域，然后填充颜色为白色，再分别转换为位图，如图12-294所示。接着执行“位图>模糊>高斯模糊”菜单命令，在“高斯式模糊”对话框中调节“半径”大小，最后使用“透明度工具”拖动透明效果，如图12-295所示。

图12-294

图12-295

33 下面绘制旋转按钮。使用“矩形工具”绘制矩形，然后填充外部矩形颜色为黑色，再填充内部矩形颜色为（C:0，M:0，Y:0，K:80），如图12-296

所示。接着使用“调和工具”进行调和，最后把调和好的矩形水平复制多个，如图12-297所示。

图12-296 　　图12-297

34 绘制按钮形状，然后在“编辑填充”对话框中选择“渐变填充”方式，设置“类型”为“线性渐变填充”、“镜像、重复和反转”为“默认渐变填充”，再设置“节点位置”为0%的色标颜色为黑色、“位置”为20%的色标颜色为黑色、“位置”为29%的色标颜色为（C:0，M:0，Y:0，K:30）、“位置”为38%的色标颜色为（C:0，M:0，Y:0，K:50）、“位置”为65%的色标颜色为黑色、“位置”为100%的色标颜色为黑色，接着单击“确定”按钮完成填充，如图12-298所示。

35 将按钮上的条纹置入按钮中，然后缩放复制在相机上，如图12-299所示。然后使用“钢笔工具”绘制滑动按钮，如图12-300所示。接着填充颜色为黑色和（C:0，M:0，Y:0，K:90），最后使用前面挥之高光的方法为按钮添加高光，如图12-301所示。

图12-298

图12-299

图12-300

图12-301

36 绘制相机上的其他装饰，如图12-302所示。然后填充上面对象颜色为（C:69，M:96，Y:97，K:67），再转换为位图添加模糊效果，接着在上面绘制两组重叠的椭圆形，最后填充颜色为黑色和（C:82，M:91，Y:86，K:75），效果如图12-303所示。

图12-302 　　图12-303

37 填充下面矩形颜色为（C:13，M:62，Y:33，K:0），然后去掉轮廓线，再向内复制，更改颜色为（C:51，M:100，Y:100，K:37），接着使用“调和工具”进行调和，如图12-304所示。

38 向内进行复制，填充颜色为黑色，然后使用“文本工具”输入文本，填充文本颜色为（C:0，M:0，Y:0，K:60），如图12-305所示。

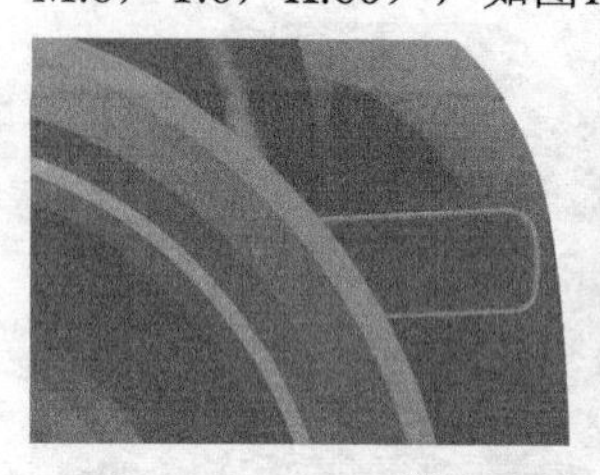

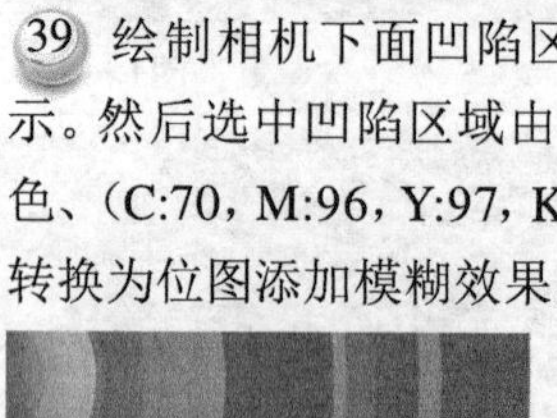

图12-304

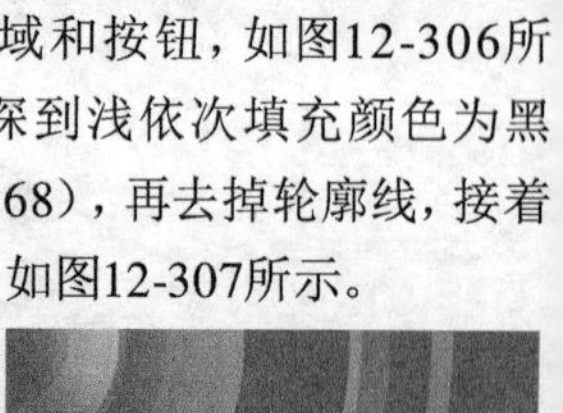

图12-305

39 绘制相机下面凹陷区域和按钮，如图12-306所示。然后选中凹陷区域由深到浅依次填充颜色为黑色、（C:70，M:96，Y:97，K:68），再去掉轮廓线，接着转换为位图添加模糊效果，如图12-307所示。

图12-306

图12-307

40 填充按钮颜色为（C:72，M:93，Y:87，K:67），然后使用“透明度工具”拖动透明效果，如图12-308所示。接着向左复制，进行缩放，如图12-309所示。

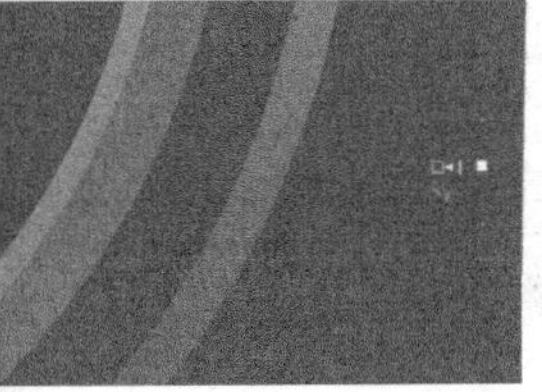

图12-308

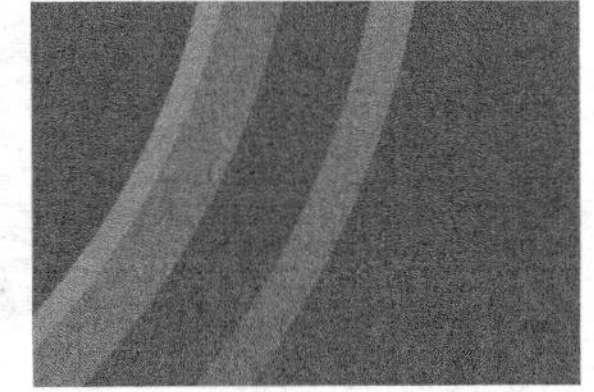

图12-309

41 在相机上绘制转折处的高光，然后填充颜色为白色，再转换为位图添加模糊效果，接着使用“透明度工具”拖动透明效果，最后使用“文本工具”为镜头添加文本，效果如图12-310所示。

图12-310

42 将相机组合对象，然后使用“阴影工具”拖动阴影效果，在属性栏中设置“阴影淡出”为80，如图12-311所示。接着复制相机转换为位图，再进行垂直镜像，最后使用矩形修剪位图，如图12-312所示。

图12-311

图12-312

43 选中倒影使用“透明度工具”拖动透明效果，如图12-313所示。

图12-313

44 双击“矩形工具”创建与页面等大的矩形，然后在“编辑填充”对话框中选择“渐变填充”方式，设置“类型”为“线性渐变填充”、“镜像、重复和反转”为“默认渐变填充”，再设置“节点位置”为0%的色标颜色为白色、“位置”为34%的色标颜色为（C:37，M:30，Y:31，K:0）、“位置”为45%的色标颜色为（C:33，M:27，Y:27，K:0）、“位置”为100%的色标颜色为白色，接着单击“确定”按钮完成填充，最终效果如图12-314所示。

图12-314

12.5 Logo设计

12.5.1 综合案例：精通儿童家居标志设计

实例位置　实例文件>CH12>综合案例：精通儿童家居标志设计.cdr
素材位置　无
视频位置　多媒体教学>CH12>综合案例：精通儿童家居标志设计.mp4
技术掌握　平面家居标志的制作方法

【思路分析】

在制作标志前，我们需要了解标志相关的理念和企业性质，然后根据这些资料提取关键元素，精简元素达到标志的需要，然后搭配合适的颜色来突显企业含义，效果如图12-315所示。

图12-315

技巧与提示

为了便于网络上信息的传播，其中关于网站的标志，目前有以下3种规格。

第1种：88mm×31mm，这是互联网上最普遍的标志规格。

第2种：120mm×60mm，这种规格属于一般大小的标志。

第3种：120mm×90mm，这种规格属于大型标志。

【制作流程】

01 新建空白文档，然后设置文档名称为“儿童家居标志”，接着设置“宽度”为180mm、“高度”为140mm。

02 使用“钢笔工具”和“形状工具”绘制出一棵树的轮廓，如图12-316所示。然后按照此方法绘制出树干的轮廓，如图12-317所示。

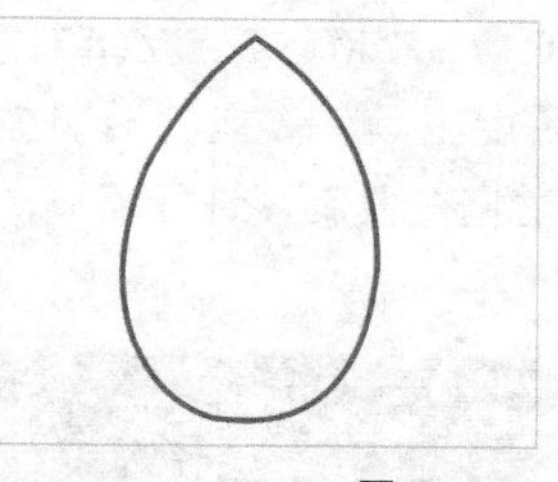

图12-316

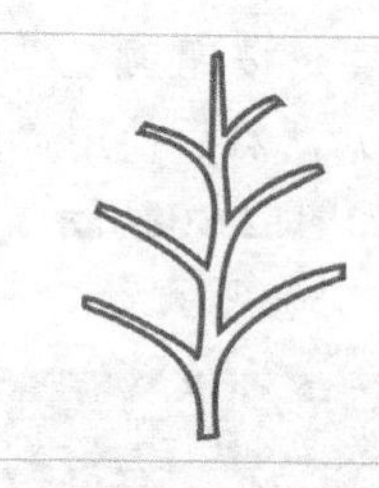

图12-317

03 选中树和树干的轮廓，然后在属性栏中单击“修剪”按钮，接着删除修剪后的树干部分，效果如图12-318所示。

04 将前面的图形去除轮廓，然后填充颜色为（C:0，M:96，Y:7，K:0），接着复制两个，分别填充颜色为草绿色（C:39，M:5，Y:95，K:0）和淡蓝色（C:60，M:30，Y:16，K:0），再适当调整大小，最后放置在第一个图形的右侧，效果如图12-319所示。

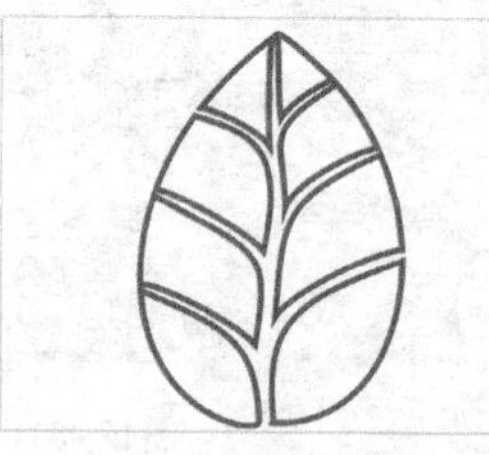

图12-318

图12-319

05 使用“钢笔工具”在树的下方绘制出草地的轮廓，如图12-320所示。然后填充绿色（C:89，M:49，Y:93，K:13），接着去除轮廓，效果如图12-321所示。

图12-320

图12-321

06 使用“矩形工具”绘制一个矩形，然后复制两个，接着分别放置草地与树干垂直对齐的地方，如图12-322所示。最后选中草地和三个矩形，在属性栏中单击“移除前面对象”按钮，效果如同图12-323所示。

图12-322

图12-323

07 使用“形状工具”调节草地上的三个缺口处，使缺口的位置不要过于平滑，然后选中绘制的树和草地，按快捷键Ctrl+G进行组合对象，如图12-324所示。

图12-324

08 使用“文本工具”在图形下方输入文本，然后设置“字体”为Arctic、“字体大小”为19pt、填充颜色为淡蓝色（C:60，M:30，Y:16，K:0），接着更改符号的“字体大小”为72pt，效果如图12-325所示。

图12-325

09 使用“文本工具”在前面的文本右侧继续输入文本，然后设置“字体”为造字工房悦黑体验版纤细体、“字体大小”为14pt、填充颜色为（C:66，M:77，Y:100，K:51），效果如图12-326所示。

图12-326

10 使用“矩形工具”在文本下方绘制一个矩形条，然后填充颜色为（C:66，M:77，Y:100，K:51），如图12-327所示。

图12-327

11 使用“文本工具”在矩形条下方输入文本，然后设置“字体”为Arctic、“字体大小”为20pt、填充颜色为（C:4，M:86，Y:38，K:0），最终效果如图12-328所示。

图12-328

12.5.2 综合案例：精通女装服饰标志设计

实例位置　实例文件>CH12>综合案例：精通女装服饰标志设计.cdr
素材位置　无
视频位置　多媒体教学>CH12>综合案例：精通女装服饰标志设计.mp4
技术掌握　服装标志的制作方法

【思路分析】

本例为女装的标志设计，根据客户的需要提取相应的元素，并且使用梦幻的颜色来装饰标志，使其适用于服装品牌标志设计，效果如图12-329所示。

图12-329

【操作流程】

01 新建空白文档，然后设置文档名称为“女装服饰标志”，接着设置“宽度”为200mm、“高度”为170mm。

02 双击“矩形工具”创建一个与页重合的矩形，然后单击“交互式填充工具”，接着在属性栏中设置“渐变填充”为“线性渐变填充”，两个节点填充颜色为（C:11，M:7，Y:16，K:0）和（C:2，M:2，Y:7，K:0），填充完成后去除轮廓，效果如图12-330所示。

图12-330

03 绘制千纸鹤的外形。使用“多边形工具”在页面内绘制一个三角形，如图12-331所示。然后复制四个，接着调整为不同的形状、大小和位置，效果如图12-332所示。

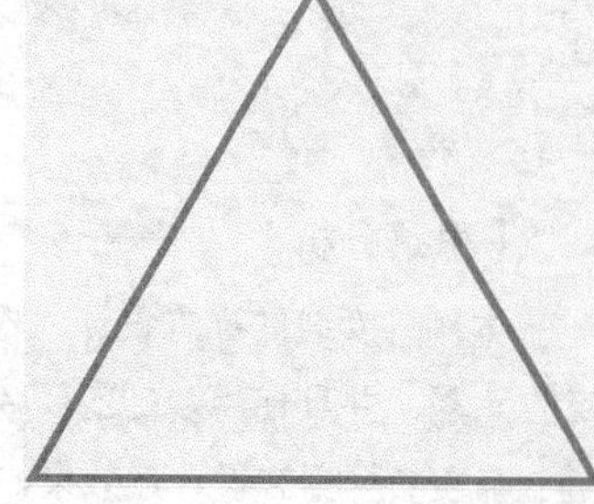

图12-331

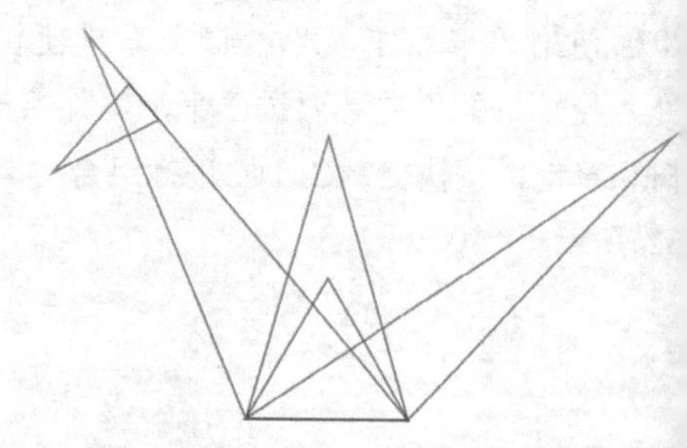

图12-332

04 选中左边的两个三角形，然后按快捷键Ctrl+Q将其转换为曲线，接着使用“形状工具”调整轮廓，调整完毕后，效果如图12-333所示。

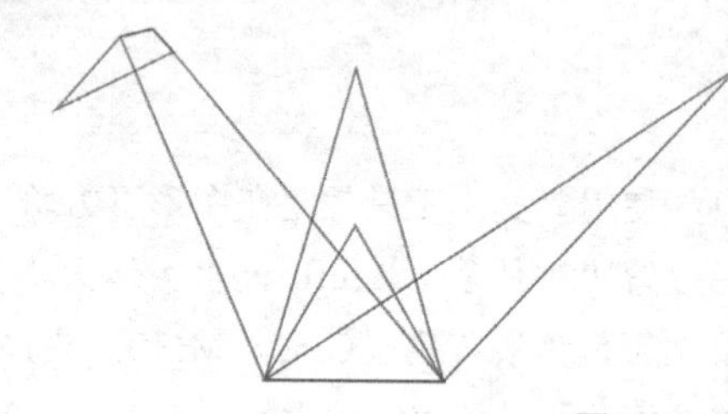

图12-333

05 选中绘制好的千纸鹤外形，然后打开“渐变填充”对话框，接着在“填充挑选器”列表中选择“射线-彩虹色”渐变样式，再更改“填充类型”为“线性渐变填充”，最后单击“确定”按钮，如图12-334所示。填充完成后去除轮廓，效果如图12-335所示。

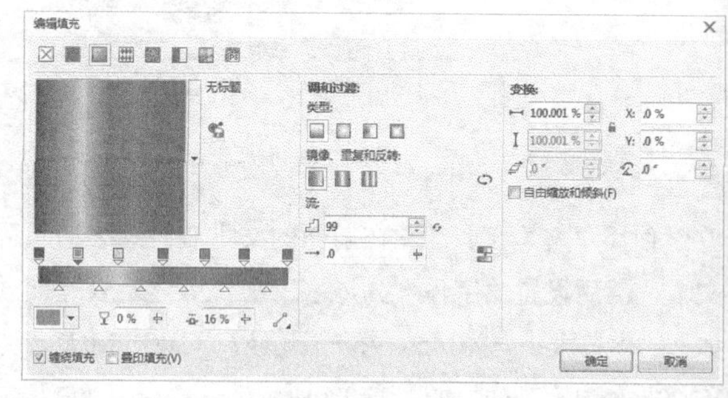

图12-334

图12-335

06 移动千纸鹤到页面内，然后单击“透明度工具”，接着在属性栏中设置“渐变透明度”为“线性渐变透明度”、“合并模式”为“乘”，效果如图12-336所示。

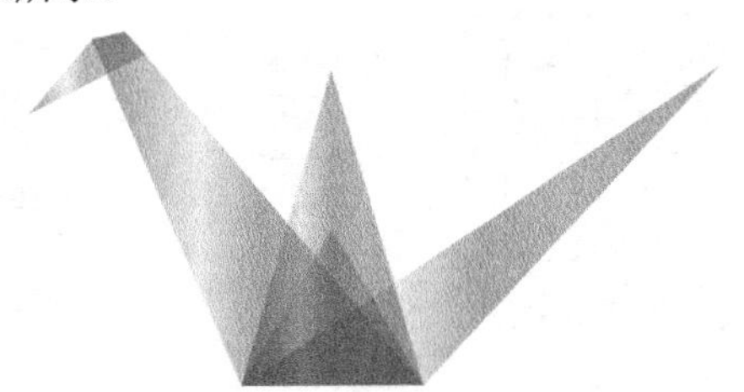

图12-336

07 选中千纸鹤，然后按快捷键Ctrl+G进行组合对象，接着在原位置上复制一个，再单击“垂直镜像”按钮，最后移动复制的对象，使两个对象呈镜像效果，如图12-337所示。

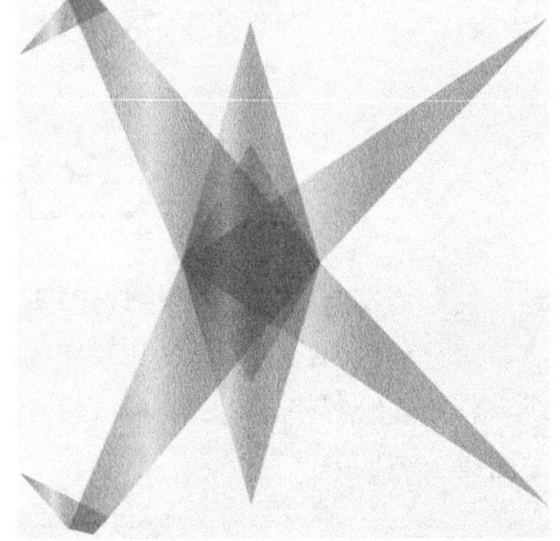

图12-337

08 选中位于下方的千纸鹤，然后单击“透明度工具”，接着在属性栏中设置“透明度类型”为“线性”、“合并模式”为“乘”，效果如图12-338所示。

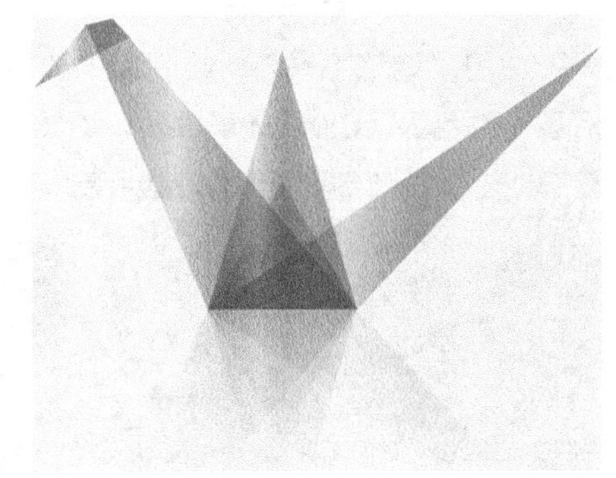

图12-338

09 使用“文本工具”输入美术文本，然后在属性栏中设置“字体”为Asenine Thin、第一行文本“字体大小”为52pt、第二行文本“字体大小”为36pt，接着填充第一行文本颜色为（C:100，M:73，Y:94，K:65）、第二行文本颜色为（C:0，M:0，Y:0，K:100），效果如图12-339所示。

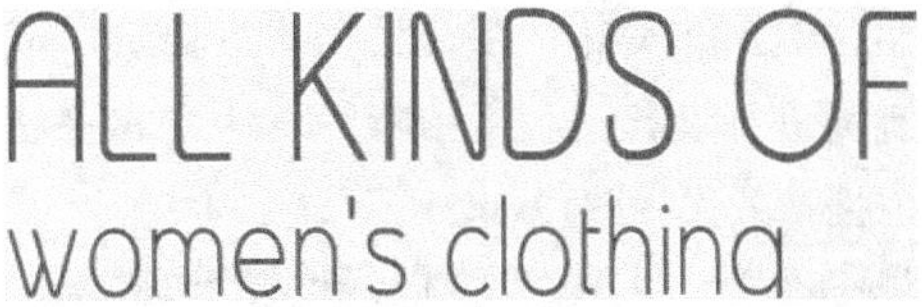
ALL KINDS OF
women's clothing

图12-339

10 选中前面输入的文本，然后单击“阴影工具”按住鼠标左键在文本上由上到下拖动，接着在属性栏中设置“阴影角度”为270°、“阴影羽化”为2%，效果如图12-340所示。

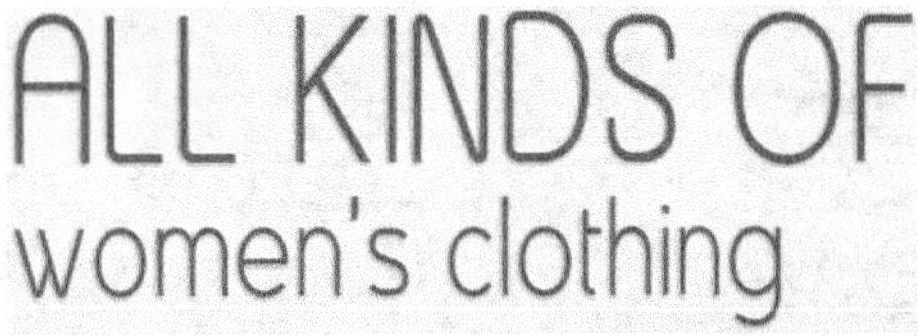
ALL KINDS OF
women's clothing

图12-340

11 移动文本到千纸鹤的左侧，然后适当调整文本和千纸鹤的大小与位置，接着选中文本，按快捷键Ctrl+Q将其转换为曲线，最后组合页面内的对象，使其相对于页面水平居中，最终效果如图12-341所示。

ALL KINDS OF
women's clothing

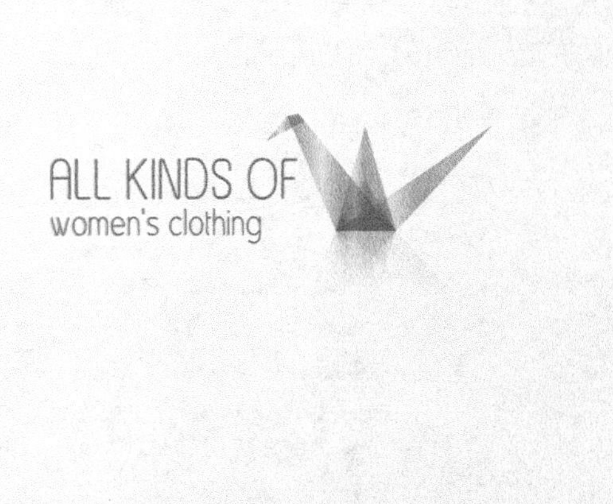

图12-341

12.6 海报设计

12.6.1综合案例：精通食品类工厂海报设计

实例位置 实例文件>CH12>综合案例：精通食品类工厂海报设计.cdr
素材位置 素材文件>CH12>26.psd
视频位置 多媒体教学>CH12>综合案例：精通食品类工厂海报设计.mp4
技术掌握 海报的制作方法

【思路分析】

牛奶的海报一般的设计理念无非是绿色、天

然、健康和美味，那么根据这些特质，可以提取关键词进行设计，利用独特的表达方式突显海报的特殊性，效果如图12-342所示。

图12-342

【制作流程】

01 单击"新建"按钮打开"创建新文档"对话框，创建名称为"牛奶工厂海报"的空白文档，具体参数设置如图12-343所示。

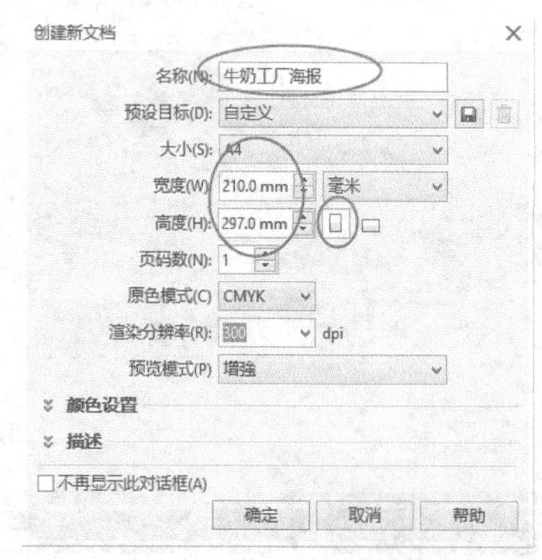

图12-343

02 双击"矩形工具"创建一个矩形，然后然后打开"渐变填充"对话框，具体数值设置如图12-344所示。接着设置节点位置为0的色标颜色为（C:0，M:60，Y:100，K:0）、节点位置为100的色标颜色为（C:0，M:0，Y:100，K:0），如图12-344和图12-345所示。

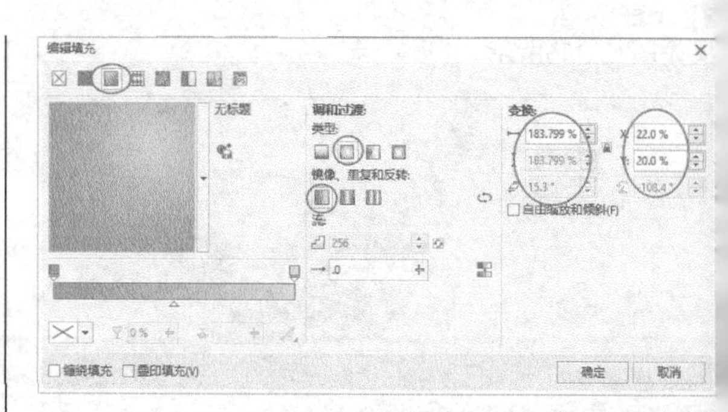

图12-344

图12-345

03 使用"钢笔工具"绘制奶牛腿和腰的区域，然后填充颜色为白色，再去掉轮廓线，如图12-346所示。接着绘制斑点区域，最后填充颜色为黑色，如图12-347所示。

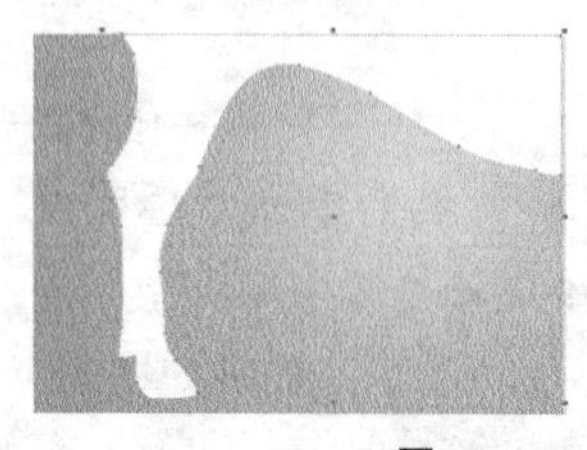

图12-346

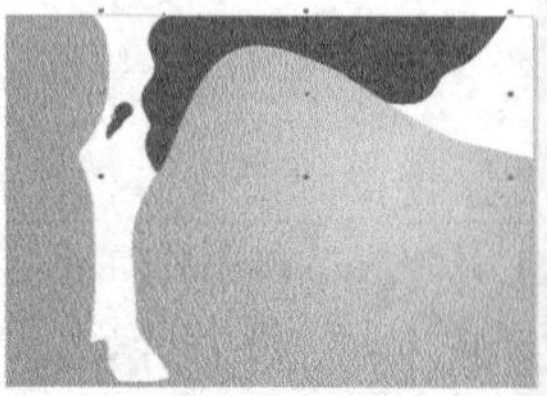

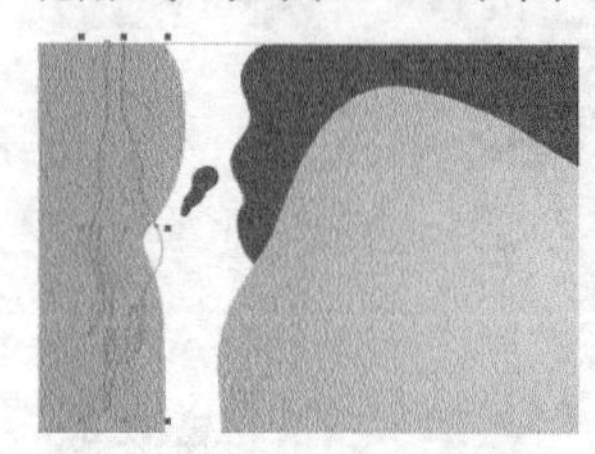

图12-347

04 使用"钢笔工具"绘制奶牛的尾巴区域，然后填充颜色为（C:0，M:0，Y:0，K:10），接着去掉轮廓线，如图12-348和图12-349所示。

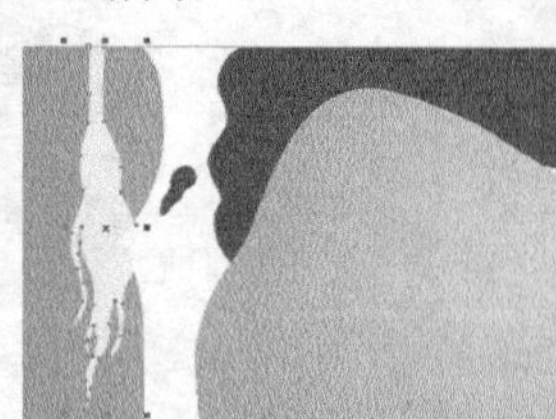

图12-348

图12-349

05 使用"钢笔工具"绘制奶牛的乳房部分，然后填充颜色为（C:2，M:59，Y:35，K:0），接着去掉轮廓线，如图12-350和图12-351所示。

图12-350

图12-351

06 使用“钢笔工具”绘制奶牛的另一条腿，然后填充颜色为白色，再去掉轮廓线，如图12-352所示。接着绘制牛蹄区域，最后填充颜色为黑色，如图12-353所示。

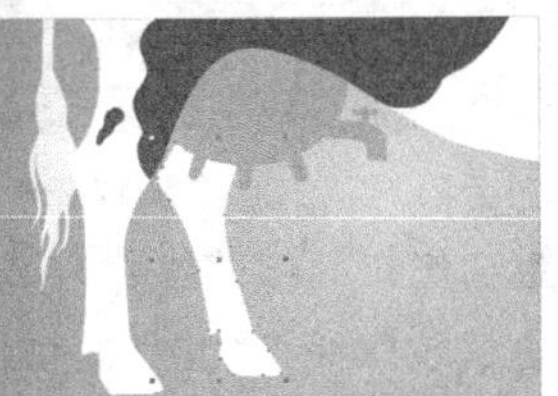

图12-352

图12-353

07 使用“钢笔工具”绘制牛蹄上分叉的区域，然后填充颜色为白色，接着去掉轮廓线，如图12-354所示。

图12-354

08 使用“钢笔工具”绘制草坪区域，然后填充颜色为（R:0，G:148，B:126），接着去掉轮廓线，最后放置在牛腿后方调整位置，效果如图12-355所示。

图12-355

09 使用“钢笔工具”绘制云朵区域，然后填充颜色为（R:118，G:30，B:20），接着去掉轮廓线，最后放置在牛腿后方调整位置，效果如图12-356所示。

图12-356

10 选中云朵然后使用“轮廓图工具”拖曳轮廓效果，接着在属性栏中设置“填充色”为白色，如图12-357所示。最后使用同样的参数为草坪和另一个云朵添加轮廓图效果，如图12-358所示。

图12-357

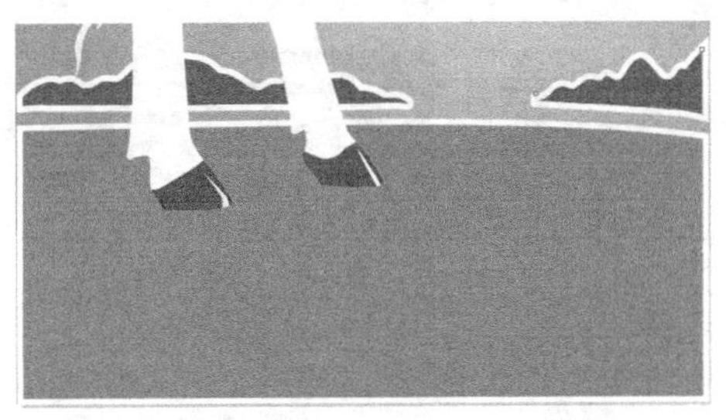

图12-358

11 选中轮廓图，然后单击鼠标右键，接着执行“拆分轮廓图群组”命令提取出轮廓图对象。

12 全选牛身进行群组，然后使用“阴影工具”拖曳阴影效果，接着在属性栏中设置“阴影的不透明度”为50、“阴影羽化”为10，如图12-359所示。

图12-359

13 选中阴影区域，然后单击鼠标右键，接着执行“拆分阴影群组”命令，将阴影区域拆分为一个独立对象，如图12-360所示。

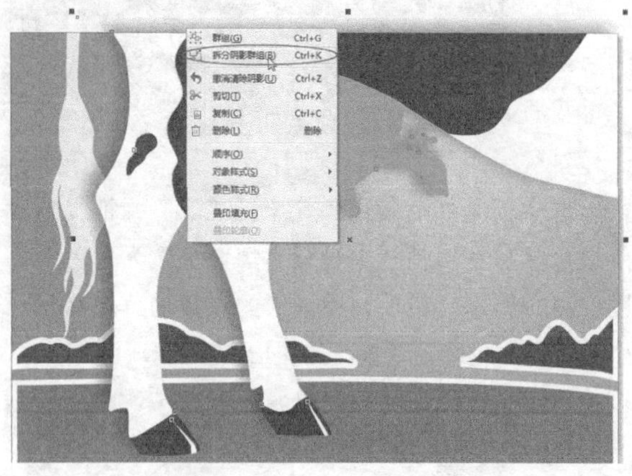

图12-360

14 使用“矩形工具”在页面外绘制矩形修剪区域，如图12-361所示。然后使用矩形修剪掉页面外的多余阴影，接着使用前面讲解的方法为云朵和草坪添加阴影，效果如图12-362所示。

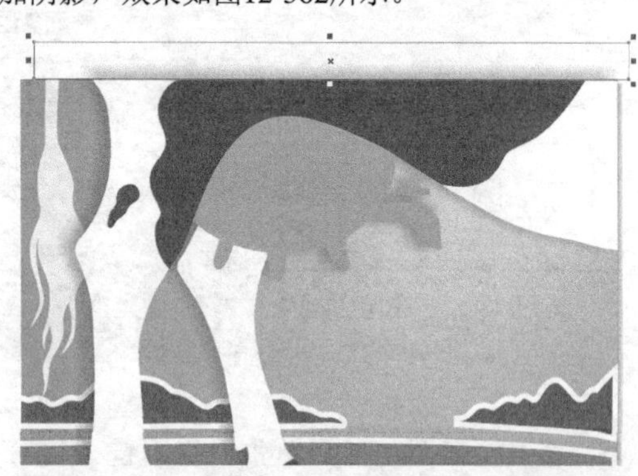

图12-361

图12-362

15 单击“导入”图标打开对话框，导入光盘中的“素材文件>CH12>26.psd”文件，然后拖曳到页面中调整位置和大小，如图12-363所示。

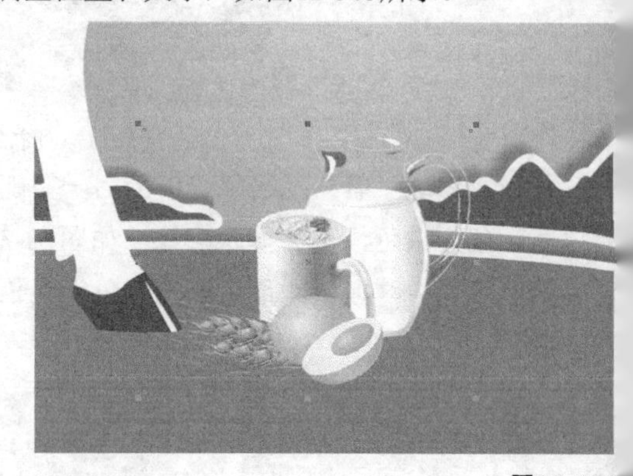

图12-363

16 使用“钢笔工具”绘制牛奶滴出的形状，然后填充颜色为白色，接着去掉轮廓线，如图12-364所示。

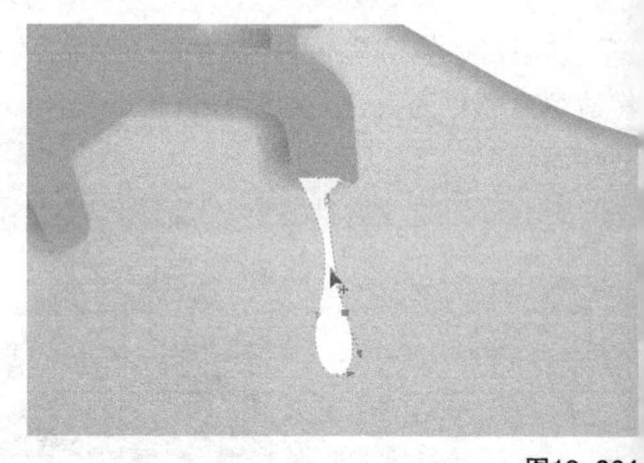

图12-364

17 使用“钢笔工具”绘制形状，然后填充颜色为（R:4，G:94，B:80），再去掉轮廓线，如图12-365所示。接着向内进行复制，最后更改颜色为（R:1，G:59，B:50），如图12-366所示。

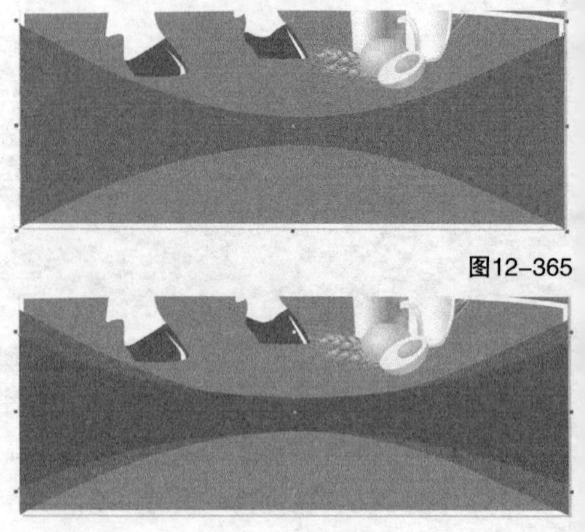

图12-365

图12-366

18 使用“椭圆形工具”绘制椭圆，然后填充颜色为（R:4，G:94，B:80），再去掉轮廓线，如图12-367所示。接着向内进行复制，最后更改颜色为（R:1，G:59，B:50），如图12-368所示。

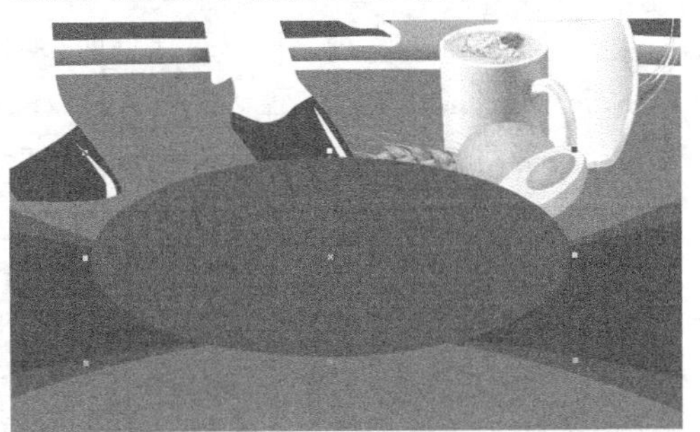

图12-367

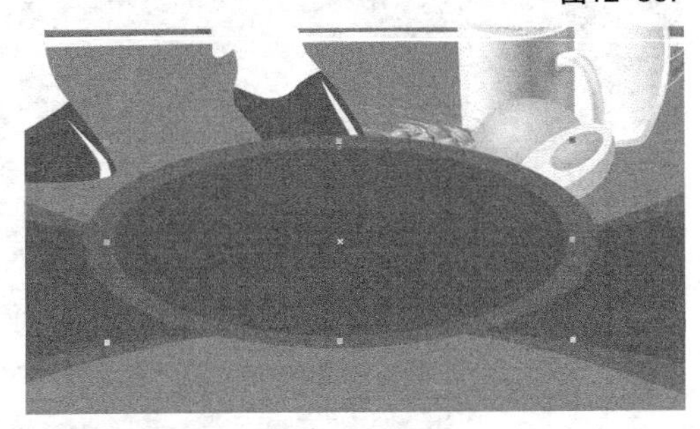

图12-368

19 使用“文本工具”输入文本，然后转换为曲线，接着使用“形状工具”调整文本形状，如图12-369所示。

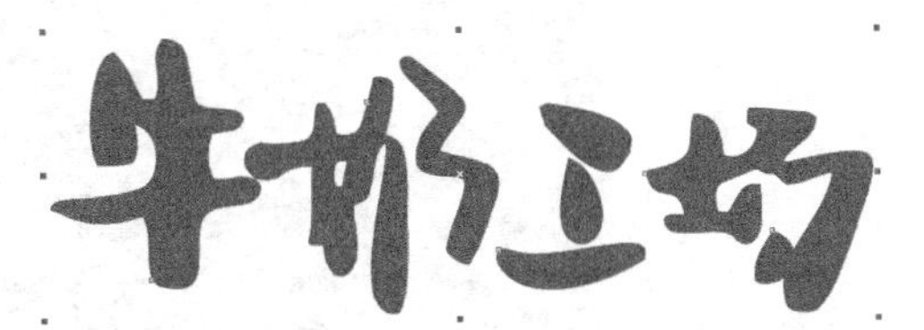

图12-369

20 将文本全选进行群组，然后拖曳到椭圆内调整大小和位置，接着更改文字颜色为（C:0，M:0，Y:40，K:0），如图12-370所示。

图12-370

21 使用“文本工具”输入文本，然后选择合适的字体和大小，接着填充颜色为（C:0，M:0，Y:40，K:0），最后拖曳到椭圆下方调整位置，如图12-371所示。

图12-371

22 使用“文本工具”输入文本，然后选择合适的字体和大小，接着填充颜色为（R:1，G:59，B:50），如图12-372所示，最终效果如图12-373所示。

图12-372

图12-373

12.6.2 综合案例：精通城市主题宣传海报设计

实例位置　实例文件>CH12>综合案例：精通城市主题宣传海报设计.cdr
素材位置　素材文件>CH12>27.cdr、28.cdr、29.jpg
视频位置　多媒体教学>CH12>综合案例：精通城市主题宣传海报设计.mp4
技术掌握　海报的制作方法

【思路分析】

在为一个城市做宣传主题海报时，首先必须考虑的是一座城市的特色，这座城市是一个充满神秘的城市，因此本次采用最为经典的配色，即黑色和红色；将城市的景色作为海报背景，可以直观地展现这座城市的特色，效果如图12-374所示。

图12-374

【制作流程】

01 单击“新建”按钮打开“创建新文档”对话框，创建名称为“城市主题宣传海报”的空白文档，具体参数设置如图12-375所示。

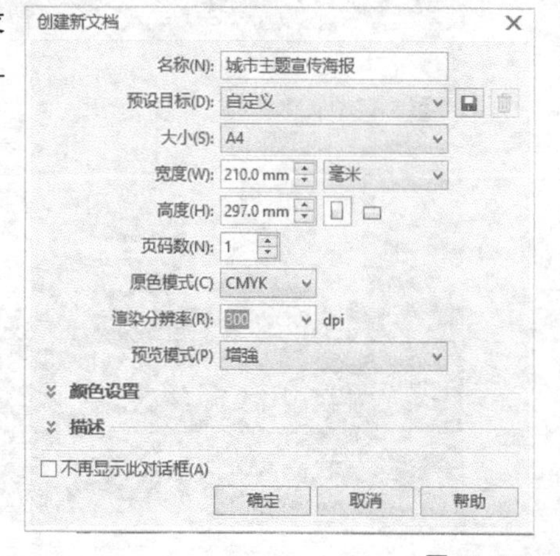

图12-375

02 双击“矩形工具”创建一个与页面完全重合的矩形，然后为矩形填充颜色为黑色，再去掉轮廓线，如图12-376所示。

03 导入“素材文件>CH12>27.cdr”文件，然后调整导入图片文件的大小，再放置在页面左边，如图12-377所示。接着导入“素材文件>CH12>28.cdr”文件，最后将素材缩放到合适的大小，效果如图12-378所示。

图12-376

图12-377

图12-378

04 使用“文本工具”输入文字，然后调整文字字体和大小，再将文字转化为曲线，如图12-379所示，并去掉文字的填充颜色，接着导入“素材文件>CH12>29.jpg”文件，并执行“对象>图框精确剪裁>置于图文框内部”菜单命令进行置入，最后调整置入最佳位置，如图12-380所示。

travel

图12-379

图12-380

05 将编辑好的文字拖曳到页面中，然后调整字体大小，如图12-381所示。

图12-381

06 使用“文本工具”输入文字，然后将文本切换为竖排文字，再填充颜色为天蓝色，接着调整文本的字体和大小，最后将文本拖曳到黑色空白区域调整位置，最终效果如图12-382所示。

图12-382

12.7 小结

本章的案例结合了前面所学的所有知识，应用性很强，同时也是对这本书所学知识点的一个总结，要求掌握基础知识的同时，学会综合利用、总结和设计。

附录:CorelDRAW X7快捷键

1.主界面快捷键

操作	快捷键
运行 Visual Basic 应用程序的编辑器	Alt+F11
保存当前的图形	Ctrl+S
显示导航窗口	N
打开编辑文本对话框	Ctrl+Shift+T
擦除图形的一部分或将一个对象分为两个封闭路径	X
撤销上一次的操作	Ctrl+Z
撤销上一次的操作	Alt+Backspace
垂直定距对齐选择对象的中心	Shift+A
垂直分散对齐选择对象的中心	Shift+C
垂直对齐选择对象的中心	C
打印当前的图形	Ctrl+P
打开一个已有绘图文档	Ctrl+O
打开大小工具卷帘	Alt+F10
运行缩放动作然后返回前一个工具	F2
缩放工具	Z
导出文本或对象到另一种格式	Ctrl+E
导入文本或对象	Ctrl+I
发送选择的对象到后面	Shift+B
将选择的对象放置到后面	Shift+PageDown
发送选择的对象到前面	Shift+T
发送选择的对象到右面	Shift+R
发送选择的对象到左面	Shift+L
将文本更改为垂直排布（切换式）	Ctrl+.
将选择的对象放置到前面	Shift+PageUp
将文本对齐基线	Alt+F12
将对象与网格对齐（切换）	Ctrl+Y
将选择对象的分散对齐舞台水平中心	Shift+P
将选择对象的分散对齐页面水平中心	Shift+E
对齐选择对象的中心到页中心	P
绘制对称多边形	Y
拆分选择的对象	Ctrl+K
打开封套工具卷帘	Ctrl+F7
打开符号和特殊字符工具卷帘	Ctrl+F11
复制选定的项目到剪贴板	Ctrl+C
设置文本属性的格式	Ctrl+T
恢复上一次的撤销操作	Ctrl+Shift+Z
剪切选定对象并将它放置在剪贴板中	Ctrl+X
删除选取的对象	Shift+Delete
将字体大小减小为上一个字体大小设置	Ctrl+（小键盘）2
将渐变填充应用到对象	F11
结合选择的对象	Ctrl+L
绘制矩形；双击该工具便可创建页框	F6
打开轮廓笔对话框	F12
打开轮廓图工具卷帘	Ctrl+F9
绘制螺旋形；双击该工具打开选项对话框的工具框标签	A
启动拼写检查器；检查选定文本的拼写	Ctrl+F12
在当前工具和挑选工具之间切换	Ctrl+Space
取消选择对象或对象群组所组成的群组	Ctrl+U
显示绘图的全屏预览	F9
将选择的对象组成群组	Ctrl+G
删除选定的对象	Delete
将选择对象上对齐	T
将字体大小减小为字体大小列表中上一个可用设置	Ctrl+（小键盘）4
转到上一页	PageUp
将镜头相对于绘画上移	Alt+↑
生成属性栏并对准可被标记的第一个可视项	Ctrl+Backspace

打开视图管理器工具卷帘	Ctrl+F2
在最近使用的两种视图质量间进行切换	Shift+F9
用手绘模式绘制线条和曲线	F5
使用该工具通过单击及拖动来平移绘图	H
按当前选项或工具显示对象或工具的属性	Alt+Backspace
刷新当前的绘图窗口	Ctrl+W
水平对齐选择对象的中心	E
将文本排列改为水平方向	Ctrl+,
打开缩放工具卷帘	Alt+F9
缩放全部的对象到最大	F4
缩放选定的对象到最大	Shift+F2
缩小绘图中的图形	F3
将填充添加到对象；单击并拖动对象实现喷泉式填充	G
打开透镜工具卷帘	Alt+F3
打开图形和文本样式工具卷帘	Ctrl+F5
退出 CorelDRAW 并提示保存活动绘图	Alt+F4
绘制椭圆形和圆形	F7
绘制矩形组	D
将对象转换成网状填充对象	M
打开位置工具卷帘	Alt+F7
添加文本（单击添加美术字；拖动添加段落文本）	F8
将选择对象下对齐	B
将字体大小增加为字体大小列表中的下一个设置	Ctrl+（小键盘）6
转到下一页	PageDown
将镜头相对于绘画下移	Alt+↓
包含指定线性标注线属性的功能	Alt+F2
添加/移除文本对象的项目符号（切换）	Ctrl+M
将选定对象按照对象的堆栈顺序放置到向后一个位置	Ctrl+PageDown
将选定对象按照对象的堆栈顺序放置到向前一个位置	Ctrl+PageUp
使用超微调因子向上微调对象	Shift+↑
向上微调对象	↑
使用细微调因子向上微调对象	Ctrl+↑
使用超微调因子向下微调对象	Shift+↓
向下微调对象	↓
使用细微调因子向下微调对象	Ctrl+↓
使用超微调因子向右微调对象	Shift+←
向右微调对象	←
使用细微调因子向右微调对象	Ctrl+←
使用超微调因子向左微调对象	Shift+→
向左微调对象	→
使用细微调因子向左微调对象	Ctrl+→
创建新绘图文档	Ctrl+N
编辑对象的节点；双击该工具打开节点编辑卷帘窗	F10
打开旋转工具卷帘	Alt+F8
打开设置 CorelDRAW 选项的对话框	Ctrl+J
全选对象进行编辑	Ctrl+A
打开轮廓颜色对话框	Shift+F12
给对象应用均匀填充	Shift+F11
显示整个可打印页面	Shift+F4
将选择对象右对齐	R
将镜头相对于绘画右移	Alt+←
再制选定对象并以指定的距离偏移	Ctrl+D
将字体大小增加为下一个字体大小设置	Ctrl+（小键盘）8
将剪贴板的内容粘贴到绘图中	Ctrl+V
启动这是什么?帮助	Shift+F1
重复上一次操作	Ctrl+R
转换美术字为段落文本或反过来转换	Ctrl+F8
将选择的对象转换成曲线	Ctrl+Q
将轮廓转换成对象	Ctrl+Shift+Q
使用固定宽度、压力感应、书法式或预置的自然笔样式来绘制曲线	I
左对齐选定的对象	L
将镜头相对于绘画左移	Alt+→

2.文本编辑

操作	快捷键
显示所有可用/活动的HTML字体大小的列表	Ctrl+Shift+H
将文本对齐方式更改为不对齐	Ctrl+
在绘画中查找指定的文本	Alt+F3
更改文本样式为粗体	Ctrl+B
将文本对齐方式更改为行宽的范围内分散文字	Ctrl+H
更改选择文本的大小写	Shift+F3
将字体大小减小为上一个字体大小设置	Ctrl+（小键盘）2
将文本对齐方式更改为居中对齐	Ctrl +E
将文本对齐方式更改为两端对齐	Ctrl+J
将所有文本字符更改为小型大写字符	Ctrl+Shift+K
删除文本插入记号右边的字	Ctrl+Delete
删除文本插入记号右边的字符	Delete
将字体大小减小为字体大小列表中上一个可用设置	Ctrl+（小键盘）4
将文本插入记号向上移动一个段落	Ctrl+↑
将文本插入记号向上移动一个文本框	PageUp
将文本插入记号向上移动一行	↑
添加/移除文本对象的首字下沉格式（切换）	Ctrl+Shift+D
选定文本标签，打开选项对话框	Ctrl+F10
更改文本样式为带下划线样式	Ctrl+U
将字体大小增加为字体大小列表中的下一个设置	Ctrl+（小键盘）6
将文本插入记号向下移动一个段落	Ctrl+↓
将文本插入记号向下移动一个文本框	PageDown
将文本插入记号向下移动一行	↓
显示非打印字符	Ctrl+Shift+C
向上选择一段文本	Ctrl+Shift+↑
向上选择一个文本框	Shift+PageUp
向上选择一行文本	Shift+↑
向上选择一段文本	Ctrl+Shift+↑
向上选择一个文本框	Shift+PageUp
向上选择一行文本	Shift+↑
向下选择一段文本	Ctrl+Shift+↓
向下选择一个文本框	Shift+PageDown
向下选择一行文本	Shift+↓
更改文本样式为斜体	Ctrl+I
选择文本结尾的文本	Ctrl+Shift+PageDown
选择文本开始的文本	Ctrl+Shift+PageUp
选择文本框开始的文本	Ctrl+Shift+Home
选择文本框结尾的文本	Ctrl+Shift+End
选择行首的文本	Shift+Home
选择行尾的文本	Shift+End
选择文本插入记号右边的字	Ctrl+Shift+←
选择文本插入记号右边的字符	Shift+←
选择文本插入记号左边的字	Ctrl+Shift+→
选择文本插入记号左边的字符	Shift+→
显示所有绘画样式的列表	Ctrl+Shift+S
将文本插入记号移动到文本开头	Ctrl+PageUp
将文本插入记号移动到文本框结尾	Ctrl+End
将文本插入记号移动到文本框开头	Ctrl+Home
将文本插入记号移动到行首	Home
将文本插入记号移动到行尾	End
移动文本插入记号到文本结尾	Ctrl+PageDown
将文本对齐方式更改为右对齐	Ctrl+R
将文本插入记号向右移动一个字	Ctrl+←
将文本插入记号向右移动一个字符	←
将字体大小增加为下一个字体大小设置	Ctrl+（小键盘）8
将文本对齐方式更改为左对齐	Ctrl+L
将文本插入记号向左移动一个字	Ctrl+→
将文本插入记号向左移动一个字符	→
显示所有可用/活动字体粗细的列表	Ctrl+Shift+W
显示一包含所有可用/活动字体尺寸的列表	Ctrl+Shift+P
显示一包含所有可用/活动字体的列表	Ctrl+Shift+F